普通高等院校土木专业“十二五”规划精品教材

# 工程流体力学

# Engineering Fluid Mechanics

**丛书审定委员会**

王思敬　彭少民　石永久　白国良

姜忻良　吴瑞麟　张智慧　李　杰

**本书主审**　马吉明

**本书主编**　陈长植

**本书副主编**　李晓燕　高　潮

**本书编写委员会**

陈长植　李晓燕　高　潮　杨纪委

李纯良　史艳娇　李清清　陈志峰

**华中科技大学出版社**

**（中国·武汉）**

## 内 容 简 介

本书是根据教育部高等院校土木工程专业指导委员会关于土木工程专业本科教育(四年制)培养方案,为适应现阶段宽口径土木工程各专业本科教学的基本要求编写的。全书共分 10 章,系统讲述了流体力学研究的对象、性质、任务及其发展简史,流体静力学,流体运动学,流体动力学基础,流动形态、水流阻力和水头损失,孔口、管嘴出流和有压管流,明渠流动,堰流,渗流,量纲分析和相似原理等内容。为了便于自学和加深读者对所学基本概念、基本理论的理解和掌握,每章都有要点提示和小结;每章后面都附有一定数量的思考题和习题,同时为便于读者进一步深入学习和钻研,在书后附有参考文献和习题参考答案。

本书适用面比较宽,注重加强基础理论的学习和能力的培养,力求重点突出,思路清晰,基本概念严格、确切,并做到理论联系实际。

本书适于作为普通高等院校宽口径土木工程(即大土木)各专业即建筑工程、地下工程、交通土建道桥工程,以及给排水和环保工程等各有关专业的大学本科教学用书,也可供有关科研人员和工程技术人员参考。

# 总　　序

教育可理解为教书与育人。所谓教书，不外乎是教给学生科学知识、技术方法和运作技能等，教学生以安身之本。所谓育人，则要教给学生做人道理，提升学生的人文素质和科学精神，教学生以立命之本。我们教育工作者应该从中华民族振兴的历史使命出发，来从事教书与育人工作。作为教育本源之一的教材，必然要承载教书和育人的双重责任，体现两者的高度结合。

中国经济建设高速持续发展，国家对各类建筑人才需求日增，对高校土建类高素质人才培养提出了新的要求，从而对土建类教材建设也提出了新的要求。这套教材正是为了适应当今时代对高层次建设人才培养的需求而编写的。

一部好的教材应该把人文素质和科学精神的培养放在重要位置。教材中不仅要从内容上体现人文素质教育和科学精神教育，而且还要从科学严谨性、法规权威性、工程技术创新性来启发和促进学生科学世界观的形成。简而言之，这套教材有以下特点。

一方面，从指导思想来讲，这套教材注意到“六个面向”，即面向社会需求、面向建筑实践、面向人才市场、面向教学改革、面向学生现状、面向新兴技术。

二方面，教材编写体系有所创新。结合具有土建类学科特色的教学理论、教学方法和教学模式，这套教材进行了许多新的教学方式的探索，如引入案例式教学、研讨式教学等。

三方面，这套教材适应现在教学改革发展的要求，提倡所谓“宽口径、少学时”的人才培养模式。在教学体系、教材编写内容和数量等方面也做了相应改变，而且教学起点也可随着学生水平做相应调整。同时，在这套教材编写中，特别重视人才的能力培养和基本技能培养，适应土建专业特别强调实践性的要求。

我们希望这套教材能有助于培养适应社会发展需要的、素质全面的新型工程建设人才。我们也相信这套教材能达到这个目标，从形式到内容都成为精品，为教师和学生，以及专业人士所喜爱。

中国工程院院士　王思敬

2006 年 6 月于北京

# 前　言

工程流体力学(水力学)是工科高等院校多种专业必修的一门重要的技术基础课。

本书是根据当前市场经济对宽口径土木工程(或称大土木)各专业本科应用型人才培养的新要求,依据教育部高等学校土木工程专业指导委员会关于土木工程专业本科(四年制)培养方案,并结合当前教学基本要求而编写的。

本书的主要特点如下。

(1)注重加强基础理论,“削枝强干”,扎实打牢基础。严格把握内容的基本要求,突出重点和难点,删除了学习传统水力学中偏于专业的内容以及一些偏深、偏难的内容,使重点更加突出,力求做到少而精。

(2)以基本概念、基本原理为主,力求严格、确切,注重物理概念的阐明,避免大量烦琐的数学推导。

(3)注意拓宽知识面,加强理论联系实际,引导读者学以致用,加强能力的培养,力求贯彻知识与能力辩证统一的原则。

(4)内容分析上力求思路清晰,符合认识规律;文字上通俗易懂,便于自学。

为了使读者能更好地阅读,方便地复习及自学,本书各章开始均有“要点提示”,结束时均有“本章小结”;结合理论分析,配有一定数量的例题,以帮助理解和消化所学内容;每章后面都附有一定数量的思考题和习题,帮助读者加深对所学基本概念和基本理论的理解和掌握;为便于进一步深入学习和钻研,书后附有参考文献和习题的参考答案。

本书适用于50～80学时,考虑到各院校不同专业不同学时等要求,给教师留有调整教学内容的空间;任课教师在教学实践中,可根据各院校的不同情况,有针对性地对教材的某些内容进行取舍。

本书由清华大学陈长植教授主编,哈尔滨商业大学李晓燕教授和大连水产学院高潮教授任副主编。

具体编写分工如下:陈长植编写第1、4章,合编第2、3、5、6、7、8章;李晓燕编写第5章;高潮编写第3、6章;杨纪委编写第7章、李纯良编写第8章;史艳娇编写第9章;李清清编写第2章;陈志峰编写第10章。全书由陈长植教授统稿审定。

清华大学马吉明教授担任本书主审并提出了许多宝贵意见,在此表示感谢!

由于时间紧迫,加之编者水平所限,错误及疏漏之处在所难免,恳请读者批评、指正。

编　者

2007年4月于北京

# 目　录

# 第1章　绪　　论

**【要点提示】**

本章是工程流体力学的开篇。概述了有关流体力学研究的对象、性质、任务及其发展简史。介绍了流体力学的基本概念，主要有流体的流动性、流体质点、连续介质模型。研讨了流体的主要物理力学性质（尤其是黏性）以及作用于流体上的力。以上内容是建立流体力学系统理论的基础。

## 1.1　流体力学的性质、任务及其发展简史

### 1.1.1　流体力学的定义、性质和任务

流体力学是介于基础科学和工程技术之间，起着承上启下作用的一门技术基础科学。它一方面根据基础科学中的普遍规律、基本理论，结合流体的特点，建立自身的理论基础，同时又紧密结合工程实际发展自身的学科内容。

流体力学是力学的一个分支，是研究流体的平衡和宏观机械运动规律及其在工程实际中应用的一门学科。流体力学的研究对象是流体，包括分别以水和空气为代表的液体和气体。

流体作为物质的一种基本形态，它同其他任何一种物质一样，必须遵循自然界中一切物质运动所必须遵守的普遍规律，如质量守恒（物质不灭）定律、能量转换与守恒定律、动量原理和牛顿力学定律等有关物体宏观机械运动的一般规律。因此，流体力学中所研究的基本定理其实质都是自然界中这些普遍规律在流体力学中的具体体现和应用。

必须强调，流体力学研究的是流体机械运动的“宏观”规律。流体作为一种物质，它和自然界中其他物质一样都是由分子组成的，无论流体宏观处于何种状态，其分子本身都在做永不停息的、无规则的运动，且分子之间还存在相互作用力等，这些都属于微观范畴且不是流体力学所研究的范围。从刚开始学习流体力学的时候起就必须牢固地树立这一观念，随着今后学习的不断深入，会逐步认识到在研究流体宏观机械运动规律时，没有必要而且也不可能研究其组成的每一个分子的运动规律。

流体力学广泛适用于土木工程的各个领域。例如建筑工程、地下建筑、公路、铁路、桥梁等交通、土建工程，基坑排水、地基抗渗稳定处理、围堰修建、桥渡设计等。尤其在给排水工程中，取水、水处理、输配水等都是在水流动过程中实现的。流体力学

理论是给排水系统设计和运行控制的理论基础，在建筑环境与设备工程中，供热、通风与空调设计以及设备选用等都离不开流体力学。

流体力学不仅用于解决土木工程中的水和气的问题，更能帮助工程技术人员进一步认识土木工程与大气和水环境的关系。大气和水环境对建筑物的作用是长期的、多方面的。例如台风、洪水可直接摧毁房屋、桥梁、堤坝等并造成巨大的自然灾害。另一方面，兴建大型工程、厂矿、公路和铁路、桥梁和隧道、江海堤防、水坝等也会对大气和水环境造成不利影响，导致生态环境恶化，甚至加重灾害。只有处理好土木工程与大气和水环境的关系，做到减轻灾害，保护环境，才能实现国民经济的可持续发展。

流体力学作为一门技术基础学科并非局限于土木工程领域，而是在国民经济几乎所有的工程技术部门、工业生产部门中都有着广泛的应用，如水利、电力建设、农田排灌、水资源开发利用、金属冶炼、化工流程、石油开采、流体输送、船舶航运、航空航天工程、交通运输、环境保护和液压传动等。而且随着国民经济建设的不断发展，科技的不断进步以及人类生存和生活环境需求的不断提高，必然会出现一些新的领域和部门，提出大量新的与流体力学有关的、需要解决的问题。同时，也必然会出现流体力学与其他学科相互渗透、结合而派生出一些新的分支学科，如计算流体力学、随机流体力学、环境流体力学等新学科。但是各个不同部门的流体种类可能不同，流动的外界条件也有差异，这些都会影响流体运动规律的变化，因此，各不同部门应用流体力学解决生产实际中的问题时，都会有其特殊要求及不同侧重的研究任务。

流体力学在土木工程建设中的主要任务是研究流体与边界（约束流体流动的固体边壁，如输水隧洞或管道的边壁及河床等）的相互作用，分析研究在各种相互作用条件下所形成的各种水（气）流现象以及在边界上所受的各种力的作用。为土木工程的勘测、规划、设计、施工以及建成后的运行管理等提供流体力学方面可靠的科学依据。

### 1.1.2 流体力学的发展简史

流体力学的发展同其他自然科学一样，既依赖于长期生产实践和科学实验，又受科技的发展和社会等因素的影响与制约。

流体是以水为代表的液体和以空气为代表的气体的总称。研究流体力学的发展，首先要从人类对以水为代表的液体运动规律的认识开始。更确切地说，人类对流体运动规律的认识是从水开始的。人类为了生存，首先要与自然界的洪水作斗争。人类就是在不断与洪水抗争，除水患、兴水利，发展农业和水上运输的长期实践中，逐步积累和加深了对水流运动规律的认识。在我国，可以追溯到远古时代。距今大约4 000年前，在原始公社制末期部落社会中就有大禹治水的传说。大禹采用以疏导为主的治水方针，带领群众“疏九河，凿龙门”，“高高下下，疏川导滞”为民除患兴利。这表明我国远古时代就已进行过大规模的治水工程。人们通过与洪涝灾害斗争的长期实践，总结、认识到治水必须“顺水之性”。

秦代(前256—前210年)修建了著名的都江堰、郑国渠和灵渠三大水利工程，至今已有2 000多年历史，说明当时对水流运动规律的认识，尤其对明渠水流和堰流的认识都已达到相当高的水平。如位于四川成都平原西部灌县境内岷江干流上的都江堰工程，在规划、设计、施工等方面都具有科学性和创造性，并具有灌溉、分洪和航运的综合功能，至今仍在发挥作用。

早在春秋时代就开始开凿兴建，最后由隋朝完成，又经元朝裁弯取直最终形成的京杭大运河，流经京、津、冀、鲁、江、浙6省市，纵贯南北11个纬度，贯通了海河、黄河、淮河、长江、钱塘江五大水系，全长1 794 km，“自是天下利于转输”，“运漕商旅，来往不绝”。它不仅是我国而且也是世界上最长的人工运河，举世闻名，享有与万里长城相同的盛誉。

东汉初年(约公元31年)杜诗制造的“水排”，利用山溪水流带动鼓风机转动，鼓风炼铁。不仅对冶金工业技术的发展有重大意义，而且其水力装置原理也是近代水轮机的先驱。古代的铜壶滴漏，正是利用孔口出流的原理制成的古代计时工具，说明当时对孔口出流已有相当的认识。又如现存于世的古桥，皆因“顺水之性”，跨江河逾千年而不毁，其中隋朝工匠李春在今河北省中部洨河上建造(605—618年)的古石拱桥——赵州桥(又称安济桥)，迄今已有1 400年的历史，依然完好。北宋时期，在运河上修建的真州复闸，与14世纪末在荷兰出现的同类船闸相比早了约三百多年。这些名垂千古的伟大工程，是人类文明史上的光辉业绩。

宋、元以来，随着堤防、抢险、堵口、分洪、导流等治水技术的不断改善，治河的理论水平也有所提高。如明朝的潘季驯提出了“筑堤束水，以水攻沙”和“借清刷黄”的正确治水方针。关于水力计算，清初雍正年间的何梦瑶在其著作《算迪》一书中提出了流量为过水断面上的平均流速乘以过水断面积的计算方法。这些都是流体力学的珍贵历史资料。

14世纪以前，我国科学技术在世界上是处于领先地位的。但是，由于封建制度的长期统治，生产关系阻碍了生产力的发展，因而也阻碍了我国科学技术的正常发展，致使我国古代人们对水流运动的规律虽有不少卓越的认识和见解，并已将其应用于水利工程建设，但大多只是停留在定性的概括阶段，还没有形成严密系统的科学理论。流体力学形成自身完整的系统理论并成为一门独立的学科，是于公元17世纪末至18世纪中叶由欧洲人完成的。这个时期，作为近代自然科学基础的经典力学已经相当成熟，为流体力学的建立奠定了理论基础。另外，从15世纪下半叶开始的欧洲文艺复兴运动使欧洲开始由封建社会进入资本主义社会。在这人类伟大的历史变革时期，生产关系发生了根本改变并有力促进了生产力的发展，从而使科学技术以神奇的速度发展起来。欧洲资本主义工商业的崛起以及航海、造船、水利和城市建设等新兴产业的需要，已成为流体力学建立和发展的推动力。

流体力学系统的基本理论形成的最初萌芽可以追溯到公元前 3 世纪(约公元前 250 年)。古希腊科学家阿基米德(Archimedes)在其著作《论浮体》中首先建立了液体平衡理论，奠定了流体静力学的基础。但在此以后直至 15 世纪欧洲文艺复兴时代的 1 700 余年中，流体力学在系统理论上的进展却很慢。

15 世纪中叶至 17 世纪，意大利的达·芬奇(L. da. Vinci)发表了他的著作《关于水的运动及其量测》；伽利略(Galileo)于 1612 年发表了《关于水中的物体以及在水中运动的物体的讨论》；托里切利(E. Torricelli)于 1643 年发现了射流定理；1650 年法国科学家帕斯卡(B. Pascal)，发现了液体压强传递规律；1686 年英国大科学家牛顿(I. Newton)，发现了牛顿内摩擦定律等。他们用实验的方法研究了静水压力、大气压力、孔口出流、压力传递和水的剪切应力等问题。但从总体来看，还没有形成液体运动的系统理论。

18 世纪以后，流体运动规律的系统理论研究同时沿着两个虽有相互渗透，但基本上互不联系的方向发展。一个是在古典力学的基础上，运用严密的数学分析方法，建立流体运动的基本方程。其中，得到广泛应用的有 1738 年瑞士科学家伯努利(D. I. Bernoulli)建立的理想流体运动的能量守恒方程——伯努利方程；1755 年欧拉(L. Euler，瑞士)建立的理想流体的运动微分方程——欧拉方程；1821 年和 1845 年分别由纳维(L. M. H. Navier，法国)和斯托克斯(G. G. Stokes，英国)建立的实际流体的运动微分方程——纳维-斯托克斯方程(简称 N-S 方程)，这样就奠定了古典流体力学的理论基础。但由于理论中的假设与实际不尽相符，或由于求解上的数学困难，尽管古典流体力学在理论上比较严密，仍尚难用其理论求解许多实际工程问题。与此同时，另一途径是为了适应当时工程技术迅速发展的需要，解决生产实践中提出的大量实际问题，采用实地观测和实验手段，针对具体水流现象，直接寻求水力要素间的定量经验关系，总结出一些经验或半经验公式，着眼于解决有关的具体工程实际问题。如 1769 年谢才(A. de Chezy，法国)建立的计算明渠均匀流的谢才公式；1889 年由曼宁(R. Manning，英国)得到的确定谢才系数的曼宁公式等。此外，在水流量测技术方面有 1732 年毕托(H. Pitot，法国)发明的量测水流流速的毕托管；1797 年文丘里(G. B. Venturi，意大利)创造的量测有压管道流量的文丘里管等。这些成果被总结成以实际液体为对象，偏重于经验和实用的水力学。但是水力学由于理论指导不足，其成果往往有局限性，难以解决复杂问题。

随着现代工业和新技术的迅速发展，以纯理论分析为基础的古典流体力学和以实验研究为主的水力学都已不能适应生产发展的要求，因此改变这种状况、改变两者相互脱节的情况，已是科学发展的必然趋势。

进入 19 世纪末期，特别是 20 世纪以来，古典流体力学和水力学都进入了一个新的快速发展时期，理论与实践的结合日趋紧密，两个学科的内容均在不断发生变化，使得古典流体力学与水力学两者越来越接近，逐渐形成了理论与实验并重的现代流体力学和现代水力学。一方面，迅速发展的现代实验技术和建立在相似原理及量纲分析基础上的实验理论，大大提高了探测水流运动规律和对实验资料进行理论概括的能力。另一方面，紊流和边界层等理论的发展已经使对水流的研究深入到了内部机理，为分析复杂实际的黏性流体运动开辟了途径。1883 年雷诺（O. Reynolds，英国）通过系统实验发现了液流的两种完全不同的流动形态——层流与紊流；1894 年他又建立了描述不可压缩实际液体紊流时均流动的运动微分方程，即紊流的基本方程——雷诺方程。1904 年普朗特（L. Prandtl，德国）提出了边界层的概念，创立了边界层理论。它揭示了水、空气等低黏性流体与理想流体流动之间的实质性联系，既开辟了解决实际流体流动问题的途径，又明确了理想流体理论适用的范围，使流体力学与水力学两种研究途径得到了统一。当前，现代水力学和流体力学在研究方法上的区别已趋于消失，只是在研究内容上各有所侧重。流体力学的研究对象是流体，包括液体和气体；水力学的研究对象是以水为代表的液体，其基本规律也适用于低流速气体（可视为不可压缩气体）。根据侧重不同，又可将侧重于理论分析的流体力学称为理论流体力学，将侧重于应用研究的水力学称为工程流体力学。

20 世纪 50 年代以后，特别是近 30 年以来，在迅猛发展的科学技术推动下，国内、外科学对流体力学各个领域中的问题展开了广泛而深入的研究并取得丰硕成果，大大地丰富和发展了流体力学内容。同时，为了解决生产和工程实际中出现的新课题，又逐渐派生和发展形成了一些新的流体力学分支学科，如生态流体力学、环境流体力学、生物流体力学等。特别是由于电子计算机的飞速发展和广泛应用，使得许多复杂的、过去无法解决的流体力学问题可以通过数值计算求解，从而又发展形成了一门新学科——计算流体力学。此外，现代量测技术如热膜、激光、同位素、超声波等以及各种新型量测仪器也在不断发展、不断扩大量测范围，提高量测精度，使一些理论成果得到进一步验证和发展。当前，理论分析、实验研究和数值计算已成为流体力学研究的三大支柱。它们之间的相辅相成，必将赋予流体力学以新的生命力，使流体力学在生产实际的各个领域中进一步发挥作用。

## 1.2　连续介质模型

### 1.2.1　流体质点的概念

在介绍流体的连续介质模型之前，首先给出流体质点的概念。

流体质点是研究流体宏观运动规律的最小的基本单元。质点具有一定质量和体积，其中包含有足够多的大量分子。所谓流体宏观运动规律或者称流体的宏观特性（如密度 $\rho$、压强 $p$、温度 $t$、流速 $v$ 等），就是指该体积中大量分子微观运动的统计平均特性，或者说是大量分子微观运动的物理量的统计平均结果。

因此，从辩证的角度来定义流体质点，其实质就是从宏观上看足够小，从微观上看又足够大的一个特征体积中所有分子的总体组成的分子团。一方面，该特征体积的尺度比起所研究问题的宏观尺度足够的小，使该体积内物理量的平均值均匀不变，从宏观上可以认为是一个几何上没有体积的点。另一方面，从微观上看，该特征体积比起分子微观运动的尺度又足够的大，大到了其中包含有大量、足够多的分子，以达到能够使大量分子微观运动的统计平均特性（如 $\rho$、$p$、$t$、$v$ 等）为一个常量，而不表现其随机性，如图 1-1 所示。这样一个特征体积 $\Delta V'$ 中所有流体分子的总体（分子团）就称之为流体质点。现代物理学研究得知该特征体积，也就是液体质点的体积 $\Delta V' = 10^{-10}$ $cm^3$，也就是说，1 $cm^3$的水中含有 $10^{10}$ 个水质点，而在 1 个质点中约含有 $3.35\times10^{12}$ 个水分子，则在标准状态下 1 $cm^3$ 水中，约含有 $3.35\times10^{22}$ 个水分子。分子的间距约为 $3\times10^{-8}$ cm。可以看出，流体质点的几何尺度很小，但包含了大量、足够多的流体分子。

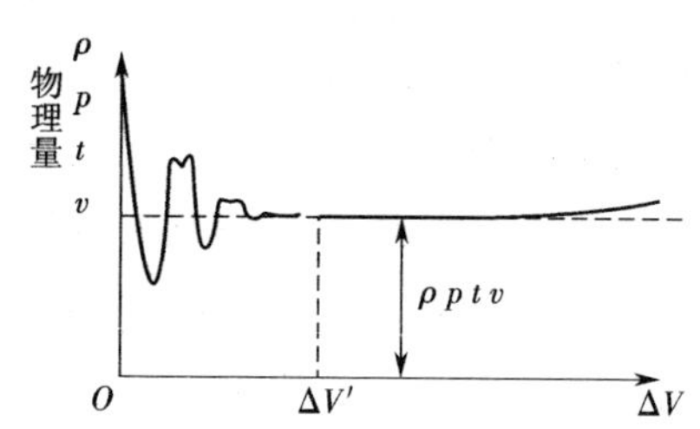


图 1-1 流体宏观特性与流体体积的关系

## 1.2.2 连续介质模型

连续介质模型是流体力学中第一个具有根本性的假说。它将流体视为连续介质，即认为流体是由无数个彼此间没有空隙，完全充满所占空间的质点所组成的连续体，其物理性质和运动要素也都是连续的。这与人们的直接感观较为一致，但与真实情况却不相符，只是为了简化研究而提出的关于固体与流体性质的一种假说。实际上，众所周知，流体与其他一切物质一样，是由无数个彼此间存有间隙，并永不停息地进行着复杂微观运动的分子所组成的。而且表述流体物理性质的各物理量、运动要素（如各点的密度 $\rho$、压强 $p$ 和速度 $v$ 等）在空间的分布是不连续的。同时，由于分子的随机运动，导致空间任一点上的流体物理量在时间上的变化也是不连续的。

在前面介绍质点概念时已知：在标准状态下，1 $cm^3$ 的水中就含有约 $3.35\times10^{22}$ 个水分子，分子的间距约为 $3\times10^{-8}$ cm。可见，分子间的距离非常微小，即使在很小体积中，也含有大量分子。如果以分子为对象研究流动问题，则太过复杂。人们所关注的，正是流体力学所要研究的，是流体的宏观机械运动规律，而复杂的分子微观运动不是流体力学所研究的范围。并且分子的间距与所研究的流体运动的宏观尺度相比，小至微不足道，以致可以忽略不计。将流体视为连续体是有一定科学依据的，对分析研究流体宏观运动规律不会带来大的影响。如前所述，即使在一个很小的体积中，也含有难以数计的大量分子。要想在研究流体宏观机械运动的同时，将每一个分子运动都搞清楚，一来无必要，二也不可能做到。因而，撇开流体的分子结构，以流体质点为基本单元，认为流体的物理性质和运动要素在流场内都是连续变化的，就此可以应用连续函数这一有力的数学工具研究流体宏观运动的规律。

连续介质模型(假说)，是由瑞士数学家和力学家欧拉(L•Euler. 1707—1783)，于1753年在他的著作《流体运动的基本原理》一书中首先提出的。这一模型是对流体物质结构的简化。它既给研究分析流体力学问题时带来极大的方便，又有足够的精度满足实际工程的要求。它的提出至今已有250多年，经过长期实践检验，证明该模型是合理的、正确的，在流体力学发展史上有着非常重要的作用。

但是，连续介质模型有一定的应用范围。当研究的区域很小，达到与分子大小处于同一数量级时，或者是在很稀薄的气体中，连续介质模型不再适用。另外，当液流的性质发生局部突变时，如液流的局部区域压强变得很低而发生空化时，或是掺气水流，液体的连续性遭到破坏，连续介质模型也不再适用。本书只讨论符合连续介质模型的流体。

连续介质模型对于学过固体力学的读者并不陌生，在材料力学和弹塑性力学中，都是把受力构件当成连续介质研究其应力与应变的规律。可以说，连续介质模型是固体和流体力学等许多分支学科共同的理论基础。

## 1.3 流体的基本特征和主要物理力学性质

### 1.3.1 流体的基本特征

自然界中所有的物质，其宏观上都呈现为固体、液体和气体，其中液体和气体统称为流体。流体最基本的特征是具有流动性。这也正是流体不同于固体的最本质的特征。正因如此，液体和气体才得名为流体。

宏观所观察到的流动现象，诸如微风吹过平静的湖面，水面因受气流的摩擦力(沿水面作用的剪切力)而流动；又如斜坡上的水因受重力沿坡面方向的切向分力作用而往下流淌等，都表明静止状态下的流体不能承受切力，也就是说，静止的流体在任何微小的剪切力作用下，都会产生连续不断的变形，即发生流动，只有当外在切力消失，变形才能停止，这就是流动性的力学诠释。此外，流体无论是静止还是运动时都不能承受拉力。

固体则不同，固体能承受一定大小的拉力、压力和剪切力。当外力作用在固体上时，固体将产生一定程度的相应变形。外力保持不变，其变形就不会变化。因此，固体能保持一定形状，具有一定的体积。液体由于具有流动性，因此没有一定的形状，其形状随容器的形状而变。液体能承受压力，其压缩变形很小，很不容易被压缩。在一般情况下，液体被认为是不可压缩的，因此它具有一定的体积，有自由表面。而气体则有明显的压缩性，因此它不具有一定的体积，可以充满其存在的整个容器，没有自由表面，由于气体具有流动性，因此也没有固定的形状。

### 1.3.2 流体的主要物理力学性质

流体受外力而做机械运动以及怎样运动，是由流体自身的物理力学性质所决定的。外因是变化的条件，内因才是变化的根据，因此，流体的物理力学性质是研究流体机械运动的基本出发点和依据。在流体力学中，有关流体的主要物理力学性质有惯性、万有引力特性、黏滞性、弹性（主要是压缩性）和表面张力特性。

**1. 惯性**

惯性是所有物体都具有的一种保持其原有运动状态的性质，或者说是反抗改变原有运动状态的性质。任何物体运动状态的改变，都必须克服惯性作用。惯性的度量是质量，也就是物体中所含物质的多少。质量越大，惯性就越大，其运动状态越难改变。物体反抗改变原有运动状态而作用于其他物体上的反作用力称为惯性力。设物体的质量为 $m$，加速度为 $\boldsymbol{a}$，则惯性力 $\boldsymbol{F}$ 的大小为

$$\boldsymbol{F}=-m\boldsymbol{a} \tag{1-1}$$

式中，负号表示惯性力方向与物体加速度方向相反。

单位体积流体内所具有的质量称为密度，以 $\rho$ 表示。对于均质流体，设其体积为 $V$，质量为 $m$，则

$$\rho=\frac{m}{V} \tag{1-2}$$

对于非均质流体，其各点密度不同。要确定空间某点流体的密度，可在该点周围取一微元体积 $\Delta V$，设其质量为 $\Delta m$，该微元体的平均密度为$\frac{\Delta m}{\Delta V}$，则该点的密度为

$$\rho=\lim_{\Delta V\to 0}\frac{\Delta m}{\Delta V}=\frac{\mathrm{d}m}{\mathrm{d}V} \tag{1-3}$$

在国际单位制（SI）中，密度的单位为 $\mathrm{kg/m^3}$。

流体的密度随温度和压强的变化而变化。实验表明，流体的密度随温度和压强变化很小，一般情况下可以视为常数。例如水的密度，实用上就以在一个大气压强下、温度为 4 ℃时的最大密度值作为计算值，其数值为 $\rho=1\ 000\ \mathrm{kg/m^3}$。水银的密度值为 $13.6\times10^3\ \mathrm{kg/m^3}$。

气体的密度随温度和压强的变化而变化。在一个标准大气压条件下，0 ℃时空气的密度为 $1.293\ \mathrm{kg/m^3}$。

在一个标准大气压条件下，不同温度下水和空气的密度值见表 1-1，几种常见的流体密度见表 1-2。

表 1-1 在标准大气压时不同温度下水和空气的密度 (单位:kg/m³)

| 温度/℃ | 水 | 空 气 | 温度/℃ | 水 | 空 气 |
|---|---|---|---|---|---|
| 0 | 999.9 | 1.293 | 40 | 992.2 | 1.128 |
| 5 | 1 000.0 | 1.270 | 50 | 988.1 | 1.093 |
| 10 | 999.7 | 1.248 | 60 | 983.2 | 1.060 |
| 15 | 999.1 | 1.226 | 70 | 977.8 | 1.029 |
| 20 | 998.2 | 1.205 | 80 | 971.8 | 1.000 |
| 25 | 997.1 | 1.185 | 90 | 965.3 | 0.973 |
| 30 | 995.7 | 1.165 | 100 | 958.4 | 0.947 |

表 1-2 在标准大气压下几种常见流体的密度

| 流体名称 | 酒精 | 四氯化碳 | 水银 | 汽油 | 海水 |
|---|---|---|---|---|---|
| 温度/℃ | 20 | 20 | 20 | 15 | 15 |
| 密度/(kg/m³) | 799 | 1 590 | 13 550 | 700～750 | 1 020～1 030 |

**2. 万有引力特性**

物体之间具有相互吸引的性质,其相互的吸引力称为万有引力,其作用是企图改变物体原有运动状况而使其相互接近。在流体运动中,一般只需要考虑地球对流体的引力,这个引力就是重力,用重量 $G$ 表示。设物体的质量为 $m$,重力加速度为 $g$,则其重量为

$$G=mg \tag{1-4}$$

采用国际单位制时,重量的单位是牛顿(N)。

单位体积流体内所具有的重量称为重度或容重、重率,用 $\gamma$ 表示。对于均质流体,设其体积为 $V$,重量为 $G$,则

$$\gamma=\frac{G}{V} \tag{1-5}$$

对于非均质流体,根据连续介质模型,则

$$\gamma=\lim_{\Delta V\to 0}\frac{\Delta G}{\Delta V} \tag{1-6}$$

此处 $\gamma$ 为一点的重度。重度的单位是 $N/m^3$。

$$\gamma=\rho g \quad 或 \quad \rho=\frac{\gamma}{g} \tag{1-7}$$

重力加速度 $g$ 的大小与地球纬度有关,一般可视为常数,本书采用 $9.8\ m/s^2$。

流体的重度随压强和温度的变化而变化,但液体重度变化很小,一般可看做常数。例如,水的重度常采用的数值为 9 800 $N/m^3$(或 9.8 $kN/m^3$)。

3. 黏滞性

1）黏滞性的基本概念

流体具有流动性，静止状态的流体不能承受切力抵抗剪切变形，但在运动状态下，流体就具有阻止流层间相对运动、抵抗剪切变形的能力，这就是黏滞性，亦称为黏性。在运动的流体内部，相对运动的相邻流层或质点间成对出现的剪切力，也称为内摩擦力，即为黏滞力。

为了更好地理解流体的黏性，先介绍如图 1-2 所示的实验，有上下两块平行的平板，其间充满静止的流体，两平板间距为 $h$，图示 $y$ 方向为平板的法线方向。下平板固定不动，使上平板在流体表面，沿着与下平板平行的方向，以速度 $U$ 做匀速运动。于是紧挨着上平板下表面的一层流体质点就黏附于该板下表面上，该层流体随同上平板一起以速度 $U$ 运动。然后，该层流体会影响到相邻的下一层，并带动其运动，这样一层层地向下影响，使各层都相继流动，直至黏附于下平板上的流层，其速度为零。于是在两平板间沿法线 $y$ 方向，流速由 0 变化至 $U$，在 $U$ 和 $h$ 都较小的情况下，各流层的速度沿法线方向可视为呈线性分布，其流速梯度为 $U/h$；在一般情况下，为非线性分布，其流速梯度即为$\frac{\mathrm{d}u}{\mathrm{d}y}$。

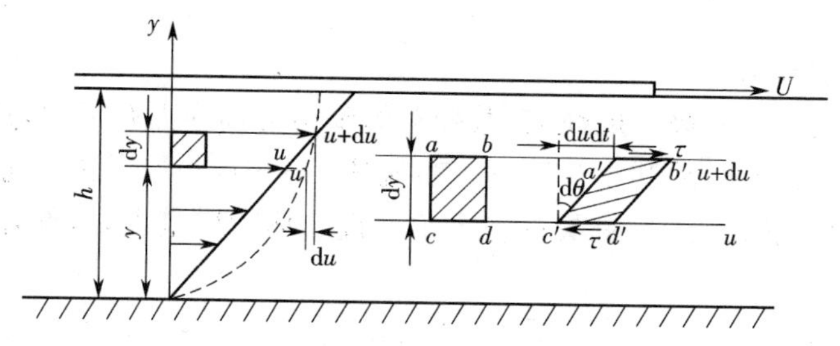


图 1-2 黏滞性的表象

上述实验说明，静止状态下的流体不能承受切力，不能抵抗剪切变形，即静止流体不显现黏性。但在运动状态下，流体内部质点间或流层间出现相对运动，流动快的流层要带动流动慢的流层运动，流动慢的流层要阻滞流动快的流层运动，因而在流层间产生内摩擦力，其作用就是阻滞流层间的相对运动，抵抗剪切变形，所以实际流体在运动状态下就显现出了它的固有特性——黏性。

实验表明，处于流动状态的流体，其紧贴于固体边壁的一层流体质点是黏附在固体壁面上的，与边界之间没有相对运动（称为实际流体的无滑移条件），因此，流体与固体边壁之间不存在摩擦力，这样流体中的摩擦力均表现为流体内各流层之间的摩擦力，故称之为流体内摩擦力。

在相对运动的流层间，内摩擦力总是成对出现的。其大小相等，方向相反。速度快的流层施加于较慢流层上的切力与流速方向一致。速度较慢的流层作用在较快流层上的切力与流速方向相反。两个力分别作用于相邻的两个不同流层上。

黏性就是流体在运动过程中产生阻力的特性。流体运动要克服其内摩擦阻力而做功，就要消耗能量，因而黏性的存在就是产生机械能损失的根源。黏性也使流体运动的规律变得异常复杂，给对它的研究和分析带来很多困难。黏性是对流体运动具有重要影响的固有属性。它是流体所特有的物理力学性质之一。

**2）牛顿内摩擦定律**

由牛顿于1686年首先提出，发表在他的著作《自然哲学的数学原理》一书中，并经后人验证的流体内摩擦定律，亦称为牛顿内摩擦定律，可表述为：处于相对运动的相邻两层流体之间的内摩擦力（或切力）$F$ 的大小与流体的性质有关，并与流速梯度 $\frac{du}{dy}$ 和流层的接触面积 $A$ 成正比，而与接触面上的压力无关。即

$$F=\mu A\frac{du}{dy} \tag{1-8}$$

式中，$\mu$ 为比例系数，称为动力黏度，亦称为动力黏滞系数或绝对黏度。在国际单位制（SI）中，黏度 $\mu$ 的单位是 Pa·s，其中

$$1\ \mathrm{Pa\cdot s}=1\ \mathrm{N\cdot s/m^2}=1\ \mathrm{J\cdot s/m^3}=1\ \mathrm{kg/(s\cdot m)}$$

若以 $\tau$ 代表单位面积上的内摩擦力，即黏滞切应力，则

$$\tau=\mu\frac{du}{dy} \tag{1-9}$$

切应力 $\tau$ 的单位为 Pa。

流体黏性的大小还可以用另一个系数 $\gamma$ 来表示。$\gamma$ 为动力黏度 $\mu$ 与密度 $\rho$ 的比值，即

$$\gamma=\frac{\mu}{\rho} \tag{1-10}$$

在国际单位制（SI）中 $\gamma$ 的单位为 $m^2/s$，具有运动学的要素，故称为运动黏度或运动黏滞系数。

式（1-8）或式（1-9）中的流速梯度 $\frac{du}{dy}$ 表示的是流速沿垂直于流动方向即流层法线 $y$ 方向的变化率。为进一步理解其物理意义，沿法线 $y$ 方向任取一边长为 $dy$ 的方形流体微团 $abcd$（见图1-2），其上下表面流速不同，相差 $du$，经过一个 $dt$ 微小时段后，微团除了平移到新的位置外，还产生了剪切变形 $d\theta$，成为图中所示的 $a'b'c'd'$。由于 $dt$ 是一个微小时段，故 $d\theta$ 亦很小，所以可视为

$$d\theta=\tan(d\theta)=\frac{du\,dt}{dy}$$

所以

$$\frac{d\theta}{dt}=\frac{du}{dy} \tag{1-11}$$

由此可知，流速梯度 $\frac{du}{dy}$，实际上就是流体微团的剪切变形速度。所以，牛顿内摩

擦定律也可以理解为流体内摩擦力 $F$ 或黏滞切应力 $\tau$ 与流体的剪切变形速度（剪切变形速率）$\frac{d\theta}{dt}$成正比（这一点也是与固体不同的）。其数学表达式可写成

$$F=\mu A\frac{d\theta}{dt}\quad 或 \quad \tau=\mu\frac{d\theta}{dt}$$

当切应力一定时，黏性越大，剪切变形速度就越小，故黏性又可以定义为流体阻抗剪切变形速度的特性。

动力黏度 $\mu$ 是流体黏性大小的度量。$\mu$ 值越大，黏性作用越强，流体就越黏，流动性越差。$\mu$ 值的大小随流体的种类不同而不同，并随压强和温度的变化而变化。但实践表明，在一般情况下（通常指压强小于 100 个大气压），压强对流体黏性的变化影响很小，可以忽略。温度则成为影响流体黏性的主要因素，而且液体和气体的黏度随温度的变化规律是不同的，液体的 $\mu$ 值随温度升高而减小；而气体则相反，其 $\mu$ 值随温度的升高而增大。究其原因，可由微观的分子热运动给予简单解释：流体的黏性是由分子间的吸引力和分子本身不规律的热运动所产生的动量交换而形成的。对于液体的黏性而言，分子间的吸引力是形成其黏性的决定性因素，因此液体随温度升高，分子间的吸引力降低，所以其黏性就减小。气体分子间距离本来就很大，彼此间的吸引力作用很小，气体的黏性主要是通过分子热运动，使分子彼此间发生碰撞而产生的动量交换所形成的。当气体温度升高时，其分子热运动加快，分子间碰撞的几率增高，随之产生的动量交换增大，其黏性也就随之增大，所以气体的黏性随温度的升高而增大。但相对而言，温度对黏性的影响，液体较气体更为明显。如当温度同是由 15 ℃增至 50 ℃，此时水的 $\mu$ 值约减小一半，而空气的 $\mu$ 值仅增加约 9 %。

不同温度下水的 $\mu$ 和 $\nu$ 值见表 1-3，空气的 $\mu$ 和 $\nu$ 值见表 1-4。

**表 1-3 不同温度下水的物理性质数值表**

| 温度 /℃ | 重度 $\gamma$ /(kN/m$^3$) | 密度 $\rho$ /(kg/m$^3$) | 动力黏滞系数 $\mu$ /($10^{-3}$ N·s/m$^2$) | 运动黏滞系数 $\nu$ /($10^{-6}$ m$^2$/s) | 体积弹性系数 $K$ /($10^9$ N/m$^2$) | 表面张力系数 $\sigma$ /(N/m) |
|---|---|---|---|---|---|---|
| 0 | 9.805 | 999.9 | 1.781 | 1.785 | 2.02 | 0.075 6 |
| 5 | 9.807 | 1 000.0 | 1.518 | 1.519 | 2.06 | 0.074 9 |
| 10 | 9.804 | 999.7 | 1.307 | 1.306 | 2.10 | 0.074 2 |
| 15 | 9.798 | 999.1 | 1.139 | 1.139 | 2.15 | 0.073 5 |
| 20 | 9.789 | 998.2 | 1.002 | 1.003 | 2.18 | 0.072 8 |
| 25 | 9.777 | 997.0 | 0.890 | 0.893 | 2.22 | 0.072 0 |
| 30 | 9.764 | 995.7 | 0.798 | 0.800 | 2.25 | 0.071 2 |
| 40 | 9.730 | 992.2 | 0.653 | 0.658 | 2.28 | 0.069 6 |
| 50 | 9.689 | 988.0 | 0.547 | 0.553 | 2.29 | 0.067 9 |
| 60 | 9.642 | 983.2 | 0.466 | 0.474 | 2.28 | 0.066 2 |
| 70 | 9.589 | 977.8 | 0.404 | 0.413 | 2.25 | 0.064 4 |
| 80 | 9.530 | 971.8 | 0.354 | 0.364 | 2.20 | 0.062 6 |
| 90 | 9.466 | 965.3 | 0.315 | 0.326 | 2.14 | 0.060 8 |
| 100 | 9.399 | 958.4 | 0.282 | 0.294 | 2.07 | 0.058 9 |

表 1-4 标准大气压下空气的物理性质数值表

| 温度 $T$ /℃ | 密度 $\rho$ /(kg/m³) | 重度 $\gamma$ /(N/m³) | 动力黏度 $\mu\times10^5$/(Pa·s) | 运动黏度 $\nu\times10^{-5}$/(m²/s) |
|---|---|---|---|---|
| −40 | 1.515 | 14.86 | 1.49 | 0.98 |
| −20 | 1.395 | 13.68 | 1.61 | 1.15 |
| 0 | 1.293 | 12.68 | 1.71 | 1.32 |
| 10 | 1.248 | 12.24 | 1.76 | 1.41 |
| 20 | 1.205 | 11.82 | 1.81 | 1.50 |
| 30 | 1.156 | 11.43 | 1.86 | 1.60 |
| 40 | 1.128 | 11.06 | 1.90 | 1.68 |
| 60 | 1.060 | 10.40 | 2.00 | 1.87 |
| 80 | 1.000 | 9.81 | 2.09 | 2.09 |
| 100 | 0.946 | 9.28 | 2.18 | 2.31 |
| 200 | 0.747 | 7.33 | 2.58 | 3.45 |

**3）理想流体**

所有实际的流体，无论是液体还是气体，都是有黏性的。黏性的存在使流体运动规律变得异常复杂，也给对流体运动规律的研究分析带来极大困难。为了简化理论分析，引入了理想流体的概念。所谓理想流体，就是指没有黏性，即黏度 $\mu=0$（或 $\nu=0$）的流体。实际上理想流体是不存在的，它只是一种假设，是一种对流体物理力学性质进行简化了的力学模型。

由于理想流体不考虑黏性，因此对流动的分析大为简化，较易于得出流体运动的一些基本规律。这样，对某些黏性影响很小的流动，就可视作理想流体运动且能较好地符合实际；对于黏性影响不能忽略的黏性流体的流动，则可以先将流体当成理想流体进行分析，得出主要结论，然后将黏性的影响进行专门研究论证，再对原来得出的结论加以补充和修正，从而能够比较容易地解决许多实际的流动问题，也是处理黏性流体运动问题的一种有效的方法。

**【例 1-1】** 一平板在油面上做水平运动（见图 1-3），已知平板的运动速度 $U=40$ cm/s，油层厚度 $\delta=5$ mm，油的动力黏度 $\mu=0.1$ Pa·s。求作用在平板单位面积上的黏性阻力。

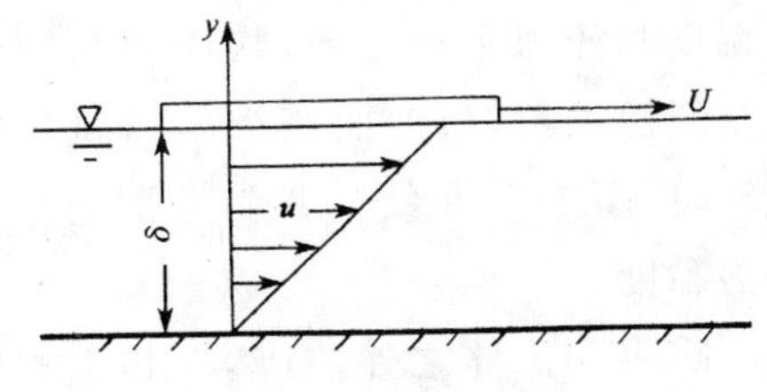

图 1-3 油面平板运动

**【解】** 直接与平板接触的油层黏附在平板上，随平板一起运动。其下面与之相邻的油层作用在该层上的切应力（方向与平板运动方向相反）等于作用在平板单位面积上的黏性阻力。由牛顿内摩擦定律，有

$$\tau=\mu\frac{\mathrm{d}u}{\mathrm{d}y}$$

因为油层内流速按直线分布$\frac{\mathrm{d}u}{\mathrm{d}y}=\frac{U}{\delta}$，故

$$\tau=\mu\frac{U}{\delta}=0.1\times\frac{40}{0.5}\ \mathrm{N/m^2}=8\ \mathrm{N/m^2}$$

**【例 1-2】** 旋转圆筒黏度计，外筒固定，内筒由同步电机带动旋转。内外筒间充入实验液体（见图 1-4）。已知内筒半径 $r_1=1.93$ cm，外筒半径 $r_2=2$ cm，内筒高 $h=7$ cm，实验测得内筒转速 $n=10$ r/min，转轴上扭矩 $M=0.0045$ N·m。试求该实验液体的动力黏度。

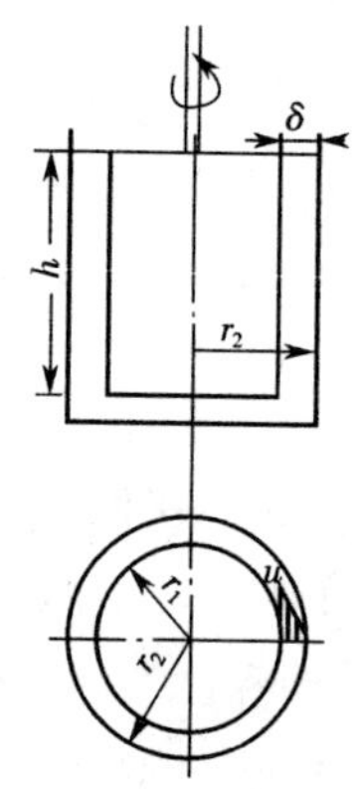

图 1-4 旋转圆筒黏度计

**【解】** 充入内外筒间隙的实验液体在内筒带动下做圆周运动。因间隙很小，速度近似直线分布。不计内筒两端面的影响，内筒壁的切应力

$$\tau=\mu\frac{\mathrm{d}u}{\mathrm{d}y}=\mu\frac{\omega r_1}{\delta}$$

式中，内筒的旋转角速度

$$\omega=\frac{2\pi n}{60}=\frac{2\pi\times10}{60}=\frac{\pi}{3}$$

扭矩 $$M=\tau\cdot2\pi r_1\cdot h\cdot r_1=\frac{\mu\omega2\pi r_1^3h}{\delta}$$

动力黏度 $$\mu=\frac{M\delta}{2\pi\omega r_1^3h}=0.952\ \mathrm{Pa\cdot s}$$

**4）牛顿流体与非牛顿流体**

牛顿内摩擦定律给出了流体在简单剪切流动条件下切应力与剪切变形速度的关系，这种关系称为流变性，它反映出流体物质的物理力学性质，表示流变关系的曲线称为流变曲线（如图 1-5 所示）。

一般常见的流体如水和空气等的流变性符合牛顿内摩擦定律，这样的流体统称为牛顿流体（Newtonian fluid）。其黏度 $\mu$ 在一定温度和压力下是常数，切应力与剪切变形速度呈线性关系，流变曲线为一通过坐标原点的直线（见图 1-5，$A$ 线），其斜率即为牛顿流体的动力黏度。

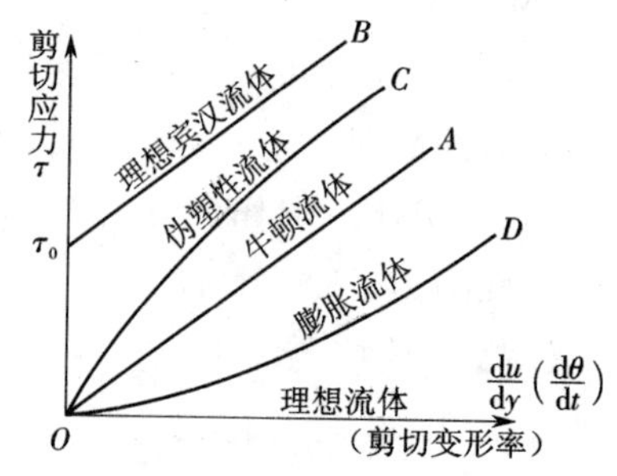

图 1-5 流变曲线

除牛顿流体之外，自然界和工程实际中还有许多流体（如原油、沥青、水泥砂浆等）的流变性不符合牛顿内摩擦定律，其流变曲线不是通过原点的直线（见图 1-5，$B\sim D$ 线），这些流体

统称为非牛顿流体。

对于非牛顿流体，也类似于牛顿流体，把切应力与相应的剪切变形速度之比，定义为非牛顿流体在这一剪切变形速度时的表观黏度。在流变图上表观黏度就是纵坐标与横坐标之比值。

工程常用的非牛顿流体有以下几种。

(1) 宾汉流体(Bingham fluid)。其流动特点是，只有当施加的切应力超过屈服应力(或初始应力)$\tau_0$，才能产生流动，而流动过程中，切应力与剪切变形速度成直线关系(见图1-5，$B$线)。宾汉流体是工业上常见的流体，如新拌水泥砂浆、新拌混凝土、高含蜡低温原油、泥浆、牙膏及中等浓度的悬浮液等。

(2) 伪(拟)塑性流体(Pseudoplastic fluid)。其流动特点是随剪切变形速度的增大，表观黏度降低(见图1-5，$C$线)，流动性增大，表现出流体变稀。故伪塑性流体又称剪切稀化流体。多数非牛顿流体，如高分子聚合物溶液、油漆、绝缘清漆、油画用的颜料、某些原油、人体血液等都属伪塑性流体。

(3) 膨胀流体(Dilat fluid)。其流动特点是随剪切变形速度增大，表观黏度增大(见图1-5，$D$线)，流动性降低，表现出流体变稠，故膨胀流体又称为剪切稠化流体。如特别高浓度的挟沙水流、浓淀粉糊、阿拉伯树胶溶液等都属膨胀流体。

所以在使用牛顿内摩擦定律时，一定要注意其适用范围。

**4. 弹性——压缩性和膨胀性**

流体的弹性包括其压缩性和膨胀性。流体的压缩性是指流体受外界压力而使分子间距减小、体积缩小、密度增大，而当除去外力后能恢复原状的性质。流体的膨胀性是指流体受热，分子间距增大、体积膨胀、密度减小，而当温度下降至原有状态后，流体能恢复原状的性质。

液体和气体虽然都是流体，但两者的压缩性和膨胀性却大不相同。

**1) 液体的压缩性和膨胀性**

液体的压缩性通常用体积压缩系数$\beta$来表示，其物理意义是表示单位压强的增加所引起的液体体积的相对减小值。其数学表达式为

$$\beta=-\frac{\mathrm{d}V/V}{\mathrm{d}p} \tag{1-12}$$

式中 $V$——液体原有的体积；

$\mathrm{d}p$——压强增加值；

$\mathrm{d}V$——增压后体积减小值。

由于压强增大使体积减小，$\mathrm{d}p$与$\mathrm{d}V$异号，故式中右侧加一负号，使$\beta$为正值，其值愈大，液体愈易压缩。体积压缩系数$\beta$的单位为压强单位的倒数，即$\mathrm{Pa}^{-1}(\mathrm{m}^2/\mathrm{N})$。

根据质量守恒原理，液体压缩前后质量保持不变，即$\mathrm{d}m=0$，体积减小，密度增

大。所以

$$dm=d(\rho V)=\rho dV+Vd\rho=0$$

从而得到

$$-\frac{dV}{V}=\frac{d\rho}{\rho}$$

故压缩系数亦可表述为

$$\beta=\frac{(d\rho/\rho)}{dp} \tag{1-13}$$

工程上习惯用液体的体积弹性系数(或称弹性模量)$K$ 表示液体的压缩性。它的物理意义表示单位体积的相对减小所需要的压强增值。即

$$K=\frac{1}{\beta}=-\frac{dp}{(dV/V)}=\frac{dp}{(d\rho/\rho)} \tag{1-14}$$

$K$ 的单位与压强单位一样,即 Pa($N/m^2$)。$K$ 值愈大,则表示液体愈不容易压缩,$K=\infty$,表示绝对不可压缩。水在 10 ℃,一个工程大气压下 $K=2.1\times10^9$ $N/m^2$。

液体的体积压缩系数 $\beta$ 和弹性系数 $K$ 都是随液体种类、温度和压强而变化的。水在 0 ℃,不同压强下的体积压缩系数 $\beta$ 值见表 1-5。表中符号 at 表示工程大气压,$1at=9.8\times10^4$ $N/m^2$。

**表 1-5　水的体积压缩系数 $\beta$**

| 压强/at | 5 | 10 | 20 | 40 | 80 |
|---|---|---|---|---|---|
| $\beta/Pa^{-1}$ | $0.538\times10^{-9}$ | $0.536\times10^{-9}$ | $0.531\times10^{-9}$ | $0.528\times10^{-9}$ | $0.515\times10^{-9}$ |

水在 1 个大气压下,不同温度下的体积弹性系数 $K$ 见表 1-3。

液体的膨胀性通常用体积膨胀系数 $\alpha_v$ 度量。体积膨胀系数的物理意义是指在一定压强下,单位温升所引起的液体体积的相对增加值(或密度的相对减小值)。设液体体积为 $V$,温度升高 $dT$ 后,体积增大 $dV$,则体积膨胀系数可表达为

$$\alpha_v=\frac{(dV/V)}{dT}=-\frac{(d\rho/\rho)}{dT} \tag{1-15}$$

$\alpha_v$ 值愈大,膨胀性也愈大,则液体愈容易膨胀。$\alpha_v$ 的单位是温度单位的倒数,即 $K^{-1}$(或 1/ ℃)。

液体的体膨胀系数 $\alpha_v$ 同样是随液体种类、温度和压强的变化而变化的。水在一个标准大气压(atm)下,不同温度时的膨胀系数见表 1-6。

**表 1-6　水的体膨胀系数 $\alpha_v$**

| 温度/℃ | 10～20 | 40～50 | 60～70 | 90～100 |
|---|---|---|---|---|
| $\alpha_v/K^{-1}$ | $1.50\times10^{-4}$ | $4.22\times10^{-4}$ | $5.56\times10^{-4}$ | $7.19\times10^{-4}$ |

从表 1-5 和表 1-6 不难看出，水的压缩性和膨胀性都很小。压强每增加一个大气压，体积压缩率或称体积相对压缩量约为 1/20 000；在常温(10～20 ℃)下，温度每升高 1 ℃，则体积膨胀率或水的密度相对减小值约为 1.5/10 000。所以一般情况下，水的压缩性和膨胀性均可忽略不计。只是对于某些特殊的流动现象，如有压管流中的水击、水中爆炸波的传播等，才必须考虑水的压缩性；在液压封闭系统或自然循环的热水采暖系统中，当工作温度变化较大时，也应考虑水的体积膨胀对系统造成的影响。

**2）气体的压缩性和膨胀性**

气体不同于液体，具有比较显著的压缩性和膨胀性。也就是说，对于气体，其密度和体积必须考虑温度和压强的影响。除高压和低温状态外，在一般适度的压强(不超过 20 MPa)和温度(热力学温度不低于 253 K，相当于－20 ℃)条件下，常用气体(如空气、氧、氮、二氧化碳等)的压强、密度和温度三者之间的关系，都符合理想气体(热力学中的理想气体，亦可称完全气体)状态方程，即

$$\frac{p}{\rho}=RT \tag{1-16}$$

式中　$p$——气体的绝对压强(Pa)；

$\rho$——气体的密度($kg/m^3$)；

$T$——气体的热力学温度(K)；

$R$——气体常数，在标准状态下，$R=\frac{8\ 314}{n}$[J/(kg·K)]；

$n$——气体的分子量；空气的气体常数为 287 [J/(kg·K)]。

当气体处于很高的压强、很低的温度下，或接近于液态时，就不能当作理想气体看待，此时式(1-16)不再适用。

虽然气体是可以压缩和膨胀的，但对于低速气流，其速度远小于音速，且在流动过程中压强和温度变化较小时，气体的密度变化很小。例如气流速度小于 50 m/s 时，其密度的变化小于 1%，通常可以忽略压缩性的影响，视为不可压缩流体，其结果具有足够的精度。

对某些情况，如燃气的远距离输送等，则应考虑气体的压缩性。

**3）不可压缩流体**

实际流体都是可压缩的。然而有许多流体在一般情况下，其密度变化很小，可以忽略不计，由此而引出不可压缩流体的概念，这是对流体物理、力学性质的一种简化。所谓不可压缩流体，是指流动的每一个流体质点在运动的全过程中其密度不变化的流体，即是不计其压缩性的流体。对于均质的不可压缩流体，密度时时处处都不变化，即 $\rho$=常数。不可压缩流体是流体力学中又一理想化的力学模型。

如前所述，液体的压缩性和膨胀性都很小。在相当大的压强变化范围内，其密度

几乎不变，可近似视为常数。因此，一般的液体平衡和运动问题，都可按不可压缩流体进行理论分析。

气体的压缩性和膨胀性都远大于液体，属可压缩流体。但是在土木工程中常见的气流运动，如通风管道，低温烟道等，其长度不长，气流速度不大且远小于音速(约340 m/s)。气体在流动过程中，密度没有明显变化，气体的压缩性对气体流动的影响很小，可以忽略不计，仍可作为不可压缩流体处理。

**5. 表面张力特征**

表面张力现象是人们日常生活中经常会遇到的一种自然现象，如小水虫在平静的水面上爬行，水珠在荷叶上滚动，轻小的金属币漂浮于水面上而不沉等现象，这些现象的产生都是表面张力作用的结果。

液体虽然被认为几乎不能承受拉力(张力)，但由于在液体表面层中分子间作用的特点，使得液体表面层中的分子沿液体表面方向作用的引力大于斥力，在这种表面层中分子间引力作用下，宏观上就产生了极其微小的拉力，这种拉力就是表面张力。表面张力的存在，使液体表面好像是一张均匀受力的弹性薄膜，有使其尽量拉紧缩小的趋势，从而使液体表面积最小。例如一滴水，如果没有其他外界因素影响，它总是使自身成为一个球形，因为球形表面积最小。

表面张力只发生在液体与气体、液体与固体或者两种不相混合的液体交界面上，而在液体内部并不存在，它是一种局部受力现象。气体由于分子的扩散作用，没有自由表面，因而不存在表面张力。所以表面张力特性是液体所特有的物理力学性质。表面张力使液体表面收缩拉紧，从而对液流的运动状态产生影响。

表面张力的大小，可用表面张力系数$\sigma$度量。沿液体表面单位长度上所受的张力，即为表面张力系数，其单位为N/m。表面张力的方向总是沿着液体表面，在作用点与液面相切，垂直于长度方向。$\sigma$的数值大小随液体的种类、温度和表面接触情况的不同而变化。对于空气和水接触的水面，在20 ℃时$\sigma$值为0.072 8 N/m，同样温度下，空气和水银接触时，$\sigma$值为0.465 N/m。在一个标准大气压下，水和空气接触的表面张力系数$\sigma$随温度的变化值见表1-3。表1-7给出了几种常见液体的表面张力系数。

**表1-7　几种常见液体的表面张力系数$\sigma$(20 ℃与空气接触)**

| 流体名称 | 酒精 | 苯 | 煤油 | 润滑油 | 原油 | 水 | 水银 |
|---|---|---|---|---|---|---|---|
| $\sigma/(10^{-3}\ N\cdot m^{-1})$ | 22.3 | 28.9 | 27 | 36 | 30 | 72.8 | 465 |

从上述两表中可以看出，液体的表面张力是很小的，在工程实际中没有实际意义，一般可以忽略不计。但当液体表面呈曲面且曲率半径很小以至表面张力的合力

所引起的液体附加压强达到相当大的数值时,就必须考虑表面张力的影响。例如在流体力学实验中,经常使用装有水或水银的细玻璃管做成的测压管,如果管的内径过细,就会引起明显的毛细管现象,即在表面张力作用下,测压管中的液面会发生上升或下降,即管中液面高出或低于管外液面,如图 1-6 所示。这时表面张力的作用就不能忽略。

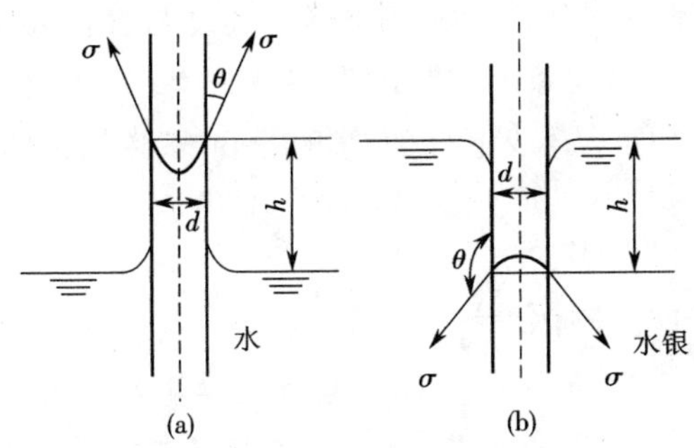


**图 1-6 毛细管现象**

对于毛细管现象产生的原因,可以从液体内部分子间及液体与管壁分子间相互不同的作用来解释。当玻璃细管插入水中时,由于水分子间的相互吸引力,即内聚力小于水与玻璃分子之间的相互吸引力,即附着力,称水对玻璃是浸润的,并使液体沿着壁面向上延伸,液面形成下凹形弯月面。再由于表面张力作用,使其液面升高,直至升高的水柱重量和表面张力的垂直分量平衡为止,如图 1-6(a)所示;当玻璃细管插入水银中时,由于水银分子之间的内聚力远大于玻璃与水银分子间的附着力,结果与上述情况相反,水银表面向下弯曲形成上凸形的弯月面,在表面张力作用下使液面下降一段高度,如图 1-6(b)所示。

管中液面上升或下降的高度,可以通过实验或根据表面张力大小通过公式计算确定。设液面与管壁的接触角为 $\theta$,细管直径为 $d$,液体密度为 $\rho$,表面张力为 $\sigma$,由液体重量与表面张力的垂直分量相平衡(参见图 1-6(a)),即

$$\pi d\sigma\cos\theta=\frac{1}{4}\pi d^2 h\rho g$$

可得

$$h=\frac{4\sigma\cos\theta}{\rho g d} \tag{1-17}$$

式中,接触角 $\theta$ 与液、气的种类和管壁材料等因素有关。实验表明,通常,对于水和洁净的玻璃,$\theta=0°$;对于水银和洁净的玻璃,$\theta\approx140°$。20 ℃时水的表面张力 $\sigma=0.0728$ N/m,水银的 $\sigma=0.465$ N/m,水的密度 $\rho_{水}=998.2$ kg/m³,水银 $\rho_{水银}=13550$ kg/m³,分别代入上式可得水在玻璃管中的上升高度

$$h=\frac{29.8}{d}\ \text{mm} \tag{1-18}$$

水银在玻璃管中的下降高度

$$h=\frac{10.7}{d}\ \text{mm} \tag{1-19}$$

式中，玻璃管直径 $d$ 以 mm 计。

上述公式表明，玻璃管中液面上升或下降的高度与管径成反比，即玻璃管的内径 $d$ 越小，则 $h$ 值越大，毛细管现象所引起的误差就越大。一般要求测压管内径不小于10 mm，此时毛细管内液面上升或下降的高度很小，不致引起过大的误差，可以忽略不计。

## 1.4 作用于流体上的力

无论流体处于运动还是平衡状态，都是由于承受各种力作用的结果。因此，欲研究流体的运动或平衡规律，首先应分析作用在流体上的力的种类和性质。

作用于流体上的各种力，按其物理力学性质可分为惯性力、重力、黏滞力、弹性力和表面张力等；按其力的作用方式又可将其分为质量力和表面力两类。

### 1.4.1 质量力

所谓质量力是指作用于流体每一个质点上的力，其大小与受作用的流体质量成正比。在均质流体中，质量力也必然与受作用的流体的体积成正比，故质量力又称为体积力。最常见的质量力是重力和惯性力。

质量力是一种远距离作用力。它的产生或其作用的显示，并不需要两个物体（施力物体与受力物体）直接接触。力的大小随着两个物体距离的增大而缓慢减小。此说并非是超距作用，而是力场作用。

单位质量流体上所受的质量力称为单位质量力。其单位为 $m/s^2$，具有加速度的量纲 $LT^{-2}$。

设某一流体质点（微团）的质量为 $m$，所受的质量力为 $\boldsymbol{F}$，则单位质量力为

$$\boldsymbol{f}=\frac{\boldsymbol{F}}{m} \tag{1-20}$$

设 $\boldsymbol{F}$ 在空间笛卡尔坐标系中各坐标轴上的分力为 $F_x$、$F_y$、$F_z$，则单位质量力 $\boldsymbol{f}$ 在三个坐标轴上的分量分别为

$$X=\frac{F_x}{m},\quad Y=\frac{F_y}{m},\quad Z=\frac{F_z}{m} \tag{1-21}$$

则单位质量力的矢量表示为

$$\boldsymbol{f}=X\,\boldsymbol{i}+Y\,\boldsymbol{j}+Z\,\boldsymbol{k}$$

式中，$\boldsymbol{i}$、$\boldsymbol{j}$、$\boldsymbol{k}$ 分别为 $x$、$y$、$z$ 三个坐标轴方向的单位矢量。

在重力场中处于平衡状态的流体所受的质量力只有重力，则 $\boldsymbol{G}=mg$，故单位质量力在空间的三个分量分别为

$$X=0,\quad Y=0,\quad Z=-g$$

式中，负号表示重力的方向是铅垂向下的，与坐标轴方向相反。

### 1.4.2 表面力

表面力是作用于流体表面上的力，其大小与受作用的流体表面积成正比，故又称为面积力。表面力可以是来自外界其他物体的直接作用，也可以是流体内部相邻部分的相互作用的结果。在分析流体运动时，通常在流体中取出一小块作为隔离体进行分析，表面力就是周围流体作用于隔离体外表面上的力，对于隔离体而言是外力，但对于整个流体而言它又是内力，是相邻流体相互作用的结果。

表面力是一种短(近)距离作用力。它的产生或其作用显示，需要两个相互作用物体之间的距离达到与分子间距同一数量级，也就是说，两个物体要直接接触才能产生作用。表面力大小随着两个互相作用物体间的距离加大而突然急骤减小。

由于流体不能承受拉力，所以表面力又可以分为垂直作用于作用面的压力和平行于作用面的切力。设在隔离体表面取一个包含 $A$ 点在内的微元面积 $\Delta A$，作用在其上的法向压力为 $\Delta P$，切向力为 $\Delta F$(见图 1-7)，则作用在单位面积上的平均压应力(又称为平均压强)$\bar{p}$ 和平均切应力 $\bar{\tau}$ 分别为

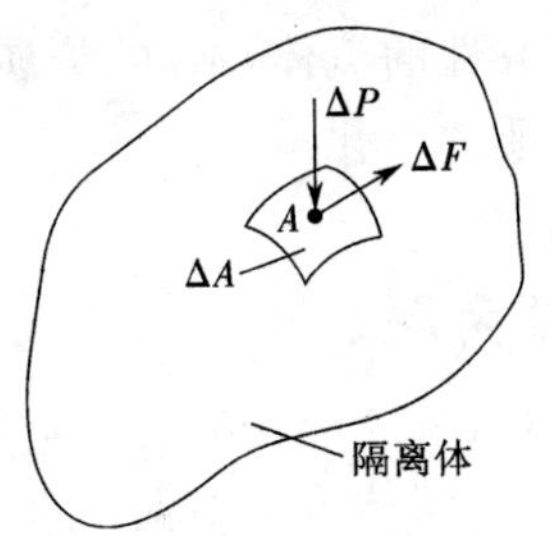

图 1-7 隔离体表面受力分析

$$\bar{p}=\frac{\Delta P}{\Delta A}$$

$$\bar{\tau}=\frac{\Delta F}{\Delta A}$$

根据连续介质假说，当微元面积 $\Delta A$ 无限缩小至 $A$ 点，则 $A$ 点的压强和切应力分别为

$$p=\lim_{\Delta A\to 0}\frac{\Delta P}{\Delta A}\tag{1-22}$$

$$\tau=\lim_{\Delta A\to 0}\frac{\Delta F}{\Delta A}\tag{1-23}$$

在国际单位制(SI)中，压强和切应力的单位均为 Pa。

## 【本章小结】

本章概述了有关流体力学研究的对象、性质、任务及其发展简史，并建立了有关流体力学的基本概念。

(1) 流体的基本特征是具有流动性。流体处于静止状态时不能承受切力，任何微小的切力作用都会使流体产生连续不断的变形，这就是流动性的力学诠释。

(2) 建立了流体质点的概念，介绍了连续介质模型(假说)。这是流体力学中第一个具有根本性的假设，它将流体视为连续介质，即认为流体是由无数个彼此之间没有空隙，完全充满所占空间的质点所组成的连续体。其物理性质和运动要素都是连续的。这一模型是对流体物质结构的简化。它的提出为研究分析流体力学问题创造了极大的方便，在流体力学发展史上起着非常重要的作用。

(3) 介绍了流体的主要物理力学性质。其中惯性、万有引力特性和黏性对液流起着主要作用。其中，黏性是流体的内摩擦特性，或者说是流体阻滞相对运动、阻抗剪切变形速度的特性。它是流体所特有的自然属性。在简单剪切流动条件下，流体的内摩擦力符合牛顿内摩擦定律。本章也介绍了牛顿流体和非牛顿流体的概念。

(4) 流体的压缩性和膨胀性分别由压缩系数 $\beta$，弹性系数 $K$ 和体膨胀系数 $\alpha_v$ 度量，但它们只是在某些特殊情况下才需考虑。而表面张力特性一般都可忽略不计。

(5) 为简化理论分析，引入了理想流体和不可压缩流体的概念。理想流体是没有黏性的流体，$\mu=0$；均质不可压缩流体其密度 $\rho=$ 常数，两者都是对实际流体物理性质的简化模型。

## 【思考题】

1-1 流体的特征是什么？如何从力学角度去解释它？

1-2 试从力学角度分析、比较流体与固体对外力抵抗能力的差异。

1-3 何谓流体质点？什么是连续介质模型？试说明建立连续介质模型对研究流体宏观机械运动规律的必要性和可行性。

1-4 什么是流体的黏性？什么是黏滞力？流体黏性的大小用什么度量？它与什么因素有关？液体与气体的黏性有何不同？原因何在？

1-5 何谓牛顿内摩擦定律？它的适用范围是什么？

1-6 为什么说流体运动的摩擦阻力是内摩擦阻力？它与固体运动的摩擦力有何不同？

1-7 什么是流体的压缩性？液体和气体的压缩性有何异同？压缩性的大小用什么度量？

1-8 什么是理想流体？什么是不可压缩流体？它们对研究流体机械运动规律有什么重要意义？

1-9 作用在流体上的力，按作用方式的不同，可以分为哪几种？它们各自有何特点？试将以下作用力：重力、压力、引力、摩擦力、惯性力，按其作用方式归类。

## 【习题】

1-1 水的密度为 1 000 kg/$m^3$，3 L 水的质量和重量是多少？

1-2 体积为 1.5 $m^3$ 的油料，其重量为 13 230 N，试求该油料的密度。

1-3 水的体积弹性系数为 $1.962\times10^9$ Pa，问压强改变多少时，它的体积相对压缩 1%？这个压强相当于多少个工程大气压？

1-4 如题 1-4 图所示，一平板在油面上做水平运动，其运动速度 $u=1.0$ m/s，平板与固定边界的距离 $\delta=2.0$ mm，油的动力黏度 $\mu=1.15$ (Pa·s)，求作用于平板单位面积上的黏滞阻力。

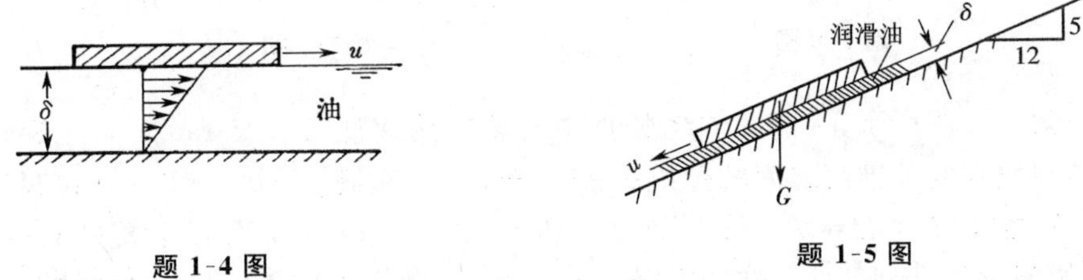


题 1-4 图　　题 1-5 图

1-5 有一厚度为 1 cm 的木块，其底面积为 40 cm×45cm，质量为 5 kg，沿着涂有润滑油的斜面以速度 $u=1$ m/s 匀速下滑，如题 1-5 图所示，油层厚度 $\delta=1$ mm，求润滑油的动力黏滞系数值。

1-6 如题 1-6 图所示，一液体黏度测定仪由内外两同心圆筒所组成，外筒以角速度 $n$ r/min旋转，通过内外筒之间的液体，将力矩传递至内筒，该内筒固定悬挂于一金属丝下，金属丝所受之扭矩 $M$，可以通过其旋转角度测定。若内外筒之间的间隙 $\delta=r_2-r_1$，底部对内筒的影响不计，试求液体动力黏滞系数 $\mu$ 的计算式。

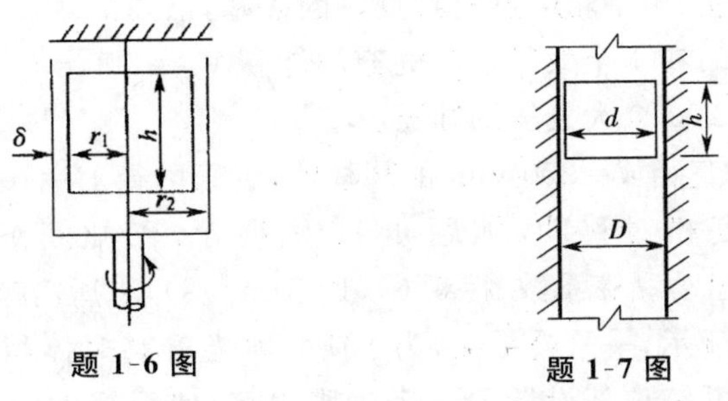


题 1-6 图　　题 1-7 图

1-7 有一自重为 9 N 的圆柱体，其直径 $d=149.4$ mm，高度 $h=150$ mm，在一内径 $D=150$ mm 的圆管中以速度 $v=46$ mm/s 均匀下滑，如题 1-7 图所示，求圆柱体和管壁间隙中油液的动力黏度 $\mu$。

1-8　上下两平行圆盘，直径均为 $d$，间隙厚度为 $\delta$，间隙中液体的动力黏度为 $\mu$，若下盘固定不动，上盘以角速度 $\omega$ 旋转，如题 1-8 图所示，求所需力矩 $M$ 的表达式。

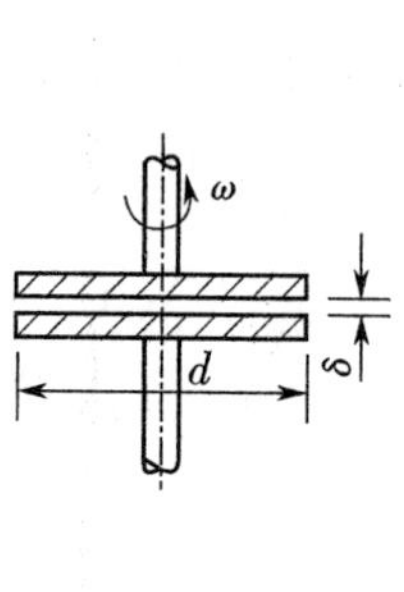


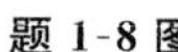
题 1-8 图

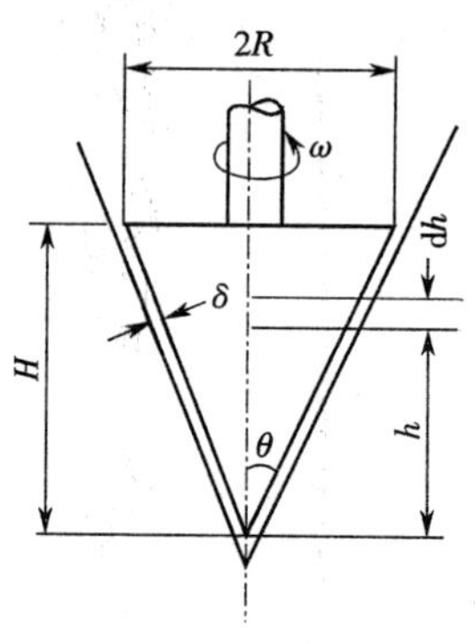


题 1-9 图

1-9　如题 1-9 图所示，一圆锥体绕竖直中心轴以角速度 $\omega=16$ rad/s 匀速旋转，锥体与固定的外锥面之间的隙缝 $\delta=1$ mm，其中充满 $\mu=0.1$ (Pa·s)的润滑油。已知锥体高度 $H=0.5$ m，顶面半径 $R=0.3$ m，求锥体所需要的旋转力矩。

1-10　如题 1-10 图所示，一转轴直径 $d=0.36$ m，轴承长度 $L=1$ m，轴与轴承间的缝隙宽 $\delta=0.2$ mm，其中充满动力黏性系数 $\mu=0.72$ (Pa·s)的油，若轴的转速 $n=200$ r/min，求克服油的黏滞阻力所需的功率。

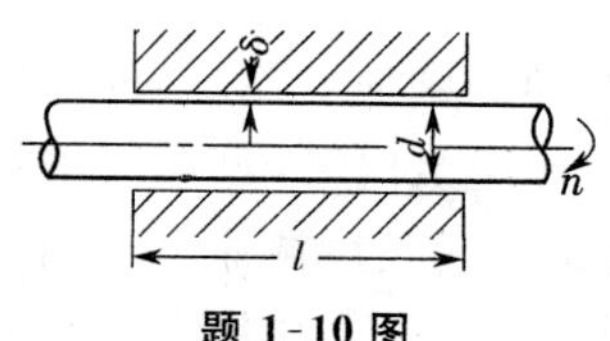


题 1-10 图

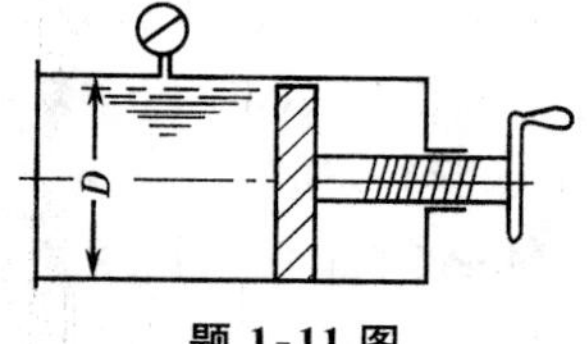


题 1-11 图

1-11　如题 1-11 图所示为一压力表校正器，器内充满压缩系数为 $\beta=4.75\times10^{-10}$ ($m^2/N$)的油液，用手轮旋进密封良好的活塞，已知活塞直径 $D=10$ mm，旋进螺距 $t=2$ mm，在 1 个大气压时的充油体积 $V_0=200$ mL，问手轮应旋进多少圈，才能造成 200 个大气压的油压？

1-12　长度 $l=1$ m，直径 $d=200$ mm 的圆柱体，置于内径 $D=206$ mm 的圆管中，以 1 m/s 的速度相对移动，如题 1-12 图所示，已知间隙中油液的重度为 0.92 $N/m^2$，运动黏滞系数 $\nu=5.6\times10^{-4}$($m^2/s$)，求所需拉力 $T$。

1-13　如题 1-13 图所示，一采暖系统，为了防止水温升高时体积膨胀将水管及暖气片胀裂，特在系统顶部设置了一个膨胀水箱，使系统内的水在温度升高时可自由膨胀进入水箱，若系统内水的总体积为 8.0 $m^3$，温升前后的温差为 50 ℃，水的体膨胀系数为 $5.0\times10^{-4}$ $K^{-1}$，试求膨胀水箱的最小容积。

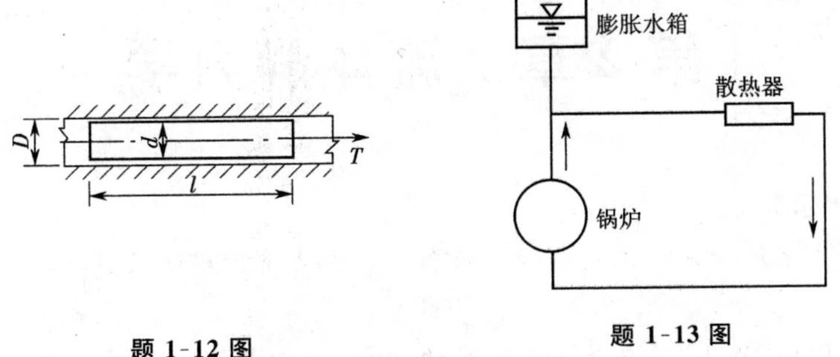


题 1-12 图　　题 1-13 图

1-14 在实验室中如果采用两根内径为 1 cm 的玻璃管作为测压管，一根装有水，另一根装有水银，实验室的室温为 20 ℃，问两根测压管中的液面由于毛细管作用而引起的上升和下降高度各为多少？

1-15 汽车上路时，轮胎内空气的温度为 20 ℃，绝对压强为 395 kPa。行驶后轮胎内空气温度上升到 50 ℃，求此时的压强。

# 第 2 章 流体静力学

**【要点提示】**

流体静力学是研究流体处在静止状态下的受力平衡规律及其在实际工程中的应用。

流体的所谓“静止”状态是一个相对的概念，通常是指流体质点相对于地球参考坐标系没有运动，流体质点与质点之间不存在相对运动，处于相对平衡的状态，称为“静止”。实际上，地球本身是处于运动之中的，若以其他星球（如太阳）为参考坐标系，则在地球上静止的流体是随同地球一起在运动着的。同样，如果容器中的液体随容器一起相对于地球运动，而液体与容器之间、液体本身质点之间没有相对运动，则若将参考坐标系建立在该容器上，则对于建立在容器上的参考坐标系而言，液体也是静止的，这就是通常所说的相对静止或相对平衡。

流体静力学所研究的静止状态，就是指液体质点相对于参考坐标系没有运动的情况，包括习惯上所说的静止和相对平衡。在这种情况下，液体内部质点与质点间没有相对运动，故液体的黏性不起作用。

根据流体的物理特性，静止的液体不能承受切力，也几乎不能承受拉力，因此处于静止状态的液体质点之间以及质点与边壁之间的作用，只能通过压强的形式体现。流体静力学的核心问题是根据流体的平衡条件，求解静止流体中的压强分布，并依此静止流体压强（工程上又常称为静水压强）的分布规律，进而由点到面确定在各种情况下的静水总压力（包括其大小、方向和作用点）。然后再由面到整个物体，确定整个物体表面上的静水总压力的合力。

处于流动状态的流体，其内部的压强称为流体动压强。在很多情况下，流体动压强的分布规律与流体静压强相同或相近。因此，流体静力学也是研究流体运动规律的基础。

## 2.1 静止流体中的压强特性

流体处于静止或相对静止状态时，流体中的压强称为流体静压强。

图 2-1 所示的为一块处于平衡状态的流体，若用 $BC$ 平面把它分成Ⅰ和Ⅱ两部分，其断面面积为 $A$，该断面上的作用力 $F$，即为Ⅰ、Ⅱ两部分水体相互作用的内力。取Ⅱ作隔离体，则断面 $A$ 上，每单位面积上所受的压力，即平均静压强为 $p=\dfrac{F}{A}$。

若面积 $A$ 上各点压力不等，则面积 $A$ 上以任意点 $D$ 为中心取一微元面积 $\Delta A$，

其上的压力为 $\Delta F$，则 $D$ 点的压强 $p_D$ 为

$$p_D = \lim_{\Delta A \to 0} \frac{\Delta F}{\Delta A} \tag{2-1}$$

我国计量单位执行的是国家法定计量单位。它是由国际单位制(SI)单位和国家选定的其他计量单位所组成。其中压强中的单位为牛顿/米²($N/m^2$)或千牛顿/米²($kN/m^2$)。$N/m^2$ 亦称为帕斯卡(Pascal)，简称帕(Pa)。对于非国家法定计量单位，虽然应当废除，但在实际工程应用中，工程单位制仍然常被使用(如同在欧美，英制仍然被广泛使用一样)，例如压强单位为吨力/米²($tf/m^2$)或公斤力/厘米²($kgf/cm^2$)，气压单位用巴(bar)、毫巴(mbar)等。单位之间的换算关系是

$$1\ kN/m^2 = 1\ 000\ N/m^2 = 0.102\ t/m^2 = 0.010\ 2\ kgf/cm^2 = 0.01\ bar = 10\ mbar$$

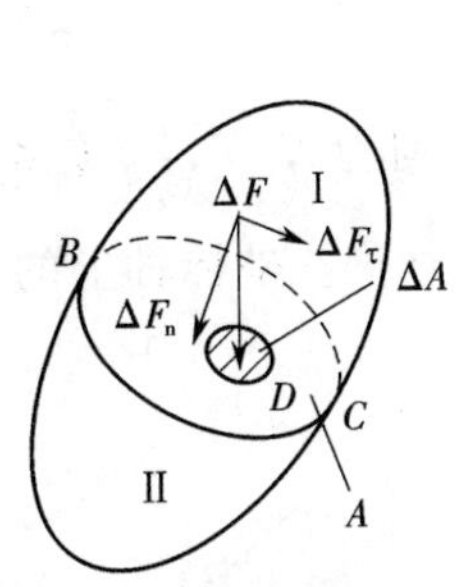

图 2-1 流体静压强的方向

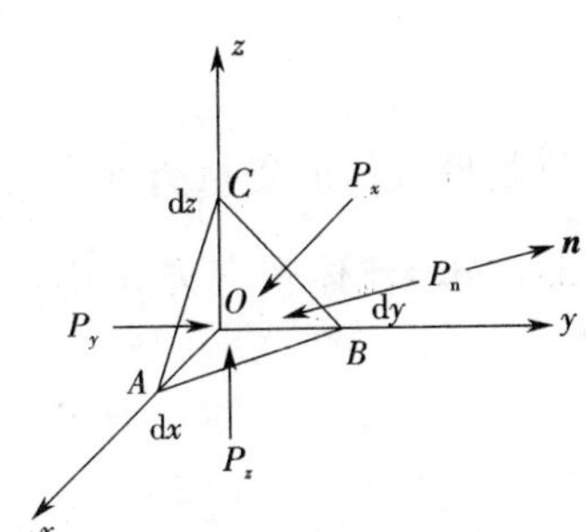

图 2-2 流体静压强的各自等值性

流体静压强有以下两个重要特性。

(1) 流体静压强的方向与作用面的内法线方向一致。

这一特性可由流体的性质来说明。如图 2-1 所示，假设作用力 $\Delta F$ 的方向不是作用面 $\Delta A$ 内法线方向，而是任意方向的，则可以将其分解为切向分量 $\Delta F_\tau$ 和法向分量 $\Delta F_n$。由第 1 章知，对于牛顿流体，在任何微小切力的作用下，都将产生连续的变形，即发生流动。所以流体在保持静止状态下就不可能有切力存在。此外，又根据流体的内聚力很小，几乎不能承受拉力这一特点，可以得出结论：流体静压强的方向沿作用面的内法线方向。

(2) 静止的流体任何一点上各个方向的流体静压强的数值大小相等，与作用面在空间的方位无关。

为证明这一特性，在静止流体中取直角边长各为 $dx, dy, dz$ 的微小直角四面体 $OABC$，$O$ 点为三个直角边长的交点，亦为直角坐标系的原点(见图 2-2)，为方便起见，取三个正交面与坐标平面方向一致。任意方向的倾斜面 $ABC$ 的面积 $dA_n$，其外法线 $\boldsymbol{n}$ 的方向余弦分别为 $\cos(\boldsymbol{n}\cdot x), \cos(\boldsymbol{n}\cdot y), \cos(\boldsymbol{n}\cdot z)$，则

$$dA_n \cos(\boldsymbol{n}\cdot x) = \frac{1}{2} dy dz$$

$$dA_n \cos(\boldsymbol{n}\cdot y) = \frac{1}{2} dz dx$$

$$dA_n \cos(\boldsymbol{n} \cdot z) = \frac{1}{2} dx dy$$

现分析该微小四面体受力：包括表面力和质量力。由于是静止流体，故表面力只有压力。若作用在三个正交面及任意倾斜平面上的流体静压强分别以 $p_x$，$p_y$，$p_z$ 和 $p_n$ 表示，由于所取的是微小四面体，所以可认为各作用面上的静压强 $p_x$，$p_y$，$p_z$ 和 $p_n$ 分别为对应面上的压强平均值，则作用在各面上的流体静压力为

$$P_x = \frac{1}{2} p_x dy dz$$

$$P_y = \frac{1}{2} p_y dz dx$$

$$P_z = \frac{1}{2} p_z dx dy$$

$$P_n = p_n dA_n$$

设单位质量流体的质量力在 $x$，$y$，$z$ 轴上的分量分别为 $X$，$Y$，$Z$，该微小四面体的体积为 $\frac{1}{6} dx dy dz$，流体密度为 $\rho$，则该四面体所受质量力在各坐标轴上的分量为

$$F_x = \frac{1}{6} \rho X dx dy dz$$

$$F_y = \frac{1}{6} \rho Y dx dy dz$$

$$F_z = \frac{1}{6} \rho Z dx dy dz$$

流体处于静止状态，根据平衡条件得

$$\sum F_x = 0, \quad \sum F_y = 0, \quad \sum F_z = 0$$

现以 $x$ 方向为例，其他方向同理。

$$P_x - P_n \cos(\boldsymbol{n} \cdot x) + F_x = 0$$

即

$$\frac{1}{2} p_x dy dz - p_n dA_n \cos(\boldsymbol{n}, x) + \frac{1}{6} \rho dx dy dz X = 0$$

即

$$\frac{1}{2} p_x dy dz - \frac{1}{2} p_n dy dz + \frac{1}{6} \rho dx dy dz X = 0$$

于是，上式可写成

$$\frac{1}{2} dy dz (p_x - p_n) + \frac{1}{6} \rho X dx dy dz = 0$$

即

$$p_x - p_n + \frac{1}{3} \rho X dx = 0$$

因为 $dx$ 是无穷小量，质量力项可以忽略不计，因此得

$$p_x = p_n$$

同理，由 $\sum F_y = 0$，$\sum F_z = 0$ 可证得

$$p_y = p_n$$

$$p_z = p_n$$

故有

$$p_x = p_y = p_z = p_n \tag{2-2}$$

由于△$ABC$是任取的，为任意倾斜平面，故 $p_n$ 也是任意方向的。所以由式(2-2)可得出结论：从各个方向作用于一点的流体静压强大小相等，即作用在一点上的流体静压强大小与其作用面在空间的方位无关。所以，在流体静力学中，对于一点的压强可以直接写成 $p$ 而不必标明方向，但不同空间点上的静压强则可以是不一样的，即流体静压强可以表示为

$$p = p(x, y, z) \tag{2-3}$$

## 2.2　流体平衡微分方程及其积分

### 2.2.1　流体平衡微分方程

如前所述，作用在流体上的力有表面力和质量力，现进一步讨论这些力相互之间应满足的关系以及在平衡状态下的流体平衡规律和压强分布规律，以建立流体平衡微分方程。

在静止流体中取一边长分别为 $dx, dy, dz$ 的微元正六面体，其各边分别与坐标轴平行(如图 2-3 所示)。设该微元体的中心 $A(x, y, z)$ 点处的压强为 $p$，以 $M, N$ 分别表示 $abcd$ 面和 $a'b'c'd'$ 面的形心点。因为压强的分布是空间坐标连续函数 $p = p(x, y, z)$，所以当自变量(坐标位置)有微小变化时，函数值(压强)也发生变化，可依照泰勒级数展开并舍去二阶以上微量，导出静压强表达式

$$p_M = p - \frac{1}{2}\frac{\partial p}{\partial x}dx$$

$$p_N = p + \frac{1}{2}\frac{\partial p}{\partial x}dx$$

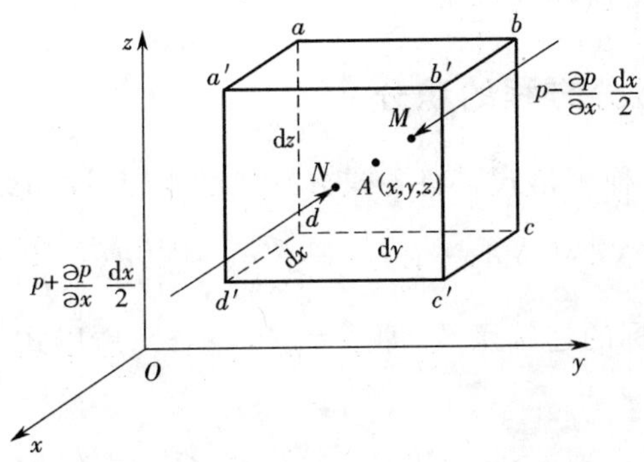


图 2-3　静止流体中的微元体受力分析

其中，$\frac{\partial p}{\partial x}$为压强 $p$ 在 $x$ 方向上的变化率。因为所选取的是微元六面体，所以 $p_M$ 和 $p_N$ 可分别代表作用在 $abcd$ 面和 $a'b'c'd'$ 面上的平均压强。于是得到两个面上的表面力

$$\left(p-\frac{1}{2}\frac{\partial p}{\partial x}\mathrm{d}x\right)\mathrm{d}y\mathrm{d}z \quad 和 \quad \left(p+\frac{1}{2}\frac{\partial p}{\partial x}\mathrm{d}x\right)\mathrm{d}y\mathrm{d}z$$

设作用在该六面体上的单位质量力在各坐标轴方向上的分量分别为 $X$,$Y$ 和 $Z$，流体的密度为 $\rho$，微元体的体积 $\mathrm{d}V=\mathrm{d}x\mathrm{d}y\mathrm{d}z$，则六面体沿 $x$ 轴向的质量力为

$$F_x=\rho X\mathrm{d}x\mathrm{d}y\mathrm{d}z$$

因为所研究的流体处于平衡状态，所以作用在该微小六面体上的各力在各坐标轴方向上的分力之和等于零。

沿 $x$ 轴方向，$\sum F_x=0$，有

$$\left(p-\frac{1}{2}\frac{\partial p}{\partial x}\mathrm{d}x\right)\mathrm{d}y\mathrm{d}z-\left(p+\frac{1}{2}\frac{\partial p}{\partial x}\mathrm{d}x\right)\mathrm{d}y\mathrm{d}z+\rho X\mathrm{d}x\mathrm{d}y\mathrm{d}z=0$$

化简得

$$X-\frac{1}{\rho}\frac{\partial p}{\partial x}=0$$

同理可得

$$\left.\begin{aligned}X-\frac{1}{\rho}\frac{\partial p}{\partial x}=0\\Y-\frac{1}{\rho}\frac{\partial p}{\partial y}=0\\Z-\frac{1}{\rho}\frac{\partial p}{\partial z}=0\end{aligned}\right\} \tag{2-4}$$

这就是**静止流体的平衡微分方程式**，由欧拉于 1755 年首先提出的，通常又称为**欧拉平衡微分方程**，其物理意义表明了在静止流体中，作用在单位质量流体上的质量力与作用在该流体上的表面力的相互平衡关系。另外，由该式也说明，表面力压强 $p$ 的变化率是由质量力所引起的，如果没有质量力作用，则压强 $p$=常数。以下在讨论静止流体的压强分布规律时，都将以欧拉平衡微分方程式为基础，所以这一方程式在流体静力学中占有很重要的地位。

### 2.2.2 流体平衡微分方程的积分

式(2-4)还有另一种表达式。将各式分别依次乘以 $\mathrm{d}x$、$\mathrm{d}y$、$\mathrm{d}z$，相加得

$$\rho(X\mathrm{d}x+Y\mathrm{d}y+Z\mathrm{d}z)=\frac{\partial p}{\partial x}\mathrm{d}x+\frac{\partial p}{\partial y}\mathrm{d}y+\frac{\partial p}{\partial z}\mathrm{d}z \tag{2-5}$$

因为压强 $p$ 是空间坐标的连续函数，即 $p=p(x,y,z)$，所以式(2-5)右边为压强 $p$ 的全微分，即

$$\mathrm{d}p=\frac{\partial p}{\partial x}\mathrm{d}x+\frac{\partial p}{\partial y}\mathrm{d}y+\frac{\partial p}{\partial z}\mathrm{d}z \tag{2-6}$$

代入式(2-5)，便得到平衡方程式(2-4)的又一表达式，即

$$dp=\rho(Xdx+Ydy+Zdz) \tag{2-7}$$

对于不可压缩流体，$\rho$=常数。方程式的右边可看成是单位质量力沿某一方向移动微元距离所做的功。即

$$Xdx+Ydy+Zdz=(X\boldsymbol{i}+Y\boldsymbol{j}+Z\boldsymbol{k})\cdot(dx\boldsymbol{i}+dy\boldsymbol{j}+dz\boldsymbol{k})=\boldsymbol{f}\cdot d\boldsymbol{l}$$

从物理学和理论力学可知，如果质量力 $\boldsymbol{f}$ 有势的话，则该力对质点沿某一方向所做的功与该质点所经历的路径 $\boldsymbol{l}$ 无关，只与其起点和终点的位置有关。这种力就是有势力（或称保守力），其力场为有势力场（或称保守力场）。

这一概念在数学上就是沿空间曲线积分路径无关，也就是沿空间闭曲线积分等于零。即 $\oint_l Xdx+Ydy+Zdz=\oint_l \boldsymbol{f}\cdot d\boldsymbol{l}=0$，它的充分必要条件，通过数学上斯托克斯(Stokes)公式可知，就是

$$\left.\begin{aligned}\frac{\partial Y}{\partial x}&=\frac{\partial X}{\partial y}\\ \frac{\partial Z}{\partial y}&=\frac{\partial Y}{\partial z}\\ \frac{\partial X}{\partial z}&=\frac{\partial Z}{\partial x}\end{aligned}\right\} \tag{2-8}$$

通过对平衡方程组(2-4)中各式分别对另外两个坐标求偏导数，则可以证明上述充分必要条件即式(2-8)的存在。也就是说，必然存在一个势函数 $W(x,y,z)$，即

$$dW=Xdx+Ydy+Zdz \tag{2-9}$$

而
$$dW=\frac{\partial W}{\partial x}dx+\frac{\partial W}{\partial y}dy+\frac{\partial W}{\partial z}dz$$

则
$$\left.\begin{aligned}\frac{\partial W}{\partial x}&=X\\ \frac{\partial W}{\partial y}&=Y\\ \frac{\partial W}{\partial z}&=Z\end{aligned}\right\} \tag{2-10}$$

由于势函数 $W(x,y,z)$ 与质量力之间存在上述关系且代表的是力，故称函数 $W$ 为力势函数，质量力是有势力，其力场为有势力场。从上述式(2-9)不难看出，力势函数 $W(x,y,z)$ 的全微分 $dW$ 等于单位质量力在相应坐标轴方向所做的功之和。力是矢量，而力势函数则为标量，其本身具有功、能的意义。

根据上述可以得出结论：不可压缩流体要维持平衡，只有在有势的质量力作用下才有可能实现。将质量力用力势函数 $W$ 表达，则平衡方程式(2-7)，可以表示为

$$dp=\rho dW \tag{2-11}$$

积分式(2-11)，得
$$p=\rho W+C$$

积分常数 $C$ 可以由流体表面或内部某点已知的势函数 $W_0$ 和压强 $p_0$ 确定，从而有

$$p=p_0+\rho(W-W_0) \tag{2-12}$$

式(2-12)即为不可压缩流体平衡微分方程积分后的普遍关系式。由式(2-12)可知：处于静止状态的流体中任一点的压强 $p$，与表面力 $p_0$、质量力的力势函数 $W$ 和流体密度 $\rho$ 有关。式中的 $\rho(W-W_0)$ 是由流体密度和质量力的势函数所决定的，与 $p_0$ 无关。也就是说，如果表面压强 $p_0$ 值有所变化，则平衡流体中各点的压强 $p$ 也随之有同样大小的变化。由该式可对帕斯卡定律作出理论上的证明，即"在平衡状态的不可压缩流体中，作用在其边界面上的压强将均匀地传递到流体中所有各点而不变其值"就是这个道理。而式中 $\rho(W-W_0)$ 决定了压强 $p$ 的变化规律。再次说明质量力决定了静压强 $p$ 的变化规律，而表面力决定了静压强的基值。

从流体的平衡微分方程还可以分析等压面的性质。所谓等压面就是流体中压强相等(即 $p=\text{const.}$)的各点所组成的面。不同的等压面，则有不同的压强常数值。在实际中常常会遇到需要确定等压面位置、形状和其方程式的问题。由式(2-11)说明：等压面上 $\mathrm{d}p=0$，$p=\text{const.}$ 所以 $\mathrm{d}W=0$，$W=\text{const.}$，所以处于静止平衡状态下的流体中，等压面就是等势面，二者的方程相同

$$X\mathrm{d}x+Y\mathrm{d}y+Z\mathrm{d}z=0 \tag{2-13}$$

在证明力势函数存在时，曾指出：$X\mathrm{d}x+Y\mathrm{d}y+Z\mathrm{d}z=\boldsymbol{f}\cdot\mathrm{d}\boldsymbol{l}$ 而根据式(2-13)得 $\boldsymbol{f}\cdot\mathrm{d}\boldsymbol{l}=0$，因为在等压面上，说明质量力沿等压面移动时所做之功为零，而质量力 $\boldsymbol{f}$ 本身不等于零，沿某一方向移动的距离 $\mathrm{d}\boldsymbol{l}$ 亦不为零，则必然有 $\boldsymbol{f}$ 与 $\mathrm{d}\boldsymbol{l}$ 相互垂直。$\mathrm{d}\boldsymbol{l}$ 又是任意方向的，所以质量力 $\boldsymbol{f}$ 与等压面垂直，这就是等压面的特性。即作用在处于平衡状态下不可压缩流体中任一点的质量力必然与通过该点的等压面垂直，也就是等压面与质量力相互正交。

由等压面这一特性，也可根据作用在流体质点上质量力的方向确定等压面的形状。例如，对于处于相互连通的容器中的同一种只受重力作用的静止流体，因重力的方向总是铅直向下的，所以其等压面必是水平面。另外，静止流体的自由表面上各点压强均为大气压，所以其自由表面就是等压面。

处于平衡状态的两种互不相混的液体(或液体与气体)，其分界面也是等压面。

## 2.3 重力场中流体的平衡

上一节所介绍的流体平衡微分方程是平衡流体的普遍规律，对于在任何有势质量力作用下的平衡流体均适用。在工程实际或日常生活中，最常见的是质量力只有重力作用下的平衡流体。因为是在地球重力场中研究流体的平衡，所以绝大多数流体的平衡是指流体相对于地球没有运动的静止状态，也就是作用在流体上的质量力只有重力的情况。以下分析质量力只有重力作用时的静止流体中压强分布规律——流体静压强基本方程式。

### 2.3.1　重力作用下的流体平衡方程

**1. 均质流体**

由于一般流体的密度随流体中的压强、温度等力学参数变化很小，所以在工程技术上，通常将液体看成均质流体。

设一重力作用下的静止流体参考坐标系如图 2-4 所示。由于液体所受质量力只有重力，所以单位质量流体的质量力在各坐标轴上的分量为

$$X=0;\ Y=0;\ Z=\frac{-mg}{m}=-g$$

式中，$m$ 为流体的质量。将 $X,Y,Z$ 代入式(2-7)得

$$\mathrm{d}p=-\rho g\mathrm{d}z$$

对于不可压缩流体，$\rho=\mathrm{const.}$ 移项得

$$\rho g\mathrm{d}z+\mathrm{d}p=0$$

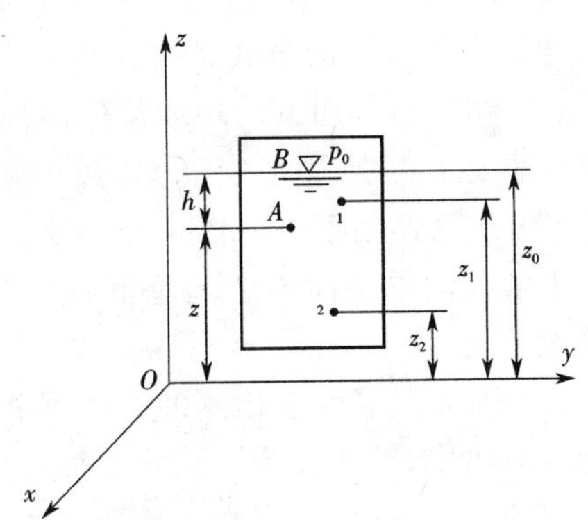


图 2-4　重力场中液体的静压强

积分得

$$\rho gz+p=C' \tag{2-14}$$

式中，$C'$ 为积分常数，由边界条件确定。自由液面 $z=z_0$，$p=p_0$ 求出积分常数

$$C'=p_0+\rho gz_0$$

代回上式(2-14)得 $p=p_0+\rho g(z_0-z)$，即

$$p=p_0+\rho gh \tag{2-15}$$

式中，$h$ 为流体中任一点 $A$ 在自由表面以下的深度，$h=z_0-z$，$z_0$ 与 $z$ 分别为对基准面 $Oxy$ 而言的自由表面和 $A$ 点的高度。

或者将式(2-14)中各项表示为液柱高的形式，即用单位体积流体的重量去除之得

$$z+\frac{p}{\rho g}=C \tag{2-16}$$

若对于静止均质流体中的任意两点 1 和 2，上式可写成

$$z_1+\frac{p_1}{\rho g}=z_2+\frac{p_2}{\rho g}$$

在式(2-15)和式(2-16)中：

$p$——静止流体(流体)内某点 $A$ 的压强；

$p_0$——流体表面压强，对液面通大气的开口容器。$p_0$ 即为大气压，并以 $p_a$ 表示 $p_0=p_a$；

$h$——流体中某点 $A$ 至自由液面的距离，即 $A$ 点在液面以下的深度；

$z$——为该点 $A$ 在基准面以上的高度。

式(2-15)和式(2-16)是以两种不同形式表示重力作用下静止流体中压强的分布规

律，该二式就是重力场中流体平衡的基本方程式，亦称为流体静力学基本方程。该基本方程的适用范围是在重力作用下的连续均质平衡流体。对于分装在互不连通的两个容器内的流体（不满足连续性条件），以及虽装在同一容器中但其密度不同（不满足均质流体的条件）的流体，不能应用。对于流体平衡更为一般的情况，除重力之外，还有其他质量力作用时，必须由平衡微分方程的全微分式(2-7)求解。

式(2-15)和式(2-16)都表示均质流体在重力作用下压强的分布规律，是流体静力学计算中最常用的公式。这两个基本公式能得出以下结论。

(1) 在重力作用下的均质流体内部的压强随深度 $h$ 按线性关系变化。其斜率由密度 $\rho$ 决定。再次说明表面力压强的变化规律是质量力作用的结果。

(2) 重力作用下的流体中任一点的压强是由流体自由表面上的压强 $p_0$ 和该点至自由液面间单位面积上铅垂液柱重量 $\rho gh$ 两部分组成。静压强的大小与流体的体积无关。

(3) 因为在深度 $h$ 相同的点压强相等，故在质量力只有重力作用下的同一种均质静止流体中，等压面为一簇水平面。它与质量力的方向（即重力加速度 $g$ 的方向）是垂直的。也可以说，在相互连通的同一种处于静止状态的重力液体中，其等压面为水平面（见图 2-5）。

(4) 在平衡状态下，不可压缩流体内（包括边界上）任一点压强的变化，将均匀地传递到其他所有各点而不改变其值。此即著名的帕斯卡原理。

(5) 静止的均质流体中任一点的测压管水头是一常数。

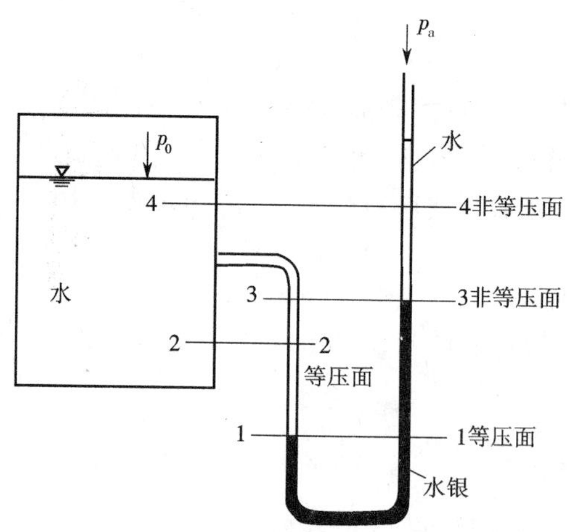


图 2-5 重力场中静止液体的等压面

**2. 重力作用下气体的平衡规律**

流体静力学基本方程式(2-15)是均质流体在密度是常数的条件下得出的，在不考虑其压缩性时，该式也适用于气体。由于气体的密度很小，在高差不很大时，气柱所产生的压强很小，可以忽略不计。式(2-15)可简化为 $p=p_0$，例如，贮气罐内各点的压强都相等。但对于高程变化很大，如计算大气压的分布，就必须考虑大气密度随高度的变化，重新建立标准大气压的分布公式。而在气体的密度不能看成常数时，在均质流体的前提下所讨论的平衡规律不能适用。以下简介变密度气体的平衡规律。

(1) 若气体处于等温状态，由物理学中气体的状态方程式

$$\rho=\frac{p}{RT}$$

式中　$R$——气体常数，J/(kg·K)，空气的 $R=287$ J/(kg·K)；

　　$T$——气体的热力学温度，K。

将上式和重力作用下单位质量力的各分量 $X=0, Y=0, Z=-g$ 代入方程式(2-7)中，得

$$\mathrm{d}p=\frac{p}{RT}(-g\mathrm{d}z)$$

$$RT\frac{\mathrm{d}p}{p}=-g\mathrm{d}z$$

或写成

$$RT\frac{\mathrm{d}p}{p}+g\mathrm{d}z=0$$

积分得

$$gz+RT\ln p=C$$

当 $z=z_0$ 时，$p=p_0$，可得出积分常数

$$C=gz_0+RT\ln p_0$$

最后得

$$z-z_0=\frac{RT}{g}\ln\frac{p_0}{p} \tag{2-17}$$

此即为等温气体平衡状态下压强的分布规律。

(2) 若气体处于绝热状态时，则根据气体绝热过程有 $p\gamma^{\kappa}=$常数，可知

$$\frac{p}{\rho^{\kappa}}=\frac{p_0}{\rho_0^{\kappa}}\quad 或\quad \frac{p}{\gamma^{\kappa}}=\frac{p_0}{\gamma_0^{\kappa}}$$

式中　$\gamma$——气体的比体积(也称气体的比容)，$\mathrm{m^3/kg}$；

　　$\kappa$——等熵指数(也称绝热指数)。

将上式代入式(2-7)中得

$$\mathrm{d}p=-\rho_0 g\left(\frac{p}{p_0}\right)^{\frac{1}{\kappa}}\mathrm{d}z$$

或

$$\mathrm{d}z=-\frac{1}{\rho_0 g}\left(\frac{p}{p_0}\right)^{\frac{1}{\kappa}}\mathrm{d}p$$

积分上式，并取 $z=z_0$ 处 $p=p_0$，整理得

$$z-z_0=\frac{\kappa}{\kappa-1}\frac{p_0}{\rho_0 g}\left[1-\left(\frac{p}{p_0}\right)^{\frac{\kappa-1}{\kappa}}\right] \tag{2-18}$$

此式即为气体在重力作用下绝热平衡时的压强分布规律。

如果将压强与密度的关系式代入式(2-18),可得

$$z-z_0=\frac{\kappa}{\kappa-1}\frac{p_0}{\rho_0 g}\left[1-\left(\frac{\rho}{\rho_0}\right)^{\kappa-1}\right] \tag{2-19}$$

上式表明,气体在重力作用下,绝热平衡时密度的变化规律。若气体处于任意多变化过程时,式(2-18)将变为

$$z-z_0=\frac{n}{n-1}\frac{p_0}{\rho_0 g}\left[1-\left(\frac{p}{p_0}\right)^{n-1}\right] \tag{2-20}$$

式中 $n$——气体的多变常数。

因为气体的密度 $\rho$ 较小,所以在讨论容器和管道中的气体时,一般都忽略气体密度随高度的变化。

## 2.3.2 流体压强的度量及其量测

### 1. 绝对压强、相对压强和真空

当测量压强大小时,除了采用法定单位制(即 SI 制计量单位和选定的其他计量单位)以及工程单位制作为压强单位外,在重力场中也往往采用液柱高度来表示很小的压强和必须精密测定的压强。由式(2-15)可知,$h=(p-p_0)/\rho g$。在一般情况下,$p_0$ 和 $\rho$ 为已知的常数,所以压强就可用液柱高度 $h$ 表示。如果所用的液体是水银、水或其他液体,压强便可分别表示为 mm 水银柱,mm 或 m 水柱,mm 或 m 某种液柱高等。上述各单位之间的变化关系如表 2-1 所示。

表 2-1 压强单位制的换算

| 单位制表示 | 帕<br>Pa | 巴<br>bar | 公斤力/厘米²<br>$kgf/cm^2$ |
|---|---|---|---|
| 互换关系 | 1 | $1\times10^{-5}$ | $1.019\ 72\times10^{-5}$ |
| | $1\times10^{5}$ | 1 | 1.019 72 |
| | $9.806\ 65\times10^{4}$ | $9.806\ 65\times10^{-1}$ | 1 |
| | $1.013\ 25\times10^{5}$ | 1.013 25 | 1.033 23 |
| | 9.806 38 | $9.806\ 38\times10^{-5}$ | $9.999\ 72\times10^{-5}$ |
| | $1.333\ 22\times10^{2}$ | $1.333\ 22\times10^{-3}$ | $1.359\ 51\times10^{-3}$ |
| 单位制表示 | 标准大气压<br>atm | 毫米水柱<br>$mmH_2O$ | 毫米水银柱<br>mmHg |
| 互换关系 | $9.869\ 23\times10^{-6}$ | $1.019\ 74\times10^{-1}$ | $7.500\ 64\times10^{-3}$ |
| | $9.869\ 23\times10^{-1}$ | $1.019\ 74\times10^{4}$ | $7.500\ 64\times10^{2}$ |
| | $9.678\ 41\times10^{-1}$ | $1.000\ 03\times10^{4}$ | $7.355\ 61\times10^{2}$ |
| | 1 | $1.033\ 26\times10^{4}$ | $7.600\ 02\times10^{2}$ |
| | $9.678\ 41\times10^{-5}$ | 1 | $7.355\ 41\times10^{-2}$ |
| | $1.315\ 79\times10^{-3}$ | $1.359\ 54\times10$ | 1 |

压强大小可以从不同基准算起，故压强的表示形式又有绝对压强、相对压强和真空之分。

对式(2-15)来说，若自由表面的压强为大气压强，即 $p_0=p_a$，则又可写成

$$p_{abs}=p_a+\rho gh$$

定义

$$p_r=p_{abs}-p_a=\rho gh$$

式中 $p_{abs}$——流体的绝对压强；

$p_a$——当地大气压强；

$p_r$——流体的相对压强，因为它通常可由压力表直接测得，故又可称为表压强，亦称计示压强。

**1）绝对压强**

绝对压强是以设想的没有气体存在的绝对真空为零点开始计量的压强（见图2-6），以 $p_{abs}$ 表示

$$p_{abs}=p_0+\rho gh_0=p_a+\rho gh=p_a+p_r \tag{2-21}$$

在气体状态方程式中，压强以绝对压强计量。

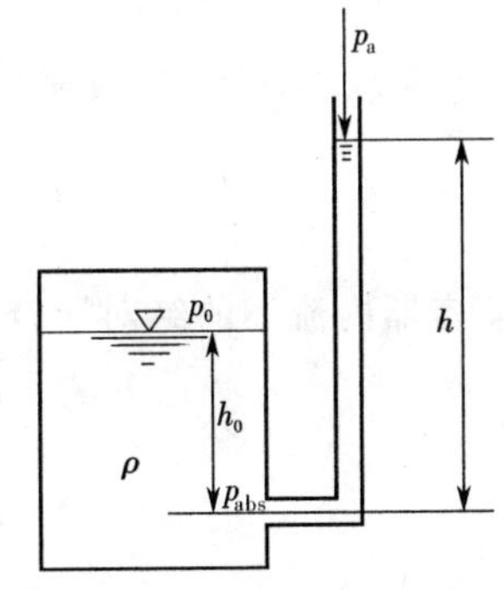


图2-6 压强的度量

**2）相对压强**

相对压强是指以当地大气压为零计量的压强，即为绝对压强与大气压强之差（见图2-6），以 $p_r$ 表示

$$p_r=p_{abs}-p_a=p_a+\rho gh-p_a=\rho gh \tag{2-22}$$

在许多工程设备中，由于其内、外各处所受大气压相互抵消而不显示其作用，因而在大多数压力仪表中都是以大气压强作为压强的基准，以此作为零起点计量。在开口容器及不可压缩流体的静压强计算等问题中，一般都采用表压，即相对压强。所以今后对相对压强就用不加下标的 $p$ 表示，而用绝对压强时，则另加下标说明。

**3）真空**

绝对压强其数值总是正的，而相对压强则可正可负，根据其绝对压强值是大于还是小于当地大气压强值而决定。如果某点的压强其绝对压强值小于当地大气压，则其相对压强为负值，称为负压，或说该处产生了真空。这里真空的概念与物理学中的真空有一定的区别。工程流体力学中，只要出现负压，就是出现了真空。度量真空的程度可用相对压强，就是负压值。也可用该点的绝对压强比当地大气压强 $p_a$ 小多少来表示，即为真空压强用 $p_V$ 来表示（见图2-7）

$$p_V=p_a-p_{abs}=\rho gh_V=-p_r \tag{2-23}$$

真空压强值永远为正值，它是负压的绝对值，即相对压强的绝对值。

真空的度量也可用液柱高度 $h_V$ 来表示，即为真空度

$$h_V=\frac{p_v}{\rho g}=\frac{p_a-p_{abs}}{\rho g} \tag{2-24}$$

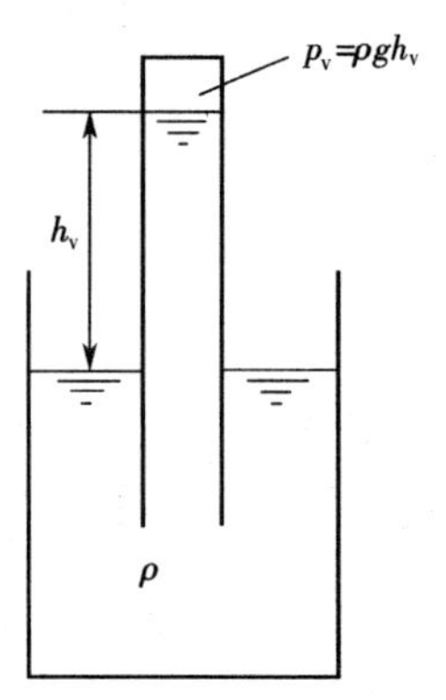


图 2-7　真空压强

真空度 $h_V$ 永为正值。也有不分 $p_v$ 和 $h_v$ 的，将其统称为真空度。负压、真空压强和真空度都是表示绝对压强小于大气压而形成真空的程度。例如水泵、油泵的吸入管中和风机吸风管内的气体压强都小于大气压。这些部位的相对压强（$p_{abs}-p_a$）$<0$，为负压，即形成了真空。

一个标准大气压（atm）的绝对压强，用法定单位制（即国际单位制 SI 和国家选定的其他计量单位）表示其值为 101 234 Pa，用工程单位制表示则为 1.033 kgf/cm$^2$。工程上常用 $p_a=1$ kgf/cm$^2$ 作为大气压的计量单位，称为工程大气压（at）。因而从理论上说，对完全真空 $p_{abs}=0$，所以最大真空度

$$h_V=\frac{p_v}{\rho g}=\frac{p_a-0}{\rho g}=10\ \text{m(水柱)}$$

例如某容器内流体的绝对压强为 0.03 MPa，则它相应的真空度为

$$p_V=p_a-p_{abs}=0.07\ \text{MPa}$$

或

$$h_V=\frac{p_v}{\rho g}=7.14\ \text{m(水柱)}$$

绝对压强、相对压强和真空压强相互之间的关系可用图 2-8 表示。绝对压强基准 0′—0′与相对压强基准 0—0 之间相差一个当地大气压 $p_a$。

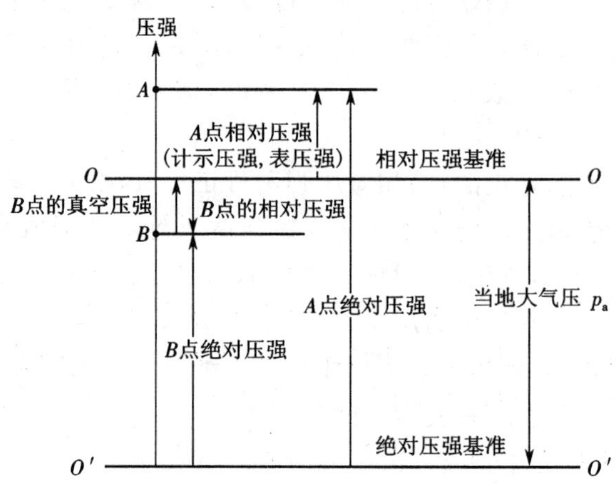


图 2-8　绝对压强、相对压强和真空压强之间的关系

**2. 位置水头、压强水头和测压管水头**

重力作用下的液体平衡微分方程 $\mathrm{d}p=-\rho g\mathrm{d}z$ 可以写成

$$\mathrm{d}z+\frac{\mathrm{d}p}{\rho g}=0$$

积分得

$$z+\frac{p}{\rho g}=C$$

上式说明：在重力作用下，静止液体中不论哪一点的 $\left(z+\dfrac{p}{\rho g}\right)$ 总是一个常数。在一个容器的侧壁打一小孔，接上开口玻璃管与大气相通，就形成一根测压管。如果容器内装的静止的液体，液面上为大气压，则无论连在哪一点上，测压管内的液面都是与容器内液面齐平，如图 2-9 所示。如基准面为 0—0，测压管液面到基准面的高度由 $z$ 和 $\dfrac{p}{\rho g}$ 两部分组成，$z$ 表示该点位置到基准面的高度；$\dfrac{p}{\rho g}$ 表示该点压强的液柱高度。在工程流体力学中常用“水头”代表高度，所以 $z$ 又称位置水头；$\dfrac{p}{\rho g}$ 又称压强水头，而 $\left(z+\dfrac{p}{\rho g}\right)$ 称为测压管水头。从图 2-10 可以看出

$$z_1+\frac{p_1}{\rho g}=z_2+\frac{p_2}{\rho g}$$

也就是静止液体中各点的测管水头是一常数。如果容器内液面压强 $p_0$ 大于或小于大气压，则测压管内液面会高于或低于容器液面，但不同点的测管水头仍是常数，如图 2-10 中的 $A$ 点和 $B$ 点所示。

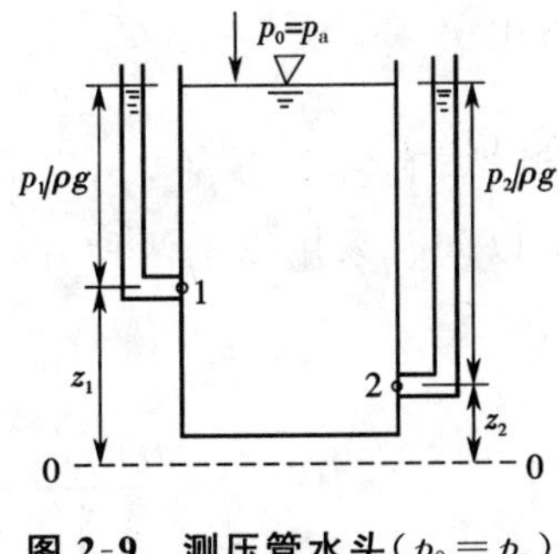


**图 2-9　测压管水头($p_0=p_a$)**

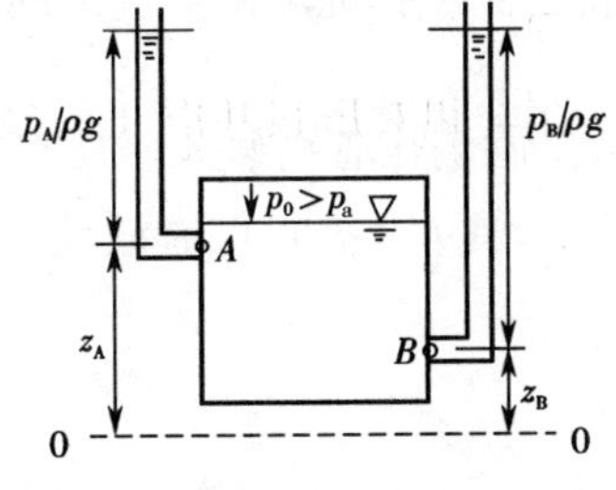


**图 2-10　测压管水头($p_0>p_a$)**

以下说明位置水头、压强水头和测压管水头的物理意义。

位置水头 $z$ 表示的是单位重量液体从某一基准面算起所具有的位置势能（位能）。众所周知，把重量为 $G$ 的物体从基准面移到高度 $z$ 后，该物体所具有的位能是 $Gz$。对于单位重量来说，位能就是 $\dfrac{Gz}{G}=z$。它具有长度的单位。基准面不同，$z$ 值也不同。

压强水头$\frac{p}{\rho g}$表示单位重量液体从以大气压为基准算起所具有的压强势能(压能)。压能是一种潜在的势能。如果液体中某点的压强为 $p$,在该处安装测压管后,在压力的作用下,液面会上升的高度为$\frac{p}{\rho g}$,也就是把压强势能转变为位置势能。对于重量为 $G$,压强为 $p$ 的液体,在测压管中上升$\frac{p}{\rho g}$后,位置势能的增量 $G\frac{p}{\rho g}$就是原来液体具有的压强势能。所以,对单位重量来说,压能就是 $G\frac{p}{\rho g}/G=\frac{p}{\rho g}$。

在静止液体中各点测压管水头相等,即单位重量液体的势能是恒等的,表明了静止液体中的能量分布规律。

**3. 压强的测量**

量测流体的压强具有重要的实际意义。压强的大小可以用液柱高度表示,因此在量测液体压强或压差的仪器中,多是利用量测液柱高度或液柱高差制成,这就是通常使用的测压管或比压计。

**1) 测压管**

最简单的测压管就是如图 2-9 所示的一根开口与大气相通的玻璃管,另一端与测点相接,管中液柱高度就是容器或管道上接测点的压强水头$\frac{p}{\rho g}$,其相对压强

$$p=\rho gh$$

式中,$\rho$ 是测压管内液体的密度。

对于较小的压强值,为提高测量精度,可以用加大标尺读数的办法。一是将玻璃测压管倾斜放置,如图 2-11 所示,此时标尺读数为 $l$,而压强水头为垂直高度 $h$,随着倾斜角度 $\alpha$ 的不同,$l$ 比 $h$ 放大的倍数也不同,可以得出

$$p=\rho gh=\rho gl\sin\alpha$$

二是在测压管内装入轻质而又和水不相混掺的液体,其密度为 $\rho'<\rho$,则同样的压强值 $p$,其 $h'>h$ 可以有较大的液柱高度 $h'$。也可以同时采用以上两种方法结合使用。

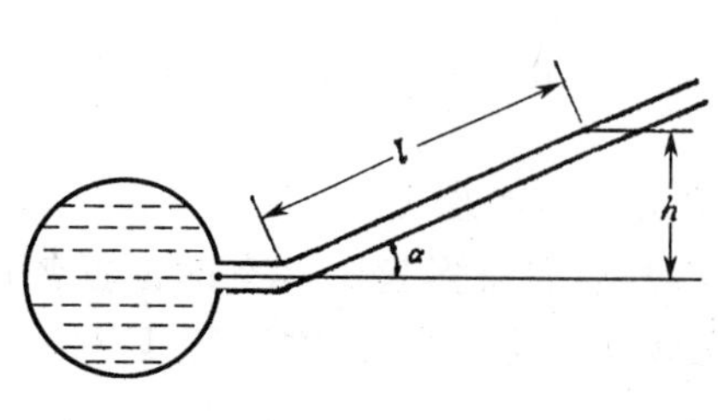


图 2-11 倾斜式测压管

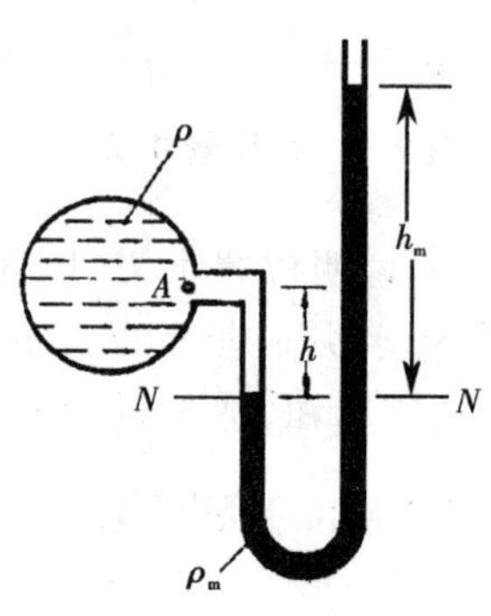


图 2-12 U 形测压管

对于较大的压强值，如用测压管测量，则测压管高度会过高而使量测不便。这时可以改用较重的液体，其密度 $\rho_m > \rho$，并做成 U 形管，如图 2-12 所示。为求 $A$ 点的压强 $p_A$，先找 U 形管中的等压面 $N—N$，则根据平衡条件分别有

左侧
$$p_N = p_A + \rho g h$$

右侧
$$p_N' = \rho_m g h_m$$

所以 $p_A + \rho g h = \rho_m g h_m$，则

$$p_A = \rho_m g h_m - \rho g h$$

即
$$\frac{p_A}{\rho g} = \frac{\rho_m g}{\rho g} h_m - h = \frac{\rho_m}{\rho} h_m - h$$

**2）比压计**

为了量测测管水头差或压差，可将几根测压管并排放在一起，顶部连通，根据量测读尺的需要，造成 $p_0 < p_a$ 或 $p_0 > p_a$ 的条件后，封闭顶部，形成**比压计**（或称**压差计**）。这时从测压管得不出某一点的相对压强值，而对于选定的任一基准面来说，各管的液面差就是相应点间的测压管水头差。

图 2-13 为接在管道 $A$、$B$ 两点上的水比压计，如 $p_0 > p_a$，因表面压强 $p_0$ 大于大气压 $p_a$ 部分所折合成的液柱高度 $\frac{p_0 - p_a}{\rho g}$，对于 $A$、$B$ 两点来说是相同的，则 $A$ 和 $B$ 的测管水头差就是其液面高差 $h$。

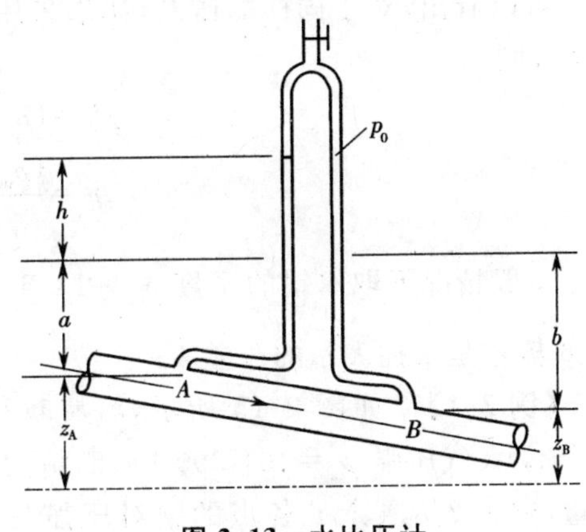

图 2-13　水比压计

$$\left(z_A + \frac{p_A}{\rho g}\right) - \left(z_B + \frac{p_B}{\rho g}\right) = h$$

如果测量 $A$、$B$ 两点的压差，忽略空气柱重量，则

$$p_A = p_0 + \rho g (h + a)$$

$$p_B = p_0 + \rho g b$$

所以
$$p_A - p_B = \rho g h - \rho g (b - a) = \rho g h - \rho g (z_A - z_B)$$

即
$$\frac{p_A}{\rho g} - \frac{p_B}{\rho g} = h - (z_A - z_B)$$

如果 $A$ 和 $B$ 位置同高，$z_A - z_B = 0$，则测压管水头差 $h$ 就是压差 $\left(\frac{p_A}{\rho g} - \frac{p_B}{\rho g}\right)$。

所以，比压计可以直接量测出两点的测压管水头差，而不是压差，只有当两测点的位置高度相同时，则测压管水头差也就是压差。

图 2-14 所示为量测较大压差用的水银比压计，如 $A$ 和 $B$ 处的液体密度为 $\rho_A$ 和 $\rho_B$，水银密度为 $\rho_m$，读得水银柱高度差为 $h_m$，取 0—0 为基准面，先找出等压面 1—1，则根据平衡条件有

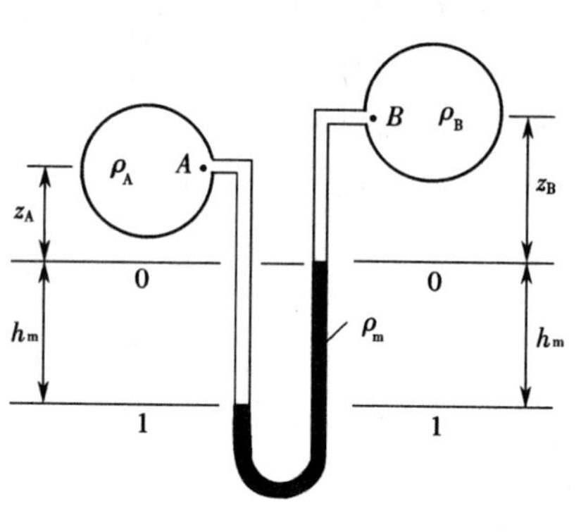

图 2-14 水银比压计

左侧 $p_1 = p_A + \rho_A g z_A + \rho_A g h_m$

右侧 $p_1 = p_B + \rho_B g z_B + \rho_m g h_m$

如 $A$、$B$ 两处为同一种液体，则 $\rho_A = \rho_B = \rho$，则 $A$、$B$ 两处的测压管水头差为

$$\left(z_A + \frac{p_A}{\rho g}\right) - \left(z_B + \frac{p_B}{\rho g}\right) = \left(\frac{\rho_m - \rho}{\rho}\right) h_m$$

$A$、$B$ 两点的压强水头差

$$\frac{p_A}{\rho g} - \frac{p_B}{\rho g} = \left(\frac{\rho_m - \rho}{\rho}\right) h_m - (z_A - z_B)$$

如果 $A$ 点和 $B$ 点同高，则

$$\frac{p_A}{\rho g} - \frac{p_B}{\rho g} = \left(\frac{\rho_m - \rho}{\rho}\right) h_m$$

两点压差即

$$p_A - p_B = (\rho_m - \rho) g h_m$$

可以看出，对于同样的压差，如果采用水比压计读数为 $h$，采用水银比压计读数为 $h_m$，则

$$\rho h = (\rho_m - \rho) g h_m$$

$$h = \frac{(\rho_m - \rho)}{\rho} h_m$$

一般情况下取水银的密度 $\rho_m = 13.6 \times 10^3$ kg/m$^3$，也就是 $h_m$ 放大 $\left(\frac{13.6-1}{1}\right) = 12.6$ 倍才是水柱表示的压差 $h$。

**【例 2-1】** 如图 2-15 所示，$h_1 = 1.2$ m，$h_2 = 1$ m，$h_3 = 0.8$ m；$h_4 = 1$ m，$h_5 = 1.5$ m，大气压强 $p_a = 101\ 300$ Pa，酒精的密度 $\rho_1 = 790$ kg/m$^3$。不计装置内空气的质量，求 1、2、3、4、5、6 各点的绝对压强及 $M_1$、$M_2$、$M_3$ 三个压力表之表压强或真空度。

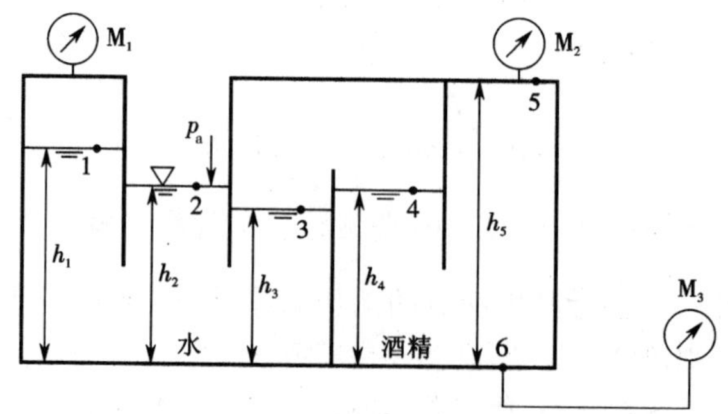

图 2-15 某一装有水和酒精的容器装置

【解】　根据流体静压强基本公式，对于 1、2 两点有

$$p_2=p_a=101\ 300\ \text{Pa}$$

$$p_2=p_1+\rho g(h_1-h_2)$$

则　$p_1=p_2-\rho g(h_1-h_2)=[101\ 300-1\ 000\times9.8\times(1.2-1)]\text{Pa}$

$=99\ 340\ \text{Pa}$

从而　$p_{M_1}=p_a-p_1=(101\ 300-99\ 340)\text{Pa}=1\ 960\ \text{Pa}$(真空度)

对于 2、3 两点有

$$p_3=p_2+\rho g(h_2-h_3)=(101\ 300+1\ 000\times9.8\times0.2)\text{Pa}=103\ 260\ \text{Pa}$$

$$p_4=p_3=103\ 260\ \text{Pa}$$

对于 4、5 两点有

$$p_5=p_4-\rho_1 g(h_5-h_4)=(103\ 260-790\times9.8\times0.5)\text{Pa}=99\ 389\text{Pa}$$

$$p_{M_2}=p_5-p_a=(99\ 389-101\ 300\ )\text{Pa}=-1\ 911\ \text{Pa}=1\ 911\ \text{Pa}(\text{真空度})$$

对于 4、6 两点有

$$p_6=p_4+\rho_1 gh_4=(103\ 260+790\times9.8\times1)\text{Pa}=111\ 002\ \text{Pa}$$

$$p_{M_3}=p_6-p_a=(111\ 002-101\ 300)\text{Pa}=9\ 702\ \text{Pa}(\text{表压强})$$

**【例 2-2】**　用如图 2-16 所示测压计测量容器中 $A$ 点水的压强 $p_A$。已知 $h=0.6$ m，$h_1=0.3$ m，$h_2=0.35$ m，$h_3=0.32$ m，酒精相对密度 $\rho_{a1}/\rho_w=0.8$，水银相对密度 $\rho_{me}/\rho_w=13.6$，真空计读数 $p_0=0.25\times10^5$ Pa 真空度。一个工程大气压1 at$=0.98\times10^5$ Pa，求 $p_A$。

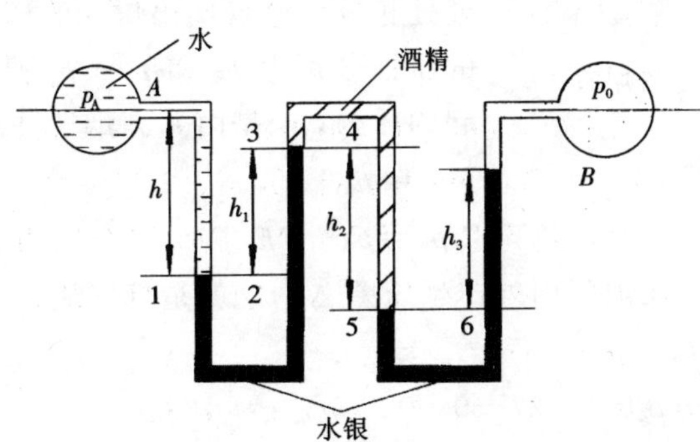


图 2-16　测量点压强的测压计

【解】　在静止条件下，对均质连续介质，由 1－2，3－4 和 5－6 等压面关系，有

$$p_1=p_2,\quad p_3=p_4,\quad p_5=p_6$$

由重力作用下静止液体中压强分布公式，得如下诸关系式

$$p_6=p_0+\rho_{me}gh_3$$

$$p_4=p_5-\rho_{a1}gh_2$$

$$p_2=p_3+\rho_{me}gh_1$$

$$p_A = p_1 - \rho_W gh$$

这里不计空气的重量，联立上述各式，整理得

$$p_A = p_0 + \rho_{me} g(h_3 + h_1) - \rho_{a1} gh_2 - \rho_W gh$$

以绝对压强表示

$$\begin{aligned} p_A &= p_a - p_V + \rho_{me} g(h_3 + h_1) - \rho_{a1} gh_2 - \rho_W gh \\ &= [0.98 \times 10^5 - 0.25 \times 10^5 + 13\ 600 \times 9.8 \times (0.32 + 0.3) \\ &\quad - 800 \times 9.8 \times 0.35 - 1\ 000 \times 9.8 \times 0.6]\ \text{Pa} \\ &= 147\ 009.6\ \text{Pa} = 147.01\ \text{kPa} \end{aligned}$$

以相对压强表示

$$\begin{aligned} p_A &= -p_V + \rho_{me} g(h_3 + h_1) - \rho_{a1} gh_2 - \rho_W gh \\ &= (-0.25 \times 10^5 + 13\ 600 \times 9.8 \times 0.62 - 800 \times 9.8 \times 0.35 \\ &\quad - 1\ 000 \times 9.8 \times 0.6)\ \text{Pa} \\ &= 49\ 009.6\ \text{Pa} = 49.01\ \text{kPa} \end{aligned}$$

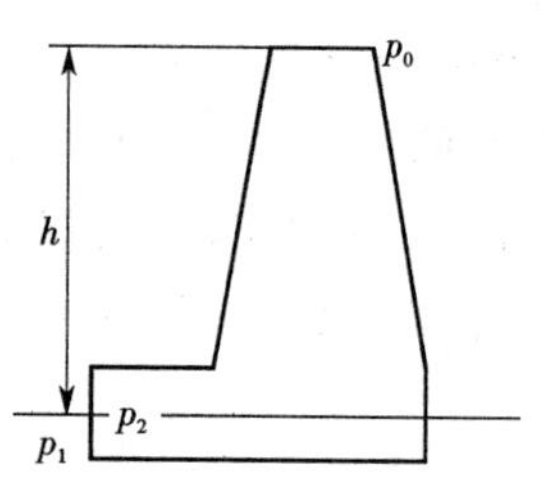

图 2-17 某一锅炉的烟囱

**【例 2-3】** 如图 2-17 所示一锅炉烟囱，燃烧时烟气中自由流动排出。已知烟囱高$h=30$ m，烟囱内烟气的平均温度 $t=300$ ℃，烟气的密度 $\rho_s=(1.27-0.002\ 75t)\ \text{kg/m}^3$，当时空气的密度 $\rho_a=1.29\ \text{kg/m}^3$。试确定引起烟气自由流动的压差。

**【解】** 不计烟气流动产生的效应，认为温度处处相等。令烟囱出口处的压强为 $p_0$，炉门内、外的压强分别为 $p_2$ 和 $p_1$。$p_1$ 是由 $h$ 高空气柱所引起的压强，$p_2$ 是由 $h$ 高烟气柱所引起的压强，即

$$p_1 = p_0 + \rho_a h$$
$$p_2 = p_0 + \rho_s h$$

因为 $\rho_a > \rho_s$，所以在炉门内外产生压差 $\Delta p$，这就是烟气能自由流动的压差。

$$\begin{aligned} \Delta p &= p_1 - p_2 = h(\rho_a - \rho_s) g \\ &= h[\rho_a - (1.27 - 0.002\ 75t)] g \\ &= 30 \times [1.29 - (1.27 - 0.002\ 75 \times 300)] \times 9.8\ \text{Pa} \\ &= 248.4\ \text{Pa} \end{aligned}$$

由此可见，烟囱越高，流动情况越好。

## 2.4 非惯性坐标系中流体的平衡——相对平衡

物理学表明，地球可以近似视为惯性系，相对于惯性系处于平衡状态（匀速直线运动或静止状态）的物体仍属于惯性系，如相对于惯性系做变速运动的物体则属于非惯性系。牛顿运动定律只在惯性坐标系中适用。前面已经提到，在工程实际以及日

常生活中绝大多数的流体平衡是指流体相对于地球没有运动的静止状态，即是一种在惯性坐标系中的流体平衡。

如果装在容器中的液体随同容器一起相对于地球在运动（指做各种形式的变速运动），液体与容器具有相同加速度，但液体各部分之间以及液体与容器之间没有相对运动。只要把坐标系选建在容器上，则该坐标系即为非惯性坐标系，容器中的液体对此非惯性坐标系来说也是处于平衡状态的，这种在非惯性坐标系中的液体平衡称为相对平衡或相对静止。在此情况下，尽管液体在做各种变速运动，液体质点也具有加速度，但因为液体各质点间以及流体质点与容器之间没有相对运动，不存在切应力，液体与容器成为一体就像整块“刚体”在运动一样，故对这类问题可采取一种简便的分析方法，即可应用理论力学中的达朗伯原理。假想把由于液体加速运动而产生的惯性力加到运动的液体上，使原来受力不平衡的运动流体变为平衡，将流体动力学的问题变成了静力学问题，因而可将这种运动问题作为静止的问题，应用普遍的流体平衡微分方程来处理。但必须强调指出，所加上去的惯性力是假想的，并非真正作用在运动流体之上。惯性力是运动物体企图维持其本身原有运动状态不被改变而作用于其他物体上的力，现在将这一惯性力拿回来作用在变速运动流体身上，使受力由不平衡变为平衡，是一种处理问题的方法。

和重力作用下的流体平衡一样，分析重力和惯性力同时作用下的流体平衡问题的目的也是要得出其压强分布的规律。现以装有液体的容器与液体一起沿水平面做等加速直线运动为例，说明在非惯性坐标系中，即在几种质量力同时作用下的流体平衡问题的一般分析方法。

图 2-18 表示为一装有液体的敞口车厢，现液体与车厢一起沿水平面以加速度 $a$ 做等加速直线运动（只研究液体所有质点与车厢都具有同样的加速度 $a$ 的稳定状况，至于启动和逐渐停车的变加速过程不在研究之列），现分析车厢容器中液体的平衡状况。

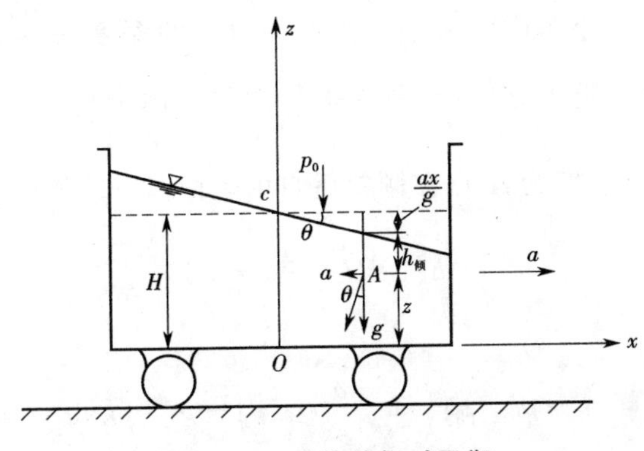


**图 2-18 液体的相对平衡**

现将笛卡尔直角坐标系建立在小车上，其原点位于车厢底部中心点 $O$，$z$ 向上，$x$ 与小车行进的加速度 $a$ 方向一致。这是一个非惯性坐标系，对该坐标系，车厢中之液体处于相对静止状态。根据达朗伯原理，假设将液体由于加速运动而产生的惯性力，加在运动流体上，使流体受力平衡，于是将一个运动的问题转化为一个静止的问题，可以应用普遍的流体平衡微分方程处理。

在此情况下，每个液体质点上除了作用有铅垂向下的重力 $G=mg$ 以外，还作用有假想的水平惯性力 $F=-ma$，其方向与加速度方向相反。如图 2-18 所示，液体中任一点 $A$ 的受力，既有重力，又有惯性力，两者皆为质量力，前者垂直向下，后者水平方向与 $x$ 方向相反。两者之合力具有倾斜的方向，根据质量力与等压面垂直正交的特性，可知该液体中等压面（包括自由表面在内）为一与重力和惯性力两者之合力垂直的倾斜平面，设与水平面夹角为 $\theta$。

作用在 $A$ 点上的单位质量力在 $x$、$y$、$z$ 三轴方向的分量为

$$X=-a,\quad Y=0,\quad Z=-g$$

根据平衡微分方程式(2-7)

$$\mathrm{d}p=\rho(X\mathrm{d}x+Y\mathrm{d}y+Z\mathrm{d}z)$$

有

$$\mathrm{d}p=\rho(-a\mathrm{d}x-g\mathrm{d}z)$$

认为是不可压缩流体

$$\rho=\text{const.}$$

积分上式得

$$p=\rho(-ax-gz)+C$$

根据已知边界条件确定积分常数 $C$，在坐标原点 $O$ 处

$$x=0,\quad z=H,\quad p=p_0$$

所以

$$C=p_0+\rho gH$$

代回上式得

$$\begin{aligned}p&=\rho(-ax-gz)+p_0+\rho gH\\&=p_0+\rho gH+\rho g\left(\frac{-a}{g}x-z\right)=p_0+\rho g\left(H-\frac{ax}{g}-z\right)\end{aligned}$$

即

$$p=p_0+\rho g\left(H-\frac{a}{g}x-z\right) \tag{2-25}$$

上式右边括号内：$H$ 为小车内原水平自由液面以下的深度；$z$ 为液体中任一点 $A$ 的纵坐标；$\frac{a}{g}x$ 为 $A$ 点沿铅垂方向，在原水平与倾斜后两个自由表面上的对应点间的距离。则 $\left(H-\frac{a}{g}x-z\right)$ 即为 $A$ 点在倾斜后自由表面以下的深度，用 $h_{倾}$ 表示，即

$$h_{倾}=H-\frac{a}{g}x-z$$

代入式(2-25)则有

$$p=p_0+\rho g\left(H-\frac{a}{g}x-z\right)=p_0+\rho gh_{倾} \tag{2-26}$$

这样，上式就与在重力场中流体平衡的基本方程式(2-15)形式相同。说明此时液体中每一条铅垂线上的各点压强的分布与在质量力只有重力作用时沿垂线静压分布的规律是相同的。这是因为，此时液体虽然同时受重力和惯性力两种质量力的作用，但在铅垂方向上只有重力作用，所以，其压强分布与只有重力作用时相同。但水平方向

就不同了，因为，水平方向有惯性力的作用，水平方向压强的分布规律是由惯性力所决定的。

将式(2-25)中的 $p$ 取为常数，即可得到等压面方程。

以绝对压强表示
$$\frac{p_{\mathrm{abs}}-p_0}{\rho g}=H-\frac{a}{g}x-z \tag{2-27a}$$

以相对压强表示
$$\frac{p}{\rho g}=H-\frac{a}{g}x-z \tag{2-27b}$$

在自由表面 $p=p_0$，自由表面也是等压面。其方程式为

$$H-\frac{a}{g}x-z=0$$

或
$$z=H-\frac{a}{g}x \tag{2-27c}$$

式中，$\frac{a}{g}=\tan\theta$。

上述等压面(包括自由表面)为一簇与水平面成 $\theta$ 角的倾斜平面。其 $\theta=\arctan\left(\frac{a}{g}\right)$。

**【例 2-4】** 设有如图 2-19 所示的一被隔板隔开且两侧分别装有不同液面高度的液体的容器。以等加速度 $a$ 向左方移动，尺寸 $l$，$h_1$ 和 $h_2$ 为已知，求隔板部受力平衡时的 $a$ 值。

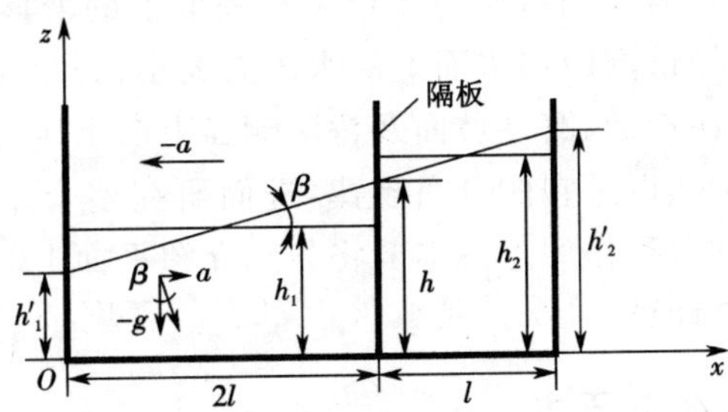


**图 2-19　隔板容器**

**【解】** 将笛卡尔直角坐标系建立在运动的容器上，如图所示。隔板受力平衡时前后箱中的液面应形成一条直线，此直线斜率应为

$$\tan\beta=\frac{a}{g}$$

设箱中液面间的关系如图 2-19 所示，其中 $h_1'$，$h_2'$ 和 $h$ 为未知数，由几何关系可得

$$\tan\beta=\frac{h_2'-h_1'}{3l}$$

由油液运动前后体积不变的关系可得

$$h_1=\frac{h_1'+h}{2}$$

$$h_2=\frac{h+h_2'}{2}$$

即

$$h_1'=2h_1-h$$
$$h_2'=2h_2-h$$

将以上关系代入 $\tan\beta$ 的表达式中可得

$$\tan\beta=\frac{a}{g}=\frac{2h_2-h-(2h_1-h)}{3l}$$

于是 $a=\frac{2g}{3}\frac{h_2-h_1}{l}$，方向与惯性力方向相反。

另外，从图中几何关系亦可看出

$$h_2'-h_1'=2(h_2-h_1)$$

所以

$$\tan\beta=\frac{h_2'-h_1'}{3l}=\frac{2(h_2-h_1)}{3l}$$

而

$$\tan\beta=\frac{a}{g}$$

则 $a=g\tan\beta=\frac{2g}{3}\frac{h_2-h_1}{l}$，方向与惯性力方向相反。

## 2.5 重力场中作用于物体表面的静水总压力

在工程实践中，常常需要知道作用在建筑物表面上的液体压力。例如为了确定挡水闸的启闭力，需要知道闸门挡水面上的水压力大小；为校核水坝、路基、桥墩等的稳定性，需要知道作用在坝面、路基坡面及桥墩侧面上的水压力是多少等。这就要求从已知一个点的静水压强以及它的分布规律，进而研究整个作用面上的静水总压力问题，并确定其大小、方向和作用点。本节将分别介绍平面上的静水总压力的计算和曲面上的静水总压力的计算。

### 2.5.1 平面上的静水总压力

一个作用面上的静水总压力就是该作用面上各点压强的总和。为了直观，形象地表示静压强的分布，可以先绘制压强分布图。在压强分布图中，各点的压强由一带箭头的矢量线段表示。箭头的方向沿作用面的内法线方向，线段的长度与该点的压强大小成比例。压强分布图是流体静压强分布规律的几何图示。对于与大气连通的开敞容器，液体的相对压强 $p=\rho gh$，沿水深直线分布，只要把上、下两端点的压强用上述带箭头的矢量线段绘出，中间以直线将其上、下端相连，就得到了压强分布图，如图2-20所示。从静水压强分布图可以看出：求平面上的静水总压力 $P$，实际上就是平行力系求合力的问题。首先，$P$ 的方向必定也垂直于作用平面，其大小、作用点可用解析法或图解法求解，特别是对于简单形状如矩形平面上的静水总压力，应用静水压强分布图求解更为直观、简便。

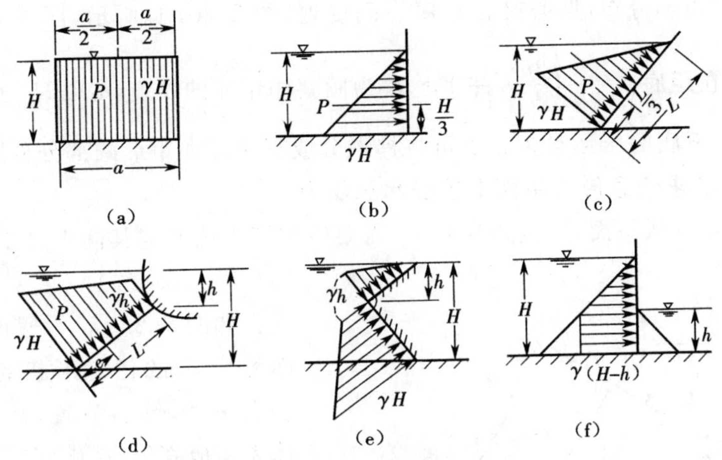


图 2-20　平面上的静水压强分布图

**1. 压力图法求矩形平面上的静水总压力**

对于矩形作用平面，只要绘出压强分布图就能很容易求得总压力的大小。这种方法又称为压力图法。因为在实际工程中很多作用面是矩形，所以常用压力图法求其静水总压力的大小，这样则更为直观、形象和便捷。由于建筑物通常都处于大气之中，所以实际工程设计中只绘制相对压强的分布图。

设底边平行于液面的矩形平面 $AB$ 与水平面夹角为 $\alpha$，平面宽度为 $b$，上、下底边淹没于水下的深度分别为 $h_1$ 和 $h_2$，如图 2-21 所示。

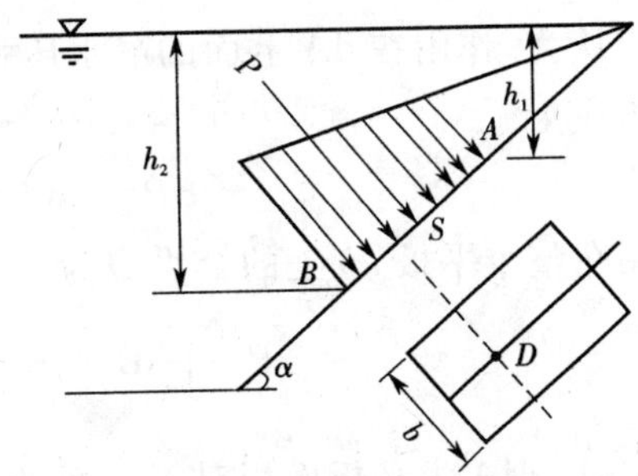


图 2-21　矩形平面上静水压强分布图

总压力的大小等于受压面上全部微元面积上所受压力的总和。压力图法的步骤是：先绘出压强分布图；总压力的大小等于压强分布图的面积 $S$ 乘以受压面的宽度 $b$，即

$$P=bS \tag{2-28}$$

总压力的作用线通过压强分布图的形心，即总压力的作用点必在压强分布图形心沿受力面宽度方向的分布线上，而沿纵向总压力作用点在矩形平面的对称轴上，上述二线在受力的矩形平面上的交点就是静水总压力的作用点。总压力的方向与压强分布图中各压强的方向一致，沿平面的内法线方向。

压强分布图的形心位置(即合力作用点位置)可由压强分布图形确定，如图 2-20(a)所示，压强为矩形分布，形心必在中点(即合力作用点)$\frac{a}{2}$处；图 2-20(b)和(c)所示，压强呈三角形分布，形心必在距底$\frac{1}{3}$高度处；图 2-20(d)所示，压强为梯形分布，其形心位置在距底 $e=\frac{L}{3}\left(\frac{2h+H}{h+H}\right)$处，$L$ 为倾斜作用面的长度，$h$ 和 $H$ 分别为梯形压强分布图上、下底的压强水头。也可将梯形分成三角形和矩形两部分分别计算。

**2. 解析法求任意形状平面上的静水总压力**

对于任意形状平面，因其边界复杂，需要应用解析法确定其静水总压力的大小和作用点。

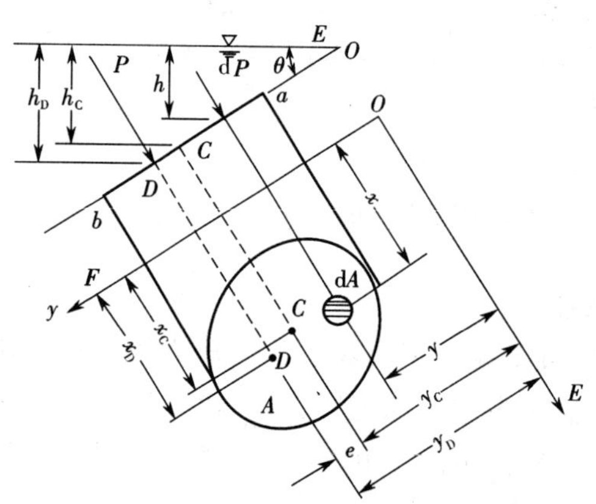

图 2-22　任意形状平面上的静水总压力

如图 2-22 所示，假设 $ab$ 为一块面积为 $A$ 的任意形状的平板，它承受水压力，倾斜放置，其延伸面与液体表面成 $\theta$ 角，平板底部即板的背面及液体自由表面上的压强均为大气压强 $p_a$。求该平板上所承受的静水总压力 $P$ 和总压力作用点，即压力中心 $D$。

为便于分析作用在平板 $ab$ 上的静水总压力，将平板 $ab$ 绕 $Oy$ 轴转动 90°。在平板上取一微元面积 $\mathrm{d}A$，其中心点距自由水面的距离为 $h$，其坐标分别为 $x$、$y$，作用在 $\mathrm{d}A$ 中心点上的压强为 $p$，则 $p=\rho gh$。只要 $\mathrm{d}A$ 取得足够小，就可以认为，作用在 $\mathrm{d}A$ 上面的静水压强是均布的，用 $p$ 表示。因此，作用在 $\mathrm{d}A$ 面上的合力应为

$$\mathrm{d}P=p\mathrm{d}A=\rho gh\,\mathrm{d}A=\rho gy\sin\theta\mathrm{d}A$$

作用在整个平板 $ab$ 上的合力应为

$$P=\int_A\mathrm{d}P=\int_A\rho gy\sin\theta\mathrm{d}A=\rho g\sin\theta\int_A y\mathrm{d}A$$

式中，$\int_A y\mathrm{d}A$ 为平板面积对于 $x$ 轴的静面矩。若设 $C$ 点为面积 $A$ 的形心，则根据静面距定理有

$$\int_A y\mathrm{d}A=Ay_C$$

式中，$y_C$ 为形心 $C$ 点距 $x$ 轴的垂直距离。这样，又可得

$$P=\rho gy_C A\sin\theta=\rho gh_C A=p_C A \tag{2-29}$$

式中，$\rho gh_C$ 为面积 $A$ 形心处的静压强 $p_C$。式(2-29)表示该任意形状平面上的静水总压力的大小，等于任意形状平面形心处的静压强与该平面面积的乘积。该形心处

的静水压强即为该任意形状平面上的平均压强。

下面讨论总压力 $P$ 的作用点，即压力中心 $D$。

总压力的作用点，称为压力中心，用符号 $D$ 表示。由于静压强 $p$ 与深度 $h$ 成正比，越靠下部其压强就越大，所以压力中心 $D$，通常低于平面的形心 $C$，只有当作用面水平时，压强均匀地分布在作用面上，这时压力中心才与作用面的形心相重合。对于任意形状平面的压力中心，可以通过合力对任意轴之力矩等于各分力对该轴之力矩的代数和来确定。

设 $D$ 点为任意形状平面 $ab$ 的压力中心，该点的水深为 $h_D$，它距 $Ox$ 轴的距离为 $y_D$，则各分力 $dp$ 对 $Ox$ 轴之力矩的总和可以写成

$$\int_A y\,\mathrm{d}p=\int_A y\rho gh\,\mathrm{d}A=\int_A y^2\rho g\sin\theta\mathrm{d}A=\rho g\sin\theta\int_A y^2\,\mathrm{d}A$$

式中，$\int_A y^2\,\mathrm{d}A$ 为面积 $A$ 对 $Ox$ 轴的惯性矩，以 $I_{xO}$ 表示。根据惯性矩平行移轴定理

$$I_{xO}=I_{xC}+y_C^2A$$

式中，$I_{xC}$ 是面积 $A$ 对通过它的形心 $C$ 并与 $x$ 轴平行的轴的惯性矩，则

$$\int_A y\,\mathrm{d}p=\rho g\sin\theta\int_A y^2\,\mathrm{d}A=\rho g\sin\theta I_{xO}=\rho g\sin\theta(I_{xC}+y_C^2A)$$

而静水总压力 $P$ 对 $Ox$ 轴之力矩为

$$Py_D=\rho gh_CAy_D=\rho g\sin\theta\, y_CAy_D$$

由于各微元面积上的静水压力 $dP$ 对 $Ox$ 之力矩的和等于合力 $P$ 对 $Ox$ 轴的力矩，所以

$$\rho g\sin\theta(I_{xC}+y_C^2A)=\rho g\sin\theta y_CAy_D$$

即

$$I_{xC}+y_C^2A=y_CAy_D$$

所以

$$y_D=\frac{I_{xC}}{y_CA}+y_C \tag{2-30a}$$

即

$$e=y_D-y_C=\frac{I_{xC}}{y_CA} \tag{2-30b}$$

因为 $\frac{I_{xC}}{y_CA}$ 总是正的，说明 $y_D-y_C>0$，也就是说，压力中心 $D$ 总是在形心 $C$ 之下。常见图形的面积 $A$、形心坐标 $y_C$ 以及惯性矩 $I_{xC}$，见表 2-2。

**表 2-2　常见图形的 $A$、$y_C$ 及 $I_{xC}$ 值**

| 几何图形名称 | 面积 $A$ | 形心坐标 $y_C$ | 对通过形心轴的惯性矩 $I_{xC}$ |
|---|---|---|---|
| 矩形 | $bh$ | $\frac{1}{2}h$ | $\frac{1}{12}bh^3$ |

续表

| 几何图形名称 | 面积 $A$ | 形心坐标 $y_C$ | 对通过形心轴的惯性矩 $I_{xC}$ |
|---|---|---|---|
| 三角形 | $\frac{1}{2}bh$ | $\frac{2}{3}h$ | $\frac{1}{36}bh^3$ |
| 梯形 | $\frac{1}{2}h(a+b)$ | $\frac{h}{3}\left(\frac{a+2b}{a+b}\right)$ | $\frac{1}{36}h^3\left(\frac{a^2+4ab+b^2}{a+b}\right)$ |
| 圆 | $\pi r^2$ | $r$ | $\frac{1}{4}\pi r^4$ |
| 半圆 | $\frac{1}{2}\pi r^2$ | $\frac{4}{3}\ \frac{r}{\pi}$ | $\frac{9\pi^2-64}{72\pi}r^4$ |
| 圆环 | $\pi(R^2-r^2)$ | $R$ | $\frac{\pi(R^4-r^4)}{4}$ |

上面确定了压力中心 $D$ 与 $Ox$ 轴的距离 $y_D$，根据同样道理，对 $Oy$ 轴取矩，便可求得压力中心 $D$ 对 $Oy$ 轴的距离 $x_D$。

$$\int_A x\,\mathrm{d}P=\rho g\sin\theta\int_A xy\,\mathrm{d}A$$

式中，$\int_A xy\,\mathrm{d}A$ 是面积 $A$ 对 $Ox$，$Oy$ 轴的惯性积，用 $I_{x0y0}$ 表示。从数学上看，它不同于惯性矩，数值可正可负。根据平行移轴定理

$$I_{x0y0}=I_{xCyC}+x_C y_C A$$

式中，$I_{xCyC}$ 是面积 $A$，对通过其形心 $C$，而与 $Ox$，$Oy$ 轴平行的轴的惯性积。

而
$$\int_A x\,\mathrm{d}P=x_D\cdot P=x_D\rho g y_C A\sin\theta$$

因为
$$\rho g\sin\theta(I_{xCyC}+x_C y_C A)=x_D\rho g y_C A\sin\theta$$

所以
$$x_D=\frac{I_{xCyC}}{y_C A}+x_C \tag{2-31}$$

因为惯性积 $I_{xCyC}$ 有正有负，故 $x_D$ 可能大于或小于 $x_C$，也就是对任意形状的平面来

说，压力中心 $D$ 可能在形心 $C$ 之左侧或右侧。在实际工程中通常作用面总有一个纵向对称轴，例如作用面为矩形、等腰三角形、等腰梯形、圆以及椭圆形等，则 $I_{xCyC}=0$，$x_D=x_C$，即此情况下压力中心必在纵向对称轴上，而不必另行计算 $x_D$。

**【例 2-5】** 铅直放置的矩形平板闸门如图 2-23 所示。已知 $h_1=1.0\ \text{m}$，$H=2.0\ \text{m}$，宽度 $B=1.2\ \text{m}$，求该平板闸门上所受的静水总压力及其作用点的位置。

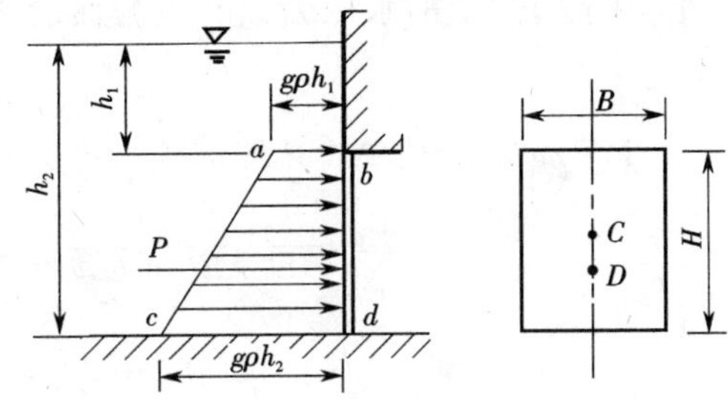


**图 2-23　铅直放置的矩形平板闸门**

**【解】** 闸门的面积

$$A=BH=1.2\times 2\ \text{m}^2=2.4\ \text{m}^2$$

形心在水下的深度：

$$h_C=h_1+\frac{H}{2}=\left(1+\frac{2}{2}\right)\ \text{m}=2\ \text{m}$$

由表 2-2 查得惯性矩

$$I_{xC}=\frac{BH^3}{12}=\frac{1.2\times 2^3}{12}\ \text{m}^4=0.8\ \text{m}^4$$

由式(2-29)得静水总压力：

$$P=p_CA=\rho gh_CA=9.8\times 1\ 000\times 2\times 2.4\ \text{N}=47\ 070\ \text{N}=47.04\ \text{kN}$$

根据式(2-30a)，总压力作用点(即压力中心)$D$ 在水面以下的深度

$$y_D=y_C+\frac{I_{xC}}{y_CA}=h_C+\frac{I_{xC}}{h_CA}=\left(2+\frac{0.8}{2\times 2.4}\right)\ \text{m}=2.17\ \text{m}$$

**【例 2-6】** 有一圆形平板闸门铰接于 $B$，如图 2-24 所示。门的直径 $d=1\ \text{m}$，水平倾角 $\alpha=60°$，门的中心位于上游水面下 4.0 m 处，门重 $G=980\ \text{N}$，问分别在下游无水和下游水面与门顶同高时，在 $E$ 处将门吊起所需的力 $T$ 为多大？

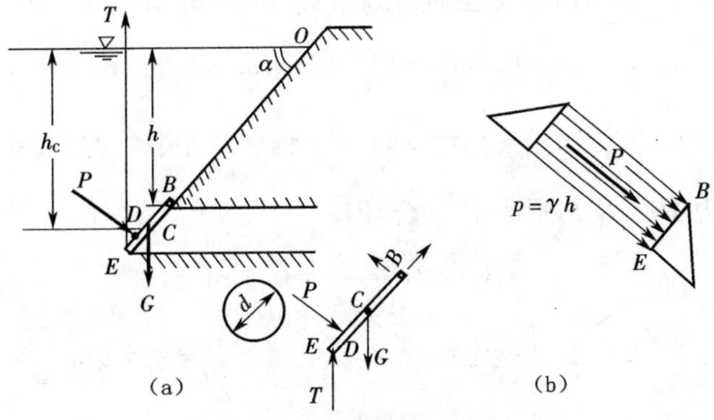


**图 2-24　倾斜放置的圆形平板闸门**

**【解】** 闸门受力如图 2-24(a)所示。闸门所受的力有：静水总压力 $P$(作用点为 $D$)，门的自重 $G$(作用点为 $C$)，启吊闸门的力 $T$ 和 $B$ 处的支座反力。只有当 $T$ 对 $B$

的力矩大于其他各力对 $B$ 点力矩的总和时，才能将闸门提起，即

$$Td\cos\alpha > P\,\overline{BD} + G\frac{d}{2}\cos\alpha$$

（1）下游无水。

作用于闸门上的水压力只有上游面的水压力 $P$，已知水的密度 $\rho = 1\ 000\ \text{kg/m}^3$，所以

$$P = \rho g h_C A = 1\ 000 \times 9.8 \times 4 \times \frac{1}{4} \times 3.14 \times 1^2\ \text{N} = 30\ 800\ \text{N} = 30.8\ \text{kN}$$

$$\overline{BD} = \overline{BC} + \overline{CD} = \frac{d}{2} \times e = \frac{d}{2} + \frac{I_{xC}}{y_C A}$$

将

$$I_{xC} = \frac{1}{4}\pi r^4 = \frac{1}{64}\pi d^4$$

$$A = \frac{1}{4}\pi d^2$$

$$y_C = \frac{h_C}{\sin\alpha} = \frac{4}{\sin 60^\circ}$$

代入得

$$\overline{BD} = \frac{d}{2} + \frac{\frac{1}{64}\pi d^4}{\frac{1}{4}\pi d^2}\left(\frac{\sin 60^\circ}{4}\right) = \left(\frac{1}{2} + \frac{1}{16} \times 1^2 \times \frac{0.866}{4}\right)\ \text{m} = 0.514\ \text{m}$$

又

$$d\cos\alpha = 1 \times 0.5\ \text{m} = 0.5\ \text{m}$$

所以

$$T \times 0.5 > 30.8 \times 0.514 + 0.98 \times \frac{1}{2} \times 0.5\ \text{kN}$$

$$T > 32.2\ \text{kN}$$

（2）下游水面与门顶同高。

此时作用于闸门上的水压力两边都有，绘出纵向对称轴上的压强分布图如图 2-24(b)所示。相反方向的压强抵消后，得到均匀分布的净压强 $p = \rho g h = \rho g\left(h_C - \frac{d}{2}\sin\alpha\right) = \rho g(4 - 0.5 \times 0.866) = (1 \times 9.8 \times 3.57)\ \text{kN/m}^2$，闸门上的总压力为

$$P = pA = 9.8 \times 3.57 \times \frac{1}{4} \times 3.14 \times 1^2\ \text{kN} = 27.5\ \text{kN}$$

这种情况下，压力中心 $D$ 与形心 $C$ 重合，即

$$\overline{BD} = \overline{BC} = \frac{d}{2} = 0.5\ \text{m}$$

所以

$$T \times 0.5 > 27.5 \times 0.5 + 0.98 \times \frac{1}{2} \times 0.5\ \text{kN}$$

$$T > 28\ \text{kN}$$

**【例 2-7】** 如图 2-25 所示，矩形闸门 $AB$，宽 $b = 1$ m，左侧油深 $h_1 = 1$ m，油液密度 $\rho_1 = 800\ \text{kg/m}^3$，水深 $h_2 = 2$ m，闸门的倾角 $\alpha = 60^\circ$，求作用在闸门上的液体总压力及其作用点的位置。

【解】 设闸门上油水分界点为 $E$，总压力的作用点为 $D$，为了便于求作用点的位置，将液体总压力分为 $F_{P1}$，$F_{P2}$，$F_{P3}$ 三个部分，如图 2-25 所示。

$$F_{P1}=\rho_1 g h_{1C} A_1=\rho_1 g \frac{h_1}{2}\frac{h_1}{\sin\alpha}b$$

$$=800\times9.8\times0.5\times\frac{1}{\sin60^\circ}\times1.0\ \text{N}$$

$$=4\ 526.4\ \text{N}=4.53\ \text{kN}$$

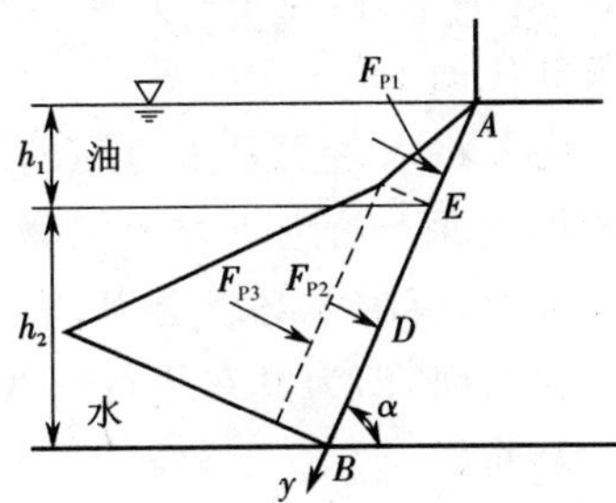


图 2-25 倾斜放置的矩形平板闸门

$$F_{P2}=\rho_1 g h_1 A_2=\rho_1 g h_1 \frac{h_2}{\sin\alpha}b$$

$$=800\times9.8\times1\times\frac{2\times1}{\sin 60^\circ}\ \text{N}$$

$$=18\ 105.7\ \text{N}=18.11\ \text{kN}$$

$$F_{P3}=\rho g h_{2C} A_2=\rho g\frac{h_2}{2}\frac{h_2}{\sin\alpha}b=1\ 000\times9.8\times\frac{2}{2}\times\frac{2}{\sin 60^\circ}\ \text{N}$$

$$=22\ 632.13\ \text{N}=22.63\ \text{kN}$$

上式中 $\rho$ 为水的密度。

由 $F_{P1}$、$F_{P2}$ 和 $F_{P3}$ 可求得液体总压力 $F_P$ 为

$$F_P=F_{P1}+F_{P2}+F_{P3}=(4\ 526.4+18\ 105.7+22\ 632.13)\ \text{N}$$

$$=45\ 264.23\ \text{N}=45.3\ \text{kN}$$

总压力的作用点可用合力矩原理求得

$$F_P y_D=F_{P1}y_1+F_{P2}y_2+F_{P3}y_3$$

上式中 $y_1=\frac{2}{3}\frac{h_1}{\sin\alpha}=\frac{2}{3}\times\frac{1}{\sin 60^\circ}\ \text{m}=\frac{4\sqrt{3}}{9}\ \text{m}$

$$y_2=\left(h_1+\frac{h_2}{2}\right)\Big/\sin\alpha=\left(1+\frac{2}{2}\right)\Big/\sin 60^\circ\ \text{m}=\frac{4\sqrt{3}}{3}\ \text{m}$$

$$y_3=\frac{h_1}{\sin\alpha}+\frac{2}{3}\frac{h_2}{\sin\alpha}=\frac{1}{\sin 60^\circ}+\frac{2}{3}\times\frac{2}{\sin 60^\circ}\ \text{m}=\frac{14}{9}\sqrt{3}\ \text{m}$$

故 $y_D=\frac{F_{P1}y_1+F_{P2}y_2+F_{P3}y_3}{F_P}=\frac{4.53\times\frac{4\sqrt{3}}{9}+18.11\times\frac{4\sqrt{3}}{3}+22.63\times\frac{14\sqrt{3}}{9}}{45.3}\ \text{m}$

$$=2.35\ \text{m}$$

$$h_D=y_D\sin\alpha=2.35\times\sin 60^\circ\ \text{m}=2.04\ \text{m}$$

### 2.5.2 曲面上的静水总压力

在实际工程中，经常会遇到承受水压力的作用面是曲面，例如输送水和其他各种液体的管道、贮油(水)罐、弧形闸门、U 形渡槽、隧洞进口、桥(闸)墩以及拱坝的坝面等，并要求确定作用在曲面上的静水总压力的问题。作用在曲面上任一点的静水压强也是沿着作用面的法线方向指向作用面，并且其大小与该点所在的水深成正比。

因而与平面情况相类似，也可以由此绘出曲面上的压强分布图，如图 2-26 所示。

由压强分布图可以看出，曲面上各点的曲率是变化的，各点的法线方向各不相同，彼此不平行，也不一定汇交于一点，因此求曲面上的合力不能像平面那样直接积分求其代数和。

为了将求曲面总压力问题也变为平行力系求合力的问题，以便于积分求和，通常需要将曲面上的总压力 $P$ 分解为水平分力 $P_x$ 和垂直分力 $P_z$，然后再合成为合力 $P$。在工程上，有时不必求合力，只需求出水平分力和垂直分力。由于工程实际多数曲面为二维曲面，即为具有平行母线的柱面，所以重点讨论这种情况，然后再将结论推广到一般曲面。

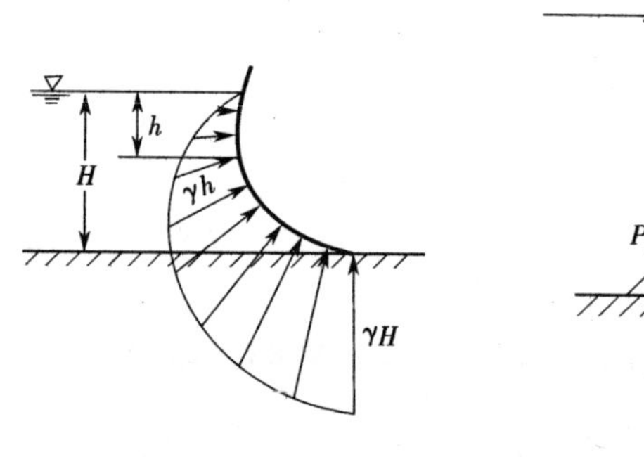


图 2-26　曲面上的静水压强分布图

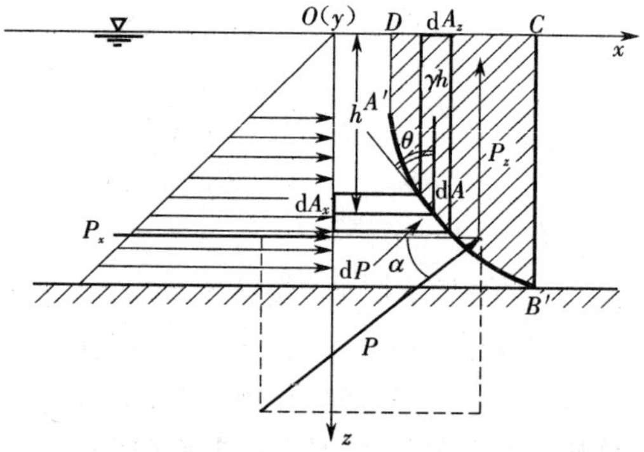

图 2-27　二维曲面上的液体总压力

如图 2-27 所示 $A'B'$ 为一二维柱面，面积为 $A$，其母线与 $Oy$ 轴平行，并与纸面垂直。曲面左侧有水压力作用，其自由水面上为大气压。如果在水深为 $h$ 处取一微元面积 $\mathrm{d}A$，作用其上的静水压力 $\mathrm{d}P=p\mathrm{d}A=\rho gh\mathrm{d}A$，并垂直于微元面积 $\mathrm{d}A$，与水平成 $\theta$ 角。$\mathrm{d}P$ 可以分解成水平分力 $\mathrm{d}P_x$ 和垂直分力 $dP_z$。

$$\mathrm{d}P_x=\mathrm{d}P\cos\theta=\rho gh\mathrm{d}A\cos\theta$$

$$\mathrm{d}P_z=\mathrm{d}P\sin\theta=\rho gh\mathrm{d}A\sin\theta$$

式中，角度 $\theta$ 为曲面 $\mathrm{d}A$ 与铅垂面间的夹角，故 $\mathrm{d}A\cos\theta$ 可视为曲面 $\mathrm{d}A$ 在铅垂面 $yOz$ 上的投影面积 $\mathrm{d}A_x$；$\mathrm{d}A\sin\theta$ 可视为 $\mathrm{d}A$ 在水平面，也就是在自由表面上的投影 $\mathrm{d}A_z$。

作用在整个曲面上的静水总压力的水平分力 $P_x$ 应为

$$P_x=\int_A\mathrm{d}P_x=\int_A\rho gh\,\mathrm{d}A\cos\theta=\rho g\int_A h\,\mathrm{d}A_x$$

式中，$\int_A h\,\mathrm{d}A_x$ 为整个曲面 $A$ 在铅垂面 $yOz$ 上的投影面 $A_x$ 对水平轴 $Oy$ 轴的静面矩。如以 $h_C$ 表示垂直投影面 $A_x$ 的形心在液面以下的深度，则

$$\int_A h\,\mathrm{d}A_x=h_C A_x$$

所以

$$P_x=\rho g\int_A h\,\mathrm{d}A_x=\rho gh_C A_x=p_C A_x \tag{2-32}$$

这就是作用在 $A_x$ 上的静水总压力，也就是说：作用于曲面上的静水总压力 $P$ 的水平分力 $P_x$ 等于作用于该曲面的垂直投影面上的静水总压力。可按确定平面总压力的方法求解 $P_x$。

整个曲面上静水总压力的垂直分力 $P_z$ 为

$$P_z=\int_A \mathrm{d}P_z=\int_A \rho g h\,\mathrm{d}A\sin\theta=\rho g\int_{A_z} h\,\mathrm{d}A_z$$

其中，$h\mathrm{d}A_z$ 表示曲面 $\mathrm{d}A$ 和它在自由水面的延伸面上的投影面 $\mathrm{d}A_z$ 之间的液柱的体积，则$\int_{A_z} h\,\mathrm{d}A_z$ 即为整个曲面 $A'B'$ 与其在自由水面的延伸面上投影面 $A_z$ 之间的铅垂柱体 $A'B'CD$ 的体积 $V_P$。

$$P_z=\rho g\int_{A_z} h\,\mathrm{d}A_z=\rho g V_P \tag{2-33}$$

则曲面上静水总压力的垂直分力 $P_z$ 等于上述铅垂柱体体积的水重。该铅垂柱体 $A'B'CD$的体积称之为压力体，用 $V_P$ 表示。

垂直分力 $P_z$ 的方向是向上还是向下，则由压力体的虚实确定。压力体是由曲面本身以及它在自由液面（相当于大气压作用的自由液面）或其延伸面的投影面和由曲面边缘向自由表面所作的铅垂面或铅垂母线所围成的体积。如果水（或液体）的作用在曲面下方，正如图 2-27 所示，则压力体 $A'B'CD$ 内无水，称为虚压力体，此时垂直分力 $P_z$ 方向朝上。如果曲面的上方有水（或液体），此时压力体内无水，称为实压力体，如图 2-28(a)所示。其垂直压力 $P_z$ 方向朝下。虽然垂直分力的大小都等于压力体的重量，但不同情况下作用方向是不同的。其实，也可以根据实际作用在曲面上的水压力方向的指向，判断其垂直分力应该向上还是向下。

当曲面为凹凸相间的复杂柱面时，可将曲面分段并分别向自由液面投影，分别求垂直压力后取其代数和，如图 2-28(b)所示。其中，向上和向下作用的相重合的压力体相互抵消一部分，垂直分力的最后结果为阴影线部分所示。

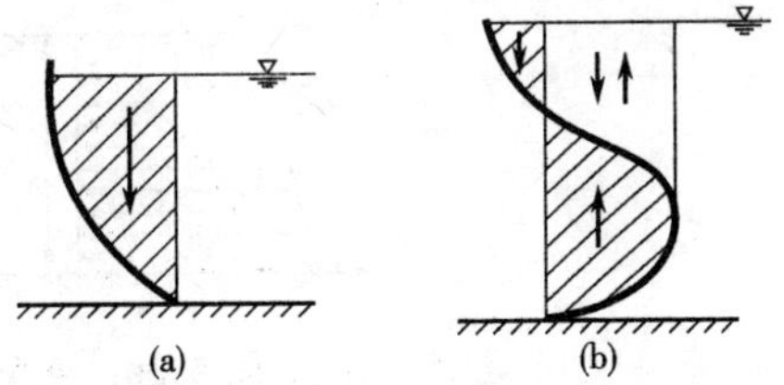


**图 2-28　不同曲面上的压力体**

求出了水平分力 $P_x$ 和垂直分力 $P_z$ 之后，即可以确定作用于曲面上的总压力 $P$。

$$P=\sqrt{P_x^2+P_z^2} \tag{2-34}$$

总压力 $P$ 的作用线与水平线的夹角 $\alpha$ 为

$$\alpha=\arctan^{-1}\frac{P_z}{P_x} \tag{2-35}$$

总压力 $P$ 的作用线，必定通过 $P_x$ 和 $P_z$ 的交点，但该交点不一定在曲面上。

以上虽然是二维柱体曲面上的静水总压力，但所得结论完全可以应用于任意的三维曲面。所不同的是：对于三维曲面除了在 $yOz$ 平面上有投影以外，在 $xOz$ 平面上也有投影，因此水平分力除了有 $x$ 轴方向的分力 $P_x$ 外，还有 $y$ 轴方向的 $P_y$。与确定 $P_x$ 的方法相类似，它等于曲面在 $xOz$ 平面上的投影面 $A_y$ 上的总压力。对于二维柱体曲面，在 $xOz$ 平面上的投影如图 2-27 所示的为 $A'B'$ 曲线，其面积 $A_y=0$，所以 $P_y=0$。

三维曲面的垂直分力 $P_z$ 亦等于压力体的水重。这时压力体是由曲面及其在自由水面（或其延伸面）上的投影面以及从曲面周边到自由水面（或其延伸面）的铅垂母线（而不是平面）所围成。三维曲面上的总压力 $P$ 由 $P_x$、$P_y$、$P_z$ 所合成

$$P=\sqrt{P_x^2+P_y^2+P_z^2} \tag{2-36}$$

分成水平分力和垂直分力求曲面上的静水总压力的方法也常用于倾斜平面上。如前所述图 2-20(c)、(d)、(e)等倾斜面上的水压力也可以分成 $P_x$ 和 $P_z$，分别计算，如图 2-29 所示。

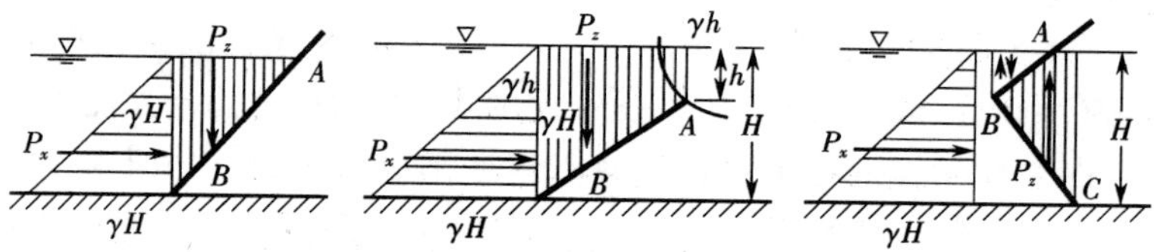


图 2-29 倾斜平面上静水总压力的计算

【例 2-8】 有一如图 2-30 所示的圆柱体，其直径 $d=2.0$ m，左侧水深为 $h_1=2.0$ m，右侧水深 $h_2=1.0$ m。求该圆柱体单位长度上所受静水压力的水平分力和铅垂分力。

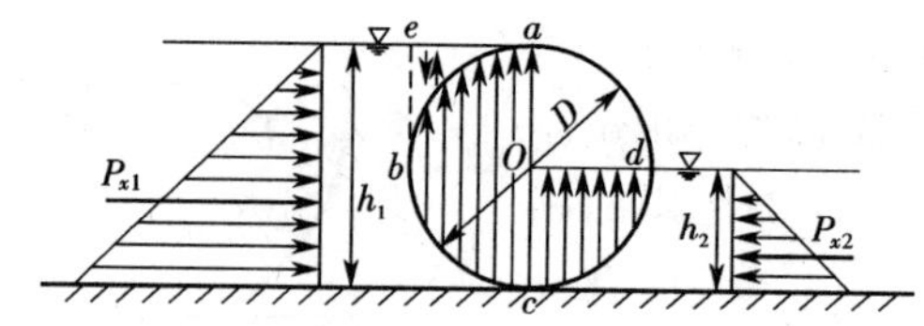


图 2-30 两侧受水压作用的圆柱体

【解】 (1)单位长度上的水平分力 $P_x$。

作用于曲面上的静水总压力的水平分力等于作用在该曲面的垂直投影面上的静水总压力

$$P_x=p_C A_x=\rho g h_C A_x$$

所以

$$\begin{aligned}P_x&=P_{x1}-P_{x2}=\rho g\left(\frac{h_1}{2}\right)Lh_1-\rho g\left(\frac{h_2}{2}\right)Lh_2\\&=\frac{1}{2}\rho gL(h_1^2-h_2^2)=\frac{1}{2}\times 100\ 0\times 9.8\times 1\times(2^2-1^2)\ \text{N}\\&=147\ 00\ \text{N}=14.7\ \text{kN}\end{aligned}$$

(2) 单位长度上的铅垂分力 $P_z$。

先求压力体：上游受压面为 $abc$，分成两部分 $ab$ 和 $bc$，下游受压面为 $cd$，共计三部分，分别求其压力体，然后叠加合成。

三部分的压力体分别是 $abea$（实压力体），方向朝下（↓）；$bcaeb$（虚压力体），方向朝上（↑）；$cdoc$（虚压力体），方向朝上（↑）。三部分压力体叠加合成，其中 $abea$ 部分被抵消，合成的最后结果为 $abcdoa$ 虚压力体，方向朝上（↑）。

根据公式 $P_z=\rho gV_p$，铅垂分力为

$$P_z=\rho gV_p=\rho g\left(\frac{3}{4}\times\frac{1}{4}\pi d^2\right)=1\,000\times9.8\times\frac{3}{4}\times\frac{\pi}{4}\times2^2\ \text{N}$$

$$=23\,090.7\ \text{N}=23.09\ \text{kN}$$

**【例 2-9】** 有一薄壁钢管，直径为 $d$，承受压力水头 $H$，因其 $H$ 比 $d$ 要大得多，可以近似认为钢管受均匀水压力 $p=\rho gH$ 作用，如图 2-31(a)所示。当钢管允许抗拉强度为$[\sigma]$时，管壁的厚度 $\delta$ 为多少（不考虑其他荷载）？

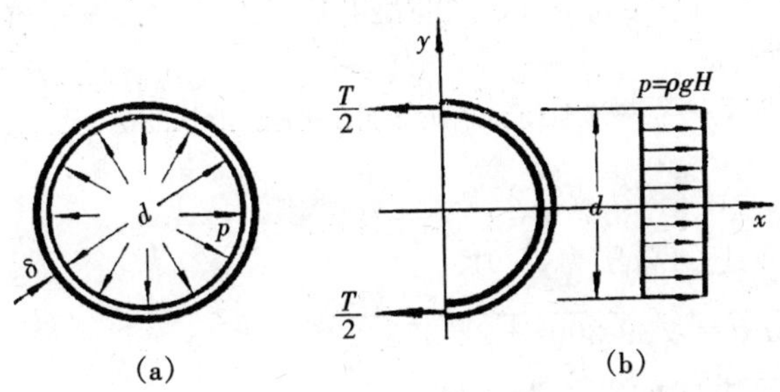


图 2-31　承受水压力作用的薄壁钢管

**【解】** 为分析钢管的拉力与水压力之间的关系，沿管轴方向取单位长度管段并沿直径将其切开，取半管如图 2-31(b)所示。钢管的抗拉力 $T=2[\sigma]\delta$。

水压力按曲面压力分析。图示 $y$ 方向投影面上的水压力互相抵消，只有 $x$ 方向的水压力，因 $A_x=d\times1$，所以

$$P=pA_x=\rho gHd$$

要求 $T\geqslant P$，即 $2[\sigma]\delta\geqslant\rho gHd$，所以

$$\delta\geqslant\frac{\rho gHd}{2[\sigma]}$$

**【例 2-10】** 图 2-32 表示一弧形闸门 $AB$。宽度 $b=4$ m，$\alpha=45°$，半径 $R=2$ m，闸门转轴恰好与门顶齐平，水位也与门顶齐平，求作用在曲面 $AB$ 上的静水总压力。

**【解】** 水平方向总压力 $F_x$ 等于作用在铅垂投影面上的静水总压力

$$F_x=\rho gh_CA_x=\frac{1}{2}\rho gR^2b\sin^2\alpha$$

$$=\frac{1}{2}\times1\,000\times9.8\times2^2\times4\times\sin^2 45°\ \text{N}=39\,200\ \text{N}=39.2\ \text{kN}$$

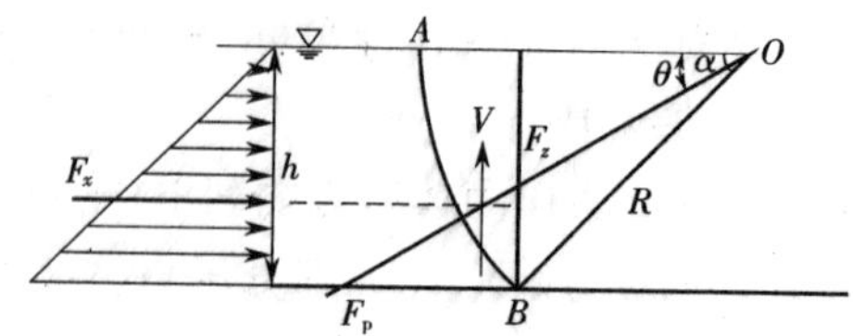


图 2-32 弧形闸门

垂直方向的总压力 $F_z$ 等于压力体 $V$ 内的水重，该压力体为虚压力体，$F_z$ 的方向向上。

$$
\begin{aligned}
F_z &= \rho g V = \rho g\left(\frac{45}{360}\pi R^2 - \frac{1}{2}R\sin\alpha R\cos\alpha\right)b \\
&= \rho g\left(\frac{1}{8}\pi R^2 - \frac{1}{2}R\sin\alpha R\cos\alpha\right)b \\
&= \frac{1}{8}\rho g R^2(\pi - 2\sin 2\alpha)b \\
&= \frac{1}{8}\times 1\,000\times 9.8\times 2^2(\pi - 2\sin 90^\circ)\times 4\ \text{N} \\
&= 22\,375.22\ \text{N} = 22.38\ \text{kN}
\end{aligned}
$$

作用在曲面 $AB$ 上的总压力 $F$ 为

$$F = \sqrt{F_x^2 + F_z^2} = \sqrt{39\,200^2 + 22\,375.22^2}\ \text{N} = 45\,136.4\ \text{N} = 45.14\ \text{kN}$$

设总压力与水平方向的夹角为 $\theta$，则

$$\tan\theta = \frac{F_z}{F_x}$$

所以

$$\theta = \arctan\left(\frac{F_z}{F_x}\right) = \arctan\left(\frac{22\,375.22}{39\,200}\right) = 29.72^\circ$$

因为总压力的作用线与曲面 $AB$ 垂直，故一定通过圆弧 $AB$ 的圆心，其作用点可由过 $O$ 点与水平面成 $\theta$ 角的直线与圆弧线相交得到。

**【例 2-11】** 如图 2-33 所示一水箱，左侧为一半球形端盖，右端为一平板端盖。水箱上部有一加水管，已知 $h=600$ mm，$R=150$ mm。试求两端盖所受的总压力及其方向。

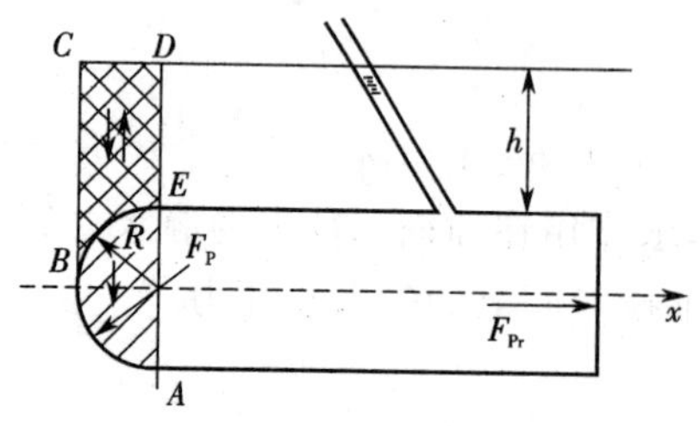


图 2-33 带有半球形端盖的水箱

**【解】** (1) 右端盖。

右端盖是一个铅垂的圆平面，只有 $x$ 方向作用力，其面积为

$$A_r = \pi R^2$$

其上作用的总压力为

$$F_{Pr}=\rho g(h+R)A_r$$
$$=1\ 000\times9.8\times(0.6+0.15)\times\pi\times0.15^2\ \text{N}=519.54\ \text{N}\approx520\ \text{N}$$

方向垂直于端盖，水平向右。

(2) 左端盖。

此为一半球面。由曲面上总压力的求法，将 $F_P$ 分解成三个方向的分量 $F_{Px}$，$F_{Py}$，$F_{Pz}$。

$$F_{Px}=\rho g(h+R)A_x=\rho g(h+R)\pi R^2$$
$$=1\ 000\times9.8\times(0.6+0.15)\times\pi\times0.15^2\ \text{N}\approx520\ \text{N}$$

方向水平向左。

由于半球面对 $y$ 轴对称，故有 $F_{Py}=0$。

$z$ 方向总压力由压力体求得。将半球面分成 $AB$、$BE$ 两部分，$AB$ 部分的压力体为 $ABCDEA$，即图中左斜线部分，记为 $V_{ABCDEA}$，它为实压力体，方向向下；$BE$ 部分压力体为 $BCDEB$，即图中右斜线部分，记为 $V_{BCDEB}$，为虚压力体，方向向上。因此，总压力体为它们的代数和

$$V=V_{ABCDEA}-V_{BCDEB}=V_{ABEA}$$

这正好为半球的体积。所以

$$V=\frac{1}{2}\times\frac{4}{3}\pi R^3$$

因此

$$F_{Pz}=\rho gV=\rho g\left(\frac{2}{3}\pi R^3\right)=1\ 000\times9.8\times\frac{2}{3}\pi\times0.15^3\ \text{N}=69.272\ \text{N}\approx69.3\ \text{N}$$

方向垂直向下。

所以，总作用力为

$$F_P=\sqrt{F_{Px}^2+F_{Py}^2+F_{Pz}^2}=\sqrt{520^2+0+69.3^2}\ \text{N}=524.6\ \text{N}$$

合力方向与水平夹角

$$\alpha=\arctan\left(\frac{F_{Pz}}{F_{Px}}\right)=\arctan\left(\frac{69.3}{520}\right)=7.591^\circ=7^\circ35'28''$$

### 2.5.3　作用于物体上的静水总压力——浮力

完全浸没于水中或飘浮于水面的物体(前者称为潜体，后者为浮体)也都受静水压力的作用，这个作用力就是与水接触的物体表面上各点静水压强的总和。

如图 2-34 所示的为一完全浸没于静止液体中的任意形状的物体。假设它所受的静水总压力 $P$ 可分成水平分力 $P_x$、$P_y$ 和垂直分力 $P_z$ 三个分力。

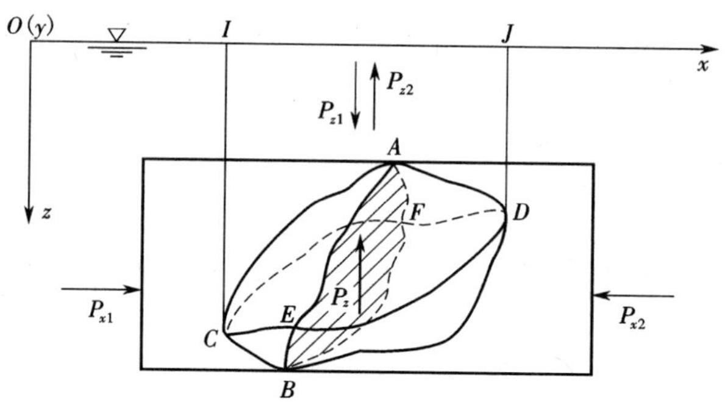


图 2-34 完全浸没于静止液体中的物体

**1）水平分力**

总压力的水平分力等于受作用的曲面在铅垂面上的水平投影面（即曲面的垂直投影面）的总压力。现将该浸没于静止液体中的物体，分别向其左右两侧的铅垂平面上投影，该两投影面的形状、面积、位置高度均相同，其上所受之总压力 $P_{x1}$、$P_{x2}$ 分别为该物体左右两侧曲面上所受的总压力。很明显，$P_{x1}$ 和 $P_{x2}$ 大小相等、方向相反，作用于同一物体上，所以相互抵消。即作用于该物体上的水平分力 $P_x=0$。同理，可以证明，沿 $y$ 方向之水平分力 $P_y=0$。因此，该浸没于液体中的物体在各水平方向上总压力为零。

**2）垂直分力 $P_z$**

如果有一个铅垂的外切柱面与该物体表面相切，即该柱面的每一条铅垂母线都与该物体表面在一点相切，这样该外切柱面与物体表面相切得到封闭曲线 $CEDFC$（截面不一定是平面），将物体分成上下两部分，则物体上所受的总压力的垂直分力 $P_z$ 是上下两部分曲面上的垂直压力的合力。分别作上下两部分曲面的压力体。上部曲面 $CAD$ 上的垂直压力 $P_{z1}$，等于压力体 $CADJI$ 的液重，为实压力体，方向朝下，下部曲面 $CBD$ 上的垂直压力 $P_{z2}$，等于压力体 $CBDJI$ 的液重，为虚压力体，方向朝上，抵消与上部曲面压力体所共有的部分 $CADJI$ 后，得到的压力体的形状就是该物体本身，其体积为 $V_P$，方向朝上，则

$$P_z=\rho g V_P$$

所以，浸没在液体中的物体所受的液体总压力就是铅垂向上的压力，其大小等于物体同体积的液体重量，其作用线通过物体被浸没部分体积的几何中心即浮心。这就是著名的阿基米德（Archimedes）原理。铅垂向上的压力 $P_z$ 称之为浮力。可以看出：浮力的存在就是物体表面上作用的液体压强分布不平衡的结果。以上阿基米德原理的证明虽然是对于完全浸没在液体中的物体（潜体）而言的，但对于飘浮在水面上的物体（浮体）也完全适用。

**【例2-12】** 有一圆柱形压力水罐如图2-35所示。由上、下两半圆筒合成。水罐的半径 $R=0.5\ \text{m}$，长度 $L=2\ \text{m}$，压力表读数 $p_M=23.72\text{kN/m}^2$，试求：

(1) 端部圆形平面盖板所受的水压力；

(2) 上、下半圆筒所受的水压力；

(3) 半圆筒连接螺栓所受的总拉力。

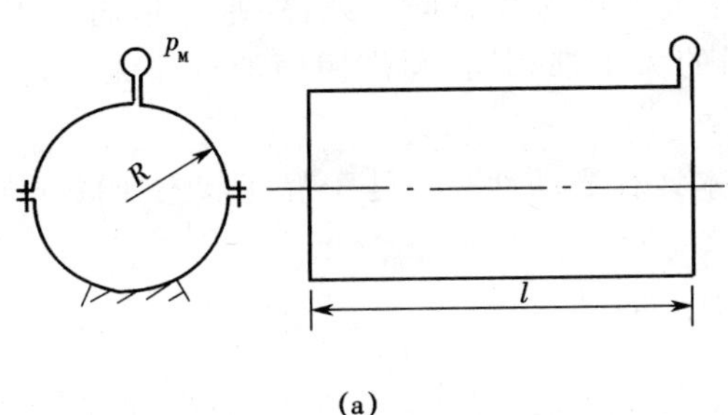


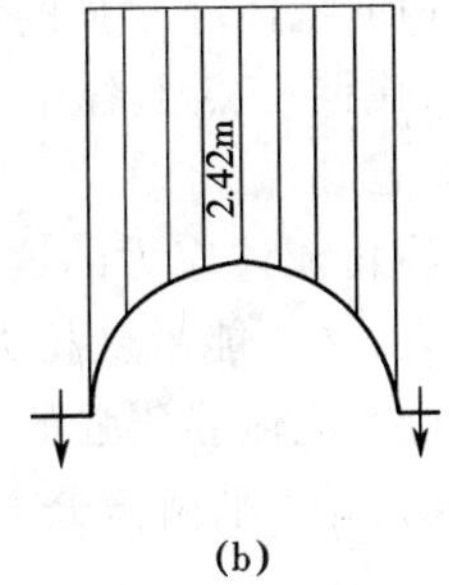


**图2-35　圆柱形压力水罐**

(a) 圆柱形压力水罐；(b) 上半圆筒压力体

**【解】** (1) 端部盖板所受之水压力。

盖板为圆形平面，所受之水压力

$$P=p_C A=(p_M+\rho g R)\pi R^2$$
$$=(23.72+9.8\times0.5)\times3.14\times0.5^2\ \text{kN}=22.47\ \text{kN}$$

(2) 上、下半圆筒所受的水压力。

上、下半圆筒只受铅垂方向的水压力(水平方向水压力左、右平衡相互抵消)，而铅垂方向的分力等于其压力体的水重。上半圆筒的压力体如图2-35(b)所示，方向朝上(↑)

则
$$P_{z上}=\rho g V_{上}=\rho g\left[\left(\frac{p_M}{\rho g}+R\right)2R-\frac{1}{2}\pi R^2\right]L$$
$$=9.8\times\left[\left(\frac{23.72}{9.8}+0.5\right)\times2\times0.5-\frac{1}{2}\times3.14\times0.5^2\right]\times2\ \text{kN}$$
$$=49.54\ \text{kN}$$

下半圆筒的压力体如下，方向朝下(↓)

$$P_{z下}=\rho g V_{下}=\rho g\left[\left(\frac{p_M}{\rho g}+R\right)2R+\frac{1}{2}\pi R^2\right]L$$
$$=9.8\times\left[\left(\frac{23.72}{9.8}+0.5\right)\times2\times0.5+\frac{1}{2}\times3.14\times0.5^2\right]\times2\ \text{kN}$$
$$=64.93\ \text{kN}$$

(3) 连接螺栓所受的总拉力。

由上半圆筒计算　　　　$T=P_{z上}=49.54\ \text{kN}$

**【本章小结】**

本章是研究流体处于静止状态下的力学规律，其主要内容包括流体静压强的特性及其分布总压力的计算两部分。

**1. 流体静压强的特性及其分布规律**

(1) 流体静压强的特性：方向与作用面的内法线方向一致，即垂直指向作用面；大小，在同一点上各个方向上的静压强的大小都相同，与作用面的方位无关，$p=p(x、y、z)$。

静止流体应力的这两个特性，是流体具有流动性——处于静止状态时既不能承受切力，又不能承受拉力的必然结果。

(2) 流体静压强的分布。

① 流体平衡微分方程：

$$\left.\begin{aligned} X-\frac{1}{\rho}\frac{\partial p}{\partial x}=0 \\ Y-\frac{1}{\rho}\frac{\partial p}{\partial y}=0 \\ Z-\frac{1}{\rho}\frac{\partial p}{\partial z}=0 \end{aligned}\right\} \tag{2-4}$$

全微分形式

$$dp=\rho(Xdx+Ydy+Zdz) \tag{2-7}$$

$$dp=\rho dW \tag{2-11}$$

这是流体平衡规律的一般表达式，要理解其物理意义，同时要学会通过微元体的受力分析建立平衡方程的方法。

② 流体平衡微分方程的积分(普遍形式)

$$p=p_0+\rho(W-W_0) \tag{2-12}$$

③ 重力作用下液体静压强的分布是本章学习的重点。要牢固掌握液体静力学基本方程的两种表达式，即

$$p=p_0+\rho gh \tag{2-15}$$

$$z+\frac{p}{\rho g}=C \tag{2-16}$$

要深刻理解它们的意义和所反映出的物理本质。

(3) 压强的度量：要分清绝对压强 $p_{abs}$、相对压强 $p$ 和真空(真空压强 $p_V$ 和真空度 $h_V$)。掌握其定义、表达方式、量测方法及相互间的关系：

$$p_{abs}=p_a+p \tag{2-21}$$

$$p_V=p_a-p_{abs}=-p \tag{2-23}$$

$$h_V=\frac{p_V}{\rho g} \tag{2-24}$$

**2. 静水总压力计算**

总压力计算，其实质是根据静压强的分布规律，计算作用面各微元面积上各分力

的合力。

**1) 平面上的静水总压力**

(1) 图解法:适用于底边平行于液面的矩形作用平面。首先要绘制出其压强分布图,其总压力的

① 大小:压强分布图的面积 $S$ 与其宽度 $b$ 的乘积,即

$$P=Sb$$

② 方向:与压强分布图中各压强的指向相同;

③ 作用点:总压力 $P$ 的作用线通过压强分布图的形心,该作用线与受压面的交点(一般矩形受压面都是左右对称的,故该交点必在该作用面的纵向对称轴上)。

(2) 解析法:属平行力系求合力,其合力

① 大小:$P=p_C A=\rho g h_C A$,即任意形状平面的面积 $A$ 与该平面形心处的压强(即该平面的平均压强)$p_C$ 的乘积;

② 方向:与作用平面的内法线方向一致,即垂直指向作用面;

③ 作用点:$y_D=y_C+\frac{I_{xC}}{y_{CA}}$($\frac{I_{xC}}{y_{CA}}$永远为正,故 $y_D>y_C$,所以一般压力中心 $D$ 总在形心 $C$ 的下方)。

**2) 曲面上的静水总压力**

对于二维曲面(柱面):分别计算水平总压力和铅垂总压力(两者都属平行力系求合力),然后再按力的合成法则计算上述二者的合力即为曲面上的总压力。

(1) 大小:$P_x=\rho g h_C A_x$, $P_z=\rho g V$, $P=\sqrt{P_x^2+p_z^2}$

(2) 方向:作用线与水平面夹角 $\theta=\arctan\left(\frac{P_z}{P_x}\right)$

(3) 作用点:作用线(过 $P_x$ 与 $P_z$ 两作用线交点与水平成 $\theta$ 角的直线)与受压面的交点。

上述虽然是对二维柱面而言,但所得结论完全可以推广应用于任意的三维曲面,所不同的是增加了一个 $P_y$(确定方法与 $P_x$ 完全相同)

$$P_y=\rho g h_C A_y,\quad P=\sqrt{P_x^2+P_y^2+P_z^2}$$

在推导总压力计算的过程中,引用了理论力学中平行力系求合力、平面汇交力系求合力的力的合成定理,以及静面矩、惯性矩和惯性矩的平行移轴定理等基本概念。

**【思考题】**

2-1 如何描述静止液体中一点的应力状态?为什么?

2-2 试述静止液体中压强的特性,试问压强是否可以分解?为什么?

2-3 压强的变化规律是由什么决定的?

2-4 流体平衡微分方程有几种表达形式?它们的物理意义是什么?

2-5 试述流体静力学的基本方程及其物理意义。

2-6 何谓有势力、有势力场？试举两个例子。

2-7 什么是相对平衡？什么是惯性系？什么是非惯性系？如何求解非惯性坐标系中流体的平衡问题？求解这类问题的一般方法的特点是什么？

2-8 何谓等压面？等压面的特点是什么？等压面为水平面的条件是什么？等压面与等势面的关系是什么？试写出等压面的微分方程和代数方程。

2-9 什么是真空？用什么度量真空？

2-10 绝对压强、相对压强和真空压强是如何定义的？它们之间的关系如何？表压强是什么压强？

2-11 何谓压力体？如何判断压力体的虚、实？判断实压力体和虚压力体有何实际意义？

2-12 什么是浮力？什么是浮心？如何求作用于潜体和浮体上的静水总压力？

2-13 如何求作用于平面上的静水总压力？什么是压力中心？它和作用平面的几何形心是什么关系？什么时候两者才能重合？

2-14 如何求作用于曲面上的静水总压力？

2-15 静压强的大小与液体的体积有无关系？如盛有相同液体的容器，如思 2-15 图所示，各容器的容积不同，液体的重量不同，但容器中液体的深度 $h$ 相同，容器的底面积 $A$ 相同。试问：容器底面上所受的液体总压力是否相同？为什么？底面上的静压强是否一样？放置容器的桌面上所受的压力是否相同？各为多少？为什么？

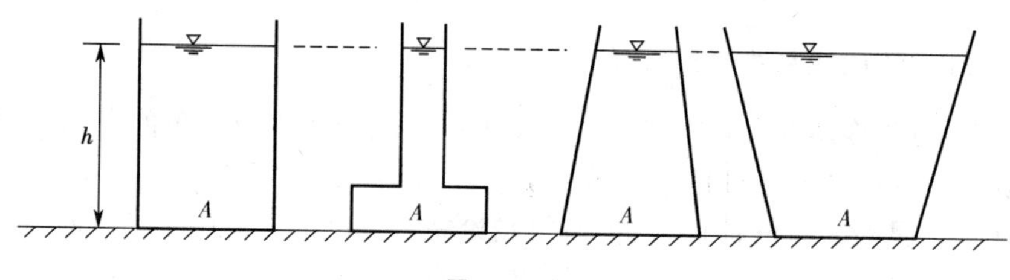


**思 2-15 图**

## 【习题】

2-1 静止液体中存在：(a)压应力；(b)压应力和拉应力；(c)压应力和切应力；(d)压应力、拉应力和切应力。

2-2 相对压强的起点是：(a)绝对真空；(b)1 个标准大气压；(c)当地大气压；(d)液面压强。

2-3 金属压力表的读值是：(a)绝对压强；(b)相对压强；(c)绝对压强加当地气压；(d)相对压强加当地大气压。

2-4 某点的真空度为 65 000 Pa，当地大气压为 0.1 MPa，该点的绝对压强为：(a)65 000 Pa；(b)35 000 Pa；(c)165 000 Pa。

2-5　绝对压强 $p_{abs}$ 与相对压强 $p$，真空度 $p_V$，当地大气压 $p_a$ 之间的关系是：(a) $p_{abs}=p+p_V$；(b) $p=p_{abs}+p_a$；(c) $p_V=p_a-p_{abs}$。

2-6　如题 2-6 图所示，在密闭容器上装有 U 形水银测压计，其中 1,2,3 三点位于同一水平面上，其压强关系为：(a) $p_1=p_2=p_3$；(b) $p_1>p_2>p_3$；(c) $p_1<p_2<p_3$。

2-7　垂直放置的矩形挡水平板如题 2-7 图所示，水深 3 m，静水总压力 $F_P$ 的作用点，到水面的距离 $y_D$ 为：(a)1.25 m；(b)1.5 m；(c)2 m；(d)2.5 m。

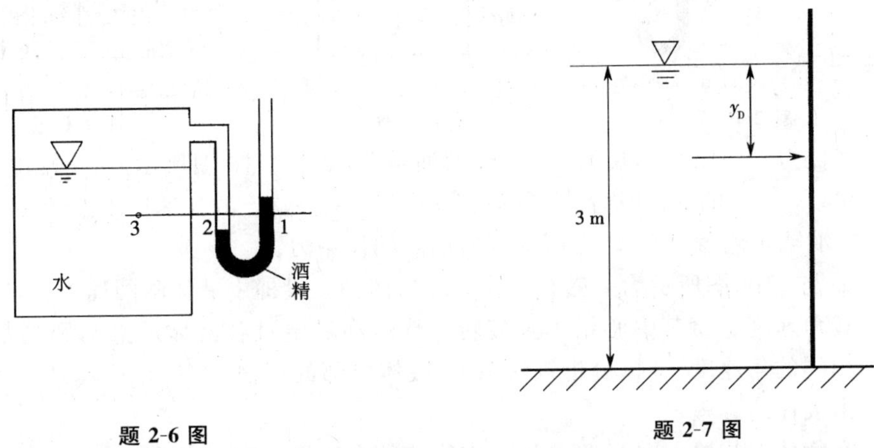


题 2-6 图　　题 2-7 图

2-8　如题 2-8 图所示的容器中盛有密度不同的两种液体，问测压管 $A$ 及测压管 $B$ 的液面是否和容器中液面 $O$—$O$ 齐平？为什么？若不齐平，则 $A$、$B$ 测压管液面哪个高？

2-9　试绘出题 2-9 图中四种情况侧壁上的静水压强分布图。

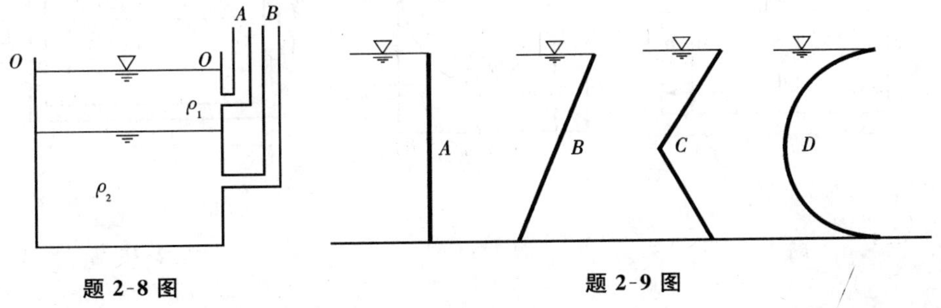


题 2-8 图　　题 2-9 图

2-10　在盛有空气的球形密封容器上连有两根玻璃管，如题 2-10 图所示，一根与水相通，另一根装有水银，若 $h_1=0.3$ m，求 $h_2$。

2-11　如题 2-11 图所示，若测压管上端完全封闭并为完全真空，测得 $h_1=50$ mm，求封闭容器中液面上的绝对压强 $p$ 及 $h_2$ 值。

2-12　题 2-12 图表示为一敞口圆柱形容器，直径 $D=0.4$ m，上部为油，下部为水。

(1) 若测压计中读数为 $h_1=0.2$ m，$h_2=1.2$ m，$h_3=1.4$ m，求油的密度；

(2) 若油的密度为 840 kg/m$^2$，$h_1=0.5$ m，$h_2=1.6$ m，求容器中水和油的体积。

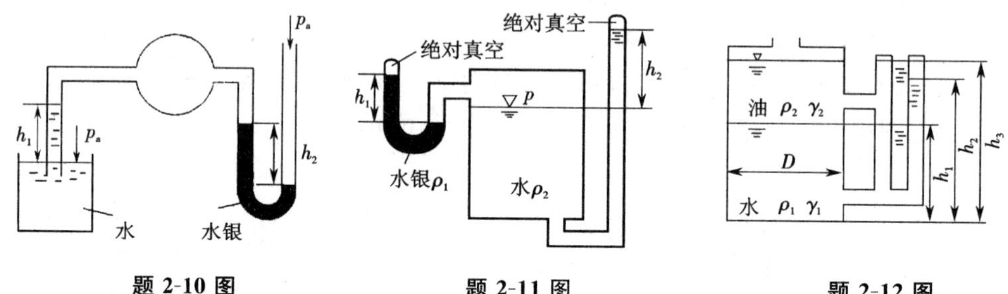


题 2-10 图　　题 2-11 图　　题 2-12 图

2-13　直径为 $D=1.2$ m，长 $L=2.5$ m 的油罐车，如题 2-13 图所示，内装密度为 $\rho=900$ kg/m$^3$ 的油，油面高度为 $h=1$ m，以 $a=2$ m/s$^2$ 的加速度水平运动。试确定油罐车侧盖 $A$ 和 $B$ 上所受到的油液的作用力。

2-14　如题 2-14 图所示为一盛有液体的开口圆桶。设桶中液体随圆桶一起，以等旋转角速度 $\omega$ 绕其中心铅垂轴旋转。待运动稳定且各液体质点与圆桶都具有相同的角速度 $\omega$ 时，分析该状态下，液体内部的压强分布，并求其等压面和自由表面的方程。

2-15　在物体上装置一个 U 形管以测定物体的直线加速度 $a$，如题 2-15 图所示，若 $l=0.3$ m，$h=0.1$ m，试求加速度 $a$ 值。

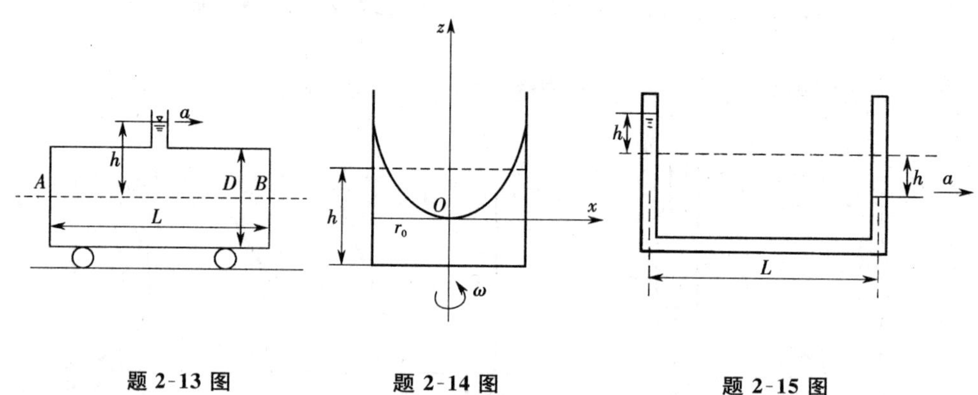


题 2-13 图　　题 2-14 图　　题 2-15 图

2-16　如题 2-16 图所示，当输水管道试压时，压力表读数10 at(工程大气压)，管道直径 $d=1$ m。求作用于管端法兰堵头上的静水总压力。

2-17　题 2-17 图为一小型挡水坝，面板后每隔 3 m 有支柱一根，如水深 $H=2.5$ m，$\alpha=45°$。求每根支柱所受的压力。

2-18　有一如题 2-18 图所示的圆柱形容器，其高 $h=0.6$ m，直径 $D=0.6$ m。当容器空时，其质量为 50 kg。今将此容器充满水后倒放于一能密封不漏的活塞上，活塞直径 $d=0.3$ m。不计摩擦力，试求容器底面 $A$ 上所受作用力。如将一

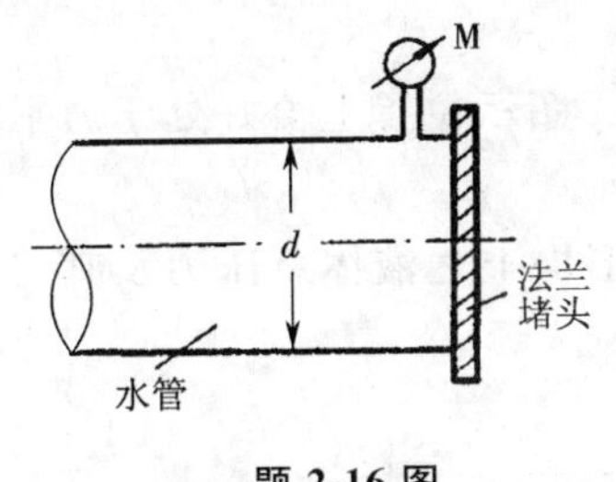

题 2-16 图

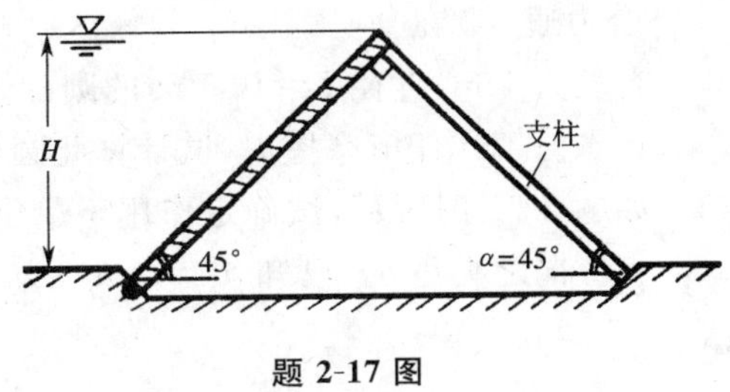

题 2-17 图

70 kg 附加质量放在装置顶部，问 $A$ 上的力将增加多少？

2-19　在由贮水池引出的直径 $D=0.5$ m 的圆管中安装一蝶阀，如题 2-19 图所示，$h=10$ m，蝶阀是一个与管道直径相同的圆板并能绕通过中心的水平轴回转。为不使该阀自行转动，问所需施加的力矩应为多少？

2-20　有一如题 2-20 图所示的等宽活动闸门，当高 $h=3$ m 的水达到闸门顶部时，$y$ 值多大，闸门将自动翻转？

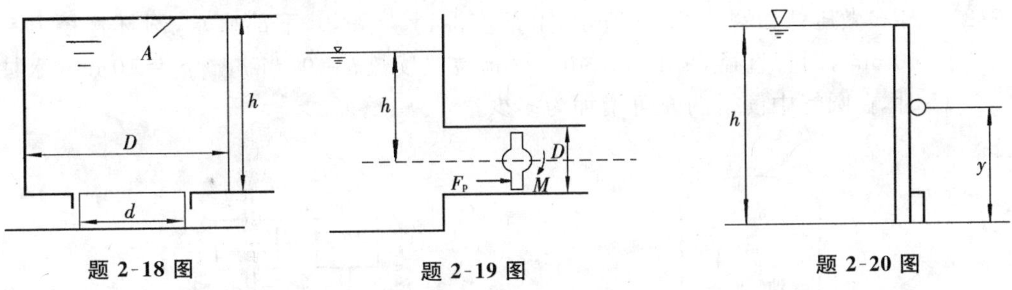

题 2-18 图　　题 2-19 图　　题 2-20 图

2-21　题 2-21 图示为一贮水设备，在 $C$ 点测得压强 $p=29\ 430$ Pa，$h=2$ m，$R=1$ m。试求半球曲面 $AB$ 所受到液体的作用力。

2-22　画出图中四种曲面的压力体图，并标明垂直分力的方向。

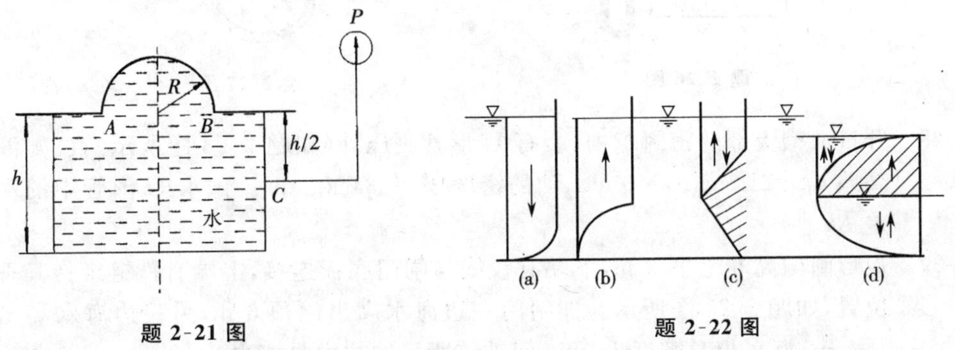

题 2-21 图　　题 2-22 图

2-23　空心圆柱活动坝如题 2-23 图所示。圆柱直径 $d=3$ m；挡水高度 $H=3$ m，求每米长的圆柱所受的水平水压力和垂直水压力的大小及作用位置，并证明其合力通过圆心。

2-24 有长为 1 m，直径 $D$=0.6 m 的圆柱体，在题 2-24 图示位置上恰好处于力平衡状态。不计任何摩擦力，试计算此圆柱体的质量。

2-25 如题 2-25 图所示，试确定作用于单位长度圆柱形堤上之液体总压力及其与垂直方向之夹角 $\theta$。已知 $h_1=d$，$h_2=d/2$。

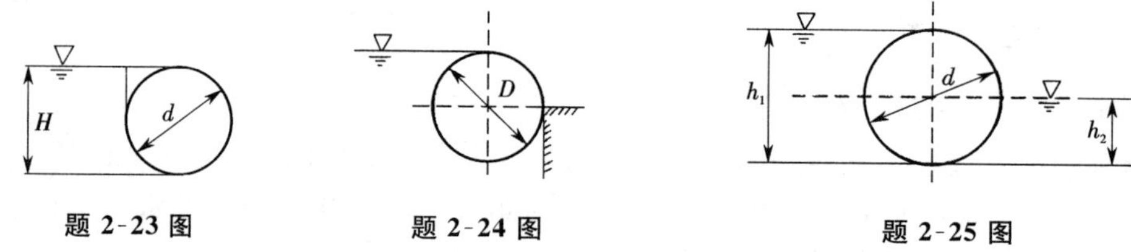


题 2-23 图　　题 2-24 图　　题 2-25 图

2-26 如题 2-26 图所示，封闭容器中盛有相对密度 $\gamma'=0.8$ 的油，$h_1=300$ mm，下面为水，$h_2=500$ mm，测压管中汞液面读数 $h=400$ mm，求封闭容器中的油面压强 $p$ 值。

2-27 杯式微压计如题 2-27 图所示，上部盛油，$\gamma_{油}=9.0$，下部盛水，圆杯直径 $D$=40 mm，圆管直径 $d$=4 mm，初始平衡位置读数 $h=0$，当 $p_1-p_2=10$ mm 水柱时，在圆管中读得的 $h$ 可增加为多少？

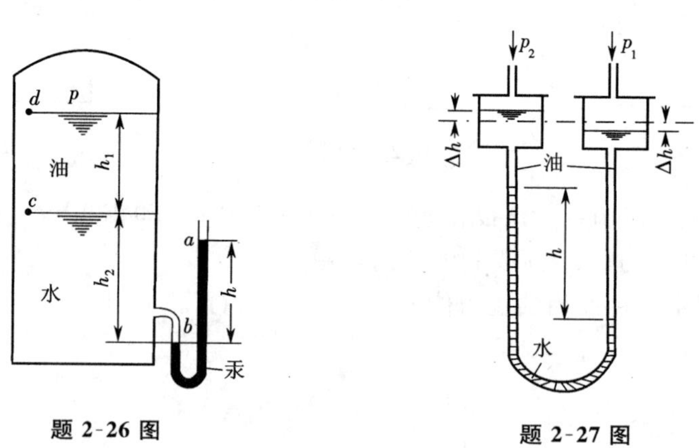


题 2-26 图　　题 2-27 图

2-28 开口油槽上部的密封罩内，装有 U 形管测压计(如题 2-28 图所示)，已知液面高差 $h_1=21$ cm，$h_2=9$ cm，油的密度 $\rho'=834$ kg/m$^3$。试求 U 形管中的水面差 $\Delta h$。

2-29 矩形闸门高 5 m 宽 3 m，下端有铰线与闸门底板连接，上端有铁链维持其垂直位置，如题 2-29 图所示。如闸门一边海水高出门顶 6 m，另一边海水高出门顶 1 m，海水相对密度 1.025，问铁链所受的拉力是多少？

2-30 平面闸门 $AB$ 倾斜 45°置于静水中，左侧水深 $h_1=3$ m，右侧水深 $h_2=2$ m，求

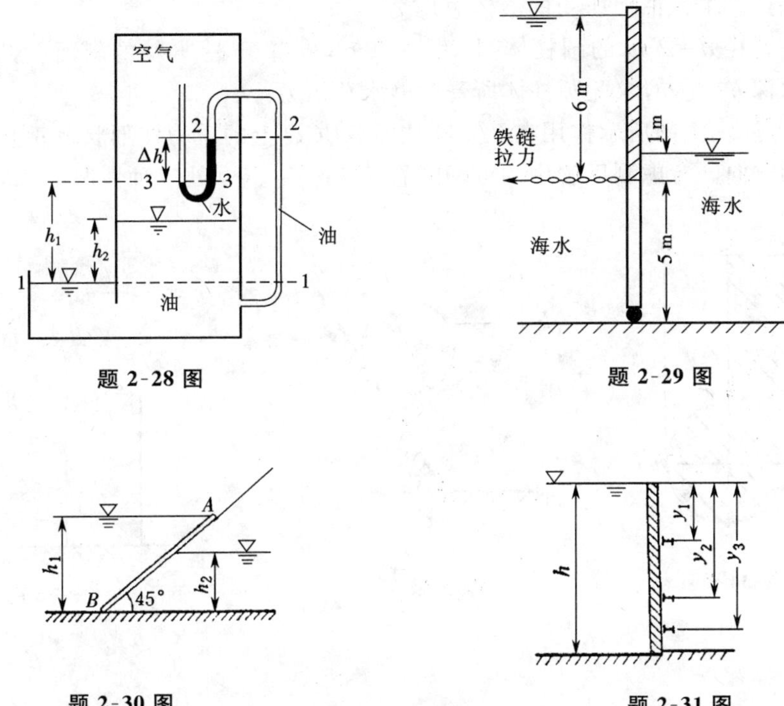


题 2-28 图　　题 2-29 图

题 2-30 图　　题 2-31 图

闸门所受静水总压力的大小和作用点位置。

2-31　一直立的矩形平面门，用三根工字梁支撑，门高与上游水深均为 3 m，为使三根梁分担相同的负荷，其位置应如何布置？［提示：首先画出压力图，将其三等分，每一等分压力图的形心点高程，即为工字梁应在的高程］。

2-32　折板 $ABC$ 一侧挡水（如题 2-32 图所示），板宽 $b=1$ m，高度 $h_1=h_2=2$ m，倾角 $\alpha=45°$，试求作用在折板上的静水总压力。

2-33　水池水深 $H=30$ cm，池底有一直径 $D=8$ cm 的泄水孔，用半径 $r=5$ cm 的圆球封堵（如题 2-33 图所示）球重为 20 N，试求提起圆球所需的力。

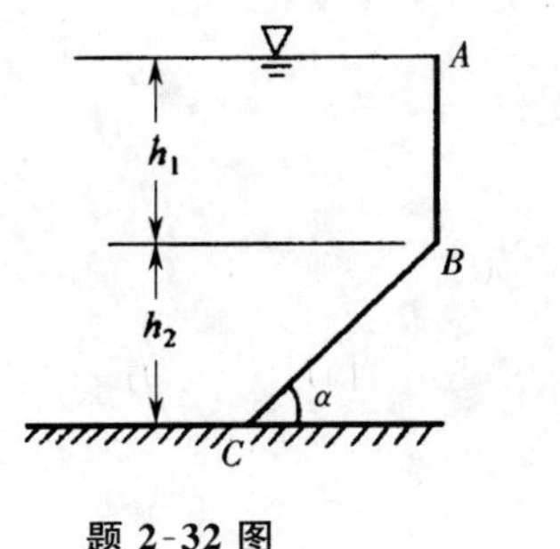


题 2-32 图

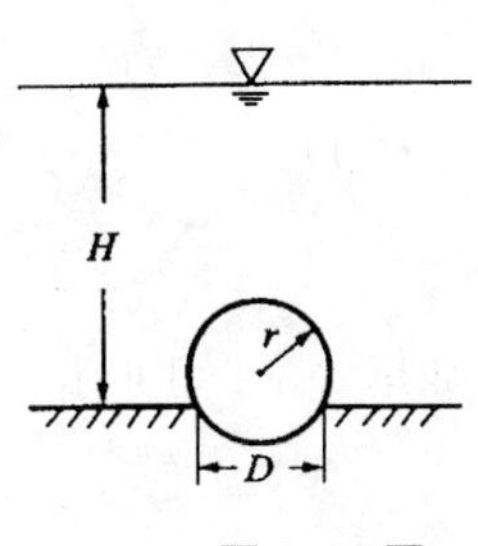


题 2-33 图

2-34　曲面形状为 3/4 个圆柱，半径 $r=0.8$ m，宽度 $b=1$ m，位于水面下 $h=2.4$ m 深处。求该曲面所受的液体总压力。

2-35　一直径 $d=2$ m 的圆柱体，长度 $l=1$ m，放置于 $\alpha=60°$ 的斜面上，一侧有水，水深 $h=1$ m，求此圆柱体所受的静水总压力。

2-36　如题 2-36 图所示作用在 3/4 圆柱面 $ABCD$ 上的压力体形状及垂直总压力作用方向。考虑测压管中的液面位置在$\nabla_1$、$\nabla_2$、$\nabla_3$ 处三种情况。

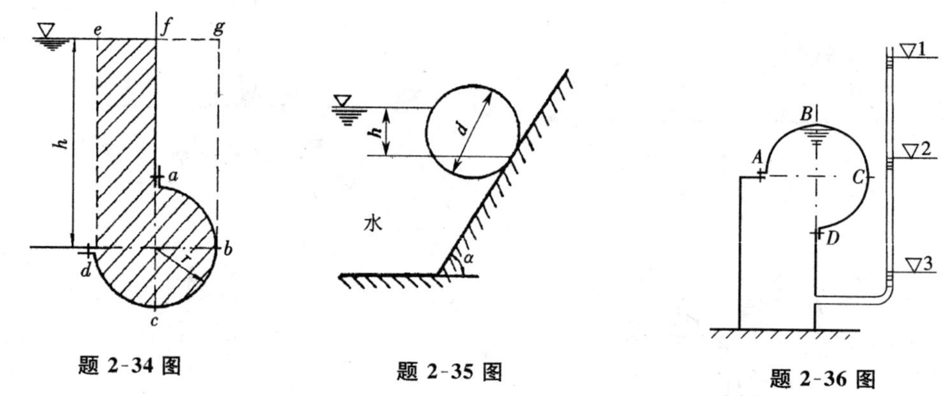


题 2-34 图　　题 2-35 图　　题 2-36 图

# 第3章　流体运动学

**【要点提示】**

本章阐述了研究流体运动的基本观点和基本方法。学习的要点是流体运动的描述、欧拉法的基本概念、总流运动的三大基本方程之一的连续性方程以及微团运动的基本形式等四个方面。

第一，描述流体运动的方法。以欧拉法为主，分清两种方法在基本观点和数学表达上的不同，应全面理解欧拉法描述流体运动，质点加速度的构成及其表达式。

第二，欧拉法描述流体运动的基本概念，包括对流动的分类和对流动的描述。其中，流线是最基本的，其他概念皆由流线引申而来。

第三，连续性方程，应牢固掌握其分析思路、推导过程和方程形式以及它的物理意义，特别是对一维总流连续方程要能够熟练地灵活运用，以解决工程实际问题。

第四，流体微团运动的基本形式，重点是它们各自的度量方法及其与流速场的关系。

流体运动学主要是研究流体运动的基本规律及其在生产实践中的应用。不涉及作用力的问题，即不研究流体运动的产生和变化的力学原因。因而流体运动学所研究的问题及其结论对于理想流体和实际流体均可适用。

流体的流动性是流体在存在状态上与固体最基本的区别。在自然界和工程实际中，绝大多数流体都处于流动状态，而静止只是相对的，是流动的一种特殊情况。因而研究流体运动规律及其在生产实践中的应用，就具有更普遍和更重要的意义。

研究流体运动的规律，就是要研究表征流体运动特征的各种物理量，如位移、速度、加速度、密度等流体的运动要素（或称流动要素）随时间和空间的变化以及建立它们之间的关系式，而不涉及引起流体运动的动力要素——力。流体运动学的基本任务是：建立流体运动的一系列基本概念；研究描述流体运动的基本方法；确定能够表征流体运动特征的运动要素；根据运动要素研究流体运动的特征，并建立运动要素所遵守的最基本的规律之一——流体运动的质量守恒原理，即连续性方程。流体运动学是流体动力学分析流体运动与流体受力之间关系的基础。

静止的流体不能承受切力也不能承受拉力，故流体静力学比固体静力学要简单得多。然而，流体运动时一般会在其内部各质点上产生各种不同的变形，属于复杂质点系的变化状态，所以研究流体运动要比研究固体运动复杂得多，也困难得多。

本章将首先介绍描述流体运动的两种方法以及有关流场的一系列基本概念，然后再介绍建立一维流动连续性方程的元流分析法与三维流动连续性方程的微元控制体分析法，最后介绍流体微团运动的基本特征即平移、变形（包括线变形和角变形或称剪切变形）和旋转等基本概念。

## 3.1 描述流体运动的方法——拉格朗日法和欧拉法

在流体力学中通常采用两种方法研究流体的流动，即拉格朗日法和欧拉法。

### 3.1.1 拉格朗日法

拉格朗日(Lagrange)法着眼于流体质点，始终跟踪每个流体质点的运动全过程，记录它们在运动过程中的位置、速度、加速度等各物理量及其变化，因此也称为质点系法。拉格朗日法是离散质点运动描述方法在流体力学中的延续。

流体质点是连续分布的，要研究某个确定的流体质点的运动，就必须有一个表征这个质点的办法，以使它和其他的质点区分开来。由于同在初始时刻，不同流体质点的位置是不可能相同的，所以通常以流体质点在初始时刻 $t=t_0$ 时的空间坐标$(a,b,c)$作为区分不同流体质点的标志。$a,b,c$ 取不同值表示不同的流体质点。将初始时刻坐标 $a,b,c$ 和时间变量 $t$ 称为拉格朗日变数，则流体质点的物理量是拉格朗日变数的函数，即

$$\left.\begin{aligned} x&=x(a,b,c,t)\\ y&=y(a,b,c,t)\\ z&=z(a,b,c,t)\end{aligned}\right\} \tag{3-1}$$

在上述三个表达式中，$a,b,c$ 取不同的值，表示不同流体质点 $t$ 时刻的位置坐标，即在同一时刻不同流体质点的分布；而当 $a,b,c$ 取定值时，则表示确定的某个质点的运动轨迹。

由于拉格朗日变数 $a,b,c$ 不随时间变化，因此质点速度与加速度是质点轨迹对时间的偏导数，即

$$u_x=\frac{\partial x}{\partial t},\quad u_y=\frac{\partial y}{\partial t},\quad u_z=\frac{\partial z}{\partial t} \tag{3-2}$$

$$a_x=\frac{\partial u_x}{\partial t},\quad a_y=\frac{\partial u_y}{\partial t},\quad a_z=\frac{\partial u_z}{\partial t}$$

拉格朗日法物理概念清晰，但由于流体质点的运动轨迹极其复杂，应用这种方法描述流体的运动在数学上存在困难。而多数的工程问题并不需要了解各个质点运动的全过程，只关心流场中的某些固定点、固定断面或固定空间的流动状况。例如：工程中所关心的是水以怎样的流速从管中流出，风以多大的流速从门、窗流入室内，风机抽风时工作区间的风速分布如何等，即只要知道一定地点（水龙头处）、一定断面（门、窗洞口断面）或一定空间（工作区间）的流动状况，而不需要知道流体质点运动的轨迹及其沿轨迹的流速等物理量的变化。因此，绝大多数流体力学问题均采用下述的欧拉法描述。

### 3.1.2 欧拉法

欧拉(Euler)法着眼于运动流体所充满的空间，即流场。以流场中各个固定的空间点为考察对象，观察流体经过各固定点时的运动情况，而不考虑这些运动所代表的流体质点及这些质点的运动经历，汇总流场中的运动参数便可形成对整个流动的描述。因此，欧拉法又称为空间点法或流场法。这种方法包含两个内容：(1) 确定在空间某一固定点上流体的运动参数随时间变化的规律；(2) 确定在某一瞬时各空间点上流体的运动参数的分布规律。流场中任一点的运动情况应是空间位置坐标$(x,y,z)$与时间$t$的函数，如流速场为

$$\left.\begin{aligned}u_x&=u_x(x,y,z,t)\\u_y&=u_y(x,y,z,t)\\u_z&=u_z(x,y,z,t)\end{aligned}\right\}\tag{3-3}$$

流体质点的压强、密度分别表示为

$$\left.\begin{aligned}p&=p(x,y,z,t)\\\rho&=\rho(x,y,z,t)\end{aligned}\right\}\tag{3-4}$$

其中$x,y,z,t$称为欧拉变数。当空间坐标$x,y,z$不变，而仅仅是时间$t$变化时，式(3-3)表示在某一固定空间点上，流体的某运动要素随时间变化的规律；当时间$t$不变，而空间坐标$x,y,z$变化时，则式(3-3)表示在某一瞬时，不同空间点上流体某运动要素的分布规律。

某一流体质点的加速度是该流体质点在单位时间内速度的变化量或该质点流速对时间的变化率。这时的空间点是同一流体质点在运动过程中先后经过的空间点。所以在求加速度时，式(3-3)中的$x,y,z$不再是与时间$t$无关的独立变量了，应将其视作流体质点的空间位置的坐标，而不是固定空间点的坐标，也即是应将$x,y,z$视为时间$t$的函数。根据复合函数的求导法则，流体质点的加速度可表示为

$$\left.\begin{aligned}a_x&=\frac{\mathrm{d}u_x}{\mathrm{d}t}=\frac{\partial u_x}{\partial t}+\frac{\partial u_x}{\partial x}\frac{\mathrm{d}x}{\mathrm{d}t}+\frac{\partial u_x}{\partial y}\frac{\mathrm{d}y}{\mathrm{d}t}+\frac{\partial u_x}{\partial z}\frac{\mathrm{d}z}{\mathrm{d}t}\\&=\frac{\partial u_x}{\partial t}+u_x\frac{\partial u_x}{\partial x}+u_y\frac{\partial u_x}{\partial y}+u_z\frac{\partial u_x}{\partial z}\\a_y&=\frac{\mathrm{d}u_y}{\mathrm{d}t}=\frac{\partial u_y}{\partial t}+u_x\frac{\partial u_y}{\partial x}+u_y\frac{\partial u_y}{\partial y}+u_z\frac{\partial u_y}{\partial z}\\a_z&=\frac{\mathrm{d}u_z}{\mathrm{d}t}=\frac{\partial u_z}{\partial t}+u_x\frac{\partial u_z}{\partial x}+u_y\frac{\partial u_z}{\partial y}+u_z\frac{\partial u_z}{\partial z}\end{aligned}\right\}\tag{3-5}$$

或

$$\boldsymbol{a}=\frac{\mathrm{d}\boldsymbol{u}}{\mathrm{d}t}=\frac{\partial\boldsymbol{u}}{\partial t}+(\boldsymbol{u}\cdot\boldsymbol{\nabla})\boldsymbol{u}\tag{3-6}$$

其中，$\frac{\partial\boldsymbol{u}}{\partial t}$表示在某一固定空间点上流体质点流速对时间的变化率，称为当地加速度

或时变加速度;此时流速对时间的偏导数,只代表不同流体质点先后经过某固定空间点所产生的该空间点上的加速度,并不是经过该空间点的质点本身的加速度。实际上,质点的加速度包括了当地(时变)加速度和迁移(位变)加速度两部分,是速度对时间的全微分。$\frac{\partial \boldsymbol{u}}{\partial t}$只是质点加速度当中的时变部分,即当地加速度部分。由于质点在运动过程中,不同时刻所占据的空间位置是不同的。同一个质点所占据空间的位置变化,也会形成该质点的流速随时间变化,从而产生加速度。这就是质点加速度中的位变部分,$(\boldsymbol{u}\cdot\nabla)\boldsymbol{u}$ 表示同一时刻由于流体质点空间位置的变化而引起的流速随时间的变化率,称为位变加速度或迁移加速度。

如有一水箱的放水管在放水过程中,某一水流质点由所占据的空间点 $A$,另一质点由所占据的空间点 $B$,经微小时段 $\mathrm{d}t$ 后,分别移至 $A'$点和 $B'$点。其各空间点位置如图 3-1 所示。若作用水头 $H$ 保持不变,则放水管内各点(如 $A$、$A'$、$B$、$B'$点)的流动都不随时间变化,因此管内各点均不存在当地加速度。其中 $A$ 与 $A'$两点所处管段直径不变,两点流速相同,因此该两点也不存在迁移加速度。但 $B$ 与 $B'$两点,位于渐变段,管径逐渐变小,流速逐渐变大,$B'$点流速大于 $B$ 点流速,使水流质点由 $B$ 流到 $B'$点的过程中产生加速度,所以 $B$ 与 $B'$两点上虽无当地加速度,但却有迁移加速度。若作用水头 $H$ 在放水过程中随时间而变化(如降低),则管内各固定的空间点(如 $A$、$A'$、$B$、$B'$各点)上的流动都将随时间而变化,形成当地加速度。$A$ 与 $A'$两点在同一时刻流速相同,理论上不存在迁移加速度,但 $B$ 与 $B'$两点在同一时刻的速度不同,所以该两点不仅有当地加速度,同时也具有迁移加速度。

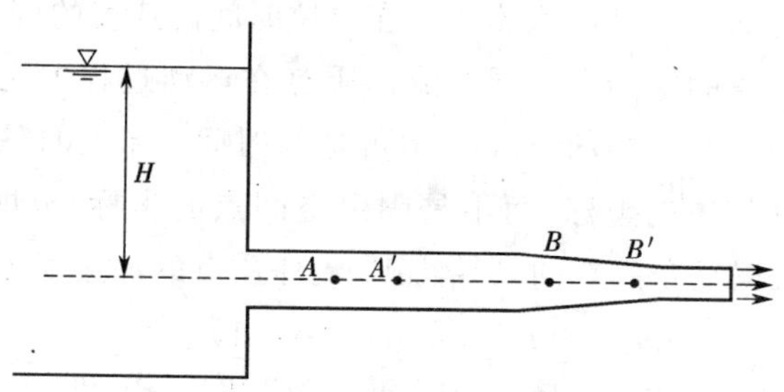


**图 3-1　某水箱的放水管出流**

放水管的这一实例再次说明,加速度场是流速场对时间 $t$ 的全导数。流体质点的加速度是由质点的当地加速度和迁移加速度两部分所组成。

根据不同的问题及要求,采用拉格朗日法或欧拉法描述流体的运动,只是着眼点不同,并无本质区别。通过数学公式,两种方法可以互相转换。

**【例 3-1】** 已知流速场 $u_x=2t+3x+y$;$u_y=t-y+2z$;$u_z=t+2x-z$。试求当 $t=2$ 时,某空间点(0.9,0.7,0.5)上质点的加速度 $a$。

**【解】** 将 $t=2$,$x=0.9$,$y=0.7$,$z=0.5$ 代入上述流场各方程式

$$u_x=2t+3x+y=2\times2+3\times0.9+0.7=7.4$$

$$u_y=t-y+2z=2-0.7+2\times 0.5=2.3$$

$$u_z=t+2x-z=2+2\times 0.9-0.5=3.3$$

$$a_x=\frac{\partial u_x}{\partial t}+u_x\frac{\partial u_x}{\partial x}+u_y\frac{\partial u_x}{\partial y}+u_z\frac{\partial u_x}{\partial z}=2+7.4\times 3+2.3\times 1=26.5$$

$$a_y=\frac{\partial u_y}{\partial t}+u_x\frac{\partial u_y}{\partial x}+u_y\frac{\partial u_y}{\partial y}+u_z\frac{\partial u_y}{\partial z}=1+2.3\times(-1)+3.3\times 2=5.3$$

$$a_z=\frac{\partial u_z}{\partial t}+u_x\frac{\partial u_z}{\partial x}+u_y\frac{\partial u_z}{\partial y}+u_z\frac{\partial u_z}{\partial z}=1+7.4\times 2+3.3\times(-1)=12.5$$

所以

$$a=\sqrt{a_x^2+a_y^2+a_z^2}=\sqrt{26.5^2+5.3^2+12.5^2}=29.78$$

## 3.2 流体运动的基本概念

### 3.2.1 迹线与流线

**1. 迹线**

迹线(path line)是某一流体质点在某一时段内的空间运动轨迹线。更确切地说，某一质点在连续的时间过程内所占据的空间位置点的连线就是该质点运动的轨迹线。它是拉格朗日法描述流体运动的几何基础。图3-2中烟火的轨迹即迹线。

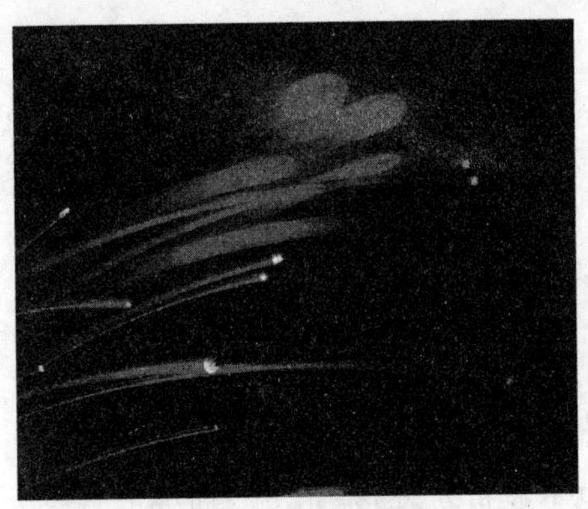

图3-2 燃放的烟火

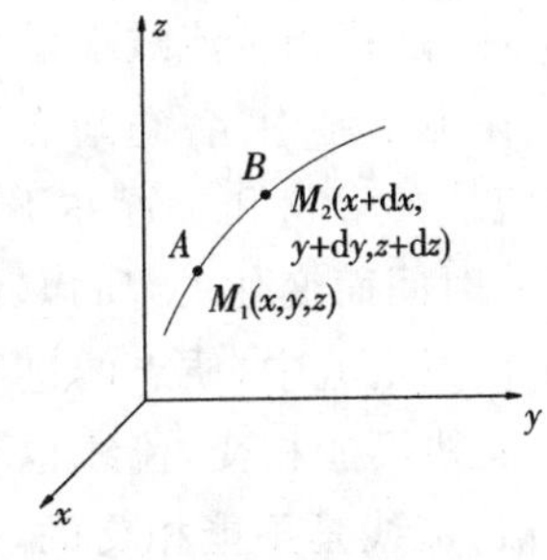


图3-3 迹线微分方程分析

如图3-3所示，设在直角坐标系中有一曲线$AB$为某一流体质点的迹线，在$t$时刻质点位于点$M_1(x,y,z)$处，经过了$\mathrm{d}t$微小时段后，该质点位于点$M_2(x+\mathrm{d}x,y+\mathrm{d}y,z+\mathrm{d}z)$处，移动的距离为$\mathrm{d}s$，其在三个坐标轴上的投影分别为$\mathrm{d}x,\mathrm{d}y,\mathrm{d}z$。由于

$$\mathrm{d}x=u_x\mathrm{d}t,\quad \mathrm{d}y=u_y\mathrm{d}t,\quad \mathrm{d}z=u_z\mathrm{d}t$$

可得迹线微分方程为

$$\frac{\mathrm{d}x}{u_x}=\frac{\mathrm{d}y}{u_y}=\frac{\mathrm{d}z}{u_z}=\mathrm{d}t \tag{3-7}$$

式中，$u_x, u_y, u_z$ 均为 $t, x, y, z$ 的函数，且 $t$ 是自变量。

**2. 流线**

流线(stream line)是表示某一瞬时流体各点流动趋势的曲线，曲线上任一点的切线方向与该点的流速方向重合，如图 3-4 所示。图 3-5 为流线谱中显示的流线形状。

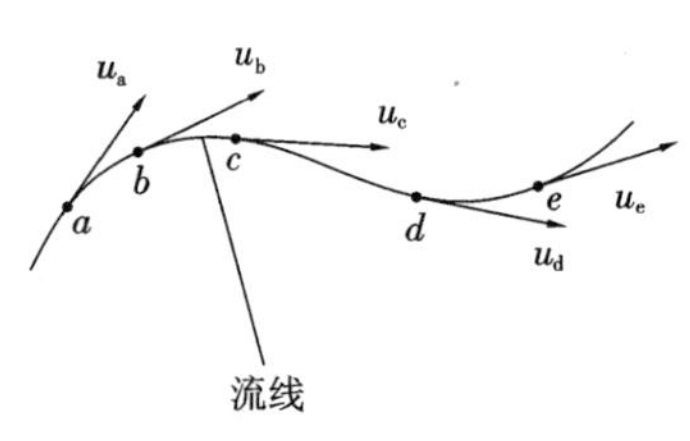


图 3-4 流线

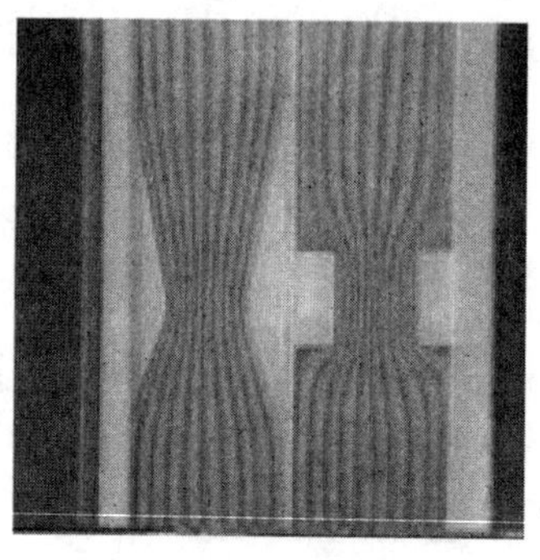

图 3-5 流线谱

流线是一个瞬时的概念，是在某一时刻由不同的流体质点所占据的不同的空间点所组成的一条几何连线，但在该线上各点的切线方向恰是占据该空间点的流体质点的速度方向。所以流线能够形象地描绘出流场内的流动状态，它也是欧拉法描述流体运动的几何基础。

**1）流线的特性**

① 在每一瞬时，流线上的各个流体质点都沿该流线运动；

② 在恒定流中，各空间点的流速(包括其大小和方向)不随时间而变化，因此恒定流中流线的形状和位置亦不随时间而变化；在非恒定流中，各空间点的速度矢量一般是随着时间而变化的，所以其流线具有瞬时性；

③ 在恒定流中，质点的迹线与流线重合。在非恒定流中，两者一般是不相重合；

④ 流线不能相交，流线也不能折转。

一般，流线是不能相交的，否则，在同一时刻，位于交点的流体质点就有与两条流线相切的两个速度矢量。同理，流线一般也不能折转，而是光滑的曲线或直线。流线只有在一些特殊点才相交，如速度为零的驻点(如图 3-6(a)中 $A$ 点)，速度为无穷大的奇点(如图 3-6(b)、(c)中的 $O$ 点)，以及流线相切的点(如图 3-6(a)中的 $B$ 点)。

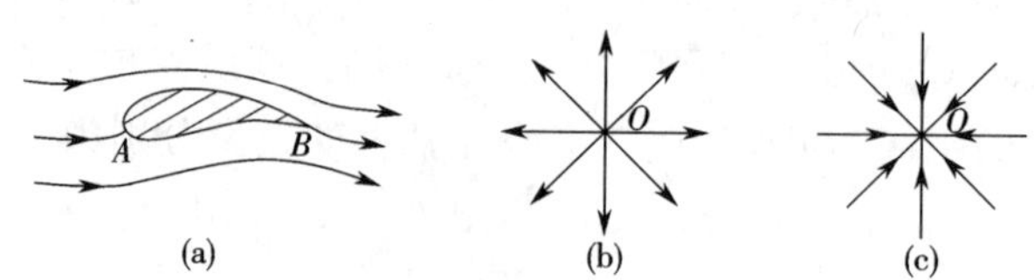


图 3-6 流线相交的特殊点

(a)驻点和切点；(b)点源；(c)点汇

**2）流线方程**

根据流线的定义可以得出流线的微分方程如下。

在流场中取一点 $M$，在某瞬时 $t$ 通过 $M$ 点的流线 $s$ 如图 3-7 所示，在流线上过 $M$ 点取一微元段 $ds$。可将其近似视为直线，它在坐标轴上的投影为 $dx$、$dy$、$dz$。因为流线上每一点的速度矢量均与流线相切，过 $M$ 点的流速矢量 $\boldsymbol{u}$ 可看成与 $ds$ 重合。$\boldsymbol{u}$ 在坐标轴方向的投影为 $u_x$、$u_y$、$u_z$，则其方向余弦

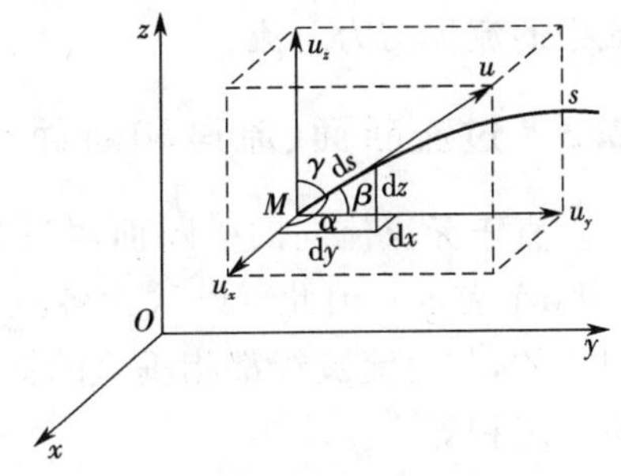


图 3-7　流线方程分析

$$\cos\alpha=\frac{u_x}{u}=\frac{dx}{ds} \qquad \frac{dx}{u_x}=\frac{ds}{u}$$

$$\cos\beta=\frac{u_y}{u}=\frac{dy}{ds} \quad \text{可改等为} \quad \frac{dy}{u_y}=\frac{ds}{u}$$

$$\cos\gamma=\frac{u_z}{u}=\frac{dz}{ds} \qquad \frac{dz}{u_z}=\frac{ds}{u}$$

所以

$$\frac{dx}{u_x}=\frac{dy}{u_y}=\frac{dz}{u_z}=\frac{ds}{u} \tag{3-8a}$$

这就是流线的微分方程，式中 $u_x$、$u_y$、$u_z$ 都是 $(x,y,z)$ 和时间 $t$ 的函数。不同瞬时有不同的流线，时间 $t$ 是流线方程的参数。

流线方程的矢量表示式为

$$\boldsymbol{u}\times d\boldsymbol{r}=0 \tag{3-8b}$$

式中 $\boldsymbol{r}$ 为空间某点的向径，$d\boldsymbol{r}$ 为流线的微元长。

初看起来，流线微分方程式(3-8)与迹线微分方程式(3-7)在形式上相似。但是二者含义不同。对于流线微分方程，式中的 $x,y,z$ 是与 $t$ 无关的独立变量，它们表示在某一瞬时 $t$ 组成同一流线的空间点的坐标。因此，在流线微分方程积分的过程中，时间 $t$ 可作为常量处理。

### 3.2.2　流管、元流和总流

**1）流管(stream tube)**

设想在流场中有一条本身不是流线的封闭曲线，通过这条封闭曲线上各点的流线所构成的封闭的管状曲面称为流管。由于流管表面是由流线组成的，所以流体质点不能穿出或穿入流管表面，这样流管就好像刚体壁面一样，把流体的运动限制在流管内或流管外，如图 3-8 所示。

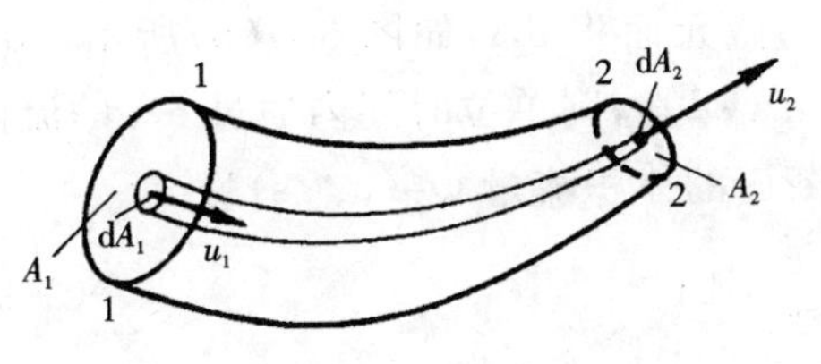


图 3-8　元流与总流

**2）元流(tube flow)**

流管中流动的流体称为元流、流束或纤流(见图 3-8)。

元流的极限是一条流线。元流流管像流线一样也具有瞬时的概念，一般随时间而改变。在恒定流动中，流线不随时间而变，所以流管、元流亦不随时间而变。

**3）总流**(total flow)

把流管扩展到整个运动流体的边界上，则边界内整股流动的流束称为总流。即总流是在边界以内由无数股元流所组成。如工程上沿某一方向流动的水管、风管和射流中的流体均为总流。

### 3.2.3 过流断面、流量和断面平均流速

垂直于元流流向的横断面叫过流断面。元流的过流断面是一个无限小的面积（惯用 $dA$ 表示），因此可以认为各点的流速和压强等都是相等的。总流是由无数元流组成的，与总流流线都相垂直的横断面为总流的过流断面。其上各点的流速和压强不一定相等。

过流断面(cross section)：水道（管道、明渠等）中垂直于水流流动方向的横断面，如图 3-9(a)中的 $A—A$，$B—B$，$C—C$ 断面。

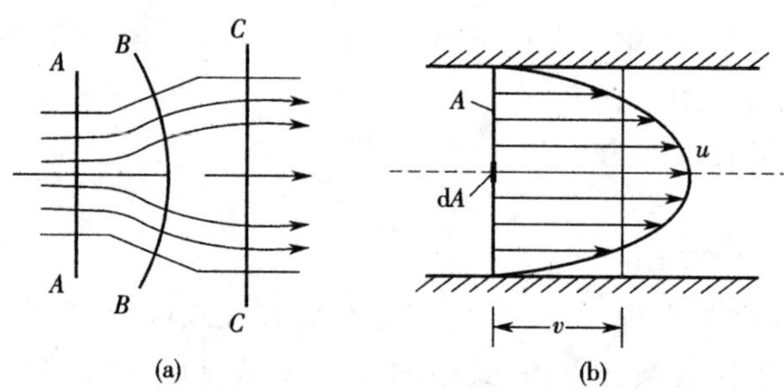


**图 3-9　过流断面与断面平均流速**

可见，过流断面不一定都是平面，只有在流线相互平行的均匀流段，过流断面才是平面；流线相互不平行的非均匀流段上，过流断面是曲面。

流量(discharge)：指单位时间内通过河渠、管道等某一过流断面的流体数量。流体数量可以用体积度量，相应的流量称为体积流量；流体数量也可以用质量度量，相应的流量称为质量流量。

在总流流股的某一过流断面 $A$ 上，任取一微元面积 $dA$，如图 3-9(b)所示。$dA$ 上各点的速度 $u$ 可以认为是相同的。且 $u$ 与 $dA$ 垂直，则单位时间内通过 $dA$ 的流体体积，即微小流量为 $dQ_V = u dA$，则总流过流断面的体积流量 $Q_V$($m^3/s$)为

$$Q_V = \int dQ_V = \int_A u\,dA \tag{3-9}$$

质量流量(kg/s)为

$$Q_m = \rho Q_V = \rho \int_A u\,dA \tag{3-10}$$

断面平均流速：总流过水断面上各点的流速是不相同的，所以常采用一个平均值代替各点的实际流速，称断面平均流速，用符号 $v$ 表示。它是一个设想的流速。假设过水断面上各点流速均相等，大小均为 $v$，而通过的流量与实际流过该过水断面的流量相等，即

$$Q_V=\int_A u\,dA=vA$$

或

$$v=\frac{Q_V}{A}=\frac{\int_A u\,dA}{A} \tag{3-11}$$

所以总流的流量 $Q$ 就是断面平均流速 $v$ 与过流断面面积 $A$ 的乘积。

### 3.2.4　系统和控制体

应用拉格朗日法时，需要用到系统的概念。在流体力学中系统是指由确定的连续分布的众多流体质点的集合。在流体运动中，系统的形状及位置等可以不断变化，但其包含的流体质点却始终不变，即系统内、外没有质量交换，亦即流体不能穿越边界流入或流出系统。

应用欧拉法时，常在流场中选取一相对于某一坐标系固定不变的空间区域观察流体的运动，这个固定空间区域称为控制体，控制体的封闭周界称为控制面。在流体运动中，控制体的位置、形状和体积均固定不变，而流体则可以流进或流出控制面，即控制体所包含的流体质点是变化的。

**【例 3-2】**　如图 3-10 所示流体流经半径为 $r_0$ 的直圆管，其速度分布对称于 $r=0$ 的管轴线，为抛物线分布

$$u_x=u_{x\max}\left[1-\left(\frac{r}{r_0}\right)^2\right]$$

式中，$u_{x\max}$ 为流体在横截面上的最大速度，假设它是已知量，试求圆管截面上的体积流量和平均流速。

**【解】**　取半径为 $r$，径向厚度为 $dr$ 的微圆环的面积为 $dA$，则 $dA=2\pi r dr$，因此

$$\begin{aligned}Q_V&=\int_A u_x dA=\int_0^{r_0} u_x(2\pi r)dr\\&=2\pi u_{x\max}\int_0^{r_0} r\left[1-\left(\frac{r}{r_0}\right)^2\right]dr\\&=\frac{1}{2}\pi r_0^2 u_{x\max}\end{aligned}$$

$$u=\frac{Q_V}{A}=\frac{\frac{1}{2}\pi r_0^2 u_{x\max}}{\pi r_0^2}=\frac{1}{2}u_{x\max}$$

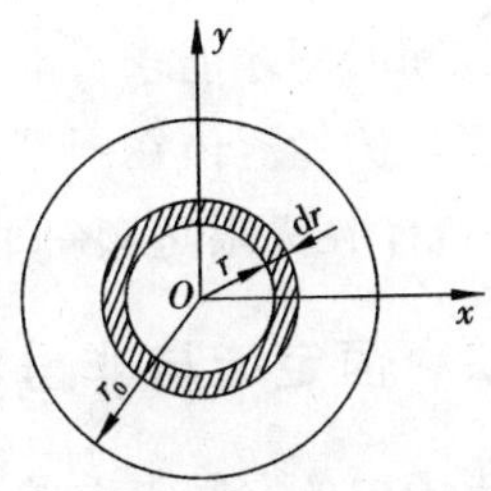


图 3-10　圆管过流断面上的体积流量与平均流速

**【例 3-3】** 已知速度场$\boldsymbol{u}=(x+t)\boldsymbol{i}+(-y+t)\boldsymbol{j}$，试求$t=0$时通过点$A(-1,1)$的流线。

**【解】** 由式(3-8)，则流线微分方程为

$$\frac{\mathrm{d}x}{x+t}=\frac{\mathrm{d}y}{-y+t}$$

为求某一瞬时的流线，应把时间$t$视为常数，积分上式得

$$\ln(x+t)=-\ln(-y+t)+\ln C$$

即

$$(x+t)(t-y)=C$$

这是任一瞬时流线的全体，流线的全体常称为流线族或流线谱。$t=0$时的流线族为

$$xy=C_1$$

由于要求过点$A(-1,1)$的流线，把$x=-1,y=1$代入上式得$C_1=-1$，所以

$$xy=-1$$

即为所求得的流线方程，如图 3-11 所示。把$x=-1,y=1,t=0$代入速度表达式得$u=-i-j$，即$t=0$时$A$点的速度$u_x=-1,u_y=-1$，流线的方向如图箭头所指。

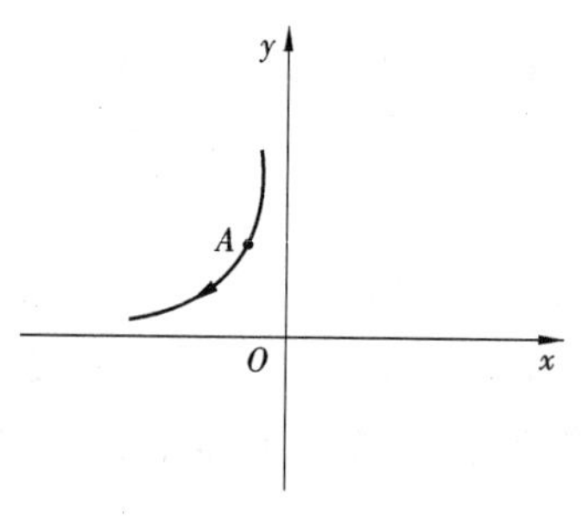


**图 3-11　过 A 点的流线**

## 3.3　流体运动的分类

### 3.3.1　一维、二维和三维流动

若流场中流体的运动参数仅是空间坐标的一个分量的函数，则称为一维流动；若运动参数是两个坐标的函数，则称为二维流动；若运动参数依赖于三个坐标，则称为三维流动。严格地讲，实际工程中的流体运动一般都是三维流动，但当运动要素在空间三个坐标方向都变化时，会使分析和研究变得复杂困难，只有一些边界条件比较简单的实际问题才能求得准确解。因此工程中常设法将三维流动简化为一维或二维流动处理。例如流体在圆管内的流动采用断面的平均参数时，可以近似地按一维流动处理；流体在无限宽倾斜平面缝隙内的流动，可以近似地按二维流动处理。

### 3.3.2　恒定流与非恒定流

流场中各空间点上的物理量（流速、压强、密度等）均不随时间变化的流动是恒定流，否则为非恒定流。对于恒定流，诸运动要素只是空间坐标的函数，即

$$\left.\begin{aligned}u_x&=u_x(x,y,z)\\u_y&=u_y(x,y,z)\\u_z&=u_z(x,y,z)\\p&=p(x,y,z)\\\rho&=\rho(x,y,z)\end{aligned}\right\}\tag{3-12}$$

由于恒定流问题的欧拉变数中少了时间变量 $t$，使得问题的求解大为简化。实际工程中，多数系统正常运行时属于恒定流情况，或虽为非恒定流，但由于运动参数随时间变化缓慢，近似按恒定流处理也可以满足工程需要。

在非恒定流问题中，由于同一空间点上流速矢量在变化，那么经过这一空间点的流线的形状也必然在变化，不同瞬时，流线的形状不同。对于恒定流动，由于空间点上的流速不随时间变化，所以流线的形状将保持不变。而且流体质点将沿着流线运动，即在恒定流动中流线与迹线重合。在恒定流动的情况下，由于流线的形状不变，因此流管的形状和位置也是不随时间而变，流管内的流束将沿着流管流动。这时的流管可以看作为真实的管子，反之对于真实的管子，当其中有流体流动时也可以看作为流管。

### 3.3.3　均匀流与非均匀流

对无限空间流场，若流场中流体的各种物理量与空间坐标无关，即在同一瞬时，所有空间点上的流体的物理量均相同，或者说是这些物理量的位变导数皆为零，则这种流动称为均匀流。否则就是非均匀流。

对于非无限空间流场，流体的流动总是受到边界的约束和影响。如管流或河道中的水流，流动受管壁或河槽边壁的影响，其运动要素不可能处处都相同，对这种流动，其均匀流的定义是指在流体流动过程中，其运动要素沿流线保持不变，但不同的流线不一定相同。否则便是非均匀流。在图 3-12(a)中，$u_1$ 与 $u_2$ 大小相等、方向相同，为均匀流；在图 3-12(c)中则为非均匀流，在同一条流线上 $u$ 的方向虽然一致，但 $u_1 \neq u_2$，又如图 3-12(b)为一梯形断面明渠流动，其断面流速分布，断面平均流速 $v$ 及水深等均沿程保持不变，同一流线上流速大小与方向亦保持不变，故也为均匀流。均匀流有以下特点。

(1) 流线是相互平行的直线，因此过流断面为平面，且过流断面的面积沿程不变。

(2) 同一流线上各点的流速相等(不同流线上，不一定相等)，流速分布沿程不变，断面平均流速沿程不变，可见均匀流是沿流程没有加速度的流动。

(3) 过水断面上的动水压强分布规律与静水压强分布规律相同，即同一断面上任一点的测压管水头$\left(z+\dfrac{p}{\rho g}\right)$=常数。

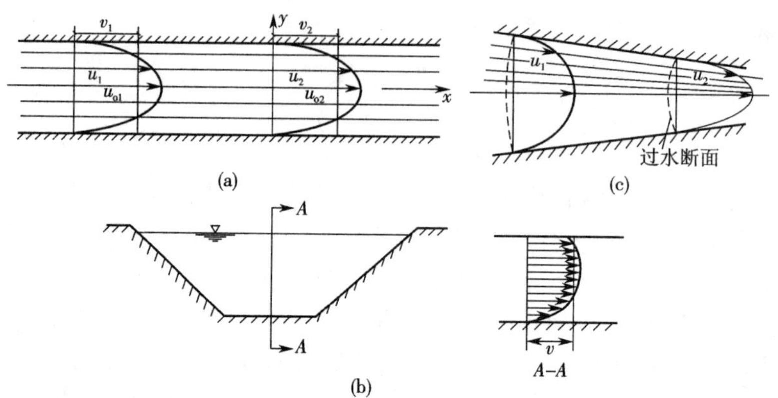


图 3-12 均匀流与非均匀流

### 3.3.4 渐变流与急变流

渐变流和急变流都属于非均匀流。非均匀流根据流速沿流线变化的缓、急程度分为渐变流和急变流。

**1. 渐变流**

流线间的夹角较小,即流线接近于平行的直线,过水断面近似为平面,或流线虽有弯曲但其曲率半径很大,曲率很小,离心惯性力可以忽略不计的流动称为渐变流。

由于渐变流的流线近似于平行,因此近似于均匀流的情况,或者说均匀流是渐变流的极限。渐变流最大的特点就是断面上动水压强与静水压强的分布规律相同,即在同一断面上任一点的测压管水头$(z+\frac{p}{\rho g})=C$(常数)。

**2. 急变流**

流线间的夹角很大或流线弯曲的曲率半径很小,离心惯性力不能忽略的流动称为急变流。急变流过流断面上的动水压强分布规律不同于静水压强分布规律,即同一断面上任一点的测压管水头 $z+\frac{p}{\rho g}\neq C$。

急变流多发生在流动的边界急剧变化的地方。均匀流、渐变流和急变流如图3-13所示。

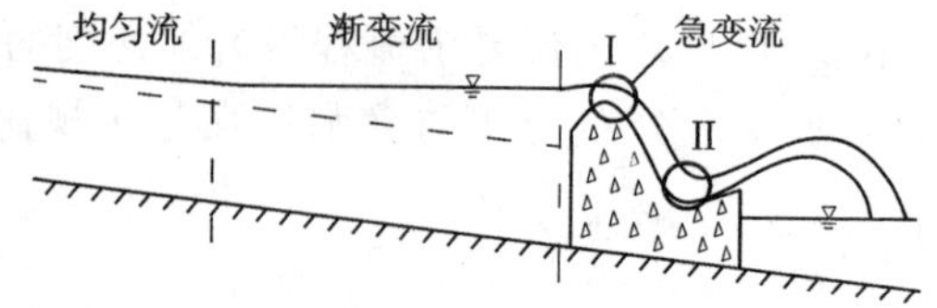


图 3-13 非均匀渐变流和急变流

### 3.3.5 有压流、无压流和射流

**1. 有压流**

如果流体充满整个管道的断面而没有自由表面，这种管道称为有压管道，有压管道中的流体称为有压管流。有压管流的特点是：流体充满管道过流断面，管道内不存在自由表面，管道断面上各点承受的压强一般大于大气压强。管道的有压还是无压是针对大气压强而言的。

**2. 无压流**

如果管道内没有被液流所充满而存在自由表面，管内自由表面压强为大气压强的管道称为无压管道，无压管道中的液流称为无压流。无压流属于明流。

**3. 射流**

射流指从各种排泄口射出或靠机械推动流出的一股流体。射流与管道及明渠流动的区别在于：管流周界全部是固体；明渠流动除液面外大部分周界也是固体。而射流则除附壁射流以外，多数射流的全部周界都是流体。

**【例 3-4】** 已知流速场 $u_x=xy^2$；$u_y=-\frac{1}{5}y^3$。试分析该流动的特点。

**【解】** (1)各流速分量均与时间无关，其当地加速度$\frac{\partial u_x}{\partial t}=\frac{\partial u_y}{\partial t}=0$，故为恒定流。

(2)由于 $u_z=0$，且$\frac{\partial u_x}{\partial z}=\frac{\partial u_y}{\partial z}=0$，故为二维(平面)流动。

(3)迁移加速度：

$$u_x\frac{\partial u_x}{\partial x}+u_y\frac{\partial u_x}{\partial y}=xy^4-\frac{2}{5}xy^4=\frac{3}{5}xy^4\neq0$$

$$u_x\frac{\partial u_y}{\partial x}+u_y\frac{\partial u_y}{\partial y}=\left(-\frac{1}{5}y^3\right)\left(-\frac{3}{5}y^2\right)=\frac{3}{25}y^5\neq0$$

故为非均匀流。

综上分析，该流动为恒定的二维非均匀流动。

## 3.4 流体运动的连续性方程

连续性方程是流体力学三个基本方程之一，是质量守恒原理的流体力学表达式。它规定了在每一空间点上流体速度分量之间必须满足的关系。

### 3.4.1 总流的连续性方程

对于一维流动，通过元流分析法很容易得到总流的连续性方程。图 3-14 中所示为一总流流股，取过流断面 1-1 及 2-2，其面积分别为 $A_1$ 及 $A_2$，在该总流流段内任取一元流，如图中虚线所示，在前后 1-1 和 2-2 断面处元流的过流断面积、密度和速

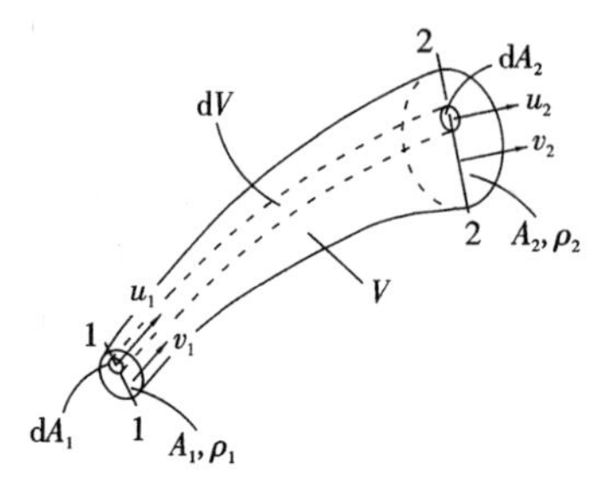

图 3-14 总流流股

度分别为 $dA_1$、$\rho_1$、$u_1$ 和 $dA_2$、$\rho_2$、$u_2$。

如有下述三个条件：

① 取一微小时段 $dt$，在该时段内，元流的形状、位置和各点的运动要素均不随时间而变化；

② 由于是元流，其侧壁为流线组成的流管，所以流体不能由侧壁流入或流出，只能通过过流断面 1-1 和 2-2 流入或流出；

③ 假设该段元流作为控制体的体积为 $dV$，控制体内既无产生流体的源，也没有吸收流体的汇，元流内部也无空隙，其流体为连续介质。

根据质量守恒定律，在微小的 $dt$ 时间内，控制体内流体质量的增量应等于通过 $dA_1$ 断面流进控制体的流体质量 $\rho_1 u_1 dA_1 dt$ 减去由 $dA_2$ 断面流出控制体的流体质量 $\rho_2 u_2 dA_2 dt$。根据泰勒级数展开，在 $dt$ 时间内，控制体内流体质量的增量为 $\frac{\partial \rho}{\partial t} dV dt$，因此

$$\rho_1 u_1 dA_1 dt - \rho_2 u_2 dA_2 dt = \frac{\partial \rho}{\partial t} dV dt$$

其中 $dV$ 为控制体的体积。

消去 $dt$ 可得元流的连续性方程

$$\rho_1 u_1 dA_1 - \rho_2 u_2 dA_2 = \frac{\partial \rho}{\partial t} dV \tag{3-13}$$

对于恒定流，由于 $\frac{\partial \rho}{\partial t}=0$，则式(3-13)为

$$\rho_1 u_1 dA_1 = \rho_2 u_2 dA_2 \tag{3-14}$$

式(3-14)表明沿元流任一过流断面上的质量流量均相等。

对于不可压缩流体，由于 $\rho_1=\rho_2=\rho=$ 常数，$\frac{\partial \rho}{\partial t}=0$，则连续性方程成为

$$u_1 dA_1 = u_2 dA_2 \quad 或 \quad dQ_1 = dQ_2 \tag{3-15}$$

式(3-15)表明沿元流任一过流断面上体积流量均相等。以上三式即为元流的连续性方程。

总流可以看成是在边界以内由无数元流组成的，取总流过水断面 $A_1$、$A_2$ 及总流的流管为控制面，则通过 $A_1$ 和 $A_2$ 流进和流出该控制体的质量流量分别为 $\int_{A_1} \rho_1 u_1 dA_1$ 及 $\int_{A_2} \rho_2 u_2 dA_2$。单位时间该控制体内流体质量的增量为 $\int_{CV} \frac{\partial \rho}{\partial t} dV = \frac{\partial}{\partial t}\int_{CV} \rho dV$，其中，$CV$ 为控制体的体积。根据质量守恒原理，可得总流的连续方程

$$\int_{A_1} \rho_1 u_1 dA_1 - \int_{A_2} \rho_2 u_2 dA_2 = \frac{\partial}{\partial t}\int_{CV} \rho dV \tag{3-16}$$

对于恒定流

$$\frac{\partial}{\partial t}\int_{CV}\rho \mathrm{d}V=0$$

则

$$\int_{A_1}\rho_1 u_1 \mathrm{d}A_1=\int_{A_2}\rho_2 u_2 \mathrm{d}A_2 \tag{3-17a}$$

或

$$\rho_1 v_1 A_1=\rho_2 v_2 A_2\text{（或 }\rho_1 Q_1=\rho_2 Q_2\text{）} \tag{3-17b}$$

该式即为恒定可压缩流体的总流连续性方程，它表明通过恒定总流各断面的质量流量相等，流体密度沿程变化时体积流量 $Q$ 是沿程变化的。

对于不可压缩流体，由于 $\rho=$ 常量，则式(3-17a)变为

$$\int_{A_1}u_1 \mathrm{d}A_1=\int_{A_2}u_2 \mathrm{d}A_2 \tag{3-18a}$$

或

$$v_1 A_1=v_2 A_2 \quad (Q_1=Q_2) \tag{3-18b}$$

该式即为恒定不可压缩流体总流连续性方程，它表明通过恒定总流各过流断面的体积流量是相等的。其断面平均流速与过流断面面积成反比。

式(3-17)和式(3-18)即为恒定总流的连续性方程。其中，$v_1$，$v_2$ 分别为总流过流断面 $A_1$，$A_2$ 的断面平均流速。

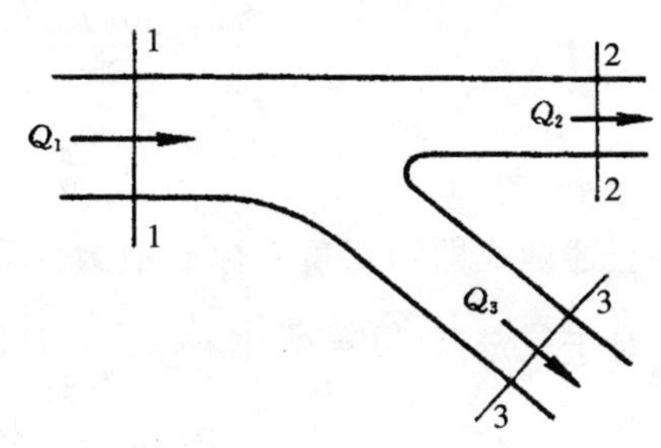

图 3-15　分流叉管

当断面 1-1 和 2-2 之间存在有流体输入或输出时，应对上述总流的连续性方程式(3-17)和式(3-18)进行修正，如图 3-15 所示分流叉管。对可压缩变密度流体的总流连续性方程式(3-17)应修正为

$$\rho_1 Q_1=\rho_2 Q_2+\rho_3 Q_3 \tag{3-19}$$

对于不可压缩常密度流体的总流连续性方程式(3-18)应修正成

$$Q_1=Q_2+Q_3 \tag{3-20}$$

或

$$v_1 A_1=v_2 A_2+v_3 A_3$$

应该指出：上述推得的连续性方程（包括元流和总流），它们既适用于理想流体，又适用于实际流体。对于不可压缩流体（$\rho=$ 常数，即常密度流体）的连续性方程，不仅适用于恒定流，也适用于非恒定流中任一瞬时的流动情况。

### 3.4.2　三维流动的连续性方程

在直角坐标系中，取流场中一微元直角六面体空间为控制体，正交的三条微小边长 $\mathrm{d}x$、$\mathrm{d}y$、$\mathrm{d}z$ 分别平行于 $x$、$y$、$z$ 坐标轴，如图 3-16 所示。则沿 $x$ 方向在微小时段 $\mathrm{d}t$ 内通过 $abcd$ 面流入控制体的质量为 $\rho u_x \mathrm{d}y\mathrm{d}z\mathrm{d}t$，通过 $a'b'c'd'$ 面流出控制体的质量为 $\left[\rho u_x+\frac{\partial(\rho u_x)}{\partial x}\mathrm{d}x\right]\mathrm{d}y\mathrm{d}z\mathrm{d}t$，则净流入控制体的质量为

$$\rho u_x \mathrm{d}y\mathrm{d}z\mathrm{d}t-\left[\rho u_x+\frac{\partial(\rho u_x)}{\partial x}\mathrm{d}x\right]\mathrm{d}y\mathrm{d}z\mathrm{d}t=-\frac{\partial(\rho u_x)}{\partial x}\mathrm{d}x\mathrm{d}y\mathrm{d}z\mathrm{d}t$$

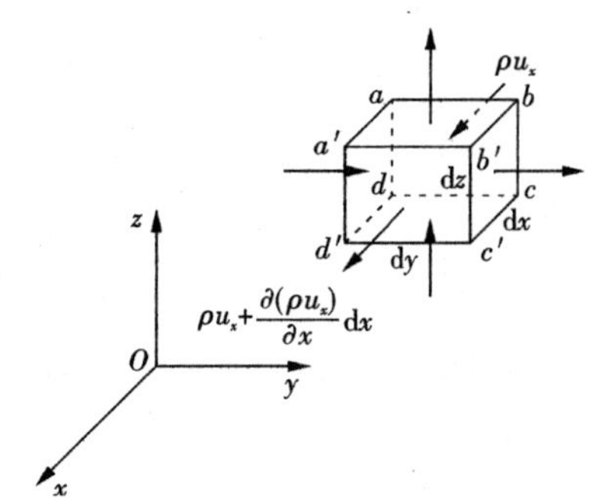

图 3-16 连续性方程推导

同理，沿 $y$、$z$ 方向在 $\mathrm{d}t$ 时段内净流入控制体的质量分别为

$$-\frac{\partial(\rho u_y)}{\partial y}\mathrm{d}x\mathrm{d}y\mathrm{d}z\mathrm{d}t \quad 及 \quad -\frac{\partial(\rho u_z)}{\partial z}\mathrm{d}x\mathrm{d}y\mathrm{d}z\mathrm{d}t$$

于是，在 $\mathrm{d}t$ 时段内流入控制体的质量总量为

$$-\left[\frac{\partial(\rho u_x)}{\partial x}+\frac{\partial(\rho u_y)}{\partial y}+\frac{\partial(\rho u_z)}{\partial z}\right]\mathrm{d}x\mathrm{d}y\mathrm{d}z\mathrm{d}t$$

根据质量守恒原理，$\mathrm{d}t$ 时段内控制体的总净流入质量应等于控制体内流体质量的增量，即

$$-\left[\frac{\partial(\rho u_x)}{\partial x}+\frac{\partial(\rho u_y)}{\partial y}+\frac{\partial(\rho u_z)}{\partial z}\right]\mathrm{d}x\mathrm{d}y\mathrm{d}z\mathrm{d}t=\frac{\partial\rho}{\partial t}\mathrm{d}x\mathrm{d}y\mathrm{d}z\mathrm{d}t$$

化简得

$$\frac{\partial\rho}{\partial t}+\frac{\partial(\rho u_x)}{\partial x}+\frac{\partial(\rho u_y)}{\partial y}+\frac{\partial(\rho u_z)}{\partial z}=0 \tag{3-21}$$

或

$$\frac{\partial\rho}{\partial t}+\nabla\cdot(\rho\boldsymbol{u})=0 \tag{3-22}$$

上述两式即为直角坐标系中微分形式的三维流动的连续性方程。

对于恒定流，$\frac{\partial\rho}{\partial t}=0$，则有

$$\frac{\partial(\rho u_x)}{\partial x}+\frac{\partial(\rho u_y)}{\partial y}+\frac{\partial(\rho u_z)}{\partial z}=0 \tag{3-23}$$

或

$$\nabla\cdot(\rho\boldsymbol{u})=0 \tag{3-24}$$

对于不可压缩流体（$\rho=C$，即常密度流体），式(3-21)至式(3-24)变成

$$\frac{\partial u_x}{\partial x}+\frac{\partial u_y}{\partial y}+\frac{\partial u_z}{\partial z}=0 \tag{3-25}$$

或

$$\nabla\cdot\boldsymbol{u}=0 \tag{3-26}$$

该式既适用于恒定流又适用于非恒定流。

**【例 3-5】** 已知速度场 $u_x=\frac{1}{\rho}(y^2-x^2)$，$u_y=\frac{1}{\rho}(2xy)$，$u_z=\frac{1}{\rho}(-2tz)$，$\rho=t^2$，试问流动是否满足连续性条件。

**【解】** 此流动为可压缩流体的非恒定流

$$\frac{\partial\rho}{\partial t}=2t$$

$$\frac{\partial(\rho u_x)}{\partial x}=\frac{\partial}{\partial x}(y^2-x^2)=-2x$$

$$\frac{\partial(\rho u_y)}{\partial y}=\frac{\partial}{\partial y}(2xy)=2x$$

$$\frac{\partial(\rho u_z)}{\partial z}=\frac{\partial}{\partial z}(-2tz)=-2t$$

将以上各项代入连续性微分方程式(3-21)得

$$\frac{\partial\rho}{\partial t}+\frac{\partial(\rho u_x)}{\partial x}+\frac{\partial(\rho u_y)}{\partial y}+\frac{\partial(\rho u_z)}{\partial z}=0$$

可见此流动满足连续性条件。

**【例3-6】** 已知速度场 $u_x=cx^2yz$，$u_y=(1-cx)y^2z$，其中 $c$ 为常数，试求 $z$ 方向的速度分量 $u_z$。

**【解】** 此流动为不可压缩流体的空间流动，由于$\frac{\partial u_x}{\partial x}=2cxyz$，$\frac{\partial u_y}{\partial y}=2(1-cx)yz$，代入连续性微分方程式(3-25)，得

$$\frac{\partial u_z}{\partial z}=-\frac{\partial u_x}{\partial x}-\frac{\partial u_y}{\partial y}=-2yz$$

积分上式，得

$$u_z=-yz^2+f(x,y)$$

式中 $f(x,y)$是 $x,y$ 的任意函数。显然，满足连续性微分方程的 $u_z$ 有无数个，如可取 $f(x,y)=0$，则 $u_z=-yz^2$。

## 3.5　流体微团的运动形式

位移、速度、加速度等运动要素，是对流体质点运动特征的度量。流体的流动是无数质点运动的集合，由于这些质点运动规律的不同，它们之间的相对位置也随时间发生变化。为了揭示流体质点之间相对位置的变化规律，以便研究质点之间的相互作用。在研究流体运动时，也需要像固体力学中引入刚体概念一样，引入流体微团的概念。流体微团是指由大量流体质点组成的具有线性尺度效应（如膨胀、变形、旋转等）的微小流体团。在流体流动过程中微团内各质点间可以存在相对位置的变化，研究流场中质点运动的变化可以从讨论一个流体微团内邻近两点速度的关系出发，而两点速度的关系又和该微团运动的形式有关。

流体微团除了可以像刚体那样平移和转动之外，还伴有变形运动（包括线变形和剪切角变形）。由于流体的易流动性，流体即便是在一个很小的力作用下，在足够的时间内，也可以产生足够大的变形。因此，在分析流体微团运动时，通常不是研究其变形量而是研究其变形速度（或称变形率），即定义线变形速度（线变形率）、剪切变形角速度（角变形速度或角度变形率）和平均旋转角速度（旋转角速度）为分析流体微团运动的三个基本量。

为了便于说明，先按二维平面情况分析。如图3-17所示，在 $xOy$ 平面上，$a$ 点邻近的方形流体微团 $abcd$，经过某一瞬时 $\mathrm{d}t$ 之后，如微团移动到图3-17(a)中 $a'b'c'd'$ 的位置，其各边方位及形状均与原来一样，这就是单纯的平移运动；如经 $\mathrm{d}t$ 后，原

来方形变成了矩形，而各边方位不变，$a$ 点位置没有移动，如图3-17(b)所示，则此时微团发生了单纯的线变形运动；如经 $dt$ 后，流体微团形状变成图3-17(c)所示，$a$ 点位置不变，各边长也不变，但原来互相垂直的两边各有转动，转角的方向相反、转角大小相等，则是一种单纯的角变形(或称剪切角变形)运动；如经 $dt$ 后，$a$ 点位置不变，各边长度也不变，但两条相互垂直的边均作方向相同、转角大小一样的转动，如图3-17(d)所示，则是单纯的旋转运动。

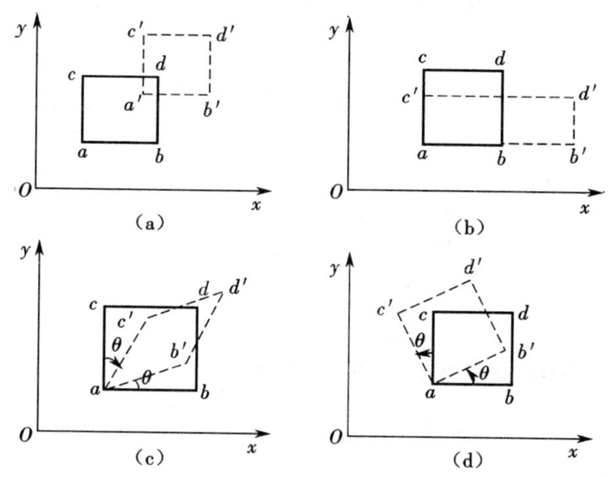


图 3-17　流体微团的运动形式

如果把线变形和角变形都归属为变形运动，则流体微团的运动形式就可分为平移、转动和变形三种。实际的流体流动常常都是上述三种基本形式或是两种基本形式组合在一起的运动。

现重点分析变形运动(包括线变形和角变形运动)和旋转运动的运动形式与流速变化之间的关系。取边长为 $dx$、$dy$ 的矩形流体微团 $ABCD$，如图 3-18 所示。$A$ 点的流速分量设为 $u_x$ 及 $u_y$，则 $B$、$C$、$D$ 各点的速度分量可列表如下(见表 3-1)。因边长是微量，所以流速的增量按泰勒级数展开后只取一阶微量。

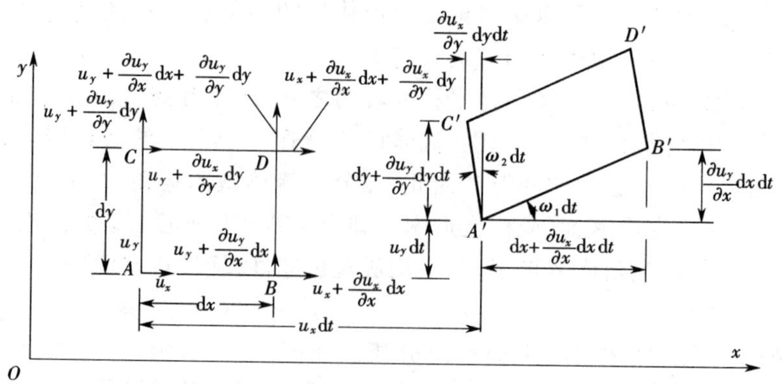


图 3-18　流体微团的运动分析

表 3-1 流体微团各点的速度分量

| 点　号 | $x$ 方向流速分量 | $y$ 方向流速分量 |
| --- | --- | --- |
| $A$ | $u_x$ | $u_y$ |
| $B$ | $u_x+\frac{\partial u_x}{\partial x}dx$ | $u_y+\frac{\partial u_y}{\partial x}dx$ |
| $C$ | $u_x+\frac{\partial u_x}{\partial y}dy$ | $u_y+\frac{\partial u_y}{\partial y}dy$ |
| $D$ | $u_x+\frac{\partial u_x}{\partial x}dx+\frac{\partial u_x}{\partial y}dy$ | $u_y+\frac{\partial u_y}{\partial x}dx+\frac{\partial u_y}{\partial y}dy$ |

微团上各点流速均包含有 $u_x$ 和 $u_y$，使微团上各质点具有沿 $x$ 方向移动距离 $u_x dt$，沿 $y$ 方向移动距离 $u_y dt$ 的平移运动部分。$u_x$ 和 $u_y$ 表示流体微团的平移运动速度。

### 3.5.1 线变形速度

如图 3-18 所示微团的 $AB$ 边，$B$ 点沿 $x$ 方向的分速比 $A$ 点快 $\frac{\partial u_x}{\partial x}dx$，故经 $dt$ 瞬时后边长 $AB$ 在 $x$ 方向拉伸 $\frac{\partial u_x}{\partial x}dxdt$，则微团在 $x$ 方向单位时间单位长度的线变形就是**线变形速度**（简称**线变率**）$\frac{\partial u_x}{\partial x}dxdt/dxdt=\frac{\partial u_x}{\partial x}$，以 $\varepsilon_{xx}$ 表示，即

$$\varepsilon_{xx}=\frac{\partial u_x}{\partial x}$$

同理，在 $y$ 方向的线变率

$$\varepsilon_{yy}=\frac{\partial u_y}{\partial y} \tag{3-27}$$

推广到三维空间的普遍情况

$$\varepsilon_{zz}=\frac{\partial u_z}{\partial z}$$

### 3.5.2 角变形速度

现分析图 3-18 所示方形微团原来互相垂直的两边 $AB$ 与 $AC$ 经 $dt$ 时间后方位的变化。$B$ 点在 $y$ 方向的分速度比 $A$ 点在 $y$ 方向分速度要大 $\frac{\partial u_y}{\partial x}dx$，所以经过 $dt$ 后，$AB$ 边产生一个逆时针方向旋转的角度 $d\alpha$，成 $AB'$ 状态，如图 3-19 所示。因为 $dt$ 很小，故转角 $d\alpha$ 亦很小，有

$$d\alpha\approx\tan(d\alpha)=\frac{\partial u_y}{\partial x}dxdt/dx=\frac{\partial u_y}{\partial x}dt$$

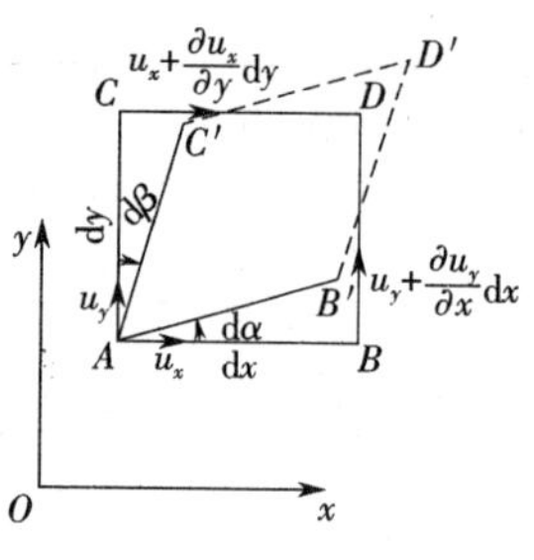

**图 3-19 角变形运动分析**

同理，经 $dt$ 后，$AC$ 边将顺时针转到 $AC'$ 方位，其转角为 $-d\beta$（规定逆时针转角为正，顺时针为负），因其很小，同理有

$$-d\beta=\frac{\partial u_x}{\partial y}dt$$

由图可见 $AB$ 与 $AC$ 两边夹角的变形（即角度减小量）应为

$$d\alpha+(-d\beta)=d\alpha-d\beta=\left(\frac{\partial u_y}{\partial x}+\frac{\partial u_x}{\partial y}\right)dt$$

则单位时间的角变形 $\left(\frac{\partial u_y}{\partial x}+\frac{\partial u_x}{\partial y}\right)dt/dt=\left(\frac{\partial u_y}{\partial x}+\frac{\partial u_x}{\partial y}\right)$ 即为角变形速度，在流体力学中，习惯把角变形速度的一半定义为流体微团的**角变形速度**（简称**角变率**），以 $\varepsilon_{xy}$ 表示，即

$$\varepsilon_{xy}=\frac{1}{2}\left(\frac{\partial u_y}{\partial x}+\frac{\partial u_x}{\partial y}\right)$$

$\varepsilon_{xy}$ 的下标代表的是在与 $z$ 轴垂直的 $xOy$ 平面上的角变形。推广到三维空间的普遍情况

$$\left.\begin{aligned}\varepsilon_{xy}=\varepsilon_{yx}=\frac{1}{2}\left(\frac{\partial u_y}{\partial x}+\frac{\partial u_x}{\partial y}\right)\\\varepsilon_{yz}=\varepsilon_{zy}=\frac{1}{2}\left(\frac{\partial u_z}{\partial y}+\frac{\partial u_y}{\partial z}\right)\\\varepsilon_{zx}=\varepsilon_{xz}=\frac{1}{2}\left(\frac{\partial u_x}{\partial z}+\frac{\partial u_z}{\partial x}\right)\end{aligned}\right\}\tag{3-28}$$

如图 3-19 所示，$d\alpha=-d\beta$ 时，角平分线没有发生转动，此时为单纯角变形运动。

### 3.5.3 旋转角速度

现分析图 3-20 中原来相互垂直的两边 $AB$ 与 $AC$ 经过 $dt$ 时间后方位的变化。由前面分析角变形时已知经过微小时段 $dt$ 以后，$AB$ 边逆时针旋转一角度 $d\alpha$，呈 $AB'$ 状态，其角变形为

$$d\alpha=\frac{\partial u_y}{\partial x}dt$$

对于 $AC$ 边，在分析角变形时，由于 $C$ 点较 $A$ 点在 $x$ 方向的分速度增大了一个 $\frac{\partial u_x}{\partial y}dy$，因此在经过 $dt$ 后，$AC$ 边顺时针转动了 $-d\beta$ 角度，现在情况与此相反，如图 3-20 所示，

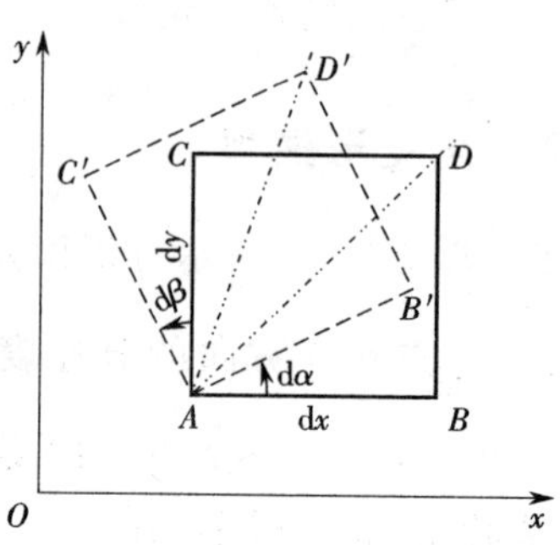

**图 3-20 微团旋转运动分析**

$AC$ 边逆时针旋转一角度 $d\beta$，由此可知 $C$ 点沿 $x$ 方向的速度应为 $u_x-\frac{\partial u_x}{\partial y}dy$，故此时其角变形

$$d\beta=-\frac{\partial u_x}{\partial y}dt$$

如果 $d\alpha=d\beta$，则微团做单纯的旋转运动。实际上由于会同时发生角变形，两边的转角 $d\alpha$ 和 $d\beta$ 不一定相等，习惯上把原来相互垂直的两边的角转速的平均值，亦即两边夹角（直角）的分角线的角转速定义为流体微团绕 $z$ 轴的**旋转角速度**（简称**角转速**），以 $\omega_z$ 表示，即

推广到三维空间的普遍情况

$$\left.\begin{aligned}\omega_z&=\frac{1}{2}\frac{d\alpha+d\beta}{dt}=\frac{1}{2}\left(\frac{\partial u_y}{\partial x}-\frac{\partial u_x}{\partial y}\right)\\\omega_x&=\frac{1}{2}\left(\frac{\partial u_z}{\partial y}-\frac{\partial u_y}{\partial z}\right)\\\omega_y&=\frac{1}{2}-\left(\frac{\partial u_x}{\partial z}-\frac{\partial u_z}{\partial x}\right)\end{aligned}\right\}\tag{3-29}$$

### 3.5.4　流体微团运动的合成

研究流场中质点运动的变化，可以从讨论一个流体微团内邻近两点速度的关系出发，而两点速度的关系又和该微团运动的形式有关。由此可以把流场中邻近两点的速度变化关系用微团基本运动的组合表达。

设流场中任一点 $O$ 的流速分量为 $u_{xO}$、$u_{yO}$、$u_{zO}$，距 $O$ 点 $ds$ 处某点的流速分量为 $u_x$、$u_y$、$u_z$，$ds$ 在直角坐标系中三个坐标轴上的投影为 $dx$、$dy$、$dz$，如图 3-21 所示。故该邻近两点流速的变化关系为 $u_x=u_{xO}+du_x$，$u_y=u_{yO}+du_y$，$u_z=u_{zO}+du_z$。现以 $x$ 方向的流速 $u_x$ 为例，将 $du_x$ 按泰勒级数展开，忽略二阶以上微量，有

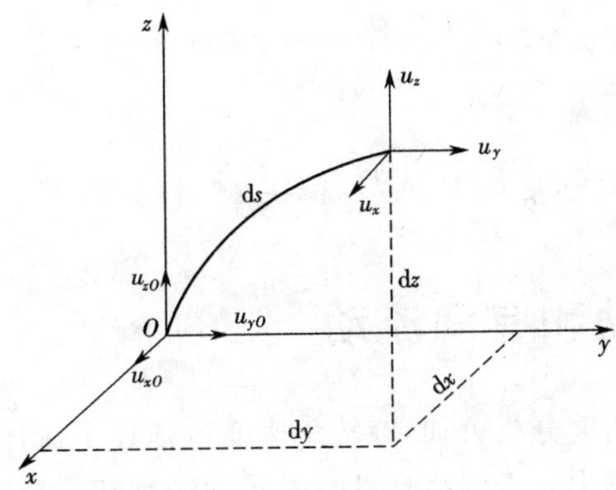


图 3-21　邻近两点流速的变化关系

$$du_x=\left(\frac{\partial u_x}{\partial x}\right)_O dx+\left(\frac{\partial u_x}{\partial y}\right)_O dy+\left(\frac{\partial u_x}{\partial z}\right)_O dz$$

将上式进行配项整理代入 $u_x$ 式

$$u_x=u_{xO}+\left(\frac{\partial u_x}{\partial x}\right)_O dx+\frac{1}{2}\left(\frac{\partial u_x}{\partial y}-\frac{\partial u_y}{\partial x}\right)_O dy+\frac{1}{2}\left(\frac{\partial u_x}{\partial y}+\frac{\partial u_y}{\partial x}\right)_O dy$$
$$+\frac{1}{2}\left(\frac{\partial u_x}{\partial z}-\frac{\partial u_z}{\partial x}\right)_O dz+\frac{1}{2}\left(\frac{\partial u_x}{\partial z}+\frac{\partial u_z}{\partial x}\right)_O dz$$

将式(3-27)、式(3-28)、式(3-29)代入上式得

$$u_x=u_{xO}-\omega_z dy+\omega_y dz+\varepsilon_{xx}dx+\varepsilon_{xy}dy+\varepsilon_{xz}dz$$

同理，对于其余两个速度分量也可写出类似的关系式，于是某点的速度可表达为以下三个分量式

$$\left.\begin{aligned}u_x&=u_{xO}+\omega_y dz-\omega_z dy+\varepsilon_{xx}dx+\varepsilon_{xy}dy+\varepsilon_{xz}dz\\u_y&=u_{yO}+\omega_z dx-\omega_x dz+\varepsilon_{yy}dy+\varepsilon_{yz}dz+\varepsilon_{yx}dx\\u_z&=u_{zO}+\omega_x dy-\omega_y dx+\varepsilon_{zz}dz+\varepsilon_{zx}dx+\varepsilon_{zy}dy\end{aligned}\right\}\tag{3-30}$$

各式等号右边第一项为平移速度；第二、三项为转动产生的速度增量；第四、五、六项分别为线变形和角变形引起的速度增量。所以流场中任一点的流速一般认为是由平移、转动及变形三部分所组成。并且，这三种运动形式将影响流动的性质。

上述式(3-30)称为速度分解定理。

**【例 3-7】** 已知平面流场的速度分布为

$$u_x=3xy,\quad u_y=3x^2+y^2$$

试分析流体微团在运动过程中发生的变形和旋转。

**【解】** 该流场的线变形速度及剪切变形角速度分别为

$$\varepsilon_{xx}=\frac{\partial u_x}{\partial x}=3y$$

$$\varepsilon_{yy}=\frac{\partial u_y}{\partial y}=2y$$

$$\varepsilon_{xy}=\frac{1}{2}\left(\frac{\partial u_x}{\partial y}+\frac{\partial u_y}{\partial x}\right)=\frac{1}{2}(3x+6x)=\frac{9}{2}x$$

平均旋转角速度

$$\omega_z=\frac{1}{2}\left(\frac{\partial u_y}{\partial x}-\frac{\partial u_x}{\partial y}\right)=\frac{1}{2}(6x-3x)=\frac{3}{2}x$$

## 3.6 有势流动和有涡流动

根据流体微团的速度分析可知，旋转角速度 $\omega$ 描述了流体微团的转动部分。根据流体微团在运动过程中是否围绕自身瞬时转动轴旋转，流体运动可分为有涡流动(有旋运动)和无涡流动(无旋运动即有势流动)。

### 3.6.1　有势流动

若流体微团不存在围绕自身瞬时轴做旋转运动，即各点的旋转角速度 $\omega$ 均等于零，称为无涡流动或有势流动，此时，有

$$\left.\begin{aligned}\omega_x&=\frac{1}{2}\left(\frac{\partial u_z}{\partial y}-\frac{\partial u_y}{\partial z}\right)=0\\\omega_y&=\frac{1}{2}\left(\frac{\partial u_x}{\partial z}-\frac{\partial u_z}{\partial x}\right)=0\\\omega_z&=\frac{1}{2}\left(\frac{\partial u_y}{\partial x}-\frac{\partial u_x}{\partial y}\right)=0\end{aligned}\right\}\tag{3-31a}$$

或

$$\left.\begin{aligned}\frac{\partial u_z}{\partial y}&=\frac{\partial u_y}{\partial z}\\\frac{\partial u_x}{\partial z}&=\frac{\partial u_z}{\partial x}\\\frac{\partial u_y}{\partial x}&=\frac{\partial u_x}{\partial y}\end{aligned}\right\}\tag{3-31b}$$

有势流动的基本特征是流速场必须满足式(3-31)的条件。从高等数学可知，上述条件是使 $u_x\mathrm{d}x+u_y\mathrm{d}y+u_z\mathrm{d}z$ 为某一函数 $\varphi$ 的全微分的必要和充分条件，因此对于有势流动必然存在着下列关系

$$u_x\mathrm{d}x+u_y\mathrm{d}y+u_z\mathrm{d}z=\mathrm{d}\varphi=\frac{\partial\varphi}{\partial x}\mathrm{d}x+\frac{\partial\varphi}{\partial y}\mathrm{d}y+\frac{\partial\varphi}{\partial z}\mathrm{d}z\tag{3-32}$$

由此可知

$$\frac{\partial\varphi}{\partial x}=u_x,\quad\frac{\partial\varphi}{\partial y}=u_y,\quad\frac{\partial\varphi}{\partial z}=u_z\tag{3-33}$$

所以，在有势流动里必然存在着一个标量场 $\varphi(x,y,z)$，(如果是非恒定流，该标量场应为 $\varphi(x,y,z,t)$，其中 $t$ 为代表时间的参变量)。标量场和流速场的关系就是式(3-33)。该函数 $\varphi$ 称为流速势，即有势流动的流速矢量是有势的，故把这种流动称为有势流动。无旋流动必然是有势流动。

### 3.6.2　有涡流动及其涡量

若流体微团存在围绕自身瞬时轴的旋转运动，即 $\omega_x$、$\omega_y$、$\omega_z$ 之中至少有一个不为零，则称为有涡流动或有旋运动。注意，上述分类仅仅是根据流体微团本身是否有旋转运动，不涉及恒定流与非恒定流、均匀流与非均匀流的概念，也不涉及微团(质点)运动的轨迹形状，即不是通过宏观上流体运动的流线特征判断的，例如宏观上做圆周运动的流体可能是无涡流动，宏观上做直线运动的流体也可能是有涡流动。自然界中大多数流动(由于黏滞性的作用)都是有涡流动，这些有涡流动有些以明显可见的旋涡形式表现出来，如桥墩后的旋涡区、航船船尾后面的旋涡、大气中的龙卷风等。更多的情况下，有涡流动没有明显可见的旋涡，尚需对速度场分析而确定。

有涡流动的基本特征是流场中有角转速 $\boldsymbol{\omega}$ 的存在，通常将旋转角速度 $\boldsymbol{\omega}$ 的两倍定义为涡量 $\boldsymbol{\Omega}$，即 $\boldsymbol{\Omega}=2\boldsymbol{\omega}$。旋转角速度的值越大，涡量越大，则涡的旋转强度也越大。涡量也称为速度旋度 $\boldsymbol{\Omega}=rot\,\boldsymbol{u}$，它是表征流体质点旋转运动的重要特征量。且有

$$\left.\begin{aligned}\boldsymbol{\Omega}_x&=\frac{\partial u_z}{\partial y}-\frac{\partial u_y}{\partial z}\\ \boldsymbol{\Omega}_y&=\frac{\partial u_x}{\partial z}-\frac{\partial u_z}{\partial x}\\ \boldsymbol{\Omega}_z&=\frac{\partial u_y}{\partial x}-\frac{\partial u_x}{\partial y}\end{aligned}\right\} \tag{3-34}$$

之所以把涡量 $\boldsymbol{\Omega}$ 定义为角转速 $\boldsymbol{\omega}$ 的两倍（即 $\boldsymbol{\Omega}=2\boldsymbol{\omega}$），是为了从数学上使矢量分析中的某些公式在形式上一致，在其物理意义上并无什么区别。所以涡量 $\boldsymbol{\Omega}$ 和角转速 $\boldsymbol{\omega}$ 都可以用来描述流体微团的旋转运动。两者均为矢量，可以用描述流速场相类似的方法来描述涡量场。

**1. 涡线**

与流线类似，涡线是一条在有涡流动中反映瞬时角速度方向的曲线。即在任一瞬时，处于涡线上所有各点的流体质点的角速度方向都与该点的切线方向重合，如图 3-22 所示。涡线的做法与流线相似，同样与流线类比可写出涡线方程

$$\frac{\mathrm{d}x}{\omega_x}=\frac{\mathrm{d}y}{\omega_y}=\frac{\mathrm{d}z}{\omega_z} \tag{3-35}$$

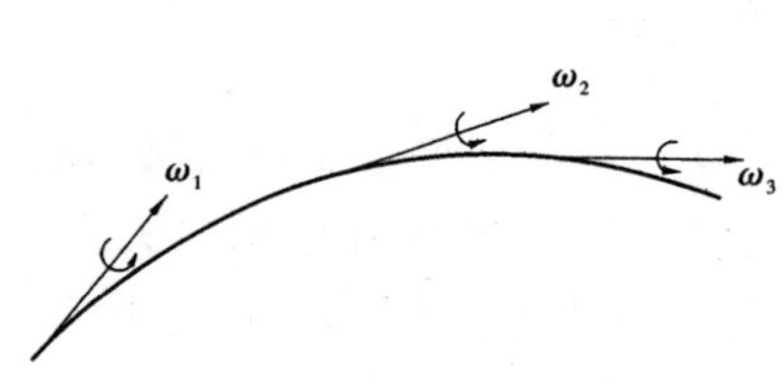


图 3-22 涡线

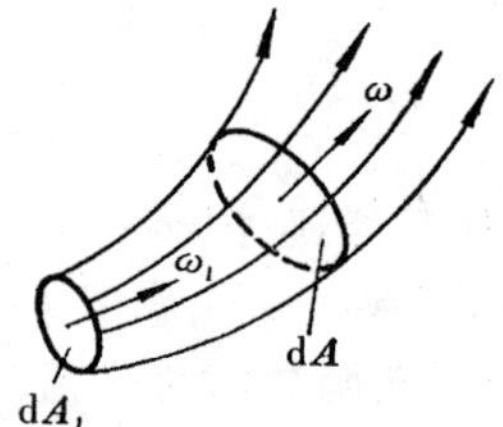


图 3-23 涡管

**2. 涡管与元涡**

与流管类似，定义由同一时刻的无数条涡线所组成的封闭的管状曲面称为涡管，如图 3-23 所示。涡管内的有涡流体叫作元涡。与涡管、涡线垂直的断面称为涡管断面。

**3. 涡通量与速度环量**

元涡的涡通量 $\mathrm{d}I$ 为元涡的横断面积 $\mathrm{d}A$（垂直于涡线、涡管的断面积）与涡量的乘积

$$\mathrm{d}I=\boldsymbol{\Omega}\mathrm{d}\boldsymbol{A}=2\boldsymbol{\omega}\mathrm{d}\boldsymbol{A}=2\boldsymbol{\omega}\cdot\boldsymbol{n}\mathrm{d}A=2\omega_{\mathrm{n}}\mathrm{d}A \tag{3-36}$$

涡通量又称旋涡强度，总涡的涡通量

$$I=\int \mathrm{d}I=\iint_A \boldsymbol{\Omega}\cdot \mathrm{d}\boldsymbol{A}=\iint_A 2\boldsymbol{\omega}\cdot \mathrm{d}\boldsymbol{A}=\iint_A 2\boldsymbol{\omega}\cdot \boldsymbol{n}\mathrm{d}A=\iint_A 2\omega_n \mathrm{d}A$$

式中 $\boldsymbol{n}$ 为涡管断面法向单位矢量。显然对于有势流动其涡通量(旋涡强度)$I=0$。

和旋涡运动有关的另一个重要概念是速度环量。如图 3-24 所示，在流场中的流速沿任一封闭曲线 $L$ 的线积分即为沿该封闭曲线 $L$ 的速度环量 $\Gamma$

$$\Gamma=\oint_L \boldsymbol{u}\cdot \mathrm{d}\boldsymbol{L}=\oint_L u_L \mathrm{d}L=\oint_L u\cos\alpha \mathrm{d}L$$

$$=\oint_L (u_x \mathrm{d}x+u_y \mathrm{d}y+u_z \mathrm{d}z) \qquad (3\text{-}37)$$

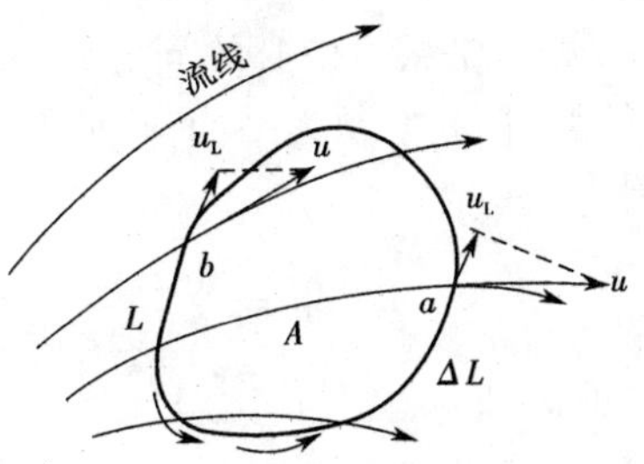

图 3-24 速度环量

式中 $u_L=u\cos\alpha$ 为曲线切线方向的分速。在规定了积分绕行方向后(习惯以逆时针方向为正)，显然 $u_L$ 是有正负的(与绕行方向同向者为正，如图中 $a$ 点；反向为负，如图中 $b$ 点)。

速度环量与涡通量之间存在以下关系

$$\Gamma=\oint_L \boldsymbol{u}\cdot \mathrm{d}\boldsymbol{L}=\iint_A \boldsymbol{\Omega}\cdot \boldsymbol{n}\mathrm{d}A=I \qquad (3\text{-}38)$$

式(3-38)表明沿周线 $L$ 的速度环量等于通过以该曲线为周界的任意曲面 $A$ 的涡通量，这一关系称为斯托克斯(Stokes)定理。

根据这一关系，可以应用速度环量研究旋涡运动。如果封闭曲线所包围的是有势流动区，因 $\boldsymbol{\omega}=0$，则沿该曲线的速度环量为零，即 $\Gamma=0$，从上述式(3-37)也易得到同样的结论。

**【例 3-8】** 判断下列流动是有涡流动还是无旋运动。

(1) 已知速度场 $u_x=ay$，$u_y=u_z=0$。其中 $a$ 为常数，流线是平行于 $x$ 轴的直线，如图 3-25(a)所示。

(2) 已知一水桶中的水从桶底中心小孔口流出时，桶中的水以通过孔口的铅垂轴为中心，做近似的圆周运动，各质点的流速可以近似地认为与半径成反比，即速度

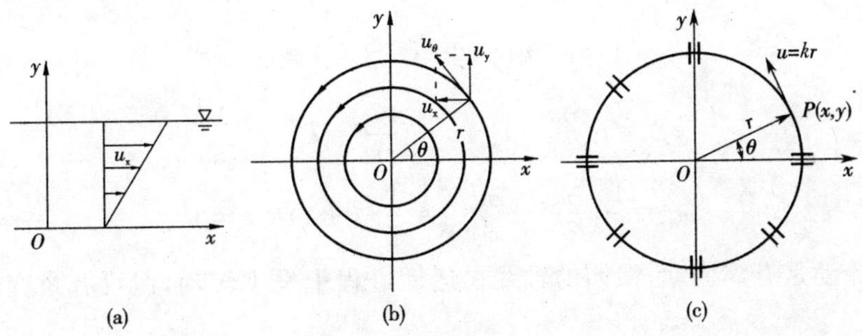

图 3-25 流速场

场 $u_r=0$，$u_\theta=\dfrac{b}{r}$，其中 $b$ 是常数，流线是以原点为中心的同心圆，如图 3-25(b)所示。

(3) 另有一盛水圆桶，如将圆桶绕本身的铅垂轴做等速旋转，桶内水体也将随圆桶一起做等速旋转。这时流速与半径成正比，即流速场 $u_r=0$，$u_\theta=kr$。其中 $k$ 为常数，流线是以原点为中心的同心圆，如图 3-25(c)所示。

**【解】** (1) 本题为平面流动，只需判别 $\omega_z$ 是否为零即可。

因为

$$\omega_z=\frac{1}{2}\left(\frac{\partial u_y}{\partial x}-\frac{\partial u_x}{\partial y}\right)=\frac{1}{2}(0-a)=-\frac{a}{2}\neq 0$$

故为有旋运动。

(2) 桶底出流的情况取直角坐标系，做圆周运动的水质点 $P(x,y)$ 的流速分量为

$$u_x=-u_\theta\sin\theta=-\frac{b}{r}\frac{y}{r}=-\frac{by}{r^2}=-\frac{by}{x^2+y^2}$$

$$u_y=u_\theta\cos\theta=\frac{b}{r}\frac{x}{r}=\frac{bx}{r^2}=\frac{bx}{x^2+y^2}$$

从而可得

$$\frac{\partial u_x}{\partial y}=\frac{(x^2+y^2)b-by(2y)}{(x^2+y^2)^2}=\frac{b(y^2-x^2)}{(x^2+y^2)^2}$$

$$\frac{\partial u_y}{\partial x}=\frac{(x^2+y^2)b-bx(2x)}{(x^2+y^2)^2}=\frac{b(y^2-x^2)}{(x^2+y^2)^2}$$

所以

$$\omega_z=\frac{1}{2}\left(\frac{\partial u_y}{\partial x}-\frac{\partial u_x}{\partial y}\right)=0$$

这是一种有势流动，即无旋流动。质点虽然做圆周运动，但并无旋转(图中的符号“=”代表微团轴线)。这种运动有角变形，表示为

$$\varepsilon_{xy}=\frac{1}{2}\left(\frac{\partial u_y}{\partial x}+\frac{\partial u_x}{\partial y}\right)=\frac{b(y^2-x^2)}{(x^2+y^2)^2}\neq 0$$

(3) 旋转水桶的情况，质点 $P(x,y)$ 的流速分量为

$$u_x=-u_\theta\sin\theta=-kr\frac{y}{r}=-ky$$

$$u_y=u_\theta\cos\theta=kr\frac{x}{r}=kx$$

因此

$$\frac{\partial u_x}{\partial y}=-k,\quad \frac{\partial u_y}{\partial x}=k$$

所以

$$\omega_z=\frac{1}{2}\left(\frac{\partial u_y}{\partial x}-\frac{\partial u_x}{\partial y}\right)=\frac{1}{2}(k+k)=k\neq 0$$

所以这种流动是有涡流动，微团的轴线在运动过程中发生转动，但没有角变形，表示为

$$\varepsilon_{xy}=\frac{1}{2}\left(\frac{\partial u_y}{\partial x}+\frac{\partial u_x}{\partial y}\right)=\frac{1}{2}(k-k)=0$$

## 【本章小结】

本章主要研究流体运动的基本方法、基本概念和基本规律，而不涉及流体运动的产生和变化原因。

（1）描述流体运动的两种方法——拉格朗日法与欧拉法。前者是以个别质点为对象，跟踪、记录每个流体质点运动的全过程，将每个质点的运动情况汇总起来，以此描述整个流动。后者是以流场中各个固定的空间点为对象，着眼于流体流经各空间点时的运动情况，而不考虑这些运动所代表的流体质点及这些质点的运动经历。将每一时刻各空间点上质点的运动情况汇总起来，便可形成对整个流动的描述。在流体力学研究中，广泛采用欧拉法，本课程的论述均为欧拉法。

（2）在欧拉法的范畴内，按不同的时空标准将流动分为：恒定流与非恒定流；一维、二维和三维流动；均匀流与非均匀流。又根据流动过程中运动要素变化的快慢，将非均匀流分为渐变流与急变流，并相对于大气压而言又将流动分为有压流和无压流等。介绍了它们的基本物量概念和各自所具有的特性。

用欧拉法描述流体运动，流线是直观地表征流速场（矢量场）中速度分布的矢量线。本章介绍了它的基本概念、绘制方法、描述了它的数学方程式及其所具有的基本特性。在流线的基础上，引申出了流管、过流断面、元流和总流等一系列概念。

（3）对于一维流动，通过元流分析法建立了对连续介质流体普遍适用的总流连续性方程

$$\int_{A_1}\rho_1 u_1\,\mathrm{d}A_1-\int_{A_2}\rho_2 u_2\,\mathrm{d}A_2=\frac{\partial}{\partial t}\int_{\mathrm{CV}}\rho\mathrm{d}V$$

进而分别给出了恒定和不可压缩流动的总流连续性方程：

恒定流 $\rho_1 v_1 A_1=\rho_2 v_2 A_2$

不可压缩流体 $v_1 A_1=v_2 A_2$

同时应用微元控制体分析法建立了三维流动的连续性微分方程：

具有普遍意义的 $\dfrac{\partial\rho}{\partial t}+\dfrac{\partial(\rho u_x)}{\partial x}+\dfrac{\partial(\rho u_y)}{\partial y}+\dfrac{\partial(\rho u_z)}{\partial z}=0$，或$\dfrac{\partial\rho}{\partial t}+\nabla\cdot(\rho\boldsymbol{u})=0$

对于恒定流 $\dfrac{\partial(\rho u_x)}{\partial x}+\dfrac{\partial(\rho u_y)}{\partial y}+\dfrac{\partial(\rho u_z)}{\partial z}=0$，或$\nabla\cdot(\rho\boldsymbol{u})=0$

对于不可压缩流体 $\dfrac{\partial u_x}{\partial x}+\dfrac{\partial u_y}{\partial y}+\dfrac{\partial u_z}{\partial z}=0$，或$\nabla\cdot\boldsymbol{u}=0$

上述连续方程是质量守恒原理这一自然界普遍规律在流体力学中的具体表现形式，是流体运动的三大基本方程之一。本章介绍了它们的物理意义、适用条件、推导思路、推导的方法和过程。重点是恒定不可压缩流体总流的连续性方程，应牢固掌握其基本原理并能灵活运用解决实际问题。

（4）为了揭示流体的运动规律，引入了流体微团的概念，并对其运动的基本形式作了简要介绍。流体微团的运动形式可分为平移、转动和变形（包括线变形和角变

形)运动。实际的流动常常都是上述三种基本形式或是其中两种基本形式组合在一起的运动。本章重点放在了对变形运动(包括线变形和角变形)及转动的介绍,讨论了它们的基本概念、表述方式以及它们与流速场的关系。

线变形速度(线变率) $\varepsilon_{xx}=\dfrac{\partial u_x}{\partial x},\quad \varepsilon_{yy}=\dfrac{\partial u_y}{\partial y},\quad \varepsilon_{zz}=\dfrac{\partial u_z}{\partial z}$

角变形速度(角变率)

$$\varepsilon_{xy}=\frac{1}{2}\left(\frac{\partial u_y}{\partial x}+\frac{\partial u_x}{\partial y}\right)$$

$$\varepsilon_{yz}=\frac{1}{2}\left(\frac{\partial u_z}{\partial y}+\frac{\partial u_y}{\partial z}\right)$$

$$\varepsilon_{zx}=\frac{1}{2}\left(\frac{\partial u_x}{\partial z}+\frac{\partial u_z}{\partial x}\right)$$

旋转角速度(角转速)

$$\omega_z=\frac{1}{2}\left(\frac{\partial u_y}{\partial x}-\frac{\partial u_x}{\partial y}\right)$$

$$\omega_x=\frac{1}{2}\left(\frac{\partial u_z}{\partial y}-\frac{\partial u_y}{\partial z}\right)$$

$$\omega_y=\frac{1}{2}\left(\frac{\partial u_x}{\partial z}-\frac{\partial u_z}{\partial x}\right)$$

(5) 根据流体微团在运动过程中是否围绕自身瞬时轴旋转,将流体运动分为有涡流动(有旋流动)和无涡流动(无旋流动、有势流动)。分析、介绍了它们存在的条件和各自的基本特征,包括有涡流动的涡量场等基本概念。

## 【思考题】

3-1 拉格朗日法与欧拉法有何异同?

3-2 流线和迹线有什么区别?其基本性质是什么?在什么条件下流线与迹线重合?

3-3 陨石下坠时在天空中划过的白线是什么线?

3-4 在同一流场中,同一时刻不同质点组成的曲线是否都是流线?

3-5 何为恒定流与非恒定流?

3-6 一条船在静水中做等速直线运动,观察者在什么坐标系下可以观察到恒定运动?

3-7 何为均匀流与非均匀流?其分类与过流断面上流速分布是否有关?

3-8 流场有旋运动时,流体微团一定做圆周运动吗?无旋运动时,流体微团一定做直线运动吗?

3-9 总流连续性方程 $v_1A_1=v_2A_2$ 的物理意义是什么?

3-10 何为渐变流?渐变流有哪些主要性质?引入渐变流概念,对研究流体运动有什么实际意义?

【习题】

3-1　设流场的速度分布为 $u_x=4t-\dfrac{2y}{x^2+y^2}$，$u_y=\dfrac{2x}{x^2+y^2}$，求(1) 当地加速度的表达式；(2) $t=0$ 时在点(1,1)处流体质点的加速度。

3-2　已知二维速度场 $u_x=\dfrac{x}{1+t}$，$u_y=y$，求流线方程。

3-3　已知速度场 $\boldsymbol{u}=-x\boldsymbol{i}+2y\boldsymbol{j}+(5-z)\boldsymbol{k}$，求通过点(2,1,1)的流线方程。

3-4　有一输油管道，在内径为 20 cm 的截面上的流速为 2 m/s，求另一内径为 5 cm 的截面上的流速以及管内的质量流量。已知油的密度为 850 $kg/m^3$。

3-5　已知一不可压缩流体空间流动的分速度 $u_x=x^2+y^2+x+y+z$，$u_y=y^2+2yz$，试用连续性方程推出 $u_z$ 的表达式。

3-6　已知有旋流动的速度场为

$$u_x=x+y$$
$$u_y=y+z$$
$$u_z=x^2+y^2+z^2$$

求点(2,2,2)处平均旋转角速度。

3-7　确定下列流场是有旋运动还是无旋运动？

(1) $u_x=x^2+2xy$，$u_y=y^2+2xy$

(2) $u_x=y+z$，$u_y=x+z$，$u_z=x+y$

3-8　题 3-8 图所示的管段，$d_1=2.5$ cm，$d_2=5$ cm，$d_3=10$ cm。(1) 当流量为 $4\times10^{-3}$ $m^3/s$ 时，求各管段的平均流速。(2) 旋动阀门，使流量增加至 $8\times10^{-3}$ $m^3/s$ 或使流量减少至 $2\times10^{-3}$ $m^3/s$ 时，平均流速如何变化？

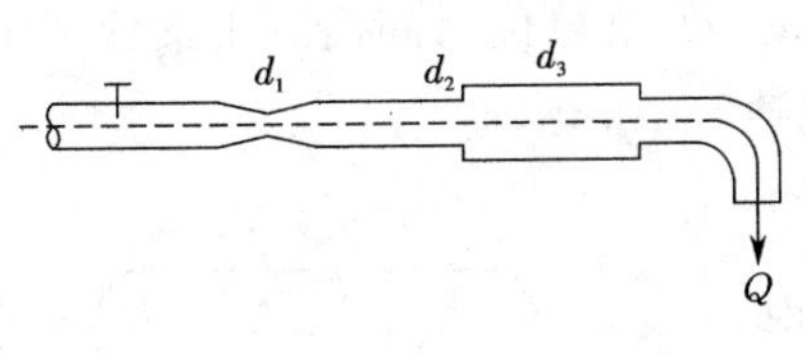


**题 3-8 图**

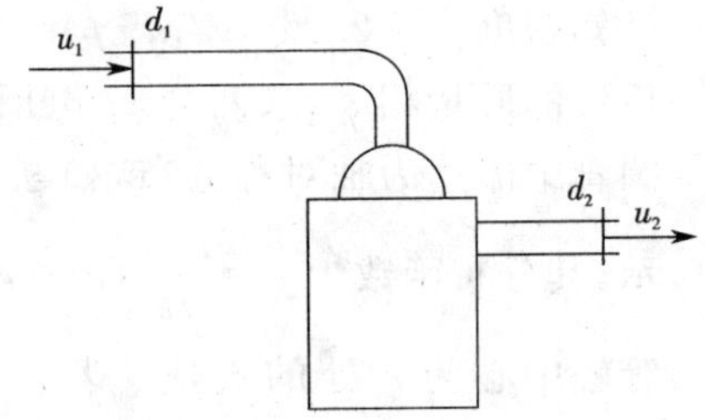


**题 3-9 图**

3-9　如题 3-9 图所示，氨气压缩机用直径 $d_1=76.2$ mm 的管子吸入密度 $\rho_1=4$ $kg/m^3$ 的氨气。经压缩后，由直径 $d_2=38.1$ mm 的管子以 $u_2=10$ m/s 的速度流出，此时密度增至 $\rho_2=20$ $kg/m^3$。求(1) 质量流量；(2) 流入流速 $u_1$。

3-10　如题 3-10 图所示，水从水箱流经直径为 $d_1=10$ cm，$d_2=5$ cm，$d_3=2.5$ cm 的管道流入大气中。当出口流速为 10 m/s 时，求(1) 体积流量及质量流量；

(2) $d_1$ 及 $d_2$ 管段的流速。

3-11 一管道系统如题 3-11 图所示，已知 $d_1=0.25$ m，$d_2=0.15$ m，$d_3=0.1$ m，$u_3=1.0$ m/s，侧向分流：$q_1=50\times10^{-3}$ m$^3$/s，$q_2=21.5\times10^{-3}$ m$^3$/s，试求：(1) 分管段的流量；(2) 各管段的平均流速。

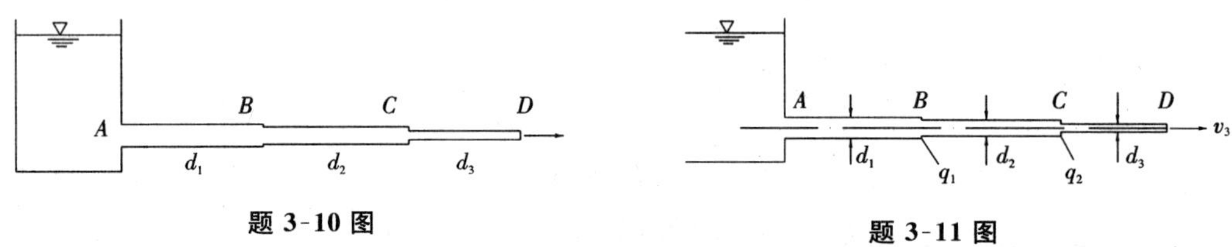


题 3-10 图　　　　题 3-11 图

3-12 如题 3-12 图所示为一分叉管道，总管自水池引水，然后通过两支管 $BC$ 及 $BD$ 输送给用户，若 $d_1=0.4$ m，$v_1=2.15$ m/s，$d_2=0.3$ m，$v_2=5$ m/s，试求总管应输送的流量为多少？

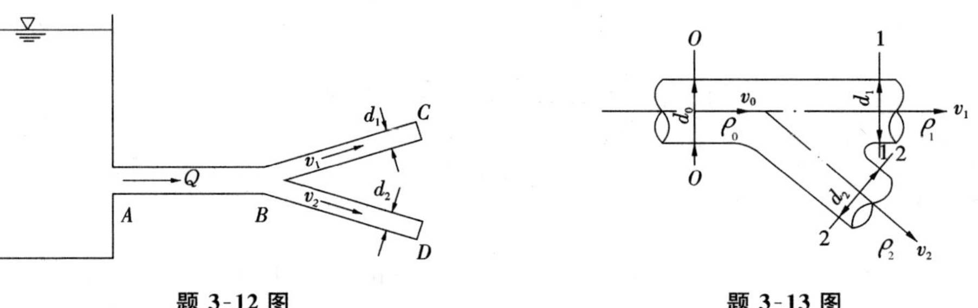


题 3-12 图　　　　题 3-13 图

3-13 蒸气干管前段直径 $d_0=50$ mm，流速 $v_0=25$ m/s，密度 $\rho_0=2.62$ kg/m$^3$。接出支管(直径 $d_2=40$ mm)后，干管后段直径 $d_1=45$ mm，如题 3-13 图所示。已知密度 $\rho_1=2.24$ kg/m$^3$，$\rho_2=2.30$ kg/m$^3$，如果单位时间内流出支管和干管后段的质量相等，求两管末端断面平均流速 $v_1$ 和 $v_2$。

3-14 圆管中流速为轴对称分布，如题 3-14 图所示，其分布函数为 $u=\frac{u_{\max}}{r_0^2}(r_0^2-r^2)$，$u$ 为距管轴中心为 $r$ 处的流速。若已知 $r_0$ 为 3 cm，$u_{\max}$ 为 0.15 m/s，求通过水管流量 $Q$ 及断面平均流速 $v_0$。

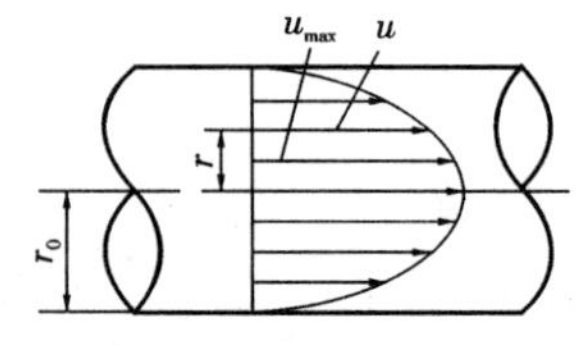


题 3-14 图

3-15 有一变直径管道，如题 3-15 图所示。已知断面 1—1 直径 $d_1=15$ cm，其中心点压强 $p_1=70$ kN/m$^2$，断面 2-2 直径 $d_2=30$ cm，其中心点压强 $p_2=60$ kN/m$^2$，断面 2-2 的平均流速 $v_2=1.5$ m/s，两断面中心点高差 $\Delta z=1$ m，试确定管中的水流方向，并计算两断面间的水头损失 $h_W$。

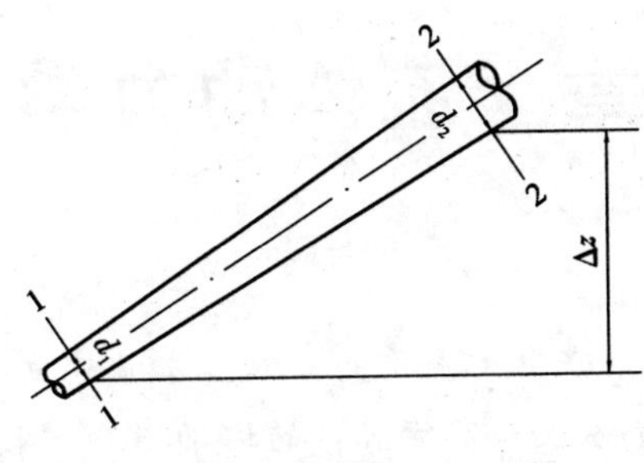


题 3-15 图

3-16　一管道从大水箱($v_0\approx0$)引水，已知 $H=4$ m，$d_1=2d_2$，$d_2=20$ cm，如题 3-16 图所示，管道的全部水头损失 $h_w$ 等于 $d_2$ 管中流速水头的 3 倍，求两段管道的流速及流量各为多少？

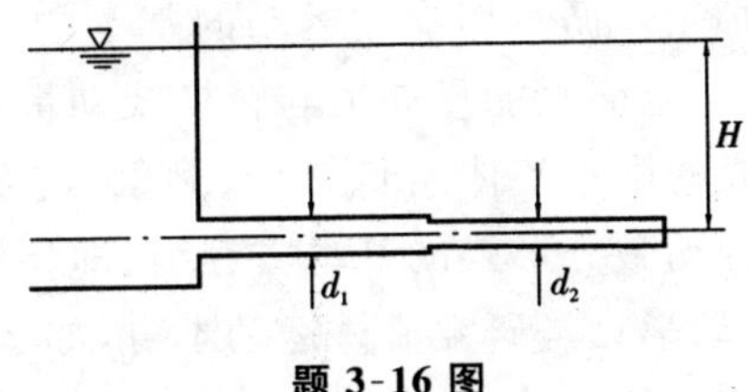


题 3-16 图

# 第 4 章　流体动力学基础

**【要点提示】**

本章是工程流体力学课程中最重要的一章。本章建立了控制流体运动的微分方程组，即理想流体运动微分方程和实际流体的运动微分方程；并介绍了求解理想流体运动微分方程的伯努利积分形式；构建了工程流体力学中应用最广的恒定总流运动的三大基本方程：连续性方程（已在第 3 章中先行建立）、伯努利方程（即能量方程）和动量方程；阐述了平面势流理论的基本概念。通过本章的学习要培养综合运用三大基本方程分析、计算实际总流运动问题的能力。

流体作为一种物质，必须遵循一切物质运动的基本的、普遍的规律，如质量守恒定律、牛顿运动定律（即第二定律）、能量守恒与转换及动量守恒等。以流体的微元体积（由大量流体质点所组成的微小流体团）为研究对象，建立反映流体运动各个普遍规律的方程组，称为流体运动微分形式的基本方程组，即流体运动的基本微分方程。

刚刚介绍过的流体运动学只是研究流体运动本身，如运动速度、加速度等运动要素，不涉及运动要素与力之间的关系，也正因如此，它既适用于理想流体，也适用于黏性流体。根据物质运动所必须遵循的普遍规律——质量守恒原理建立了流体运动中反映这一客观规律的基本方程——流体的连续性微分方程，进而得到恒定总流的连续方程。但仅凭此研究流体机械运动的基本规律是不够的。任何运动物体其运动规律的变化都是在力的作用下发生的。要研究流体机械运动的基本规律，还必须建立流体运动要素与引起运动的动力要素——作用力之间的关系，这就是流体动力学所要承担的任务，即要根据物体运动都必须遵循的普遍规律，如牛顿运动定律、能量守恒与转换及动量守恒等基本原理，建立在流体运动中反映这些客观规律的动力学方程。实际上，流体动力学方程和流体运动学基本方程都是物体运动普遍规律在流体力学中的具体体现。它们是研究空间流场中各个运动要素变化规律的基础，并可依此描述流动要素（包括流速等运动要素和压强等动力要素）的空间分布与时间变化。

人们在长期的实践过程中，逐渐认识到，实际客观存在的流体及其运动规律都是很复杂的。流体力学在其长期的历史发展进程中，逐渐形成和建立了一系列简化模型或假设，例如，连续介质、理想流体、不可压缩流体、一维流动等，以及采用研究实际流动的运动要素随时间变化的平均值（即时均值）的方法，以避免流动要素的固有脉动所带来的困扰等。所有这些，都是对流体的结构、物理、力学性质及其运动特点的简化。从而使流体力学问题的分析、研究大为简化，更便于研究和掌握流体运动最基本的规律，然后再针对各自特点，进行专门实验和研究，对从简化模型所得到的结论进行修正和完善。这样做不仅对解决实际工程中的流体运动规律有普遍指导意义，而且对解决某些与假设条件非常接近的流体(如黏性本来就很小，可以忽略不计的黏性流体；压缩性很小的一般液流和流速远小于音速的低速气流等)运动问题有重要的实际应用意义。

本章在研究和建立流体运动的动力学方程过程中，首先从理想流体开始，研究、讨论其基本运动规律，然后再研究、建立黏性流体的能量与动量方程。

## 4.1　流体的运动微分方程

### 4.1.1　理想流体的运动微分方程——欧拉方程

引起流体运动的作用力有质量力和表面力。对于实际流体而言，其表面力包括法向力与切向力，即压力(流体不能承受拉力)和黏滞力。实际流体在质量力、压力与黏滞力作用下的运动形态及其规律是很复杂的。但是如果采用不计黏滞力作用的理想流体简化模型，将使分析流体运动规律这一问题在很大程度上得以简化。

对理想流体运动规律的分析，可以帮助人们建立许多有助于理解实际流体运动的重要概念。理想流体的运动规律能够直接应用于不少实际工程问题中。对常见的液体与气体的运动，将随着对流体力学知识学习的不断深入，采用适当的处理方法，对理想流体的运动规律加以修正，从而得到实际流体的运动规律。

**1. 理想流体运动时的应力状态**

理想流体是模型化的无黏性流体，在建立理想流体运动微分方程之前，应首先搞清楚理想流体运动时的应力状态。由于理想流体没有黏性，运动时流层间没有相对运动，因此不产生内摩擦阻力(即切应力)，只有压应力(即压强)，同时受质量力作用。而且完全可以用类似于分析流体静压强特性的方法证明：运动的理想流体内任一点动压强的方向与其作用面的内法线方向一致，其大小与作用面的方位无关，即一点上各方向的动压强大小均相等，只是空间位置坐标和时间的函数，$p=p(x、y、z、t)$。所以理想流体运动时的应力特性(状态)与静止流体完全相同，即流体中只存在压应力——压强，压强的方向与作用面的内法线方向一致，其大小在同一点各方向上均相等，与作用面的方位无关。

**2. 理想流体运动微分方程**

理想流体运动微分方程的基本原理就是牛顿第二定律($\boldsymbol{F}=m\boldsymbol{a}$)，该方程即是在此基础之上推导而来。换言之，它即是牛顿第二定律这一物质运动的普遍规律在流体力学中的具体体现形式，也是研究流体运动的基本方程式。

在理想流体的流场中，任取一以 $O'(x、y、z)$为中心的微元平行六面体，其各边分别与直角坐标轴平行，边长分别为 $\mathrm{d}x,\mathrm{d}y,\mathrm{d}z$ 如图 4-1 所示，中心点 $O'$处的压强为 $p=p(x、y、z、t)$，流速为 $\boldsymbol{u}(u_x、u_y、u_z)$，现分析该微元六面体的受力和运动情况。该微

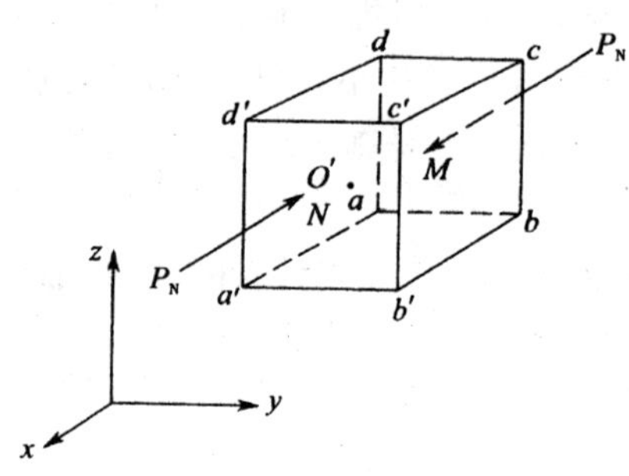

图 4-1 理想流体微元体

元六面体所受作用力有表面力和质量力，现以 $x$ 方向为例进行分析，其他（$y$、$z$）方向同理。

**1）表面力**

由于是理想流体，故不存在切应力，只有压强，$x$ 方向受压面 $abcd$ 和 $a'b'c'd'$ 其中心点分别为 $M$ 和 $N$，压强各为

$$P_M = p - \frac{1}{2}\frac{\partial p}{\partial x}dx$$

$$P_N = p + \frac{1}{2}\frac{\partial p}{\partial x}dx$$

由于是微元六面体，其面积很小，可视各面上之压强均匀分布，则受力面上的压力

$$P_M = p_M dydz = \left(p - \frac{1}{2}\frac{\partial p}{\partial x}dx\right)dydz$$

$$P_N = p_N dydz = \left(p + \frac{1}{2}\frac{\partial p}{\partial x}dx\right)dydz$$

**2）质量力**

设质量力为 $\boldsymbol{F}$，则单位质量力 $\boldsymbol{f} = \frac{\boldsymbol{F}}{m}$，其在三个坐标方向的分量分别为 $X$、$Y$、$Z$，则沿 $x$ 方向质量力分量

$$F_x = \rho dxdydzX$$

根据牛顿第二定律（$\boldsymbol{F} = m\boldsymbol{a}$），沿 $x$ 方向则有

$$P_M - P_N + F_x = m\frac{du_x}{dt}$$

即
$$\left(p - \frac{1}{2}\frac{\partial p}{\partial x}dx\right)dydz - \left(p + \frac{1}{2}\frac{\partial p}{\partial x}dx\right)dydz + \rho\, dxdydzX = \rho\, dxdydz\frac{du_x}{dt}$$

化简后，得

同理

$$\left.\begin{aligned} X - \frac{1}{\rho}\frac{\partial p}{\partial x} &= \frac{du_x}{dt} \\ Y - \frac{1}{\rho}\frac{\partial p}{\partial y} &= \frac{du_y}{dt} \\ Z - \frac{1}{\rho}\frac{\partial p}{\partial z} &= \frac{du_z}{dt} \end{aligned}\right\} \tag{4-1}$$

将上式中的加速度项展开，即得

$$\left.\begin{aligned} X - \frac{1}{\rho}\frac{\partial p}{\partial x} &= \frac{\partial u_x}{\partial t} + u_x\frac{\partial u_x}{\partial x} + u_y\frac{\partial u_x}{\partial y} + u_z\frac{\partial u_x}{\partial z} \\ Y - \frac{1}{\rho}\frac{\partial p}{\partial y} &= \frac{\partial u_y}{\partial t} + u_x\frac{\partial u_y}{\partial x} + u_y\frac{\partial u_y}{\partial y} + u_z\frac{\partial u_y}{\partial z} \\ Z - \frac{1}{\rho}\frac{\partial p}{\partial z} &= \frac{\partial u_z}{\partial t} + u_x\frac{\partial u_z}{\partial x} + u_y\frac{\partial u_z}{\partial y} + u_z\frac{\partial u_z}{\partial z} \end{aligned}\right\} \tag{4-2}$$

其向量表达式为

$$f-\frac{1}{\rho}\nabla p=\frac{\partial \boldsymbol{u}}{\partial t}+(\boldsymbol{u}\cdot\nabla)\boldsymbol{u} \tag{4-3}$$

式(4-2)就是理想流体运动微分方程，是欧拉于 1755 年在其所著《流体运动的基本原理》一书中首先提出的，所以又称欧拉运动微分方程。该式是牛顿第二定律在理想流体力学中的具体表达式，反映了作用在单位质量流体上的力与流体运动加速度之间的关系。其等号左边第一项表示的是作用于单位质量流体上的质量力，即单位质量力；第二项表示的是作用于单位质量流体上的表面力(压力)；等号右边整体表示的是流体运动的加速度(包括当地与迁移加速度)，亦称为作用于单位质量流体上的惯性力。当流体运动速度为零时，加速度为零，欧拉运动微分方程即变为流体的平衡微分方程——欧拉平衡微分方程式(2-4)。

欧拉运动微分方程是控制理想流体运动的基本方程。适用于理想流体可压缩和不可压缩的恒定流和非恒定流以及有势流和有涡流。

对于不可压缩的理想流体，运动方程中密度 $\rho$ 为常数，质量力通常也是已知的，故只有 $u_x$、$u_y$、$u_z$ 和 $p$ 四个未知量。由运动微分方程式(4-2)的三个方程式，再加上不可压缩流体的连续性微分方程式(3-25)共四个方程式联立成为封闭的方程组。从理论上讲，只要在满足一定的初始条件和边界条件下，联立求解该四个方程式，就可求得理论解。但是由于边界条件的复杂和数学上的困难，目前尚无法求得一般情况下的普遍积分形式，只能在一定条件下才能积分求解。随着计算机技术的快速发展，也可以采用数值计算方法求其近似解。

对于可压缩的理想流体来说，密度 $\rho$ 成为变量，总计五个变量，此时除式(4-2)外还必须加上可压缩流体的连续性方程式(3-21)和热力学中的理想气体状态方程式(1-16)，共计五个方程式，联立组成封闭方程组才能求解。但求解上述五个方程式也是非常困难的，只有在特殊情况下才能获得其解。

### 4.1.2　黏性流体的运动微分方程——纳维-斯托克斯(N-S)方程

**1. 运动黏性流体中的应力状态**

运动的黏性流体的应力状态和运动的理想流体不同。由于黏性作用，在运动的黏性流体内部，表面力不仅有压应力(即压强)，还有切应力。正因如此，任一点压应力的大小与作用面的方位有关。即在同一点各个方向上的压强不再相等。如用 $p_{ij}$、$\tau_{ij}$ 分别表示某一作用面上沿某个方向的压强和切应力，则其第一个下标 $i$ 表示作用面的法线方向，即作用面的方位，第二个下标 $j$ 表示应力分量的作用方向。一般，任一点上，任意三个正交微元平面上的法向压应力是不相等的，即 $p_{xx}\neq p_{yy}\neq p_{zz}$。

可以证明，运动着的黏性流体中的点应力可由通过该点的任意三个相互正交的微元平面上的应力在三个轴向的分量(共九个量)线性地表示出来。任一点在三个相互正交的微元平面上共有九个应力分量，可以排列为以下形式：

$$P=\begin{bmatrix} -p_{xx} & \tau_{xy} & \tau_{xz} \\ \tau_{yx} & -p_{yy} & \tau_{yz} \\ \tau_{zx} & \tau_{zy} & -p_{zz} \end{bmatrix}$$

称 $\boldsymbol{P}$ 为应力张量。在六个切应力中，可以证明存在下列关系

$$\tau_{xy}=\tau_{yx}, \quad \tau_{yz}=\tau_{zy}, \quad \tau_{zx}=\tau_{xz}$$

因此在九个应力分量中，实际只有六个是独立的。

虽然，由于存在切应力，三个相互正交的微元平面上的法向压应力不相等，即 $p_{xx}\neq p_{yy}\neq p_{zz}$，但从几何关系可以证明：在同一点上将直角坐标系任意转动，虽然三个分量（$p_{xx}$、$p_{yy}$、$p_{zz}$）的值各有改变，但其（$p_{xx}+p_{yy}+p_{zz}$）的值总保持不变，即

$$p_{xx}+p_{yy}+p_{zz}=\text{常数}$$

这就是说不论坐标系如何选择，通过该点的任意三个相互正交平面上的法向压应力之和是一个不变值（即常量）。因此，在黏性流体中，就把通过某点任意三个互相正交面上的法向压应力的平均值定义为流体在该点的动压强，仍以符号 $p$ 表示，即

$$p=\frac{1}{3}(p_{xx}+p_{yy}+p_{zz}) \tag{4-4}$$

这样一来，黏性流体的动压强也只是位置坐标和时间变量的函数，即 $p=p(x、y、z、t)$。于是，在运动的黏性流体中，任何一点的应力状态可以由一个动压强 $p$ 和三个切应力 $\tau_{xy}$、$\tau_{yz}$、$\tau_{zx}$ 表示。

**2. 黏性流体的运动微分方程——N-S 方程**

牛顿内摩擦定律中应力与变形率呈线性关系。将牛顿内摩擦定律推广到一般的空间流动，即假定在黏性流体三维流动的一般情况下，应力与变形率之间仍然保持线性关系，通过数学推导，可以得到应力与变形率之间的关系。这里略去推导过程，直接给出它们之间的关系。

对于法向应力

$$\left.\begin{aligned} p_{xx}&=p+p'_{xx}=p-2\mu\varepsilon_{xx}=p-2\mu\frac{\partial u_x}{\partial x} \\ p_{yy}&=p+p'_{yy}=p-2\mu\varepsilon_{yy}=p-2\mu\frac{\partial u_y}{\partial y} \\ p_{zz}&=p+p'_{zz}=p-2\mu\varepsilon_{zz}=p-2\mu\frac{\partial u_z}{\partial z} \end{aligned}\right\} \tag{4-5}$$

以上各分式中出现的 $p'_{xx}$、$p'_{yy}$、$p'_{zz}$ 代表的是由于黏性所引起的附加压强，称黏性附加压强。对于不可压缩流体，黏性附加压强与动力黏度有关，并与线变形率成正比。

对于切应力

$$\left.\begin{aligned} \tau_{xy}&=\tau_{yx}=2\mu\varepsilon_{xy}=\mu\left(\frac{\partial u_y}{\partial x}+\frac{\partial u_x}{\partial y}\right) \\ \tau_{yz}&=\tau_{zy}=2\mu\varepsilon_{yz}=\mu\left(\frac{\partial u_z}{\partial y}+\frac{\partial u_y}{\partial z}\right) \\ \tau_{zx}&=\tau_{xz}=2\mu\varepsilon_{zx}=\mu\left(\frac{\partial u_x}{\partial z}+\frac{\partial u_z}{\partial x}\right) \end{aligned}\right\} \tag{4-6}$$

式(4-6)也被称为广义牛顿内摩擦定律。

在掌握了运动的黏性流体中的应力状态和应力与变形率之间的关系的基础上，可以采用类似推导理想流体运动微分方程的方法，考虑切应力的作用，根据牛顿第二定律，建立以应力形式表示的流体运动微分方程。再依据上述黏性流体的应力与变形率之间的关系，最终将其转换成如下形式的黏性流体运动微分方程(推导过程从略)。

$$\left.\begin{aligned}X-\frac{1}{\rho}\frac{\partial p}{\partial x}+\nu\nabla^2u_x=\frac{\partial u_x}{\partial t}+u_x\frac{\partial u_x}{\partial x}+u_y\frac{\partial u_x}{\partial y}+u_z\frac{\partial u_x}{\partial z}\\Y-\frac{1}{\rho}\frac{\partial p}{\partial y}+\nu\nabla^2u_y=\frac{\partial u_y}{\partial t}+u_x\frac{\partial u_y}{\partial x}+u_y\frac{\partial u_y}{\partial y}+u_z\frac{\partial u_y}{\partial z}\\Z-\frac{1}{\rho}\frac{\partial p}{\partial z}+\nu\nabla^2u_z=\frac{\partial u_z}{\partial t}+u_x\frac{\partial u_z}{\partial x}+u_y\frac{\partial u_z}{\partial y}+u_z\frac{\partial u_z}{\partial z}\end{aligned}\right\}\tag{4-7}$$

式中　$\nu$——流体的运动黏度。

$$\nabla^2=\frac{\partial^2}{\partial x^2}+\frac{\partial^2}{\partial y^2}+\frac{\partial^2}{\partial z^2}$$

$\nabla^2$——拉普拉斯(Laplace)算子符号。

上式的向量表示式为

$$\boldsymbol{f}-\frac{1}{\rho}\nabla p+\nu\nabla^2\boldsymbol{u}=\frac{\partial\boldsymbol{u}}{\partial t}+(\boldsymbol{u}\cdot\nabla)\boldsymbol{u}\tag{4-8}$$

式(4-5)和(4-6)就是自1755年欧拉提出理想流体运动微分方程以后，经过法国工程师纳维(Navier)、英国数学和物理学家斯托克斯(Stokes)等人近百年的探索与研究，最终完成的现在形式的黏性流体运动微分方程。又称纳维-斯托克斯方程，简写为N-S方程。

N-S方程表示出了作用于单位质量流体上的质量力、表面力(压力和黏滞力)和惯性力之间相平衡的关系。其各项的物理意义，与理想流体运动微分方程式(4-2)相比较，只在公式符号左边新增加了第三项，该项表示作用于单位质量流体上的黏滞力，其他各项意义均与式(4-2)相同，该方程若去掉左边第三项，即变成理想流体运动微分方程。

N-S方程和不可压缩流体的连续性方程所组成的基本方程组，从理论上讲，只要满足一定的初始条件和边界条件，联立求解该方程组，即可求解流速场 $u_x$、$u_y$、$u_z$ 和压强场 $p$。但由于边界条件的复杂和数学上的困难，目前还只能在一定条件下积分求解。尽管如此，可以说黏性流体的运动问题，仍可归结为对N-S方程的研究和求解问题。N-S方程是流体运动最基本的方程之一，它为研究黏性流体的运动奠定了基础。

**【例4-1】** 理想流体速度场 $u_x=ay, u_y=bx, u_z=0$，$a$，$b$ 为常数，质量力忽略不计。试求等压面方程。

**【解】** 因 $\boldsymbol{u}$ 不随时间变化即 $\frac{\partial\boldsymbol{u}}{\partial t}=0$，故为恒定流动。

又满足：$u_z=0$，$\frac{\partial u_x}{\partial z}=\frac{\partial u_y}{\partial z}=0$，故该流动为理想流体的二维平面流动。

由理想流体运动微分方程式(4-2)，忽略其质量力，则有

$$-\frac{1}{\rho}\frac{\partial p}{\partial x}=u_y\frac{\partial u_x}{\partial y}=abx$$

$$-\frac{1}{\rho}\frac{\partial p}{\partial y}=u_x\frac{\partial u_y}{\partial x}=aby$$

将上两式分别乘以 $\mathrm{d}x$、$\mathrm{d}y$ 然后相加，得

$$-\frac{1}{\rho}\left(\frac{\partial p}{\partial x}\mathrm{d}x+\frac{\partial p}{\partial y}\mathrm{d}y\right)=ab(x\mathrm{d}x+y\mathrm{d}y)$$

以全微分

$$\mathrm{d}p=\frac{\partial p}{\partial x}\mathrm{d}x+\frac{\partial p}{\partial y}\mathrm{d}y$$

代入上式，得

$$-\frac{1}{\rho}\mathrm{d}p=ab(x\mathrm{d}x+y\mathrm{d}y)$$

积分，得

$$p=-\rho ab\frac{x^2+y^2}{2}+C'$$

令 $p=$常数，即得到等压面方程

$$x^2+y^2=C$$

所以，等压面为以坐标原点为中心的圆。

## 4.2 理想流体运动微分方程的伯努利积分

在求解各类流体运动问题时，都需要将其运动微分方程积分成普通方程，才有实用意义。前面介绍了理想流体运动微分方程和连续性微分方程。对于理想流体运动问题，从理论上讲，是可以用上述两方程所组成的闭合的方程组，在给定的初始条件和边界条件下求解。但是，由于运动微分方程是非线性的，这在数学上给求解带来很大困难。因此，目前尚无法求得一般情况下的普遍积分形式，只能在特定条件下才能积分求解。其中最著名的伯努利(Bernoulli)积分就是典型代表，具有重要意义。

### 4.2.1 伯努利积分

该积分是对理想流体运动微分方程的积分，其限定条件是：

① 理想流体；

② 作用在流体上的质量力是有势力；

③ 为不可压缩流体(其密度 $\rho=$常量)；

④ 为恒定流动；

⑤ 沿流线积分。

由理想流体运动微分方程式(4-1)出发

$$\left.\begin{aligned}X-\frac{1}{\rho}\frac{\partial p}{\partial x}=\frac{\mathrm{d}u_x}{\mathrm{d}t}\\Y-\frac{1}{\rho}\frac{\partial p}{\partial y}=\frac{\mathrm{d}u_y}{\mathrm{d}t}\\Z-\frac{1}{\rho}\frac{\partial p}{\partial z}=\frac{\mathrm{d}u_z}{\mathrm{d}t}\end{aligned}\right\}\tag{4-1}$$

因限定为恒定流，故上式中的 $p$、$u_x$、$u_y$、$u_z$ 等均与时间无关，只是位置坐标 $x$、$y$、$z$ 的函数。

将上式(4-1)中各式分别乘以沿流线的坐标增量 $\mathrm{d}x$、$\mathrm{d}y$、$\mathrm{d}z$，然后相加，得

$$X\mathrm{d}x+Y\mathrm{d}y+Z\mathrm{d}z-\frac{1}{\rho}\left(\frac{\partial p}{\partial x}\mathrm{d}x+\frac{\partial p}{\partial y}\mathrm{d}y+\frac{\partial p}{\partial z}\mathrm{d}z\right)=\frac{\mathrm{d}u_x}{\mathrm{d}t}\mathrm{d}x+\frac{\mathrm{d}u_y}{\mathrm{d}t}\mathrm{d}y+\frac{\mathrm{d}u_z}{\mathrm{d}t}\mathrm{d}z \tag{a}$$

由于沿流线积分，同一流线上邻近两点之间的距离 $\mathrm{d}s$，在三个坐标轴上的分量为 $\mathrm{d}x$、$\mathrm{d}y$、$\mathrm{d}z$。又恒定流的流线不随时间而变化，则流线与迹线相重合，所以流线上邻近两点间的距离就是迹线上邻近两点间的距离，该距离与流速之间应有下列关系

$$\mathrm{d}x=u_x\mathrm{d}t;\quad \mathrm{d}y=u_y\mathrm{d}t;\quad \mathrm{d}z=u_z\mathrm{d}t。$$

于是(a)式右边可写成

$$\begin{aligned}\frac{\mathrm{d}u_x}{\mathrm{d}t}\mathrm{d}x+\frac{\mathrm{d}u_y}{\mathrm{d}t}\mathrm{d}y+\frac{\mathrm{d}u_z}{\mathrm{d}t}\mathrm{d}z&=u_x\mathrm{d}u_x+u_y\mathrm{d}u_y+u_z\mathrm{d}u_z\\&=\mathrm{d}\left(\frac{u_x^2}{2}\right)+\mathrm{d}\left(\frac{u_y^2}{2}\right)+\mathrm{d}\left(\frac{u_z^2}{2}\right)\\&=\mathrm{d}\left(\frac{u_x^2+u_y^2+u_z^2}{2}\right)=\mathrm{d}\left(\frac{u^2}{2}\right)\end{aligned}\tag{b}$$

由于质量力是有势的，故式(a)左边的前三项就是力势函数 $W$ 的全微分，即

$$X\mathrm{d}x+Y\mathrm{d}y+Z\mathrm{d}z=\mathrm{d}W \tag{c}$$

对于恒定流，$p$ 不是时间 $t$ 的函数，只是位置坐标 $x$、$y$、$z$ 的函数，且不可压缩流体的密度 $\rho$=常数，故式(a)左边后三项，可写为

$$\frac{1}{\rho}\left(\frac{\partial p}{\partial x}\mathrm{d}x+\frac{\partial p}{\partial y}\mathrm{d}y+\frac{\partial p}{\partial z}\mathrm{d}z\right)=\frac{1}{\rho}\mathrm{d}p=\mathrm{d}\left(\frac{p}{\rho}\right) \tag{d}$$

将式(b)、(c)、(d)代入式(a)，经过这样变换，就可将式(4-1)写成

$$\mathrm{d}W-\mathrm{d}\frac{p}{\rho}=\mathrm{d}\left(\frac{u^2}{2}\right)$$

或

$$\mathrm{d}\left(W-\frac{p}{\rho}-\frac{u^2}{2}\right)=0$$

积分，得

$$W-\frac{p}{\rho}-\frac{u^2}{2}=C\quad(常数) \tag{4-9}$$

于是可以得出结论：在有势质量力作用下，不可压缩的理想流体恒定流动中，沿同一流线上各质点的$\left(W-\frac{p}{\rho}-\frac{u^2}{2}\right)$值是一个常数。但不同的流线有各自的常数，彼此并

不互等。上述式(4-9)称之为伯努利积分。按照质量力性质的不同,积分可以有不同的形式。下面将着重介绍在重力场中的情况,即质量力中只有重力的情况。

### 4.2.2 重力场中理想流体元流的伯努利方程

#### 1. 理想流体元流的伯努利方程——元流的能量方程

在上述伯努利积分中,若作用于流体上的质量力只有重力,则

$$X=Y=0,\quad Z=-g$$

则

$$\mathrm{d}W=X\mathrm{d}x+Y\mathrm{d}y+Z\mathrm{d}z=-g\mathrm{d}z$$

所以

$$W=-g$$

式(4-9)可写为

$$gz+\frac{p}{\rho}+\frac{u^2}{2}=C \tag{4-10}$$

将式(4-10)各项除以 $g$ 得

$$z+\frac{p}{\rho g}+\frac{u^2}{2g}=C \tag{4-11a}$$

或

$$z+\frac{p}{r}+\frac{u^2}{2g}=C \tag{4-11b}$$

即在质量力只有重力的情况下,不可压缩的理想流体恒定流动中,沿同一条流线各质点的$\left(z+\frac{p}{\rho g}+\frac{u^2}{2g}\right)$值是一个常数,但不同的流线有不同的常数。对同一流线上,任意两个质点 1 和 2 来说,则有如下关系:

$$z_1+\frac{p_1}{\rho g}+\frac{u_1^2}{2g}=z_2+\frac{p_2}{\rho g}+\frac{u_2^2}{2g} \tag{4-12a}$$

或

$$z_1+\frac{p_1}{r}+\frac{u_1^2}{2g}=z_2+\frac{p_2}{r}+\frac{u_2^2}{2g} \tag{4-12b}$$

上述式(4-11)和式(4-12)称为伯努利方程,用以纪念在理想流体运动微分方程建立之前,早在 1738 年,瑞士物理学家、数学家伯努利(Daniel Bernoulli)就已应用能量原理(即动能定律)得出了与式(4-11)完全相同的形式,用以计算理想流体的流动问题。

由于元流的过流断面面积很小,可以无限小的趋近于一个点,所以沿流线的伯努利方程就是元流的伯努利方程,也称为能量方程。它的应用条件也就是伯努利积分所引入的限定条件,即在质量力只有重力作用下,不可压缩的理想流体,恒定流动,沿流线积分。

#### 2. 理想流体元流伯努利方程的物理意义和几何意义

##### 1) 物理意义

伯努利方程中每一项都表示着单位重量流体所具有的能量,所以该方程的物理意义也就是指它的能量意义。

式中 $z$ 代表单位重量流体从某一基准面算起所具有的位置势能(简称单位位能);

$\frac{p}{\rho g}$代表单位重量流体相对于以大气压强为基准所具有的压强势能(简称单位压能),由于流体压强的存在,可以使流体上升至一定高度,故称之为压强势能,流体的压强实质上是一种潜在的能量;

$\left(z+\frac{p}{\rho g}\right)$则反映了单位重量流体所具有的总势能;

$\frac{u^2}{2g}$代表单位重量流体所具有的动能;

$\left(z+\frac{p}{\rho g}+\frac{u^2}{2g}\right)$三项之和代表单位重量流体所具有的总机械能。

所以理想流体元流伯努利方程的物理意义,由式(4-12)说明:元流从一个断面流到另一个断面的过程中,其断面上各项单位能量(位能、压能、动能)在一定条件下可以互相转化,但是前一断面的单位总机械能(三项能量之和)应和后一断面的单位总机械能相等,即元流各过流断面上单位重量流体所具有的总机械能(位能、压能、动能之和)沿流程保持不变。它反映了能量既转化又守恒的关系,实质上是能量转化与守恒这一任何物质运动都必须遵循的普遍规律在流体运动中的特定表达形式。

**2) 几何意义**

伯努利方程中的每一项都具有长度量纲[$L$],所以该方程每一项的几何意义,都表示单位重量流体所具有的能量,在水力学中称之为水头。

式中 $z$ 表示所研究点相对某一基准面的几何高度,又称为位置水头;

$\frac{p}{\rho g}$表示与所研究点处压强大小相当的液柱高度,称压强水头;

$\left(z+\frac{p}{\rho g}\right)$等于测点处测压管的液面高度,故称为测压管水头;

$\frac{u^2}{2g}$表示与所研究点处流速大小相当的液柱高度,称之为流速水头;

$\left(z+\frac{p}{\rho g}+\frac{u^2}{2g}\right)$三项之和表示测点处的总水头。令

$$H=z+\frac{p}{\rho g}+\frac{u^2}{2g}$$

因此,理想流体恒定元流伯努利方程的几何意义是:对于流体来说,元流从一个断面流到另一断面的过程中,元流各过流断面上总水头 $H$(位置水 $z$,压强水头$\frac{p}{\rho g}$、速度水头$\frac{u^2}{2g}$三项之和)沿流程保持不变;同时也表示元流在各个过流断面上位置水头、压强水头、速度水头三者之间可以相互转化的关系。可以形象地用图 4-2 表示,即通过元流各过流断面上形心处作铅垂线,按比例分别量取 $z$、$\frac{p}{\rho g}$、$\frac{u^2}{2g}$线段,连接各测压管

水头、总水头端点，可得到测压管水头线 $bb'$ 和总水头线 $aa'$。其总水头线为一水平线，沿程保持不变；测压管水头线沿程可以升高也可降低。这种表示流体各种水头沿程变化的图形称为水头线图。

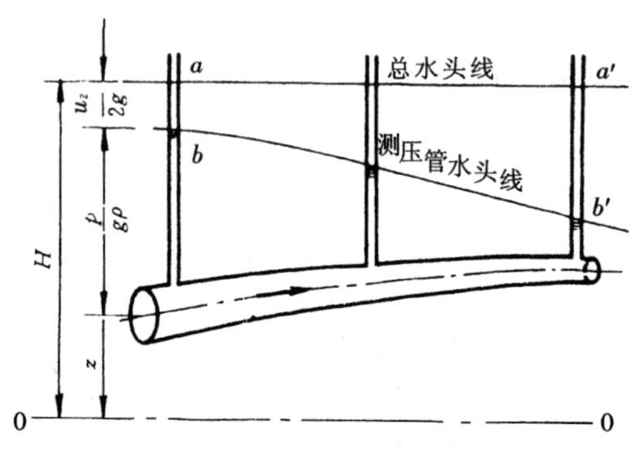


图 4-2 理想流体流动的水头线

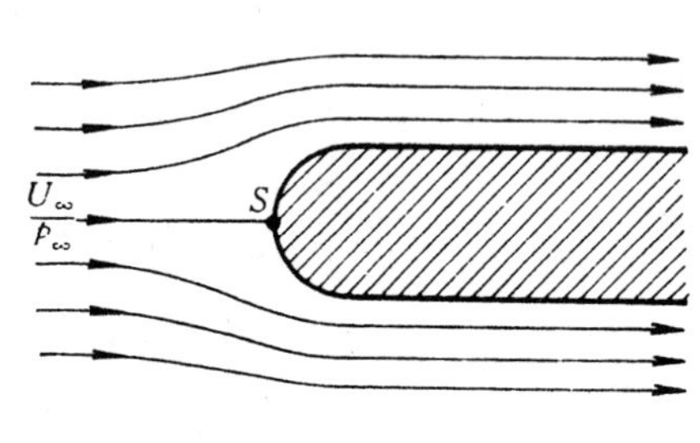


图 4-3 物体绕流

**【例 4-2】** 物体绕流如图 4-3 所示，上游无穷远处流速为 $U_\infty=1.2\text{m/s}$，压强为 $p_\infty=0$ 的水流受到迎面物体的障碍后，在物体表面上的顶冲点 S 处的流速减小至 0，压强升高，称 S 点为滞流点或驻点。求滞流点 S 处的压强。

**【解】** 设滞流点 S 处的压强为 $p_S$，黏性作用可以忽略不计。以低于 S 点的某一水平面为基准面，在通过 S 点的流线上，于上游无穷远处取一点，其位置高度为 $Z_\infty$、压强为 $p_\infty$、流速为 $U_\infty$，根据通过 S 点的流线上的伯努利方程

$$z_\infty+\frac{p_\infty}{\rho g}+\frac{U_\infty^2}{2g}=z_S+\frac{p_S}{\rho g}+\frac{U_S^2}{2g}$$

因 $z_\infty=z_s$ 将其代入上式并整理，得

$$\frac{p_S}{\rho g}=\frac{U_\infty^2}{2g}+\frac{p_\infty}{\rho g}-\frac{U_S^2}{2g}=\left(\frac{1.2^2}{2\times 9.8}+0-0\right)\text{m}=0.073\text{m}$$

故

$$p_S=0.073\text{m}(\text{水柱})=7.154\times 10^2\,\text{Pa}$$

### 3. 应用毕托(Pitot)管量测点流速

流速水头是可以直接量测的。现以量测均匀管流中一点的流速为例，设有一均匀管流，现欲量测其过流断面上某点 A 的流速（如图 4-4 所示）。

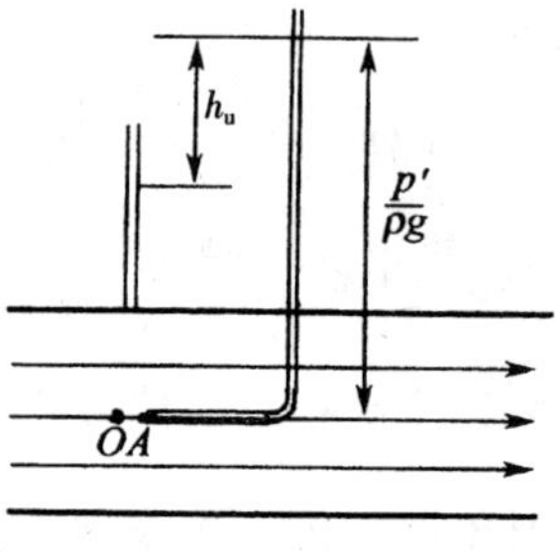

图 4-4 点流速的量测

在该 A 点处放置一根两端开口，前端弯转 90°的细管，使前端管口正对来流方向，另一端垂直向上，此管称为测速管，来流在 A 点受测速管的阻滞，速度为零（该速度为零处的端点称为驻点，或滞止点，该点压强称为驻点压强），动能全部转化为压能，此时测速管中

液面升高$\frac{p'}{\rho g}$。另在 $A$ 点上游的同一流线上取相距很近的 $O$ 点，因这两点相距很近，$O$ 点压强 $p$ 实际上等于放置测速管之前 $A$ 点的压强。应用理想流体元流的伯努利方程式(4-12a)，其中 $z_1=z_2$，可得

$$\frac{p}{\rho g}+\frac{u^2}{2g}=\frac{p'}{\rho g}$$

所以

$$\frac{u^2}{2g}=\frac{p'}{\rho g}-\frac{p}{\rho g}=h_u$$

式中，$O$ 点的压强水头$\frac{p}{\rho g}$由另一根测压管量测。于是测速管与测压管中液面的高差 $h_u$ 就是 $A$ 点的流速水头。$A$ 点流速

$$u=\sqrt{2g\frac{p'-p}{\rho g}}=\sqrt{2gh_u} \tag{4-13}$$

法国工程师毕托(Henri Pitot)运用上述原理研制了点流速量测仪器——毕托管。其构造如图 4-5 所示。与迎流孔(测速孔)相通的是测速管，与测面顺流孔(测压孔或环形窄缝)相通的是测压管。考虑到黏性流体从迎流孔至顺流孔存在黏性效应，以及毕托管对原流场的干扰等影响，引用修正系数 $C$，于是

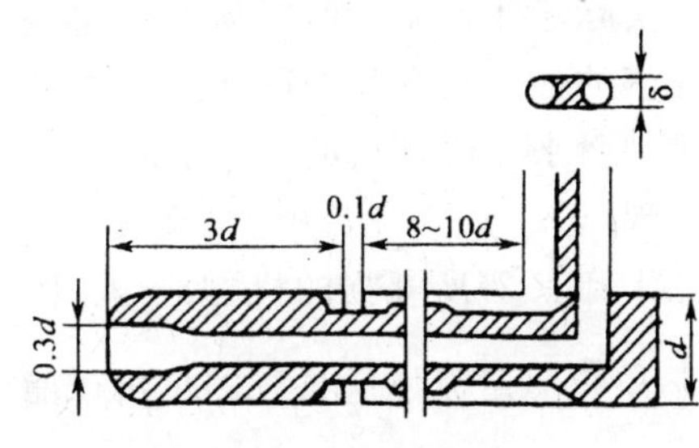

图 4-5　毕托管构造

$$u=C\sqrt{2g\frac{p'-p}{\rho g}}=C\sqrt{2gh_u} \tag{4-14}$$

式中：$C$ 为毕托管修正系数，其值需要由实验标定，一般在 1～1.04 之间，接近于 1.0。在要求不是很严格的情况下，可取 $C=1.0$。

**【例 4-3】** 设测定管内水流中某点 $A$ 速度的装置如图 4-6 所示，已知压差计左右两支水银柱液面高差 $h=0.025$ m，毕托管校正系数 $C=1.02$。试求水流中 $A$ 点的速度 $u_A$。

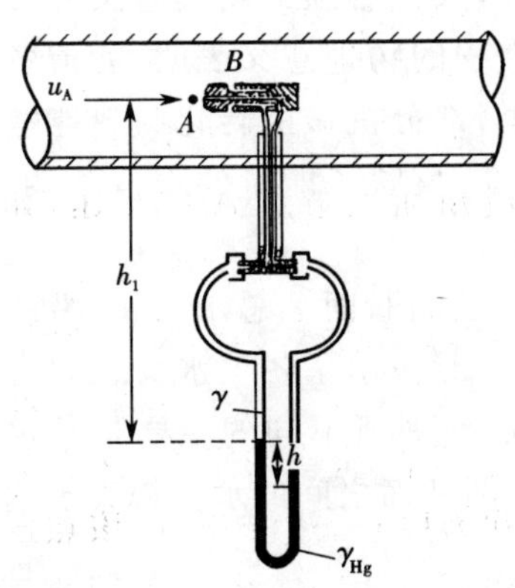

图 4-6　用毕托管测管中 $A$ 点流速

**【解】** 设在毕托管放入前 $A$ 点处的压强为 $p_A$，放入后驻点压强为 $p_S$。由压差计读数可得

$$p_A+\gamma h_1+\gamma_{Hg}h=p_S+\gamma(h_1+h)$$

所以

$$\frac{p_S-p_A}{\gamma}=\frac{(\gamma_{Hg}-\gamma)h}{\gamma}$$

$$=\frac{(133.28\times10^3-9.8\times10^3)h}{9.8\times10^3}$$

$$=12.6h$$

所以 $$u_A = C\sqrt{2g\frac{p_S - p_A}{\gamma}} = 1.02\sqrt{2g\times 12.6h}$$

$$= 1.02\sqrt{2\times 9.8\times 12.6\times 0.025}\ \text{m/s} = 2.53\ \text{m/s}$$

## 4.3 实际流体的伯努利方程

实际流体都具有黏性，流动时由于质点之间或流层与流层之间的相对运动而产生内摩擦阻力。流体流动就要克服内摩擦阻力而做功，因而消耗能量，使流体的一部分机械能不可逆转地转化为热能而耗散，流体的机械能会沿流程而减小，表现为机械能的损失。

### 4.3.1 元流的伯努利方程

实际流体元流的伯努利方程（能量方程）可以根据能量守恒原理，通过对理想流体元流的伯努利方程进行修正的方法而得到，也可以根据能量原理，应用动能定律直接推导而来。这里只重点介绍前者。

现以 $h'_w$ 代表元流中（或流线上）单位重量流体从过流断面 1 流到过流断面 2（或从点 1 到点 2）所耗损的机械能（称为元流的能量损失或水头损失）。这时在过流断面 1，单位重量流体所具有的总机械能 $H_1 = z_1 + \frac{p_1}{\rho g} + \frac{u_1^2}{2g}$，与断面 2 单位重量流体所具有的总机械能 $H_2 = z_2 + \frac{p_2}{\rho g} + \frac{u_2^2}{2g}$ 不再相等，而是 $H_1 > H_2$，根据能量守恒原理

$$H_1 = H_2 + h'_w$$

即
$$z_1 + \frac{p_1}{\rho g} + \frac{u_1^2}{2g} = z_2 + \frac{p_2}{\rho g} + \frac{u_2^2}{2g} + h'_w \tag{4-15}$$

这就是实际流体元流的伯努利方程，其中能量损失 $h'_w > 0$，且具有长度量纲。

该方程中除新增加的能量损失（或水头损失）项外，其他各项的物理意义和几何意义均与理想流体元流伯努利方程相同。所以整个方程的物理意义表明：元流各过流断面上单位重量流体所具有的总机械能沿流程减小，部分机械能转化为热能等而损失，但各断面间的总能量（包括损失部分）仍保持不变，反映了能量的守恒关系，同时也表示了各项能量之间是可以互相转化的关系。

从方程的几何意义上来看：对于液体来说，元流各过流断面上总水头 $H$ 沿流程减小，但 $H_1 = H_2 + h'_w$ 反映了各断面间的守恒关系，同时表示了各项水头之间可以相互转化的关系，并可以形象地表示为图 4-7。它与图 4-2 所不同的主要是总水头线不再是一条水平线，而是沿流程单调下降，表示任意两断面之间的水头损失永远是正值，即 $h'_w > 0$。

取一元流段长度为 $dl$，相应的水头损失为 $dh'_w$，则将单位流程长度内的水头损失称为**能量损失坡度**（或**水力坡度**），以 $J$ 表示，即

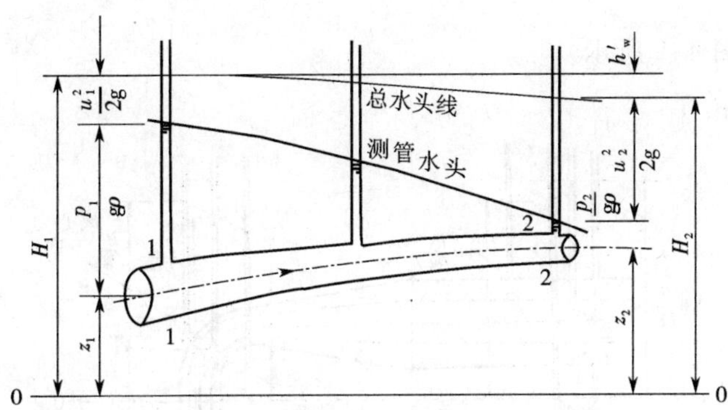


图 4-7　实际流体的水头线

$$J=\frac{\mathrm{d}h'_{\mathrm{W}}}{\mathrm{d}l}=-\frac{\mathrm{d}H}{\mathrm{d}l} \tag{4-16}$$

式中，总水头 $H$ 总是沿程减小的，$\frac{\mathrm{d}H}{\mathrm{d}l}<0$，故总有 $J>0$；与此类似，将单位流程长度内测压管水头 $H_{\mathrm{p}}$ 的降低或升高称为**测压管水头线坡度**，以 $J_{\mathrm{p}}$ 表示，即

$$J_{\mathrm{p}}=-\frac{\mathrm{d}H_{\mathrm{p}}}{\mathrm{d}l}=-\frac{\mathrm{d}}{\mathrm{d}l}\left(z+\frac{p}{\rho g}\right) \tag{4-17}$$

而测压管水头 $H_{\mathrm{p}}$ 沿流程可以增加也可减小。测压管水头沿程下降时 $J_{\mathrm{p}}$ 为正，沿程上升时 $J_{\mathrm{p}}$ 为负。

实际流体元流伯努利方程的应用条件与理想流体的情况相比，除需将没有黏性的理流体改为具有黏性的实际流体之外，其他各项条件完全相同：即质量力只有重力作用、不可压缩的实际流体、恒定流动、沿流线积分。

元流的伯努利方程一般只是在需要求解流体内部或边界上各点的流速和压强时才应用。许多实际问题则只要知道总流过流断面上的平均流速或压强即可，因此需要将元流的能量方程推广到总流，以便于应用。

### 4.3.2　总流的伯努利方程

总流可以看成由流动边界内无数元流所组成。

恒定总流的能量方程反映的是恒定总流通过任意两个过流断面时，流体所具有的三种机械能之间的关系。与元流之不同在于式中各项所反映的是整股水流的能量，而不是某一元流的能量。习惯上用总流的断面平均流速 $v$ 以及高度 $z$ 和压强 $p$ 的断面平均值表示总流的运动要素。为了用断面平均流速 $v$ 代替各元流的流速 $u$，需要引入动能修正系数的概念；为了得到$\left(z+\frac{p}{\rho g}\right)$的断面平均值，需要区别渐变流动和急变流动这两种不同流动的特性。

**1. 渐变流及其特性**

在推导恒定总流的能量方程之前，首先需要区分渐变流和急变流两种不同的流动及其特性(如图 4-8 所示)。

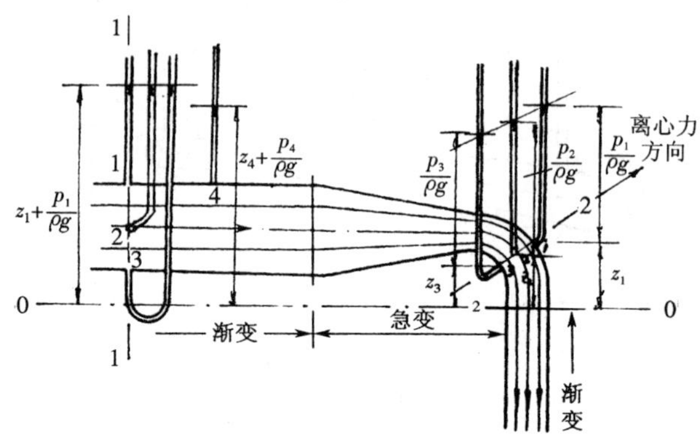


图 4-8 渐变流和急变流

凡在实际流动中,流线之间的夹角很小而接近于平行的直线,或流线虽略有弯曲,但其曲率很小,这样沿流的流速在其大小和方向上变化都很小的流动,就称为**渐变流动**。渐变流动的极限情况就是流线为互相平行直线的均匀流动。反之,如果流线之间夹角较大,或流线弯曲的曲率较大,沿流的流速大小和方向变化急剧的流动称为**急变流动**。渐变流动中流体质点的加速度很小,惯性力也很小,可以忽略不计,而急变流中的惯性力则不能忽略,所以这两种流动的压强分布有很大区别。

渐变流动的主要特性如下。

(1) 由于流线近于平行直线,故渐变流的过流断面近于平面,面上各点的速度方向近于平行。

(2) 在渐变流动的过流断面上,动压强的分布规律与静压强相同,或者说,在同一过流断面上各点的测压管水头相等,为一常数。即

$$z+\frac{p}{\rho g}=C$$

且不同断面有不同常数。

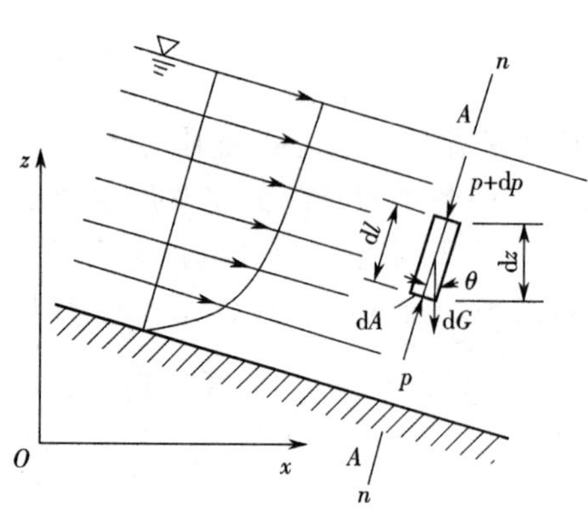

图 4-9 渐变流断面势能积分

渐变流动压强的分布规律可以简要证明如下。

设有一恒定渐变流动,如图 4-9 所示,在其过流断面 $A$-$A$ 上任选相距为 $\mathrm{d}l$ 的两点,其坐标、压强分别为 $z$、$p$ 和($z+\mathrm{d}z$)、($p+\mathrm{d}p$),以两点连线为轴线 $n$-$n$,以包含该两点的底面积 $\mathrm{d}A$ 形成一微元柱体。其轴线 $n$-$n$ 与流线正交,并与铅垂线成 $\theta$ 角。现分析该微元柱体沿轴线 $n$-$n$ 方向的受力情况。

表面力：作用于微元柱体两端面上的压力有 $p\mathrm{d}A$ 和 $(p+\mathrm{d}p)\mathrm{d}A$；端面上的切力与轴线$n$-$n$垂直；侧表面上压力与轴线$n$-$n$正交；侧表面上的切力之合力近似为零。

质量力：重力在轴线$n$-$n$方向的分力

$$\mathrm{d}G\cos\theta=\rho g\mathrm{d}A\mathrm{d}l\cos\theta=\rho g\mathrm{d}A\mathrm{d}z$$

由于是恒定渐变流动，其流线接近于平行直线，故流体微元柱体的加速度近似为零，可视该柱体处于平衡状态，作用于微元柱体上的力相平衡。故有

$$(p+\mathrm{d}p)\mathrm{d}A-p\mathrm{d}A+\rho g\mathrm{d}A\mathrm{d}z=0$$

简化为

$$\rho g\mathrm{d}z+\mathrm{d}p=0$$

积分得

$$z+\frac{p}{\rho g}=C$$

由此可见：恒定渐变流动过流断面上，动压强的分布规律和静压强的分布规律相同，即在同一过流断面上各点的测压管水头$\left(z+\dfrac{p}{\rho g}\right)$都是相等的，但在不同过流断面上有不同常数。这一结论在实验中已得到证实，如图 4-8 所示，在渐变流断面 1-1 上，不同测点的测压管液面高程相同。但也可看到不同断面上有不同的测压管水头值。这是因为运动的流体不同于静止流体，沿流动方向的运动方程不同于静止流体的平衡方程。究其本质即流动的流体在流动过程中有能量的相互转化，其中包括部分机械能转化成热能而耗散。

而在急变流断面 2-2 上，不同测点的测压管液面高程不同，外侧的侧管水头大于内侧。这是由于流线弯曲的急变流动中，离心惯性力的作用不能忽略，离心惯性力所引起的附加压强与离心惯性力方向一致，且沿离心惯性力作用方向逐渐增大所致。

必须指出，并非所有恒定渐变流动过流断面上的动压强分布都与静压强分布规律相同。例如水从圆管末端或器壁孔口流入大气的流动（见图 4-10），其出口断面虽也符合渐变流动条件，但由于四周都是大气，在出口过流断面上的各点的动压强均可看作与大气压强相等，即 $p=p_a=C$，而不是 $z+\dfrac{p}{\rho g}=C$。因此，恒定渐变流动过流断面上的动压强分布，必须根据渐变流动的特征结合其具体边界条件确定。

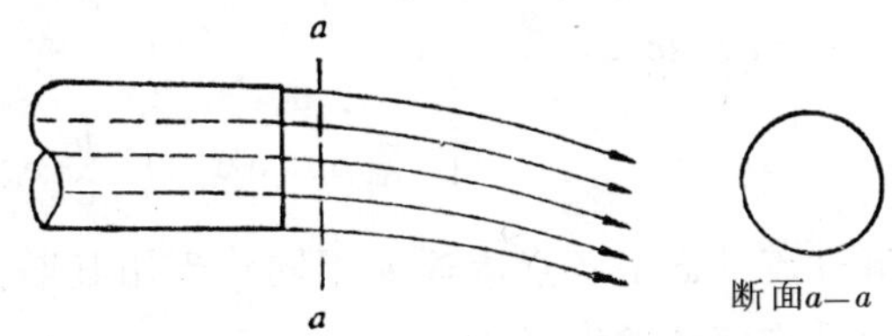


**图 4-10　圆管出口的大气中出流**

另外，由渐变流的定义可知，渐变流没有准确的界定标准，流动是否按渐变流处理，要以所得结果能否满足实际工程要求的精度而定。

**2. 恒定总流伯努利方程的推导**

如图 4-11 所示为一恒定总流，取过流断面 1-1 和 2-2 为渐变流断面，其面积分别为 $A_1$、$A_2$。在总流内任取一元流，其两端过流断面的微元面积分别为 $\mathrm{d}A_1$、$\mathrm{d}A_2$；

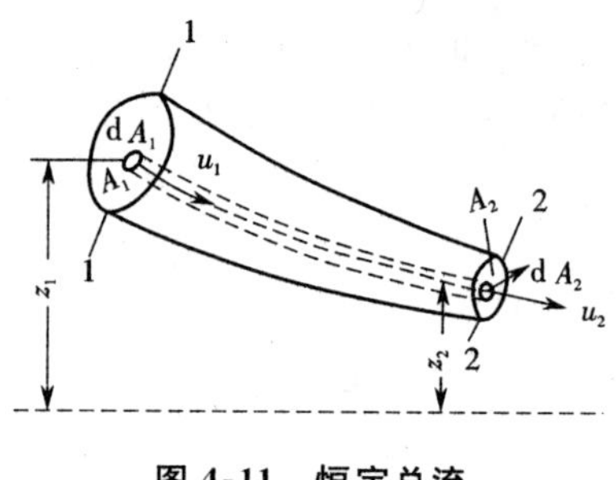


图 4-11 恒定总流

位置高度分别为 $z_1$、$z_2$；压强及流速分别为 $p_1$、$p_2$ 和 $u_1$、$u_2$。

由元流的伯努利方程式(4-15)，有

$$z_1+\frac{p_1}{\rho g}+\frac{u_1^2}{2g}=z_2+\frac{p_2}{\rho g}+\frac{u_2^2}{2g}+h'_{\mathrm{w}}$$

以重量流量 $\rho g\mathrm{d}Q=\rho g u_1\mathrm{d}A_1=\rho g u_2\mathrm{d}A_2$ 乘上式，便得到单位时间通过元流两过流断面的能量关系

$$\left(z_1+\frac{p_1}{\rho g}+\frac{u_1^2}{2g}\right)\rho g\,\mathrm{d}Q=\left(z_2+\frac{p_2}{\rho g}+\frac{u_2^2}{2g}\right)\rho g\,\mathrm{d}Q+h'_{\mathrm{w}}\rho g\mathrm{d}Q$$

总流是由流动边界内无数元流组成的，将上式对总流过流断面积分，便得到单位时间通过总流两过流断面的总能量关系

$$\int_{A_1}\left(z_1+\frac{p_1}{\rho g}\right)\rho g u_1\mathrm{d}A_1+\int_{A_1}\frac{u_1^2}{2g}\rho g u_1\mathrm{d}A_1$$

$$=\int_{A_2}\left(z_2+\frac{p_2}{\rho g}\right)\rho g u_2\mathrm{d}A_2+\int_{A_2}\frac{u_2^2}{2g}\rho g u_2\mathrm{d}A_2+\int_Q h'_{\mathrm{w}}\rho g\mathrm{d}Q \tag{a}$$

由此可分别确定式中三种类型的积分如下。

**1）势能积分**

因为所取过流断面是渐变流断面，过流断面上各点单位重量流体的总势能相等，即 $z+\frac{p}{\rho g}=C$。于是

$$\int_A\left(z+\frac{p}{\rho g}\right)\rho g u\mathrm{d}A=\left(z+\frac{p}{\rho g}\right)\rho g\int_A u\mathrm{d}A=\left(z+\frac{p}{\rho g}\right)\rho g Q \tag{b}$$

**2）动能积分**

$$\int_A\frac{u^2}{2g}\rho g u\mathrm{d}A=\int_A\frac{u^3}{2g}\rho g\,\mathrm{d}A=\frac{\rho g}{2g}\int_A u^3\mathrm{d}A \tag{c}$$

总流过流断面上各点流速 $u$ 不同。现用其断面平均流速 $v$ 来代替各点流速 $u$。按照断面平均流速的定义为

$$v=\frac{Q}{A}=\frac{\int_A u\mathrm{d}A}{A}$$

$v$ 可能大于或小于各点的实际流速 $u$，其差值为 $\Delta u$，即 $v=u\pm\Delta u$，则 $v^3=(u\pm\Delta u)^3$，一般 $\int_A u^3\mathrm{d}A\neq\int_A v^3\mathrm{d}A$，故不能直接将动能积分号内 $u$ 换成 $v$，应乘以修正系数使之相等，即

$$\frac{\rho g}{2g}\int_A u^3\mathrm{d}A=\frac{\rho g}{2g}\alpha v^3 A=\frac{\alpha v^2}{2g}\rho g v A=\frac{\alpha v^2}{2g}\rho g Q$$

式中

$$\alpha=\frac{\int_A u^3 \mathrm{d}A}{v^3 A} \tag{4-18}$$

称为动能修正系数。它表示单位时间通过总流某一断面的实际动能与以断面平均流速 $v$，在单位时间通过同一断面的动能之比。$\alpha$ 值是一个大于 1.0 的数，其值大小取决于断面上流速分布的不均匀程度。流速分布越均匀，$\alpha$ 越接近于 1.0；流速分布越不均匀，$\alpha$ 值越大。一般取 $\alpha=1.05\sim1.10$。因此，除流速分布很不均匀的特殊情况外，通常可取 $\alpha\approx1.0$，以简化计算。

**3）水头损失积分**

水头损失积分 $\int_Q h'_{\mathrm{w}}\rho g\mathrm{d}Q$ 表示单位时间总流由断面 1-1 流至断面 2-2 的机械能损失。若定义 $h_{\mathrm{w}}$ 为总流单位重量流体由断面 1-1 流至断面 2-2 时的平均机械能损失，称为总流的水头损失。则

$$\int_Q h'_{\mathrm{w}}\rho g\mathrm{d}Q=h_{\mathrm{w}}\rho gQ \tag{d}$$

影响 $h_{\mathrm{w}}$ 的因素较为复杂，除了与流速大小、过流断面的形状和尺寸有关外，还与流道的固体边壁的性质及粗糙程度等因素有关。根据能量损失的形式不同，$h_{\mathrm{w}}$ 包括沿程能量损失，称为沿程水头损失，以 $h_{\mathrm{f}}$ 表示，和局部能量损失，称局部水头损失，以 $h_{\mathrm{j}}$ 表示，则 $h_{\mathrm{w}}=\sum h_{\mathrm{f}}+\sum h_{\mathrm{j}}$。通常将 $h_{\mathrm{w}}$ 表示为速度水头的若干倍，即 $h_{\mathrm{w}}=\zeta\frac{v^2}{2g}$，其中 $\zeta$ 称为能量损失系数或阻力系数。

将式(b)、(c)、(d)代入式(a)，则得

$$\left(z_1+\frac{p_1}{\rho g}\right)\rho gQ_1+\frac{\alpha_1 v_1^2}{2g}\rho gQ_1=\left(z_2+\frac{p_2}{\rho g}\right)\rho gQ_2+\frac{\alpha_2 v_2^2}{2g}\rho gQ_2+h_{\mathrm{w}}\rho gQ$$

总流两过流断面间无分流及汇流，则 $Q_1=Q_2=Q$。用总流的重量流量 $\rho gQ$ 除上式，便得到

$$z_1+\frac{p_1}{\rho g}+\frac{\alpha_1 v_1^2}{2g}=z_2+\frac{p_2}{\rho g}+\frac{\alpha_2 v_2^2}{2g}+h_{\mathrm{w}} \tag{4-19}$$

这就是实际流体总流的伯努利方程（也称总流能量方程）。若以 $H$ 表示总流过流断面上单位重量流体的总机械能，即

$$H=z+\frac{p}{\rho g}+\frac{\alpha v^2}{2g}$$

则总流能量方程式(4-19)可以表示为

$$H_1=H_2+h_{\mathrm{w}} \tag{4-20}$$

它是工程流体力学中应用最广也是最重要的基本关系式，它和连续性方程一起是解决实际工程中一维总流流动问题的两个最主要的方程。

总流伯努利方程的物理意义和几何意义与元流的伯努利方程类似，所不同的是指总流断面上单位重量流体的能量平均值。

式中 $z$——表示总流过流断面上某点(所取计算点)相对于某一基准面的单位重量流体所具有的位置势能(位能),或是位置水头(位置高度);

$\frac{p}{\rho g}$——表示总流过流断面上某点(所取的计算点)相对于大气压强的单位重量流体所具有的压强势能(压能),或压强水头;

$\left(z+\frac{p}{\rho g}\right)$——表示渐变流过流断面上单位重量流体的平均总势能,或测压管水头;

$\frac{\alpha v^2}{2g}$——表示总流过流断面上单位重量流体的平均动能,或流速水头;

$\left(z+\frac{p}{\rho g}+\frac{\alpha v^2}{2g}\right)$——表示总流过流断面上单位重量流体的平均总机械能,或总水头;

$h_W$——表示总流两断面间单位重量流体的平均机械能损失或水头损失。其中包括沿程水头损失 $h_f$ 和局部总水头损失 $h_j$,即 $h_W=\sum h_f+\sum h_j$。

式(4-19)或式(4-20)反映了总流各过流断面上单位重量流体所具有的势能平均值与动能平均值之和,即总机械能之平均值沿流程减小,部分机械能转化为热能等而损失,但各断面间总能量(包括损失)保持不变;同时表示了在流动过程中各项能量之间的相互转化关系。所以,总流能量方程是能量守恒与转化原理在流体力学中的特殊表达式。

**3. 能量方程的几何表示——水头线**

无论是元流还是总流的能量方程,式中各项都是单位重量流体的能量,都具有长度的量纲[L],可用几何线段表示,由此使沿流能量转化的过程形象地反映出来。

图 4-12 是一段总流机械能转化的几何表示。先绘出基准面和总流的中心线。总流各断面中心距基准面的高度为位置水头 $z$,所以总流的中心线就表示位置水头 $z$ 沿流的变化。

从各断面的中心向上作铅垂线,截取高度等于中心点的压强水头$\frac{p}{\rho g}$,便得到测压管水头$\left(z+\frac{p}{\rho g}\right)$,即为断面上测压管水面距基准面的高度,各断面测压管水头的连线,就是测压管水头线(若为明渠,则测压管水头线就是水面线)。测压管水头线与总流中心线之间的铅垂距离反映了沿流各断面的平均压强水头的变化。如果测压管水头线在总流中心线以上,压强就是正值;若相反,则压强为负值。

在测压管水头以上截取铅垂高度等于流速水头$\frac{\alpha v^2}{2g}$,可得到该断面的总水头$H=z+\frac{p}{\rho g}+\frac{\alpha v^2}{2g}$,各总水头的连线称为总水头线。该线与测压管水头线之间的铅垂距离

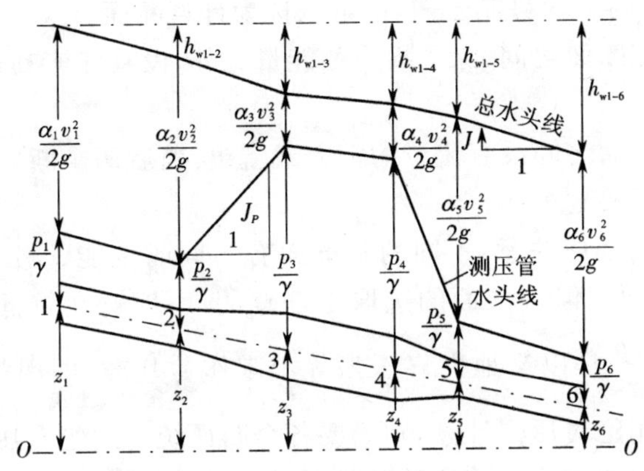


**图 4-12　恒定总流的水头线**

反映了沿流各断面的平均流速水头的变化。

断面之间总水头线下降的高度就是该两断面之间的水头损失 $h_W$。由于实际流体总是有水头损失的，所以总水头线总是沿程下降的(除非有外加能量)。总水头线的坡度称为水力坡度，以 $J$ 表示，它代表沿程单位距离上的水头损失，永远是正的。

由于势能和动能可以互相转化，所以测压管水头线可以沿程降低也可以沿程升高。测压管水头线的坡度用 $J_P$ 表示，可正、可负。

水力坡度 $J$ 和测压管坡度 $J_P$ 的计算式均与实际流体元流能量方程相同，分别为

$$J=\frac{\mathrm{d}h_W}{\mathrm{d}l}=-\frac{\mathrm{d}H}{\mathrm{d}l} \tag{4-21}$$

$$J_P=-\frac{\mathrm{d}H_P}{\mathrm{d}l}=-\frac{\mathrm{d}}{\mathrm{d}l}\left(z+\frac{p}{\rho g}\right) \tag{4-22}$$

能量方程的这种图示方法可以清晰、明确地反映流体流动的各项单位机械能沿流程转化的情况。在长距离有压输水(或油等)管道的水力计算中，常用绘制水头线的方法帮助分析。

**4. 总流能量方程的应用条件**

实际流体总流能量方程是在一定条件下推导出来的，因此，方程式(4-19)或式(4-20)有一定的适用范围。回顾推导过程中引入的限制条件，可得知应用总流能量方程的条件。

(1) 流体是不可压缩的(密度 $\rho$= 常量)。

(2) 流体必须是做恒定流动。

(3) 作用于流体上的质量力只有重力，所研究的流体边界是静止的(或者说处于平衡状态)。

(4) 所选取的两个过流断面，一般宜选在渐变流动(或均匀流)当中。以符合断面上各点的测压管水头等于常数的条件，但在两断面之间可以不是渐变流(或均匀

流）。如果流体某处的平均势能已知，也可以选为计算断面。

(5) 在两个过流断面之间，除了损失的能量之外，没有任何其他能量的输入或输出。

(6) 两个过流断面之间没有流量的汇入或流出，前后两个断面是指同一股总流，即总流的流量沿程不变。

应用能量方程时还应注意：不同的基准面有不同的位能 $z$，分析各断面位能时，必须选取同一基准面。但基准面的选取是任意的，一般选在较低位置，以使 $z \geqslant 0$。与此相似，压强水头 $\frac{p}{\rho g}$ 是以当地大气压强等于零作为基准，即用相对压强计算。但如在能量方程中使用绝对压强计算，则只要各个断面统一用绝对压强也是可以的。

各断面流速之间的关系应符合连续性公式 $v_1 A_1 = v_2 A_2$，此外，严格讲不同断面上的动能修正系数 $\alpha_1$ 和 $\alpha_2$ 是不相等的，也都不等于 1.0，但在大多数情况下可以近似简化成 $\alpha_1 = \alpha_2 = \alpha = 1.0$。

**5. 总流能量方程的应用**

流体在运动过程中总是符合各种机械能转化与守恒规律的。对于某一具体流动其三种机械能之间如何转化，则取决于流体流动的边界条件（例如上下游和四周边界条件）和流体本身的连续性条件。因此，在运用能量方程解决实际问题时，需要首先正确分析流体运动的边界条件特点，正确选择计算断面，并结合连续性方程共同求解。下面举例说明能量方程的应用。

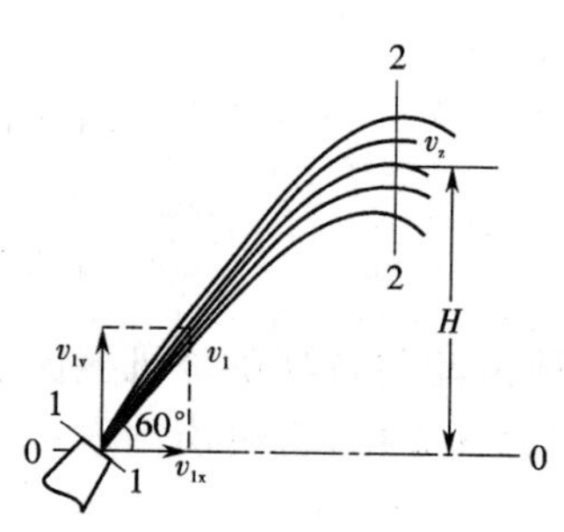


**图 4-13　水龙头喷出的射流**

**【例 4-4】**　图 4-13 所示为一水龙头喷出的射流。如出口流速 $v_1 = 15$ m/s，方向与水平面成 60° 角，若忽略空气阻力的影响，试用能量方程求出射流达到的高度 $H$。

**【解】**　这种情况的特点是整股水流在大气中流动，没有受到任何固体边界的限制，四周受到的压强均为大气压（常称为无压流），因此在流动过程中是动能与位能的转化。

现取出口断面中心高度为基准面 0-0，写出口断面 1-1 和最高处断面 2-2 的能量方程

$$z_1 + \frac{p_1}{\rho g} + \frac{\alpha_1 v_1^2}{2g} = z_2 + \frac{p_2}{\rho g} + \frac{\alpha_2 v_2^2}{2g} + h_{\mathrm{W1\text{-}2}}$$

已知

$$z_1 = 0, \quad z_2 = H, \quad p_1 = p_2 = 0, \quad h_{\mathrm{W1\text{-}2}} = 0$$

则得

$$\frac{\alpha_1 v_1^2}{2g} = H + \frac{\alpha_2 v_2^2}{2g}$$

令 $\alpha_1 = \alpha_2 = 1.0$，则

$$H = \frac{v_1^2}{2g} - \frac{v_2^2}{2g}$$

出口断面平均流速 $v_1$ 可分解为水平分速 $v_{1x}$ 和垂直分速 $v_{1y}$，水质点喷出后，由于重力的作用，垂直分速将逐渐变小，至最高处为零。在忽略空气阻力影响的条件下，水平分速将保持不变(为匀速运动)，则有

$$v_2=v_{2x}=v_{1x}=v_1\cos 60^\circ=15\times 0.5\ \text{m/s}=7.5\ \text{m/s}$$

所以

$$H=\frac{v_1^2}{2g}-\frac{v_2^2}{2g}=\frac{15^2-7.5^2}{2\times 9.8}\ \text{m}=8.61\ \text{m}$$

实际由于存在空气阻力，故射流能达到的实际高度要比计算值小。

**【例 4-5】** 有一引水管道从水塔中引水，如图 4-14 所示。水塔上的贮水箱的截面积与引水管道截面积相比很大，在引水过程中水塔上之水位保持恒定不变。已知引水管道直径 $d=200$ mm，水塔上水箱中的水位至引水管出口中心的高度 $H=5.0$ m，引水流量 $Q=120$ L/s。求水流的总水头损失。

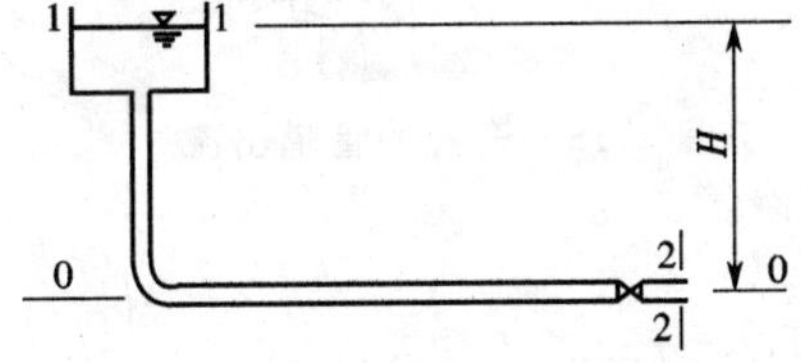


**图 4-14　从水塔中引水的管路**

**【解】** 选取通过引水管出口断面中心点的水平面 0-0 为基准面，选取水塔水面 1-1 断面和引水管出口 2-2 断面为控制断面。列出该两断面对基准面 0-0 的恒定总流能量方程

$$z_1+\frac{p_1}{\rho g}+\frac{\alpha_1 v_1^2}{2g}=z_2+\frac{p_2}{\rho g}+\frac{\alpha_2 v_2^2}{2g}+h_{\text{W1-2}}$$

已知 $z_1=H$，$z_2=0$，$p_1=p_2=0$(大气压强)，代入上式得

$$h_{\text{W1-2}}=H+\frac{\alpha_1 v_1^2}{2g}-\frac{\alpha_2 v_2^2}{2g}$$

由于水塔贮水箱截面积很大，可视 $v_1\approx 0$，取 $\alpha_1=\alpha_2=1.0$，得

$$h_{\text{W1-2}}=H-\frac{v_2^2}{2g}=H-\frac{Q^2}{2gA^2}$$

水管的截面积

$$A=\frac{1}{4}\pi d^2=\frac{\pi}{4}\times 0.2^2=0.031\text{m}^2,\quad H=5.0\ \text{m},\quad Q=120\ \text{L/s}=0.12\ \text{m}^3/\text{s}$$

代入上式，得

$$h_{\text{W1-2}}=\left(5.0-\frac{0.12^2}{2\times 9.8\times 0.031^2}\right)\text{m}=(5.0-0.76)\text{m}=4.24\ \text{m(水柱)}$$

故总水头损失 $h_{\text{W1-2}}=4.24$ m(水柱)。

**【例 4-6】** 水流通过如图 4-15 所示的管路流入大气中，已知 U 形测压管中水银柱高差 $\Delta h_{\text{Hg}}=0.2$ m，$h_1=0.72$ (水柱)，管径 $d_1=0.1$ m，管嘴出口直径 $d_2=0.05$ m，水流从断面 1-1 到管嘴出口断面 2-2，全部能量损失 $h_{\text{W1-2}}=0.4\dfrac{v_2^2}{2g}$，试求管中流量 $Q$。

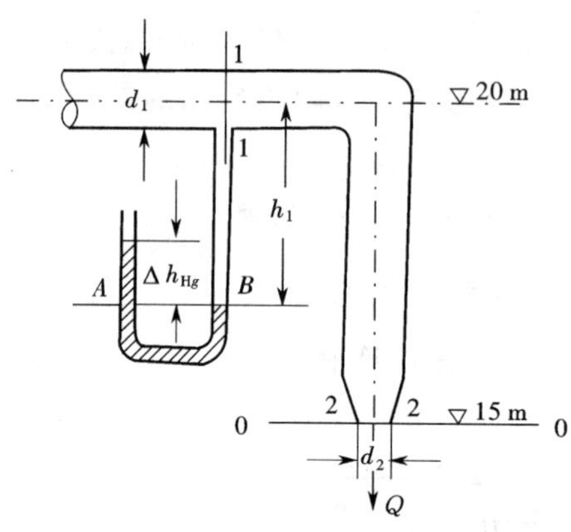


图 4-15 弯管的管嘴出流

【解】 取与管嘴出口断面重合的水平面 0-0 为基准面，对该基准面列 1-1 和 2-2 断面的总流能量方程，有

$$z_1+\frac{p_1}{\rho g}+\frac{\alpha_1 v_1^2}{2g}=z_2+\frac{p_2}{\rho g}+\frac{\alpha_2 v_2^2}{2g}+h_{W1\text{-}2} \tag{a}$$

式中：$z_1=(20-15)\ \text{m}=5.0\ \text{m}$，$z_2=0$，$p_2=0$，则

$$h_{W1\text{-}2}=0.4\frac{v_2^2}{2g}$$

根据连续性方程

$$v_1=v_2\left(\frac{d_2}{d_1}\right)^2=v_2\left(\frac{0.05}{0.1}\right)^2=\frac{v_2}{4}$$

所以

$$\frac{v_1^2}{2g}=\frac{1}{16}\frac{v_2^2}{2g}$$

再求 1-1 断面管路中心的压强水头$\frac{p_1}{\rho g}$。因为图中 $A$-$B$ 为等压面，所以

$$\frac{p_A}{\rho g}=\frac{p_B}{\rho g}=13.6\times0.2\text{m}=2.72\text{m(水柱)}$$

$$\frac{p_1}{\rho g}=\frac{p_B}{\rho g}-h_1=(2.72-0.72)\text{m}=2.0\text{m(水柱)}$$

令 $\alpha_1=\alpha_2=1.0$，将上述各参量代入式(a)，得

$$5.0+2.0+\frac{1}{16}\frac{v_2^2}{2g}=0+0+\frac{v_2^2}{2g}+0.4\frac{v_2^2}{2g}$$

即

$$1.3375\frac{v_2^2}{2g}=7.0$$

所以

$$v_2=\sqrt{\frac{2\times9.8\times7.0}{1.3375}}\text{m/s}=10.13\text{m/s}$$

所以管中流量

$$Q=v_2A_2=10.13\times\frac{\pi}{4}\times0.05^2\ \text{m}^3/\text{s}=0.0199\text{m}^3/\text{s}=19.9\ \text{L/s}$$

**【例 4-7】** 受断面变化控制的流动——文丘里(Venturi)流量计如图 4-16 所示，其收缩段进口断面直径 $d_1=100$ mm，喉道管径 $d_2=50$ mm，根据在该两断面安装的比压计实测得到的测压管水头差 $\Delta h=0.6$ m(水柱)，流量计的流量系数 $\mu=0.98$，试求管道输水的流量。

**【解】** 文丘里管是常用的量测管道流量的仪器。最初根据意大利物理学家文丘里对渐扩管的实验，运用伯努利方程和连续性方程制成。文丘里管是由收缩段、喉道

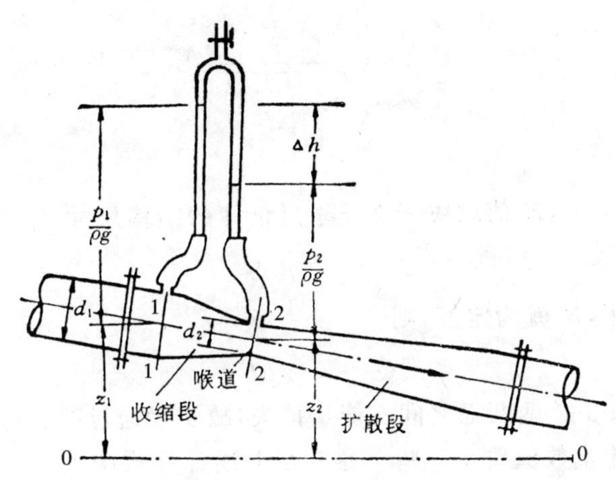


图 4-16　文丘里流量计

和扩散段三部分组成。安装在需要测定流量的管道上。管道过流时因喉道断面缩小，流速增大，压强降低，压能转化成动能。据此，在收缩段进口前断面 1-1 和喉道断面 2-2 装有比压计，当测出两断面的测压管水头差，由伯努利方程便可算出管道中的流量。

选取水平面 0-0为基准面；选取收缩段进口前断面 1-1 和喉道断面 2-2 为量测断面。该两量测断面均为渐变流断面，计算点取在管轴线上，暂不考虑能量损失，令 $\alpha_1=\alpha_2=1.0$，列能量方程

$$z_1+\frac{p_1}{\rho g}+\frac{v_1^2}{2g}=z_2+\frac{p_2}{\rho g}+\frac{v_2^2}{2g}$$

有

$$\frac{v_2^2}{2g}-\frac{v_1^2}{2g}=\left(z_1+\frac{p_1}{\rho g}\right)-\left(z_2+\frac{p_2}{\rho g}\right)$$

已测得

$$\left(z_1+\frac{p_1}{\rho g}\right)-\left(z_2+\frac{p_2}{\rho g}\right)=\Delta h$$

则说明单位势能减少 $\Delta h$，是由于单位动能增加了 $\left(\frac{v_2^2}{2g}-\frac{v_1^2}{2g}\right)$ 所致。根据连续性方程

$$v_1A_1=v_2A_2$$

则

$$v_1=\frac{A_2}{A_1}v_2=\left(\frac{d_2}{d_1}\right)^2v_2$$

所以单位动能的增值为

$$\frac{v_2^2}{2g}-\frac{v_1^2}{2g}=\frac{v_2^2}{2g}-\left(\frac{d_2}{d_1}\right)^4\frac{v_2^2}{2g}=\frac{v_2^2}{2g}\left[1-\left(\frac{d_2}{d_1}\right)^4\right]=\Delta h$$

即

$$\frac{v_2^2}{2g}\left[1-\left(\frac{d_2}{d_1}\right)^4\right]=\Delta h$$

则

$$v_2=\frac{1}{\sqrt{1-\left(\frac{d_2}{d_1}\right)^4}}\sqrt{2g\Delta h}$$

$$Q' = v_2 A_2 = \frac{\frac{\pi}{4} d_2^2}{\sqrt{1-\left(\frac{d_2}{d_1}\right)^4}} \sqrt{2g\Delta h} \tag{4-23}$$

令$\frac{\frac{\pi}{4} d_2^2}{\sqrt{1-\left(\frac{d_2}{d_1}\right)^4}} \sqrt{2g} = K$，$K$ 值取决于文丘里流量计的结构尺寸 $d_1$ 和 $d_2$，称为仪器常数，当 $d_1$、$d_2$ 确定了，$K$ 就为定值，则

$$Q' = K\sqrt{\Delta h} \tag{4-23a}$$

实际上由于 1-1 和 2-2 两断面之间有能量损失，故实际通过的流量比式(4-23)或式(4-23a)所算得的流量数值要小一些。通常在上述计算式中乘以一个小于 1.0 的系数 $\mu$，则实际通过的流量为

$$Q = \mu K\sqrt{\Delta h} \tag{4-24}$$

$\mu$ 称为文丘里管的流量系数。$\mu$ 值随流动情况和管道收缩的几何形状不同而不同，使用文丘里管时应事先加以率定。通常是通过实验直接测定 $Q \sim \Delta h$ 关系，绘制成曲线，以备查用。关于文丘里管的构造及使用，可参考有关实验流体力学书籍及资料。

本题由文丘里流量计的结构尺寸 $d_1$、$d_2$ 可算得仪器常数

$$K = \frac{\frac{\pi}{4} d_2^2}{\sqrt{1-\left(\frac{d_2}{d_1}\right)^4}} \sqrt{2g} = \frac{\frac{\pi}{4} \times 0.05^2}{\sqrt{1-\left(\frac{0.05}{0.1}\right)^4}} \sqrt{2 \times 9.8}\,\mathrm{m^{2.5}/s} = 8.98 \times 10^{-3}\,\mathrm{m^{2.5}/s}$$

测压管水头差 $\Delta h = 0.6$ m，流量系数 $\mu = 0.98$。

所以管道中的流量为

$$\begin{aligned} Q &= \mu K\sqrt{\Delta h} = 0.98 \times 8.98 \times 10^{-3} \times \sqrt{0.6}\,\mathrm{m^3/s} \\ &= 6.82 \times 10^{-3}\,\mathrm{m^3/s} = 6.82\,\mathrm{L/s} \end{aligned}$$

**【例 4-8】** 设湖堤内的湖水经过虹吸管流到堤外的渠道中，如图 4-17 所示。已知虹吸管径 $d = 0.2$ m，湖堤内坡管段长度 $l_1 = 8$ m，堤顶水平管段长 $l_2 = 4$ m，湖堤外坡管段长 $l_3 = 12$ m，各管段的沿程水头损失分别为 $h_{f1} = 0.8\frac{v^2}{2g}$，$h_{f2} = 0.4\frac{v^2}{2g}$，$h_{f3} = 1.2\frac{v^2}{2g}$，管路进水阀、两折管及出口的局部水头损失分别为 $h_{j1} = 5.2\frac{v^2}{2g}$，$h_{j2} = h_{j3} = 0.3\frac{v^2}{2g}$，$h_{j4} = 1.0\frac{v^2}{2g}$（$v$ 为虹吸管中断面平均流速）。堤顶水平段的管轴处高出湖水面 $h = 1.7$ m，进水阀后管内点 $D$ 处低于湖水面 $h_1 = 3.0$ m，湖水面与渠道水面高差为 $H = 4.0$ m，管路出口端中心点 $E$ 低于渠道水面 $h_2 = 2.0$ m，湖中及渠中的流速均可略去不计。试求(1) 通过虹吸管的水流流速 $v$ 和流量 $Q$；(2) 堤顶管路水平段中间过流断面 $c$—$c$ 管轴处的真空度 $h_V$；(3) 按比例绘制总水头线和测压管水头线，并指

出管路中出现负压(真空)的管段。

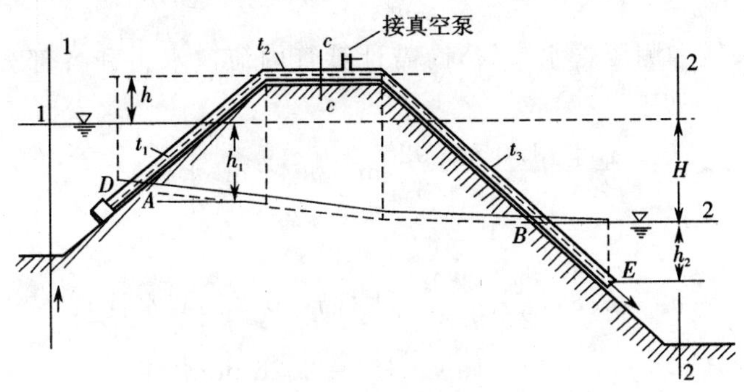


图 4-17　虹吸管

【解】　以渠道的水面为水平基准面 0-0,取左侧湖中,右侧渠道内断面 1-1 和 2-2 为计算断面,其计算点分别取在各自的自由水面上。

对基准面 0-0 列断面 1-1 和 2-2的总流伯努利方程

$$z_1+\frac{p_1}{\rho g}+\frac{\alpha_1 v_1^2}{2g}=z_2+\frac{p_2}{\rho g}+\frac{\alpha_2 v_2^2}{2g}+h_W \tag{a}$$

已知:$z_1=H$;$z_2=0$;$p_1=p_2=0$;$v_1=v_2=0$,则

$$H=h_W=\sum h_f+\sum h_j$$

$$4.0=(0.8+0.4+1.2+5.2+0.3+0.3+1.0)\frac{v^2}{2g}$$

$$v=\sqrt{\frac{2\times 9.8\times 4.0}{9.2}}\ \mathrm{m/s}=2.92\ \mathrm{m/s}$$

所以　$Q=vA=\frac{\pi}{4}d^2v=\frac{\pi}{4}\times 0.2^2\times 2.92\mathrm{m^3/s}=0.092\ \mathrm{m^3/s}=92\ \mathrm{L/s}$

以湖水面为水平基准面,写断面 1—1 和 $c$—$c$ 的总流伯努利方程,有

$$z_1+\frac{p_1}{\rho g}+\frac{\alpha_1 v_1^2}{2g}=z_C+\frac{p_C}{\rho g}+\frac{\alpha_C v_C^2}{2g}+h_{W1\text{-}C} \tag{b}$$

已知:$z_1=0$;$z_C=h=1.7$ m;$p_1=0$;$v_1=0$;$v_C=v=2.92$ m/s。令 $\alpha_C=1.0$,则

$$h_{W1\text{-}C}=(h_{f1}+\frac{1}{2}h_{f2}+h_{j1}+h_{j2})$$

$$=(0.8+\frac{0.4}{2}+5.2+0.3)\frac{v_C^2}{2g}=6.5\frac{v_C^2}{2g}$$

将上述各已知数代入式(b),得

$$0=1.7+\frac{p_C}{\rho g}+(1+6.5)\frac{v_C^2}{2g}=1.7+\frac{p_C}{\rho g}+7.5\times\frac{2.92^2}{2\times 9.8}$$

则　$$\frac{p_V}{\rho g}=-4.96\ \mathrm{m}(水柱)$$

所以 真空度 $h_V=\left|\frac{p_V}{\rho g}\right|=4.96\ \text{m(水柱)}$

因要绘制总水头线和测压管水头线，尚需计算管内流速水头和各部分水头损失。其流速水头

$$\frac{\alpha v^2}{2g}=\frac{1.0\times2.92^2}{2\times9.8}\text{m}=0.44\ \text{m(水柱)}$$

各部分水头损失

$$h_{f1}=0.8\times\frac{2.92^2}{2\times9.8}\text{m(水柱)}=0.35\ \text{m(水柱)};$$

$$h_{j1}=5.2\times0.44\text{m(水柱)}=2.26\ \text{m(水柱)};$$

$$h_{f2}=0.4\times\frac{2.92^2}{2\times9.8}\text{m(水柱)}=0.17\ \text{m(水柱)};$$

$$h_{j2}=h_{j3}=0.3\times0.44\text{m(水柱)}=0.13\ \text{m(水柱)};$$

$$h_{f3}=1.2\times\frac{2.92^2}{2\times9.8}\text{m(水柱)}=0.52\ \text{m(水柱)};$$

$$h_{j4}=1.0\times0.44\text{m(水柱)}=0.44\ \text{m(水柱)}$$

校核：

$$\begin{aligned}H&=h_W=\sum h_f+\sum h_j\\&=(0.35+0.17+0.52+2.26+0.13\times2+0.44)\text{m(水柱)}\\&=4.0\ \text{m(水柱)}\end{aligned}$$

总水头线和测压管水头线分别如图 4-17 中实线和虚线所示。$AB$ 管段（$A$、$B$ 两点分别是测压管水头线与堤内外斜坡上管段轴线的交点）内均出现负压（真空）。这是因为该管段的测压管水头线位于其虹吸管轴线的下方所致。

### 4.3.3 总流的伯努利方程应用的扩展

伯努利方程是应用最广的流体动力学基本方程之一。应用该方程解决实际工程问题时，应重视方程的应用条件，切忌不顾其应用条件，随意套用公式，要对实际问题进行具体分析，灵活运用。下面将结合三种不同情况加以分析、讨论。

**1. 不可压缩气流的伯努利方程**

实际流体总流的伯努利方程式(4-19)是对不可压缩流体推导出来的。气体是可压缩流体，但对流速不很大（如 $v<50$ m/s），且压强变化也不很大的系统，如工业通风管道、烟道等，气流在运动过程中其密度的变化很小，气流仍可视为不可压缩流体，伯努利方程对其依然适用。

由于气流的密度与外部空气的密度是相同的数量级，在用相对压强计算时，需要考虑外部大气压在不同高度的差值。

设有恒定气流如图 4-18 所示，其密度为 $\rho$，外部空气的密度为 $\rho_a$，过流断面上计算点的绝对压强分别为 $p_{1abs}$、$p_{2abs}$。

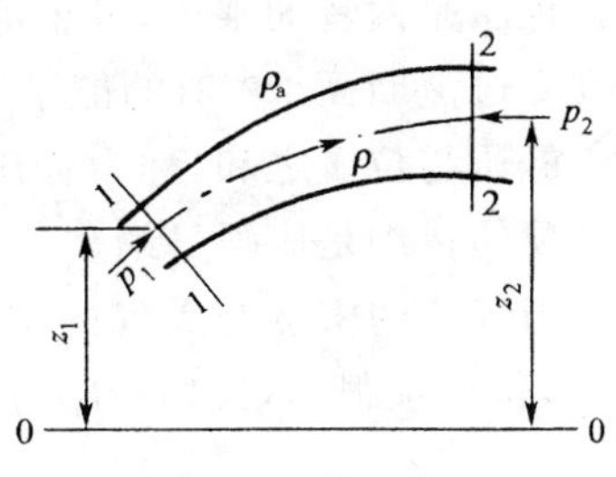

图 4-18　恒定气流

对基准面 0-0，列 1-1 和 2-2 断面的伯努利方程，有

$$z_1+\frac{p_{1abs}}{\rho g}+\frac{v_1^2}{2g}=z_2+\frac{p_{2abs}}{\rho g}+\frac{v_2^2}{2g}+h_W$$

（令 $\alpha_1=\alpha_2=1.0$）

对于气流而言，"水头"的概念不像液流那样直观、实用，进行气流计算时，通常将上式改写成压强的形式

$$\rho g z_1+p_{1abs}+\frac{\rho v_1^2}{2}=\rho g z_2+p_{2abs}+\frac{\rho v_2^2}{2}+p_W \tag{4-25}$$

式中，$p_W$ 为压强损失，表示单位体积流体的能量损失，$p_W=\rho g h_W$。

在实际工程中，常用相对压强计算，应将上式改写为以相对压强表示的形式。因为相对压强是以同一高程的大气压强值作为零来计算的，而不同高程的大气压强值是不同的，因此在不同高程处所取两断面的相对压强的计算零点就不相同，从而导致两断面间的相对压强差值不等于绝对压强差值，也就不等于实际的压强差值。应用时不能简单地将上式等号两边的绝对压强值减去同一大小的大气压强值，必须考虑大气压强随高程的变化。

现将式(4-25)中的绝对压强用相对压强表示，若 $p_a$ 为高度 $z_1$ 处的大气压，则高度 $z_2$ 处的大气压为 $p_a-\rho_a(z_2-z_1)$，于是

$$p_{1abs}=p_1+p_a$$

$$p_{2abs}=p_2+p_a-\rho_a g(z_2-z_1)$$

将上述关系代入式(4-25)，整理得

$$p_1+\frac{\rho v_1^2}{2}+(\rho_a-\rho)g(z_2-z_1)=p_2+\frac{\rho v_2^2}{2}+p_W \tag{4-26}$$

这就是以相对压强表示的气流伯努利方程。它是能量守恒与转化这一规律在气体动力学中的具体表示形式。式中各项的物理意义，类似于实际流体总流的伯努利方程式(4-19)中的对应项，所不同的是对单位体积气体而言。

式中 $p$、$\frac{pv^2}{2}$ 分别表示某一过流断面上单位体积气体所具有的平均压能、平均动能；在专业术语中将 $p$ 称为静压（不是静止流体中的静压），将 $\frac{pv^2}{2}$ 称为动压（它反映的是断面流速无能量损失地降低至零后所转化的压强值）。两者之和称为全压。式中 $(\rho_a-\rho)g$ 为单位体积气体所受的有效浮力，$(z_2-z_1)$ 为气体沿浮力方向升高的距离，其乘积 $(\rho_a-\rho)g(z_2-z_1)$ 则为 1-1 断面相对 2-2 断面单位体积气体所具有的平均位能，称为位压（它体现浮升力对流动所起的作用）。当 $(\rho_a-\rho)g$ 为正时，表征有效浮力的作用，体现一种上浮的推动能量；当 $(\rho_a-\rho)g$ 为负时，表征有效重力的作用，体现一种下降的推动能量；当 $(z_2-z_1)$ 为正或负时，分别表示气体向上或向下流

动。位压是两者的乘积，可正可负。式中 $p_W$ 项，表示单位体积气体由过流断面 1-1 移动到过流断面 2-2时的能量损失的平均值，称为压强损失。

静压与位压之和，称为势压；静压、动压和位压三项之和，称为总压。式(4-26)中各项的量纲是压强量纲。

当气流的密度与大气的密度相差无几，$\rho\approx\rho_a$，或者两断面的高程相差很小 $z_1\approx z_2$ 时，位压项很小，式(4-26)可化简为

$$p_1+\frac{\rho v_1^2}{2}=p_2+\frac{\rho v_2^2}{2}+p_W \tag{4-27}$$

若气流的密度远大于大气的密度($\rho\gg\rho_a$)，此时相当于液体总流，式(4-26)中 $\rho_a$ 可以忽略不计，该式可简化为

$$p_1+\frac{\rho v_1^2}{2}-\rho g(z_2-z_1)=p_2+\frac{\rho v_2^2}{2}+p_W$$

即
$$\rho g z_1+p_1+\frac{\rho v_1^2}{2}=\rho g z_2+p_2+\frac{\rho v_2^2}{2}+p_W$$

以 $\rho g$ 除上式各项，即可得到

$$z_1+\frac{p_1}{\rho g}+\frac{v_1^2}{2g}=z_2+\frac{p_2}{\rho g}+\frac{v_2^2}{2g}+h_W$$

由此可见，对于液体总流来说，无论压强 $p_1$、$p_2$ 是绝对压强，还是相对压强，伯努利方程的形式是不变的。

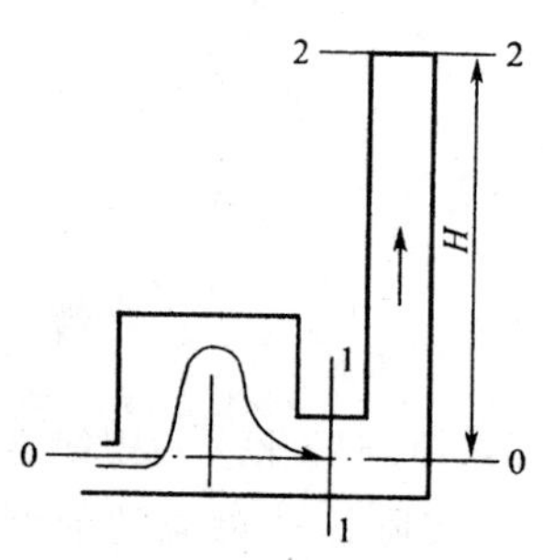

图 4-19　自然排烟锅炉

**【例 4-9】** 自然排烟锅炉如图 4-19 所示，烟囱直径 $d=0.9$ m，烟气流量 $Q=5.5\ \mathrm{m^3/s}$，烟气密度 $\rho=0.7\ \mathrm{kg/m^3}$，外部空气密度 $\rho_a=1.2\ \mathrm{kg/m^3}$，烟囱的压强损失 $p_W=0.035\,\frac{H}{d}\,\frac{\rho v^2}{2}$。为使烟囱底部入口断面的真空度不小于 10 mm 水柱，试求烟囱的高度 $H$。

**【解】** 以通过烟囱底部入口断面中心的水平面 0-0 为基准面，选取入口断面 1-1 和出口断面 2-2 为计算断面，列该两断面对基准面 0-0 的伯努利方程为

$$p_1+\frac{\rho v_1^2}{2}+(\rho_a-\rho)g(z_2-z_1)=p_2+\frac{\rho v_2^2}{2}+p_W \tag{4-26}$$

其中，1-1 断面：$p_1=-\rho_0 gh=(-1\ 000\times9.8\times0.01)\ \mathrm{N/m^2}=-98\ \mathrm{N/m^2}$

$$v_1\approx0,\quad z_1=0$$

2-2 断面：
$$p_2=0,\quad z_2=H$$

$$v_2=\frac{Q}{A}=\frac{4Q}{\pi d^2}=\frac{4\times5.5}{\pi\times0.9^2}\ \mathrm{m/s}=8.65\ \mathrm{m/s}$$

将上述数据代入式(4-26)，得

$$-98+9.8(1.2-0.7)H=\frac{0.7\times 8.65^2}{2}+0.035\times\frac{H}{0.9}\times\frac{0.7\times 8.65^2}{2}$$

则
$$H=32\ \text{m}$$

烟囱的高度须大于此值。

自然排烟锅炉烟囱底部入口断面为负压，顶部出口断面为大气压。在这种情况下，是位压$(\rho_a-\rho)g(z_2-z_1)$提供了烟气在烟囱内向上流动、进行自然排烟的能量。可见实现自然排烟需要有一定的位压，为此烟气要有一定的温度，以保持有效浮力$(\rho_a-\rho)g$，同时烟囱还需要有一定的高度$(z_2-z_1)$，否则将难以维持自然排烟。

**2. 有能量输入或输出的伯努利方程**

总流的伯努利方程式(4-19)是在两过流断面间除水头损失之外，没有其他任何能量输入或输出的条件下推导得出的。当管路系统中有水泵或水轮机等流体机械时，如水流通过水泵，则水泵对水流做功，使水流能量增加，水流从流体机械获取了能量；如水流通过水轮机，水流推动水轮机转动，则水流对水轮机做功，水流给予流体机械能量，水流的能量减少。对于单位重量的水流来说，如果能量的加入或支出为$H_m$，则管路中有流体机械的情况下，总流伯努利方程式(4-19)应改写为

$$z_1+\frac{p_1}{\rho g}+\frac{\alpha_1 v_1^2}{2g}\pm H_m=z_2+\frac{p_2}{\rho g}+\frac{\alpha_2 v_2^2}{2g}+h_W \tag{4-28}$$

对于水泵管路系统，上式中$H_m$项应取“+”号，因为是流体机械对水流做功，在水泵出口处，水流的总水头大于进口处。$H_m$是单位重量的水流通过水泵后增加的能量，也称为管路所需要的水泵**扬程**。如图4-20所示的水泵管路系统边界条件，以低处抽水池水面0-0为基准面，取1-1和2-2两断面，则上式中$z_1+\frac{p_1}{\rho g}=0$，$z_2+\frac{p_2}{\rho g}=z$，$v_1$和$v_2$相对于管内流速来说均较小，流速水头$\frac{\alpha_1 v_1^2}{2g}$和$\frac{\alpha_2 v_2^2}{2g}$可忽略不计，则上式写为

$$H_m=z+h_{W1-2} \tag{4-29}$$

式中：$z$是上下游水面高差，也称为**提水高度**。

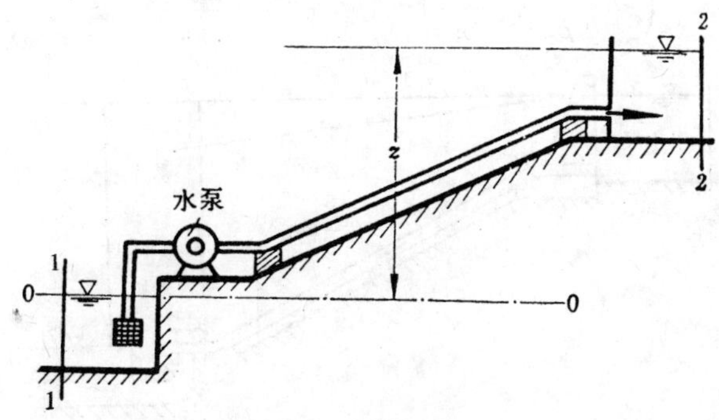


图4-20 水泵管路系统

$h_{W1-2}$是 1-1 和 2-2 两断面间全部管路中的水头损失，但不包括水泵内的水头损失。

单位时间内原动机给予水泵的功称为水泵的轴功率 $N_P$（即泵的输入功率）。单位重量的水从水泵中实际获得的能量为 $H_m$，而每秒钟通过水泵的水流重量为 $\rho g Q$，所以单位时间内水流从泵中实际获得的总能量为 $\rho g Q H_m$，称为水泵的有效功率 $N_e$（即为水泵的输出功率）。因为水流通过水泵时有各种能量损失，如漏损、机械磨损和局部水头损失等，所以有效功率 $N_e$ 小于轴功率 $N_P$，即 $N_e < N_P$。有效功率与轴功率的比值称为水泵的效率 $\eta_P$，即

$$\eta_P = \frac{N_e}{N_P} = \frac{\rho g Q H_m}{N_P} \tag{4-30}$$

水泵的轴功率

$$N_P = \frac{\rho g Q H_m}{\eta_P} \tag{4-31}$$

式中：$\rho$ 的单位为 $kg/m^3$，$g$ 的单位是 $m/s^2$，$Q$ 的单位是 $m^3/s$，$H_m$ 的单位是 m，则 $N_P$ 的单位是 N·m/s＝J/s＝W。功率也常用 hp（马力）作单位

$$1\ hp = 735\ W = 0.735\ kW$$

对于水轮机管路系统，式(4-28)中的 $H_m$ 项应取“－”号。由于是水流推动水轮机转动，对水轮机做功，水流能量减少。在水轮机进口处的总水头大于其出口处。$H_m$ 是单位重量的水流给予水轮机的能量，亦称为水轮机作用水头。如图 4-21 所示水轮机管路系统，此时式(4-28)应写为

$$z_1 + \frac{p_1}{\rho g} + \frac{\alpha_1 v_1^2}{2g} - H_m = z_2 + \frac{p_2}{\rho g} + \frac{\alpha_2 v_2^2}{2g} + h_{W1-2}$$

从上式可得

$$H_m = \left(z_1 + \frac{p_1}{\rho g} + \frac{\alpha_1 v_1^2}{2g}\right) - \left(z_2 + \frac{p_2}{\rho g} + \frac{\alpha_2 v_2^2}{2g}\right) - h_{W1-2}$$

其中

$$\left(z_1 + \frac{p_1}{\rho g} + \frac{\alpha_1 v_1^2}{2g}\right) - \left(z_2 + \frac{p_2}{\rho g} + \frac{\alpha_2 v_2^2}{2g}\right) = z$$

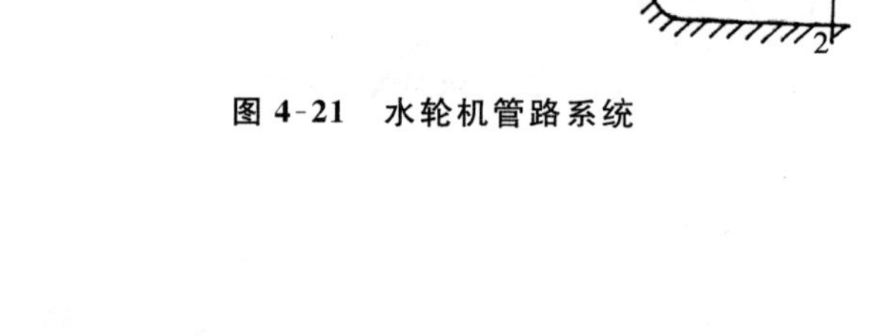

图 4-21 水轮机管路系统

即上下游水位差，也称为水电站的作用水头。$h_{w1\text{-}2}$ 是全部管路系统的水头损失，但不包括水轮机内的损失，它实际上就是上游水面到水轮机进口（如图 4-21 中断面 3-3 所示）这一段管路的水头损失，可写成 $h_{w1\text{-}3}$

$$H_m = z - h_{w1\text{-}3} \tag{4-32}$$

根据水电站作用水头和管路水头损失，就可以求得水轮机作用水头 $H_m$。

水轮机的功率 $N_t$ 又称水轮机出力，它是水轮机主轴发出的功率，是有效功率。单位时间通过水轮机的水流重量为 $\rho gQ$，则单位时间内水流对水轮机做的功，即是水流输出给水轮机的总能量 $\rho gQH_m$。因水流通过水轮机时同样有漏损等、水头损失和机械磨损，故水轮机的出力小于水流给予水轮机的功率。用小于 1.0 的水轮机效率 $\eta_t$ 来反映水轮机的各种损失的影响，则水轮机的功率即水轮机出力 $N_t$ 为

$$N_t = \eta_t \rho g Q H_m \tag{4-33}$$

式中单位与式（4-31）相同。

**【例 4-10】** 测定水泵扬程的装置如图 4-22 所示。已知水泵吸水管直径为 200 mm，压水管直径为 150 mm，测得流量为 60 L/s，水泵进口真空表读数为 4 m（水柱），水泵出口压力表读数为 2 at（工程大气压）。和两表连接的测压孔位置高差 $h=0.5$ m。问此时水泵的扬程 $H_m$ 为多少？如果同时测得水泵的功率为 2.5 hp，求水泵的效率 $\eta_t$。

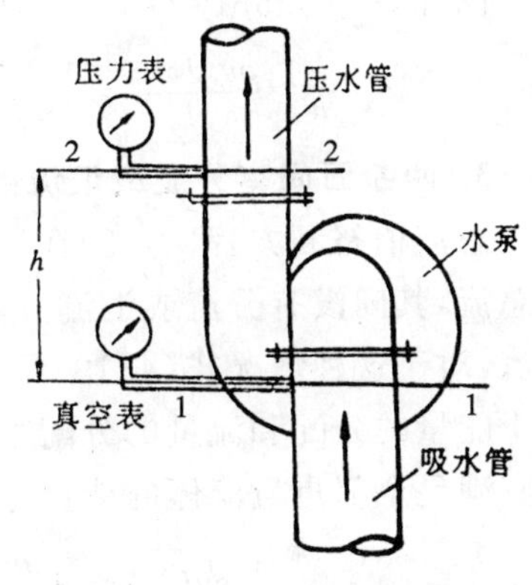


图 4-22　测定水泵扬程的装置

**【解】** (1) 选真空表所在管道断面为 1-1，压力表所在的管道断面为 2-2，均符合渐变流条件，且位置、压强、流速等条件均已知。

(2) 以断面 1-1 作为基准面，写断面 1-1 和断面 2-2 的能量方程，因两断面间有水泵做功，应选用有能量输入的能量方程。但断面 1-1 和 2-2 位于水泵进出口，它们之间的能量损失，只是流经水泵的损失，已考虑在水泵效率之内，故 $h_{w1\text{-}2}=0$，则能量方程可写成

$$z_1 + \frac{p_1}{\rho g} + \frac{\alpha_1 v_1^2}{2g} + H_m = z_2 + \frac{p_2}{\rho g} + \frac{\alpha_2 v_2^2}{2g} \tag{a}$$

已知：$z_1=0$，$z_2=h=0.5$ m，得

$$\frac{p_1}{\rho g} = -4\ \text{m},\ p_2 = 2\ \text{at},\ \text{即}\ \frac{p_2}{\rho g} = 20\ \text{m}$$

(3) 计算流速水头，令 $\alpha_1=\alpha_2=1.0$，已知 $Q=60$ L/s$=0.06$ m$^3$/s，则

在断面 1-1：　$A_1 = \frac{\pi}{4} d_1^2 = \frac{\pi}{4} \times 0.2^2\ \text{m}^2 = 0.031\,4\ \text{m}^2$

$$v_1 = \frac{Q}{A_1} = \frac{0.06}{0.0314}\ \text{m/s} = 1.91\ \text{m/s}$$

所以
$$\frac{v_1^2}{2g}=\frac{1.91^2}{2\times 9.8}\text{m}=0.186\text{m}$$

在断面 2-2：
$$A_2=\frac{\pi}{4}d_2^2=\frac{\pi}{4}\times 0.15^2\,\text{m}^2=0.0177\text{m}^2$$

$$v_2=\frac{Q}{A_2}=\frac{0.06}{0.0177}\text{m/s}=3.39\text{m/s}$$

所以
$$\frac{v_2^2}{2g}=\frac{3.39^2}{2\times 9.8}\text{m}=0.586\text{ m}$$

(4) 将已知量代入能量方程，求水泵扬程 $H_m$

$$\begin{aligned}H_m&=z_2+\frac{p_2}{\rho g}+\frac{\alpha_2 v_2^2}{2g}-z_2-\frac{p_2}{\rho g}-\frac{\alpha_2 v_2^2}{2g}\\&=[0.5+20+0.586-(-4.0)-0.186]\text{ m}=24.9\text{m}\end{aligned}$$

(5) 求水泵的效率 $\eta_p$

已知：$N_p=25\text{hP}=735\times 25\text{W}=18.38\text{ kW}=18.38\text{ kN}\cdot\text{m/s}$，所以

$$\eta_p=\frac{\rho g Q H_m}{N_p}=\frac{1000\times 9.8\times 0.06\times 24.9}{18380}=0.797=79.7\%$$

**3. 两断面间有分流或汇流的伯努利方程**

总流伯努利方程(4-19)在推导过程中流量是沿程不变的，前后两断面是指同一股总流，其间没有分流或汇流。而在实际工程中，输水、供气等管道沿程多有分流和汇流，对于这种情况式(4-19)是否还能使用？对于这种有流量分出或汇入的情况，由于能量的分配和流量的分配不一定相等，严格讲，处理这类问题应采用前后断面之间应满足全部重量流体的能量守恒，即单位时间总能量平衡关系。如汇流情况：

$$\begin{aligned}&\rho g Q_1\left(z_1+\frac{p_1}{\rho g}+\frac{\alpha_1 v_1^2}{2g}\right)+\rho g Q_2\left(z_2+\frac{p_2}{\rho g}+\frac{\alpha_2 v_2^2}{2g}\right)\\&=\rho g Q_3\left(z_3+\frac{p_3}{\rho g}+\frac{\alpha_3 v_3^2}{2g}\right)+\rho g Q_1 h_{W2\text{-}3}+\rho g Q_2 h_{W2\text{-}3}\end{aligned}$$

显然这样处理问题很复杂。

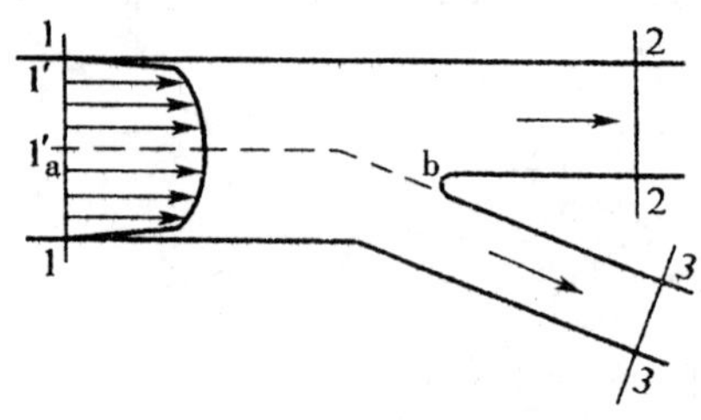

图 4-23　两断面间有分流

现对两断面间有分流的流动如图 4-23 所示作进一步分析。

设想在分流处作一分流面 $ab$，将 1-1 断面的来流分为两股(图中以虚线划分)，互不影响，各自分别通过分流后的 2-2 和 3-3 断面。

对断面 1'-1'(是断面 1-1 的一部分)和断面 2-2 列伯努利方程其间无分流，则

$$z_1'+\frac{p_1'}{\rho g}+\frac{v_1'^2}{2g}=z_2+\frac{p_2}{\rho g}+\frac{v_2^2}{2g}+h_{W1'\text{-}2}$$

因所取的断面 1-1 为渐变流断面，其上各点的总势能相等，即为该面上的平均总势

能，故

$$z_1' + \frac{p_1'}{\rho g} = z_1 + \frac{p_1}{\rho g}$$

若 1-1 断面的速度分布比较均匀(实际在总流能量方程中已用断面平均流速 $v$ 代替了点流速 $u$，认为断面上各点流速度相等)，则认为$\frac{v'^2}{2g} \approx \frac{v_1^2}{2g}$，于是

$$z_1' + \frac{p'}{\rho g} + \frac{v_1'^2}{2g} \approx z_1 + \frac{p_1}{\rho g} + \frac{v_1^2}{2g}$$

故

$$z_1 + \frac{p_1}{\rho g} + \frac{v_1^2}{2g} = z_2 + \frac{p_2}{\rho g} + \frac{v_2^2}{2g} + h_{\text{W1-3}}$$

关系近似成立，同理有

$$z_1 + \frac{p_1}{\rho g} + \frac{v_1^2}{2g} = z_3 + \frac{p_3}{\rho g} + \frac{v_3^2}{2g} + h_{\text{W1-3}}$$

对于两断面间有汇流的情况，同样可作类似的分析。

由以上分析可知，对于实际工程中两断面间有分流或汇流的流动，当所取过流断面为渐变流断面，断面上流速分布较为均匀时，如计入相应断面间的水头损失，单位重量流体的总流能量方程式(4-19)，仍然可以使用，关键在于水头损失项的计算，应注意正确选取符合相应实际情况的水头损失系数值。

## 4.4 实际流体恒定总流的动量方程

流体运动除了必须遵循质量守恒、能量守恒与转化的普遍规律外，还必须遵循动量守恒原理。动量方程就是自然界动量守恒定律在流体运动中的具体表现，它反映了流体运动的动量变化与作用力之间的关系。总流的动量方程是继连续性方程、伯努利方程(即能量方程)之后，第三个积分形式的基本方程，它们是工程流体力学的三个重要方程。

能量方程和连续性方程对于分析流体运动和解决实际工程问题是极为有用的。但是，它们没有反映出流体与边界上作用之间的关系，而工程实践中往往要求分析、计算急变流段的流体与固体边界间的相互作用力；同时，能量方程中包含有水头损失一项，对于有些流动，一时难以确定水头损失的大小，应用受到限制，动量方程则弥补了这些不足，因而在分析流体运动问题时得到了广泛应用。

### 4.4.1 恒定总流的动量方程

单位时间内运动物体的动量变化等于作用于该物体上外力的总和，即物理学中的动量定律。表示为

$$\sum \boldsymbol{F} = \frac{\boldsymbol{M}_2 - \boldsymbol{M}_1}{t} = \frac{m\boldsymbol{v}_2 - m\boldsymbol{v}_1}{t}$$

式中，$\boldsymbol{M}$ 是运动物体的动量，等于运动物体的质量 $m$ 与其速度 $\boldsymbol{v}$ 的乘积，即 $\boldsymbol{M}=m\boldsymbol{v}$。

$\boldsymbol{M}_2-\boldsymbol{M}_1=m\boldsymbol{v}_2-m\boldsymbol{v}_1$，代表动量的变化，由于速度是矢量，所以动量亦为矢量。$\sum \boldsymbol{F}$ 是指作用在物体上的外力之总和，$t$ 是物体运动的时间。在笛卡尔直角坐标系中，上式可以表示为 $x$、$y$、$z$ 三个方向的投影表示式。

现推导适合于流体运动的动量方程。

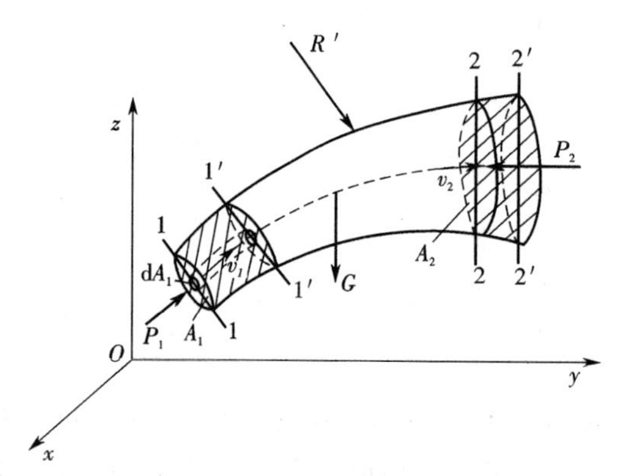


图 4-24 控制体

有一不可压缩的恒定总流，取两个符合渐变流条件的过流断面 1-1 和 2-2 截取一个流段如图 4-24 所示。以该流段为控制体（由所取两断面1-1和 2-2 及周边的固体边壁共同围成的体积），分析它的动量变化与作用于其上的外力之间的关系。两断面的面积分别为 $A_1$ 和 $A_2$，断面平均流速分别为 $v_1$ 和 $v_2$。

经过微小时段 $\mathrm{d}t$，原来在断面1-1和 2-2 之间的水体将沿流动方向移动到新的位置，即到了断面1′-1′和断面2′-2′之间。由于流动是不可压缩流体的恒定流动，故断面 1′-1′和断面2-2之间的流体，虽然经过了时段 $\mathrm{d}t$，但其质量和流速均保持不变，即动量不变。所以流体在 $\mathrm{d}t$ 时段内的动量变化实际上是断面 1-1 和 1′-1′之间及断面 2-2 和 2′-2′之间两段流体的动量之差，即图示中两块阴影部分的动量之差（$\boldsymbol{M}_{2\text{-}2'}-\boldsymbol{M}_{1\text{-}1'}$）。

现求 1-1′段流体的动量 $\boldsymbol{M}_{1\text{-}1'}$：

在断面 1-1 上取一微元小面积 $\mathrm{d}A_1$，沿总流中心线在断面 1-1 与 1′-1′之间取一段元流，在面积 $\mathrm{d}A$ 上流速为 $u_1$，则 1-1′段元流长度为 $u_1\mathrm{d}t$，其该段元流的质量为 $\rho u_1\mathrm{d}t\mathrm{d}A_1$，动量为 $\rho u_1\mathrm{d}t\mathrm{d}A_1\boldsymbol{u}_1$，对面积 $A_1$ 积分，得 1-1′段总流的动量

$$\boldsymbol{M}_{1\text{-}1'}=\int_{A_1}\rho u_1\boldsymbol{u}_1\mathrm{d}t\mathrm{d}A_1=\rho\mathrm{d}t\int_{A_1}u_1\boldsymbol{u}_1\mathrm{d}A_1$$

因为断面上的流速分布一般是不知道的需要用断面平均流速来替代。而所取断面是渐变流断面，其上流速 $u$ 和断面平均流速 $v$ 的方向是平行一致的。与上一节中动能修正系数相类似，需引入**动量修正系数** $\alpha_0$，即令

$$\int_A u^2\mathrm{d}A=\alpha_0 v^2 A$$

则

$$\alpha_0=\frac{\int_A u^2\mathrm{d}A}{v^2 A} \tag{4-34}$$

动量修正系数 $\alpha_0$ 表示单位时间内通过某断面的实际动量与单位时间内以相应的断面平均流速通过该断面的动量之比值。在渐变流中 $\alpha_0$ 值为 1.02～1.05。为简便起见，也常采用 $\alpha_0=1.0$。

这样，动量 $\boldsymbol{M}_{1\text{-}1'}$ 可以表示为

$$\boldsymbol{M}_{1\text{-}1'}=\rho \mathrm{d}t\int_{A_1} u_1 \boldsymbol{u}_1 \mathrm{d}A_1=\rho \mathrm{d}t v_1 \boldsymbol{v}_1 A_1 \alpha_{01}=\alpha_{01}\rho Q \boldsymbol{v}_1 \mathrm{d}t$$

同理
$$\boldsymbol{M}_{2\text{-}2'}=\alpha_{02}\rho Q \boldsymbol{v}_2 \mathrm{d}t$$

动量差
$$\boldsymbol{M}_{2\text{-}2'}-\boldsymbol{M}_{1\text{-}1'}=\rho Q(\alpha_{02}\boldsymbol{v}_2-\alpha_{01}\boldsymbol{v}_1)\mathrm{d}t$$

则单位时间内的动量变化为 $\rho Q(\alpha_{02}\boldsymbol{v}_2-\alpha_{01}\boldsymbol{v}_1)$。

作用在断面 1-1 至断面 2-2 流段(控制体)上的外力包括:表面力即作用于该两断面上的动水压力 $\boldsymbol{P}_1$ 和 $\boldsymbol{P}_2$ 及四周边界对这段控制体内流体的总作用力 $\boldsymbol{R}'$;质量力只有重力 $\boldsymbol{G}$,所有这些外力的合力以 $\sum \boldsymbol{F}$ 表示,则不可压缩恒定总流的动量定律可以表示为

$$\sum \boldsymbol{F}=\rho Q(\alpha_{02}\bar{\boldsymbol{v}}_2-\alpha_{01}\boldsymbol{v}_1) \tag{4-35}$$

在直角坐标系中,恒定总流的动量方程可以写成三个投影表示式

$$\left.\begin{aligned}\rho Q(\alpha_{02}v_{2x}-\alpha_{01}v_{1x}&=\sum F_x\\ \rho Q(\alpha_{02}v_{2y}-\alpha_{01}v_{1y})&=\sum F_y\\ \rho Q(\alpha_{02}v_{2z}-\alpha_{01}v_{1z})&=\sum F_z\end{aligned}\right\} \tag{4-36}$$

式中,忽略了动量修正系数 $\alpha_{01}$ 和 $\alpha_{02}$ 在 $x$、$y$、$z$ 三个方向的差别。

式(4-55)或式(4-56)表示流体运动的动量方程。它表明:对于在不可压缩流体恒定流动条件下,无论控制体内流动情况如何,控制体内流体单位时间内的动量变化可以用单位时间内从控制体流出的动量与流入的动量之差计算;在动量变化过程中,只有作用于控制体上的外力起作用,控制体中的内力与动量变化无关。对于有些流动问题,如求流体对边界的作用力以及由于水头损失难以确定而运用能量方程受到限制的问题等,应用动量方程常常是方便的。

### 4.4.2　动量方程的应用

#### 1. 水流对弯管的作用力

**【例 4-11】** 某抽水泵站有一水泵的压水管,其中有一弯段如图 4-25(a)中的管段 1—2,弯段轴线位于铅垂面内。已知管径 $d=0.2$ m,弯段长度 $l=6.0$ m,通过的流量 $Q=0.03\ \mathrm{m^3/s}$,断面 1 和 2 形心处的压强分别为 $p_1=49.0\ \mathrm{kN/m^2}$ 和 $p_2=39.2\ \mathrm{kN/m^2}$,断面 1 和 2 的法线方向与 $Ox$ 轴的夹角分别为 $\theta_1=0°$ 和 $\theta_2=60°$。试求弯管处支墩所受的作用力。

**【解】** 因弯管内的水流为急变流,动水压强分布规律不同于静水压强,水流与弯管之间的作用力需用动量定律分析计算。

在弯管进出口附近符合渐变流动的区域选取断面 1-1 和断面 2-2,以该区段水体为控制体,并取铅垂平面坐标 $xOz$,使 $Ox$ 轴与断面 1-1 的法线方向平行,如图 4-25(b)所示。

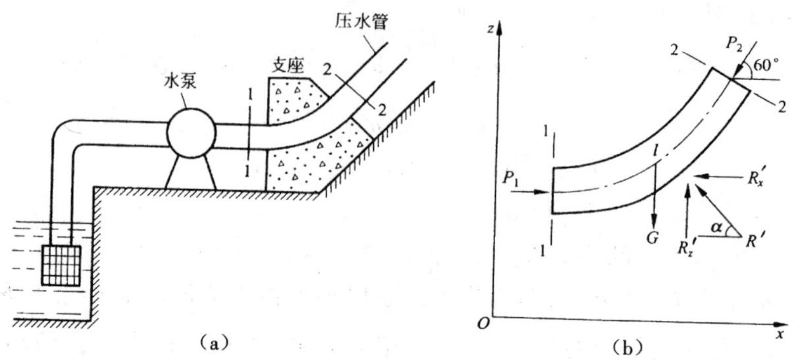


图 4-25 弯管水体受力分析

作用于控制体水流上的外力有：两端的动水压力 $P_1$ 和 $P_2$，重力 $G$ 及弯管对水流的作用力 $R'$。$P_1$ 和 $P_2$ 分别垂直于断面 1-1 和 2-2，$P_1$ 方向与 $Ox$ 轴一处，$P_2$ 则与 $Ox$ 轴成 $\theta_2=60°$；重力 $G$ 沿铅垂方向；$R'$ 与水流对弯管的作用力 $R$ 是大小相等、方向相反的一对作用与反作用力。其方向未知，可先假设 $R'$ 方向，并将其分解成沿 $x$ 方向的 $R'_x$ 和沿 $z$ 方向的 $R'_z$（如图 4-25 所示），如果计算结果为正值，说明假设的方向是正确的，如结果为负，则说明实际方向与假设的方向相反。

因弯管轴线在铅垂面内，故只有铅垂面内 $x$ 方向和 $z$ 方向的动量变化，而没有 $y$ 方向的动量变化。并且动量变化不是因速度大小改变引起的，而是由速度方向改变引起的。其动量方程可以具体写成

$$\left.\begin{aligned} x\text{ 方向：}\quad & \rho Q(\alpha_{02}v_{2x}-\alpha_{01}v_{1x})=P_1-P_2\cos 60°-R'_x \\ z\text{ 方向：}\quad & \rho Q(\alpha_{02}v_{2z}-\alpha_{01}v_{1z})=-P_2\sin 60°-G+R'_z \end{aligned}\right\}$$

已知 $Q=0.03\ \mathrm{m^3/s},\quad d=0.2\ \mathrm{m}, A=\frac{\pi}{4}d^2=\frac{\pi}{4}\times 0.2^2\ \mathrm{m^2}=0.031\ 4\ \mathrm{m^2}$

$$v_1=v_2=\frac{Q}{A}=\frac{0.03}{0.031\ 4}\ \mathrm{m/s}=0.955\ \mathrm{m/s}$$

$$v_{1x}=v_1=0.955\ \mathrm{m/s},\quad v_{1z}=0$$

$$v_{2x}=v_2\cos 60°=0.955\cos 60°\ \mathrm{m/s}=0.478\ \mathrm{m/s}$$

$$v_{2z}=v_2\sin 60°=0.955\sin 60°\ \mathrm{m/s}=0.827\ \mathrm{m/s}$$

$$P_1=p_1A_1=49.0\times 0.031\ 4\ \mathrm{kN}=1.539\ \mathrm{kN};\ P_2\cos 60°=1.231\cos 60°\ \mathrm{kN}=0.616\ \mathrm{kN}$$

$$P_2=p_2A_2=39.2\times 0.031\ 4\ \mathrm{kN}=1.231\ \mathrm{kN};\ P_2\sin 60°=1.231\sin 60°\ \mathrm{kN}=1.066\ \mathrm{kN}$$

$$G=\rho gAl=1\ 000\times 9.8\times 0.031\ 4\times 6.0\ \mathrm{kN}=1.847\ \mathrm{kN}$$

令 $\alpha_{01}=\alpha_{02}=1.0$，将已知数据代入动量方程，得

$$1.0\times 0.03\times(0.478-0.955)=1.539-0.616-R'_x$$

$$1.0\times 0.03\times(0.827-0)=-1.066-1.847+R'_z$$

所以 $R'_x=[1.539-0.616-1.0\times 0.03\times(0.478-0.955)]\ \mathrm{kN}=0.937\ \mathrm{kN}$

$$R'_z=[1.0\times 0.03\times(0.827-0)+1.066+1.847]\ \mathrm{kN}=2.938\ \mathrm{kN}$$

$R'_x$ 和 $R'_z$ 均为正值，故原假设方向是正确的，则作用合力为

$$R'=\sqrt{R'^2_x+R'^2_z}=\sqrt{0.937^2+2.938^2}\ \text{kN}=3.084\ \text{kN}$$

$$\alpha=\tan^{-1}\left(\frac{R'_z}{R'_x}\right)=\tan^{-1}\left(\frac{2.938}{0.937}\right)=\tan^{-1}(3.136)=72.31°$$

水流对弯管的作用力 $R$ 与 $R'$ 大小相等，方向相反，与水平夹角 72.31°，作用力通过弯管传给支墩。

**2. 射流冲击固定表面的作用力**

**【例 4-12】** 分析射流冲击固定平板表面的作用力。水流从水平管道末端的喷嘴射出，其射流出口断面平均流速为 $v$，管中流量为 $Q$，射流水股垂直冲击距离喷嘴很近的一块铅垂放置平板，如图 4-26 所示。用动量定律分析射流水股对该平板的冲击作用力。如将平板换成一块凹面板，如图 4-27 所示，情况又会如何呢？

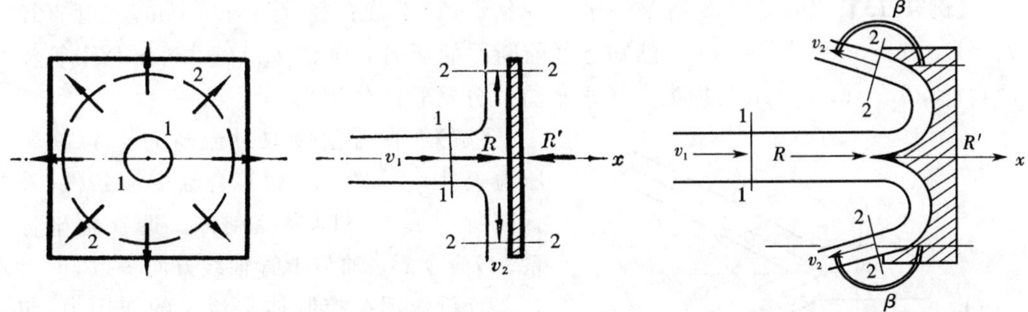

图 4-26　射流冲击平板　　　图 4-27　射流冲击凹面板

水流从水平管道末端的喷嘴射出，垂直冲击在距离很近的平板上，水流随即在平板上沿板面向四周散开，也即转了 90°方向。为了求射流冲击平板的作用力 $R$，取射流在转向前的水股断面 1—1 和水流转向后的断面 2－2（注意该断面是一个圆筒面，它截取全部散射的水流）之间的水流控制体为对象进行分析。先计算平板对水流的反作用力 $R'$。

由于射流四周及冲击射流转向后的水流表面都是大气压，即断面 1—1 和断面 2—2 上的压强等于大气压，则 $p_1=p_2=0$。

平板距离很近，可不考虑射流水股扩散。平板表面光滑，可不计板面的阻力和空气的阻力，水头损失忽略不计。由能量方程可得

$$v_1=v_2=v$$

同时，射流方向水平，无重力分量，到 $x$ 方向的动量方程

$$\rho Q(\alpha_{02}v_{2x}-\alpha_{01}v_{1x})=\sum F_x$$

令 $\alpha_{01}=\alpha_{02}=1.0$，即

$$\rho Q(0-v_1)=-R'$$

则

$$R=\rho Qv \tag{4-37}$$

式中：$Q$ 是管中流量，$v$ 是射流的速度，$R'$ 是平板的反力，即平板上各处对水流反作用

的合力。射流对平板的冲击力 $R$ 则与 $R'$ 大小相等，方向相反。

如若射流冲击的是一块凹面板，如图 4-27 所示，取射流转向前的断面 1-1 和转向后的断面 2-2（断面 2-2 截取全部散射水流）之间的水流控制体为分析对象，到 $x$ 方向动量方程

$$\rho Q(v_2\cos\beta - v_1) = -R'$$

因 $v_1 = v_2 = v$，则

$$R' = \rho Q v(1-\cos\beta) \tag{4-38}$$

射流作用在凹面板上的冲击力 $R$ 与 $R'$ 大小相等，方向相反。由于 $\beta > \frac{\pi}{2}$，所以 $\cos\beta$ 为负值，故作用在凹面板上的力大于作用在平板上的力。

**3. 水流对水平分岔管的作用力**

**【例 4-13】** 如图 4-28 所示一水平分岔管道，干管直径 $d_1 = 600$ mm，支管直径 $d_2 = 400$ mm，分岔角 $\alpha = 30°$。已知分岔前断面的压力表读数 $p_M = 70\text{kN/m}^2$，干管流量 $Q = 0.6\text{m}^3/\text{s}$，不计水头损失。试求水流对分岔管的作用力。

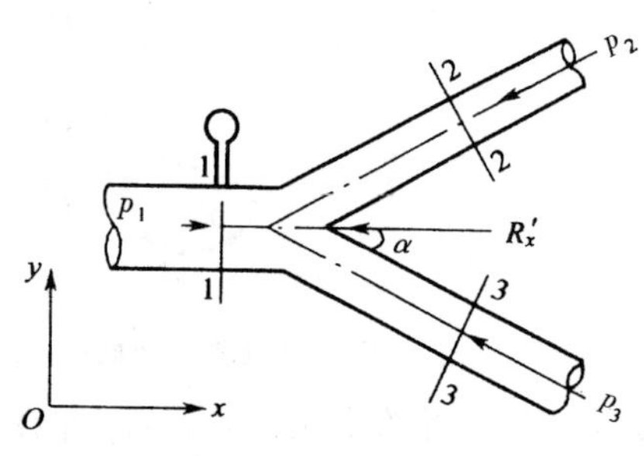


图 4-28 水平分岔管道

**【解】** 在分岔段取过流断面 1-1（在装压力表处）、2-2、3-3（均符合渐变流条件）及管壁所围成的空间为控制体。选直角坐标系 $xOy$，令 $Ox$ 轴与干管轴线方向一致。

分析作用在控制体水流上的作用力，包括：过流断面上的动水压力 $P_1$、$P_2$、$P_3$；分岔管对水流的作用力为对称分流，只有沿干管轴向（$Ox$ 方向）的分力，设 $R'_x$ 的方向如图 4-28所示，与 $Ox$ 方向相反。质量力只有重力，其方向铅垂向下，与分岔管所在平面垂直正交，故无重力分量。

根据动量定律，列 $x$ 方向总流动量方程

$$P_1 - P_2\cos 30° - P_3\cos 30° - R'_x = \rho\frac{Q}{2}v_2\cos 30° + \rho\frac{Q}{2}v_3\cos 30° - \rho Q v_1$$

则

$$R'_x = P_1 - 2P_2\cos 30° - \rho Q(v_2\cos 30° - v_1)$$

式中

$$P_1 = p_1 A_1 = p_1\frac{\pi}{4}d_1^2 = 70\times\frac{\pi}{4}\times 0.6^2\text{ kN} = 19.79\text{ kN}$$

列 1-1 与 2-2（或 3-3）断面的伯努利方程，不计水头损失，有

$$\frac{p_1}{\rho g} + \frac{v_1^2}{2g} = \frac{p_2}{\rho g} + \frac{v_2^2}{2g}$$

式中

$$p_1 = 70\text{ kN/m}^2$$

$$v_1 = \frac{4Q}{\pi d_1^2} = \frac{4\times 0.6}{\pi\times 0.6^2}\text{ m/s} = 2.12\text{ m/s}$$

$$v_2 = v_3 = \frac{2Q}{\pi d_2^2} = \frac{2\times 0.6}{\pi\times 0.4^2}\text{ m/s} = 2.39\text{ m/s}$$

代入上式，得
$$p_2 = p_1 + \rho \frac{v_1^2 - v_2^2}{2} = 69.39\ \text{kN/m}$$

则
$$P_2 = p_2 A_2 = 69.39 \times \frac{\pi}{4} \times 0.4^2\ \text{kN} = 8.72\ \text{kN}$$

将上述各量代入总流动量方程的投影式，解得

$$R'_x = [19.79 - 2 \times 8.72\cos 30^\circ - 1 \times 0.6(2.39\cos 30^\circ - 2.12)]\ \text{kN} = 4.72\ \text{kN}$$

水流对分岔管的作用力 $R_x$ 与分岔管对水流的作用力 $R'_x$ 大小相等、方向相反，即 $R_x = 4.72$ kN，方向与 $Ox$ 方向相同。

### 4.4.3 恒定总流动量方程的应用条件和应用方法

恒定总流的动量方程式(4-55)或式(4-56)是在一定条件下推导出来的，因此，该方程也就有限定的适用范围。

(1) 恒定总流动量方程的应用条件。

① 流体是不可压缩的(密度 $\rho$=常数)；

② 流体做恒定流动；

③ 作用于流体上的质量力只有重力，所研究的流体边界是静止的(或者说是处于平衡状态的)；

④ 所选取的两个过流断面，应选在渐变流或均匀流区域，但在该两控制断面间的控制体内流体可以是急变流。

恒定总流动量方程建立了作用在控制体上的外力与流速和流量之间的关系。根据不同的已知条件，正确运用总流动量方程，可以求解流体与固体边界间的相互作用力，或断面平均流速、流量等。

(2) 恒定总流动量方程的应用方法。

① 分析流动现象。首先弄清楚流体运动的类型，清楚地了解流体的流动情况，判断是否能应用总流的动量方程。

② 正确划定分析流段的范围，取控制体进行分析。合理地选择流段的上、下游断面，使得控制体正好包括需要确定水流作用力的边界，同时所选取的断面应位于渐变流(或均匀流)区域，并取动量修正系数，用断面平均流速表示过流断面的动量。

③ 方程中应包括作用于控制体上的一切外力，一般包括两端的动水压力、重力、四周的边界反力(包括垂直于表面的压力和平行于表面的切力)，不可遗漏。

④ 单位时间里的动量变化是指单位时间从控制体流出的动量与流入的动量之差，必须是前者减去后者。

⑤ 作用力和流速都是矢量，动量也是矢量。因此对流体的作用力合力与动量变化的关系应是同一方向上的关系，分析问题时要标清流速和作用力的具体方向。当各个矢量不在同一方向时，应先选取坐标轴方向(建立坐标系)，以有利于分析问题为

原则，并标在图上。按照各个向量在同一坐标轴上的投影到动量方程的相应表达式，要注意各投影的正负号，与坐标轴正方向相同的为正号(＋)，反之为负号(－)。对于未知的边界反力可先假定一个方向，如果解出的结果是正值，则作用力的方向与假定的方向相同；解出的结果是负值，则作用力方向与假定的方向相反。

## 4.5 恒定平面势流

如前所述，根据流体是否具有黏性而将其分为理想流体($\mu=0$)和实际流体(或黏性流体 $\mu\neq 0$)。又根据流体运动过程中，流体微团是否绕其自身瞬时转动轴旋转，将流体的运动分为有旋流动和无旋流动。以上虽是根据两个不同的标准对流体进行分类，但它们之间又有着密切的关系。

在无旋流动的流场中，必然存在一个流速势函数(或称流速势)$\varphi$，因而无旋流动又称有势流动。严格讲，有势流动只是理想流体的一种流动，具有黏性的实际流体的运动除个别特例外都不是有势流动。但在某些情况下，黏滞性对流动的作用很微小，以致可以忽略不计时，可以把这种实际流体的流动视为势流，按有势流动处理，以求其近似解。例如从水库泄水，波浪运动等常常是从静止状态开始的，如果黏滞性的作用可以忽略，视其为理想流体，而质量力又是有势的，则这种流动就是有势流动。可以用势流理论求解，因此研究有势流动具有重要的实际意义。

### 4.5.1 恒定平面势流的流速势函数与流函数

如果在流场中垂直于某一平面的同一垂线上，所有流体质点均具有平行于此平面的相同运动，则称之为平面流动。显然，流动中的各个平行平面上的流动图形都是一样的，所以只要研究一个有代表性的平面上的流动就可以了解整个流动的情况，从而使问题得到简化。

当然，在自然界和实际工程中，真正的平面流动是不存在的，但当某些流动要素在某一个方向上的变化相对于其他方向上的变化很小时，可以忽略运动要素在这个方向上的变化，而只考虑另外两个方向上的变化，此时可以按平面流动来作近似处理。例如对于很宽的渠道中的水流和很宽的溢洪道中水流，可忽略其两侧边壁的影响而按平面流动分析，此时流动平面是铅垂面。又如水流绕桥墩的流动，如果水深很大，可以忽略水面和河底对水流的影响，认为沿桥墩高度流速分布不变，也可按平面流动处理，此时流动平面是水平面。

**1. 流速势函数 $\varphi$**

在无旋流的流场中，必然存在一个流速势函数。这是因为无旋流的条件是

$$\boldsymbol{\omega}=0$$

即

$$\left.\begin{aligned}\omega_x=0,\quad \frac{\partial u_z}{\partial y}=\frac{\partial u_y}{\partial z}\\ \omega_y=0,\quad \frac{\partial u_x}{\partial z}=\frac{\partial u_z}{\partial x}\\ \omega_z=0,\quad \frac{\partial u_y}{\partial x}=\frac{\partial u_x}{\partial y}\end{aligned}\right\}\tag{4-39}$$

此无旋流条件恰是在无旋流的流场中，使 $u_x\mathrm{d}x+u_y\mathrm{d}y+u_z\mathrm{d}z$ 成为某一函数 $\varphi(x、y、z)$的全微分的充分与必要条件，即

$$\mathrm{d}\varphi=u_x\mathrm{d}x+u_y\mathrm{d}y+u_z\mathrm{d}z\tag{4-40}$$

而函数 $\varphi(x、y、z)$的全微分可以表示为

$$\mathrm{d}\varphi=\frac{\partial\varphi}{\partial x}\mathrm{d}x+\frac{\partial\varphi}{\partial y}\mathrm{d}y+\frac{\partial\varphi}{\partial z}\mathrm{d}z$$

所以

$$u_x=\frac{\partial\varphi}{\partial x},\quad u_y=\frac{\partial\varphi}{\partial y},\quad u_z=\frac{\partial\varphi}{\partial z}\tag{4-41}$$

也就是说，在无旋流动中必定存在一个函数 $\varphi(x、y、z)$，它的全微分 $\mathrm{d}\varphi$ 使式(4-40)成立。函数 $\varphi$ 称为这个流速场($u_x、u_y、u_z$)的流速势(或流速势函数)。表示这个流动是有势的。

由式(4-41)能确定的流速场 $\boldsymbol{u}$ 必然满足无旋条件式(4-39)。所以，无旋流动必然存在流速势。

上述为三维空间问题，若为平面势流，则上述式(4-40)和式(4-41)分别变为

$$\mathrm{d}\varphi=u_x\mathrm{d}x+u_y\mathrm{d}y\tag{4-42}$$

$$u_x=\frac{\partial\varphi}{\partial x},\quad u_y=\frac{\partial\varphi}{\partial y}\tag{4-43}$$

在恒定平面流动中存在流速势函数 $\varphi$ 的条件就是无旋流动的条件，即 $\omega_z=0$ 或 $\frac{\partial u_y}{\partial x}=\frac{\partial u_x}{\partial y}$。

流速势函数的主要物理性质包括以下几方面。

(1) 等势面与流线垂直正交即为过流断面。

流速势 $\varphi$ 值相等的点所连成的空间曲面称为**等势面**。它的微分方程为

$$\mathrm{d}\varphi=\frac{\partial\varphi}{\partial x}\mathrm{d}x+\frac{\partial\varphi}{\partial y}\mathrm{d}y+\frac{\partial\varphi}{\partial z}\mathrm{d}z=u_x\mathrm{d}x+u_y\mathrm{d}y+u_z\mathrm{d}z=0$$

等势面方程的积分形式为 $\varphi(x、y、z)=$常数。在微分方程中 $\mathrm{d}x、\mathrm{d}y、\mathrm{d}z$ 是等势面上微小线段 $\mathrm{d}\boldsymbol{l}$ 在 $x、y、z$ 三个坐标轴上的投影，可写成

$$\mathrm{d}\boldsymbol{l}=\mathrm{d}x\boldsymbol{i}+\mathrm{d}y\boldsymbol{j}+\mathrm{d}z\boldsymbol{k}$$

而流速场

$$\boldsymbol{u}=u_x\boldsymbol{i}+u_y\boldsymbol{j}+u_z\boldsymbol{k}$$

所以在等势面上

$$\mathrm{d}\varphi=u_x\mathrm{d}x+u_y\mathrm{d}y+u_z\mathrm{d}z=\boldsymbol{u}\cdot\mathrm{d}\boldsymbol{l}=0$$

由于两个矢量的标量积为零，故等势面与流线垂直正交，即为过流断面。

对于平面势流来说，流速势函数 $\varphi$ 值相等的点的连线即为等势线，所以等势面与平行平面的交线就是等势线，显然等势线与流线正交。这一点也可根据通过某一点的等势线和流线的斜率之乘积等于“$-1$”证明。对于平面势流其等势线微分方程

$$d\varphi=\frac{\partial\varphi}{\partial x}dx+\frac{\partial\varphi}{\partial y}=u_x dx+u_y dy=0$$

其代数方程为 $\varphi(x、y)=c$（常数）。

（2）流速势函数 $\varphi$ 值沿流线方向增加，且 $d\varphi=uds$。

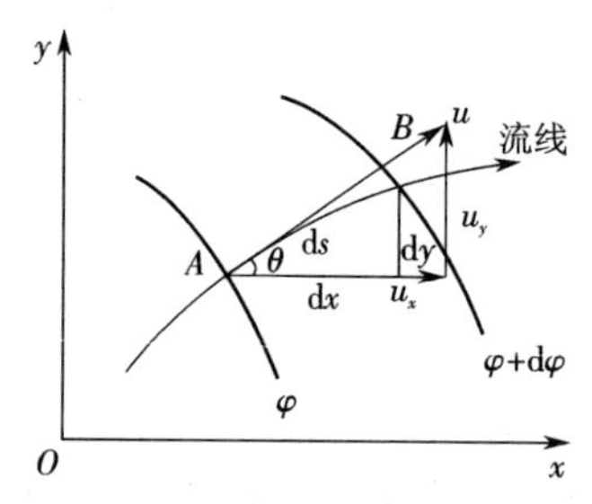


**图 4-29　$\varphi$ 值沿流线方向增加**

式中，$ds$ 为流线上相邻两条等势线间的距离，$u$ 为流速如图 4-29 表示

$$dx=ds\cos\theta,\quad dy=ds\sin\theta$$

$$u_x=u\cos\theta,\quad u_y=u\sin\theta$$

沿流线方向，由 $A$ 至 $B$，流速势函数由 $\varphi$ 增至 $\varphi+d\varphi$

$$\begin{aligned}d\varphi&=\frac{\partial\varphi}{\partial x}dx+\frac{\partial\varphi}{\partial y}dy=u_x dx+u_y dy\\&=u\cos\theta\cdot ds\cos\theta+u\sin\theta\cdot ds\sin\theta\\&=uds(\cos^2\theta+\sin^2\theta)=uds\end{aligned}$$

所以

$$d\varphi=uds \tag{4-44}$$

$d\varphi$ 表示流速势函数 $\varphi$ 沿流线方向的增量。它等于流速 $u$ 与流线上相邻两条等势线间的距离 $ds$ 的乘积。由上式可知，流速沿流线方向为正值，当 $ds$ 为正值时，$d\varphi$ 也为正值，即 $\varphi$ 的增值方向与 $ds$ 的增值方向相同，即速度势函数值沿流线方向增加。因而，只要知道流动方向，就可以确定流速势函数 $\varphi$ 的增值方向。反之，只要知道 $\varphi$ 函数的增值方向，也就知道了流动方向。

（3）恒定不可压缩流体有势流动，其流速势函数 $\varphi$ 满足拉普拉斯(Laplace)方程是调和函数。

不可压缩流体流动满足连续方程

$$\nabla\cdot\boldsymbol{u}=\frac{\partial u_x}{\partial x}+\frac{\partial u_y}{\partial y}+\frac{\partial u_z}{\partial z}=0$$

而有势流动，有 $u_x=\frac{\partial\varphi}{\partial x},u_y=\frac{\partial\varphi}{\partial y},u_z=\frac{\partial\varphi}{\partial z}$，将其代入上式有

$$\frac{\partial^2\varphi}{\partial x^2}+\frac{\partial^2\varphi}{\partial y^2}+\frac{\partial^2\varphi}{\partial z^2}=0 \tag{4-45}$$

即

$$\nabla^2\varphi=0\ (或\ \Delta\varphi=0)$$

凡是满足拉普拉斯方程的函数，在数学分析中都称为调和函数，故流速势函数 $\varphi$ 是调和函数。

对于平面势流来说，上式变为

$$\frac{\partial^2\varphi}{\partial x^2}+\frac{\partial^2\varphi}{\partial y^2}=\nabla^2\varphi=0 \tag{4-46}$$

由于平面势流的流速场可以由流速势 $\varphi$ 来确定，而流速势必须满足拉普拉斯方程，因此平面势流问题就归结为在特定的边界条件下解拉普拉斯方程，把解两个未知函数 $u_x$、$u_y$ 的问题变为解一个未知函数 $\varphi$ 的问题，如果能求得流速势 $\varphi$，就可根据 $\varphi$ 函数与流速场的关系求出各点的流速分布，即求出流速场，再应用伯努利方程，进而可求得压强场。

**2. 平面流动的流函数 $\psi$**

除上述的流速势函数 $\varphi$ 以外，在平面流动中还有另外一个重要的函数即流函数 $\psi$。在利用流网法求解平面势流时，也需引入流函数概念。因为流网是根据流速势和流函数的正交性做出的。为此，先介绍流函数的存在及其性质。

对于恒定不可压缩的平面流动（不一定是势流），流线方程为

$$\frac{\mathrm{d}x}{u_x}=\frac{\mathrm{d}y}{u_y}$$

或

$$u_x\mathrm{d}y-u_y\mathrm{d}x=0 \tag{4-47}$$

则在该平面流场中，使 $u_x\mathrm{d}y-u_y\mathrm{d}x$ 为某一函数 $\psi$ 的全微分的充分和必要条件是

$$\frac{\partial u_x}{\partial x}=\frac{\partial(-u_y)}{\partial y}$$

即

$$\frac{\partial u_x}{\partial x}+\frac{\partial u_y}{\partial y}=0$$

上式恰为不可压缩流体平面运动的连续性方程。也就是说任何不可压缩流体平面运动只要满足其连续性方程（一般均可满足），则在平面流场中必然存在一个函数 $\psi$，其全微分等于 $u_x\mathrm{d}y-u_y\mathrm{d}x$，即

$$\mathrm{d}\psi=u_x\mathrm{d}y-u_y\mathrm{d}x \tag{4-48}$$

对上式积分可得

$$\psi(x、y)=\int(u_x\mathrm{d}y-u_y\mathrm{d}x)$$

式中函数 $\psi(x、y)$ 称为流函数。因此，满足连续性方程的任何不可压缩流体的平面运动，必然有流函数 $\psi$ 的存在。对于空间流动，除轴对称流动外，一般不存在流函数。

流函数 $\psi$ 是两个自变量的函数，它的全微分可写成

$$\mathrm{d}\psi=\frac{\partial\psi}{\partial x}\mathrm{d}x+\frac{\partial\psi}{\partial y}\mathrm{d}y \tag{4-49}$$

将上式与式(4-48)相比较，得

$$\frac{\partial\psi}{\partial y}=u_x,\quad \frac{\partial\psi}{\partial x}=-u_y \tag{4-50}$$

上式是流函数与流速的关系式，也可作为流函数的定义。

由此可知，在研究流体的平面运动时，如能求出流函数，即可求得任一点的两个速度分量 $u_x$、$u_y$。所以流函数是研究流体平面运动的一个很重要又很有用的概念。

在引入流函数时，只考虑了恒定不可压缩流体和平面流动的条件，除此而外再无其他约束，所以无论是理想流体还是实际流体，也不管是有势流动还是有涡流动，都

是适用的。只要在上述条件下，满足其连续性方程就必定有流函数 $\psi$ 存在。

流函数 $\psi$ 的主要物理性质如下。

(1) 同一条流线上各点的流函数 $\psi$ 值相等，是一个常数，所以**等流函数线**(即等 $\psi$ 线)就是**流线**。

等流函数线的方程为 $\mathrm{d}\psi=0$ 或 $\psi(x、y)=$常数，由式(4-48)和式(4-49)知

$$\mathrm{d}\psi=\frac{\partial \psi}{\partial x}\mathrm{d}x+\frac{\partial \psi}{\partial y}\mathrm{d}y=u_x\mathrm{d}y-u_y\mathrm{d}x=0$$

上式等流函数方程即为流线方程，说明了等流函数线就是流线。若等流函数线的方程能求出，则令 $\psi=$常数，即可求得流线方程，不同的常数就是不同的流线。由于函数 $\psi$ 与流线之间有上述关系，所以称函数 $\psi$ 为流函数。

必须指出：等流函数线就是流线，是指二维平面流动问题，因为在恒定的平面流动中，等流函数线(即等 $\psi$ 线)与流线是重合的，但等流函数线不是流线，两者不是一回事。在三维空间流动中，存在有流线和流线方程而不存在流函数 $\psi$。所以不能绝对地说等 $\psi$ 线就是流线，这句话是有条件的，只对恒定不可压缩的平面流动才适用。

(2) 任意两条流线之间所通过的单宽流量 $q$，等于该两条流线的流函数值之差 $(\psi_2-\psi_1)$。

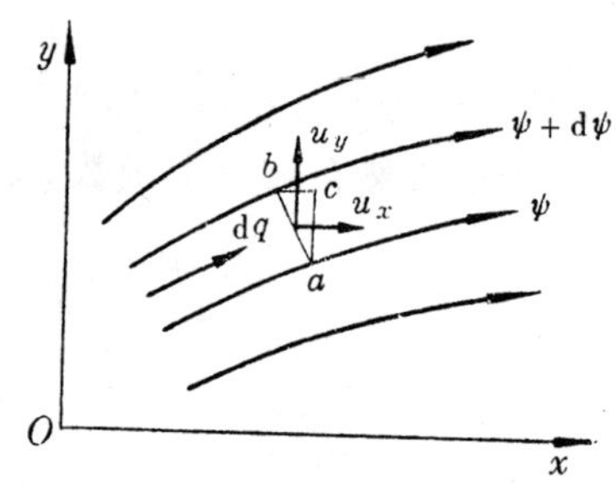


图 4-30 平面势流中的流线簇

如图 4-30 所示，为平面势流中的几条流线，每条流线有各自的 $\psi$ 值。在任意两条流线 $\psi$ 和 $\psi+\mathrm{d}\psi$ 之间有一固定的流量 $\mathrm{d}q$，因为考虑的是平面问题，在 $z$ 轴方向(即与纸面垂直的方向)可取一个单位长度，所以这个流量 $\mathrm{d}q$ 称为**单宽流量**。取 $ab$ 为流线 $\psi$ 与 $\psi+\mathrm{d}\psi$ 之间的过流断面(取 $ab=\mathrm{d}n$)，设 $a$ 点坐标为$(x、y)$，则从图 4-30 中可以看出 $b$ 点坐标应为$(x-\mathrm{d}x, y+\mathrm{d}y)$。设 $ab$ 断面上水平和铅垂分速度分别为 $u_x$ 及 $u_y$，$ab$ 断面的水平和铅垂投影为 $cb$ 及 $ac$，则

$$\mathrm{d}q=u\cdot\overline{ab}=u\mathrm{d}n=u_x\,\overline{ac}+u_y\,\overline{cb}$$

从图可知 $\overline{ac}=\mathrm{d}y$，$\overline{cb}=-\mathrm{d}x$，所以上式可改写为

$$\mathrm{d}q=u_x\mathrm{d}y-u_y\mathrm{d}x$$

根据式(4-50)，得

$$\frac{\partial \psi}{\partial y}=u_x;\quad \frac{\partial \psi}{\partial x}=-u_y$$

有

$$\mathrm{d}q=u_x\mathrm{d}y-u_y\mathrm{d}x=\frac{\partial \varphi}{\partial x}\mathrm{d}x+\frac{\partial \psi}{\partial y}\mathrm{d}y=\mathrm{d}\psi \tag{4-51}$$

积分后得

$$q=\int_{\psi_1}^{\psi_2}\mathrm{d}\psi=\psi_2-\psi_1 \tag{4-52}$$

上式表明：任何两条流线之间所通过的单宽流量 $q$ 等于该两条流线的流函数值之差。

(3) 在恒定的平面有势流动中，流函数 $\psi$ 与流速势函数 $\varphi$ 一样，必须满足拉普拉斯方程。

在恒定的平面有势流动中有

$$\omega_z=\frac{1}{2}\left(\frac{\partial u_y}{\partial x}-\frac{\partial u_x}{\partial y}\right)=0$$

即

$$\frac{\partial u_y}{\partial x}-\frac{\partial u_x}{\partial y}=0$$

而 $u_x=\frac{\partial \psi}{\partial y}$，$u_y=-\frac{\partial \psi}{\partial x}$ 将其代入上式，得

$$\frac{\partial^2 \psi}{\partial x^2}+\frac{\partial^2 \psi}{\partial y^2}=0 \tag{4-53}$$

即

$$\nabla^2\psi=0\ (\text{或}\ \Delta\psi=0) \tag{4-54}$$

这就是说，在恒定的平面有势流动中，流函数与流速势函数一样，必须满足拉普拉斯方程。流函数 $\psi$ 也是调和函数。

**3. 流速势函数 $\varphi$ 与流函数 $\psi$ 的关系**

**1）流速势函数与流函数为共轭函数**

在恒定的平面势流中，同时存在流速势速函数 $\varphi$ 和流函数 $\psi$，且

$$u_x=\frac{\partial \varphi}{\partial x},\quad u_y=\frac{\partial \varphi}{\partial y}$$

$$u_x=\frac{\partial \psi}{\partial y},\quad u_y=-\frac{\partial \psi}{\partial x}$$

由此可得

$$\left.\begin{aligned}u_x&=\frac{\partial \varphi}{\partial x}=\frac{\partial \psi}{\partial y}\\u_y&=\frac{\partial \varphi}{\partial y}=-\frac{\partial \psi}{\partial x}\end{aligned}\right\} \tag{4-55}$$

上式是联系流速势函数与流函数的一对很重要的关系式，在数学分析中称为柯西—黎曼(Cauchy—Riemann)条件，满足这种关系的两个函数称为共轭函数。所以，在恒定平面势流中，流速势函数 $\varphi$ 与流函数 $\psi$ 是一对共轭的调和函数。利用上式，如已知 $u_x$、$u_y$，就可推求 $\varphi$ 和 $\psi$，或者知道其中一个共轭函数，就可推求另一个共轭函数。

**2）等势线与等流函数线(即流线)互相垂直**

根据等流函数线，即流线方程 $d\psi=\frac{\partial \psi}{\partial x}dx+\frac{\partial \psi}{\partial y}dy=-u_y dx+u_x dy=0$，故流线上任一点的斜率，即流线与 $x$ 轴之间的夹角 $\alpha$ 的正切(如图 4-31 所示)为

$$\tan\alpha_1=\frac{dy}{dx}=\frac{u_y}{u_x}$$

根据等势线方程 $d\varphi=\frac{\partial \varphi}{\partial x}dx+\frac{\partial \varphi}{\partial y}dy=u_x dx+u_y dy=0$，故等势线上任一点的斜率，即等势线与 $x$ 轴的夹角 $\alpha_2$ 的正切为

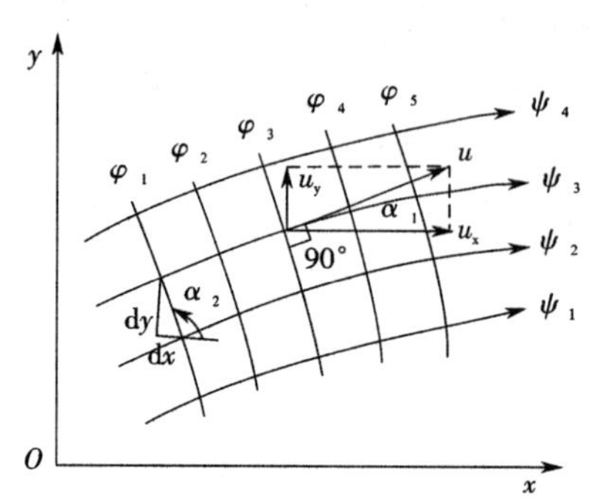

图 4-31 等势线与流线互相垂直正交

$$\tan\alpha_2=\frac{\mathrm{d}y}{\mathrm{d}x}=-\frac{ux}{uy}$$

所以 $\tan\alpha_1\tan\alpha_2=\frac{u_y}{u_x}\left(-\frac{u_x}{u_y}\right)=-1$

这就证明了等势线与流线是相互垂直的。因此等势线也就是过流断面线。

**【例 4-14】** 设流场中的流速分布为 $u_x=1$，$u_y=2$。试判别是否存在流函数 $\psi$ 和流速势函数 $\varphi$；若存在则给出它们的分布图。

**【解】** 因为$\frac{\partial u_x}{\partial x}=0$，$\frac{\partial u_y}{\partial y}=0$，所以

$$\frac{\partial u_x}{\partial x}+\frac{\partial u_y}{\partial y}=0\quad \text{满足连续性方程}$$

存在流函数 $\psi$。

$$\mathrm{d}\psi=\frac{\partial\psi}{\partial x}\mathrm{d}x+\frac{\partial\psi}{\partial y}\mathrm{d}y=-u_y\mathrm{d}x+u_x\mathrm{d}y=-2\mathrm{d}x+\mathrm{d}y=\mathrm{d}(y-2x)$$

积分得

$$\psi=y-2x+C_1$$

因为关心的是流速场，即流函数的偏导数，积分常数不影响流速场，令 $C_1=0$，则

$$\psi=y-2x$$

由上式可知等流函数线即流线的斜率 $m_1=\frac{\mathrm{d}y}{\mathrm{d}x}=2$，所以为一簇其斜率为 2 的平行直线，如图 4-32 所示。

又因为$\frac{\partial u_x}{\partial y}=0$，$\frac{\partial u_y}{\partial x}=0$，所以 $\omega_z=\frac{1}{2}\left(\frac{\partial u_y}{\partial x}-\frac{\partial u_x}{\partial y}\right)=0$ 为有势流，故存在流速势函数 $\varphi$，则

$$\begin{aligned}\mathrm{d}\varphi&=\frac{\partial\varphi}{\partial x}\mathrm{d}x+\frac{\partial\varphi}{\partial y}\mathrm{d}y=u_x\mathrm{d}x+u_y\mathrm{d}y\\&=\mathrm{d}x+2\mathrm{d}y=\mathrm{d}(x+2y)\end{aligned}$$

积分得

$$\varphi=x+2y+C_2$$

同前所述，令 $C_2=0$，则 $\varphi=x+2y$。

由上式可知，等势线的斜率 $m_2=\frac{\mathrm{d}y}{\mathrm{d}x}=-\frac{1}{2}$，所以为一簇斜率为$\left(-\frac{1}{2}\right)$的平行直线如图 4-32 所示，并与等流函数线（即流线）相互正交。因为二者的斜率之积 $m_1m_2=-1$。

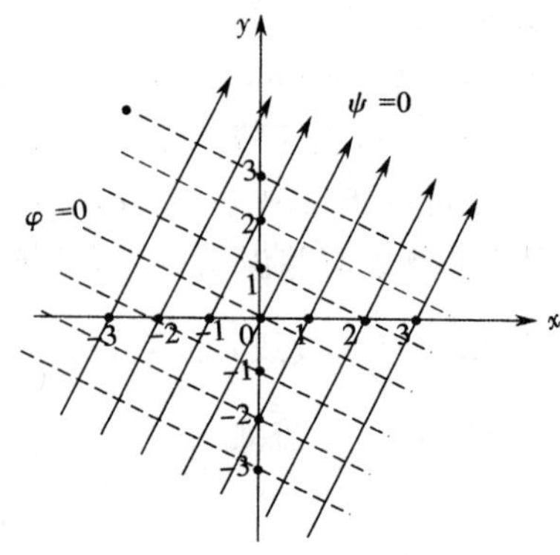

图 4-32 相互正交的等势线簇与等流函数经（流线）簇

**4. 流网及其性质**

在恒定的平面势流中，由一簇等势线（即等 $\varphi$ 线）和一簇等流函数线（即等 $\psi$ 线）所组成的正交网格，叫做流网，如图 4-31 所示。流网具有下列两个性质。

（1）组成流网的等流函数线即流线与等势线互相垂直。这在介绍流速势函数 $\varphi$ 与流函数 $\psi$ 的关系时予以证明。

（2）流网中每一网格的边长之比 $\left(\frac{ds}{dn}\right)$，等于流速势函数 $\varphi$ 与流函数 $\psi$ 的增值之比 $\left(\frac{d\varphi}{d\psi}\right)$；如取 $d\varphi=d\psi$，则网格成正方形。

在前面介绍流速势函数 $\varphi$ 的第二个物理性质时，已经证明了：流速势函数 $\varphi$ 值沿流线方向增加，且 $d\varphi=u ds$（见式 4-44）。

如两条相邻流线的距离为 $dn$，如图 4-33 所示。则根据流函数的特性，式(4-51) $d\psi=dq$，而 $dq=udn$，所以

$$d\psi=udn \tag{4-56}$$

由式(4-44)和式(4-56)得

$$\frac{d\varphi}{d\psi}=\frac{ds}{dn} \tag{4-57}$$

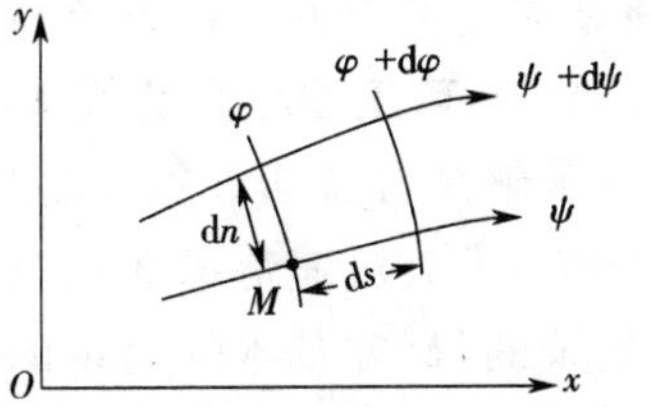

图 4-33　流网中的网络

在绘制流网时，常数 $d\varphi=d\psi$，则 $ds=dn$，这样，所有网格都为正方形。

根据上述流网的两个特性，可以用流网表明流动的情况，求得流场的流速分布与压强分布。

因为任何两条相邻流线之间的流量 $dq=d\psi$ 是一个常数，所以任何网格中的流速

$$u=\frac{dq}{dn}$$

流速 $u$ 与 $dn$ 成反比，即两处的流速之比为

$$\frac{u_1}{u_2}=\frac{dn_2}{dn_1}$$

在流网里可以量出各处的 $dn$ 值，再根据上式即可得出流速的相对变化关系。如有一点的流速为已知，则可得出各点流速的数值。可以看出：当两条流线的间距愈大，则流速愈小；若间距愈小，则流速愈大。所以流网图形可以清晰地表明流速分布的情况。

压强分布则可由能量方程求得。恒定平面势流中任何两点之间都必须满足下述能量关系，即伯努利方程

$$z_1+\frac{p_1}{\rho g}+\frac{u_1^2}{2g}=z_2+\frac{p_2}{\rho g}+\frac{u_2^2}{2g}$$

当两点的位置高度 $z_1$ 和 $z_2$ 为已知，流速 $u_1$ 和 $u_2$ 已通过流网求出时，则两点的压强差为

$$\frac{p_1-p_2}{\rho g}=\frac{\Delta p}{\rho g}=z_2-z_1+\frac{u_2^2-u_1^2}{2g}$$

如果有一点的压强为已知，即可按上式求得其他各点的压强。

由此可知，通过流网可以解决恒定平面势流的问题。流网之所以能给出恒定平面势流的流场情况，是因为流网就是拉普拉斯方程在一定边界条件下的图解。在特定的边界条件下，拉普拉斯方程只能有一个解。根据流网的性质和特定的边界条件，只能绘出一个流网，所以流网能给出唯一的正确解答。

## 4.5.2 基本的简单的平面势流及其叠加原理

解决恒定平面势流问题，除了上述流网的图解法以外，还可以根据势流叠加原理（将基本的简单的平面势流叠加）以解决实际的复杂的势流问题。

**1. 不可压缩流体的基本平面势流**

求解拉普拉斯方程在复杂的边界条件下是很困难的，但对于一些简单的基本平面势流，求其流速势函数和流函数并不困难。一般在实际工程问题中的势流都是比较复杂的，研究基本的简单的平面势流的意义，在于通过把已知的基本的简单的势流恰当地叠加，使其组合成符合给定边界条件的工程中未知的实际的复杂的势流，以使问题能够得到解决。下面介绍几个基本的简单平面势流。

**1）均匀直线流**

流体做均匀等速的平行直线运动，即为均匀直线流或称均匀等速流。

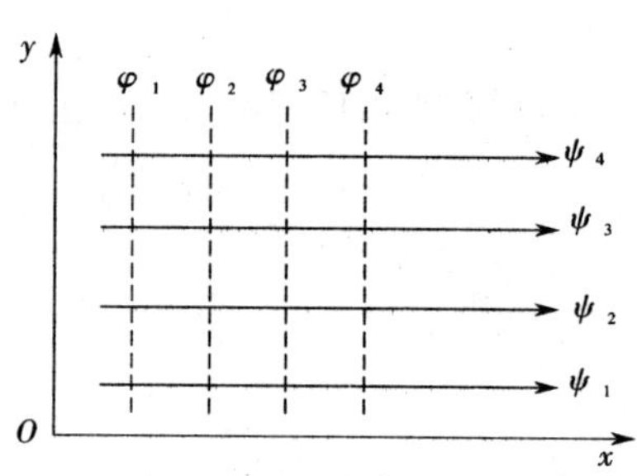


图 4-34 均匀直线流

设有一流场，其速度分布为 $u_x=u_0=$ 常数，$u_y=0$。现讨论其运动，因为 $u_z=0$ 故为平面流动。在该平面流动中 $u_y=0$，只有 $x$ 方向分速且 $u_x=u_0=$ 常数，所以该流动为流线平行于 $x$ 轴的均匀等速直线运动如图 4-34 所示。

由于 $u_x=u_0=$ 常数，$u_y=0$，则 $\frac{\partial u_x}{\partial x}+\frac{\partial u_y}{\partial y}=0$ 满足连续性方程，存在流函数 $\psi$，因

$$\frac{\partial \psi}{\partial y}=u_x=u_0,\quad \frac{\partial \psi}{\partial x}=-u_y=0$$

所以
$$\mathrm{d}\psi=\frac{\partial \psi}{\partial x}\mathrm{d}x+\frac{\partial \psi}{\partial y}\mathrm{d}y=u_0\,\mathrm{d}y$$

积分得
$$\psi=\int u_0\,\mathrm{d}y=u_0 y+C_1$$

因
$$\frac{\partial \varphi}{\partial x}=u_x=u_0,\quad \frac{\partial \varphi}{\partial y}=u_y=0$$

所以
$$\mathrm{d}\varphi=\frac{\partial \varphi}{\partial x}\mathrm{d}x+\frac{\partial \varphi}{\partial y}\mathrm{d}y=u_0\,\mathrm{d}x$$

积分得
$$\varphi=\int u_0\,\mathrm{d}x=u_0 x+C_2$$

积分常数 $C_1$、$C_2$ 可任意选定，不影响其速度场，令它们等于零，则得到表示流动的流速势和流函数的形式

$$\begin{cases}\varphi=u_0x & (4\text{-}58)\\ \psi=u_0y & (4\text{-}59)\end{cases}$$

而等势线 $\varphi=$常数，即 $u_0x=$常数，等流函数线（流线）$\psi=$常数，即 $u_0y=$常数，所以等势线和流线分别为平行于 $y$ 轴和 $x$ 轴的直线，且互相垂直。

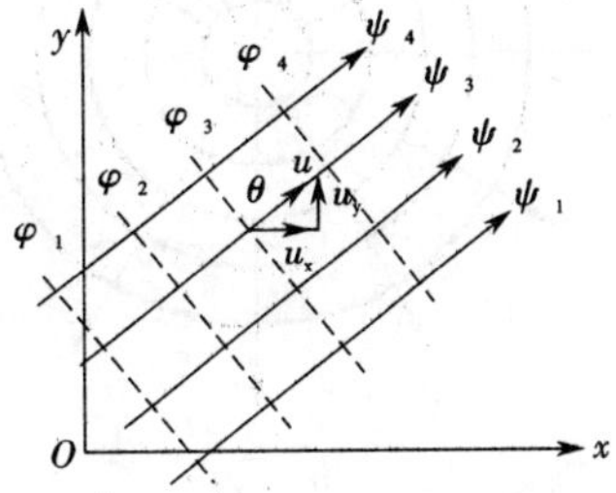

图 4-35　平面均匀流分场

**【例 4-15】** 设平面均匀流场的速度为 $u$，均匀流与 $x$ 轴的夹角为 $\theta$ 如图 4-35 所示。试求流速势函数 $\varphi$ 和流函数 $\psi$。

**【解】** 流速 $u$ 在 $x$、$y$ 轴方向的流速分量分别为 $u_x=u\cos\theta$，$u_y=u\sin\theta$，因

$$\mathrm{d}\varphi=\frac{\partial\varphi}{\partial x}\mathrm{d}x+\frac{\partial\varphi}{\partial y}\mathrm{d}y=u_x\mathrm{d}x+u_y\mathrm{d}y=u\cos\theta\mathrm{d}x+u\sin\theta\mathrm{d}y$$

积分得

$$\varphi=\int u\cos\theta\mathrm{d}x+\int u\sin\theta\mathrm{d}y=ux\cos\theta+uy\sin\theta+C_1$$
$$=u(x\cos\theta+y\sin\theta)+C_1$$

因

$$\mathrm{d}\psi=\frac{\partial\psi}{\partial x}\mathrm{d}x+\frac{\partial\psi}{\partial y}\mathrm{d}y=-u_y\mathrm{d}x+u_x\mathrm{d}y=u\cos\theta\mathrm{d}y-u\sin\theta\mathrm{d}x$$

积分得

$$\psi=\int u\cos\theta\mathrm{d}y-\int u\sin\theta\mathrm{d}x=uy\cos\theta-ux\sin\theta+C_2$$
$$=u(y\cos\theta-x\sin\theta)+C_2$$

令积分常数 $C_1$、$C_2$ 均为零，则得

$$\begin{cases}\varphi=u(x\cos\theta+y\sin\theta)\\ \psi=u(y\cos\theta-x\sin\theta)\end{cases}$$

等势线和等流函数线的分布，如图 4-35 所示。

**2）源与汇**

在水平的无限平面内，流体从某一点 $O$ 沿径向直线均匀地向各方向流出，称作源，流出点 $O$ 称作源点，如图 4-36(a)所示。泉眼中的水流向四周各方向的流动，可以看作是源的例子。

在水平的无限平面内，流体沿径向直线均匀地从各方向某一点 $O$ 流入，称作汇，汇入点 $O$ 称为汇点，如图 4-36(b)所示。地下水从四周向井中汇集，可作为汇的例子。

下面推求源与汇的流速势函数 $\varphi$ 和流函数 $\psi$ 的表达式。

将坐标原点作为源点（或汇），设流体通过以源点（或汇点）为圆心的任一圆柱面的单宽流量为 $q$（指垂直于 $xOy$ 流动平面，沿 $z$ 轴方向取单位宽度圆柱面所通过的流量），称 $q$ 为源（或汇）的强度（以 $q>0$ 代表源，$q<0$ 表示汇）。以极坐标表示距离圆心 $O$ 点为 $r$ 处的 $M$ 点的流速（也可用直角坐标表示，这类问题用极坐标较为方便）：

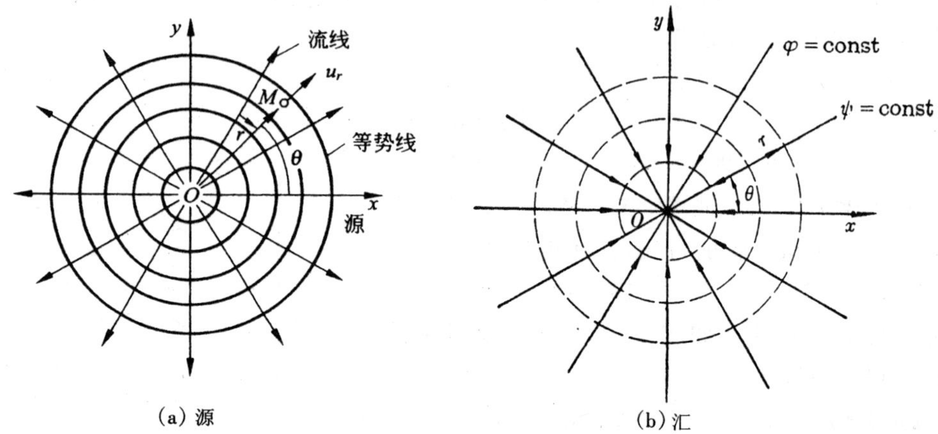


图 4-36 源和汇

径向流速 $u_r=\frac{q}{2\pi r}$，切向流速 $u_\theta=0$。

根据 $\mathrm{d}\varphi$ 的极坐标表示式

$$\mathrm{d}\varphi=\frac{\partial\varphi}{\partial r}\mathrm{d}r+\frac{\partial\varphi}{r\partial\theta}r\,\mathrm{d}\theta=u_r\mathrm{d}r+u_\theta r\,\mathrm{d}\theta$$

而

$$u_r=\frac{q}{2\pi r},\quad u_\theta=0$$

积分得

$$\begin{aligned}\varphi&=\int\frac{\partial\varphi}{\partial r}\mathrm{d}r+\int\frac{\partial\varphi}{r\partial\theta}r\,\mathrm{d}\theta=\int u_r\mathrm{d}r+\int u_\theta r\,\mathrm{d}\theta\\&=\int\frac{q}{2\pi r}\mathrm{d}r=\frac{q}{2\pi}\ln r+C_1\end{aligned}$$

同理，流函数

$$\mathrm{d}\psi=\frac{\partial\psi}{\partial r}\mathrm{d}r+\frac{\partial\psi}{r\partial\theta}r\,\mathrm{d}\theta=-u_\theta\mathrm{d}r+u_r r\,\mathrm{d}\theta$$

积分得

$$\psi=\int\frac{\partial\psi}{\partial r}\mathrm{d}r+\int\frac{\partial\psi}{r\partial\theta}r\,\mathrm{d}\theta=\int-u_\theta\mathrm{d}r+\int u_r r\,\mathrm{d}\theta=\int r\frac{q}{2\pi r}\mathrm{d}\theta=\frac{q}{2\pi}\theta+C_2$$

令 $C_1=C_2=0$，得

$$\begin{cases}\varphi=\dfrac{q}{2\pi}\ln r & (4\text{-}60)\\[2mm]\psi=\dfrac{q}{2\pi}\theta & (4\text{-}61)\end{cases}$$

等势线：$\varphi=C$ 即 $r=C$，是一簇半径不同的同心圆。

流线：$\psi=C$ 即 $\theta=C$，是一簇从圆心出发的半射线。

实际上源与汇的 $\varphi$ 和 $\psi$ 函数表达式及径向流速 $u_r$ 的表达式，其形式完全相同，只是符号相反。因为已经规定了源与汇的强度 $q$ 的正负，所以即可用统一的表达式(4-60)和式(4-61)表示。

由于 $q$ 具有一定的大小，当 $r=0$ 时，源或汇的流速势 $\varphi$ 和速度 $u_r$ 均为正无穷大或负无穷大，源点或汇点是奇点，所以速度势和速度的表示式只有在源点或汇点以外才能使用。实际上，人们关心的是 $r>0$ 区域内的流场，所以 $r=0$ 处的奇异性并不重要。

**3）自由涡（势涡）**

流线为同心圆的流动称为涡。涡有强迫涡和自由涡之分。当各流体微团绕某公共轴像刚体一样旋转，同时微团又绕自身的瞬时轴旋转，做有旋流动时，称为强迫涡。例如旋转容器中相对平衡的流体运动就是强迫涡。当各微团绕某公共轴旋转，而微团本身的方位保持不变，即微团本身没有绕自身瞬时轴的旋转，为无旋流动时，称为自由涡。当自由涡的涡核为强迫涡，而周围是自由涡时，称为组合涡。组合涡的涡核部分或为急速旋转的空气（例如旋风），或为旋转的流体或固体，而涡核以外为无旋的自由涡（例如旋风的外围）。在平面运动的情况下，如果涡核部分缩为一点，则该组合涡称为点涡。

以下研究点涡的流速势函数 $\varphi$ 与流函数 $\psi$。

以涡核的涡通量为 $I$ 的二维平面流动的点涡为例，如图 4-37 所示，采用极坐标进行分析。由于点涡的流线为一簇同心圆，因此，任一点$(r,\theta)$的径向流速 $u_r=0$，切向流速 $u_\theta=u_\theta(r)$。沿流线的速度环量为

$$\Gamma=\oint \boldsymbol{u}\cdot \mathrm{d}\boldsymbol{l}=\oint (u_r \mathrm{d}r+u_\theta r\,\mathrm{d}\theta)=\oint u_\theta r\,\mathrm{d}\theta=2\pi r u_\theta$$

由此可得

$$u_\theta=\frac{\Gamma}{2\pi r}$$

根据斯托克斯定理，$\Gamma=I$，所以切向速度

$$u_\theta=\frac{I}{2\pi r} \tag{4-62}$$

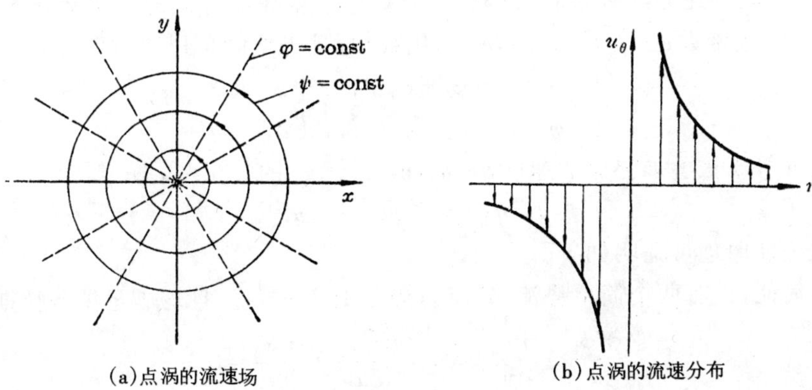


(a)点涡的流速场　　(b)点涡的流速分布

**图 4-37 点涡**

可见速度矢量与半径正交，其大小与半径成反比，也就是说速度沿径向按双曲线规律变化，如图 4-37(b)所示。在原点 $r=0$，$u=\infty$，该处是个奇点。

流速势函数

$$\mathrm{d}\varphi=\frac{\partial\varphi}{\partial r}\mathrm{d}r+\frac{\partial\varphi}{r\partial\theta}r\,\mathrm{d}\theta=u_r\,\mathrm{d}r+u_\theta r\,\mathrm{d}\theta=\frac{I}{2\pi r}r\,\mathrm{d}\theta$$

积分，得

$$\varphi=\int u_r\,\mathrm{d}r+u_\theta r\,\mathrm{d}\theta=\int\frac{I}{2\pi r}r\,\mathrm{d}\theta=\frac{I}{2\pi}\theta+C_1$$

流函数

$$\mathrm{d}\psi=\frac{\partial\psi}{\partial r}\mathrm{d}r+\frac{\partial\psi}{r\partial\theta}r\,\mathrm{d}\theta=-u_\theta\,\mathrm{d}r+u_r r\,\mathrm{d}\theta=-\frac{I}{2\pi r}\mathrm{d}r$$

积分，得

$$\psi=\int(-u_\theta\mathrm{d}r+u_r r\,\mathrm{d}\theta)=\int-\frac{I}{2\pi r}\mathrm{d}r=-\frac{1}{2\pi}\ln r+C_2$$

令 $C_1=C_2=0$，得

$$\begin{cases}\varphi=\dfrac{I}{2\pi}\theta & (4\text{-}63)\\[2ex] \psi=-\dfrac{1}{2\pi}\ln r & (4\text{-}64)\end{cases}$$

等势线 $\varphi=C_1$，即 $\theta=$常数，为过涡核中心的一簇径向射线。

流线 $\psi=C_2$，即 $r=$常数，为以涡核中心为圆心的一簇同心圆。

**2. 势流叠加原理**

势流的基本方程——拉普拉斯方程是线性微分方程，其重要特性是它们的解可以叠加，叠加后得到的新解也满足拉普拉斯方程。而流速势函数 $\varphi$ 和流函数 $\psi$ 均满足拉普拉斯方程(是其解)，故也可以叠加。据此，就得到了势流的一个重要特性——可叠加性，即势流的叠加原理，几个简单的势流叠加组合而成的复杂的流动仍为势流，该新势流的流速势函数 $\varphi$ 和流函数 $\psi$ 分别等于被叠加势流的流速势函数 $\varphi_1,\varphi_2,\varphi_3,\ldots,\varphi_n$ 和流函数 $\psi_1,\psi_2,\psi_3,\ldots,\psi_n$ 的代数和，且仍然满足拉普拉斯方程，即

$$\varphi=\varphi_1+\varphi_2+\varphi_3+\ldots+\varphi_n \tag{4-65}$$

$$\psi=\psi_1+\psi_2+\psi_3+\ldots+\psi_n \tag{4-66}$$

它的速度 $\boldsymbol{u}$ 等于被叠加势流的速度 $\boldsymbol{u}_1,\boldsymbol{u}_2,\boldsymbol{u}_3,\ldots,\boldsymbol{u}_n$ 的矢量和，即

$$\boldsymbol{u}=\boldsymbol{u}_1+\boldsymbol{u}_2+\boldsymbol{u}_3+\cdots,\boldsymbol{u}_n \tag{4-67}$$

上述势流叠加原理可证明如下。

为了简便，设有两个简单势流，其流速势分别为 $\varphi_1,\varphi_2$，且均满足拉普拉斯方程

$$\frac{\partial^2\varphi_1}{\partial x^2}+\frac{\partial^2\varphi_1}{\partial y^2}=0,\quad \frac{\partial^2\varphi_2}{\partial x^2}+\frac{\partial^2\varphi_2}{\partial y^2}=0$$

因为

$$\frac{\partial^2\varphi}{\partial x^2}+\frac{\partial^2\varphi}{\partial y^2}=\frac{\partial^2(\varphi_1+\varphi_2)}{\partial x^2}+\frac{\partial^2(\varphi_1+\varphi_2)}{\partial y^2}$$

$$=\left(\frac{\partial^2\varphi_1}{\partial x^2}+\frac{\partial^2\varphi_1}{\partial y^2}\right)+\left(\frac{\partial^2\varphi_2}{\partial x^2}+\frac{\partial^2\varphi_2}{\partial y^2}\right)=0$$

所以叠加后的新的流速势函数 $\varphi$ 仍然满足拉普拉斯方程。

同理，可以证明叠加后所得势流的流函数 $\psi$ 也等于被叠加势流的流函数 $\psi_1$、$\psi_2$ 的代数和。

势流的叠加意味着流速场的几何相加，也就是说，叠加后所得势流任一点的流速矢量等于被叠加势流在该点的流速矢量之和。

因为
$$\frac{\partial\varphi}{\partial x}=\frac{\partial(\varphi_1+\varphi_2)}{\partial x}=\frac{\partial\varphi_1}{\partial x}+\frac{\partial\varphi_2}{\partial x}$$

所以
$$u_x=u_{x1}+u_{x2}$$

同理
$$u_y=u_{y1}+u_{y2}$$

故
$$\boldsymbol{u}=\boldsymbol{u}_1+\boldsymbol{u}_2 \tag{4-68}$$

上述证明可以推广到两个以上势流的叠加。

在工程实际中，常利用势流叠加原理解决某些复杂的势流问题，并已形成了一套求解势流的叠加方法，例如多孔泄流时吸入区流场的分析、物体环绕的研究等。势流叠加原理为复杂的势流分析提供了较简便的途径。现举例说明势流叠加原理的应用。

**【例 4-16】** 已知有一强度为 $q$ 的平面源，位于坐标的原点 $O$ 上，另有一平面均匀平行水流，其流速大小为 $U$，沿 $x$ 轴方向流动，与此源相遇，如图 4-38 所示。均匀平行直线流与源相叠加以后，形成一个新的流动，称为二维平面钝体绕流，试求该新流动的流速势函数 $\varphi$ 和流函数 $\psi$；驻点的位置与钝体轮廓线方程（即通过驻点的流线方程）；分析新流动的流线特点。

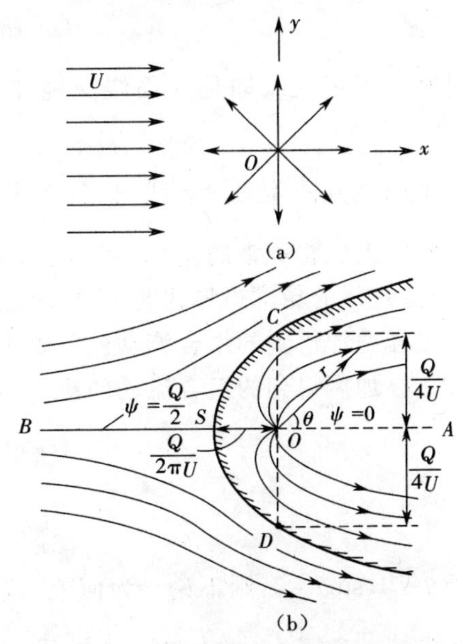


**图 4-38　点源与均匀等速流的叠加**

(a)叠加前的源与平面平行水流；

(b)叠加后的二维平面钝体绕流

**【解】** 均匀平行直线流的流速势和流函数按式(4-58)、式(4-59)有

$$\varphi_1=Ux=Ur\cos\theta$$

$$\psi_1=Uy=Ur\sin\theta$$

源的流速势和流函数按式(4-60)、式(4-61)有

$$\varphi_2=\frac{q}{2\pi}\ln r$$

$$\psi_2=\frac{q}{2\pi}\theta$$

二者叠加后，得到的新势流的流速势和流函数分别为

$$\varphi=\varphi_1+\varphi_2=Ur\cos\theta+\frac{q}{2\pi}\ln r \tag{4-69}$$

$$\psi=\psi_1+\psi_2=Ur\sin\theta+\frac{q}{2\pi}\theta \tag{4-70}$$

叠加前、后的流线图形分别如图 4-38(a)、(b)所示。

对于流速等于零的驻点 $S$，其位置可确定如下。

由
$$u_r=\frac{\partial\varphi}{\partial r}=0$$

按式(4-69)得

$$\frac{\partial\varphi}{\partial r}=U\cos\theta+\frac{q}{2\pi}\frac{1}{r}=0$$

所以
$$r=-\frac{q}{2\pi}\frac{1}{U\cos\theta}$$

现 $\theta=\pi$，故得
$$r=\frac{q}{2\pi U}$$

所以驻点 $S$ 的位置坐标为

$$r=\frac{q}{2\pi U},\quad \theta=\pi$$

在通过驻点 $S$ 的流线上 $\theta=\pi$，则

$$\psi=Ur\sin\theta+\frac{q}{2\pi}\theta=0+\frac{q\pi}{2\pi}=\frac{q}{2}$$

因此该流线方程为

$$Ur\sin\theta+\frac{q}{2\pi}\theta=\frac{q}{2}$$

通过驻点 $S$ 的流线即是平面绕流钝体的轮廓线，所以上式也就是钝体的轮廓线方程。

平面绕流钝体的轮廓线，也就是通过驻点 $S$ 的流线，是一条 $\psi=\frac{q}{2}$ 的流线，这条流线实际上已将原来的均匀平行流与源流划分为两部分，如图 4-38 中用固体边界(即绕流钝体的轮廓边界代替的这条流线，在理想流体边界外部的流动并不受影响，所以这样叠加得到的组合流动就反映了二维平面钝头流线体的绕流流场。

在叠加后得到的组合流动的流场中，其中 $\psi=0$ 的流线(即零流线)方程为

$$Ur\sin\theta+\frac{q}{2\pi}\theta=0$$

或
$$\frac{q}{2\pi}\theta=-Ur\sin\theta$$

对于 $\theta=0$，$\sin\theta=0$，则不论 $r$ 为何值，该方程都能满足。故通过原点的水平线 $OA$ 是零流线的一个解。$\psi=\frac{q}{2}$ 的流线方程，也就是通过驻点 $S$ 的流线，即平面绕流钝体的轮廓线方程为

$$Ur\sin\theta+\frac{q}{2\pi}\theta=\frac{q}{2}$$

或
$$Ur\sin\theta+\frac{q}{2\pi}(\theta-\pi)=0$$

对于 $\theta=\pi$，$\sin\theta=0$，上式对于任何 $r$ 值都满足，故水平线 $BS$ 是 $\psi=\frac{q}{2}$ 流线的一部分，即是通过驻点 $S$ 的流线的一部分，对于 $\theta=+\frac{\pi}{2}$、$+\frac{3\pi}{2}$，在 $\psi=\frac{q}{2}$ 流线上相应点的 $r$ 值为

$$r=\frac{1}{U\sin\theta}\frac{q}{2}\left(1-\frac{\theta}{\pi}\right)=+\frac{q}{4U}$$

即图 4-38(b)中的 $C$、$D$ 两点。该两点在通过驻点 $S$ 的流线上，也就是在平面绕流钝体的轮廓线上，以 $x$ 轴为对称轴，左右对称分布，距 $x$ 轴(即是到原点的距离)为 $r=+\frac{q}{4U}$。进一步说明了通过驻点 $S$ 的流线($\psi=\frac{q}{2}$)就是平面绕流钝体的轮廓线。

## 【本章小结】

在前一章已经介绍了流体运动的基本知识、基本观点、分析方法的基础上，本章重点在于以下几点。

(1) 建立了控制流体运动的微分方程组，即理想流体运动微分方程(欧拉运动微分方程)和实际流体运动微分方程(纳维—斯托克斯方程)。重点对理想流体运动微分方程，从一点的应力状态开始，对其原理、推导思路、推导过程、方程的表达形式和物理意义等进行了较全面的分析和介绍。

(2) 求解微分形式的基本方程，可得其流动参数在流场中的分布，给出流场的细节。主要是对理想流体运动微分方程的伯努利积分，即在有势质量力作用下的不可压缩的理想流体恒定流动沿流线的积分，进行了较全面的分析和介绍。

(3) 在伯努利积分的基础上建立了理想流体的伯努利方程——元流的能量方程。对方程及其各项的物理意义、几何意义，应用条件等进行了较全面的分析和介绍。

(4) 在理想流体元流能量方程的基础上，进一步得到了实际流体元流的能量方程，进而推导并建立了总流的伯努利方程(即能量方程)。

$$z_1+\frac{p_1}{\rho g}+\frac{\alpha_1 v_1^2}{2g}=z_2+\frac{p_2}{\rho g}+\frac{\alpha_2 v_2^2}{2g}+h_W$$

对它的推导，整个方程及其各项的物理意义和几何意义，方程的应用及应用条件，以及它的扩展应用等进行了较全面的分析和介绍。学习这一部分应该结合方程的推导和运用，深入理解伯努利方程的应用条件，掌握方程的能量意义和几何意义。

(5) 根据动量守恒原理，应用总流分析法，推导并建立了适合流体运动的恒定总流动量方程

$$\sum \boldsymbol{F}=\rho Q(\alpha_{02}\boldsymbol{v}_2-\alpha_{01}\boldsymbol{v}_1)$$

对此方程的推导，方程的物理意义，方程的应用以及应用的条件和方法等进行了较全

面的分析和介绍。学习这部分内容，关键是要掌握矢量方程的运算特点和控制体的正确选取，以及正确理解在运动流体当中动量改变的表示方法。

总流的连续性方程、伯努利方程（能量方程）和动量方程是工程流体力学中应用最广的三个基本方程。它们分别是自然界一切运动物质都必须遵循的普遍规律：质量守恒、能量守恒与转化和动量守恒等基本原理在流体力学中的具体表达形式。是本课程中最基本，也是最重要的内容。

（6）简要地介绍了平面势流理论。重点是对流速势函数 $\varphi$ 及平面流动中的流函数 $\psi$ 的表现形式，存在条件和物理性质以及它们之间的关系和势流叠加原理等方面，并简要地介绍了流网及其特性。学习这部分内容，应掌握其基本概念、基本原理，要了解解决平面势流问题的方法和途径，了解研究势流的重要实际意义。

## 【思考题】

4-1 欧拉运动微分方程式 $X-\frac{1}{\rho}\frac{\partial p}{\partial x}=\frac{\mathrm{d}u_x}{\mathrm{d}t}$ 等三式的应用条件是什么？对于理想流体、实际流体、可压缩流体、不可压缩流体、恒定流、非恒定流、有旋流动、无旋流动是否都适用？为什么？

4-2 伯努利积分的条件是什么？N-S 方程的适用条件是什么？方程本身和其中各项的物理意义是什么？实际流体流动中，一点的应力状态应如何表示？

4-3 渐变流的特征是什么？是不是无论什么条件下皆是如此？

4-4 试说明总流伯努利方程 $z_1+\frac{p_1}{\rho g}+\frac{\alpha_1 v_1^2}{2g}=z_2+\frac{p_2}{\rho g}+\frac{\alpha_2 v_2^2}{2g}+h_{\mathrm{w}}$ 各项的物理意义和几何意义。

4-5 在写如思 4-4 图中公式所表示的总流能量方程时，其过流断面上的代表点（或称计算点），所取的基准面及压强标准是否可以任意选择？为什么？

4-6 什么是总水头和测压管水头？什么是总水头线和测压管水头线？它们的沿程变化各自有何特点？为什么？什么是水力坡度和测压管坡度？二者在什么情况下相等？

4-7 如思 4-7 图所示，为安装有文丘里管的倾斜管路，通过固定不变的流量 $Q$，文丘里管的入口及喉道接到水银比压计上，其读数为 $\Delta h$，试问管路水平放置时，其读数 $\Delta h$ 是否会改变？为什么？

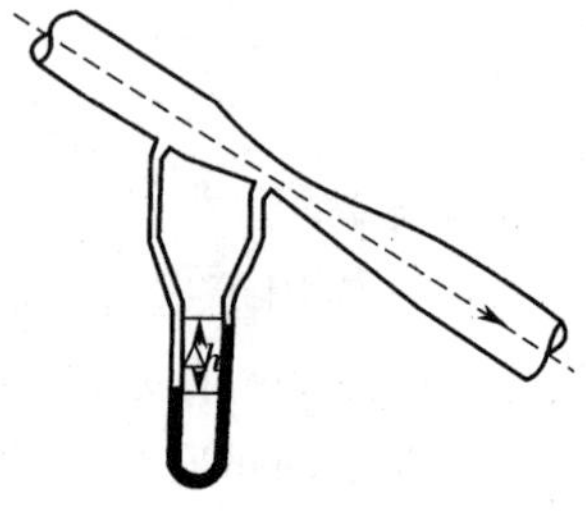

思 4-7 图

4-8 有一如思 4-8 图所示的管路，当管中流量为 $Q$ 时观察到 $A$ 点的玻璃管中的水柱高度为 $h$，试问：当调节阀门 $B$，使管中流量 $Q$ 增大或减小后，玻璃管中是否会出现水流流动现象？如何流动？为什么？

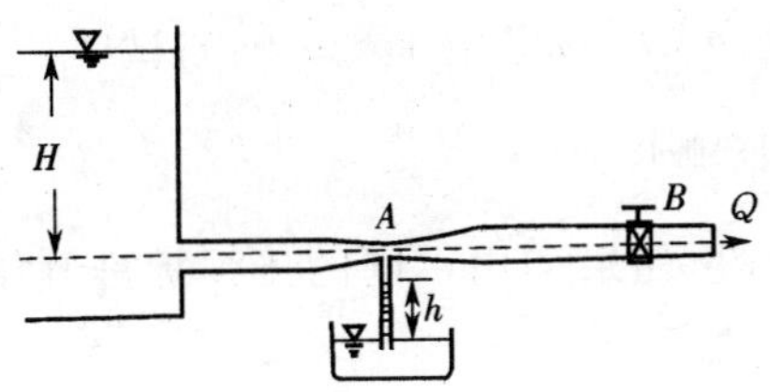


思 4-8 图

4-9　动能修正系数 $\alpha$、动量修正系数 $\alpha_0$ 的物理本质是什么？如何定义的？其物理意义是什么？

4-10　应用总流伯努利方程解题时，在所取的过流断面上，不同点的单位重量流体所具有的机械能是否相等？

4-11　(1) 何为单位重量流体的总机械能？何为断面的总机械能？

(2) 对于如思 4-11 图所示的分叉管道，哪两个断面间可以列单位重量流体的能量方程？哪两个断面不能列？为什么？

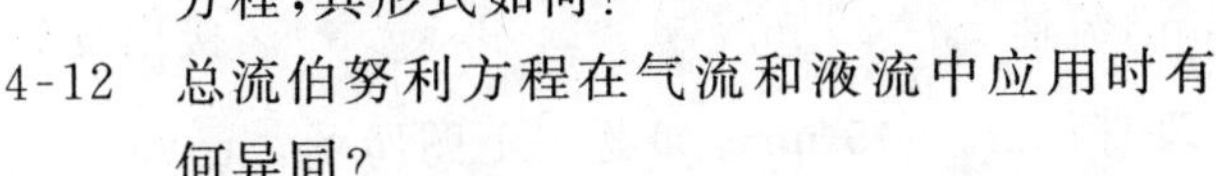

(3) 对于该图如果写断面总机械能的能量方程，其形式如何？

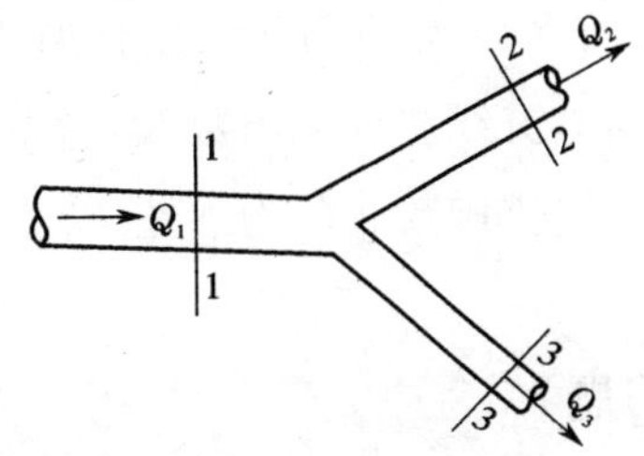


思 4-11 图

4-12　总流伯努利方程在气流和液流中应用时有何异同？

4-13　结合公式的推导，说明总流伯努利方程的应用条件是什么？

4-14　在应用总流动量方程解决实际流动问题时，如何表示前后的动量变化？什么是控制体？如何正确选取控制体？

4-15　有如思 4-15 图所示两个分叉管流，下面两个动量方程对否？为什么？

对于图(a)　$\sum \boldsymbol{F}=\rho Q(\alpha_{02}\boldsymbol{v}_2-\alpha_{01}\boldsymbol{v}_1)$

对于图(b)　$\sum \boldsymbol{F}=\rho Q[(\alpha_{02}\boldsymbol{v}_2+\alpha_{03}\boldsymbol{v}_3)-\alpha_{01}\boldsymbol{v}_1]$

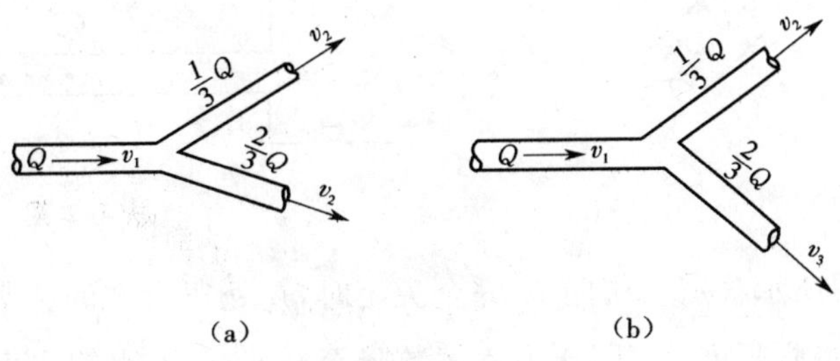


思 4-15 图

4-16 总流的动量方程为 $\sum \boldsymbol{F}=\rho Q(\alpha_{02}\boldsymbol{v}_2-\alpha_{01}\boldsymbol{v}_1)$，试问：

(1) $\sum \boldsymbol{F}$ 中都包括哪些力？

(2) 在计算表面力时，如果采用不同的压强标准其结果是否一样？应如何解决？

(3) 如果由动量方程求得的力为负值说明什么问题？

4-17 结合公式的推导，总结总流动量方程的应用条件和应用注意事项。

4-18 何为平面流动？为什么要引入这一概念？

4-19 (1) 何谓势流？如何判别？

(2) 有旋流动中不存在流速势函数 $\varphi$，那么是否存在有流函数 $\psi$ 呢？为什么？

(3) 流速势函数 $\varphi$ 的量纲是什么？试述 $\varphi$ 函数的物理性质？

(4) 势流为什么能叠加？它对解决实际问题有什么好处？

4-20 流线与等流函数线（等 $\psi$ 线）是一回事吗？二者有何相同与不同之处？试述流函数 $\psi$ 的物理性质。

## 【习题】

4-1 蒸气干管前段直径 $d_0=50$ mm，流速 $v_0=25$ m/s，$\rho_0=2.62$ kg/m$^3$。接出支管直径 $d_2=40$ mm 后，干管后段直径 $d_1=45$ mm，如题 4-1 图所示。已知 $\rho_1=2.24$ kg/m$^3$，$\rho_2=2.30$ kg/m$^3$，如果单位时间流出支管与干管后段的质量相等，求两管末端断面平均流速 $v_1$ 和 $v_2$。

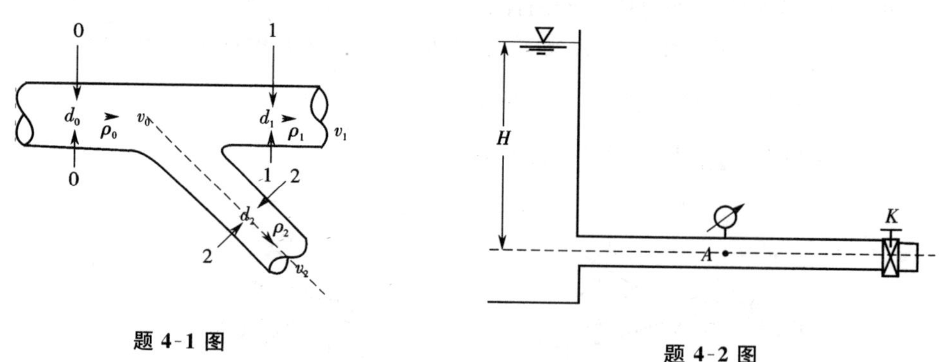


题 4-1 图　　题 4-2 图

4-2 如题 4-2 图所示管道当阀门 $K$ 完全关闭时，$A$ 处压力表的读数为 1.0 at（工程大气压）。将阀门 $K$ 打开，压力表读数降至 0.6 at，若水箱水面高度 $H$ 保持不变，管道内压力表前的水头损失为 0.5 m（水柱），求管中断面平均流速。

4-3　水流通过铅直放置的文丘里流量计，如题 4-3 图所示。已知$d_1=40$ mm，$\frac{d_1}{d_2}=2$，水银比压计读数 $\Delta h=30$ mm，两断面间的水头损失为 $0.05\frac{u_2^2}{2g}$，求流速和流量。

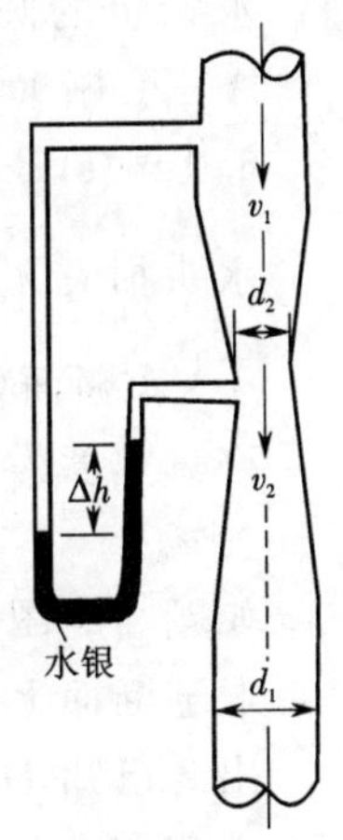

题 4-3 图

4-4　离心式通风机用集流器 $C$ 从大气中吸入空气，如题 4-4 图所示。在直径 $d=200$ mm 的圆截面管道部分接一根玻璃管，管的下端插入水槽中，若玻璃管中的水面升高 $H=150$ mm 时，求每秒钟所吸取的空气量 $Q$。空气密度 $\rho_a=1.29$ kg/m³。

4-5　如题 4-5 图所示的一有压管段，小管直径 $d_A=0.2$ m，大管直径 $d_B=0.4$ m，$A$ 点压强水头为 7 m(水柱高)，$B$ 点压强水头为4 m(水柱高)，已知大管断面平均流速 $v_B=1.0$ m/s，$B$ 比 $A$ 高 1.0 m，求管中水流方向及 $A$、$B$ 两断面间的水头损失。

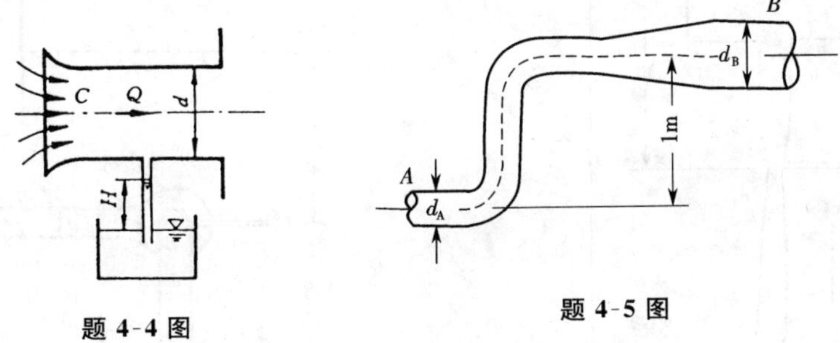

题 4-4 图　　题 4-5 图

4-6　若固定平行平板间液体的断面流速分布为$\frac{u}{u_{max}}=\left(\frac{B/2-y}{B/2}\right)^{\frac{1}{7}}$，$y\geqslant 0$，则总流的动能修正系数为：(A)0.955，(B)1.955，(C)1.045，(D)1.035。

4-7　用直径 $d=0.5$ m 的管道将河水引入集水井如题 4-7 图所示。设水流从河中经水管到集水井的水头损失为 $h_W=5.0\frac{v^2}{2g}$，已知河水位与井水位相差 $H=2.0$ m，求管中的流量。

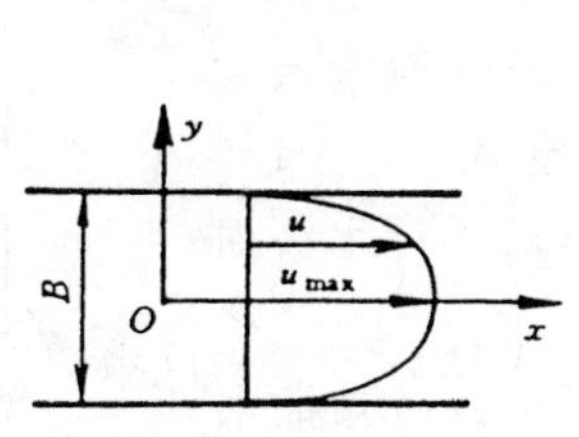

题 4-6 图

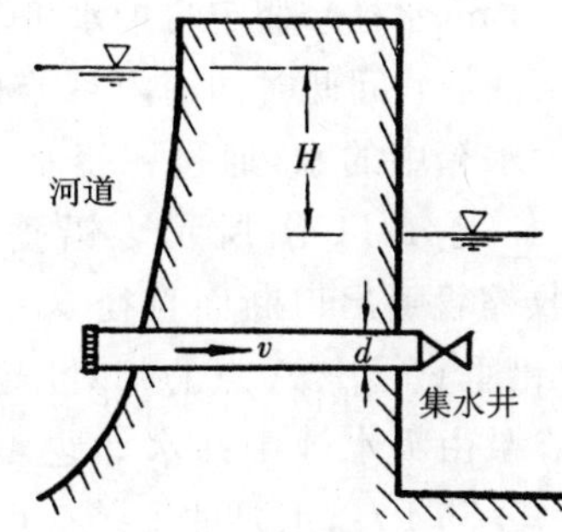

题 4-7 图

4-8 水轮机的圆锥形尾水管如题 4-8 图所示。已知 $A$—$A$ 断面的直径 $d_A=0.6$ m，流速 $v_A=6.0$ m/s，$B$—$B$ 断面的直径 $d_B=0.9$ m，由 $A$ 到 $B$ 水头损失 $h_w=0.15\dfrac{v_A^2}{2g}$。求(1) 当 $z=5.0$ m 时，$A$—$A$ 断面处的真空度；(2) 当 $A$—$A$ 断面处的允许真空度为 5.0 m(水柱)时，$A$—$A$ 断面的最高位置 $z_{max}$。

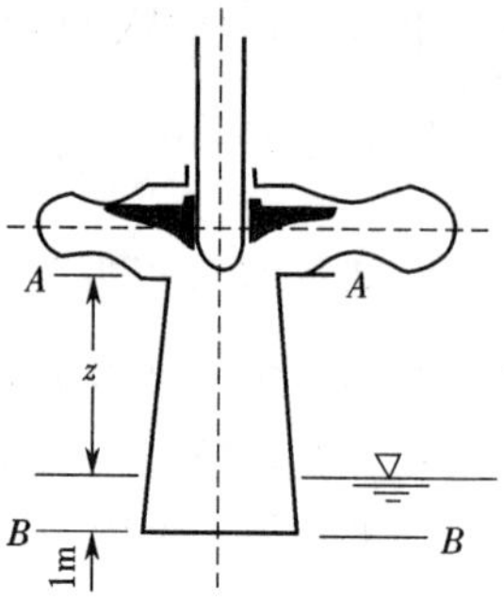

题 4-8 图

4-9 如题 4-9 图所示为一抽水装置。利用喷射水流在喉道断面上造成的负压，可将容器 $M$ 中的积水抽出。已知 $H$、$b$、$h$，如不计水头损失，喉道断面面积 $A_1$ 与喷嘴出口断面面积 $A_2$ 之间应满足什么样的条件才能使抽水装置开始工作？

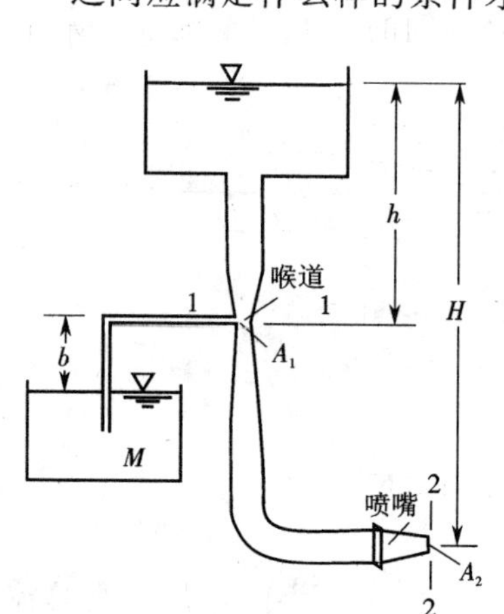


题 4-9 图

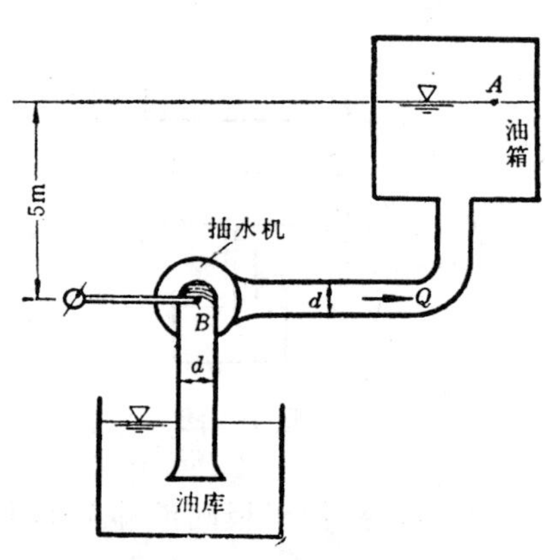


题 4-10 图

4-10 如题 4-10 图所示抽水机功率为 $N=14.7$ kW，效率为 $\eta=75\%$，将 $\rho_0=900$ kg/m$^3$的油从油库送入密闭油箱。已知管道直径 $d=150$ mm，油的流量 $Q=0.14$ m$^3$/s，抽水机进口 $B$ 处压力表指示为$-3$ m(水柱)，假定自抽水机至油箱的水头损失为$h=2.3$ m(油柱)，问此时油箱内 $A$ 点的压强为多少？

4-11 一个大水箱中的水，通过一铅垂管道与收缩管嘴流入大气中，如题 4-11 图所示。铅垂直管的直径 $d_A=100$ mm，收缩管嘴出口断面直径 $d_B=50$ mm，若不计水头损失，求铅垂直管中 $A$ 点的相对压强 $p_A$。

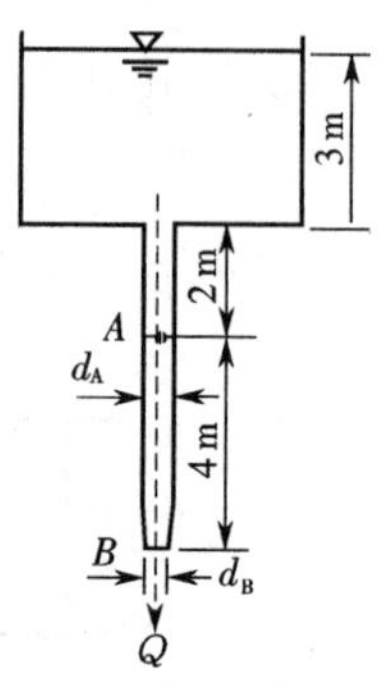


题 4-11 图

4-12 一离心泵由吸水池中抽水如题 4-12 图所示。已知抽水量 $Q=5.56$ L/s，水泵的安装高度 $H_s=5$ m，吸水管直径 $d=100$ mm，吸水管的水头损失 $h_w=0.25$ m(水柱)。试求水泵进口断面 2—2 处的真空度。

4-13　利用毕托管原理量测水管过水断面中心点的流速如题 4-13 图所示。已知水银压差计的读数 $\Delta h=60$ mm，试求该点的流速。

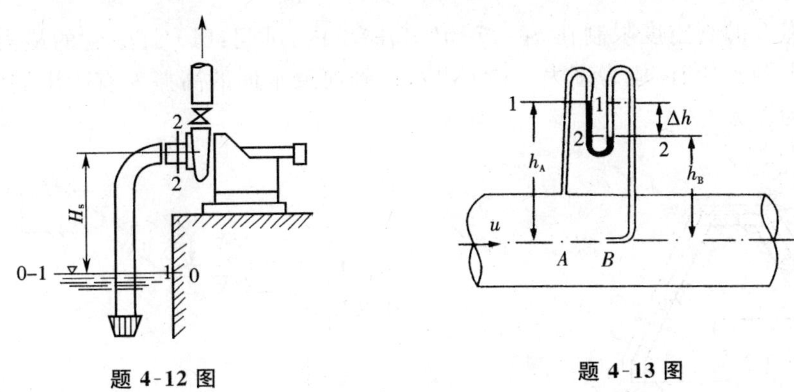


题 4-12 图　　　　题 4-13 图

4-14　已知虹吸管的直径 $d=150$ mm，布置情况如题 4-14 图所示，喷嘴出口直径 $d_2=50$ mm，不计水头损失，求虹吸管的输水流量及管中 $A$、$B$、$C$、$D$ 各点的压强值。

4-15　设空气由炉口 $a$(高程为零)流入，通过燃烧后，废气经 $b$、$c$(高程为 5.0 m)、$d$(高程为 50 m)，由烟囱流入大气，如题 4-15 图所示。已知空气的重度 $\gamma_a=11.8\ \mathrm{N/m^3}$，烟气重度 $\gamma=5.9\ \mathrm{N/m^3}$，由 $a$ 到 $c$ 的压强损失为 $9\gamma\dfrac{v^2}{2g}$，$c$ 到 $d$ 的压强损失为 $20\gamma\dfrac{v^2}{2g}$。试求烟囱出口处烟气速度 $v$ 和 $c$ 处的静压 $p_c$。

4-16　烟囱直径 $d=1.0$ m，通过烟气量 $G=176.2$ kN/h，烟气密度 $\rho=0.7\ \mathrm{kg/m^3}$，周围大气密度 $\rho_a=1.2\ \mathrm{kg/m^3}$，烟囱内的压强损失 $\Delta p_W=0.035\dfrac{H}{d}\dfrac{v^2}{2}$，为保证烟囱底部断面 1 的负压不小于 10 mm(水柱)，烟囱高度 $H$ 应为多大？并求最小 $H$ 时在烟囱半高处(断面 2)的压强值。

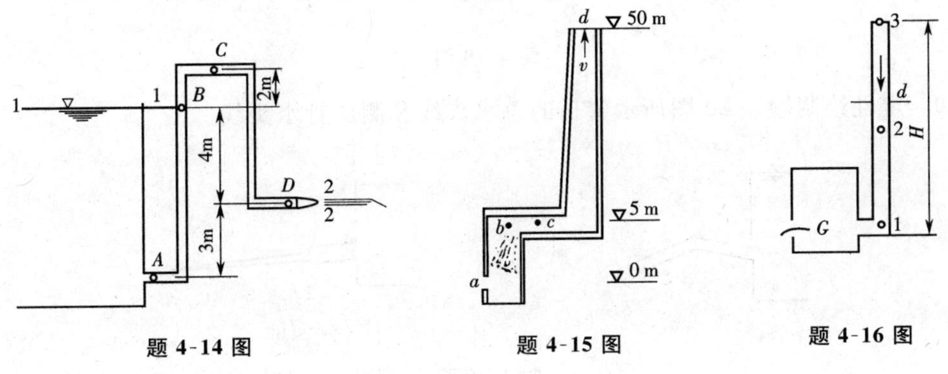


题 4-14 图　　　　题 4-15 图　　　　题 4-16 图

4-17　如题 4-17 图所示一虹吸管，由河道 $A$ 向渠道 $B$ 引水，已知管径 $d=100$ mm，虹吸管断面中心点 2 高出河道水位 $z=2.0$ m，点 1 至点 2 的水头损失为 $h_{w1\text{-}2}=10\dfrac{v^2}{2g}$，点 2 至点 3 的水头损失为 $h_{w2\text{-}3}=2\dfrac{v^2}{2g}$，$u$ 表示管道的断面平均流速。若点 2 的真空度限制在 $h_V=7$ m(水柱)以内，试问：(1) 虹吸管的最大流量有无限制？如有，应为多大？(2) 出水口到河道水面的高差 $h$ 有无限制？如有，应为多大？

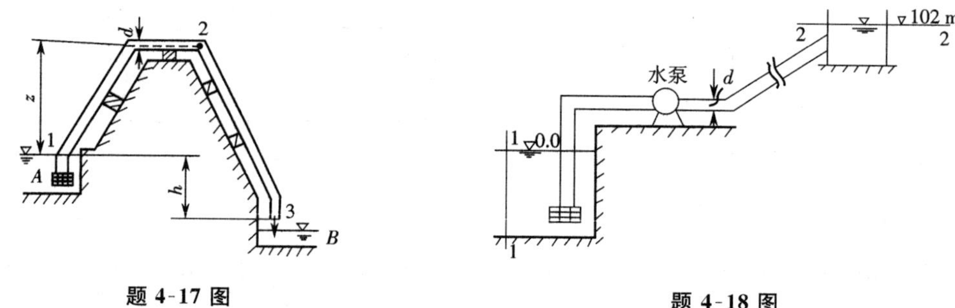


题 4-17 图　　　　题 4-18 图

4-18　有一如题 4-18 图所示的水泵管路系统，已知：流量 $Q=101$ m³/h，管径 $d=150$ mm，管路的总水头损失 $h_{w1\text{-}2}=25.4$ m，水泵的效率 $\eta=75.5\%$，试求：(1) 水泵的扬程 $H_m$；(2) 水泵的功率 $N_p$。

4-19　水轮机的引水钢管末端有一喷嘴，将直径 $d=10$ cm 的水股射入大气中，再冲击水轮机，如题 4-19 图所示。已知喷嘴中心位于水库水位下 $H=200$ m，引水管水头损失为 20 m，水轮机效率为 90%，求该水轮机输出的功率是多少？

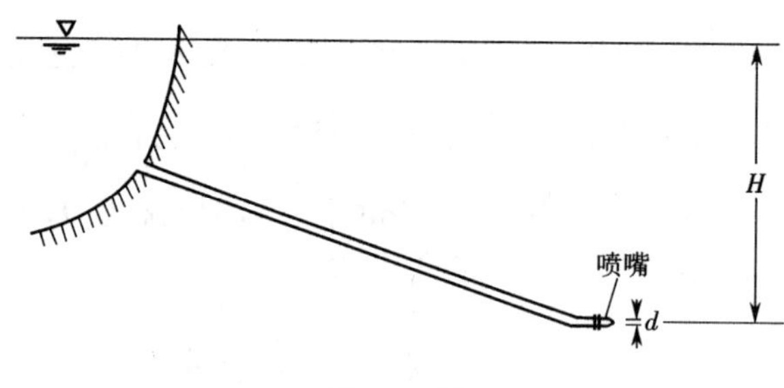


题 4-19 图

4-20　定性绘制题 4-20 图所示管道的总水头线和测压管水头线。

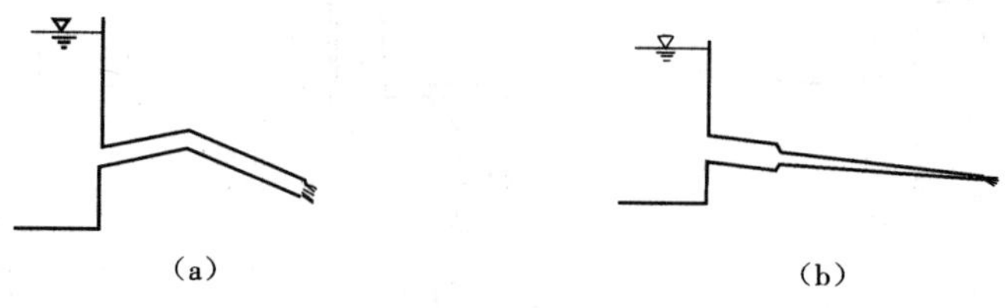


题 4-20 图

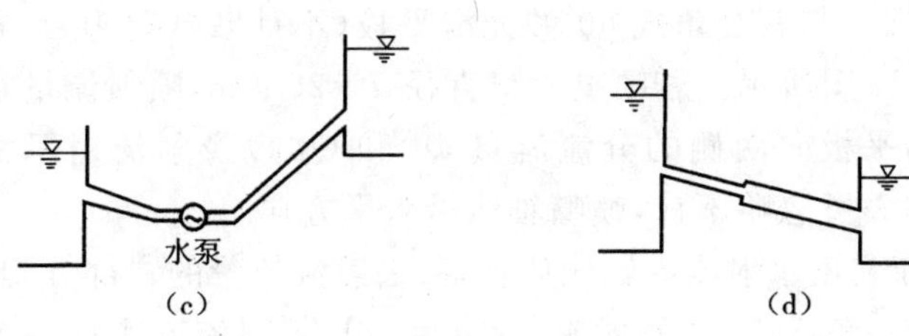


续题 4-20 图

4-21　如题 4-21 图所示，有一变直径弯管，其轴线位于同一水平面上，转角 $\alpha=60°$，管道直径由 $d_A=200$ mm 变为 $d_B=150$ mm，在流量 $Q=0.1\ m^3/s$ 时，压强 $p_A=18\ kN/m^2$，求水流对 $AB$ 段弯管的作用力(不计弯段的水头损失)。

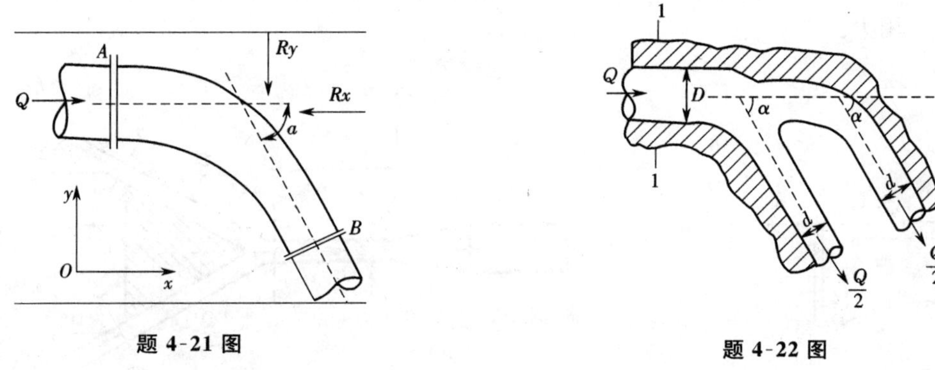


题 4-21 图　　题 4-22 图

4-22　混凝土建筑中的引水分叉管如题 4-22 图所示，各管中心线在同一水平面上，主管直径 $D=3.0$ m，分叉管直径 $d=2.0$ m，转弯角 $\alpha=60°$，通过的总流量 $Q=35\ m^3/s$，断面 1-1 的压强水头 $\frac{p_1}{\gamma}=30$ m(水柱)，如不计水头损失，求水流对建筑物的作用力。

4-23　管道的泄水针阀全开，其位置如题 4-23 图所示。已知管道直径 $d_1=350$ mm，出口直径 $d_2=150$ mm，流速 $v_2=30$ m/s，测得针阀拉杆受力 $F=490$ N，若不计能量损失，连接管道出口段的螺栓群所受到的水平总作用力有多大？是压力还是拉力？

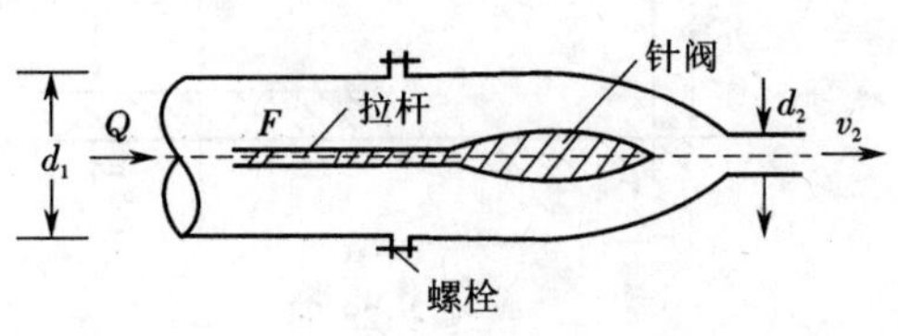


题 4-23 图

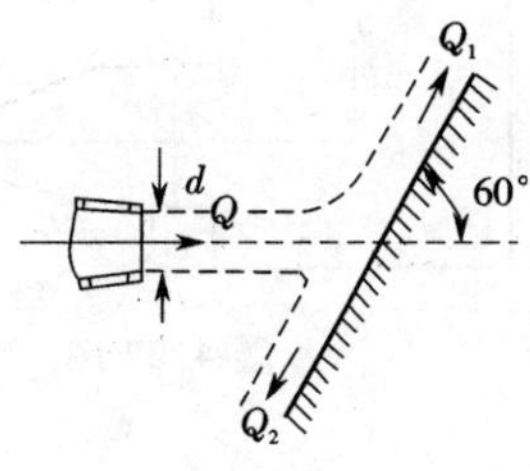


题 4-24 图

4-24 水自喷嘴射向一与其交角成 60°的光滑平板(不计摩擦阻力)。在水平面上的位置如题 4-24 图所示。若喷嘴出口直径 $d$=25 mm,喷射流量 $Q$=33.4 L/s,试求:射流沿平板向两侧的分流流量 $Q_1$ 和 $Q_2$ 以及射流对平板的作用力 $F$(假定水头损失可忽略不计,喷嘴轴线沿水平方向)。

4-25 一平板垂直于自由水射流的轴线放置,截去射流流量的一部分 $Q_1$,并引起剩余部分 $Q_2$ 偏转一角度 $\theta$。已知射流流量 $Q$=36L/s,射流流速 $v$=30 m/s,且 $Q_1$=12 L/s,试求射流对平板的作用力 $R$ 以及射流偏转角 $\theta$(不计摩擦力和重力)。

4-26 有一水管将水流射至一个三角形楔体上,并于楔体顶点处沿水平面($xOy$ 平面)分为两股,其水流的方向分别与 $x$ 轴交角成 30°(即±30°),其平面图如题 4-26 图所示。已知管道出口直径 $d$=8.0 cm,总流量 $Q$=0.05 $m^3/s$,每股流量均为 $Q/2$。设水流通过楔体前后的流速大小不变,求水流对楔体的水平作用力。

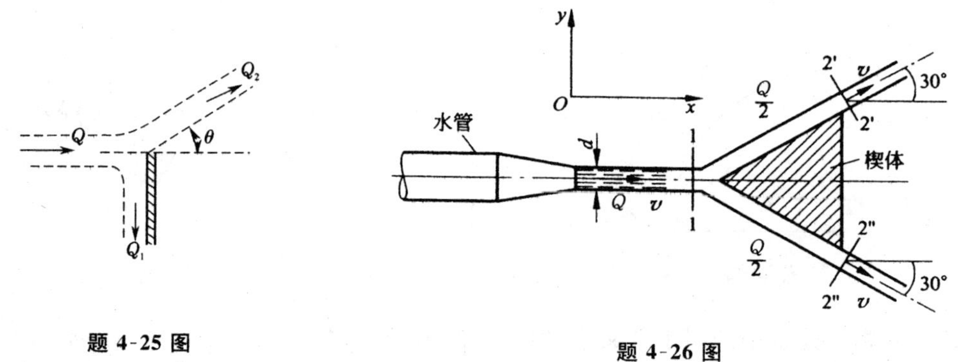


题 4-25 图　　题 4-26 图

4-27 压力容器内的水由喷嘴射出,容器内水位恒定如题 4-27 图所示。已知容器顶部压力表读值 $p_M$=0.5 MPa,喷嘴进口直径 $D$=0.1 m,喷嘴出口直径 $d$=0.05 m,水深 $h$=3.0 m。试求喷嘴连接螺栓所受的总拉力(不计喷嘴重及水重的影响)。

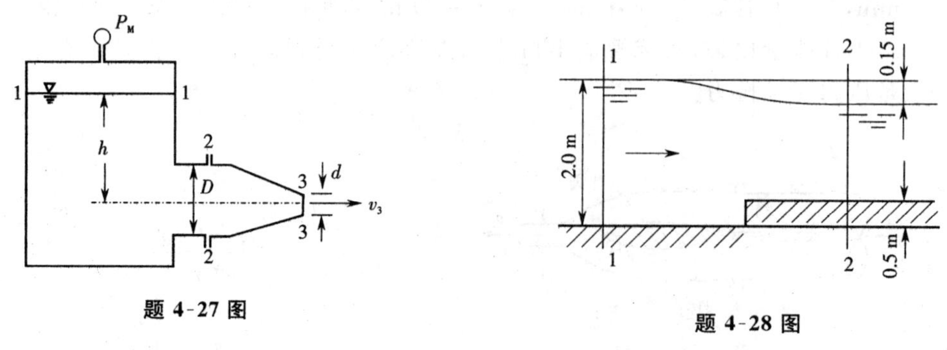


题 4-27 图　　题 4-28 图

4-28 矩形断面的平底渠道如题 4-28 图所示。宽度 $B$=2.7 m,渠底在某断面处抬高

0.5 m,已知该断面上游的水深为 2 m,下游水面降低 0.15 m,如渠道边壁和渠底的阻力忽略不计。试求:(1) 渠道通过的流量;(2) 水流对底坎的冲击力。

4-29 水流从两支管通过一个水平放置的三叉管如题 4-29 图所示,汇入主管。已知主管直径 $D=25$ cm,通过流量 $Q=50$ L/s,在 $A—A$ 断面装有压力表,测得表压 $p_A=14.7\text{N/cm}^2$,现已知两支管 $d_1=20$ cm,$d_2=10$ cm,$v_1=2.5v_2$,忽略其能量损失,试求作用于三叉管上的力的大小和方向。

4-30 已知平面流动的势函数 $\varphi=x^2-y^2+x$,求流速和流函数。

4-31 已知平面流动的流速为 $u_x=x^2+2x-4y$,$u_y=-2xy-2y$。(1) 检查是否连续;(2) 是否无旋;(3) 求驻点位置;(4) 求流函数。

4-32 试证明流速分量为 $u_x=2xy+x$,$u_y=x^2-y^2-y$ 的平面流动为势流。求其势函数 $\varphi$ 和流函数 $\psi$。

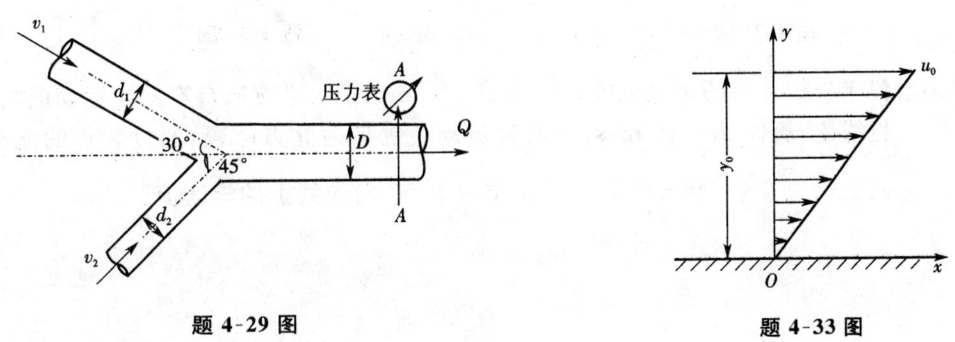


题 4-29 图　　　　题 4-33 图

4-33 平面流动的流速为直线分布,如题 4-33 图所示。若 $y_0=4.0$ m 处 $u_0=100$ m/s,求流函数 $\psi$ 的表示式,并问是否为有势流动?

4-34 已知圆柱绕流的流速分量为 $u_r=U_\infty\left(1-\frac{a^2}{r^2}\right)\cos\theta$,$u_\theta=-U_\infty\left(1+\frac{a^2}{r^2}\right)\sin\theta$,其中 $a$ 为圆柱的半径。(1) 求流函数 $\psi$,并画出流谱;(2) 若无穷远处来流的压强为 $p_\infty$,求 $r=a$ 处即圆柱表面上的压强分布。

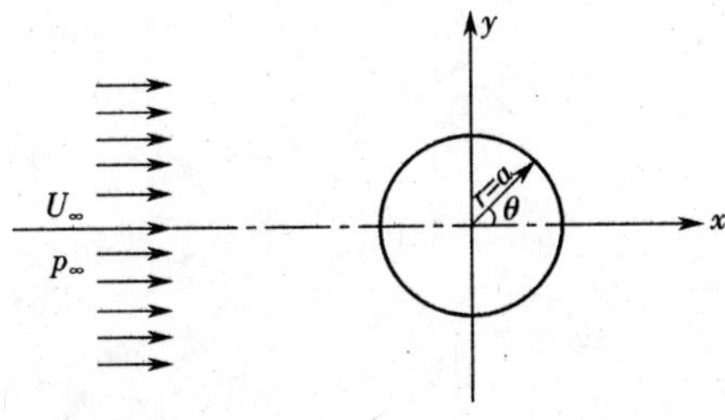


题 4-34 图

4-35 设有一源流和自由涡,它们的中心均位于坐标原点如题 4-35 图所示。已知源流强度 $q=0.2\text{m}^3/(\text{s·m})$,自由涡之速度环量 $\Gamma=1\text{m}^2/\text{s}$。试求上述源和自由涡叠加后的流函数和速度势函数以及在 $x=1.0$ m、$y=0.5$ m 处的速度分量。

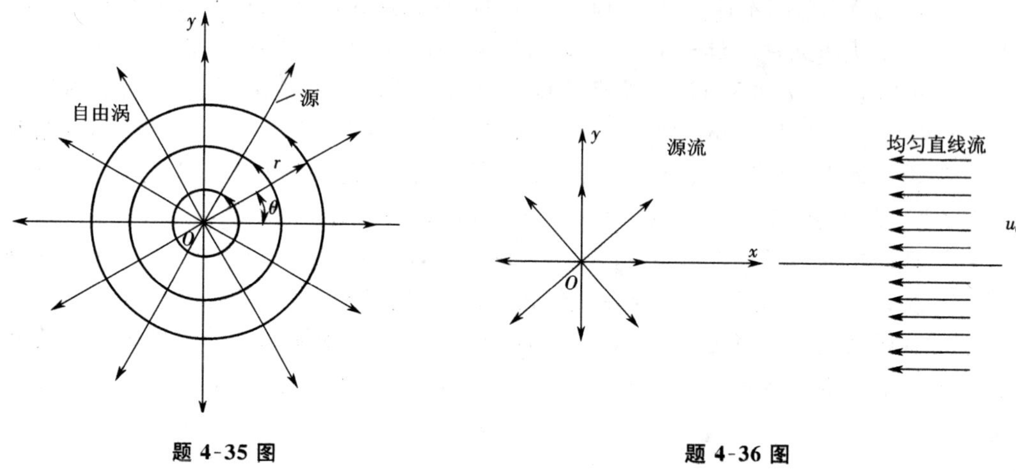


题 4-35 图　　题 4-36 图

4-36　位于坐标原点的源流强度 $q=24\ \mathrm{m^3/(s\cdot m)}$，沿水平方向自右向左运动的均匀直线流，流速 $u_0=10$ m/s，求两种流动叠加后的驻点位置，通过驻点的流线，此流线在 $\theta=\frac{\pi}{2}$ 和 $\pi$ 时的 $y$ 坐标值及 $\theta=\frac{\pi}{2}$ 时流线上的流速值。

# 第5章　流动形态、水流阻力和水头损失

**【要点提示】**

在第4章中建立了实际流体恒定总流运动的能量方程，运用能量方程解决工程实际问题的关键是解决能量损失项的计算问题。能量损失的计算在工程实际中具有重要的意义，只有正确地计算出能量损失才能较准确地计算出流动参数，如压力、速度等。另外，通过对损失项产生原因的具体分析，可根据实际的需要，合理地设计流道以便减小流体流动的阻力或者运用这些阻力规律解决某些工程实际问题。

本章中心是研究黏性流体的两种流动形态——层流和紊流及其流动阻力（或能量损失），以及它们产生的物理本质；在不同流态下，流体在流道（管道、渠道）内流动阻力与水头损失的规律，并给出其定量计算方法，进而解决工程中最常见的管系及渠系的水流计算问题；同时阐明了边界层及其分离和绕流阻力的概念。

## 5.1　流动阻力和水头损失的分类

实际流体都具有黏性，在流动过程中，由于其内部流体质点与质点或流层与流层之间存在相对运动，会产生流动阻力；或者，流体在流动过程中其边界条件发生急剧变化致使局部水流结构发生急剧改变，需要重新调整，也会形成对水流的阻力；流动过程中这些阻力做功，就会导致流体的一部分机械能不可逆转地转化成热能而耗散掉，即造成水流的能量损失。这种水流机械能量的损失若以水头形式表示，则总流每单位重量流体平均机械能量的损失即为水头损失。在上一章中所介绍的实际流体总流能量方程中的水头损失 $h_w$ 便体现了流体在流动过程中，由于流动阻力所造成的水流机械能量的损失。只有解决了水头损失的计算问题，才能应用实际流体的能量方程解决实际问题。

### 5.1.1　流动阻力和水头损失的分类

流动阻力和水头损失的大小及变化规律取决于流体的流动形态和流动的边界条件。为了便于分析和计算，可以依据产生能量损失的外在原因的不同，将流动阻力和水头损失分为两类进行研究。

一类是在流体流动边界沿程无变化（边壁的形状、尺寸、流动方向等均无变化或变化很小）的均匀流或渐变流段上，主要是由于流层之间的相对运动而产生的摩擦阻力所形成的流动阻力，称为沿程阻力。由于沿程阻力做功所引起的水流机械能的损

失，即水头损失，称为沿程水头损失。沿程水头损失均匀地分布在整个流段上，与流程的长度成比例。流体在等直径长而直的管道中或断面形状、尺寸沿程不变的长而直的渠道中的均匀流或渐变流的水头损失，就是沿程水头损失，以 $h_f$ 表示。

另一类则是由于流动边界在局部发生急剧变化而引起流速的大小、方向以及分布的急剧改变，随之形成流动与边壁的分离和旋涡，在水流内部结构重新调整过程中，流体质点发生强烈的混掺，产生剧烈的质量、动量和能量的交换，从而形成对水流的阻力。由于这种阻力集中产生在流动的局部区段上，故称为局部阻力。由局部阻力所引起的水头损失称为局部水头损失。如发生在管道入口、弯头、阀门、三通、过流断面突然扩大或突然缩小等各种局部管件处的水头损失，即为局部水头损失，以 $h_j$ 表示。

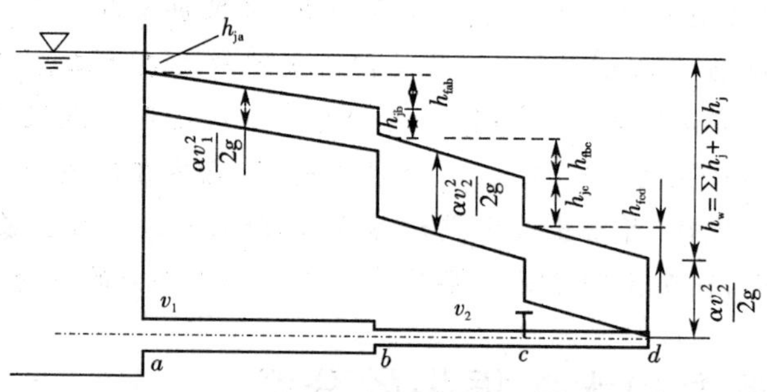


图 5-1　管道流动的水头损失

水流沿流道（管道或渠道）流动的全部能量损失，即总水头损失 $h_W$，一般情况下，既有沿程水头损失 $h_f$，也有局部水头损失 $h_j$，如图 5-1 所示的管道流动，$ab$、$bc$、$cd$ 各段只有沿程阻力，$h_{fab}$、$h_{fbc}$、$h_{fcd}$ 是各段的沿程水头损失；在管道入口、管道断面突然缩小及阀门处产生局部阻力，$h_{ja}$、$h_{jb}$、$h_{jc}$ 就是各处的局部水头损失，所以整个管道（或渠道）的总水头损失 $h_W$，等于各管段的沿程水头损失和所有局部水头损失的总和，即

$$h_W=\sum h_f+\sum h_j$$

气体管道流动的机械能量损失通常用压强损失计算，即

$$p_W=\sum p_f+\sum p_j$$

式中　$p_W$——总压强损失；

$p_f$——沿程压强损失；

$p_j$——局部压强损失。

压强损失与水头损失的关系为

$$p_W=\rho g h_W;\quad p_f=\rho g h_f;\quad p_j=\rho g h_j$$

### 5.1.2　水头损失的一般表达式

水头损失的计算公式，经历了一个较长时间的从经验到理论的发展过程，至今人

们所使用的计算沿程水头损失的通用公式是在 19 世纪中期，由法国工程师达西(H. Darcy，1858)和德国水力学家魏斯巴赫(J. L. Weisbach)在前人实验的基础上，提出的计算圆管沿程水头损失的公式

$$h_f=\lambda \frac{l}{d} \frac{v^2}{2g} \tag{5-1}$$

对于气体管道的计算，若用压强损失表示其沿程损失，即沿程压强损失 $p_f$，则上式可改写为

$$p_f=\lambda \frac{l}{d} \frac{\rho v^2}{2} \tag{5-2}$$

式中　$l$——管长；

$d$——管径；

$v$——断面平均流速；

$g$——重力加速度；

$\rho$——流体的密度；

$\lambda$——沿程损失(阻力)系数。

式(5-1)称为达西-魏斯巴赫公式(简称达西公式)。式中的沿程阻力系数 $\lambda$ 并不是一个确定的常数，而是对不同的流动情况有不同的 $\lambda$ 值，一般是通过实验及由实验总结出来的经验或半经验公式确定。因此，达西公式实际上是将沿程水头损失的计算问题转换成确定沿程阻力系数 $\lambda$ 的问题。

达西公式经过一个多世纪以来的理论发展和实践检验证明该公式是正确的，其结构是合理的，使用是方便的。它已经完全从最初的纯经验公式中分离出来，不仅能正确、完整地表达有压圆管流动的沿程水头损失，而且还适用明流的沿程水头损失计算。该公式还适用于不同的流态以及同一种流态下的不同流动分区中的沿程水头损失计算。所以达西公式是沿程水头损失计算的一般通用表达式。

局部水头损失的计算公式，一般建立在实验的基础上

$$h_j=\zeta \frac{v^2}{2g} \tag{5-3}$$

对于气体流动，局部损失通常用局部压强损失 $p_j$ 来表示，则

$$p_j=\zeta \frac{\rho v^2}{2} \tag{5-4}$$

式中　$\zeta$——局部水头损失(阻力)系数，一般由实验确定；

$v$——与 $\zeta$ 相对应的断面平均流速，一般是指通过局部阻力件的断面平均流速(对不同断面平均流速 $v$，有不同的相应 $\zeta$ 值)；

$g$——重力加速度；

$\rho$——流体密度。

## 5.2 黏性流体的两种流动形态——层流与紊流(湍流)

实际流体的流动由于黏性的存在而具有两种不同的流动形态(简称流态),这一点早在19世纪30年代就已被人们通过实验从宏观的表面现象上有所认识,并已发现不同的流态及水流的沿程能量损失都与流速有一定关系:当流速很小时,沿程水头损失与流速的一次方成比例;而当流速较大时,水头损失几乎与流速的平方成比例。直到1880—1883年,英国的力学家、物理学家雷诺(O. Reynolds)通过大量的实验研究才深入地揭示了水头损失规律与黏性流体存在的两种不同流动形态之间的本质关系。

### 5.2.1 两种不同的流态——雷诺实验

雷诺所用的实验装置如图5-2(a)所示。它由一个具有溢流设备的水箱A的侧壁引出一根带有喇叭形进口、壁面非常光滑的玻璃管B(当年雷诺实验时选用的玻璃管长$l=4.5$ ft(1ft=0.3048 m),直径分别为$d=1.0$ in、0.5 in、0.25 in(1in=25.4 mm)三种管径),在其末端装有阀门C,在水箱上部设有容器D,其内装有密度与水非常相近的颜色水,打开阀门F,可以通过安装于喇叭形进口处的针形细管E,将颜色水注入玻璃管B中。

实验时要确保水箱内水位恒定;玻璃管进口处水流要平顺,尽量减少干扰;要缓慢地操纵阀门的开、关;严防实验设备周围有任何振动干扰。先稍微开启阀门C,使玻璃管B内保持低流速。再打开阀门F,使颜色水经针管E流出,此时可见玻璃管内颜色水形成一股细直的流束,就像一条非常光滑的着色直线,这表明各流体质点互不干扰,各自沿着自己的轨道,做有条不紊的线状运动,各流层之间不相混掺。这种

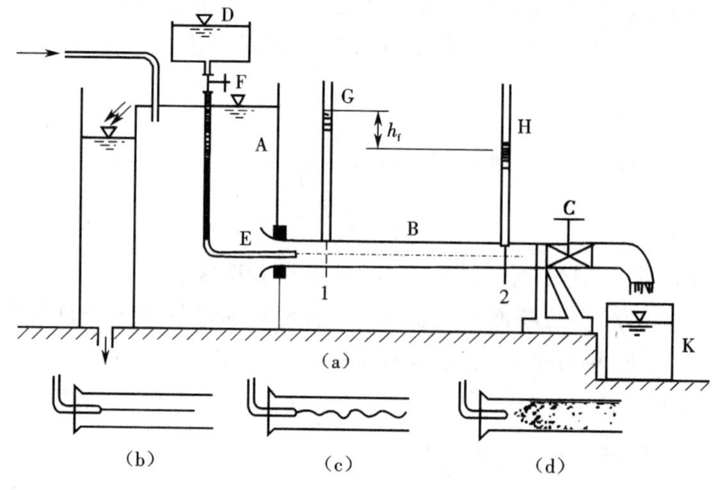


图5-2 流态试验装置

分层有规则的流动形态称为层流，如图 5-2(b)所示。逐渐开大阀门 C，玻璃管内的流速 $v$ 随之增大，当增大到某一临界值 $v_c'$ 时，颜色水原来细直的纤流开始变粗，并出现弯曲、抖动，如图 5-2(c)所示。继续开大阀门 C，颜色水的纤流彻底破散并与周围清水混合，使整个玻璃管内的水流都带有颜色，如图 5-2(d)所示。表明此时流体质点在沿管轴方向运动的过程中相互混掺，每个质点的运动轨迹都曲折混乱，极不规则，似乎没有什么规律性，但总体上还是沿着管轴向前流动，这种流动形态称之为紊流。

将上述实验按相反的顺序进行，即先开大阀门 C，使玻璃管内成为紊流，然后再逐渐关小阀门 C，最后形成层流，则按相反顺序重演前面实验中发生的现象，与前面的实验相对照发现，由紊流转变为层流的临界流速 $v_c$ 小于由层流转变为紊流的临界流速 $v_c'$。称 $v_c'$ 为上临界流速，$v_c$ 为下临界流速。

通过大量实验还发现，上临界流速 $v_c'$ 是不稳定的，受起始扰动的影响很大。在确保水箱中水位恒定、管道入口水流平顺、管壁光滑、阀门开启轻缓、严防实验设备周围有任何振动的条件下，$v_c'$ 可以比 $v_c$ 大许多倍，而下临界流速 $v_c$ 则是稳定的，不受起始扰动的影响，对任何起始紊流，当流速 $v$ 小于 $v_c$ 时，只要管道足够长，流动终将发展成为层流。在实际流动中，扰动难以避免，所以上临界流速 $v_c'$ 的实际意义并不大，实用上都把下临界流速 $v_c$ 做为流动形态转变的临界流速：当 $v<v_c$ 时，流动是层流；当 $v>v_c$ 时，则流动为紊流。

上述实验虽然研究的是圆管水流运动，但实际上并不只限于圆管，流动的液体也并不只限于水，对于任何其他的实际液体和气体，在任何形状的边界范围内流动时，都可以发现存在有这两种流态——层流和紊流。因此可以得出结论：任何实际流体的流动都具有两种流态，即层流和紊流。

### 5.2.2　沿程水头损失与断面平均流速的关系

为了研究不同流态的沿程水头损失的变化规律，在图 5-2 所示的实验管道 B 上选取过流断面 1 和 2，并各安装一根测压管。以某一水平面为基准面，对断面 1 和 2 列其能量方程

$$z_1+\frac{p_1}{\rho g}+\frac{\alpha_1 v_1^2}{2g}=z_2+\frac{p_2}{\rho g}+\frac{\alpha_2 v_2^2}{2g}+h_W$$

因为该管道为等直径的直管，其管流为均匀流，故

$$v_1=v_2,\quad \alpha_1=\alpha_2,\quad \frac{\alpha_1 v_1^2}{2g}=\frac{\alpha_2 v_2^2}{2g}$$

又因断面 1 和 2 之间只有沿程水头损失，无局部水头损失，故 $h_W=h_f$，上述能量方程可以化简为

$$h_f=\left(z_1+\frac{p_1}{\rho g}\right)-\left(z_2+\frac{p_2}{\rho g}\right)$$

即该均匀流两断面间的沿程水头损失，等于该两断面的测压管水头差(如图 5-2

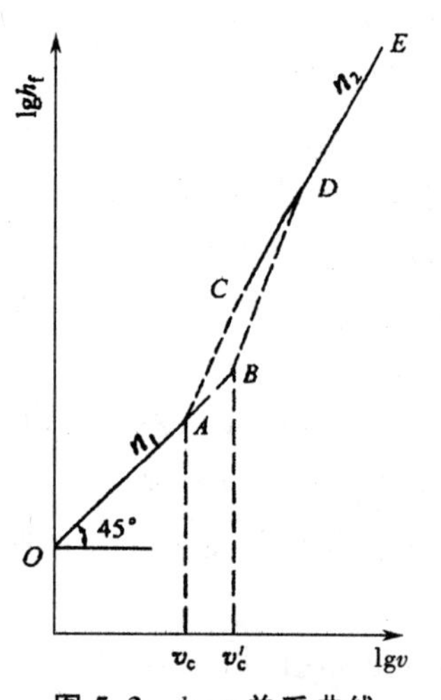

图 5-3 $h_f$-$v$ 关系曲线

所示）。通过改变阀门 C 的开度，调节流量，观察管中流态，同时量测两断面间的沿程水头损失 $h_f$（即测压管水头差）和相应的断面平均流速 $v$，即可得到 $h_f$-$v$ 的关系曲线，如图 5-3 所示。当流速 $v$ 由小变大时实验曲线为 $OABDE$，其 $B$ 点所对应的是上临界流速 $v'_c$；而当流速 $v$ 由大变小时，实验曲线为 $EDCAO$，其 $A$ 点所对应的为下临界流速 $v_c$，图中的 $AC$ 和 $BD$ 段实验点分布比较混乱，是流态不稳定的过渡区。在该区域很难找到 $h_f$ 与 $v$ 的确定关系。根据图 5-3 中 $OA$ 段和 $CDE$ 段分析可得

$$\lg h_f = \lg K + n \lg v$$

即

$$h_f = K v^n$$

其中 $OA$ 段，$v < v_c$，为稳定的层流，$n=1.0$，即 $h_f = K v^{1.0}$，表示层流区沿程水头损失与流速的一次方成比例。$CDE$ 段流动为紊流，$n = 1.75 \sim 2.0$，即 $h_f = K v^{1.75\sim2.0}$，表示其沿程水头损失与流速的 1.75～2.0 次方成比例。当到达充分发展的紊流时，沿程水头损失与流速的平方成正比，即 $h_f = K v^{2.0}$，也称为阻力平方区。

实验表明：实际流体的流态不同，其沿程阻力的变化规律（或称阻力特性）不同，沿程水头损失的规律也不相同，所以在分析研究实际流体运动，计算其能量损失时，首先必须判别流态。

### 5.2.3 两种流态的判别——雷诺数 $Re$

**1. 圆管流动**

不同的流态——层流和紊流，不仅仅是宏观上流体质点的运动轨迹不同；水流的阻力特性和水流能量损失的规律不同；而且整个流动的内部结构（主要反映在流速分布的规律上）有着显著差异；水流中的物质和热的扩散运动等也不一样。所以强调在分析研究实际流体的运动问题时，必须首先区分流态。

从雷诺实验可知，流态变化与流速有着密切的关系，而且通过实验可以找到与流态转变相应的临界流速 $v_c$。随着实验研究的不断深入，发现流态的变化不仅与流速有关，还与管径 $d$ 以及流体的物性，如黏度 $\mu$ 和密度 $\rho$ 有关。也就是说，$d$、$\rho$、$\mu$ 这些因素的变化也会影响流态，即影响临界流速 $v_c$ 的变化。从大量的实验研究中已知，临界流速 $v_c$ 与流体的黏度 $\mu$ 成正比，与流体的密度 $\rho$ 和管径 $d$ 成反比，即

$$v_c \propto \frac{\mu}{\rho d}$$

写成等式为

$$v_c = C \frac{\mu}{\rho d}$$

式中，$C$ 为比例常数，是不随管径 $d$ 的大小和流体物性 $\mu$、$\rho$ 变化的无量纲数。

$$C=\frac{\rho v_c d}{\mu}=\frac{v_c d}{\nu}$$

1908 年，此时已距雷诺实验过去了 25 年，后人为了纪念雷诺，将此无量纲数定义为雷诺数，写为

$$Re=\frac{vd}{\nu} \tag{5-5}$$

与下临界流速 $v_c$ 相对应的雷诺数称为下临界雷诺数，即

$$Re_c=\frac{v_c d}{\nu} \tag{5-6}$$

实用上称为临界雷诺数。实验研究已表明：尽管当管径 $d$ 或流动介质($\rho$、$\mu$)不同时，其临界流速 $v_c$ 也不同，但对于用任何材料制成的任何管径以及在其中流动的任何牛顿流体来说，判别流态的临界雷诺数都是相同的。因此，可以得到下述结论：雷诺数 $Re$ 是判别流态的准数。对于同一边界形状的流动，无论其几何尺寸的大小，边壁材料的性质，还是其内部流动的牛顿流体物性的不同，其临界雷诺数是一个固定常数。但对边界几何形状不同的流动，其临界雷诺数 $Re_c$ 有不同的常数。

雷诺及后来的大量实验都得出，对于一般粗糙程度的圆管，临界雷诺数 $Re_c$ 稳定在 2 000 左右；对于非常光滑、均匀一致的直圆管的临界诺雷诺数 $Re_c$，以斯克勒(Schiller，1921)的实验值 $Re_c=2\ 320$(一般取 2 300)得到公认。在工业管道及工程实际中，通常取临界雷诺数 $Re_c=2\ 000$ 作为判别流态的标准。

用临界雷诺数作为流态的判别标准非常方便，对于圆管流动，先按式(5-5)计算雷诺数，再将其与临界雷诺数 $Re_c$ 比较，即可判别流态：

$Re<Re_c$，　流动为层流；

$Re>Re_c$，　流动为紊流；

$Re=Re_c$，　流动为临界流。

**2. 非圆形管道和明渠流动**

对于非圆形断面管流和明渠流动，同样可以用雷诺数判别流态。首先引用一个能综合反映过流断面大小和几何形状对流动影响的特征长度，代替圆管流动雷诺数中的直径 $d$，该特征长度为水力半径

$$R=\frac{A}{\chi} \tag{5-7}$$

式中　$R$——水力半径；

$A$——过流断面面积；

$\chi$——过流断面上流体与固体边壁接触部分的周长，称为湿周。

梯形断面明渠，如图 5-4 所示的水力半径为

$$R=\frac{A}{\chi}=\frac{h(b+mh)}{b+2h\sqrt{1+m^2}}$$

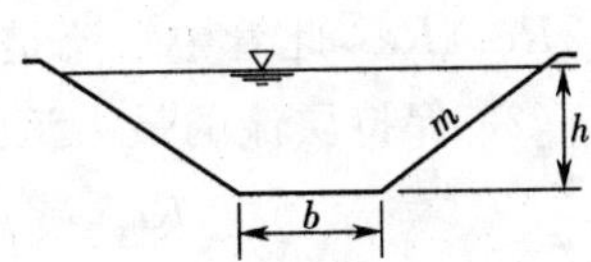


**图 5-4　梯形断面渠道**

式中　$m$——渠道的边坡系数。

圆管流动如图 5-5 所示的水力半径为

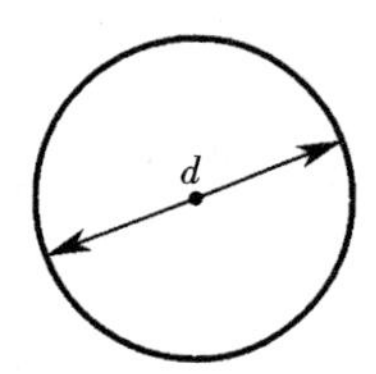

图 5-5　圆形断面管道

$$R=\frac{A}{\chi}=\frac{\frac{1}{4}\pi d^2}{\pi d}=\frac{d}{4}=\frac{r}{2}$$

以水力半径为特征长度，相应的临界雷诺数

$$Re_{cR}=\frac{vR}{\nu}=500\sim580$$

由此可见，采用不同的特征长度，有不同的临界雷诺数。

**3. 雷诺数的物理意义**

用雷诺数可以判别实际流体的流态，这与雷诺数本身的物理含义有直接关系。雷诺数本身反映的是以宏观特征量表征的流体质点所受惯性力作用与黏滞力作用的对比关系。即惯性力和黏滞力可以用宏观特征量分别表示为：$\rho v^2 l^2$ 和 $\mu vl$，则

$$Re=\frac{\rho v^2 l^2}{\mu vl}=\frac{vl}{\frac{\mu}{\rho}}=\frac{vl}{\nu} \tag{5-8}$$

式中　$l$——几何特征长度；

$v$——特征流速；

$\mu$、$\rho$——流体的物性量，分别表示流体的黏度和密度；

$\nu=\mu/\rho$——流体的运动黏度。

雷诺数越小，则反映在这两种作用力对比关系中，黏滞力相对于惯性力作用越大，反之亦然。所以当 $Re<Re_c$ 时，黏滞力相对于惯性力对流动起主导的作用，使流体因受微小扰动而引起的紊动在黏性的阻滞作用下逐渐衰减，流动仍保持为层流。随着雷诺数 $Re$ 增大，黏性作用减弱，而惯性对紊动的激励作用增强，当 $Re>Re_c$ 时，惯性对流动起主导作用，流态转变成紊流。正是因为雷诺数反映了流态决定性因素的对比关系，具有普遍意义，所以，可以用雷诺数 $Re$ 作为判别流态的准数。

**【例 5-1】**　有一直径 $d=25$ mm 的室内上水管，管内流速 $v=1.0$ m/s，水温 $t=10$ ℃。

(1) 试判断管中水的流态；(2) 使管内保持层流状态的最大流速是多少？

**【解】**　(1) 由表 1-3 查得 10 ℃时水的运动黏滞系数 $\nu=1.306\times10^{-6}$ m²/s 管中雷诺数为

$$Re=\frac{vd}{\nu}=\frac{1.0\times0.025}{1.306\times10^{-6}}=19\ 142>2\ 300$$

$Re>Re_c$，此管中水流是紊流。

(2) 保持层流的最大流速是临界流速 $v_c$，由式(5-6)

$$v_c=\frac{Re_c\nu}{d}=\left(\frac{2\ 300\times1.306\times10^{-6}}{0.025}\right)\text{ m/s}=0.121\text{ m/s}$$

**【例 5-2】**　某低速送风管道，直径 $d=200$ mm，管内风速 $v=3.0$ m/s，空气温度

$t=30$ ℃。(1) 试判断风道内气体的流态;(2) 该风道的临界流速 $v_c$ 是多少?

**【解】** (1) 由表 1-4 查得 30 ℃时空气的运动黏滞系数 $\nu=16.0\times10^{-6}$ m²/s,管中雷诺数为

$$Re=\frac{vd}{\nu}=\frac{3.0\times0.2}{16.0\times10^{-6}}=37\ 500>2\ 300$$

$Re>Re_c$,此管中气体的流态是紊流。

**【例 5-3】** 某居民户内煤气管道,用具前支管直径 $d=15$ mm,煤气流量 $Q=2$ m³/h,煤气的运动黏滞系数 $\nu=26.3\times10^{-6}$ m²/s。试判断该煤气支管内的流态。

**【解】** 管中煤气流速

$$v=\frac{Q}{A}=\frac{2\times4}{3\ 600\times\pi\times0.015^2}\ \text{m/s}=3.14\ \text{m/s}$$

$$Re=\frac{vd}{\nu}=\frac{3.14\times0.015}{26.3\times10^{-6}}=1\ 791<2\ 300$$

此管中煤气的流态是层流。

## 5.3　沿程水头损失与切应力的关系

前述已知,沿程水头损失是沿程阻力做功所损耗的能量。而沿程阻力是由于均匀流内部流层间存在相对运动而产生于流层间的摩擦阻力,单位面积上的摩擦阻力即流层间的切应力。可见切应力是产生沿程水头损失的直接根源。因此建立沿程水头损失与切应力的关系,再找出切应力的变化规律,就可以解决沿程水头损失的计算问题。

### 5.3.1　均匀流基本方程

设有一过流断面为任意形状的均匀总流,用断面 1-1 和 2-2 在该总流中任取一段流股,如图 5-6 所示。该流股长度为 $l$,过流断面面积为 $A'$,湿周为 $\chi'$,流动方向与水平面夹角为 $\theta$,流股两端断面中心至基准面 0-0 的高度分别为 $z_1$ 和 $z_2$。分析该段

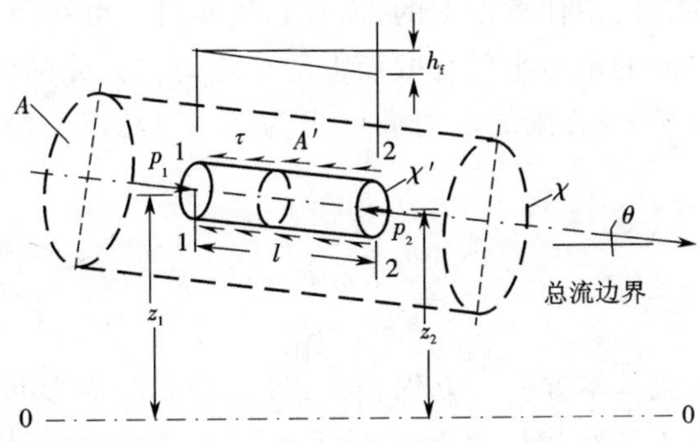


图 5-6　均匀流中流股受力分析

流股上的受力情况：

流股两端断面上的动水压力 $P_1$、$P_2$。设断面形心处压强分别为 $p_1$、$p_2$，则

$$P_1 = p_1 A'; \quad P_2 = p_2 A'$$

该段流股所受重力 $G$ 沿流动方向上的分力

$$G\sin\theta = \rho g A' l \sin\theta = \rho g A'(z_1 - z_2)$$

流股壁面上的摩擦阻力 $F$ 是由壁面切应力 $\tau$ 形成的。对于轴对称流动，且流股的中心纵轴与对称轴重合时，如与圆管流同轴的圆柱形流股，则流股表面切应力是均布的。一般情况，流股表面上的切应力 $\tau$ 的分布是不均匀的。设流股表面的平均切应力为 $\tau'$，则表面的摩擦阻力

$$F = \tau' l p'$$

在均匀流中，沿流动方向，动水压力、重力和摩擦阻力三者是相互平衡的，其平衡方程为

$$p_1 A' - p_2 A' + \rho g A'(z_1 - z_2) - \tau' l p' = 0$$

用 $\rho g A'$ 去除上式，得

$$\left(z_1 + \frac{p_1}{\rho g}\right) - \left(z_2 + \frac{p_2}{\rho g}\right) = \frac{\tau' l p'}{\rho g A'} \tag{5-9}$$

再以 0-0 为基准面对 1-1 和 2-2 断面到流股的能量方程，由于流股断面 1-1 和 2-2 之间只有沿程水头损失 $h_f$，能量方程简化为

$$\left(z_1 + \frac{p_1}{\rho g}\right) - \left(z_2 + \frac{p_2}{\rho g}\right) = h_f$$

将上式代入式(5-9)得

$$h_f = \frac{\tau' l P'}{\rho g A'} = \frac{\tau' l}{\rho g R'} \tag{5-10}$$

或

$$\tau' = \rho g R' \frac{h_f}{l} = \rho g R' J \tag{5-11}$$

式中 $R'$——流股的水力半径；

$J$——水力坡度，均匀流 $J$ 为常数。

因为该流股是在总流中任意选取的，而且总流本身也可视为流股，因此将上述两式扩展到总流。设总流的水力半径与壁面上的平均切应力分别为 $R$ 和 $\tau_0$，水力坡度 $J$ 不随流股的大小而变化，总流的水力坡度仍为 $J$。则总流的沿程损失与壁面切应力之间的关系为

$$h_f = \frac{\tau_0 l}{\rho g R} \tag{5-12}$$

$$\tau_0 = \rho g R J \tag{5-13}$$

该两式称为**均匀流基本方程**。方程表明：具有任意断面形状总流的沿程水头损失与流程长度 $l$，边壁上的平均切应力 $\tau_0$ 成正比，而与总流的水力半径 $R$ 成反比。

应该指出，在推导流股表面平均切应力与能量损失关系的过程中，只是将流股的

能量损失与流股上的外力作用联系起来，故推导结果没有反映流股的能量损失与流股内部切应力的关系。实际上总流内部各点流速不同，内部切应力是确实存在的，流动时所产生的能量损失中有一部分是由于内部切应力所造成的。但是均匀流基本方程式(5-12)和式(5-13)只反映了表面平均切应力和能量损失间的关系，并没有反映出流动过程中产生能量损失的物理本质。正因如此，该基本方程对层流和紊流都适用。在推导过程中，总流过流断面是任意形状的，既可以为有压圆管流，也可为明渠流任意形状过流断面，故该基本方程对有压流和无压流均适用。

### 5.3.2　圆管过流断面上切应力分布

将式(5-11)除以式(5-13)得

$$\frac{\tau'}{\tau_0}=\frac{R'}{R} \tag{5-14}$$

式(5-14)表明，流股表面上的平均切应力与流股的水力半径成正比；在过水断面上切应力呈线性分布；固体边壁处切应力 $\tau_0$ 最大，越向流股中心切应力越小。

若为圆管均匀流，流股是与圆管同轴的圆柱状的流股，则流股及总流边壁上的切应力是均布的。设流股和总流的半径分别为 $r$ 和 $r_0$，则 $R'=\frac{r}{2}$ 和 $R=\frac{r_0}{2}$。

所以

$$\frac{\tau'}{\tau_0}=\frac{R'}{R}=\frac{r}{r_0}$$

即

$$\tau'=\frac{r}{r_0}\tau_0 \tag{5-15}$$

表明圆管均匀流过流断面上切应力呈直线分布。在管轴处 $r=0$，$\tau'=0$；在管壁处 $r=r_0$，$\tau'=\tau_0$，切应力达最大值(见图 5-7)。

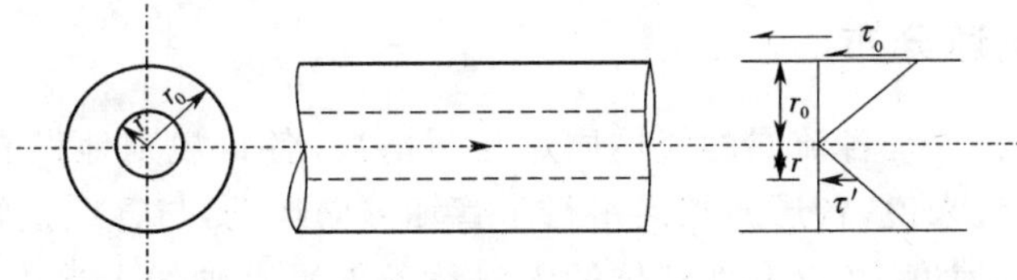


**图 5-7　圆管过流断面上切应力分布**

### 5.3.3　摩阻流速

为了建立沿程水头损失系数(或称沿程阻力系数)$\lambda$ 与壁面切应力 $\tau_0$ 的关系，将达西公式(5-1)及圆管水力半径 $R=\frac{d}{4}$，代入均匀流基本方程式(5-13)，得

$$\tau_0=\rho gRJ=\rho g\frac{d}{4}\frac{h_f}{l}=\rho g\frac{d}{4}\lambda\frac{1}{d}\frac{v^2}{2g}=\rho\frac{\lambda}{8}v^2$$

则

$$\sqrt{\frac{\tau_0}{\rho}}=v\sqrt{\frac{\lambda}{8}}$$

定义 $v_*=\sqrt{\dfrac{\tau_0}{\rho}}$，$v_*$ 具有速度的量纲，同时又与壁面切应力有关，反映壁面摩阻的大小，故称之为**摩阻流速**（也称**动力流速**或**剪切流速**）。所以

$$v_*=v\sqrt{\frac{\lambda}{8}} \tag{5-16}$$

或

$$\lambda=8\frac{v_*^2}{v^2} \tag{5-17}$$

上述两式是反映沿程阻力系数 $\lambda$ 与壁面切应力 $\tau_0$ 之间的关系式，该式在分析研究紊流的沿程损失中广为使用。

沿程阻力系数 $\lambda$ 在沿程水头损失计算中至关重要。前已指出：达西公式实际上是将沿程水头损失的计算问题转换成确定沿程阻力系数 $\lambda$ 值的问题。沿程阻力系数 $\lambda$ 并不是一个确定的常数，而是不同的流动情况（包括流态、雷诺数和壁面粗糙情况等）将有不同的 $\lambda$ 值。换言之，就是在不同的阻力变化规律下，有不同的 $\lambda$ 值。然而，均匀流基本方程虽然建立了沿程损失与沿程阻力之间的关系，但是尚未反映不同的流态有不同的沿程阻力变化规律。下面将分别介绍层流和紊流的阻力规律与沿程水头损失的计算。

## 5.4 圆管中的层流流动

在工程实际中，虽然绝大多数流动是紊流。但是，层流常见于一些低速、高黏性流体的管道流动，如润滑油管、输油管内的流动以及地下水的流动等。研究层流流动具有实际工程意义。

### 5.4.1 断面流速分布

层流流动的特征是各流层的流体质点互不掺混，各自规则地做有条不紊的线状运动。对于圆管流来说，各层质点沿平行于管轴方向运动，与管壁接触的一层流体质点黏附于管壁上，速度为零（黏性流体的**无滑移条件**），管轴线上速度最大，在整个过流断面上形成一个如同炮弹头一样的空间抛物面的流速分布，如图 5-8 所示。

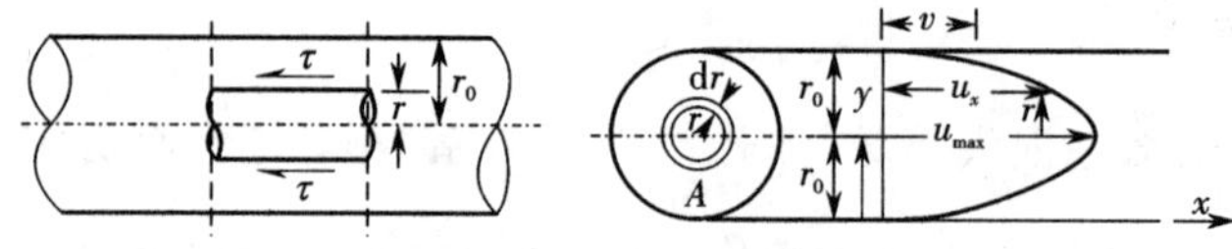


图 5-8　圆管层流流动的断面流速分布

长而直的圆管中层流流动（均匀流），也称为海根-泊肃叶（Hagen-Poiseuille）流动，属于最简单的流动情况，它可以根据流股的表面切应力表达式（5-11）或 N-S 方程，用理论方法导出其断面流速分布和沿程阻力系数 $\lambda$ 的表达式。但前者更为简单、

直观。

设以圆管管轴为中心，取一半径为 $r$ 的圆柱形流股，如图 5-8 所示。因流股对管轴对称，所以流股表面上的切应力 $\tau$ 是均匀分布的，以 $\tau$ 代替 $\tau'$，由式(5-11)得

$$\tau=\rho g R' J$$

圆形流股的水力半径 $R'=\frac{r}{2}$，代入上式可得

$$\tau=\rho g\,\frac{r}{2}J$$

因为层流切应力服从牛顿内摩擦定律。坐标轴 $y$ 方向为自管壁起指向圆心，其 $y$ 坐标值为自管壁量起的径向距离，则

$$y=r_0-r\ (r_0\ \text{为圆管半径}),\qquad \mathrm{d}y=\mathrm{d}r$$

因此
$$\tau=\mu\,\frac{\mathrm{d}u_x}{\mathrm{d}y}=-\mu\,\frac{\mathrm{d}u_x}{\mathrm{d}r}$$

又
$$\rho g\,\frac{r}{2}J=-\mu\,\frac{\mathrm{d}u_x}{\mathrm{d}r}$$

即
$$\mathrm{d}u_x=-\frac{\rho g J}{2\mu}r\,\mathrm{d}r$$

积分上式得
$$u_x=-\frac{\rho g J}{4\mu}r^2+C$$

根据边界条件可以确定积分常数 $C$，即当 $r=r_0$ 时 $u_x=0$，可得

$$C=\frac{\rho g J}{4\mu}r_0^2$$

将 $C$ 代回上式可得流速分布公式为

$$u_x=\frac{\rho g J}{4\mu}(r_0^2-r^2) \tag{5-18}$$

此式表明，圆管中层流流动过流断面上流速分布是以管轴为中心的旋转抛物面，这是圆管层流流动的重要特征之一。也是一种典型的层流流速分布。不仅在圆管中，在其他边界形状下的层流也常具有这种形式的流速分布。

将 $r=0$ 代入式(5-18)，得管轴处的最大流速为

$$u_{x_{\max}}=\frac{\rho g J}{4\mu}r_0^2=\frac{\rho g J}{16\mu}d^2 \tag{5-19}$$

其断面平均流速为

$$\begin{aligned} v&=\frac{\int_A u_x\,\mathrm{d}A}{A}=\frac{\int_0^{r_0}u_x 2\pi r\,\mathrm{d}r}{\pi r_0^2}=\frac{\rho g J}{4\mu}\int_0^{r_0}\frac{(r_0^2-r^2)2\pi r\,\mathrm{d}r}{\pi r_0^2}\\ &=\frac{\rho g J}{8\mu}r_0^2=\frac{\rho g J}{32\mu}d^2 \end{aligned} \tag{5-20}$$

则流量为

$$Q=vA=\frac{\rho g J}{8\mu}r_0^2\pi r_0^2=\frac{\rho g J}{8\mu}\pi r_0^4 \tag{5-21}$$

比较式(5-19)与式(5-20),可得

$$v=\frac{1}{2}u_{x_{\max}} \tag{5-22}$$

即圆管层流流动的断面平均流速是最大流速的一半。可见,层流过流断面上流速分布很不均匀,其动能修正系数为

$$\alpha=\frac{\int_A u_x^3\mathrm{d}A}{v^3A}=\frac{\int_0^{r_0}\left[\frac{\rho gJ}{4\mu}(r_0^2-r^2)\right]^3 2\pi r\mathrm{d}r}{\left(\frac{\rho gJ}{8\mu}r_0^2\right)^3\pi r_0^2}=2.0$$

动量修正系数为

$$\alpha_0=\frac{\int_A u_x^2\mathrm{d}A}{v^2A}=\frac{\int_0^{r_0}\left[\frac{\rho gJ}{4\mu}(r_0^2-r^2)\right]^2 2\pi r\mathrm{d}r}{\left(\frac{\rho gJ}{8\mu}r_0^2\right)^2\pi r_0^2}=1.33$$

### 5.4.2 沿程水头损失的计算

将 $r_0=\frac{d}{2}$及 $J=\frac{h_f}{l}$代入式(5-20),经整理后得

$$h_f=\frac{32\mu vl}{\rho gd^2} \tag{5-23}$$

该式是确定圆管层流流动沿程水头损失的定量关系式。它表明:在圆管层流中,沿程水头损失与断面平均流速的一次方成正比。这一理论结果与雷诺实验结果是一致的。

将式(5-23)改写成计算沿程水头损失的一般通用形式,即达西公式的形式

$$h_f=\frac{32\mu vl}{\rho gd^2}=\frac{64}{\frac{\rho vd}{\mu}}\ \frac{l}{d}\ \frac{v^2}{2g}=\frac{64}{Re}\ \frac{l}{d}\ \frac{v^2}{2g}=\lambda\ \frac{l}{d}\cdot\frac{v^2}{2g}$$

由此可得圆管层流流动的沿程阻力系数的计算式

$$\lambda=\frac{64}{Re} \tag{5-24}$$

该式表明,圆管层流流动的沿程阻力系数只是雷诺数的函数,$\lambda=f(Re)$,与管壁的粗糙情况无关。

德国水利工程师海根(Hagen,1839)和法国医生兼物理学家泊肃叶(Poiseuille,1840)首先进行了圆管层流流动的实验研究,故式(5-23),又称为海根-泊肃叶公式,该式与实验结果完全相符。在流体力学发展史上,为确认黏性流体沿固体壁面无滑移(壁面吸附)条件:$r=r_0$ 时,$u=0$ 的正确性,提供了佐证。

**【例 5-4】** 设圆管的直径 $d=2$ cm,流速 $v=12$ cm/s,水温 $t=10$ ℃。试求在管长 $l=20$ m 上的沿程水头损失。

**【解】** 先判明流态,查得在 10 ℃时水的运动黏度 $\nu=0.013\ \mathrm{cm^2/s}$。

$$Re=\frac{vd}{\nu}=\frac{12\times 2}{0.013}=1\ 846<2\ 000$$

故为层流。

求沿程阻力系数 $\lambda$

$$\lambda=\frac{64}{Re}=\frac{64}{1\ 846}=0.0347$$

沿程损失为

$$h_f=\lambda\frac{l}{d}\frac{v^2}{2g}=0.0347\times\frac{2\ 000\times 12^2}{2\times 2\times 980}\ \mathrm{cm}=2.55\ \mathrm{cm}$$

**【例 5-5】** 在管径 $d=1$ cm,管长 $l=5$ m 的圆管中,冷冻机润滑油做层流运动。测得流量为 $Q_v=80\ \mathrm{cm^3/s}$,水头损失 $h_f=30$ m(油柱),试求油的运动黏度 $\nu$。

**【解】** 润滑油的平均流速

$$v=\frac{Q_v}{A}=\frac{80}{\frac{\pi}{4}\times 1^2}\ \mathrm{cm/s}=102\ \mathrm{cm/s}$$

沿程阻力系数为

$$\lambda=\frac{h_f}{\frac{l}{d}\frac{v^2}{2g}}=\frac{30}{\frac{5}{0.01}\frac{(1.02)^2}{2\times 9.8}}=1.13$$

求 $Re$,因为是层流,所以

$$Re=\frac{64}{\lambda}=\frac{64}{1.13}=56.6<2\ 000$$

润滑油的运动黏度为

$$\nu=\frac{vd}{Re}=\frac{102\times 1}{56.6}\ \mathrm{cm^2/s}=1.80\ \mathrm{cm^2/s}=1.80\times 10^{-4}\ \mathrm{m^2/s}$$

**【例 5-6】** 有一倾斜铺设的输油管道。已知 $AB$ 段长度 $l=600$ m,$A$ 点比 $B$ 点低 0.5 m,测得 $A$ 点的压强 $p_A=3.0$ at,$B$ 点压强 $p_B=2.0$ at,输油流量 $Q=0.017\ \mathrm{m^3/s}$,油的运动黏滞系数 $\nu=1.71\times 10^{-4}\ \mathrm{m^2/s}$,密度 $\rho=890\ \mathrm{kg/m^3}$,试计算输油管道的直径 $d$。

**【解】** 首先利用能量方程求 $AB$ 管段的沿程水头损失

$$h_f=\left(z_A+\frac{p_A}{\rho g}\right)-\left(z_B+\frac{p_B}{\rho g}\right)=\frac{p_A-p_B}{\rho g}+(z_A-z_B)$$

$$=\left[\frac{(3.0-2.0)\times 9.8\times 10^4}{890\times 9.8}-0.5\right]\ \mathrm{m(油柱)}=10.736\ \mathrm{m(油柱)}$$

假设该输油管内为层流流动,根据式(5-23)

$$h_f=\frac{32\mu vl}{\rho g d^2}$$

式中,$\mu=\rho\nu$,$v=\frac{Q}{A}=\frac{4Q}{\pi d^2}$ 代入上式得

$$h_f=\frac{32\rho\nu l}{\rho g d^2}\frac{4Q}{\pi\ d^2}=\frac{128\nu lQ}{\pi g d^4}$$

所以

$$d^4=\frac{128\nu lQ}{\pi g h_f}=\frac{128\times1.71\times10^{-4}\times600\times0.017}{\pi\times9.8\times10.736}\ \text{m}^4=6.754\times10^{-4}\ \text{m}^4$$

求得直径
$$d=0.16\ \text{m}$$

校核流态
$$v=\frac{4Q}{\pi d^2}=\frac{4\times0.017}{\pi\times0.16^2}\ \text{m/s}=0.846\ \text{m/s}$$

$$Re=\frac{vd}{\nu}=\frac{0.846\times0.16}{1.71\times10^{-4}}=792<2\ 000$$

管中为层流流动，假设正确。

## 5.5 紊流运动的基本概念

在自然界和工程实际中绝大多数流动都是紊流（也称湍流）。工业生产中的许多工艺过程，如流体的管道输送，燃烧过程，掺混过程，传热和冷却等，以及在飞行器、舰船和车辆的设计中都涉及紊流问题，紊流更具普遍性。对紊流的研究具有更为重要的理论意义和更为广泛的实际意义。

正因为紊流关系到许多学科门类和工程技术的发展，关系着许多生产部门的迫切需要，才使得人们长期以来不断地对它探讨和研究。自 1883 年英国科学家雷诺通过他著名的雷诺实验，揭示了黏性流体流动的两种本质不同的流态，百余年来人类对紊流的研究已经取得了不少进展。尤其是 20 世纪 60 年代以来，随着紊流实验技术的进步，特别是流动显示技术和近代图像处理分析技术，使人们对紊流现象有了进一步认识。如紊流中大涡拟序结构的发现，改变了对紊流的某些传统看法。紊流并不是完全不规则的随机运动，在表面看来不规则的运动中隐藏着某些可检测的有序运动，称为“拟序运动”或“拟序结构”等。但终究由于紊流运动的极端复杂性，其基本的机理至今未被人类所掌握，甚至于对紊流尚缺乏一个严格的定义。紊流仍然是被自然科学界公认的、摆在人类面前的跨世纪的科学难题。人类只有在不断实践与深入探索的过程中，才可能逐渐明确对紊流这一复杂现象的认识。初学者必须通过与层流的对比，从紊流的基本特征入手认识紊流现象。

### 5.5.1 紊流的基本特征

紊流是指具有紊动特征的流动，它是流动的一种特定形态，具有多方面的特征，但最主要、最基本的特征是以下四个方面，即有旋性、随机性、输运性和耗散性。而且是关系密切、相互联系、互相影响的。

**1. 有旋性**

有旋性即有涡性，紊流具有复杂的旋涡结构。现代实验量测技术已发现，由于各种原因，紊流中不断地产生无数尺度大小不等、转向不同、随时都在无规则地运动和变化着的旋涡。旋涡，从两种意义上来讲：一种是指流体微团是否围绕自身瞬时旋转轴转动，有者为有涡流动，无者为无涡(有势)流动；另一种是指由许多流体微团所组成的大尺度流体团的旋转运动，这与其中的每一个流体微团是否围绕自身瞬时轴旋转是两回事，当然，紊流总是属于有涡流动。紊流必有旋涡，紊流是靠旋涡来维持的。

**2. 随机性**

紊流的运动要素如 $v$、$p$ 等是空间位置和时间的随机函数。空间坐标一定，即位置确定，对同一点而言，其运动要素是随时间而波动变化的，这种波动变化称为紊流的脉动性。

当利用现代量测仪器测定圆管紊流中某一固定空间点上的瞬时流速沿管轴方向的分量 $u_x(t)$ 随时间的变化过程(见图 5-9(a))，或量测某一固定空间点上瞬时压强 $p(t)$ 随时间变化过程(见图 5-9(b))，发现该固定点上，瞬时流速或瞬时压强值并不是一个常数，而总是不断随机地上下波动变化，这种波动特征正是由随机变化的不同涡体通过该空间点所造成的必然结果。这种波动式的变化就是脉动。同样，如果在某一瞬时同时量测某一运动要素在空间的变化，例如量测圆管紊流过流断面上瞬时流速的空间分布，如图 5-9(c)所示。发现在空间上同样出现与上面类似的情况，在管壁附近以外，同样呈现紊流的脉动特征。显然，这种空间上的脉动是在某一瞬时涡体空间排列的不规则性以及每个涡体的特性(如形状、尺寸、强度、旋转方向、运动速度等)不同的宏观体现。

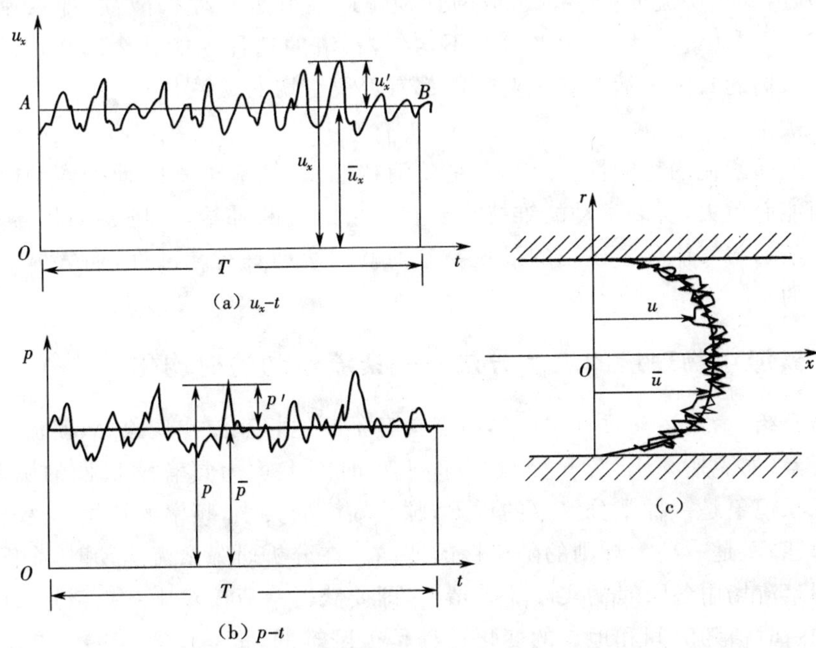


图 5-9　紊流随时间、空间的脉动特征

紊流无论是在时间上，还是在空间上的脉动特征，表面看来似乎是不规则、随机的，但如果取一定的时段，而且所取时段足够的长，就会发现，运动要素的各瞬时量的时间平均值是一个不随时间变化的常数，或运动要素在空间上的分布是按一定的规律分布的而不随时间而变化。这就是紊流的恒定流。

由于紊流具有脉动性，严格讲，任何一个紊流的运动要素都是随时间而变化的，因此可以说紊流都是非恒定流。人们所说的紊流恒定流动是指其时均值而言，只要紊流运动要素的时均值不随时间而变化，就是恒定流，否则就是非恒定流。

紊流的脉动现象对很多工程问题有直接的影响。如压强的脉动，会在壁面上产生较大的瞬时荷载，或者可能使空蚀破坏提前发生。流速的脉动会提高紊流所挟带物质的扩散能力，另外紊流的脉动可能会引发建筑物的流激震动，特别是当其频率与建筑物的固有频率相近时会引起共振，同时振动还会产生噪音污染等。因此，脉动现象已引起工程界的广泛关注和研究。

**3. 输运性**

人们早已熟知，组成任何一种流体的分子是在永不停歇地进行着微观运动，具有分子输运性。层流流动同样具有这种分子输运性，因而分子之间存在有质量、动量和能量交换（即输运），表现为宏观上的扩散、黏滞性和热传导等物理现象；紊流流动除了和层流一样具有分子输运性外，还具有流体微团之间的强烈混掺交换，它的量级要比分子间的输运大得多，所以紊流的输运性所造成流体的质量交换、动量交换、能量交换，其强度要比层流大得多。紊流的这种输运性就是一种扩散性，即紊流具有传质、传热及传递动量的性能，只要分布不均匀，紊流的这种性能就会起作用。紊流的输运性与人们的日常生活及各工业部门都有着很密切的关系。

**4. 耗散性**

耗散性即紊流的耗能性。紊动总是要消耗能量，切应力不断地把紊动能量转化成流体内能而散失，所以紊动的维持需要有能量的不断补给，否则紊动将会衰减，以致消失。紊动与气体分子运动的最主要差别就是紊动具有耗散性，而气体分子的动能是守恒的。

### 5.5.2 紊流中物理量的表示方法——紊流运动的时均化

前已介绍，紊流运动过程中流体质点具有不断地相互混掺现象，致使流区内各点的运动要素（如流速 $u$、压强 $p$ 等）在空间上和时间上均为具有随机性的脉动特征。紊流的脉动现象是一种十分复杂的现象，脉动幅度的大小，频率的快慢等变化均无明显的规律性，而是一种无规则的随机性的波动。在分析研究紊流运动时，企图直接了解并掌握紊流场中各瞬时的实际流动情况，即要获得紊流流场中各点流速、压强等运动要素的瞬时值随时间和地点的变化过程是很困难的，也是不现实的。在工程设计和研究中，广泛采用平均的方法研究紊流流动。对随时间和空间变化的物理量平均的方法主要有以下四种，即时间平均法、空间平均法、空间时间平均法和统计平均法。

其中，最具普遍意义的是统计平均法，它既适用于恒定紊流也适用于非恒定紊流。但对于恒定紊流，最容易理解和掌握的，也是目前最广泛采用的方法是时间平均法(简称时均法)。这是于 1895 年首先由雷诺提出的把紊流流动分成两部分，即将紊流流动视为由时间平均流动和脉动流动两种流动的叠加

瞬时流动＝时间平均流动＋脉动流动

例如图 5-9(a)和(b)两图所示，分别为实测一恒定管流中某一空间点上沿流动方向($x$ 方向)的瞬时流速 $u_x$ 和该点上的瞬时压强 $p$ 随时间 $t$ 的变化曲线。按照上述时间平均法，$u_x$ 和 $p$ 可以表示为

$$u_x=\bar{u}_x+u'_x$$
$$p=\bar{p}+p'$$

式中　$u_x$，$p$——分别为该点沿 $x$ 方向的瞬时流速和瞬时压强；

$\bar{u}_x$，$\bar{p}$——分别为该点沿 $x$ 方向的时均流速和时均压强；

$u'_x$，$p'$——分别为该点沿 $x$ 方向的脉动流速和脉动压强。

由图 5-9(a)可见，$u_x$ 随时间无规则地围绕某一平均值上下摆动，如果取某一时段 $T$，将 $u_x$ 对该时段 $T$ 平均，即

$$\bar{u}_x=\lim_{T\to\infty}\frac{1}{T}\int_{t_0}^{t_0+T}u_x\,\mathrm{d}t$$

式中　$t_0$——取时间平均的起始时刻；

$T$——取时间平均的时段长度；

$u_x$——该点上沿 $x$ 方向的瞬时流速；

$\bar{u}_x$——$u_x$ 在时段 $T$ 内的时间平均值，即时均值。

$\bar{u}_x$ 与时段 $T$ 的长短有关，如 $T$ 取得过短，则时均值 $\bar{u}_x$ 不是偏大就是偏小，不稳定；只要将 $T$ 取得足够长，$\bar{u}_x$ 值将趋于某稳定常数而不再与 $T$ 有关。从理论上讲，$T$ 应为无穷大，但实际上不可能，对于 $T$ 到底取多大才算足够长呢？目前尚无统一标准。根据经验，一般取 100 个波形以上(一个波形包括一个波峰和一个波谷)，方可满足要求。如果是恒定紊流，其时均流动不随时间变化，则上式中的积分应与积分的起始时间 $t_0$ 无关。此时时均值可写成

$$\bar{u}_x=\frac{1}{T}\int_0^T u_x\,\mathrm{d}t \tag{5-25a}$$

同理

$$\bar{u}_y=\frac{1}{T}\int_0^T u_y\,\mathrm{d}t \tag{5-25b}$$

$$\bar{u}_z=\frac{1}{T}\int_0^T u_z\,\mathrm{d}t \tag{5-25c}$$

时均压强可写为

$$\bar{p}=\frac{1}{T}\int_0^T p\,\mathrm{d}t \tag{5-26}$$

则脉动流速为

$$u'_x = u_x - \bar{u}_x$$

将瞬时值 $u_x$ 与时均值 $\bar{u}_x$ 相比较，由图 5-9(a)不难看出 $u_x$ 可能大于，也可能小于 $\bar{u}_x$，即脉动值 $u'_x$ 可能为正，也可能为负。

若将脉动流速对时间 $T$ 取平均值，即

$$\overline{u'_x} = \frac{1}{T}\int_0^T u'_x \mathrm{d}t = \frac{1}{T}\int_0^T u_x \mathrm{d}t - \frac{1}{T}\int_0^T \bar{u}_x \mathrm{d}t$$

$$= \bar{u}_x - \frac{\bar{u}_x}{T}\int_0^T \mathrm{d}t = \bar{u}_x - \bar{u}_x = 0 \tag{5-27}$$

即脉动值的时均值等于0。

从图上看，脉动值的时均值就是 $\bar{u}_x$ 直线$\overline{AB}$与瞬时值 $u_x = f(t)$ 曲线之间所围成的面积之和，而从时均值定义可知，瞬时值曲线 $u_x = f(t)$ 以下与坐标轴之间围成之面积等于时均值 $\bar{u}_x$ 直线$\overline{AB}$以下与坐标轴之间的矩形面积，所以以 $\bar{u}_x$ 直线$\overline{AB}$为界，上部与曲线围成之面积，与其下部的面积相等，上部为正，下部为负，恰好抵消，所以 $\overline{u'_x}=0$，其他方向及压强也一样，即$\overline{u'_y}=0$，$\overline{u'_z}=0$；$\overline{p'}=0$。

根据上述结论可知，用脉动值的时均值是不能表示脉动量的大小的。但脉动值的均方值不等于零，沿 $x$ 方向的脉动流速的均方值为

$$\overline{u'^2_x} = \frac{1}{T}\int_0^T u'^2_x \mathrm{d}t \neq 0$$

故通常用脉动量的均方根值表示它的统计特征值，即 $x$ 方向 $u'_x$ 的均方根值

$$\sqrt{\overline{u'^2_x}} = \left[\frac{1}{T}\int_0^T u'^2_x \mathrm{d}t\right]^{\frac{1}{2}} = \sigma'_{u_x} \tag{5-28a}$$

同理，$y$ 方向：

$$\sqrt{\overline{u'^2_y}} = \left[\frac{1}{T}\int_0^T u'^2_y \mathrm{d}t\right]^{\frac{1}{2}} = \sigma'_{u_y} \tag{5-28b}$$

$z$ 方向：

$$\sqrt{\overline{u'^2_z}} = \left[\frac{1}{T}\int_0^T u'^2_z \mathrm{d}t\right]^{\frac{1}{2}} = \sigma'_{u_z} \tag{5-28c}$$

$\sigma'_{u_x}$、$\sigma'_{u_y}$、$\sigma'_{u_z}$ 分别称之为 $x$、$y$、$z$ 方向上的**紊动强度**，其量纲与速度量纲一致$[LT^{-1}]$。

通常也用无量纲量 $N$ 来表示紊动的程度，也称紊动强度

$$N = \frac{\sqrt{\frac{1}{3}(\overline{u'^2_x} + \overline{u'^2_y} + \overline{u'^2_z})}}{\bar{u}_x} \tag{5-29}$$

上式中分母用 $x$ 方向的时均流速，则表示该时均流动是沿 $x$ 方向的。

另外，将$\frac{1}{2}(\overline{u'^2_x} + \overline{u'^2_y} + \overline{u'^2_z})$称之为单位质量流体的**紊动平均动能**。

把紊流视为时均流动和脉动流动两种流动的叠加，可以对其分别进行研究，引入时均化的概念为紊流的进一步深入研究提供了方便，也使问题得到简化。当然，时均流动是主要的，它反映了流动的基本特征。此时在恒定流中，时均流动的运动要素不再随时间而变化，用欧拉法描述流动的一系列基本概念，有关的基本原理，基本方程等也都可以适用于紊流。对于复杂的脉动流动也便于作专门的进一步深入的研讨。

特别指出，紊流的时均化是研究、处理紊流问题的一种方法，不会因为采用了这种研究方法，紊流的诸如混掺、脉动等基本特征就不复存在了。紊流的许多问题，如紊流切应力，过流断面上的流速分布，紊流中的质量、动量、能量的交换与传递的规律等，仍然需要从紊流的基本特征出发进行研究，否则就不可能得到符合实际的客观结论。

### 5.5.3 紊流的切应力

**1. 紊流切应力**

在层流流动中，由于各流层间的相对运动而产生的切应力是由黏滞性所引起的，符合牛顿内摩擦定律。

在紊流流动中，按时均化的方法，可拆分成时均流动和脉动流动两种流动的叠加。其相应的紊流切应力 $\tau$ 应由两部分组成。

一部分因时均流动的流层间相对运动而产生的黏滞切应力$\bar{\tau}_1$，符合牛顿内摩擦定律

$$\bar{\tau}_1=\mu\frac{\mathrm{d}\bar{u}_x}{\mathrm{d}y}$$

另一部分则因紊流脉动，上下层质点相互混掺，在相邻流层间产生动量交换而引起的紊流附加切应力 $\tau_t$

$$\tau_t=-\rho\overline{u'_x u'_y}$$

现以一个二维恒定的平行均匀紊流为例进行讨论。图5-10所示为流动的时均流速分布图。这种流动的时均流速只有 $x$ 向的 $\bar{u}_x=f(y)$。在这种时均流动里，紊动附加切应力是作用在垂直于 $y$ 轴的平面上，沿着 $x$ 方向的附加切应力，它反映了紊流脉动的影响，用 $\tau'_{yx}$ 表示（即 $\tau_t$），下标 $y$ 表示切应力所在平面的法线方向，$x$ 则表示切应力的方向。

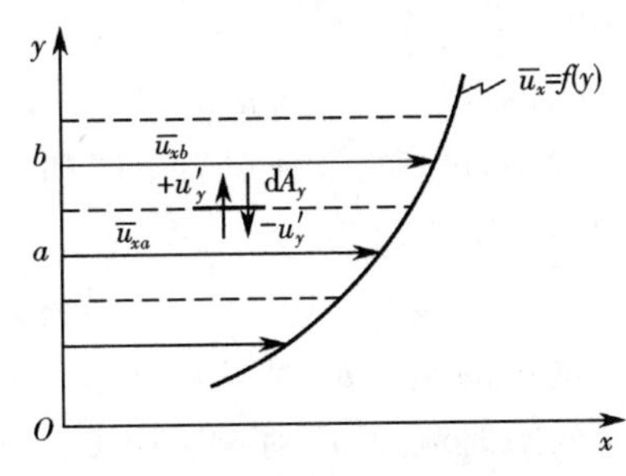


**图5-10 二维恒定平行均匀紊流 $\bar{u}_x=f(y)$分布图**

首先，从紊动的物理现象来说明脉动是如何产生这个紊流附加切应力的，然后再利用紊流半经验理论，对附加切应力的数值进行探讨。

设在两流层 $a$ 和 $b$ 的交界面上取一个垂直于 $y$ 轴的微元面积 $\mathrm{d}A_y$ 如图5-10所示。该时均流动的流速梯度$\frac{\mathrm{d}\bar{u}_x}{\mathrm{d}y}>0$，即 $\bar{u}_x$ 随 $y$ 值增大而变大，上流层 $b$ 的时均流速大于下流层 $a$ 的时均流速，即 $\bar{u}_{x_b}>\bar{u}_{x_a}$。该流动不仅有沿流向，即纵向脉动流速 $u'_x$，并规定与坐标轴 $x$ 方向（即流动方向）一致为正，相反为负。也有横向脉动流速 $u'_y$，规定向上与 $y$ 轴方向一致者为正，向下则为负。$u'_x$ 在横向脉动作用下，上下流层间流体质点产生相互混掺，在 $+u'_y$ 作用下，质点可由 $a$ 层向上流到 $b$ 层，在 $-u'_y$ 作用

下，也可由 $b$ 层向下流到 $a$ 层。

在 $+u'_y$ 作用下，单位时间内，有 $\rho u'_y \mathrm{d}A_y$ 的流体质量，通过 $\mathrm{d}A_y$，由下层 $a$ 流入上层 $b$；在未流入 $b$ 层之前，流体质点具有在原 $a$ 层时的瞬时流速 $u_{xa}$，而且在质点到达 $b$ 层前一直保持该流速。则质点在 $a$ 层原有的单位时间的动量为 $\rho u'_y u_{xa} \mathrm{d}A_y$。随着质量由 $a$ 层通过 $\mathrm{d}A_y$ 进入 $b$ 层，同时有上述 $x$ 方向的动量 $\rho u'_y u_{xa} \mathrm{d}A_y$ 一起流入 $b$ 层。同理，如果横向脉动流速为 $-u'_y$，则同样会有相应的 $x$ 方向的动量，自 $\mathrm{d}A_y$ 上面的 $b$ 层进入下层 $a$。应该指出，对于某一微小时段，在某一微小面积 $\mathrm{d}A_y$ 上，这种动量的流通（或交换）只能是单向的，不是由上向下，就是由下向上。更明确地说，如果对某一个流体质点或微团而言，在某一时刻通过某一微小面积时，或者向上，或者向下，只能是单向的。那么，在某一时刻（在一时段里更是如此），不只是一个质点，而是许多质点同时有动量自下而上进入上层，也有自上而下流入下层的，则单位时间里通过 $\mathrm{d}A_y$ 的 $x$ 方向的动量是单位时间所有自下而上和所有自上而下流过 $\mathrm{d}A_y$ 的动量之合成的结果，而且合成后的结果只能是单向的，不是向上就是向下。这种动量的流通就是动量的传递或交换。应用动量传输（递）理论可以推求出附加切应力与脉动流速之间的关系。其前提是假设：流体质点由下层 $a$ 横向运移至上层 $b$ 的过程中，始终保持其原有的属性（如原有的流速 $u_{xa}$ 和原有的动量 $\rho u'_y u_{xa} \mathrm{d}A_y$），只有当质点移动了一定距离到达 $b$ 层后，才改变其原有的属性，而与 $b$ 层当地的流体质点混掺，同时具有与 $b$ 层质点同样的流速 $\bar{u}_{xb}$ 和同样的动量 $\rho u'_y \bar{u}_{xb} \mathrm{d}A_y$。所以质点到达 $b$ 层后其单位时间的动量变为 $\rho u'_y \bar{u}_{xb} \mathrm{d}A_y$，则单位时间里质点由下向上通过微元面积 $\mathrm{d}A_y$ 的动量变化为

$$\rho u'_y u_{xa} \mathrm{d}A_y - \rho u'_y \bar{u}_{xb} \mathrm{d}A_y = \rho(u_{xa} - \bar{u}_{xb}) u'_y \mathrm{d}A_y$$

式中，$u_{xa}$ 和 $\bar{u}_{xb}$ 分别为 $a$ 层和 $b$ 层沿 $x$ 方向的瞬时流速和时均流速，故可以写为 $u_x$ 和 $\bar{u}_x$，则式写为

$$\rho u'_y u_{xa} \mathrm{d}A_y - \rho u'_y \bar{u}_{xb} \mathrm{d}A_y = \rho(u_{xa} - \bar{u}_{xb}) u'_y \mathrm{d}A_y = \rho(u_x - \bar{u}_x) u'_y \mathrm{d}A_y \qquad (5\text{-}30)$$

这里的 $u_x - \bar{u}_x$ 是指 $u_{xa} - \bar{u}'_{xb} = u'_{xb}$，即下层 $a$ 的质点进入上层 $b$，当尚未改变其属性时的瞬时流速 $u_{xa}$ 对 $b$ 层质点的时均流速 $\bar{u}_{xb}$ 产生的脉动流速。从定性上理解：下层流速比上层的小，下层对上层有减缓其流速的趋势，故一般情况 $u'_{xb} < 0$ 即 $u'_{xb}$ 为负。从定量上看，因为 $\bar{u}_{xa} < \bar{u}_{xb}$，所以在一般（多数）情况下 $u_{xa} < \bar{u}_{xb}$，故 $u_{xa} - \bar{u}_{xb} = u'_{xb} < 0$，即当横向脉动流速为 $+u'_y$ 时，在上层 $b$ 中产生沿流向的脉动流速为 $-u'_x$，即 $u_x - \bar{u}_x = -u'_x$。同样，在横向脉动流速 $-u'_y$ 作用下，质点由上层 $b$ 流入下层 $a$，同样 $b$ 层的瞬时流速 $u_{xb}$ 对 $a$ 层质点的时均流速 $\bar{u}_{xa}$ 产生一个脉动流速 $u'_{xa}$（可写成 $u'_x$），即 $u_{xb} - \bar{u}_{xa} = u'_{xa}$，同样因 $\bar{u}_{xb} > \bar{u}_{xa}$，无论从定性上还是从定量上分析，在一般（多数）情况下 $u'_{xa} > 0$，即为 $+u'_{xa}$。即当横向脉动流速为 $-u'_y$ 时，在下层 $a$ 中产生沿流向的脉动流速为 $+u'_x$。所以 $u'_x$ 与 $u'_y$ 两者总是异号，两者乘积为负，即 $(-u'_x u'_y)$，前边“$-$”号不但反映 $u'_x$ 与 $u'_y$ 符号总是相反，而且也使附加切应力与黏滞切应力在表示方式上取得一致，都以正值出现。则式(5-30)可写为

$$\rho u'_y u_{xa}\mathrm{d}A_y-\rho u'_y\bar{u}_{xb}\mathrm{d}A_y=\rho(u_{xa}-\bar{u}_{xb})u'_y\mathrm{d}A_y=\rho(u_x-\bar{u}_x)u'_y\mathrm{d}A_y=-\rho u'_x u'_y\mathrm{d}A_y$$

因各流层之间流体质点是随时互相混掺的，脉动流速的大小及方向也是瞬时变化的，所以上述单位时间里动量的变化应以时均值表示，即$-\rho\overline{u'_x u'_y}\mathrm{d}A_y$。它表示在一个较长的时段里，通过同一截面$\mathrm{d}A_y$的那些流体质点在单位时间里动量变化的时间平均值。

根据动量定律，单位时间里由下层$a$向上层$b$通过微元截面$\mathrm{d}A_y$的动量变化$-\rho\overline{u'_x u'_y}\mathrm{d}A_y$等于作用在$\mathrm{d}A_y$面积上的切力$\Delta F$，即

$$\Delta F=-\rho\overline{u'_x u'_y}\mathrm{d}A_y$$

故作用于$\mathrm{d}A_y$面上的附加切应力为

$$\tau'_{yx}=\frac{\Delta F}{\mathrm{d}A_y}=-\rho\overline{u'_x u'_y}$$

所以由脉动所产生的紊流附加切应力

$$\tau_t=\tau'_{yx}=-\rho\overline{u'_x u'_y} \tag{5-31}$$

综上所述，可见在紊流流动中，由于脉动流速的存在，使得在任一截面两边的流层，在时间平均意义上存在动量从截面的一边向另一边传递或交换，正是由于脉动而产生的动量的传递或交换，使得在两流层的交界面上形成了紊流附加切应力。

式(5-31)表明，紊流附加切应力只与流体密度和脉动流速有关，而与流体的黏滞性无关。该式是由雷诺于1895年首先提出的，所以又称**雷诺应力**。**紊流切应力**等于**黏滞切应力**与**紊流附加切应力**二者之和，即

$$\tau=\tau_1+\tau_t=\mu\frac{\mathrm{d}\bar{u}_x}{\mathrm{d}y}-\rho\overline{u'_x u'_y} \tag{5-32}$$

**2. 紊流的半经验理论**

式(5-31)已经建立了紊流附加切应力与脉动流速之间的关系，但脉动流速$u'_x$、$u'_y$都是不规则、随机变化的，所以虽然有了式(5-31)，但仍无法直接计算紊流附加切应力的数值，要解决这一问题，必须要找到$\overline{u'_x u'_y}$与时均流速之间的关系。目前研究解决附加切应力问题，在实用上主要依靠紊流的半经验理论，虽然它从理论上讲是有缺陷的，但是它能较好地解决工程实际问题。

紊流半经验理论种类很多，其中以1925年德国力学家普朗特(L. Prandtl)比拟气体分子运动自由程的概念，提出的混合长度理论最有代表性。但无论是普朗特的理论还是冯·卡门(Von Kármán)的相似理论，或是泰勒(G. I. Tayler)的涡街输运理论等，虽然各自出发点不同，但是这些理论的特点和目的是一致的，都是不具体研究紊流的脉动结构，而只是对脉动的规律作一些假定，从而找出由脉动所引起的附加切应力(雷诺应力)与时均流速之间的关系，求得脉动对紊流时均流动的影响，为解决紊流问题开辟途径。下面就普朗特提出的紊流混合长度理论，具体分析研究由脉动所引起的附加切应力的问题。

**混合长度理论**是以动量输运理论为基础，该理论假设如下。

(1) 流体质点在紊动混掺过程中存在类似于气体分子运动的自由程，普朗特称其为混合长度 $l$，质点在 $l$ 距离内不与其他质点相碰撞，仍然保持它原有的物理属性(如流速、动量等)，只有当质点经历了 $l$ 距离后，到达了新的地点，该流体质点才与当地的质点相混掺，发生动量交换，失去它原有的物理属性，同时具有了在新地点周围的流体质点的物理属性。这是普朗特混合长度理论的核心。

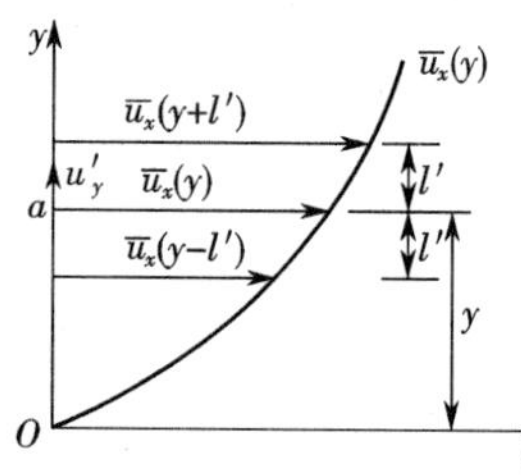


**图 5-11　混合长度理论分析**

如图 5-11 所示，为一恒定二维平行均匀紊流沿 $x$ 方向时均流速分布 $\bar{u}_x=f(y)$。在坐标 $y$ 处的流体质点，具有时均流速 $\bar{u}_x(y)$，该质点在横向脉动流速 $\pm u'_y$ 作用下，只有在向上或向下运动了一个 $l'$ 距离之后，到达新的位置 $(y+l')$ 或 $(y-l')$ 处，才失去它原有的特征而具有当地的流速 $\bar{u}_x(y+l')$ 或 $\bar{u}_x(y-l')$。

若流体质点在 $+u'_y$ 的作用下，从原来位置 $(y-l')$ 处向上运移了距离 $l'$ 后到达新的位置 $y$ 处，其 $x$ 方向时均流速由 $\bar{u}_x(y-l')$ 变为 $\bar{u}_x(y)$，前者小于后者。现将 $\bar{u}_x(y-l')$ 用泰勒级数展开，并忽略其高阶微量，有

$$\bar{u}_x(y-l')=\bar{u}_x(y)-l'\left(\frac{\mathrm{d}\bar{u}_x}{\mathrm{d}y}\right)$$

则 $(y-l')$ 层与 $y$ 层的时均流速差为

$$\Delta\bar{u}_x=\bar{u}_x(y-l')-\bar{u}_x(y)=\bar{u}_x(y)-l'\frac{\mathrm{d}\bar{u}_x}{\mathrm{d}y}-\bar{u}_x(y)=-l'\frac{\mathrm{d}\bar{u}_x}{\mathrm{d}y}$$

同理，$(y+l')$ 层与 $y$ 层的时均流速差为

$$\Delta\bar{u}_x=\bar{u}_x(y+l')-\bar{u}_x(y)=l'\frac{\mathrm{d}\bar{u}_x}{\mathrm{d}y}$$

(2) 认为在 $y$ 层，流体质点的纵向(即 $x$ 方向)脉动流速 $u'_x$ 是由于 $(y+l')$ 层或 $(y-l')$ 层的流体质点在横向脉动流速 $u'_y$ 的作用下，运移了一个 $l'$ 距离后到达 $y$ 层所引起的，假设 $u'_x$ 与运移 $l'$ 后的两流层的时均流速差 $\Delta\bar{u}_x$ 有关，并且近似等于该时均流速差。即

$$u'_x\approx\Delta\bar{u}_x=\pm l'\frac{\mathrm{d}\bar{u}_x}{\mathrm{d}y}$$

由前已知，$u'_x$ 与 $u'_y$ 方向总是相反的。

(3) 认为 $u'_y$ 的大小与 $u'_x$ 大小是属于同一个量级的小量，两者方向相反，其大小成一定比例。即

$$|u'_y|\propto|u'_x|,\quad |u'_y|=C|u'_x|$$

则

$$\overline{u'_x u'_y}=-|u'_x|\cdot|u'_y|=-Cl'^2\left(\frac{\mathrm{d}\bar{u}_x}{\mathrm{d}y}\right)^2$$

所以紊流附加切应力

$$\tau'_{yx}=-\rho\overline{u'_x u'_y}=\rho Cl'\left(\frac{\mathrm{d}\bar{u}_x}{\mathrm{d}y}\right)^2$$

式中 $C$ 为比例常数，令 $Cl'^2=l^2$，所以

$$\tau'_{yx}=-\rho\overline{u'_x u'_y}=\rho l^2\left(\frac{\mathrm{d}\bar{u}_x}{\mathrm{d}y}\right)^2$$

式中的 $l$ 称为混合长度，它与原来的 $l'$ 有所不同。该式即为利用普朗特混合长度理论得到的附加切应力与时均流速之间的关系式。为方便起见，可以略去表示时均流速的横标线"—"，即

$$\tau'_{yx}=\rho l^2\left(\frac{\mathrm{d}u_x}{\mathrm{d}y}\right)^2 \tag{5-33}$$

因为 $\frac{\mathrm{d}u_x}{\mathrm{d}y}$ 有正有负，$\tau'_{yx}$ 也有正有负，为了表示附加切应力 $\tau'_{yx}$ 与黏滞切应力 $\tau_{yx}$ 两者符号一致，可将 $\tau'_{yx}$ 写成

$$\tau'_{yx}=\rho l^2\left|\frac{\mathrm{d}u_x}{\mathrm{d}y}\right|\frac{\mathrm{d}u_x}{\mathrm{d}y} \tag{5-34}$$

在紊流时均流动中，全部切应力 $\tau$ 应由黏滞切应力 $\tau_1$ 和紊流附加切应力 $\tau_t$ 两部分组成，即可写成

$$\tau_{yx}=\mu\frac{\mathrm{d}u_x}{\mathrm{d}y}+\rho l^2\left|\frac{\mathrm{d}u_x}{\mathrm{d}y}\right|\frac{\mathrm{d}u_x}{\mathrm{d}y} \tag{5-35}$$

一般表示也可写成

$$\tau=\tau_1+\tau_t=\mu\frac{\mathrm{d}u_x}{\mathrm{d}y}+\rho l^2\left(\frac{\mathrm{d}u_x}{\mathrm{d}y}\right)^2 \tag{5-36}$$

式中，两部分切应力所占比重的大小，随紊动状况而异，当雷诺数较小时，黏滞力相对惯性力起主导作用，则此时黏滞切应力 $\tau_1$ 占主导地位。随着雷诺数增大，黏滞力逐渐减弱，惯性力作用逐渐增强，紊动逐渐加剧，随之附加切应力逐渐增大。当雷诺数很大时，紊流充分发展，此时 $\tau_1\ll\tau_t$，前者可以忽略不计，则

$$\tau=\tau_t=-\rho\overline{u'_x u'_y}=\rho l^2\left(\frac{\mathrm{d}u_x}{\mathrm{d}y}\right)^2$$

有了附加切应力与时均流速的关系表达式(5-33)后，尚需解决混合长度 $l$ 的计算问题。普朗特假设 $l$ 不受黏性的影响，只与从固体壁面算起的法向距离 $y$ 成正比，即

$$l=\kappa y \tag{5-37}$$

式中，$\kappa$ 为一待定的无量纲比例系数，通常称为卡门通用常数，通过实验确定。

通过实验得到 $\kappa=0.36\sim0.435$，在圆管近壁处实测资料表明与 $l=0.4y$ 相近，故通常取 $\kappa=0.40$。即附加切应力可写成

$$\tau'_{yx}=\rho l^2\left(\frac{\mathrm{d}u_x}{\mathrm{d}y}\right)^2=\rho x^2 y^2\left(\frac{\mathrm{d}u_x}{\mathrm{d}y}\right)^2 \tag{5-38}$$

圆管紊流断面上总的切应力是成线性分布的，如图 5-12 所示。根据上式知，当 $y=0$ 时，$\tau'_{yx}=0$，即在边界处紊流附加切应力为零。这是因为脉动流速在边界处受其约束限制而趋于零。边界处主要是黏滞切应力，且在边界处切应力达到最大值，等

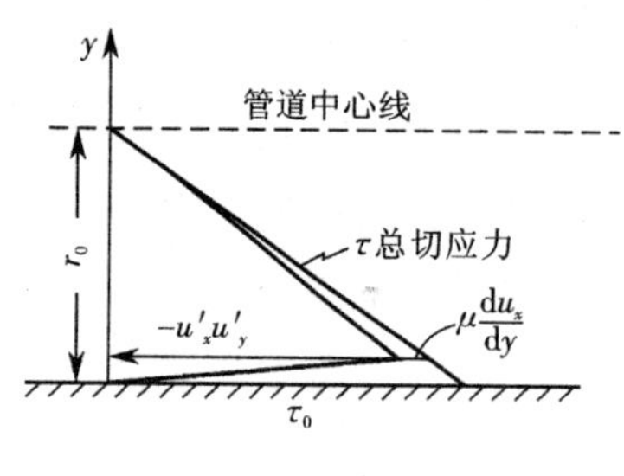


图 5-12 切应力分布

于壁面切应力 $\tau_0$。

当 $y=r_0$（圆管中心），由于 $\frac{du_x}{dy}=0$，所以不仅黏滞切应力 $\mu\frac{du_x}{dy}=0$，而且该处的紊动附加切应力 $\tau'_{yx}=0$，故在中心处全部切应力 $\tau=0$。

在充分发展的紊流中，惯性力相对黏滞力处于主导作用，此时 $\tau_1 \ll \tau_t$，黏滞切应力很小，可以忽略不计，只考虑附加切应力 $\tau_t$，同时假设边壁附近切应力保持不变，$\tau_t=\tau_0$（壁面切应力）。则由式(5-38)得

$$\tau_0=\rho\kappa^2 y^2\left(\frac{du}{dy}\right)^2$$

则

$$du=\frac{1}{\kappa}\sqrt{\frac{\tau_0}{\rho}}\frac{dy}{y}=\frac{v_*}{\kappa}\frac{dy}{y}$$

对上式积分，式中 $\kappa$ 为常数，壁面切应力 $\tau_0$ 一定，则摩阻流速 $v_*=\sqrt{\frac{\tau_0}{\rho}}$ 为常数，故积分可得

$$\frac{u}{v_*}=\frac{1}{\kappa}\ln y+C \tag{5-39a}$$

该式为壁面附近紊流流速的对数分布一般公式。虽然该式是根据边壁附近条件推导而来，但实验研究证明，将该式推广应用于除黏性底层以外的整个过流断面，与实际流速分布仍然相符。而且该式具有普遍意义，它可适用于任何的壁面流动，与积分常数 $C$ 不同，其 $C$ 值要根据具体流动情况，通过实验确定。式(5-39)称为**普朗特-卡门对数分布律**。该式也可以写成

$$u^+=\frac{u}{v_*}=\frac{1}{\kappa}\ln y+C \tag{5-39b}$$

由混合长度理论，得到了紊流附加切应力的表达式(5-33)和断面流速对数分布规律表示式(5-39)，同时也看到了这一理论的缺陷：流体的质点不同于气体分子，它不是独立的个体，流体是连续介质，其质点在横向运移过程中，将连续不断地与周围质点相接触，进行动量交换；对混合长度 $l$ 的尺度大小也含混不清；又如公式(5-39)中的常数 $\kappa$ 和 $C$ 都需要由实验确定等。尽管如此，但这一理论是从紊流的基本特征出发，反映了紊流的主要特点，而且推导简单，有足够的精度满足工程实际的需要，理论分析与实际结果比较吻合，因此在实际工程中得到承认和广泛应用。

## 5.5.4 黏性底层

### 1. 黏性底层

所谓**黏性底层**是在紧挨紊流运动流体的固体壁面有一层黏滞性或者说是黏滞切应力起主导作用的很薄的流体层，如图 5-13 所示。

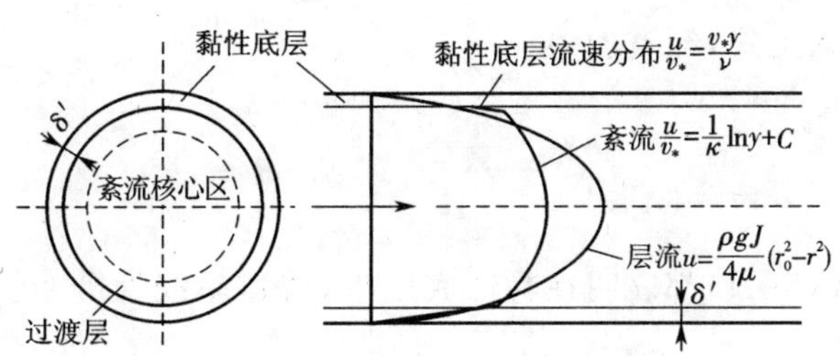


**图 5-13　紊流的结构分区及断面流速分布**

这是因为实际流体具有黏性，紧贴固体壁面（如管壁）的一层流体质点要满足黏性流体壁面上无滑移条件而黏附在固体壁面上不动，使其在壁面上的速度 $u=0$，但一离开壁面的法向，就会出现有沿壁面（或管轴）的流速，虽然很小，但流速梯度很大（变化很快）其黏性作用不可忽略。另一方面，由于固体边壁的约束限制作用，使得在边壁处的脉动流速 $u'_x$和 $u'_y$（当然包括 $u'_z$）都等于零，故在壁面处紊流附加切应力为零，全部都是黏滞切应力，即使离开壁面，在其附近的附加切应力所占比重也很微小，黏滞切应力仍起控制作用。所以在紊流中紧靠固体壁面，总是存在由黏滞切应力起控制作用的极薄的一个流层，即黏性底层。在黏性底层的内侧是界限不明显的过渡层，在该层中，黏滞切应力和紊动附加切应力同时都起作用。再向内部就是充分发展的紊流核心区。在该区，惯性作用相对黏性居主导地位，所以紊流附加切应力起控制作用，黏滞切应力已很小，并可以忽略不计。

**2. 黏性底层内的流速分布**

由普朗特混合长度理论，得到紊流过流断面上流速对数律的分布公式（5-39）。它适用于管流，也适用于明槽流动，具有普遍意义，但除黏性底层以外。

正如前述，黏性底层是紧挨固体边壁，由黏滞力（或者说由黏滞切应力）起控制作用的一层极薄的流体层，可视该层内的流速分布为线性分布，则$\frac{\mathrm{d}u_x}{\mathrm{d}y}=\text{const.}$，所以该层流体内部的切应力 $\tau_{yx}=\text{const.}$，而在边壁处的脉动流速 $u'_x$，$u'_y$ 均为零。故紊动附加切应力 $\tau'_{yx}=0$ 全部都是黏滞切应力，且等于壁面切应力 $\tau_0$，离开边壁，在其附近黏性底层里，也是黏滞切应力起控制作用，而附加切应力微不足道，且可以略而不计。因此，可以认为该层流体的切应力都是黏滞切应力，且等于壁面切应力 $\tau_0$，即

$$\tau_0=\tau_1=\mu\frac{\mathrm{d}u}{\mathrm{d}y}$$

所以

$$\mathrm{d}u=\frac{\tau_0}{\mu}\mathrm{d}y=\frac{\tau_0}{\rho\nu}\mathrm{d}y$$

积分上式得

$$u=\frac{\tau_0}{\rho\nu}y+C$$

由边界条件，壁面上 $y=0$，$u=0$，所以积分常数 $C=0$，得

$$u=\frac{\tau_0}{\rho\nu}y \tag{5-40}$$

或将 $v_* = \sqrt{\frac{\tau_0}{\rho}}$ 代入上式，经整理得

$$\frac{u}{v_*} = \frac{v_* y}{\nu} \tag{5-41a}$$

或

$$u^+ = y^+ \tag{5-41b}$$

式(5-40)或式(5-41)都表明在黏性底层中，流速呈线性分布。在壁面上流速为零(见图 5-13)。

到此为止，已经知道包括黏性底层在内的整个紊流过流断面上的流速分布。如图 5-13 所示，圆管紊流除黏性底层内流速为线性分布外，整个断面呈对数律分布。与圆管层流的 $u = \frac{\rho g J}{4\mu}(r_0^2 - r^2)$ 呈抛物线分布相比较，要均匀得多。在层流中，管中心轴线上的最大流速 $u_{max}$ 是断面平均流速 $v$ 的两倍，即 $u_{max} = 2v$。而在紊流中，$u_{max} = (1.05 \sim 1.30)v$。这是因为紊流的混掺作用使流速分布趋于均化的结果。

黏性底层的厚度很薄，实验量测也十分困难。它的厚度一般有两种表示方法：一个是它的实际厚度 $\delta'$，另一个则是名义厚度 $\delta_0$（也称理论厚度或计算厚度）。它是黏性底层流速分布曲线与紊流核心流速分布曲线两者的延伸线到过渡区相交，其交点到壁面的距离 $\delta'$ 和 $\delta_0$ 都是通过实验量测得到的，两者都带有一定的经验性，不同的研究者会得出略有不同的数值。通过实验量测通常认为

$$\delta' = 5\frac{\nu}{v_*} \tag{5-42}$$

$$\delta_0 = 11.6\frac{\nu}{v_*} \tag{5-43}$$

上两式为黏性底层厚度的一般表示式，对平板、圆管均适用。将摩阻流速 $v_* = \sqrt{\frac{\tau_0}{\rho}}$ 代入上两式，可分别得到

$$\delta' = 5\frac{\nu}{v_*} = \frac{14.2d}{Re\sqrt{\lambda}} \tag{5-44}$$

$$\delta_0 = 11.6\frac{\nu}{v_*} = \frac{32.8d}{Re\sqrt{\lambda}} \tag{5-45}$$

上两式为圆管流动黏性底层厚度计算公式。

再联系式(5-41)，其中 $\frac{v_* y}{\nu}$ 从形式上看是某一雷诺数，通常以 $y^+$ 表示，即 $y^+ = \frac{v_* y}{\nu}$，它是一个无量纲数，当 $y = \delta'$ 或 $\delta_0$ 时，则 $\frac{v_* y}{\nu}$ 即为某一数值的临界雷诺数，比如将式(5-42)和式(5-43)分别代入 $y^+ = \frac{v_* y}{\nu}$，可分别得

$$y^+ = \frac{v_* y}{\nu} = \frac{v_* \delta'}{\nu} = 5$$

$$y^+ = \frac{v_* y}{\nu} = \frac{v_* \delta_0}{\nu} = 11.6$$

就是说，当 $y^+$ 等于临界值 5 时，或从理论上看等于临界值 11.6 时，黏性底层就开始向紊流核心过渡了，即进入了过渡区。该临界雷诺数 $y^+=\frac{v_* y}{\nu}$ 及黏性底层的实际厚度 $\delta'$ 和名义厚度 $\delta_0$ 将在研究紊流的流动分区中起重要作用。

黏性底层是一个厚度极薄的流层（一般不足毫米），而且随雷诺数 $Re$ 的增大而减小，但不管其厚度如何小，该流层总是存在的。而黏性底层的存在对紊流的流速分布和流动阻力的特性都有重大影响。

## 5.6 紊流的沿程水头损失

虽然可以利用达西公式计算圆管紊流的沿程水头损失，但由于紊流的复杂性，式中沿程阻力系数 $\lambda$ 至今未能如层流那样严格地从理论上推导出来，因此针对紊流运动，工程上确定 $\lambda$ 值通常采用两种途径：一种是直接根据实验结果，综合成 $\lambda$ 的经验公式；另一种是以紊流的半经验理论为基础，结合实验结果，整理 $\lambda$ 的半经验公式。两者相比较，后者具有更为普遍的意义。

### 5.6.1 尼古拉兹实验

为了验证和发展普朗特理论，德国力学家和工程师尼古拉兹（J. Nikuradse）在1933 年，对于具有六种不同人工粗糙的圆管，进行了大量的实验测定管流沿程阻力系数 $\lambda$ 和流速分布的研究。

**1. 沿程阻力系数 $\lambda$ 的影响因素**

通过雷诺实验已知，不同流动形态，具有不同的阻力规律（或阻力特性）。层流中只有流层间的相对运动，没有流层间的混掺，因而不存在流体质点动量交换，所以层流的阻力特性只有黏滞阻力。在 5.4 节中已经分析了圆管层流的沿程阻力系数 $\lambda=\frac{64}{Re}$，只是雷诺数的函数 $\lambda=f(Re)$，与管壁粗糙情况无关。而紊流除了有流层间的相对运动外，还存在强烈的紊动混掺导致的动量交换，因此紊流阻力是由黏滞切应力和紊流附加切应力共同形成的。壁面粗糙在一定条件下也是形成附加切应力的重要因素，因此管壁的粗糙也是影响 $\lambda$ 的一个重要因素。所以紊流的沿程阻力系数 $\lambda$ 除了和 $Re$ 有关外，还与管壁的粗糙有关。

壁面粗糙一般包括粗糙突起的高度、形状和分布情况等多种因素。为了便于分析粗糙的影响，尼古拉兹实验采用了将经过筛选的均匀砂粒，紧密地贴在管壁内表面，形成一种简化的人工粗糙，如图 5-14 所示。对这种粗糙形式，可以认为其粗糙特性是均匀一致的，可用砂粒的突起高度 $k_s$（砂粒直径）表示壁面的粗糙，称为壁面的绝对粗糙。$k_s$ 与管径 $d$（或半径 $r_0$）之比 $k_s/d$（或 $k_s/r_0$）称为相对粗糙，表示

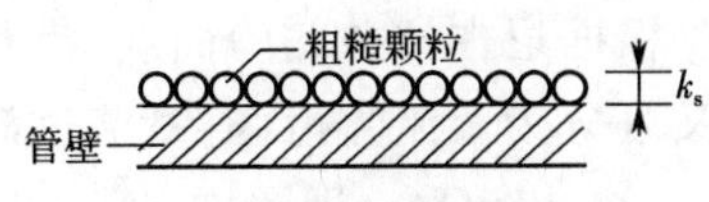

图 5-14 人工粗糙

不同直径的管道管壁粗糙的影响。由上述分析得出，雷诺数和相对粗糙是沿程阻力系数的两个影响因素，即

$$\lambda=f(Re,k_s/d)$$

**2. 沿程阻力系数的测定和阻力分区**

尼古拉兹实验采用的是人工粗糙管，应用类似于雷诺实验的装置进行的。实验管道相对粗糙的变化范围为 $k_s/d=\frac{1}{30}\sim\frac{1}{1\ 041}$ 之间，共计六种不同粗糙的管道。对每根管道实测其不同流量下的断面平均流速 $v$ 和沿程水头损失 $h_f$，根据式(5-5)和式(5-1)，算出 $Re$ 和 $\lambda$ 值，即

$$Re=\frac{vd}{\nu}$$

$$\lambda=\frac{d}{l}\frac{2g}{v^2}h_f$$

将其点绘在对数坐标纸上，便得到 $\lambda=f(Re,k_s/d)$ 曲线，即尼古拉兹实验曲线如图5-15所示。

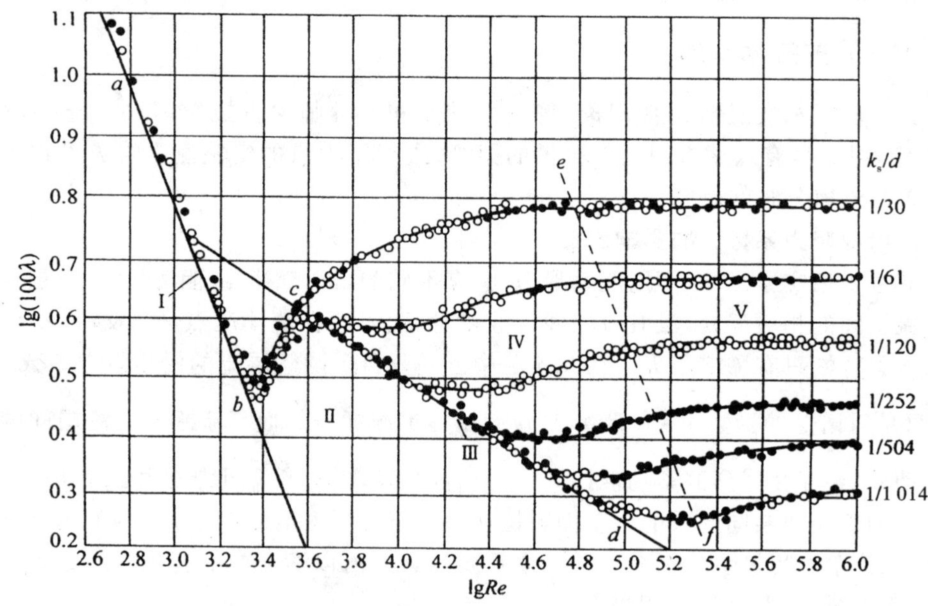


图 5-15 尼古拉兹实验曲线

根据尼古拉兹实验曲线，沿程阻力可分为层流区、流态过渡区、紊流区，在紊流区内又可分为紊流光滑区、紊流过渡区和紊流粗糙区，总共5个阻力区。

(1) 层流区：即图中 $ab$ 直线，当 $\lg Re<3.36$，即 $Re<2\ 300$，在该区，不同相对粗糙管的实验点都落在同一条($ab$)直线上，表明沿程阻力系数 $\lambda$ 只与雷诺数 $Re$ 有关，而与相对粗糙 $k_s/d$ 无关，且 $\lambda$ 值随 $Re$ 的增大而减小，符合 $\lambda=\frac{64}{Re}$ 这一理论分析结

果。

(2) 流态过渡区：即图中的 $bc$ 曲线，$\lg Re=3.36\sim3.60$，即 $Re=2\,300\sim4\,000$；在该区，不同的相对粗糙管的实验点都落在同一条($bc$)曲线上，表明 $\lambda$ 只与 $Re$ 有关，而与相对粗糙 $k_s/d$ 无关。此区是层流向紊流转换的过渡区，该区范围很小，实用意义不大。

(3) 紊流光滑区：图中的 $cd$ 直线，$\lg Re>3.6$，$Re>4\,000$。在该区，不同相对粗糙管的实验点都落在同一条($cd$)直线上，这表明，$\lambda$ 只与 $Re$ 有关，与相对粗糙 $k_s/d$ 无关。但是随着 $Re$ 增大，$k_s/d$ 大的管道，实验点在 $Re$ 较低时，便离开了光滑区的直线；而 $k_s/d$ 较小的管道则在 $Re$ 较大时才离开该线。

(4) 紊流过渡区：图中 $cd$ 线与 $ef$ 线之间的曲线簇。在该区，不同相对粗糙管的实验点分别落在不同的曲线上，这表明，$\lambda$ 不仅与 $Re$ 有关，同时也与 $k_s/d$ 有关。注意该区中各不同 $k_s/d$ 的曲线变化特点，即 $\lambda$ 随 $Re$ 增大，先稍有减小而后又逐渐增大，有一回弹过程，这是人工粗糙管的特点。该区是在紊流区中由紊流光滑区向紊流粗糙区转变的过渡区。

(5) 紊流粗糙区：图中 $ef$ 线以右的水平直线簇。在该区，不同相对粗糙管的实验点分别落在不同的水平直线上，表明 $\lambda$ 只与相对粗糙 $k_s/d$ 有关，而与 $Re$ 无关。在该阻力区内，对于相对粗糙 $k_s/d$ 一定的管道，其沿程阻力系数 $\lambda$ 为一常数。由式(5-1)可知，沿程水头损失 $h_f$ 与流速的平方 $v^2$ 成正比，故将紊流粗糙区又称为阻力平方区。

如上所述，紊流区又分为光滑区、过渡区和粗糙区三个阻力区。各区 $\lambda$ 的变化规律不同。究其原因是由于黏性底层存在的缘故。

在紊流光滑区，黏性底层的厚度 $\delta'$ 明显地大于粗糙突起的高度 $k_s$(即 $\delta'>k_s$)，如图 5-16(a)所示。粗糙突起完全被掩盖在黏性底层内，好比粗糙突起与紊流核心区之间隔有一层润滑剂，使得粗糙对紊流核心区的流动几乎没有影响，好像在完全光滑的壁面上流动一样。因此，$\lambda$ 只与 $Re$ 有关，与 $k_s/d$ 无关。这种光滑称为水力光滑。

在紊流过渡区，由于黏性底层变薄，或粗糙突起 $k_s$ 变大，使 $k_s>\delta'$，但仍在过渡层内($14\delta'>k_s>\delta'$)，如图 5-16(b)所示。此时粗糙已对紊流核心的紊动程度产生一定影响，因而沿程阻力系数 $\lambda$ 与 $Re$ 和 $k_s/d$ 都有关系。

在紊流粗糙区，黏性底层厚度远小于粗糙突起高度($k_s>14\delta'$)，如图 5-16(c)所示。此时黏性底层已破坏殆尽，粗糙突起已突破位于黏性底层与紊流核心之间的过渡区，进入了紊流核心区，成为产生紊动附加切应力的主要因素，而雷诺数 $Re$ 的影响已很微弱。所以此时 $\lambda$ 只与 $k_s/d$ 有关而与 $Re$ 无关。这时的粗糙称为水力粗糙。

所以这里所谓的“光滑”和“粗糙”都是针对阻力分区的概念，取决于粗糙突起 $k_s$ 与黏性底层厚度之间的关系。

以上为圆管流动的情况。对于明槽流动，在 1938 年前苏联水力学家蔡克士达(А. П. ZeгждA)仿照尼古拉兹实验，在人工粗糙的矩形断面明槽中，进行了沿程阻

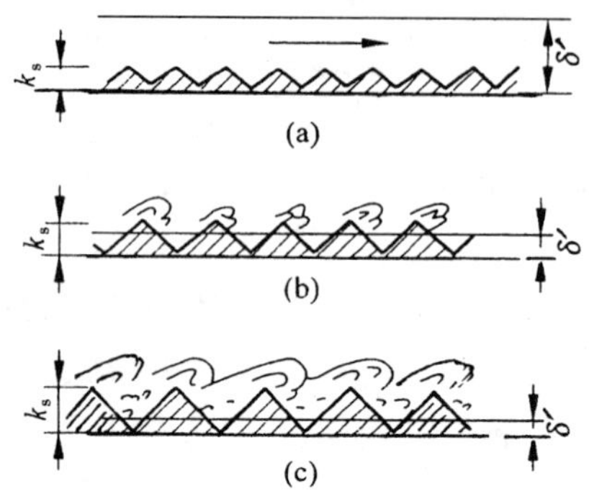


图 5-16　黏性底层的变化

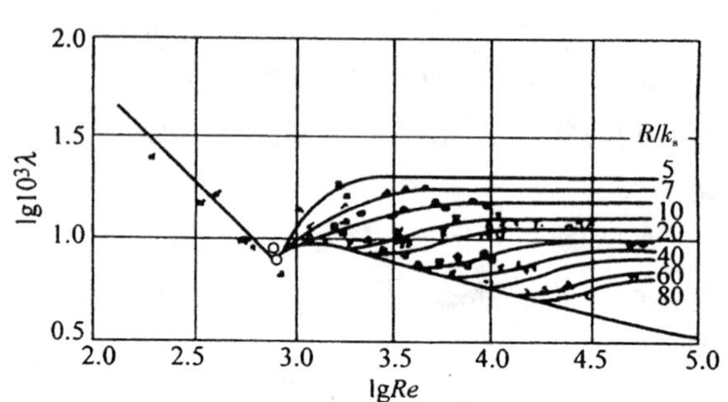


图 5-17　蔡克士达实验曲线图

力系数的实验研究，其结果如图 5-17 所示。由图可以看出，明槽流动的 $\lambda$ 值变化规律与圆管流动的情况基本相同。图中雷诺数 $Re=\frac{vR}{\nu}$，$R$ 为水力半径，$R/k_s$ 定义为**相对光滑度**。

## 5.6.2　流速分布

尼古拉兹对流速分布的实测进一步完善了由混合长度理论得到的流速分布一般公式(5-39)，并使其具有了实用意义。

**1. 紊流光滑区**

紊流光滑区流动的流速分布，包括黏性底层和紊流核心两部分，如图 5-18 所示。黏性底层内，流速按式(5-40)呈线性分布。即

$$u=\frac{\tau_0}{\mu}y=\frac{\tau}{\rho\nu}y \quad (y\leqslant\delta')$$

在紊流核心流速为对数分布，由式(5-39)

$$\frac{u}{v_*}=\frac{1}{\kappa}\ln y+C$$

以边界条件 $y=\delta'$，流速 $u=u_b$ 代入上式得

$$\frac{u_b}{v_*}=\frac{1}{\kappa}\ln\delta'+C$$

则

$$C=\frac{u_b}{v_*}-\frac{1}{\kappa}\ln\delta'$$

式中，$\delta'$ 可由边界条件 $u_b=\frac{\tau_0}{\rho\nu}\delta'$ 决定，有

$$\delta'=\frac{u_b}{\tau_0}\rho\nu=\frac{u_b}{\tau_0/\rho}\nu=\frac{u_b}{v_*^2}\nu$$

于是

$$C=\frac{u_b}{v_*}-\frac{1}{\kappa}\ln\frac{u_b}{v_*^2}\nu$$

将 $C$ 代回式(5-39)，经整理得

$$\frac{u}{v_*}=\frac{1}{\kappa}\ln\frac{yv_*}{\nu}+\frac{u_b}{v_*}-\frac{1}{\kappa}\ln\frac{u_b}{v_*}$$

合并常数项，令 $C_1=\frac{u_b}{v_*}-\frac{1}{\kappa}\ln\frac{u_b}{v_*}$，得

$$\frac{u}{v_*}=\frac{1}{\kappa}\ln\frac{yv_*}{\nu}+C_1$$

根据尼古拉兹实验，取 $\kappa=0.4$，$C_1=5.5$ 代入上式，并将自然对数换成常用对数，便可得到紊流光滑区流速分布的半经验公式，如图 5-18 所示。

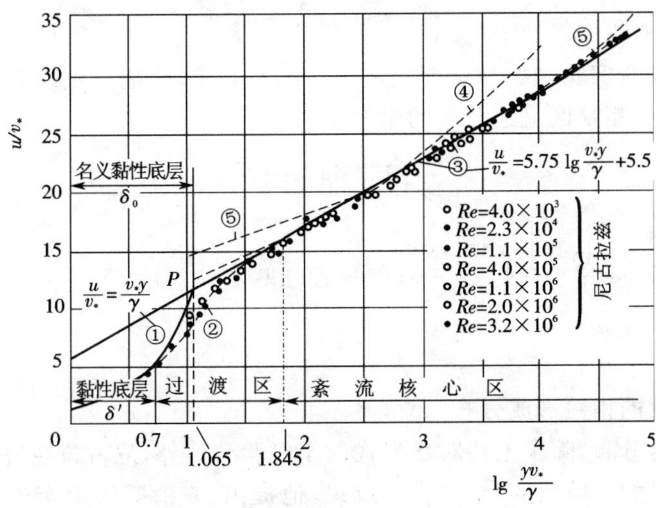


图 5-18　光滑圆管断面流速分布

$$\frac{u}{v_*}=5.75\lg\frac{v_*y}{\nu}+5.5 \tag{5-46}$$

由于黏性底层很薄，计算流量时不予考虑，因此将 $u$ 沿全断面积分，即可求得断面平均流速 $v$

$$v=\frac{Q}{A}=\frac{\int_A u\mathrm{d}A}{A}=\frac{\int_0^{r_0}u(2\pi r)\mathrm{d}r}{\pi r_0^2}$$

式中，$u$ 以半经验公式(5-46)代入，积分可得

$$\frac{v}{v_*}=5.75\lg\frac{v_*r_0}{\nu}+1.75 \tag{5-47}$$

**2. 紊流粗糙区**

该区黏性底层厚度远小于壁面粗糙突起的高度，黏性底层已被突破并破坏殆尽，即在紊流粗糙区的流动中，不再存在连续的黏性底层。此时整个断面上流速分布可按紊流核心处的对数分布处理，即按式(5-39)

$$\frac{u}{v_*}=\frac{1}{\kappa}\ln y+C$$

处理上式中 $C$ 与壁面粗糙有关，可采用边界条件 $y=k_s$ 时，$u=u_s$，代入上式得

$$C=\frac{u_s}{v_*}-\frac{1}{\kappa}\ln k_s$$

将 $C$ 代回式(5-39)，整理后得

$$\frac{u}{v_*}=\frac{1}{\kappa}\ln\frac{y}{k_s}+\frac{u_s}{v_*}$$

令 $C_2=\frac{u_s}{v_*}$，代入上式得

$$\frac{u}{v_*}=\frac{1}{\kappa}\ln\frac{y}{k_s}+C_2$$

根据尼古拉兹实验，取 $\kappa=0.4$，$C_2=8.5$ 代入上式，并把自然对数换算成常用对数，便可得到紊流粗糙区流速分布的半经验公式

$$\frac{u}{v_*}=5.75\lg\frac{y}{k_s}+8.5 \tag{5-48}$$

将上式代入 $v=\frac{Q}{A}=\frac{\int_0^{r_0}u\cdot 2\pi r\mathrm{d}r}{\pi r_0^2}$，积分后可得

$$\frac{v}{v_*}=5.75\lg\frac{r_0}{k_s}+4.75 \tag{5-49}$$

**3. 紊流流速的指数形成分布**

紊流的流速分布，除了上述对数形式的半经验公式外，尼古拉兹曾对光滑圆管的紊流进行了大量的实验研究，根据实验成果，他提出：光滑圆管中紊流的流速分布可用指数形式的经验公式表示，即

$$\frac{u}{u_{\max}}=\left(\frac{y}{r_0}\right)^{1/n} \tag{5-50}$$

式中 $u_{\max}$——管轴处的最大流速；

$r_0$——圆管的半径；

$y$——坐标，自圆周指向圆心；

指数 $n$ 随雷诺数而变化，见表 5-1。

**表 5-1 紊流流速指数形式公式 $Re\sim n\sim v/u_{\max}$**

| $Re$ | $4\times10^3$ | $2.3\times10^4$ | $1.1\times10^5$ | $1.1\times10^6$ | $2.0\times10^6$ | $3.2\times10^6$ |
|---|---|---|---|---|---|---|
| $n$ | 6.0 | 6.6 | 7.0 | 8.8 | 10 | 10 |
| $v/u_{\max}$ | 0.791 | 0.808 | 0.817 | 0.849 | 0.865 | 0.865 |

流速分布的指数形式公式完全是经验性的，虽然如此，但因其形式简单，使用方便，被广泛应用。在表 5-1 中，同时还给出了断面平均流速 $v$ 与中心最大流速 $u_{\max}$ 的比值，据此只须量测断面中心（管轴处）的最大流速，便可求得断面平均流速，进而可

求得管道输送的流量。

### 5.6.3　沿程阻力系数 λ 的半经验公式

**1. 紊流光滑区**

依据该区断面平均流速的半经验公式(5-47)，即

$$\frac{v}{v_*}=5.75\lg\frac{v_* r_0}{\nu}+1.75$$

将式(5-16)$v_*=v\sqrt{\frac{\lambda}{8}}$代入上式，经整理后，并根据尼古拉兹实验调整常数，即可得到紊流光滑区沿程阻力系数 λ 的半经验公式

$$\frac{1}{\sqrt{\lambda}}=2\lg Re\sqrt{\lambda}-0.8\qquad(\text{适用范围：}Re<10^7)\tag{5-51a}$$

或

$$\frac{1}{\sqrt{\lambda}}=2\lg\frac{Re\sqrt{\lambda}}{2.51}\tag{5-51b}$$

该式最初由普朗特提出，故称普朗特阻力公式，尼古拉兹的实验证明该公式可以应用至 $Re=3.4\times10^6$。

上式也称为尼古拉兹光滑管公式。可以看出，该区沿程阻力系数 λ 只与雷诺数 $Re$ 有关，而与相对粗糙度 $k_s/d$ 无关。

**2. 紊流粗糙区**

按照推导紊流光滑区 λ 半经验公式的相同办法，已知该区断面平均流速的半经验公式(5-49)，即

$$\frac{v}{v_*}=5.75\lg\frac{r_0}{k_s}+4.75$$

将 $v_*=v\sqrt{\frac{\lambda}{8}}$ 代入上式，经整理，并根据尼古拉兹实验数据调整常数，便可得到紊流粗糙区沿程阻力系数 λ 的半经验公式，也称尼古拉兹粗糙管公式

$$\lambda=\frac{1}{\left(2\lg\frac{r_0}{k_s}+1.74\right)^2}\tag{5-52a}$$

或

$$\frac{1}{\sqrt{\lambda}}=2\lg\frac{3.7d}{k_s}\tag{5-52b}$$

同样，从上两式中可以看到，在紊流粗糙区，沿程阻力系数 λ 只与相对光滑度(是粗糙的一种表示方法)$\frac{d}{k_s}$有关，而与雷诺数 $Re$ 无关。这与前面的分析也是相符的。

### 5.6.4　阻力分区的判别标准

在紊流不同的阻力区，阻力规律是不同的，表现为其沿程阻力系数 λ 的计算公式是不一样的。在计算沿程阻力系数 λ 之前，必须辨别流动处于哪一个阻力区域。才

能正确地选用相应的公式。在前面 5.6.1 节中已经介绍，紊流不同的阻力区是由壁面粗糙突起高度 $k_s$ 与黏性底层的厚度 $\delta'$ 的相互关系决定的。黏性底层的厚度已介绍有黏性底层的实际厚度 $\delta'$（见式 5-42）和名义厚度 $\delta_0$（见式 5-43）。

实际上，黏性底层名义厚度 $\delta_0$ 是紊流光滑区的黏性底层中流速分布式(5-40)与紊流核心流速分布式(5-46)所分别代表的曲线的交点至壁面的距离（见图 5-18）。在该交点处，流速 $u$ 共容，即当 $y=\delta_0$ 时，流速同时满足式(5-40)和式(5-46)，便可验证求得式(5-43)，即

$$\delta_0=11.6\frac{\nu}{v_*}$$

将上式两边分别除以绝对粗糙度 $k_s$，得

$$\frac{\delta_0}{k_s}=11.6\frac{\nu}{v_*k_s}=\frac{11.6}{Re_*} \tag{5-53}$$

式中，$Re_*=\frac{v_*k_s}{\nu}$，称为**粗糙雷诺数**。它是一个无量纲的表示壁面粗糙的量。可以作为人工粗糙管紊流阻力分区的标准。尼古拉兹实验指出紊流三个阻力区的判别标准为：

$$\left.\begin{aligned}&\text{紊流光滑区：}0<Re_*\leqslant 5；\ k_s\leqslant\delta'；\ k_s\leqslant 0.4\delta_0\\&\text{紊流过渡区：}5<Re_*\leqslant 70；\ \delta'<k_s\leqslant 14\delta'；\ 0.4\delta_0<k_s\leqslant 6\delta_0\\&\text{紊流粗糙区：}Re_*>70；\ k_s>14\delta'；k_s>6\delta_0\end{aligned}\right\} \tag{5-54}$$

### 5.6.5 实用管道和柯列勃洛克公式

根据普朗特混合长度理论并结合尼古拉兹实验，已经得到了紊流光滑区和粗糙区的沿程阻力系数 $\lambda$ 的半经验公式(5-51)和式(5-52)，但对紊流过渡区如何计算 $\lambda$ 值，其公式仍未能建立。而且，已有的计算 $\lambda$ 的半经验公式都是在人工粗糙管的基础上得到的，而人工粗糙与实用管道（或工业管道）的粗糙（称为天然粗糙）二者有很大差异，前者粗糙的大小、形状都是规则、统一的，分布上也是排列整齐、均匀分布的，而后者的粗糙大小、形状、分布等都是随机的，没有规律的。上述二式能否适用于实用管道，怎样才能把这两种不同的粗糙形式联系起来，使尼古拉兹人工粗糙管的半经验公式能用于实用管道，这是本节所要讨论的问题。

在紊流光滑区，上述两种管道虽然粗糙不同，但是它们都被黏性底层所掩盖，两者粗糙都对紊流核心无影响。实验证明，式(5-51)也同样适用于实用管道。

在紊流粗糙区，人工粗糙管和实用管道，二者的粗糙突起都已全部突入了紊流核心，其沿程阻力系数 $\lambda$ 具有相同的变化规律，但二者的粗糙却完全不同，因此公式(5-52)是否适用于实用管道，归结为如何解决粗糙不同的问题，即如何确定式中的 $k_s$ 值。为解决这一问题，以尼古拉兹实验采用的人工粗糙为度量标准，把实用管道的天然粗糙折算成人工粗糙，即引入一个当量粗糙度的概念。所谓当量粗糙度，就是将等直径的人工粗糙管道与实用管道进行紊流粗糙区的阻力特性比较，把阻力特性相同，

即 $\lambda$ 值相等的人工粗糙管的粗糙突起高度 $k_s$ 定义为这种管材的实用管道的当量粗糙度。也就是以实用管道紊流粗糙区实测的 $\lambda$ 值，代入人工粗糙管道的公式(5-52)反算得出的 $k_s$ 值。所以实用管道的当量粗糙度就是按沿程水头损失效果相同得出的折算高度，它反映了各种粗糙因素对 $\lambda$ 的综合影响。引入当量粗糙度后，式(5-52)可用于实用管道。常用实用管道的当量粗糙度见表 5-2。

**表 5-2　常用工业管道的当量粗糙度**

| 管道材料 | 当量粗糙度 $k_s$/mm | 管道材料 | 当量粗糙度 $k_s$/mm |
|---|---|---|---|
| 铅管、铜管、玻璃管 | 0.01 | 塑料板制风管 | 0.01 |
| 钢管 | 0.046 | 钢板制风管 | 0.15 |
| 涂沥青铸铁管 | 0.12 | 矿渣石膏板风管 | 1.0 |
| 镀锌钢管 | 0.15 | 胶合板风道 | 1.0 |
| 新铸铁管 | 0.15～0.5 | 矿渣混凝土板风道 | 1.5 |
| 旧铸铁管 | 1～1.5 | 地面沿墙砌造风道 | 3～6 |
| 混凝土管 | 0.3～3.0 | 铁丝网抹灰风道 | 10～15 |
| 白铁皮管 | 0.15 | 磨光的水泥管 | 0.33 |
| 一般状况的钢管 | 0.19 | 未刨光的木槽 | 0.35～0.7 |
| 清洁的镀锌铁管 | 0.25 | 旧的生锈金属管 | 0.60 |
| 木管或清洁的水泥面 | 0.25～1.25 | 污秽的金属管 | 0.75～0.97 |

在紊流过渡区，实用管道由于粗糙大小、形状不一，分布不均匀，又无规律，其粗糙突破黏性底层伸入紊流核心，不同于粒径整齐、分布均匀的人工粗糙那样同时突入紊流核心，而是一个逐渐突入的过程。因此，二者 $\lambda$ 的变化规律有很大差异。显然，尼古拉兹实验关于过渡区的资料不适用实用管道。柯列勃洛克(C. F. Colebrook)通过大量的实用管道实验资料，于 1939 年提出了适用于实用管道紊流过渡区计算 $\lambda$ 的经验公式，即

$$\frac{1}{\sqrt{\lambda}}=1.74-2\lg\left(\frac{k_s}{r_0}+\frac{18.7}{Re\sqrt{\lambda}}\right) \tag{5-55a}$$

或

$$\frac{1}{\sqrt{\lambda}}=-2\lg\left(\frac{k_s}{3.7d}+\frac{2.51}{Re\sqrt{\lambda}}\right) \tag{5-55b}$$

式中，$k_s$ 为实用管道的当量粗糙度(两式只是不同的表示形式)。

柯列勃洛克公式实际上是尼古拉兹光滑管和粗糙管两管公式的结合。当 $Re$ 很小时，公式右边括号内第一项相对于第二项很小，则该公式接近于尼古拉兹光滑管公式，如第一项小到可以忽略不计，则该公式就变成尼古拉兹光滑管的计算公式，当 $Re$ 很大时，公式右边括号内第二项相对于第一项很小，此时柯氏公式又接迁于尼古拉兹粗糙管的公式，同样，当第二项小到可以不计时，就变成了尼古拉兹粗糙管的公式了。

因此，柯列勃洛克公式不仅适用于实用管道过渡区，而且可用于紊流的全部三个阻力区，故可称为紊流沿程阻力系数 $\lambda$ 的综合公式。由于该综合公式适用范围广，且与实用管道实验结果符合良好，得到了广泛应用。

为了简化计算，1944 年美国工程师莫迪（Moody），在柯列勃洛克公式的基础上，以相对粗糙度 $k_s/d$ 为参数，将 $\lambda$ 作为 $Re$ 的函数，绘制出实用管道沿程阻力系数曲线图，称为莫迪图如图 5-19 所示。在该图上，根据 $k_s/d$ 和 $Re$，便可查出相应的 $\lambda$ 值，并可确定在该条件下所在的阻力区。

如不使用莫迪图，而采用紊流沿程阻力系数分区计算公式，计算沿程阻力系数 $\lambda$ 时，同样，首先必须判别实际流动所在的紊流阻力区，才能正确选择其相应的计算公式。实用管道与人工粗糙管由于两者粗糙的形状、尺寸大小和分布均匀性的不同，存在很大差异，使两种管道不仅 $\lambda$ 的变化规律不同（尤其是在紊流过渡区），而且紊流阻力区的范围也有很大不同。若以 $\lg Re_*$ $\left(Re_*=\dfrac{v_* k_s}{\nu}\right)$ 为横坐标轴，$2\lg\dfrac{d}{k_s}-\dfrac{1}{\sqrt{\lambda}}$ 为纵坐标轴，点绘曲线如图 5-20 所示，这样，尼古拉兹人工粗糙管在紊流粗糙区的式（5-52）就成为一条水平线，而在紊流光滑区的式（5-51），则成为一条斜率为 $-2$ 的直线，在紊流过渡区，尼古拉兹实验点落在一条曲线附近，该点绘的整个曲线称为综合阻力曲线，即为图 5-20 所示。而柯列勃洛克公式所代表的曲线则是以尼古拉兹紊流光滑区斜直线和紊流粗糙区的水平线为渐近线，其过渡区的范围要比人工粗糙管大得多（也就是光滑区比人工粗糙管小得多）。从图 5-20 中可以看出，对于人工粗糙管，是以 $Re_*=\dfrac{v_* k_s}{\nu}\approx 5$ 为紊流光滑区与紊流过渡区的分界，而实用管道，当 $Re_*\approx 0.3$ 时，就已从紊流光滑区转变为紊流过渡区了。无论人工粗糙管还是实用管道，紊流过渡区与紊流粗糙区的分界仍都是 $Re_*=70$。以下为实用管道紊流阻力区的划分标准。

紊流光滑区：

$$Re_*\leqslant 0.3$$

或

$$k_s\leqslant 0.06\delta'$$

或

$$k_s\leqslant 0.025\delta_0$$

紊流过渡区：

$$0.3<Re_*\leqslant 70$$

或

$$0.06\delta'<k_s\leqslant 14\delta'$$

或

$$0.025\delta_0<k_s\leqslant 6\delta_0$$

紊流粗糙区：

$$Re_*>70$$

或

$$k_s>14\delta'$$

或

$$k_s>6\delta_0$$

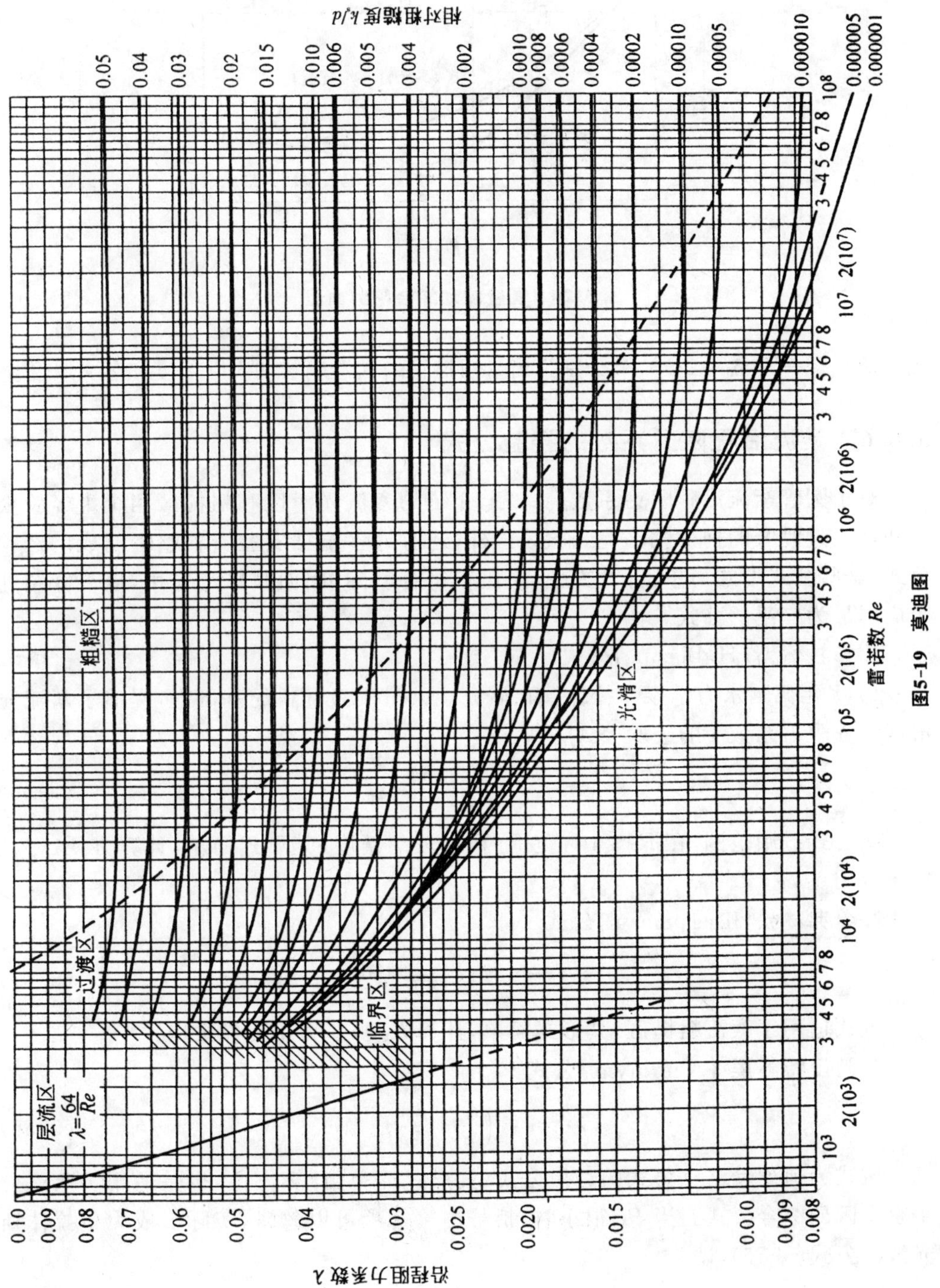
相对粗糙度 $k_s/d$
0.05
0.04
0.03
0.02
0.015
0.010
0.006
0.005
0.004
0.002
0.0010
0.0008
0.0006
0.0004
0.0002
0.00010
0.00005
0.000010
0.000005
0.000001
沿程阻力系数 λ
0.10
0.09
0.08
0.07
0.06
0.05
0.04
0.03
0.025
0.020
0.015
0.010
0.009
0.008
层流区
$\lambda=\frac{64}{Re}$
临界区
过渡区
粗糙区
光滑区
雷诺数 $Re$
$10^3$　$2(10^3)$　3　4 5 6 7 8　$10^4$　$2(10^4)$　3　4 5 6 7 8　$10^5$　$2(10^5)$　3　4 5 6 7 8　$10^6$　$2(10^6)$　3　4 5 6 7 8　$10^7$　$2(10^7)$　3　4 5 6 7 8　$10^8$

图5-19　莫迪图

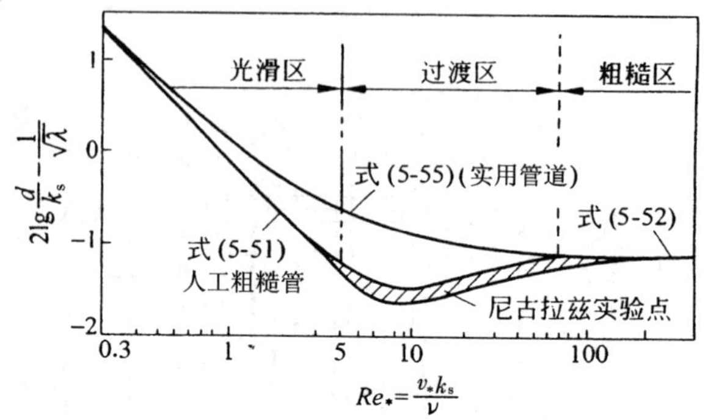


图 5-20 圆管流动综合阻力曲线

式中，$\delta'=5\frac{\nu}{v_*}$和$\delta_0=11.6\frac{\nu}{v_*}$分别为当量粗糙管的黏性底层的实际厚度和名义厚度。

### 5.6.6 紊流沿程阻力系数的经验公式

对于圆管紊流沿程阻力系数，除以上介绍的紊流光滑区和粗糙区两个半经验公式和紊流过渡区的柯列勃洛克经验公式外，还有许多根据实验资料整理而成的经验公式，这些公式形式简单，计算方便，又比较符合实际，因而被广泛应用，以下介绍几个应用最为广泛的公式。

**1. 布拉休斯(H. Blasius)公式**

1911 年德国水力学家布拉休斯在研究了大量实验资料的基础上，提出了紊流光滑区沿程阻力系数 $\lambda$ 的经验公式

$$\lambda=\frac{0.3164}{Re^{0.25}} \tag{5-56}$$

该公式适用范围，在 $Re\leqslant10^5$ 范围内，有较高精度，其形式简单，计算方便，得到广泛应用。

**2. 希弗林松(Щифринсон)公式**

$$\lambda=0.11\left(\frac{k_s}{d}\right)^{0.25} \tag{5-57}$$

该式适用于紊流粗糙区，其形式简单，计算方便，多为工程界采用。

**3. 阿里特苏里 (Альтщуль)公式**

$$\lambda=0.11\left(\frac{k_s}{d}+\frac{68}{Re}\right)^{0.25} \tag{5-58}$$

该式为柯列勃洛克公式的近似公式，其形式简单，计算方便，也是适用于紊流三个阻力区的综合公式。当 $Re$ 很小时，括号内第一项可以忽略，实际上成为布拉休斯光滑区公式(5-56)，即

$$\lambda=0.11\left(\frac{68}{Re}\right)^{0.25}=\frac{0.3164}{Re^{0.25}}$$

当 $Re$ 很大时，括号内第二项可以忽略，则公式和紊流粗糙区的希弗林松公式(5-57)一致。

**4. 舍维列夫(Щевелев)公式**

对于旧钢管和旧铸铁管，在紊流粗糙区(即阻力平方区)，$v \geqslant 1.2$ m/s 时，

$$\lambda = \frac{0.021}{d^{0.3}} \tag{5-59}$$

若在紊流过渡区，$v < 1.2$ m/s 时，应对上式乘以修正系数 $K$

$$K = 0.852\left(1 + \frac{0.867}{v}\right)^{0.3}$$

则

$$\lambda = K\frac{0.021}{d^{0.3}} = \frac{0.0179}{d^{0.3}}\left(\frac{0.867}{v}\right)^{0.3} \tag{5-60}$$

式中　$d$——管径，以 m 计；

$v$——断面平均流速，以 m/s 计。

该式主要用于给水、排水工程设计。该式虽然是针对旧管的计算公式，但对于新管也应按此式计算，因为新管使用一定时间后总是会发生锈蚀和沉垢变旧，设计工作者必须着眼于长远考虑。

**5. 谢才(Chezy, A)公式**

$$v = C\sqrt{RJ} \tag{5-61}$$

式中　$v$——断面平均流速；

$R$——水力半径；

$J$——水力坡度；

$C$——谢才系数，是一个具有量纲的系数，其单位为 $m^{1/2}/s$。

该式是 1769 年由法国工程师谢才总结大量明槽均匀流的资料而提出，是水力学最古老的公式之一，至今仍被工程界广泛采用。

谢才公式虽然是经验公式，但它与达西公式(5-1)是一致的。式(5-61)可写成

$$J = \frac{h_f}{l} = \frac{v^2}{C^2 R}$$

所以

$$h_f = \frac{v^2}{C^2 R}l = \frac{8g}{C^2}\ \frac{l}{4R}\ \frac{v^2}{2g} = \lambda\frac{l}{d}\ \frac{v^2}{2g}$$

则有

$$\lambda = \frac{8g}{C^2} \quad 或 \quad C = \sqrt{\frac{8g}{\lambda}} \tag{5-62}$$

这样就将谢才公式(5-61)与达西公式(5-1)统一起来了，可见二式在本质上是一样的。因此谢才公式也可以用来表示各种流态或流区的沿程水头损失，只是系数 $C$ 值也应该像 $\lambda$ 一样，在不同流态或流区各不相同而已。式(5-62)给出了谢才系数 $C$ 与沿程阻力系数 $\lambda$ 的关系。表明 $C$ 和 $\lambda$ 一样是反映沿程阻力的一个系数。所以对 $C$ 值的确定本应该像上面分析 $\lambda$ 的方法一样，不同流态和流区给以不同的表示式。但在 200 多年前的当时，并未认识到这一点，而是采用了总结实测资料，得出经验公式的方法。这些经验公式虽然在一定范围内满足了生产上的需要，但它却不能较全面

地概括事物的规律性。目前确定 $C$ 值所采用的经验公式，其资料来源大都限于紊流粗糙区（即阻力平方区），因此也就限制了谢才公式的适用范围。目前确定 $C$ 值应用较普遍的经验公式主要是曼宁公式和巴甫洛夫斯基公式。

**1）曼宁（Manning，R.）公式**

该式为 1889 年由爱尔兰工程师曼宁提出的经验公式

$$C=\frac{1}{n}R^{\frac{1}{6}} \tag{5-63}$$

式中 $R$——水力半径，以 m 为单位；

$n$——粗糙系数（或糙率）。

$n$ 是一个反映边壁形状的不规则性和边壁粗糙情况以及边界上各种对水流阻滞作用影响的一个综合性系数。它的含义不像 $k_s$ 那样单纯而明确，其量纲也不甚明确，一般可以认为 $n$ 具有 $L^{\frac{1}{6}}$ 的量纲。由于它是一个综合性系数，因素很复杂，故其值也不易准确确定。各种壁面的粗糙系数 $n$ 值可参见表 5-3。

曼宁公式由于形式简单，计算方便，其粗糙系数可以依据长期积累的丰富资料来选定，且计算结果能够满足工程实际需要，因此是目前采用最为广泛的公式。该公式最初的应用范围很小，仅对于 $n<0.02$，$R<0.5$ m 的输水管道和小型渠道有较好的适用性。但经过了 100 多年，发展至今，早已突破了上述适用范围，而适于实际应用中的范围：

$$\begin{cases}0.011\leqslant n\leqslant 0.035\sim 0.040\\ 0.1\ \text{m}\leqslant R\leqslant (3\sim 4)\ \text{m}\end{cases}$$

将式(5-63)代入式(5-62)得

$$\lambda=\frac{8gn^2}{R^{\frac{1}{3}}} \tag{5-64}$$

该式适用于紊流粗糙区（即阻力平方区）。

**2）巴甫洛夫斯基（Павловский，Н. Н.）公式**

该公式是 1925 年由前苏联科学家巴甫洛夫斯基在大量实测资料的基础上，总结提出的经验公式。

$$C=\frac{1}{n}R^{y} \tag{5-65}$$

式中的指数 $y$ 是一个变数，其值可按下式确定

$$y=2.5\sqrt{n}-0.13-0.75\sqrt{R}(\sqrt{n}-0.10) \tag{5-66}$$

或近似用下式求 $y$ 值

$$当\ R<1.0\ \text{m}\ 时，\ y=1.5\sqrt{n} \tag{5-66a}$$

$$当\ R>1.0\ \text{m}\ 时，\ y=1.3\sqrt{n} \tag{5-66b}$$

巴甫洛夫斯基公式的适用范围较广

$$\begin{cases}0.1\ \text{m}\leqslant R\leqslant 3.0\text{m}\\ 0.011\leqslant n\leqslant 0.035\sim 0.040\end{cases}$$

由于指数 $y$ 是个变数，所以式(5-65)具有更广泛的适用性，但计算较曼宁公式烦琐，使用不便，在工程界仍多采用曼宁公式。

**表 5-3　各种不同粗糙面的粗糙系数 $n$**

| 等级 | 槽壁种类 | $n$ | $\frac{1}{n}$ |
|---|---|---|---|
| 1 | 涂覆珐琅或釉质的表面；极精细刨光而拼合良好的木板 | 0.009 | 111.1 |
| 2 | 刨光的木板；纯粹水泥的粉饰面 | 0.010 | 100.0 |
| 3 | 水泥(含$\frac{1}{3}$细沙)粉饰面；安装和接合良好(新)的陶土、铸铁管和钢管 | 0.011 | 90.9 |
| 4 | 未刨的木板，但拼合良好；在正常情况下内无显著积垢的给水管；极洁净的排水管；极好的混凝土面 | 0.012 | 83.3 |
| 5 | 琢石砌体；极好的砖砌体；正常情况下的排水管；略微污染的给水管；非完全精密拼合的未刨的木板 | 0.013 | 76.9 |
| 6 | “污染”的给水管和排水管；一般的砖砌体；一般情况下渠道的混凝土面 | 0.014 | 71.4 |
| 7 | 粗糙的砖砌体；未琢磨的石砌体，有洁净修饰的表面，石块安置平整，极污垢的排水管 | 0.015 | 66.7 |
| 8 | 普通块石砌体；其状况满意的旧破砖砌体；较粗糙的混凝土；光滑的开凿得极好的崖岸 | 0.017 | 58.8 |
| 9 | 覆有坚厚淤泥层的渠槽；用致密黄土和致密卵石做成，而为整片淤泥薄层所覆盖的均无不良情况的渠槽 | 0.018 | 55.6 |
| 10 | 很粗糙的块石砌体；用大块石的干砌体；碎石铺筑面；纯由岩山中开筑的渠槽；由黄土、卵石和致密泥土做成，而为淤泥薄层所覆盖的渠槽(正常情况) | 0.020 | 50.0 |
| 11 | 尖角的大块乱石铺筑；表面经过普通处理的岩石渠槽；致密黏土渠槽；由黄土、卵石和泥土做成，而为非整片的(有些地方断裂的)淤泥薄层所覆盖的渠槽；受到中等以上的养护的大型渠槽 | 0.0225 | 44.4 |
| 12 | 受到中等养护的大型土渠；受到良好的养护的小型土渠；在有利条件下的小河和溪涧(自由流动无淤塞和显著水草等) | 0.025 | 40.0 |
| 13 | 中等条件以下的大渠道；中等条件的小渠槽 | 0.0275 | 36.4 |
| 14 | 条件较坏的渠道和小河(例如，有些地方有水草和乱石或显著的茂草、有局部的坍坡等) | 0.030 | 33.3 |
| 15 | 条件很坏的渠道和小河(断面不规则，严重地受到石块和水草的阻塞等) | 0.035 | 28.6 |
| 16 | 条件特别坏的渠道和小河(沿河有崩崖的巨石、绵密的树根、深潭、坍岸等) | 0.040 | 25.0 |

### 5.6.7 非圆管的沿程水头损失

在实际工程中圆管是最常用的管道断面形式，但输送流体也常用到非圆形断面的管道，例如通风系统中的风道、烟风道等大多是矩形或方形断面的管道。如何将圆管流动中沿程损失和沿程阻力系数的计算公式以及雷诺数和用雷诺数判别流态等用于非圆形断面的管道，则必须在阻力相当的条件下，把非圆管的几何特征量折算成圆管的几何特征量才能实现。因此引入一个当量直径的概念。大量实验指出，当量直径可以作为计算非圆管道紊流的沿程损失和沿程阻力系数的特征长度。

由于水力半径 $R$ 是一个综合反映过流断面大小和几何形状对流动影响的物理量或称特征长度，如果非圆形断面管道的水力半径与某圆形断面管道的水力半径（圆管的直径与水力半径关系是 $d=4R$）相等，当其他条件如 $v$、$l$ 等相同时，则可认为该两管道的沿程阻力相等。因此，把水力半径相等的圆管直径定义为非圆管的**当量直径**，用 $d_e$ 表示。即

$$R_{圆}=R$$

则

$$d=4R_{圆}=4R=d_e$$

当量直径是水力半径的 4 倍。

相邻边长为 $a$、$b$ 的矩形断面管，当量直径为

$$d_e=4R=4\times\frac{ab}{2(a+b)}=\frac{2ab}{a+b}$$

每边长为 $a$ 的正方形断面管，当量直径为

$$d_e=4R=4\times\frac{a^2}{4a}=a$$

有了当量直径后，只要用 $d_e$ 代替 $d$，便可同样使用式(5-1)计算非圆管的沿程水头损失，即

$$h_f=\lambda\frac{l}{d_e}\frac{v^2}{2g}$$

上式中的 $v$ 是非圆形断面管道的实际断面平均流速，即 $v=\dfrac{Q}{A}$，$A$ 为非圆管道的实际过流断面面积。

以当量直径为特征长度，计算非圆管的雷诺数为

$$Re=\frac{vd_e}{\nu}=\frac{v(4R)}{\nu}$$

该雷诺数也可近似用于判别非圆管的流态。其临界值仍然是 2 300。同样也可以用当量相对粗糙 $k_s/d_e$ 代入圆管的沿程阻力系数的公式，计算非圆管的 $\lambda$ 值。

应用当量直径计算非圆管的沿程水头损失是近似的方法，并不适用于所有情况。根据非圆管和圆管的 $\lambda\sim Re$ 对比实验如图 5-21 所示，可以看出非圆管与圆管的主要差异，主要表现在以下两个方面。

(1) 断面形状与圆管差异很大的非圆管，如长缝形 $\left(\dfrac{b}{a}>8\right)$、狭环形 $(d_2<3d_1)$、

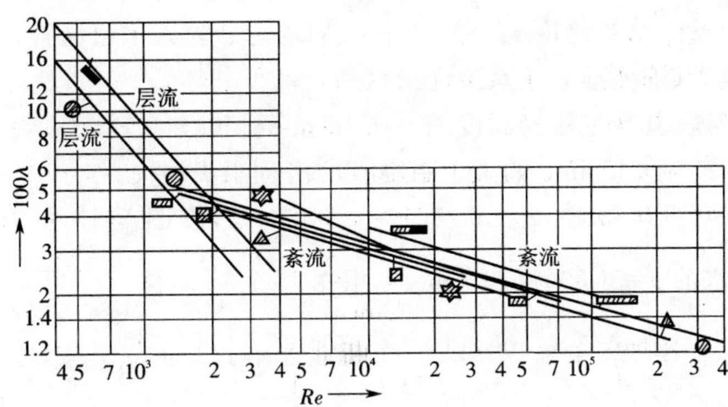


图 5-21　非圆管和圆管 λ 曲线的比较

星形等断面，应用当量直径 $d_e$ 计算，存在较大误差。

(2) 由于层流的流速分布不同于紊流，流动阻力和沿程损失不像紊流那样集中在管壁附近，所以在层流中应用当量直径进行计算，也会造成较大误差。

**【例 5-7】** 某镀锌输水钢管长 1 000 m，直径为 250 mm，流量为 80 L/s，水温为 10 ℃，试求该段输水管的沿程水头损失。

**【解】** (1) 计算雷诺数 $Re$ 和 $k_s/d$。

已知 $Q=80$ L/s，$d=250$ mm，则

$$v=\frac{Q}{A}=\frac{4Q}{\pi d^2}=\frac{4\times 0.08}{\pi\times 0.25^2}\ \text{m/s}=1.63\ \text{m/s}$$

查表 1-3，$t=10$ ℃，水的 $\nu=1.306\times 10^{-6}\ \text{m}^2/\text{s}$，则

$$Re=\frac{vd}{\nu}=\frac{1.63\times 0.25}{1.306\times 10^{-6}}=3.12\times 10^5$$

查表 5-2，镀锌钢管当量粗糙度 $k_s=0.15$ mm，则

$$\frac{k_s}{d}=\frac{0.15}{250}=0.0006$$

(2) 根据 $Re$、$k_s/d$ 查莫迪图(图 5-19)，查 λ 值。

$$\lambda=0.0188$$

(3) 根据经验公式(5-58)，计算 λ 值。

$$\lambda=0.11\left(\frac{k_s}{d}+\frac{68}{Re}\right)^{0.25}=0.11\times\left(0.0006+\frac{68}{3.12\times 10^5}\right)^{0.25}=0.0186$$

(4) 计算沿程水头损失 $h_f$。

① 按查图计算：$h_f=\lambda\dfrac{l}{d}\dfrac{v^2}{2g}=0.0188\times\dfrac{1000}{0.25}\times\dfrac{1.63^2}{2\times 9.8}\ \text{m}=10.19\ \text{m}$

② 按计算 λ 求 $h_f$：$h_f=\lambda\dfrac{l}{d}\dfrac{v^2}{2g}=0.0186\times\dfrac{1000}{0.25}\times\dfrac{1.63^2}{19.6}\text{m}=10.09\ \text{m}$

**【例 5-8】** 有一输水管道长 $l=300$ m，管径 $d=100$ mm，管中水流温度 $t=$

10 ℃，其雷诺数 $Re=80\ 000$，试分别求下列三种情况的沿程水头损失。

（1）管道内壁绝对粗糙度 $k_s=0.15$ mm 的均匀砂粒人工粗糙管；

（2）光滑铜管（即流动处于紊流光滑区）；

（3）实用管道，其当量粗糙高度 $k_s=0.15$ mm。

**【解】**（1）$k_s=0.15$ mm 的人工粗糙管的沿程水头损失。

根据 $Re=80\ 000$ 和 $k_s/d=0.15/100=0.001\ 5$，查图 5-15 得 $\lambda=0.0193$，$t=10$ ℃查表 1-3 水的 $\nu=1.306\times10^{-6}$ m²/s，根据 $Re=\dfrac{vd}{\nu}$。得

$$v=\frac{\nu Re}{d}=\frac{1.306\times10^{-6}\times80\ 000}{0.1}\ \text{m/s}=1.05\ \text{m/s}$$

所以沿程水头损失

$$h_f=\lambda\frac{l}{d}\frac{v^2}{2g}=0.019\ 3\times\frac{300}{0.1}\times\frac{1.05^2}{19.6}\ \text{m}=3.26\ \text{m}$$

（2）光滑铜管的沿程水头损失。

$Re=80\ 000<10^5$，故可用布拉修斯公式（5-56）计算 $\lambda$ 值。得

$$\lambda=\frac{0.316\ 4}{Re^{0.25}}=\frac{0.316\ 4}{(80\ 000)^{0.25}}=0.018\ 8$$

所以
$$h_f=\lambda\frac{l}{d}\frac{v^2}{2g}=0.018\ 8\times\frac{300}{0.1}\times\frac{1.05^2}{19.6}\ \text{m}=3.17\ \text{m}$$

如果用查莫迪图求 $\lambda$，然后再计算 $h_f$，则查表 5-2 得铜管的当量粗糙度 $k_s=0.01$ mm，$k_s/d=\dfrac{0.01}{100}=0.000\ 1$，而 $Re=80\ 000$，查莫迪图 5-19 得 $\lambda=0.019\ 4$，即

$$h_f=\lambda\frac{l}{d}\frac{v^2}{2g}=0.019\ 4\times\frac{300}{0.1}\times\frac{1.05^2}{19.6}\ \text{m}=3.27\ \text{m}$$

（3）当量粗糙度 $k_s=0.15$ mm 的工业管道的沿程水头损失。

根据 $Re=80\ 000$，$\dfrac{k_s}{d}=\dfrac{0.15}{100}=0.001\ 5$，查莫迪图 5-19 得

$$\lambda=0.024\ 2$$

所以
$$h_f=\lambda\frac{l}{d}\frac{v^2}{2g}=0.024\ 2\times\frac{300}{0.1}\times\frac{1.05^2}{19.6}\ \text{m}=4.08\ \text{m}$$

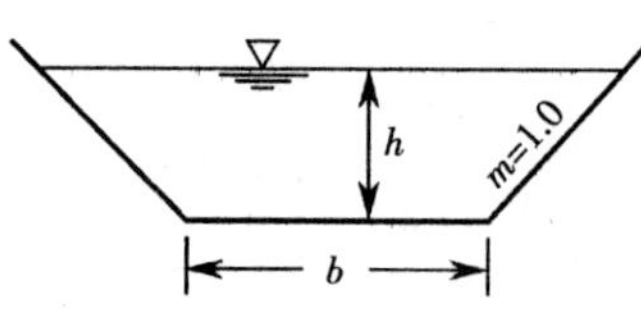


图 5-22 梯形断面渠道

**【例 5-9】** 混凝土护面的梯形渠如图 5-22 所示，底宽 $b=4.0$ m，水深 $h=2.0$ m，边坡系数 $m=1.0$，粗糙系数 $n=0.017$。若水流在阻力平方区，水力坡度 $J=0.000\ 2$，求该渠道的流量。

**【解】** 过水断面积

$$A=h(b+mh)=2\times(4+1\times2)\ \text{m}^2=12\ \text{m}^2$$

湿周
$$\chi=b+2h\sqrt{1+m^2}=(4+2\times2\times\sqrt{1+1^2})\ \text{m}=9.66\ \text{m}$$

水力半径　$$R=\frac{A}{\chi}=\frac{12}{9.66}\ \text{m}=1.24\ \text{m}$$

(1) 按曼宁公式计算，得谢才系数

$$C=\frac{1}{n}R^{1/6}=\frac{1}{0.017}\times 1.24^{1/6}\ \text{m}^{1/2}/\text{s}=60.97\ \text{m}^{1/2}/\text{s}$$

此时渠道的流量

$$Q=AC\sqrt{RJ}=12\times 60.97\times\sqrt{1.24\times 0.0002}\ \text{m}^3/\text{s}=11.52\ \text{m}^3/\text{s}$$

(2) 按巴甫洛夫斯基公式计算，得

$$\begin{aligned}y&=2.5\sqrt{n}-0.13-0.75\sqrt{R}(\sqrt{n}-0.10)\\&=2.5\times\sqrt{0.017}-0.13-0.75\times\sqrt{1.24}\times(\sqrt{0.017}-0.10)\\&=0.171\end{aligned}$$

谢才系数

$$C=\frac{1}{n}R^{y}=\frac{1}{0.017}\times 1.24^{0.171}\ \text{m}^{1/2}/\text{s}=61.03\ \text{m}^{1/2}/\text{s}$$

渠道过流量

$$Q=AC\sqrt{RJ}=12\times 61.03\times\sqrt{1.24\times 0.0002}\ \text{m}^3/\text{s}=11.53\ \text{m}^3/\text{s}$$

**【例 5-10】** 采用镀锌钢板制成的矩形断面风道，断面尺寸为 300 mm×500 mm，风道长 50 m，通过的流量为 7 650 $\text{m}^3/\text{h}$，空气的温度为 20 ℃，其密度为 1.20 $\text{kg/m}^3$，求该段风道的压强损失。

**【解】** (1) 计算当量直径 $d_e$。

$$d_e=4R=4\frac{A}{\chi}=4\frac{ab}{2(a+b)}=\frac{2\times 0.3\times 0.5}{0.3+0.5}\ \text{m}=0.375\ \text{m}$$

(2) 计算雷诺数 $Re$。

查表 1-4，$t=20$ ℃时空气的运动黏度 $\nu=15.0\times 10^{-6}\ \text{m}^2/\text{s}$。

风道的断面平均流速

$$v=\frac{Q}{A}=\frac{7650/3600}{0.3\times 0.5}\ \text{m/s}=14.17\ \text{m/s}$$

$$Re=\frac{vd_e}{\nu}=\frac{14.17\times 0.375}{15.0\times 10^{-6}}=3.54\times 10^5$$

(3) 计算沿程水头损失系数 $\lambda$。

查表 5-2，取其当量粗糙度 $k_s=0.15$ mm，由式(5-58)计算 $\lambda$ 值，得

$$\lambda=0.11\left(\frac{k_s}{d_e}+\frac{68}{Re}\right)^{0.25}=0.11\times\left(\frac{0.15}{375}+\frac{68}{3.54\times 10^5}\right)^{0.25}=0.0172$$

或由查莫迪图 5-19 求 $\lambda$ 值：由 $\frac{k_s}{d}=\frac{0.15}{375}=0.0004$，$Re=3.54\times 10^5$ 查得

$$\lambda=0.0177$$

(4) 计算压强损失 。

① 按由公式计算的 $\lambda$ 值计算：

$$p_f=\lambda \frac{l}{d_e} \frac{\rho v^2}{2}=0.0172\times\frac{50}{0.375}\times\frac{1.2\times 14.17^2}{2}\ \mathrm{N/m^2}=276.29\ \mathrm{N/m^2}$$

② 按查莫迪图求得的 $\lambda$ 值计算：

$$p_f=\lambda \frac{l}{d_e} \frac{\rho v^2}{2}=0.0177\times\frac{50}{0.375}\times\frac{1.2\times 14.17^2}{2}\ \mathrm{N/m^2}=284.32\ \mathrm{N/m^2}$$

## 5.7 局部水头损失

在工业生产、工程建设中的各种管道和渠道系统都要安装各种阀门或闸门等调控设备，以控制和调节管内或渠道里流体的流动，由于管线布置或其他功能的需要，在管系或渠道系统中还有不少弯管（或弯道）、分岔管、各种设备及各种形式的进口、拦污栅等。当流体流经这些部件和设备时，水流受到扰动，其内部结构受到破坏，使流速的方向、大小和分布发生急剧变化，伴随着发生主流与边壁脱离而产生旋涡等，流动需要重新调整。这种在较短的流段范围内，由于流动的急剧调整，集中产生的流动阻力称为**局部阻力**。它所造成的能量损失称为**局部水头损失**。造成这些局部能量损失的部件和设施被称为**局部阻碍**（或**局部阻力件**）。由于边壁变化的复杂性，局部阻碍的种类繁多，形状各异，流动的局部损失往往与复杂的旋涡形成与发展过程有关，加之紊流本身的复杂性，除个别体形简单的局部阻碍，能在一定的假设条件下由理论分析方法导出其局部损失的变化规律外，绝大多数的局部损失计算难以通过机理分析定量地确定其大小和变化规律，尚须通过实验确定在各种条件下局部损失的大小和变化规律。

局部水头损失与沿程水头损失一样，不同流态具有不同的变化规律。在实际工程中，由于局部阻碍对流动的强烈扰动作用，使流动在较小的雷诺数时已达到了充分的紊动并与 $Re$ 的影响不大。本节只讨论充分紊流条件下的局部损失。

### 5.7.1 局部水头损失产生的原因

通过对一些典型的局部阻碍处的流动分析，如图 5-23 所示，说明紊流局部水头损失产生的原因主要可以归纳为两个方面。

(1) 主流脱离边壁，形成旋涡区是产生局部水头损失的主要原因。

当流体通过突然扩大、突然缩小、弯管、三通或阀门及管道进口的局部阻碍时，由于水流的惯性作用，主流脱离边壁，在两者之间形成旋涡区如图 5-23(a)～(f)。在渐扩管内，沿程减速增压，在靠近管壁附近的低速流层的流体质点在与流动方向相反的逆压梯度作用下，流速逐渐减小到零，随后主流与边壁脱离，形成旋涡区，如图 5-23(g)所示。在渐缩管内，沿程增速减压，流体质点受到与流动方向一致的顺压梯度作用，不断加速，因此不会出现旋涡区。但如果收缩角过大，紧接渐缩管之后，水流因惯性作用，也会产生分离现象而出现一个不大的旋涡区，如图 5-23(h)所示。可以

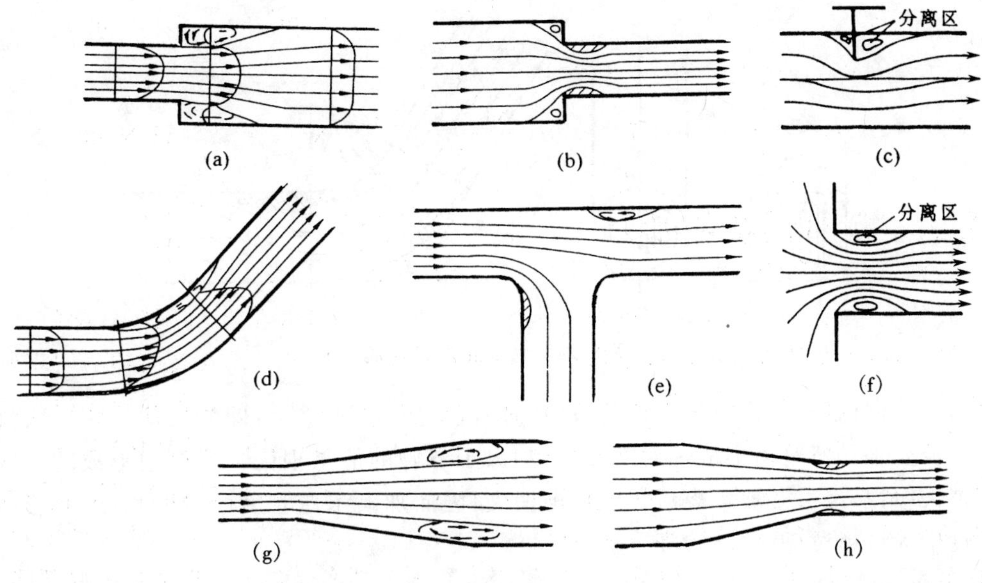


**图 5-23　几种典型的局部阻碍**

(a)突扩管;(b)突缩管;(c)闸阀;(d)圆弯管;(e)圆角分流三通;(f)管道进口;(g)渐扩管;(h)渐缩管

看出:无论是改变流速的大小还是其方向,局部水头损失总是和旋涡区的形成紧密相关。流体质点在旋涡区旋转和黏性的摩擦作用,同时旋涡又加剧了流体质点的紊动,加大了旋涡区的能量损失。同时,旋涡区和主流区不断地进行紊动混掺和质量交换、动量交换以及能量的交换,主流的能量被输运到旋涡区而耗散,旋涡区的质点被传输到主流区,并与那里的质点混掺、碰撞消耗能量,而且被主流带向下游,又加剧了下游一定范围内主流的紊动强度,进一步加大了能量的耗损。此外,在局部阻碍附近,流速分布的重新调整,加大了流速梯度和流层间的切应力,也造成一定的能量损失。

综上所述,主流脱离边壁,在主流与边壁间形成旋涡区是造成局部水头损失的主要原因。实验结果表明,局部阻碍处旋涡区越大,旋涡强度越大,局部水头损失也就越大。

(2) 流动方向的改变,不仅造成主流与边壁分离,产生旋涡区,而且同时导致二次流现象的出现,必将产生一定的能量损失。这是造成局部水头损失的另一原因。

弯管是典型的局部阻碍,它只改变流动方向,不改变断面平均流速的大小,当流体流经弯管时,不但会发生分离,在弯管的内外侧形成旋涡区,造成能量损失,而且同时产生与主流方向正交的二次流如图 5-24 的水流现象。

由于流体在弯管内流动时,流体质点受离心惯性力作用,使弯管外侧($E$ 侧)的压强增大,内侧($H$ 侧)压强减小。离心惯性力的大小与流速成比例,而弯管左右两侧($F$、$G$ 处)由于靠近管壁附近处流速很小,离心惯性力也很小,压强变化很小,在外侧与内侧压强差的作用下,导致在弯管的径向平面内,产生了一对由内侧流向外侧,再

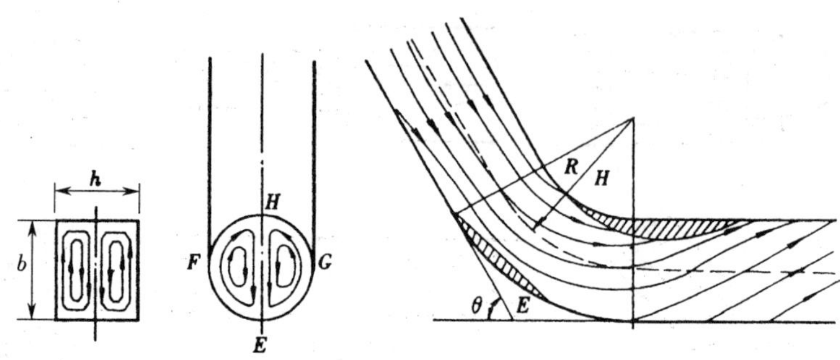


图 5-24 弯管中的二次流

沿管壁流向内侧(即沿 $EFH$ 和 $EGH$)的涡流如图 5-24 所示,即为二次流。二次流与主流叠加在弯管内形成一对螺旋流,加大了弯管的能量损失。弯管内形成的二次流消失缓慢,经过一段距离后才能逐渐消失,因而加大了弯管后的影响长度,其影响长度最大可超过 50 倍的管径。

### 5.7.2 局部阻力系数的影响因素

已有局部水头损失的计算公式(5-3)

$$h_j=\zeta\frac{v^2}{2g}$$

式中 $\zeta$——局部水头损失系数(局部阻力系数);

$v$——与 $\zeta$ 相对应的断面平均流速,通常是指通过局部阻碍后的断面平均流速。

对不同的流动型态,局部损失有不同的规律。所以局部阻力系数 $\zeta$ 不仅和局部阻碍的边界情况有关,而且也应与局部阻碍处的雷诺数 $Re$ 有关。但是由于实际流动受到局部阻碍的强烈扰动作用,还在雷诺数很小时,就已达到了充分紊动,即已进入了阻力平方区,所以一般情况下,$\zeta$ 只决定于局部阻碍的形状,而与 $Re$ 无关,即

$$\zeta=f(\text{局部阻碍的形状})$$

### 5.7.3 常用的局部阻力系数

局部阻碍的种类繁多,形状各异,流动现象极其复杂,局部阻力系数绝大多数要通过实验确定,只有个别形状较为简单的(如突然扩大管)的情况,能够在一定假设条件下经理论分析推导其局部水头损失的变化规律。

**1. 突然扩大管的局部水头损失分析**

如图 5-25 所示,有一同轴的突然扩大管,取扩大前断面 1-1 和扩大后流动已基本恢复正常的均匀流断面 2-2 为两计算断面。以 0-0 为水平基准面,列出两计算断面的能量方程,忽略两断面间的沿程水头损失,有

$$z_1+\frac{p_1}{\rho g}+\frac{\alpha_1 v_1^2}{2g}=z_2+\frac{p_2}{\rho g}+\frac{\alpha_2 v_2^2}{2g}+h_j$$

得

$$h_j=\left(z_1+\frac{p_1}{\rho g}\right)-\left(z_2+\frac{p_2}{\rho g}\right)+\frac{\alpha_1 v_1^2-\alpha_2 v_2^2}{2g} \tag{5-67}$$

式中符号的意义如图 5-25。

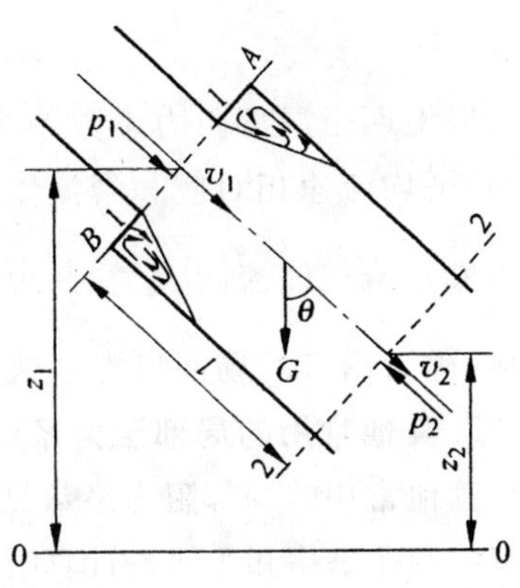

图 5-25　突然扩大管

还需对 $AB$、2—2 断面和该两断面间的侧壁面所围成的控制体，列出沿流动方向的动量方程

$$\sum F=\rho Q(\alpha_{02}v_2-\alpha_{01}v_1)$$

该控制体上所受外力包括：作用于 $AB$ 面上的动水压力 $P_{AB}$，但该处受压面积包括 $A_1$ 和其环形面积 $A_2-A_1$，其中，圆形断面 $A_1$ 符合渐变流条件，但 $A_2-A_1$ 环形部分却不符合渐变流条件，而是位于旋涡区，据实验观测表明，该环形面积上的压强基本上符合静水压强分布规律，故 $P_{AB}=p_1A_2$。作用在 2-2 断面上的动水压力 $P_2=p_2A_2$，重力沿管轴方向上的分力为$G\cos\theta=\rho gA_2 l\cos\theta=\rho gA_2(z_1-z_2)$。管壁上的摩擦阻力忽略不计，将上述各力代入动量方程，有

$$p_1A_2-p_2A_2+\rho gA_2(z_1-z_2)=\rho Q(\alpha_{02}v_2-\alpha_{01}v_1)$$

上式两边各项分别除以 $\rho gA_2$，整理后得

$$\left(z_1+\frac{p_1}{\rho g}\right)-\left(z_2+\frac{p_2}{\rho g}\right)=\frac{v_2}{g}(\alpha_{02}v_2-\alpha_{01}v_1)$$

将上式代入式(5-67)，由于紊流流速分布趋于均化，近似取 $\alpha_1=\alpha_2=1.0$，$\alpha_{01}=\alpha_{02}=1.0$，整理后得

$$h_j=\frac{(v_1-v_2)^2}{2g} \tag{5-68}$$

式(5-68)表明，突然扩大管的局部水头损失，等于前、后两断面平均流速差计算的流速水头。该式又被称为**波达**(Borda)**公式**。经实验验证，该式具有足够的准确性。

为将上式(5-68)变成局部水头损失的一般形式，根据连续性方程原理，将 $v_2=v_1\dfrac{A_1}{A_2}$或 $v_1=v_2\dfrac{A_2}{A_1}$代入该式，可得

$$h_j=\left(1-\frac{A_1}{A_2}\right)^2\frac{v_1^2}{2g}=\zeta_1\frac{v_1^2}{2g}$$

或

$$h_j=\left(\frac{A_2}{A_1}-1\right)^2\frac{v_2^2}{2g}=\zeta_2\frac{v_2^2}{2g}$$

所以，突然扩大的局部阻力系数为

$$\zeta_1=\left(1-\frac{A_1}{A_2}\right)^2 \tag{5-69}$$

或
$$\zeta_2=\left(\frac{A_2}{A_1}-1\right)^2 \tag{5-70}$$

以上两个局部阻力系数 $\zeta_1$ 和 $\zeta_2$ 分别与突然扩大前、后两个断面(1—1 和 2—2 断面)平均流速相对应。当流体在淹没条件下从管道流入断面很大的容器中(如水池或水库),或气体流入大气时,由式(5-69),$\frac{A_1}{A_2}\approx 0$,所以 $\zeta_1=1.0$,这是突然扩大管的特例,称为出口的局部阻力系数。

**2. 其他常用的局部阻力系数**

其他常用的局部阻力系数见表 5-4,供计算时选用,详细的局部阻力系数表,可查阅有关专业书籍和手册。计算时注意所选用的局部阻力系数要与流速水头相对应。

必须说明:表 5-4 中所给出的各种局部阻力系数 $\zeta$ 值,都是在满足以下两个条件的情况下量测而给出的。

(1) 流体的流态都是充分发展的紊流,即流动已进入阻力平方区,局部阻力系数 $\zeta$,只与局部阻碍的形状有关,而与雷诺数 $Re$ 无关。

(2) 每个局部阻碍前、后都有足够的安全长度,确保各局部阻碍之间没有相互干扰。

**表 5-4 常用流道的局部损失系数**

<table>
<tr><th>名称</th><th>示意图</th><th colspan="12">ζ值及其说明</th></tr>
<tr><td>(1)<br>突然扩大</td><td>$v_1$ $A_1$ $A_2$ $v_2$</td><td colspan="12">$\zeta_1=\left(1-\frac{A_1}{A_2}\right)^2$ 应用公式 $h_j=\zeta_1\frac{v_1^2}{2g}$<br>$\zeta_2=\left(\frac{A_2}{A_1}-1\right)^2$ 应用公式 $h_j=\zeta_2\frac{v_2^2}{2g}$</td></tr>
<tr><td rowspan="9">(2)<br>逐渐扩大</td><td rowspan="9">$v_1$ $d$ $\theta$ $D$<br>$h_j=\zeta\frac{v_1^2}{2g}$,ζ值见表</td><td rowspan="2">D/d</td><td colspan="11">圆锥体角度 θ</td></tr>
<tr><td><4°</td><td>6°</td><td>8°</td><td>10°</td><td>15°</td><td>20°</td><td>25°</td><td>30°</td><td>40°</td><td>50°</td><td>60°</td></tr>
<tr><td>1.1</td><td>0.01</td><td>0.01</td><td>0.02</td><td>0.03</td><td>0.05</td><td>0.10</td><td>0.13</td><td>0.16</td><td>0.19</td><td>0.21</td><td>0.23</td></tr>
<tr><td>1.2</td><td>0.02</td><td>0.02</td><td>0.03</td><td>0.04</td><td>0.06</td><td>0.16</td><td>0.21</td><td>0.25</td><td>0.31</td><td>0.35</td><td>0.37</td></tr>
<tr><td>1.4</td><td>0.03</td><td>0.03</td><td>0.04</td><td>0.06</td><td>0.12</td><td>0.23</td><td>0.30</td><td>0.36</td><td>0.44</td><td>0.50</td><td>0.53</td></tr>
<tr><td>1.6</td><td>0.03</td><td>0.04</td><td>0.05</td><td>0.07</td><td>0.14</td><td>0.26</td><td>0.35</td><td>0.42</td><td>0.51</td><td>0.57</td><td>0.61</td></tr>
<tr><td>1.8</td><td>0.04</td><td>0.04</td><td>0.05</td><td>0.07</td><td>0.15</td><td>0.28</td><td>0.37</td><td>0.44</td><td>0.54</td><td>0.61</td><td>0.65</td></tr>
<tr><td>2.0</td><td>0.04</td><td>0.04</td><td>0.05</td><td>0.07</td><td>0.16</td><td>0.29</td><td>0.38</td><td>0.45</td><td>0.56</td><td>0.63</td><td>0.68</td></tr>
<tr><td>3.0</td><td>0.04</td><td>0.04</td><td>0.05</td><td>0.08</td><td>0.16</td><td>0.31</td><td>0.40</td><td>0.48</td><td>0.59</td><td>0.66</td><td>0.71</td></tr>
<tr><td>(3)<br>突然缩小</td><td>$v_1$ $A_1$ $A_2$ $v_2$</td><td colspan="12">$h_j=\zeta\frac{v_2^2}{2g}$,$\zeta=0.5\left(1-\frac{A_2}{A_1}\right)$</td></tr>
</table>

续表

<table>
<tr><th>名　称</th><th>示　意　图</th><th colspan="10">ζ值及其说明</th></tr>
<tr><td>(4)<br>逐渐缩小</td><td> 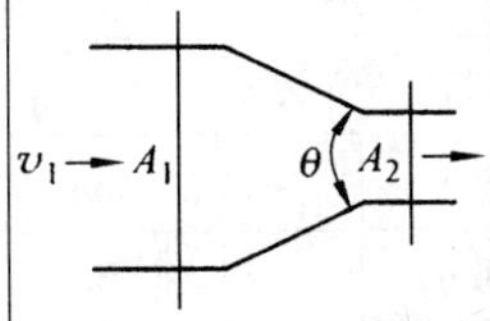$v_1 \to A_1$　θ　$A_2$<br>$h_j=\zeta\frac{v_2^2}{2g}$，ζ值见右图</td><td colspan="10"> 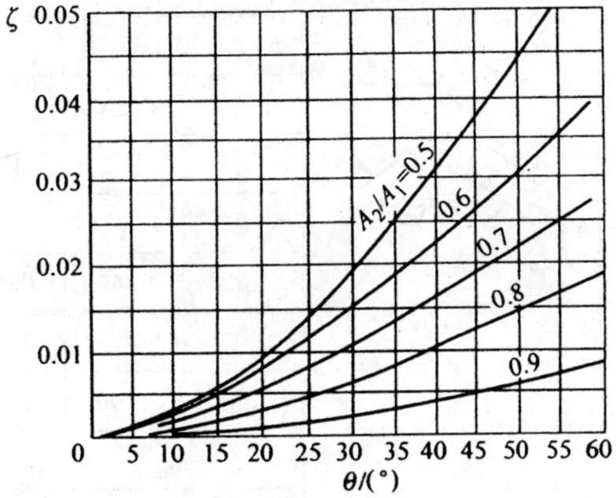</td></tr>
<tr><td rowspan="3">(5)<br>进口</td><td> 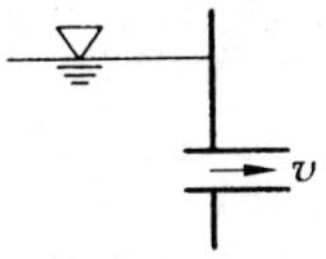</td><td colspan="4">内插进口<br>ζ=1.0</td><td></td><td colspan="5">切角进口<br>ζ=0.25</td></tr>
<tr><td></td><td colspan="4">喇叭口<br>ζ=0.01～0.05</td><td></td><td colspan="5">圆角进口<br>圆管 ζ=0.1<br>方管 ζ=0.2</td></tr>
<tr><td></td><td colspan="4">直角进口<br>ζ=0.5</td><td></td><td colspan="5">斜角进口<br>ζ=0.5+0.3cos α+0.2cos²α</td></tr>
<tr><td rowspan="4">(6)<br>出口</td><td> 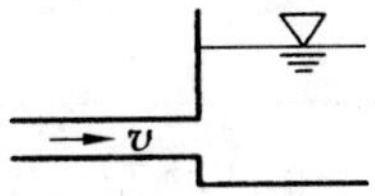</td><td colspan="10">流入水池或水库 ζ=1.0</td></tr>
<tr><td rowspan="3"></td><td colspan="10">流入渠道，$\zeta=\left(1-\frac{A_1}{A_2}\right)^2$，ζ值见下表</td></tr>
<tr><td>$A_1/A_2$</td><td>0.1</td><td>0.2</td><td>0.3</td><td>0.4</td><td>0.5</td><td>0.6</td><td>0.7</td><td>0.8</td><td>0.9</td></tr>
<tr><td>ζ</td><td>0.81</td><td>0.64</td><td>0.49</td><td>0.36</td><td>0.25</td><td>0.16</td><td>0.09</td><td>0.04</td><td>0.01</td></tr>
</table>

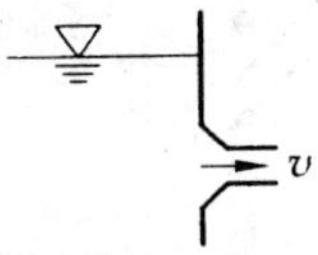

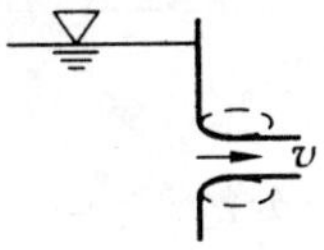

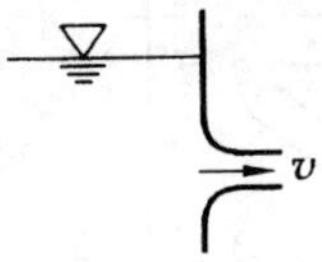

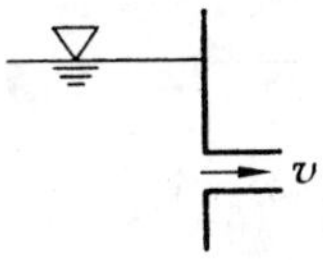

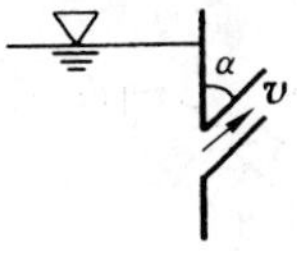

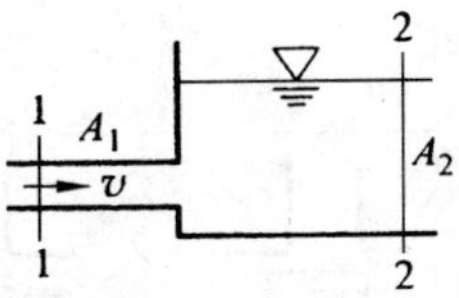

续表

<table>
<tr><th>名　称</th><th>示　意　图</th><th colspan="7">ζ值及其说明</th></tr>
<tr><td rowspan="9">(7)<br>弯管</td><td rowspan="9"></td><td colspan="7">$\theta=90°$</td></tr>
<tr><td>$R/d$</td><td>0.5</td><td>1.0</td><td>1.5</td><td>2.0</td><td>3.0</td><td>4.0</td><td>5.0</td></tr>
<tr><td>$\zeta_{90°}$</td><td>1.2</td><td>0.80</td><td>0.60</td><td>0.48</td><td>0.36</td><td>0.30</td><td>0.29</td></tr>
<tr><td colspan="7">任意角度 $\zeta_\theta=\beta\cdot\zeta_{90°}$</td></tr>
<tr><td>$\theta$</td><td>20°</td><td>30°</td><td>40°</td><td>50°</td><td>60°</td><td>70°</td></tr>
<tr><td>$\beta$</td><td>0.40</td><td>0.55</td><td>0.65</td><td>0.75</td><td>0.83</td><td>0.88</td></tr>
<tr><td>80°</td><td>90°</td><td>100°</td><td>120°</td><td>140°</td><td>160°</td><td>180°</td></tr>
<tr><td>0.95</td><td>1.00</td><td>1.05</td><td>1.13</td><td>1.20</td><td>1.27</td><td>1.33</td></tr>
<tr><td colspan="7"></td></tr>
<tr><td rowspan="6">(8)<br>折管</td><td rowspan="6"></td><td colspan="8">圆形管</td></tr>
<tr><td>$\theta$</td><td>30°</td><td>40°</td><td>50°</td><td>60°</td><td>70°</td><td>80°</td><td>90°</td></tr>
<tr><td>$\zeta$</td><td>0.20</td><td>0.30</td><td>0.40</td><td>0.55</td><td>0.70</td><td>0.90</td><td>1.10</td></tr>
<tr><td colspan="8">矩形管</td></tr>
<tr><td>$\theta$</td><td>15°</td><td>30°</td><td>45°</td><td>60°</td><td>90°</td></tr>
<tr><td>$\zeta$</td><td>0.025</td><td>0.11</td><td>0.26</td><td>0.49</td><td>1.20</td></tr>
<tr><td rowspan="2">(9)<br>岔管</td><td></td><td colspan="8">$h_j=\zeta\dfrac{v_0^2}{2g}$　普通 Y 形对称分岔管 $\zeta=0.75$</td></tr>
<tr><td></td><td colspan="8">圆锥状 Y 形对称分岔管<br>$h_j=\zeta\dfrac{v_0^2}{2g}$(分岔开始后形成逐渐收缩的圆锥形) $\zeta=0.50$</td></tr>
<tr><td>(10)<br>分岔管</td><td></td><td colspan="8">$\zeta_{1-3}=2$，$h_{j1-3}=2\dfrac{v_3^2}{2g}$，<br>$h_{j1-2}=\dfrac{v_1^2-v_2^2}{2g}$</td></tr>
<tr><td>(11)<br>分岔管</td><td>$\zeta=0.5$</td><td>$\zeta=1.0$</td><td>$\zeta=3.0$</td><td>$\zeta=0.1$</td><td>$\zeta=1.5$</td></tr>
</table>

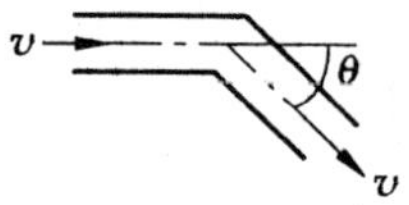

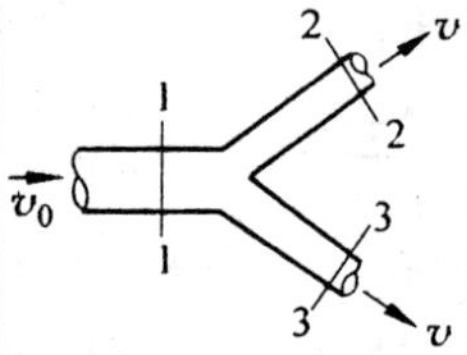

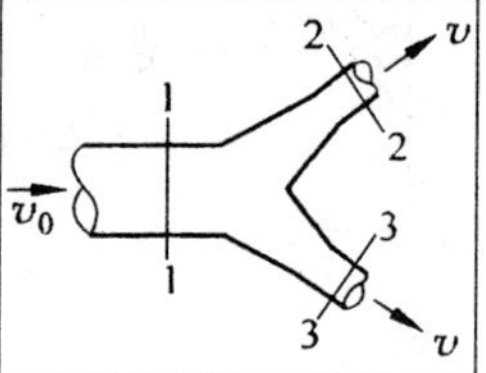

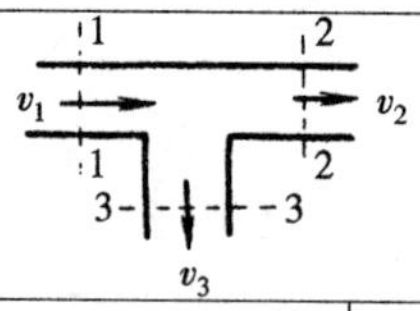

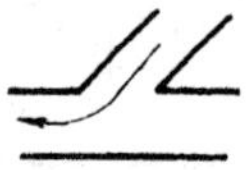

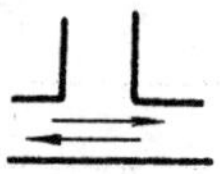

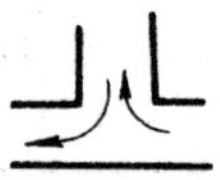

续表

<table>
<tr><th>名称</th><th>示意图</th><th colspan="8">ζ值及其说明</th></tr>
<tr><td rowspan="4">(12)<br>板式<br>阀门</td><td rowspan="4"></td><td>$e/d$</td><td>0</td><td>0.125</td><td>0.2</td><td>0.3</td><td>0.4</td><td>0.5</td><td></td></tr>
<tr><td>ζ</td><td>∞</td><td>97.3</td><td>35.0</td><td>10.0</td><td>4.60</td><td>2.06</td><td></td></tr>
<tr><td>$e/d$</td><td>0.6</td><td>0.7</td><td>0.8</td><td>0.9</td><td>1.0</td><td></td><td></td></tr>
<tr><td>ζ</td><td>0.98</td><td>0.44</td><td>0.17</td><td>0.06</td><td>0</td><td></td><td></td></tr>
<tr><td rowspan="6">(13)<br>蝶阀</td><td rowspan="6"></td><td>α</td><td>5°</td><td>10°</td><td>15°</td><td>20°</td><td>25°</td><td>30°</td><td>35°</td></tr>
<tr><td>ζ</td><td>0.24</td><td>0.52</td><td>0.90</td><td>1.54</td><td>2.51</td><td>3.91</td><td>6.22</td></tr>
<tr><td>α</td><td>40°</td><td>45°</td><td>50°</td><td>55°</td><td>60°</td><td>65°</td><td>70°</td></tr>
<tr><td>ζ</td><td>10.8</td><td>18.7</td><td>32.6</td><td>58.8</td><td>118</td><td>256</td><td>751</td></tr>
<tr><td>α</td><td>90°</td><td>全开</td><td></td><td></td><td></td><td></td><td></td></tr>
<tr><td>ζ</td><td>∞</td><td>0.1～0.3</td><td></td><td></td><td></td><td></td><td></td></tr>
<tr><td rowspan="2">(14)<br>截止阀</td><td rowspan="2"></td><td>$d$/cm</td><td>15</td><td>20</td><td>25</td><td>30</td><td>35</td><td>40</td><td>50</td><td>≥60</td></tr>
<tr><td>ζ</td><td>6.5</td><td>5.5</td><td>4.5</td><td>3.5</td><td>3.0</td><td>2.5</td><td>1.8</td><td>1.7</td></tr>
<tr><td rowspan="5">(15)<br>滤水网</td><td rowspan="5">无底阀 有底阀</td><td colspan="8">无底阀，ζ=2～3<br>有底阀：</td></tr>
<tr><td>$d$/cm</td><td>4.0</td><td>5.0</td><td>7.5</td><td>10</td><td>15</td><td>20</td><td></td></tr>
<tr><td>ζ</td><td>12</td><td>10</td><td>8.5</td><td>7.0</td><td>6.0</td><td>5.2</td><td></td></tr>
<tr><td>$d$/cm</td><td>25</td><td>30</td><td>35</td><td>40</td><td>50</td><td>75</td><td></td></tr>
<tr><td>ζ</td><td>4.4</td><td>3.7</td><td>3.4</td><td>3.1</td><td>2.5</td><td>1.6</td><td></td></tr>
<tr><td>(16)<br>平板<br>闸门</td><td></td><td colspan="8">ζ=0.2～0.4(闸门全开)</td></tr>
<tr><td>(17)<br>弧形<br>闸门</td><td></td><td colspan="8">ζ=0.2(闸门全开)</td></tr>
</table>

续表

| 名　称 | 示意图和 ζ 值及其说明 |
|---|---|
| (18)<br>拦污栅 | 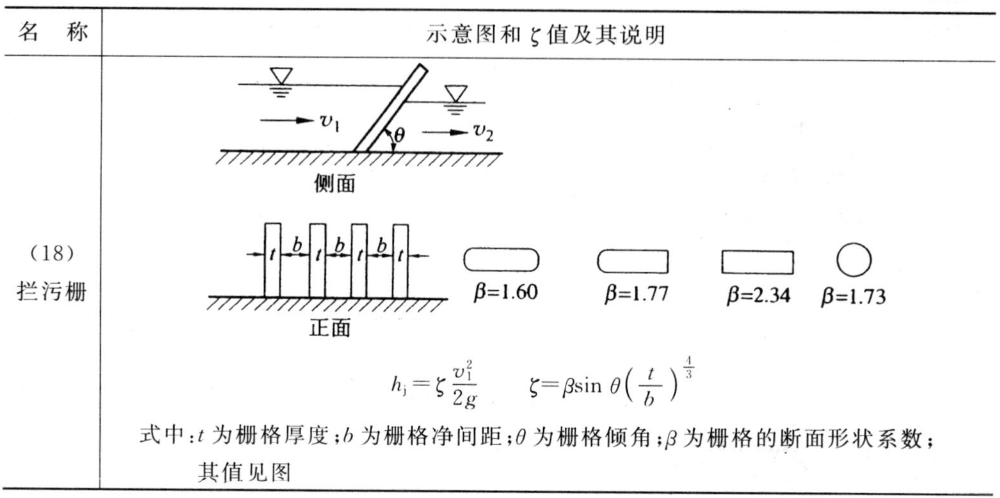<br><br>$h_j=\zeta\frac{v_1^2}{2g}\qquad\zeta=\beta\sin\theta\left(\frac{t}{b}\right)^{\frac{4}{3}}$<br>式中：$t$ 为栅格厚度；$b$ 为栅格净间距；$\theta$ 为栅格倾角；$\beta$ 为栅格的断面形状系数；其值见图 |

## 5.7.4 局部阻力之间的相互干扰

局部阻碍前的断面流速分布和紊动强度对局部阻力系数 $\zeta$ 均有明显的影响。而一般手册或书籍中（包括本书的表 5-4）所给出的 $\zeta$ 值，都是在局部阻碍的前后有足够长的直管段，使进入和流出局部阻碍的流动具有（或者恢复为）正常均匀流的流速分布与紊动强度的条件下，即局部阻碍之间互不干扰的条件下测定的。测得的局部损失也不仅仅是局部阻碍范围内的损失，还包括其影响长度范围内，因紊动的加剧而引起的附加损失。如果两个局部阻碍之间距离很近，前一个局部阻碍没有足够的影响长度，损失不能完全显示出来，后一个局部阻碍前的流速分布和紊动情况又不同于正常均匀流的情况，这样相连的两个局部阻碍之间，就存在相互干扰的问题。这时的局部阻力系数并不等于正常条件下两个局部阻碍的阻力系数的简单叠加，尚须通过实验才能确定。

实验研究表明，局部阻碍之间相互干扰的结果，会使局部水头损失既可能减小，也可能增大。问题是两个局部阻碍之间需要保留多大的距离，才能避免相互干扰。由于局部阻碍种类繁多，形状各异，流动情况极为复杂，不同种类的局部阻碍之间所要求的安全距离也是不一样的。如圆形弯管，由于二次流消失缓慢，其影响长度可达 $50d$，才能恢复到正常流动；对于突然扩大管也需 $(5\sim8)\ d_2$ 才能基本恢复到正常均匀流和紊动的情况。至此，对这方面问题的研究还很不够。有研究表明，在两个相互干扰的局部阻碍之间连接一段长度，即使只有 $(1\sim2)d$ 的短管，会使进入后一个局部阻碍之前的流动已成为缓变流，则大大减弱两个局部阻碍的相互干扰。在设计管道时，如果各局部阻碍之间的距离都能大于 3 倍管径以上，忽略相互干扰影响的计算结果一般是偏于安全的。

**【例 5-11】** 如图 5-26 所示，一直径为 $d=500$ mm 的引水管从上游水库引水至下游水库，管道倾斜段的倾角 $\theta=30°$，弯头 A 和 B 均为折管，引水流量 $Q=0.45\ m^3/s$，上游水库水深 $h_1=3.5\ m$，过流断面宽度 $b_1=5.0\ m$，下游水库水深 $h_2=2.5\ m$，过水断面宽度 $b_2=30\ m$。求引水管进口、出口、弯头 A 和 B 处损失的水头。

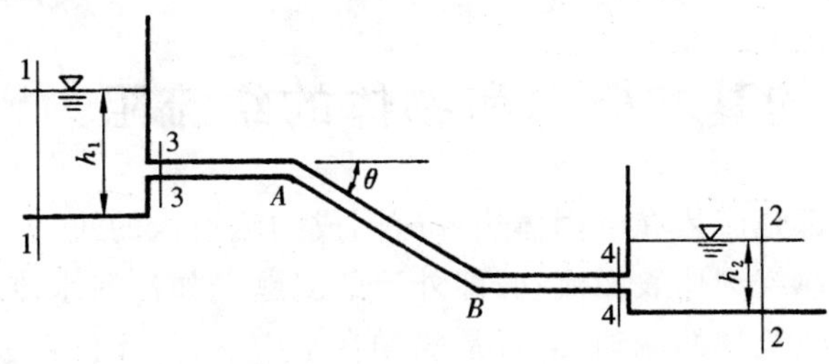


图 5-26 水库间的引水管道

**【解】** 引水管的断面面积

$$A=\frac{\pi}{4}d^2=\frac{\pi}{4}\times 0.5^2\ m^2=0.196\ m^2$$

断面平均流速 $$v=\frac{Q}{A}=\frac{0.45}{0.196}\ m/s=2.30\ m/s$$

(1) 求引水管进口的局部水头损失。

选取断面 1—1 位于上游水库内，断面 3—3 位于引水管进口，则断面 1—1 与 3—3 之间为突然缩小式的流道，其 $A_1=b_1h_1$，$A_3=A$。假设进口的局部水头损失可以按圆管突然缩小情况计算，由表 5-4 可知

$$h_{j1\text{-}3}=\zeta_{1\text{-}3}\frac{v^2}{2g}$$

而 $\zeta_{1\text{-}3}=0.5\left(1-\frac{A_3}{A_1}\right)$，所以

$$\zeta_{1\text{-}3}=0.5\left(1-\frac{A}{b_1h_1}\right)=0.5\times\left(1-\frac{0.196}{5\times 3.5}\right)=0.494$$

$$h_{j1\text{-}3}=0.494\times\frac{2.3^2}{19.6}\ m=0.133\ m$$

(2) 求引水管出口的局部水头损失。

选取断面 2—2 位于下游水库内，断面 4—4 位于引水管出口。则断面 4—4 与 2—2 之间为突然扩大式的流道，断面 $A_2=b_2h_2$，$A_4=A$。由表 5-4 知

$$h_{j4\text{-}2}=\zeta_{4\text{-}2}\frac{v^2}{2g}$$

而 $\zeta_{4\text{-}2}=\left(1-\frac{A_4}{A_2}\right)^2$，所以

$$\zeta_{4\text{-}2}=\left(1-\frac{A}{b_2h_2}\right)^2=\left(1-\frac{0.196}{3\times 2.5}\right)^2=0.948$$

$$h_{j4\text{-}2}=0.948\times\frac{2.3^2}{19.6}m=0.26\ m$$

(3) 求弯头 A 和 B 的局部水头损失。

由表 5-4 查得，当 $\alpha=\theta=30^\circ$时，$\zeta=0.2$，则

$$h_{jA}=h_{jB}=\zeta\frac{v^2}{2g}=0.2\times\frac{2.3^2}{19.6}\ \mathrm{m}=0.054\ \mathrm{m}$$

## 5.8 边界层的基本概念和物体的绕流阻力

前面所讨论的都是流体在由固体边壁所围成的流道内的流动，即所谓**内流**问题。本节将简要介绍流体绕物体表面流动，即**外流**的问题。如江河水流绕过桥墩或闸墩，风吹过楼房或其他建筑物的流动，或者是船舶在水中航行，飞机在大气中飞行以及泥沙或粉尘在水中或空气中沉降等都是绕流运动。上述各种绕流运动基本可以归纳为两类，一类是流体绕过静止(相对地球)物体的运动；另一类则为物体在静止的流体中做匀速直线运动。对于后一种情况若把坐标系建立在运动的物体上，则成为流体对物体的相对运动，由于该坐标系做匀速直线运动，故仍为惯性坐标系，所以运动的物体与静止流体之间的相互作用和流体绕静止物体运动的情况是等效的。

对于流体与绕流物体间的相互作用，流体作用于绕流物体上的力，称为**流体的作用力**，绕流物体对流体的作用，称为**水流阻力**。流体作用于绕流物体上的力，可以分解为平行于来流方向的分力，即为**绕流阻力**和垂直于来流方向的分力，称为**升力**或**横向力**。以下主要讨论绕流阻力，而绕流阻力与边界层有着密切关系，所以首先介绍边界层的概念。

### 5.8.1 边界层的基本概念

#### 1. 边界层问题的提出

当流速很大的黏性流体或者说雷诺数很大的实际流体绕物体表面外部流动时，紧贴物体表面的一层流体质点，将黏附在物体表面上，与边界没有相对运动。若物体固定不动，无论流体运动的雷诺数有多大，其物体表面上的流体速度均为零($u_x=0$)，即所谓黏性流体在边壁的无滑移条件。而物体壁面附近沿其法线方向上流速迅速增大，并很快增大到来流的速度 $U_0(u_x\approx U_0)$，存在较大的流速梯度$\frac{\mathrm{d}u_x}{\mathrm{d}y}$，而且雷诺数越大，壁面附近的流速梯度就越大，具有流速梯度的流体层就越薄。由此可见，在绕流物体表面上的流场，存在两个性质完全不同的流动区域：其一是贴近壁面很薄的、流速梯度很大的流层，该流层内流体的黏性作用不可忽略，流体同时受到黏性力和惯性力的作用，其大小是同阶的，为有旋流动。这个在固体壁面附近，流速梯度很大.必须考虑其黏性作用的很薄的流层就是**边界层**，也称**附面层**(如图 5-27 所示，图中放大了 $y$ 方向比尺)；其二则是边界层以外的流动，其流速梯度很小，$\frac{\mathrm{d}\mu_x}{\mathrm{d}y}\approx0$，黏性的作用可以忽略，相当于理想流体运动，可按势流处理。由此，流动分为两个区域。其中，贴近

物体壁面很薄的边界层内区域的流动按黏性流体求解，边界层以外区域的流动可按理想流体处理。由于边界层很薄，在此条件下，黏性流体运动微分方程(N-S 方程)可以大大简化，使求解成为可能。

边界层概念和上述有关假设是德国力学家普朗特于 1904 年首先提出的，为利用理论分析和数学方法解决黏性流体绕流问题提供了有效的方法和手段，开辟了流体力学新途径。边界层概念的提出，开创了应用黏性流体解决实际工程问题的新时代，并且进一步证明了研究理想流体的重要意义。利用边界层理论使绕流物体尾流及旋涡的形成等复杂流体现象得到解释，是分析物体绕流阻力和流体能量损失的理论基础。边界层理论对流体力学的发展有着深远影响，它在流体力学发展史上具有划时代意义。

**2. 边界层的形成与发展**

在如图 5-27 所示一恒定均匀流中，平行于流动方向放置的一块薄平板，其来流流速为 $U_0$，平板静止不动。凡与平板直接接触的流体质点，由于黏性作用，其流速为零。平板附近的流体质点，则通过流体内摩擦阻力作用，其流速也会不同程度减小，离平板越远，影响越小。理论上只有到无穷远处流速才不会受到平板影响。实际上，影响较为明显的只在贴近平板两侧很薄的流层内，即边界层内。

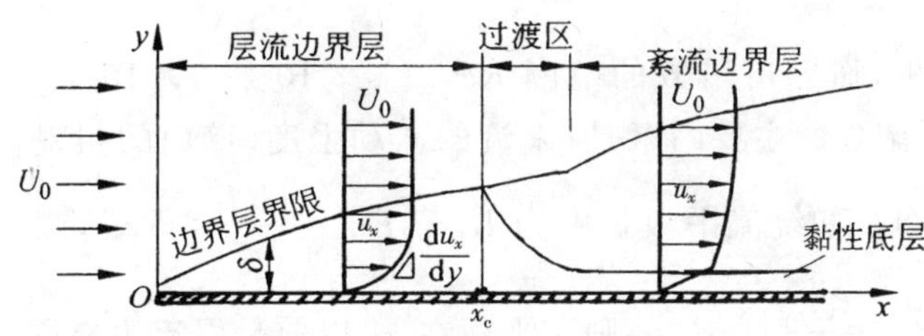


图 5-27　平板边界层示意图

当流体质点接触到平板前端，由于受板端的阻滞，流速变为零，该点边界层厚度为零。随着流体沿平板流动，平板对流体的阻滞作用逐渐向平板两侧流体内部横向扩展，边界层随之逐渐增厚。应该指出，边界层的内、外并无严格的分界，因此划分边界层外缘具有一定的人为任意性。一般规定：由物体表面沿法线方向的纵向(沿流动方向)流速 $u_x$，为边界层外主流流速(对于平板边界层即为来流流速)$U_0$ 的 99%，即 $u_x=0.99U_0$ 处，作为边界层外缘。由边界层外缘到物体表面的垂直距离定义为边界层的名义厚度，简称边界层厚度，用 $\delta$ 表示。对平板边界层而言，显然 $\delta$ 是由平板前缘算起的距离 $x$ 的函数，$\delta=\delta(x)$。例如，20 ℃空气的均匀流速 $v_0=10$ m/s，绕平板流动，实测得 $x=1$ m 时，$\delta=1.8$ mm；当 $x=2$ m 时，$\delta=2.5$ mm。

**3. 边界层的主要特征**

边界层内的流动同时受黏性力和惯性力的作用，且由于存在流速梯度，流动是有涡流。边界层厚度较一般物体的特征长度要小得多，即 $\delta/L\ll1.0$。

边界层内既然是黏性流动，必然也存在层流和紊流两种流态，与其相应的边界层分别称为层流边界层和紊流边界层。如图 5-27 所示的平板绕流，边界层从板端开始，在前部由于边界层厚度很薄，流速梯度很大，流动受黏性力作用控制，边界层内为层流，即层流边界层。随流动距离 $x$ 增大，边界层厚度增加，流速梯度逐渐减小，黏性作用逐渐减弱，惯性作用逐渐增强，直到某一断面($\delta=\delta_c$)处，由层流转变成紊流边界层，该转变处称为转捩点($x=x_c$)，与转捩点相对应的是临界雷诺数 $Re_c$。应该注意，影响边界层从层流逐渐发展为紊流的影响因素很多，且很复杂，所以层流与紊流的转捩不是在某个断面突然发生并完成的，而是在一个过渡区内逐渐完成的，转捩点处只是流态转变的开始。转捩点的位置依靠实验确定。对于平板边界层内的雷诺数，其特征长度可用边界层厚度 $\delta$，也可用平板的距离长度 $x$ 表示，即

$$Re_\delta=\frac{U_0\delta}{\nu} \tag{5-71}$$

$$Re_x=\frac{U_0x}{\nu} \tag{5-72}$$

用式(5-71)，流态转捩点的临界雷诺数 $Re_{\delta_c}=\frac{U_0\delta_c}{\nu}=2\ 700\sim8\ 500$，若用式(5-72)，则转捩点处临界雷诺数为

$$Re_{x_c}=\frac{U_0x_c}{\nu} \tag{5-73}$$

对于光滑平板，临界雷诺数的范围 $Re_{x_c}=3\times10^5\sim3\times10^6$，一般取 $Re_{x_c}=5\times10^5$。影响临界雷诺数的主要因素是：来流的紊动强度、壁面的粗糙情况以及边界层外流动的压强分布。如绕流平板长度为 $L$，若 $Re_x=\frac{U_0L}{\nu}<Re_{x_c}$，则该平板上全部为层流边界层；若 $Re_x=\frac{U_0L}{\nu}>Re_{x_c}$，则该平板在 $x_c$ 以前是层流边界层，在 $x_c$ 以后($L-x_c$)为紊流边界层。

在紊流边界层内，最靠近壁面之处，流速梯度 $\frac{du_x}{dy}$ 很大，黏滞切应力起主要作用，使其流态仍为层流。即在紊流边界层中，紧贴边壁表面也有一层极薄的黏性底层。

### 5.8.2 曲面边界层的分离现象和压差阻力

**1. 边界层的分离现象**

边界层流动，实际就是在物体边壁附近直接受其影响的范围(或区域)内的流动。由于固体边壁的阻滞作用，边界层内流体质点的流速较其外部理想流体势流流速 $u_0$ 要小，这些减速了的流体质点并不总是只在边界层内流动。在某些情况下，如边界层厚度顺流突然急剧增厚，则在边界层内发生反向回流，在其顶冲作用下，迫使边界层内流体质点向层外流动。这种现象称为边界层从固体边界上的“分离”。边界层的分离，常常伴随着旋涡的产生和能量的损失，并增加了流体的阻力，因此边界层分离是流体力学很重要的物理现象。

在二维平行流动中，平行于流向放置的薄板上产生的边界层是边界层流动中最简单的一种。因其在此流动中，除了边界层内的流动外，其余处处的流速和压强都相同。在边界层内，虽然各点流速均不相同，但从固体边壁上同一点开始，沿边壁外法线上各点压强均与该点边界层外势流的压强相等。也就是说，沿固体边界的压力梯度$\frac{\mathrm{d}p}{\mathrm{d}x}=0$的边界层是不会发生分离的。而在钝形物体的绕流中，将会发生边界层的分离现象。

现以绕圆柱的流动为例进行讨论。有一无限长圆柱，铅垂置于某一高雷诺数的流体中。现截取某一水平剖面，如图 5-28 所示，形成一典型的绕圆柱流动。来流流速与压强分别为 $u_0$ 和 $p_0$。

如果是在理想流体有势流动中，圆柱表面没有边界层。在从 $D$ 点到 $E$ 点的圆柱上游部分，其流体质点的速度由小变大（加速），压强则由大变小（递减）。当到达 $E$ 点，其流速达到最大，压强达到最小。而过了 $E$ 点，在圆柱的下游部分，从 $E$ 到 $F$，流速递减，而压强递增。由于没有摩擦阻力，故没有能量损耗。由 $D$ 到 $E$，部分压能全部转化为动能，而由 $E$ 到 $F$，则部分动能又全部转变为压能，当到达 $F$ 点时，其流速和压强与 $D$ 点处完全相同，如图 5-28 中压强 $p$ 的分布曲线所示。

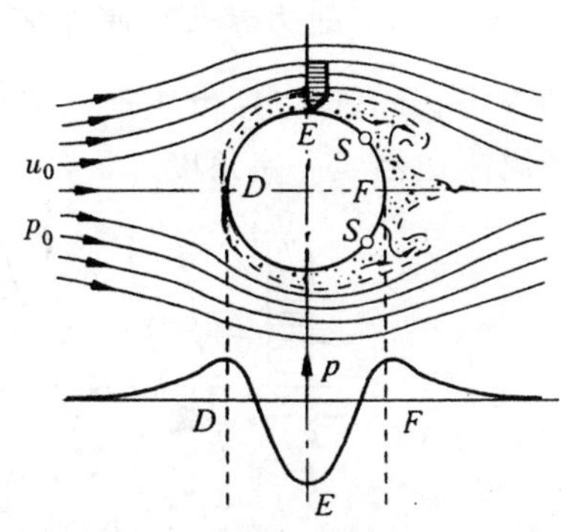

**图 5-28　圆柱绕流的流动图形**

在实际流体中，当流动接触到圆柱表面时，由于受圆柱的阻滞作用，在接触点 $D$ 处，流速 $u=0$，该点 $D$ 为**滞止点**或称**驻点**。点 $D$ 处，动能全部转变成压能，该点处压强 $p=p_0+\frac{1}{2}\rho u_0^2$ 称为**全压**。点 $D$ 处边界层厚度 $\delta=0$，然后沿着圆柱壁面向两侧发展。当流动离开 $D$ 点，沿壁面两侧绕流，如由 $D$ 到 $E$，流速由 0 逐渐增大，压能逐渐转化为动能，压强 $p$ 逐渐减小，同时克服摩擦阻力也要消耗一部分能量，该区段流动是增速减压，即$\frac{\partial u}{\partial x}>0$，而$\frac{\mathrm{d}p}{\mathrm{d}x}<0$，为顺压梯度作用，在该段不会发生边界层分离。在 $DE$ 段，当流动到某点，其流速达到来流流速 $u_0$ 时，该处压强 $p'<p_0$，因有部分能量克服摩擦阻力而消耗掉了。到达 $E$ 点，流速达到最大，而压强最小。过了 $E$ 点，在向 $F$ 点流动过程中，过流宽度逐渐变大，流速逐渐由大变小，动能转化为压能，压强逐渐变大，但同时继续要克服摩擦阻力而消耗部分能量，此段为减速增压，即$\frac{\partial u}{\partial x}<0$，而$\frac{\mathrm{d}p}{\mathrm{d}x}>0$，受逆压梯度作用。在 $EF$ 段，从开始流体质点所具有的动能就已不能克服由 $E$ 到 $F$ 的压强升高。故流体质点在该段压力逐渐升高的区域内，流经不了多大的距离就会由于一部分动能转化为压能，同时一部分动能要继续损耗于摩擦阻力，而使动能消耗殆尽，于是在固体边界某点 $S$ 处流速变为零，即该点动能为零。而边界层内的流体质点自上游仍不断流来，且都与前者有共同的经历，于是在该点处堆积的流体质点就越来越多，而该点处压强并未恢复到来流的压强，且又低于下游压强，故流体由下游压强高处流向压强低处产生了回流。在回流的顶冲下，堆积在 $S$ 点处且已无动能的这些流体质点就被挤向边界层外的主流，从而使边界层脱离了固体边界表面，这种现象即为边界层分离。流体质点失去动能，其流速 $u_x=0$，边界层开始发生分离的那一点 $S$，为边界层的分离点，如局部放大后的图 5-29 所示。在分离点 $S$ 的上游，沿固体边壁外法线分布的流速均为正值，$\left(\frac{\partial u_x}{\partial y}\right)_{y=0}>0$；在 $S$ 点下游，在边界附近产生回流，因此在边界附近的流速为负值，$\left(\frac{\partial u_x}{\partial y}\right)_{y=0}<0$，在分离点 $S$ 处，则 $\left(\frac{\partial u_x}{\partial y}\right)_{y=0}=0$。即边界处流速梯度等于零的点即为分离点。由图可见，分离点 $S$ 附近的流线，分离点以后由于产生了回流，边界层厚度显著增加了。在分离点有一条流线与固体边界成一定角度。

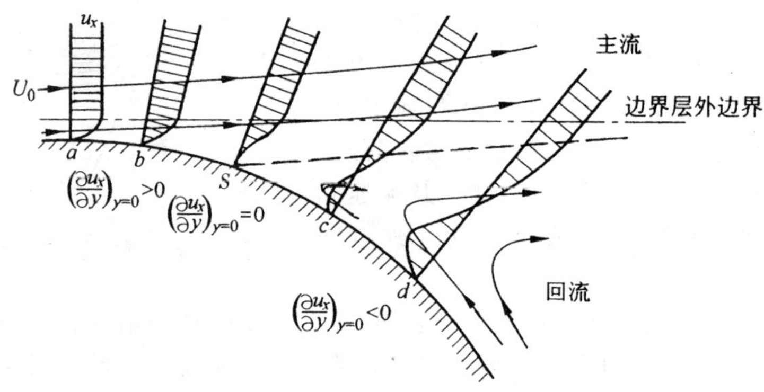


图 5-29　边界层的分离

**2. 压差阻力**

边界层的分离，伴随着旋涡的产生。在绕流物体边界层分离点下游形成的旋涡区，通称尾流，如图 5-30 所示，流体绕物体流动，除沿物体表面摩擦阻力耗能外，还有在尾流区旋涡耗损大量能量，使得尾流区物体表面的压强低于来流的压强，而迎流面的压强大于来流的压强。因此绕流物体的上、下游，前后两部分的压强差就形成了对物体的压差阻力，也称压强阻力。该阻力因与物体的形状有很大关系，又称为形状阻力。显然，压差阻力的大小与绕流物体的尾流区大小或者说与边界层分离点的位置

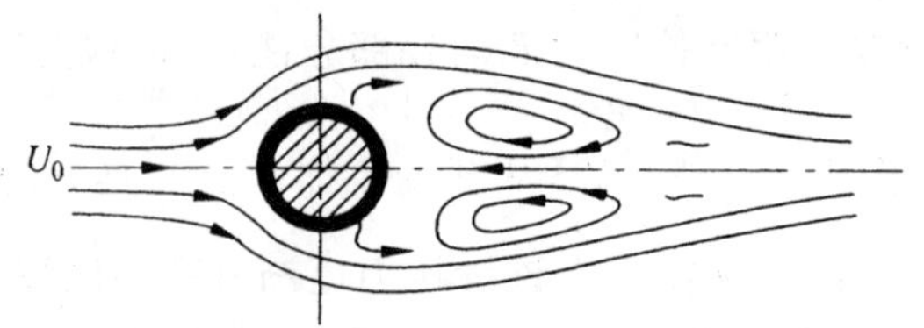


图 5-30　圆柱绕流尾部的流动图形

有密切关系。尾流区越小，或分离点位置越靠近下游，则压差阻力就越小。

边界层分离后，回流形成旋涡，绕流的整个流动图形，特别是尾部的流动图形变为如图 5-30 所示的情形。圆柱表面的压强分布也发生了显著变化，如图 5-31 所示。以圆柱的上游面驻点处为 $\varphi=0°$，顺时针转为"+"，则层流边界层的分离点按理论计算在 $\varphi=110°$，而实际上则在 $\varphi=80°$左右。紊流边界层的分离点约在 $\varphi=120°$处。在分离点之后形成负压区，因而增加了流动阻力。图中 $C_p=p/\frac{1}{2}\rho U_0^2$ 代表压强系数。

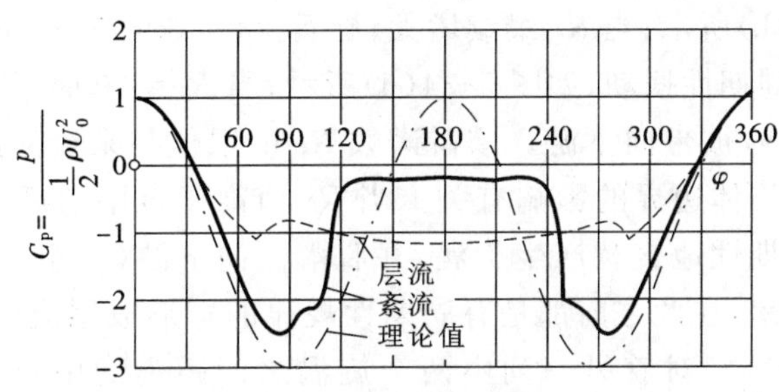


**图 5-31 圆柱绕流的压强分布**

边界层内的流体是夹在主流与固体边壁之间的，它既受到固体边壁的阻滞作用，也受到主流的带动作用。在紊流边界层的情况下，由于流体质点的混掺作用，使得边界层内与边界层外主流的流体质点互相交换，从而主流对边界层流动的带动作用加强了，这样就会增加边界层内流动的动能，因此紊流边界层的分离点就比层流更往下游推移了。因而减小了分离点后的旋涡区，即减小了尾流区，致使形状阻力减小，如图 5-31 所示。

边界层的分离不仅与绕流物体的形状有关，而且还与来流和物体的相对方位有关。例如对于薄平板绕流，当平板平行置于流场中，则不产生分离现象，但当平板与来流方向垂直放置时，则必在平板的两端发生分离如图 5-32 所示。平板或流线型物体与来流成一夹角 $\alpha$ 时，也产生边界层分离如图 5-33 所示。夹角 $\alpha$ 称为**攻角**或**冲角**。由于流线型物体边界层分离所产生的尾流区很小，因而产生的形状阻力也很小，所以在工程实际中为了减小绕流物体的压差阻力，常将其体形设计成为流线型。

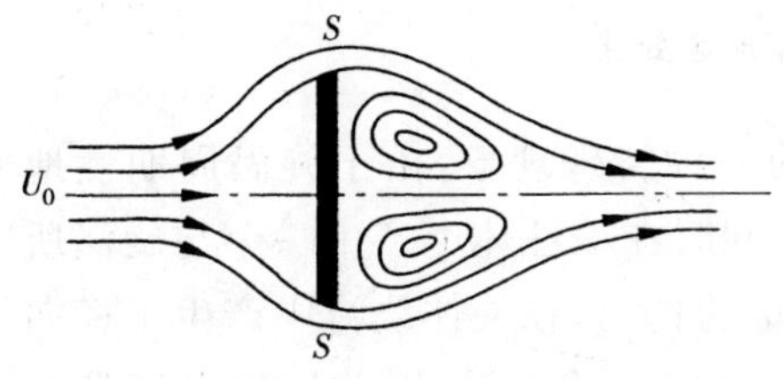


**图 5-32 垂直于来流方向放置的薄平板绕流图形**

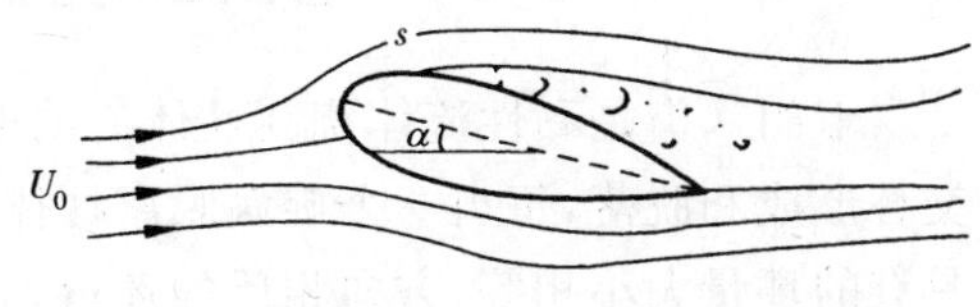


**图 5-33 流线型物体与来流成 $\alpha$ 夹角时的绕流图形**

**3. 卡门涡街**

如图 5-34 所示，圆柱绕流的尾流状态的变化，主要取决于绕流雷诺数 $Re=\frac{U_0 d}{\nu}$（$U_0$ 为来流流速，$d$ 为圆柱直径）的大小。当 $Re<0.5$ 时，惯性力与黏滞力相比可忽略不计，则流体平顺地绕过圆柱，流线在圆柱的下游重新汇合，如图 5-34(a)所示；当 $Re=2\sim30$ 时，边界层在两侧对称的 $S$ 点发生分离，圆柱后面形成两个位置固定、旋转方向相反的旋涡。受到挤压的主流流线在下游不远处仍然重新汇合到一起，尾流区不长，如图 5-34(b)所示；当 $Re$ 继续增大，旋涡拉长，如图 5-34(c)所示；当 $Re=40\sim70$ 时，尾流呈现周期性摆动，如图 5-34(d)所示；当 $Re=90$ 时，旋涡开始从圆柱两侧交替产生，并脱落，被带向下游。该雷诺数 $Re$ 的限值与来流的紊动强度、绕流柱体的形状以及其他固体边界的影响有关。当 $Re$ 值高于该限值后，即 $Re>90$ 后，就不断在圆柱两侧周期性地交替产生旋涡，并脱落流向下游（直至 $Re>300$ 时旋涡才开始出现随机性脱落，在此之前都是有周期性规律的），形成尾流中的两条涡列。一列中某一旋涡中心恰好对着另一列中两个旋涡之间距离的中点（如图 5-34(e)所示），该两条涡列称为“**涡街**”。由于冯·卡门（Von Kármán）首先研究了这种现象，故将该涡街称为**卡门涡街**。

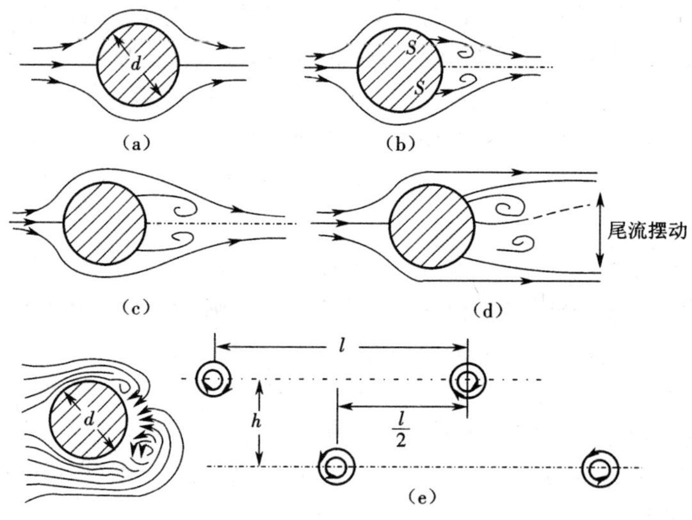


**图 5-34　圆柱绕流的尾流形态变化**

卡门涡街是黏性流体绕圆柱体流动所产生的一种特殊现象，由于旋涡周期性地交替形成和脱落，每当一个旋涡脱离柱体时，必然同时在该柱体上产生一个与旋涡所具有的环量大小相等、方向相反的环量。由于环量的作用，在柱体绕流中产生了横向力。由于在柱体两侧周期性交替地产生着旋转方向相反的旋涡，因此柱体上环量的符号、横向力的方向也都是周期性交替变化的。这样就使柱体产生了一定频率的振动。一旦横向力的频率接近柱体的固有频率，就会发生共振，对建筑物将造成危害。

如 1940 年美国华盛顿州，一长度为 853 m 的塔科马(Tocoma)悬索桥在大风中遭破坏，就是由风涡街作用导致桥梁共振所造成的。此外，大风吹过输电线时发出的嗡鸣声、水翼的抖颤、锅炉内烟气流过管束时发出的噪声等都是由于受涡街作用而引起的。还有，由于在物体两侧不断交替产生新的涡旋，必然要耗损流动的机械能，从而也使运动物体增加了阻力。

随着绕流雷诺数变得更大，当在高雷诺数时(约 $Re=2\ 000\sim5\ 000$)，每一个单独旋涡的角速度增大了，切应力也随之增大，最后使旋涡分解为随机的紊动水流，涡街也就消失了。

绕流柱体的振动可以通过改变柱体下游部分的形状而得到改善，甚至可以消除。

### 5.8.3　绕流阻力

无论是流体绕静止物体运动，还是物体在静止的流体中运动，或者是物体与流体相对运动等绕流运动，都是把坐标系建立在物体上，将物体视为静止，研究流体相对于物体的运动。这样，上述不同方式的绕流运动就都等效了。例如江河水流绕桥墩、闸墩的流动，船舶在水中航行，飞机在天空中飞行，风吹过各种建筑物的流动以及水中悬浮物和空中粉尘的沉降等，都是绕流运动。在工程实际中人们所关注的多是流体作用于物体上的力，即绕流阻力问题。

**1. 绕流阻力的概念**

实际流体绕物体流动，作用于物体上的力，除了法向压力外，还有由流体黏性引起的切向力，即摩擦阻力。设流体绕某一物体流动，将该物体表面单位面积上的摩擦阻力(切应力)和法向压力(压应力)沿整个物体表面积分，可得一个合力矢量，如图 5-35 所示。该合力可分为两个分量。

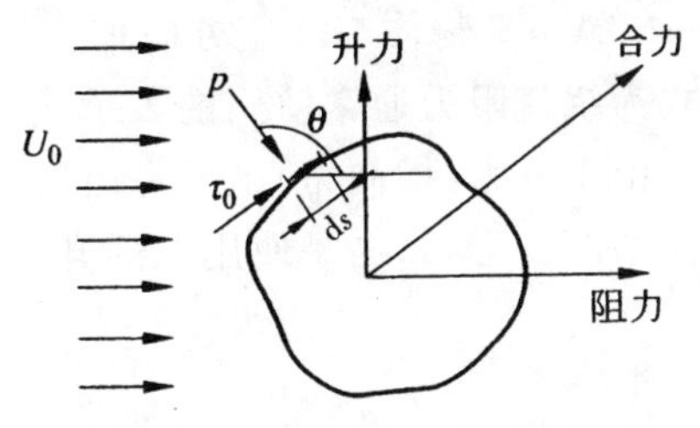


图 5-35　绕流阻力与升力

一个是平行于来流方向的作用力，称为绕流阻力，以 $D$ 表示；另一个是垂直于来流方向的作用力，称为升力或横向力，以 $L$ 表示。无论是绕流阻力 $D$ 还是升力 $L$，都包括了表面切应力和压应力的影响。绕流阻力 $D$ 由摩擦阻力 $D_f$ 和压差阻力(压强阻力) $D_p$ 两部分组成，即

$$D=D_f+D_p \tag{5-74}$$

$$D_f=-\int_s \tau_0\cos\ (90^\circ+\theta)\mathrm{d}s=\int_s \tau_0\sin\theta\mathrm{d}s \tag{5-75}$$

$$D_p=-\int_s p\cos\ \theta\mathrm{d}s \tag{5-76}$$

式中　$S$——物体的总表面积；

　　$\theta$——物体表面上微元面积 $\mathrm{d}s$ 的法线与流速方向的夹角(见图 5-35)。

压差阻力主要取决于物体的形状，故也称为形状阻力。对于细长物体，例如顺水流放

置的平板或翼型，则摩擦阻力占主导地位，而钝形物体的绕流，如圆球、桥墩等，则主要是压差阻力。但无论怎样，由于流体的黏性摩擦阻力总是存在的，而压差阻力则要视物体表面的压强分布情况而定。

摩擦阻力 $D_f$ 和压差阻力 $D_p$ 均可表示为单位体积来流的动能 $\frac{1}{2}\rho U_0^2$ 与某一面积的乘积，再乘上一个阻力系数，即

$$D_f = C_f \frac{\rho U_0^2}{2} A_f \tag{5-77}$$

$$D_p = C_p \frac{p v_0^2}{2} A_p \tag{5-78}$$

式中 $C_f$、$C_p$——分别代表摩擦阻力和压差阻力的阻力系数；

$A_f$——通常是指切应力作用的面积或者某一有代表性的特征面积，一般都是指前者；

$A_p$——物体与流速方向垂直的迎流投影面积。

总的绕流阻力

$$D = C_D \frac{\rho U_0^2}{2} A \tag{5-79}$$

式中 $C_D$——绕流阻力系数；

$A$——物体与流速方向垂直的迎流投影面面积，因此 $A = A_p$。

该式为绕流阻力通常使用的表示式。

由于升力(横向力)主要是由压应力产生的，故不再将其分为由切应力或压应力产生的两种形式，而是使用总的升力系数 $C_L$，则升力 $L$ 为

$$L = C_L \frac{\rho U_0^2}{2} A \tag{5-80}$$

此外，面积 $A$ 可以是绕流物体的最大投影面面积，也可为迎流面面积，可根据具体情况而定。采用的面积不同，则升力系数 $C_L$ 的数值也不同。

以上诸式中 $\frac{\rho U_0^2}{2}$ 具有压强的量纲，是表示单位体积流体所具有的动能，也就是当把流速 $U_0$ 减小到零，全部动能转换为压能时所产生的压强值，因此 $\frac{\rho U_0^2}{2}$ 也称为停滞压强。$\frac{\rho U_0^2}{2}$ 乘以面积就代表作用力，具有力的量纲，所以绕流阻力系数 $C_D$ 和升力系数 $C_L$ 均为无量纲数。本节只讨论绕流阻力，不研究升力。

**2. 二维物体的绕流阻力**

绕流物体的摩擦阻力和压差阻力都与水流雷诺数 $Re$ 有关，因此总的绕流阻力系数 $C_D$ 也主要取决于雷诺数 $Re = \frac{U_0 d}{\nu}$。此外，$C_D$ 还与物体表面的粗糙情况、来流的紊动强度、特别是物体的形状等都有关系。一般来说，$C_D$ 尚无法由理论计算确定，

而多是通过实验来确定。

图5-36为一无限长的二维圆柱体绕流的阻力系数 $C_D$ 与雷诺数 $Re$ 的关系曲线，为了便于对比，在同一图中还绘出了摩擦阻力系数的曲线。圆柱的轴垂直于来流方向，柱体表面为光滑面。当 $Re$ 很小时（如 $Re<0.5$）惯性力与黏滞力相比可以忽略不计，阻力与流速 $U_0$ 成正比。阻力系数 $C_D$ 则与 $Re$ 成反比，如图中的直线部分，此时的流动称为蠕动。摩擦阻力在总的绕流阻力中占主要地位。当 $Re$ 增大，在圆柱表面产生了层流边界层，而当边界层发生分离（大约在 $Re\approx5$）时，则压差阻力大大增加，开始在总绕流阻力中占主要地位。当 $Re\approx200$ 时，发生卡门涡街，此时，压差阻力占总阻力的90%左右。当 $Re\approx2\ 000$ 时，绕流阻力系数达到最低值 $C_D=0.95$，然后略有回升。当 $Re\approx3\times10^4$ 时，$C_D=1.2$。此时升高的原因一是由于尾流中紊动的加剧，二是边界层分离后，绕物体的边界层外部流动图形改变，分离点的位置向上游移动，使尾流宽度加大。分离点的位置与边界层外部流动相互影响，最后达到一个稳定状态，只要分离点上游的边界层中流态仍然保持层流不变，尾流的大小也就不再改变。此时，在摩擦阻力所占比重很小的情况下，$C_D$ 随雷诺数 $Re$ 虽然也略有变化，但基本上为一常数，该时阻力与流速 $U_0$ 的二次方成正比。

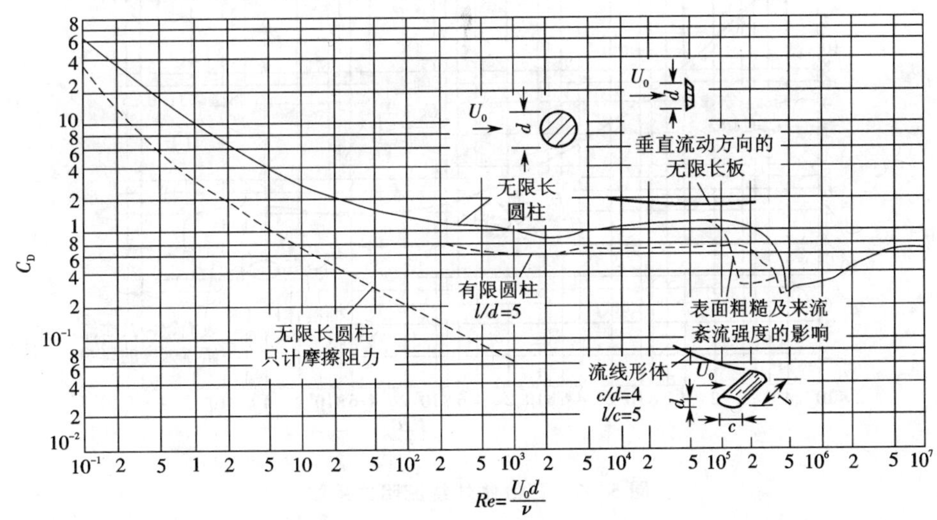


图5-36 二维物体绕流阻力系数

当 $Re\approx2\times10^5$，在分离点上游的边界层转变为紊流边界层，于是分离点向下游移动，此时摩擦阻力虽然有所增加，但尾流变窄，压差阻力大大降低，压差阻力在总阻力中占绝对主导地位，所以总阻力仍然大大降低了。当 $Re=5\times10^5$ 时 $C_D$ 降至0.3。其后在 $5\times10^5<Re<3\times10^6$ 之间，$C_D$ 又略有升高，达到0.7。

实验表明，$C_D$ 突然降低时的雷诺数 $Re$ 值，因来流的紊流强度和柱体表面粗糙程度的不同而有所不同。表面越粗糙，来流的紊流强度越高，则此 $Re$ 值就越小（如图中虚线所示）。

为了比较，图 5-36 中还绘出了其他几种二维物体的绕流阻力系数 $C_D$ 与 $Re$ 的关系曲线。由图可以看出，流线型物体由于分离点紧靠尾部，阻力系数 $C_D$ 大大降低。对于垂直于来流方向的无限长薄板，其分离点是固定的，就在上、下两个边缘上，它的阻力系数在相当宽的 $Re$ 范围内均为一常数，即阻力与流速 $U_0$ 的二次方成正比。对于有限长度圆柱，由于端部的影响，其情况与二维物体不同。绕过端部的水流会使柱体上游的压强降低，而使尾部压强升高，因此降低了压差阻力。图 5-36 中只绘出了有限长圆柱体 $l/d=5$ 的情况，$l/d$ 值越小，$C_D$ 也就越小。

**3. 三维物体的绕流阻力**

绕三维物体流动的绕流阻力系数 $C_D$ 的变化规律与二维物体相似。但绕三维物体流动是一个空间问题，比起二维平面问题要复杂，其绕流阻力系数 $C_D$ 同样无法由理论计算确定，需要通过实验来确定。在实践中，经常会遇到流体绕圆球流动的问题。图 5-37 中就是根据实验给出了流体绕圆球流动的绕流阻力系数 $C_D$ 与雷诺数 $Re$ 的关系曲线。现首先分析当 $Re$ 很小时的绕圆球的流动。

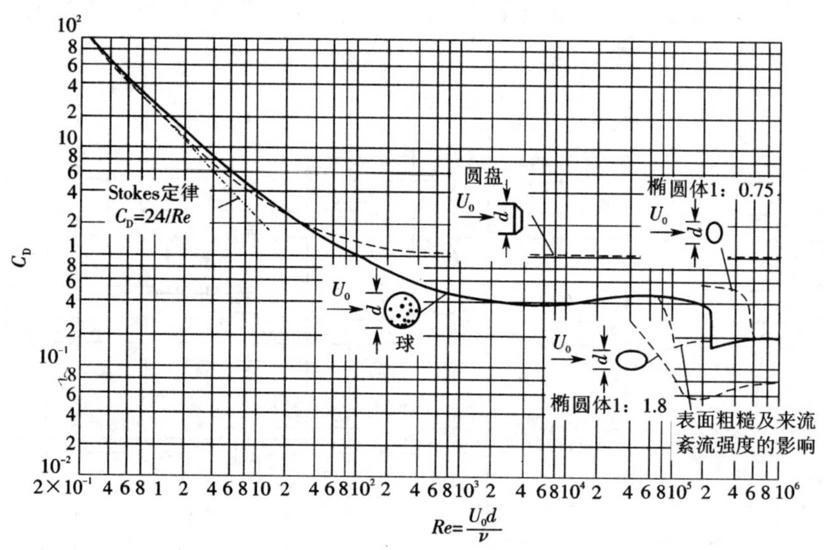


**图 5-37 三维物体绕流阻力系数**

设有一圆球在无限空间的实际流体中做匀速直线运动。其雷诺数很小，$Re=\frac{U_0 d}{\nu}<1.0$（$d$ 为圆球直径），可以认为，惯性力相对于黏滞力来说其影响很小，可忽略不计，且假定圆球表面不发生边界层分离现象。在此条件下，1851 年，英国数学家、物理学家斯托克斯对 N-S 方程进行了简化，并结合连续性方程首先得出流体作用在圆球体上的总阻力 $D$ 为

$$D=3\pi \mu U_0 d \tag{5-81}$$

上式即为圆球的斯托克斯阻力公式。该式若用绕流阻力的通用公式(5-79)表

示，则为

$$D=3\pi\mu U_0 d=C_D\frac{\rho U_0^2}{2}A=\frac{24}{Re}\frac{\rho U_0^2}{2}A \tag{5-82}$$

式中 $$Re=\frac{U_0 d}{\nu};\qquad A=\frac{\pi d^2}{4}$$

由此得 $$C_D=\frac{24}{Re} \tag{5-83}$$

由图5-37可以看出，当 $Re<1.0$ 时，根据上式(5-83)计算的绕流阻力系数 $C_D$ 与实验结果吻合得很好，阻力与流速的一次方成正比。当 $Re>1.0$ 以后就不再吻合了，说明这时斯托克斯公式不再适用了。这是因为随雷诺数 $Re$ 的增大，发生了边界层的分离现象，同时随着 $Re$ 增大，惯性力相对黏滞力的作用越来越大，不可忽略。随着 $Re$ 的继续增大，分离点将继续向上游移动，随之摩擦阻力所占比重继续减小，压差阻力增大，$C_D=f(Re)$ 曲线下降的坡度逐渐变缓。当 $Re\approx10^3\sim2.5\times10^5$ 时，分离点稳定在自上游面驻点开始算起的，顺时针转约 $\varphi=80°$ 的地方，此时压差阻力大大地超过了摩擦阻力，而在总的绕流阻力中居绝对的主导地位，$C_D$ 值介于0.4～0.5之间，几乎不随 $Re$ 变化。当 $Re\approx3\times10^5$ 时，在分离点上游的边界层转变成紊流边界层，分离点向下游移动，从而大大减小了压差阻力，$C_D$ 值出现了突然下降，骤然减小到0.2左右。出现 $C_D$ 值突然跌落时的雷诺数 $Re$ 与二维物体绕流时类似，是随来流的紊动强度和物体表面粗糙程度的不同而异，来流紊动强度越大、壁面越粗糙，出现 $C_D$ 值跌落的 $Re$ 就越小(如图5-37中曲线所示)。

图5-37中还绘出了其他几种物体的绕流阻力系数曲线。垂直于来流的圆盘，其绕流阻力系数 $C_D$ 在 $Re>10^3$ 以后为一常数，$C_D=1.12$，因为它的分离点位置是固定在圆盘边缘上的，尾流区不随雷诺数 $Re$ 而变化的缘故。

由以上的分析讨论可以得出两个概念：即当雷诺数 $Re$ 较大时，在绕流阻力中压差阻力较摩擦阻力所占的比重要大得多；而对于摩擦阻力而言，层流边界层的摩擦阻力较紊流边界层的摩擦阻力要小。因此减小绕流阻力的途径就是：力图使物体的绕流是不发生边界层分离的层流边界层流动，这样就会使总的绕流阻力最小。如果做不到这一点，也应尽量使边界层的转捩点和分离点尽量往下游移，使摩擦阻力和压差阻力各自都尽可能的小，于是总的绕流阻力也就小了。

**【例5-12】** 有一圆柱形烟囱，高度 $H=36$ m，直径 $d=0.6$ m，气温 $t=20$ ℃，求风速 $U_0=15$ m/s 时，横向吹过时，烟囱所受的总推力。

**【解】** 烟囱所受的总推力，即是绕流阻力。

(1) 确定绕流阻力系数 $C_D$。

查表1-4得：$t=20$ ℃时，空气的密度 $\rho=1.205$ kg/m$^3$；运动黏度 $\nu=1.50\times10^{-5}$ m$^2$/s，则

$$Re=\frac{U_0 d}{\nu}=\frac{15\times0.6}{1.50\times10^{-5}}=6.0\times10^5$$

查图 5-36 得绕流阻力系数 $C_D=0.31$。

(2) 计算烟囱所受的总推力。

$$D=C_D\frac{\rho U_0^2}{2}A=0.31\times\frac{1.205\times15^2}{2}\times35\times0.6\ \text{N}=882.5\ \text{N}$$

**【例 5-13】** 在水温为 10 ℃静止的水中，有一圆盘和圆球（直径 $d$ 均为 0.2 m）以时速 20 km 运动，求维持运动所需要的功率。

**【解】** 物体在静水中运动的受力情况与水流以同样速度绕静止物体流动时相同。已知流速

$$U_0=\frac{20\times10^3}{3\ 600}\ \text{m/s}=5.56\ \text{m/s}$$

物体的迎流投影面积均为

$$A=\frac{1}{4}\pi d^2=\frac{1}{4}\pi\times0.2^2\ \text{m}^2=0.03142\ \text{m}^2$$

$t=10$ ℃时，水的密度 $\rho=999.7\ \text{kg/m}^3$（查表 1-3），则

$$\nu=1.306\times10^{-6}\ \text{m}^2/\text{s}$$

单位体积来流的动能

$$\frac{\rho U_0^2}{2}=\frac{999.7\times5.56^2}{2}\ \text{N/m}^2=15452.16\ \text{N/m}^2$$

雷诺数 $$Re=\frac{U_0 d}{\nu}=\frac{5.56\times0.2}{1.306\times10^{-6}}=8.52\times10^5$$

根据 $Re$ 查图 5-37 得圆盘的绕流阻力系数 $C_D=1.12$；圆球 $C_D=0.2$。其绕流阻力分别为

圆盘 $$D=C_D A\frac{\rho U_0^2}{2}=1.12\times0.03\ 142\times15452.16\ \text{N}=543.77\ \text{N}$$

圆球 $$D=C_D A\frac{\rho U_0^2}{2}=0.2\times0.03142\times15452.16\ \text{N}=97.10\ \text{N}$$

功率 $P=DU_0$ 则

圆盘 $$P=DU_0=543.77\times5.56\ \text{W}=3\ 023.36\ \text{W}$$

圆球 $$P=DU_0=97.10\times5.56\ \text{W}=539.88\ \text{W}$$

**【例 5-14】** 当圆球直径 $d$ 较小时，在其重力作用下在静水中做恒定沉降产生的绕流为层流流态（$Re<1.0$）。设圆球的密度为 $\rho_s$，水的密度为 $\rho$，求沉降速度 $w$。

**【解】** 圆球在静水中以速度 $w$ 沉降与水流以同样速度 $w$ 绕静止的圆球流动相同。由于绕流为 $Re<1.0$ 的层流流态，因此可由斯托克斯公式(5-81)计算绕流阻力

$$D=3\pi\mu w d$$

其方向铅垂向上。

在圆球做恒定沉降时，所受的铅垂向下的重力

$$G=\rho_s g\frac{\pi d^3}{6}$$

所受的铅垂向上的浮力　　$F=\rho g\dfrac{\pi d^3}{6}$

圆球受力平衡　　$G=D+F$

即　　$\rho_s g\dfrac{\pi d^3}{6}=3\pi\mu w d+\rho g\dfrac{\pi d^3}{6}$

所以圆球沉降速度　　$w=\dfrac{(\rho_s-\rho)gd^2}{18\mu}$

**【本章小结】**

本章以理论研究结合经典实验、半经验理论和工程应用实践等多方面成果概括阐述了流动阻力和水头损失的规律。包括黏性流体的两种不同的流态——层流和紊流；不同流态下的流动特性、流动阻力的规律和水头损失的计算方法；边界层的基本概念，曲面边界层的分离与绕流阻力等。

(1) 根据流动边界条件的不同，将流动阻力及由此而产生的水头(能量)损失分为两类：一是沿程阻力及沿程水头损失；二是局部阻力及局部水头损失。总水头损失即为两类水头损失之和，即

$$h_w=h_f+h_j=\sum\lambda\frac{l}{d}\frac{v^2}{2g}+\sum\zeta\frac{v^2}{2g}$$

(2) 雷诺实验：实验的原理、条件和方法。

黏性流体存在两种性质不同的流动形态——层流和紊流。临界雷诺数是判别两种不同流态的标准。不同的流动形态、流动特性、水流阻力和水头损失规律完全不同。

层流：流动特征；判别 $Re=\dfrac{vd}{\nu}<2\ 300$ 或 $Re=\dfrac{vR}{\nu}<575$；流程水头损失 $h_f\propto v^{1.0}$。

紊流：流动特征；判别 $Re>2\ 300$ 或 $Re>575$；流程水头损失 $h_f\propto v^{1.75\sim2.0}$。

(3) 均匀流基本方程 $\tau_0=\rho gRJ$ 建立了沿程水头损失与切应力的关系，它既适用于层流也适用于紊流，还适用于有压管流和明渠水流。不同的流态，切应力的产生和变化有着本质的不同，最终决定了层流和紊流的水头损失规律的不同。

(4) 圆管层流运动切应力，只有黏滞性所引起的切应力 $\tau=\mu\dfrac{du}{dy}=-\mu\dfrac{d\mu}{dr}$；其流速按二次抛物线分布 $u=\dfrac{\rho gJ}{4\mu}(r_0^2-r^2)$；沿程阻力系数 $\lambda=\dfrac{64}{Re}$，$h_f\propto v^{1.0}$。

(5) 紊流的基本特征是：有旋性、随机性(紊流脉动)、输运性(紊动混掺)、耗散性。紊流瞬时流动可视为由时间平均流动和脉动流动二者的叠加，即

瞬时流动＝时间平均流动＋脉动流动

例如：　　$u=\bar{u}+u'$；　　$p=\bar{p}+p'$

(6) 紊流切应力包括黏性切应力和由脉动引起的紊动附加切应力两部分，即 $\tau=\tau_1+\tau_t=\mu\dfrac{du}{dy}-\rho\overline{u'_x u'_y}$；紊流流速分布按对数律分布：$\dfrac{u}{v_*}=\dfrac{1}{\kappa}\ln y+C$；紊流的流速分

布较层流趋于均匀化。在不同的阻力区域内，其流动特性（表现在流速分布上）和阻力规律（表现在沿程阻力系数 $\lambda$ 上）不同。

（7）尼古拉兹实验全面地揭示了沿程阻力系数 $\lambda$ 的变化规律。根据该经典实验，沿程阻力可以分为：层流区、流态过渡区和紊流区。在该紊流区内又可分为：紊流光滑区、紊流过渡区和紊流粗糙区（即阻力平方区）。紊流区内的分布范围及其特性见表 5-5。

**表 5-5　紊流区内的分区范围及其特性**

| 流态 | 阻力分区及其范围 | 流速分布及断面平均流速 | 沿程阻力系数 $\lambda$ 及其影响因素 | $h_f \propto v^n$ |
|---|---|---|---|---|
| 紊流区 | 光滑区<br>$Re_* \leqslant 5$<br>$k_s \leqslant \delta'$<br>$k_s \leqslant 0.4\delta_0$ | $\frac{u_x}{v_*}=5.75\lg\frac{v_* y}{\nu}+5.5$<br>$\frac{v}{v_*}=5.75\lg\frac{v_* r_0}{\nu}+1.75$ | $\left.\begin{array}{l}\lambda=\frac{0.3164}{Re^{1/4}},(Re<10^5)\\ \frac{1}{\sqrt{\lambda}}=2\lg(Re\sqrt{\lambda})-0.8\\ 或\frac{1}{\sqrt{\lambda}}=2\lg\frac{Re\sqrt{\lambda}}{2.51}\end{array}\right\}\lambda=f(Re)$ | $n=1.75$ |
| | 过渡区<br>$5<Re_* \leqslant 70$<br>$\delta'<k_s \leqslant 14\delta'$<br>$0.4\delta_0<k_s \leqslant 6\delta_0$ | — | $\left.\begin{array}{l}\frac{1}{\sqrt{\lambda}}=1.74-2\lg\left(\frac{k_s}{r_0}+\frac{18.7}{Re\sqrt{\lambda}}\right)\\ 或\frac{1}{\sqrt{\lambda}}=-2\lg\left(\frac{k_s}{3.7d}+\frac{2.51}{Re\sqrt{\lambda}}\right)\end{array}\right\}\lambda=f\left(Re,\frac{k_s}{d}\right)$<br>柯列勃洛克公式（从实用管道得出） | $n=1.75\sim2.0$ |
| | 粗糙区（阻力平方区）<br>$Re_*>70$<br>$k_s>14\delta'$<br>$k_s>6\delta_0$ | $\frac{u_x}{v_*}=5.75\lg\frac{y}{k_s}+8.5$<br>$\frac{v}{v_*}=5.75\lg\frac{r_0}{k_s}+4.75$ | $\left.\begin{array}{l}\lambda=\frac{1}{\left(2\lg\frac{r_0}{k_s}+1.74\right)^2}\\ 或\frac{1}{\sqrt{\lambda}}=2\lg\frac{3.7d}{k_s}\end{array}\right\}\lambda=f(k_s/d)$ | $n=2.0$ |

（8）对于实用管道（或工业管道）沿程阻力系数 $\lambda$ 值的计算。

① 查莫迪图（根据 $Re$ 和 $k_s/d$ 查图）求 $\lambda$，或按不同阻力区的公式计算 $\lambda$。

② 采用经验公式计算。谢才公式 $v=C\sqrt{RJ}$ 和曼宁公式 $C=\frac{1}{n}R^{1/6}$。

（9）局部水头损失的主要原因是由于主流脱离边壁，形成旋涡区。一般情况下，局部水头损失系数 $\zeta$ 值取决于局部阻碍的形状，即：$\zeta=f$（局部阻碍的形状）。除突然扩大外，其他局部阻碍的 $\zeta$ 值由实验确定。在计算局部水头损失 $h_j=\zeta\frac{v^2}{2g}$ 时，注意选用不同的 $v$ 值有不同的对应 $\zeta$ 值。

（10）边界层的基本概念和边界层的分离现象。

（11）绕流阻力包括摩擦阻力 $D_f$ 和压差阻力（形状阻力）$D_p$ 两部分，即总的绕流

阻力

$$D=D_f+D_p=C_D\frac{\rho U_0^2}{2}A$$

绕流阻力系数 $C_D$ 取决于雷诺数 $Re$、物体的形状和物体表面的粗糙度。一般多由实验确定，即 $C_D=f(Re,物体形状,k_s)$。

**【思考题】**

5-1 怎样判别黏性流体的两种不同流动形态——层流和紊流？用此办法为什么能够判别两种流态？

5-2 两个不同管径的管道，通过不同黏性的流体，它们的临界雷诺数是否相同？

5-3 常温条件下，水和空气在相同直径的管道中以相同的速度流动，哪种流体易成为紊流？

5-4 紊流切应力与层流切应力有何不同？怎样理解两者的产生和变化规律的不同？均匀流的基本方程式 $\tau_0=\rho gRJ$，对层流和紊流这两种流态都适用吗？

5-5 紊流的瞬时流速、时均流速、脉动流速、断面平均流速有何联系与区别？

5-6 在紊流研究中为何要引入时均化的概念？紊流时的恒定与非恒定如何定义？

5-7 何谓黏性底层？它对实际流动有何意义？

5-8 紊流的结构分区与该紊流属于哪种流动的分区(即紊流的流形分区)有何区别？紊流在不同的阻力区，其沿程阻力系数 $\lambda$ 的影响因素有何不同？

5-9 什么是人工粗糙？什么是天然粗糙？什么是当量粗糙？三者有何区别和联系？当量粗糙高度 $k_s$ 是怎样得到的？

5-10 比较圆管层流和紊流水力特点(切应力、流速分布、沿程水头损失、沿程阻力系数等)的差异所在。

5-11 局部水头损失产生的主要原因是什么？局部阻力系数 $\zeta$ 与哪些因素有关？选用时应注意什么？

5-12 对比尼古拉兹实验图与莫迪图，在紊流过渡区有何区别？产生的原因何在？

5-13 试分析沿程阻力系数 $\lambda$ 与谢才系数 $C$ 之间的关系。

5-14 什么是边界层？提出边界层概念对流体力学研究有何意义？

5-15 何谓边界层分离？何谓绕流阻力？两者有何关系？如何计算绕流阻力？绕流阻力系数 $C_D$ 与哪些因素有关？如何减小绕流阻力？

**【习题】**

5-1 用直径 $d=100$ mm 的管道，输送流量为 10 kg/s 的水，如水的温度为 5 ℃，试确定管内水的流态。如用这管道输送同样质量流量的石油，已知石油的密度 $\rho=850\ \text{kg/m}^3$，运动黏度 $\nu=1.14\ \text{cm}^2/\text{s}$，试确定石油的流态。

5-2 有一圆形风道，管径为 300 mm，输送的空气温度 20 ℃，求气流保持层流时的最大质量流量。若输送的空气为 200 kg/h,气流是层流还是紊流?

5-3　有一矩形断面的小排水沟,水深 15 cm,底宽 20 cm,流速 0.15 m/s,水温 10 ℃,试判别其流态。

5-4　水流经过一个渐扩管,如小断面的直径为 $d_1$,大断面的直径为 $d_2$,而$\frac{d_2}{d_1}=2$,试问哪个断面雷诺数大?这两个断面雷诺数的比值 $Re_1/Re_2$ 是多少?

5-5　设圆管径 $d=200$ mm,管长 $l=1000$ m,输送石油的流量 $Q=40$ L/s,运动黏度 $\nu=1.6$ cm$^2$/s,求沿程水头损失。

5-6　有一圆管,在管内通过 $\nu=0.013$ cm$^2$/s 的水,测得通过的流量为 35 cm$^3$/s,在管长 15 m 的管段上测得水头损失为 2 cm,求该圆管直径 $d$。

5-7　有一个蒸汽冷凝器如题 5-7 图所示,内有 250 根平行的黄铜管,通过的冷却水总流量为 8 L/s,水温为 10 ℃。为了使黄铜管内冷却水保持为紊流(紊流时,黄铜管的热交换性比层流好),问黄铜管的直径不得超过多少?

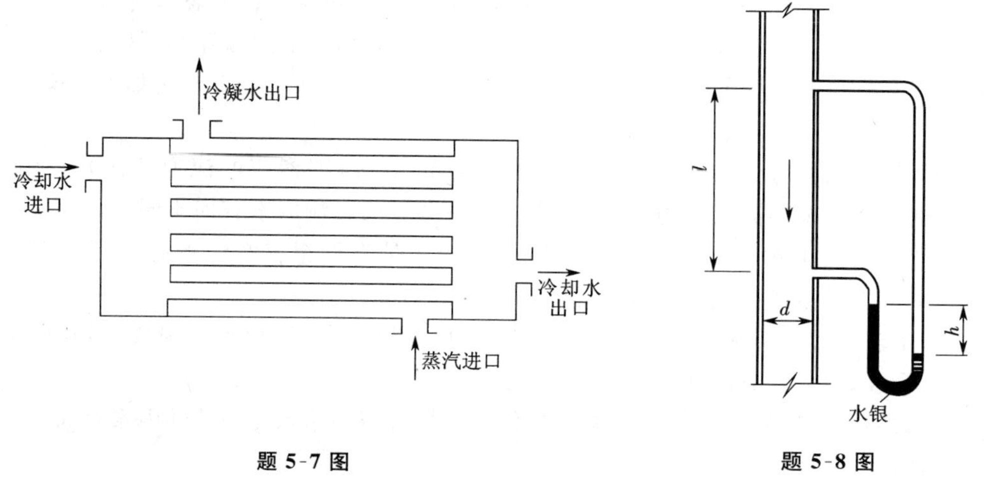


题 5-7 图　　题 5-8 图

5-8　如题 5-8 图所示,油在管中以 1 m/s 的速度流动,油的密度 $\rho=920$ kg/m$^3$,$l=3$ m,$d=25$ mm,水银压差计测得 $h=9$ cm。试求(1)油在管中的流态;(2)油的运动黏度 $\nu$;(3)若保持相同的平均流速反向流动,压差计的读数有何变化?

5-9　输油管直径 $d=150$ mm,流量 $Q=16.3$ m$^3$/h,油的运动黏度 $\nu=0.2$ m$^2$/s,试求每千米管长的沿程水头损失。

5-10　油管直径 $d=75$ mm,已知油的密度 $\rho=901$ kg/m$^3$,运动黏度 $\nu=0.9$ cm$^2$/s,在管轴位置安装有连接水银压差计的毕托管,水银面高差 $h_p=20$ mm,如题 5-10 图所示。试求油的流量。

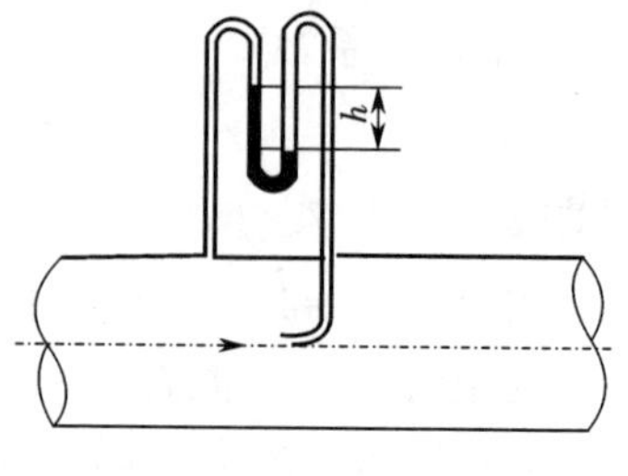


题 5-10 图

5-11　钢筋混凝土输水管直径为 300 mm，长度为 500 m，沿程水头损失为 1 m，试用谢才公式求管道中流速。

5-12　圆管和正方形管道的断面面积、长度和相对粗糙都相等，且通过的流量也相等，试求两种形状管道沿程损失之比：

(1) 管流为层流；(2) 管流为紊流粗糙区。

5-13　某风管直径 $d=500$ mm，流速 $v=20$ m/s，沿程阻力系数 $\lambda=0.017$，空气温度 $t=20$ ℃。求风管的 $k_s$ 值。

5-14　有一 $d=250$ mm 的圆管，内壁涂有 $k_s=0.5$ mm 的砂粒，如水温为 10 ℃，问流动要保持粗糙区的最小流量为多少？

5-15　上题中圆管通过流量分别为 5 L/s，20 L/s，200 L/s 时，各属什么阻力区？其沿程阻力系数各为多少？若管长 $l=100$ m，沿程水头损失各为多少？

5-16　在管径 $d=50$ mm 的光滑铜管中，水的流量为 3 L/s，水温 $t=20$ ℃。求在管长 $l=500$ m 的管道中的沿程水头损失。

5-17　某铸铁管直径 $d=50$ mm，当量粗糙度 $k_s=0.25$ mm，水温 $t=20$ ℃。问在多大流量范围内属于过渡区流动？

5-18　镀锌铁皮风道，直径 $d=500$ mm，流量 $Q_V=1.2\ \text{cm}^3/\text{s}$，空气温度 $t=20$ ℃，试判别流动处于什么阻力区？并求 $\lambda$ 值。

5-19　长度 10 m，直径 $d=50$ mm 的水管，测得流量为 4 L/s，沿程水头损失为 1.2 m，水温为 20 ℃，求该种管材的 $k_s$ 值。

5-20　矩形风道的断面尺寸 1 200 mm×600 mm，风道内空气的温度为 45 ℃，流量为 42 000 $\text{m}^3/\text{h}$，风道壁面材料的当量粗糙度 $k_s=0.1$ mm，今用酒精微压计量测风道水平段 $AB$ 两点的压差，如题 5-20 图所示。微压计的读数值 $a=7.5$ mm，已知 $\alpha=30°$，$l_{AB}=12$ m，酒精的密度 $\rho=860\ \text{kg/m}^3$，试求风道的阻力系数 $\lambda$。

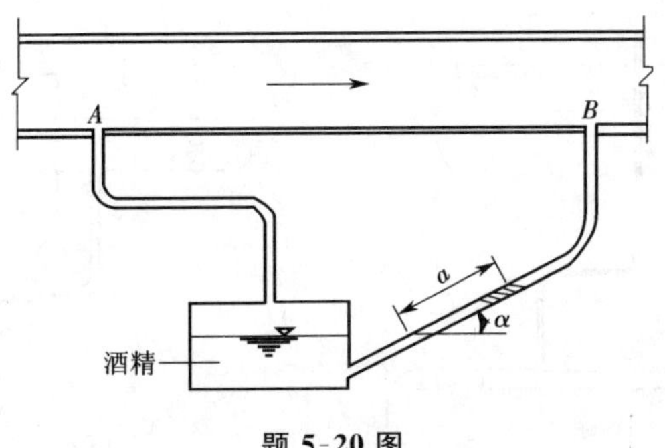

题 5-20 图

5-21　如管道的长度不变，通过的流量不变，欲使沿程水头损失减少一半，直径应增大百分之几？试分别讨论下列三种情况：

(1)管内流动为层流 $\lambda=\dfrac{64}{Re}$

（2）管内流动为光滑区 $\lambda=\frac{0.3164}{Re^{0.25}}$

（3）管内流动为粗糙区 $\lambda=0.11\left(\frac{k_s}{d}\right)^{0.25}$

5-22 有一管路，流动的雷诺数 $Re=10^6$，通水多年后，由于管路腐蚀，发现在水头损失相同的条件下，流量减少了一半。试估计此旧管的管壁相对粗糙度 $k_s/d$。假设新管时流动处于光滑区 $\left(\lambda=\frac{0.3164}{Re^{0.25}}\right)$，锈蚀以后流动处于粗糙区 $\left[\lambda=0.11\left(\frac{k_s}{d}\right)^{0.25}\right]$。

5-23 烟囱的直径 $d=1\text{m}$，如题 5-23 图所示。通过的烟气流量 $Q_V=18\ 000\ \text{kg/h}$，烟气的密度 $\rho=0.7\ \text{kg/m}^3$，外面大气的密度按 $\rho=1.29\ \text{kg/m}^3$ 考虑，如烟道的 $\lambda=0.035$，要保证烟囱底部 1—1 断面的负压不小于 100 Pa，烟囱的高度至少应为多少？

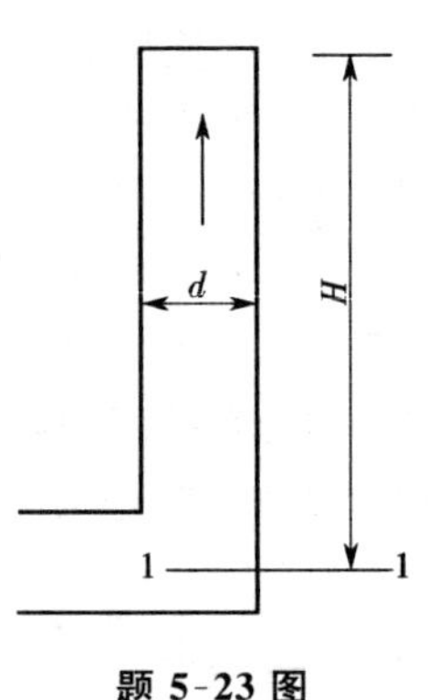

题 5-23 图

5-24 为测定 90°弯头的局部阻力系数 $\zeta$，可采用如题 5-24 图所示的装置。已知 $AB$ 段管长 $l=10\ \text{m}$，管径 $d=50\text{mm}$，$\lambda=0.03$。实测数据为（1）$AB$ 两断面测压管水头差 $\Delta h=0.629\ \text{m}$，（2）经两分钟流入水箱的水量为 $0.329\ \text{m}^3$，水箱中的水位始终保持恒定不变。求弯头的局部阻力系数 $\zeta$。

5-25 一水平放置的突然扩大管路，如题 5-25 图所示。直径由 $d_1=50\ \text{mm}$ 扩大到 $d_2=100\ \text{mm}$，在扩大前后断面接出的双液比压计中，上部为水，下部为 $\gamma=15.7\ \text{kN/m}^3$ 的四氯化碳，当流量 $Q=16\ \text{m}^3/\text{h}$ 时的比压计读数 $\Delta h=173\ \text{mm}$，求突然扩大的局部阻力系数，并与理论计算值比较。

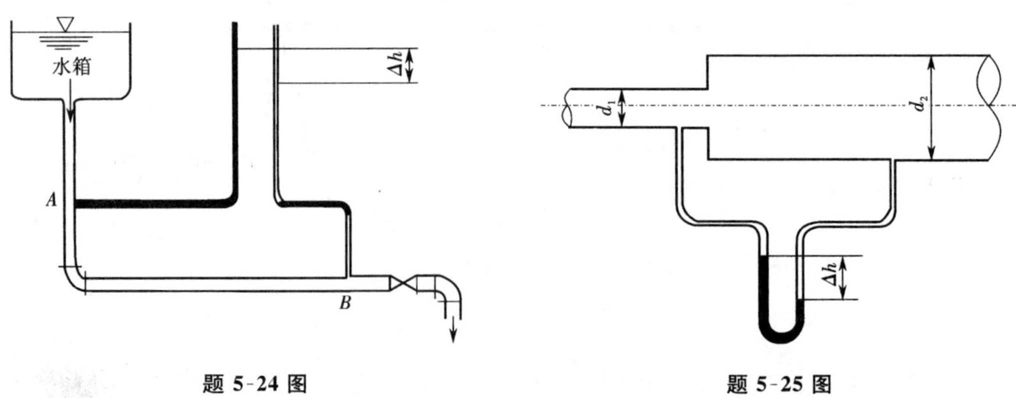

题 5-24 图　　题 5-25 图

5-26 压力水箱中的水，经由两段串接在一起的管道恒定出流如题 5-26 图所示。已知压力表的读数 $P_M=98\ 000\ \text{N/m}^2$，水头 $H=2\ \text{m}$，管长 $l_1=10\ \text{m}$，$l_2=20\ \text{m}$，

直径 $d_1=100$ mm，$d_2=200$ mm，沿程阻力系数 $\lambda_1=\lambda_2=0.03$，阀门局部阻力系数 $\zeta=1.5$，试求流量。

5-27　两水池水位恒定，已知管道直径 $d=10$ cm，管长 $l=20$ m，沿程阻力系数 $\lambda=0.042$，局部阻力系数 $\zeta_{弯}=0.8$，$\zeta_{阀}=0.26$，通过流量 $Q=65$ L/s，试求水池水面高差 $H$。

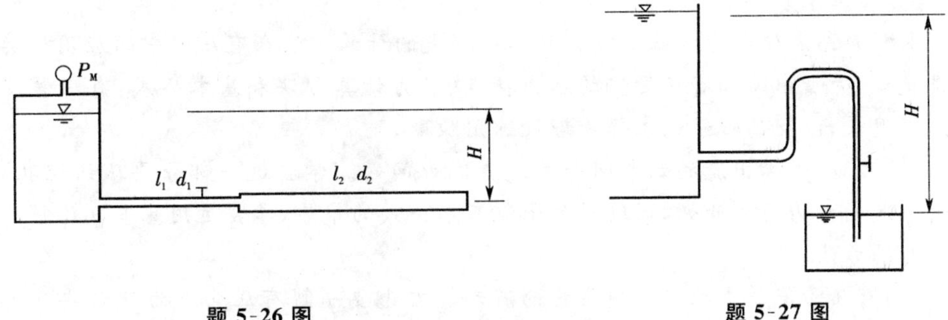


题 5-26 图　　题 5-27 图

5-28　自水池中引出一根具有三段不同直径的水管，已知直径 $d=50$ mm，$D=200$ mm，长度 $l=100$ m，水位 $H=12$ m，沿程阻力系数 $\lambda=0.03$，局部阻力系数 $\zeta_{阀}=5.0$，试求通过水管的流量，并绘出总水头线及测压管水头线。

5-29　有两辆迎风面积相同 $A=2.0\ m^2$ 的汽车。其一为 20 世纪 20 年代的老式车，其阻力系数 $C_D=0.8$。另一辆为 20 世纪 90 年代有良好外形的最新式车，其阻力系数 $C_D=0.28$。若两车均以 90 km/h 的速度在 20 ℃的静止空气中行驶。试求为克服空气阻力各需多大的功率？

5-30　输电塔间距为 500 m，两塔间架设 20 根直径为 2 cm 的电缆线，若风速以 80 km/h 横向吹过电缆线，求电塔所承受的力。已知空气的密度为 1.29 kg/m³，空气的黏度为 $1.7\times10^{-5}$ Pa·s，假定电缆线之间无干扰。

5-31　某河道中有一圆柱形桥墩，如题 5-31 图所示。圆柱直径 $d=1$ m，水深 $h=2$ m，河道中流速 $v=3.0$ m/s。试求桥墩所受到的水流作用力 $F$。

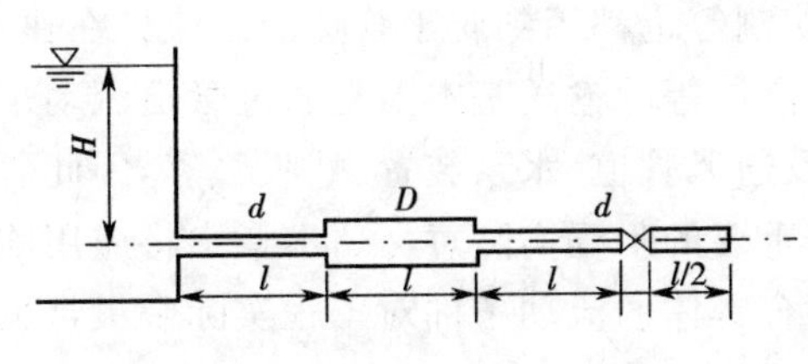


题 5-28 图

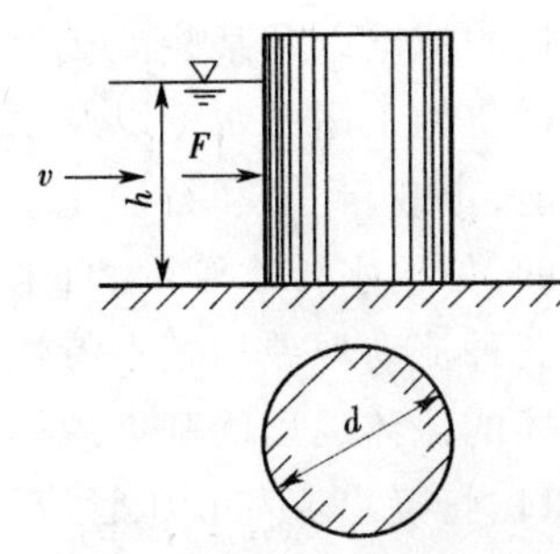


题 5-31 图

# 第6章　孔口、管嘴出流和有压管流

**【要点指示】**

本章介绍流体动力学基本方程和水头损失的计算方法在有压流中的应用。其要点是孔口、管嘴出流和有压管流的水力特点、水力计算方法和基本公式，有压管流中的水击现象，以及离心泵的工作原理及选用原则。

(1)孔口、管嘴出流的基本问题是过流能力问题。学会这一部分要从认识孔口、管嘴出流的水力现象开始，通过对其出流基本公式的推导，学会运用基本理论解决工程问题的方法。

(2)有压管流是工程中应用最广的流动。首先要了解有压管流为什么要分为短管和长管。对于短管，虽没有推导基本公式，但可结合例题直接运用伯努利方程和连续性方程，计入全部水头损失进行水力计算。对长管的概念，要从它的水力特点 $H=h_f$ 和计算特点两方面去理解。长管不计局部水头损失和流速水头，可使水力计算大为简化，并可应用专门编制的水力计算表进行辅助计算。简单管道是长管水力计标的基础，复杂管道(串、并联管道，沿程均匀泄流管道及管网)是长管的工程实用方式，要注意不同管道水头损失的计算。

(3)水击属于有压管道中的非恒定流。水击过程就是有压管流中发生的弹性波的传播过程。要认识水击的实质，掌握水击波的传播和水击压强的简单计算。

(4)掌握离心泵的工作原理和选用的方法。

孔口、管嘴出流及有压管道流动是实际工程中最常见的流动现象，广泛的应用在工程技术中。例如，给水排水工程中的各类取水孔口、泄水孔口中的水流，水利工程上的闸孔，汽车发动机的化油器，自然通风中空气通过门窗的流动，供热管路中节流孔板的流动以及某些流量量测设备中的流动等均与孔口出流有关。消防水枪、水力机械化施工用的水枪以及水力开采、水力切割等也都用到属于管嘴的出流。在建筑、热能、市政、环境和石油化工等领域，气体、流体等的输送基本上是通过管道流动来完成的，如给水排水管网、自来水系统、煤气及通风管道、水泵装置、虹吸管等，因此研究这三种流动现象的基本特性与计算方法有重要的工程实际意义。本章中将应用前所阐述的流体运动的基本规律、基本理论，结合具体的流动条件对工程实际中最常见的孔口、管嘴出流和有压管流等流动现象进行分类研究。

首先运用总流的连续性方程、能量方程和能量损失(水头损失)规律，对孔口、管嘴出流与有压管流的过流能力(通过的流量)、流速与压强分布的计算及其在工程中的应用进行研究。对孔口与管嘴，根据其结构形状和出流条件的不同，进行分类，研究其出流特点、水力特性、计算方法和基本公式。对有压管流可分为长、短管及简单管与复杂管(串并联管道,沿程均匀泄流管道及管网等),分类研究其流动的水力特性、计算特点、基本公式及其工程应用等。

在分析、研究有压管流时,还要讨论有压管道非恒定流中的水击现象,研究水击弹性波的传播过程,分析水流的压缩性、管壁的弹性及水流黏性对弹性波传播的影响,得到对水击压强的简单计算公式。

## 6.1　孔口出流

容器壁上开孔,流体经孔口流出的水力现象称为孔口出流。容器壁上开的泄水孔、水利和市政工程中常用的取水、泄水闸孔等均属孔口出流。由于孔口出流,沿流动方向的边界长度很小,其水头损失只计局部损失。

### 6.1.1　薄壁小孔口恒定出流

孔口出流时,孔口边壁呈锐缘状,水流与孔壁仅在一条周线上接触,或壁厚较小,其厚度不影响孔口的出流,即为薄壁孔口出流。

孔口上、下缘在水面下的深度不同,其作用水头不同,如图 6-1 所示。在实际计算时,当孔口的直径 $d$(或高度 $e$)与孔口形心在水面以下的深度 $H$ 相比很小,当$\frac{d}{H}\leqslant\frac{1}{10}$,即可认为孔口断面上各点的作用水头相等,称这样的孔口是小孔口;当$\frac{d}{H}>\frac{1}{10}$应考虑不同高度上的水头不等,称这样的孔口是大孔口。小孔口的各种运动要素在其断面上都可认为是均布的,而大孔口则应考虑位置的不同。

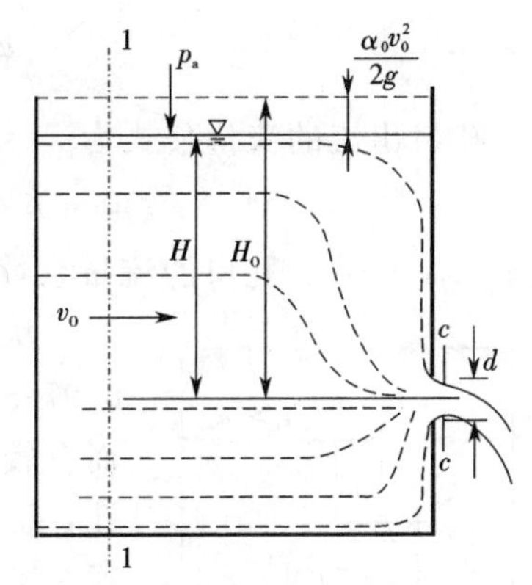

**图 6-1　薄壁小孔口恒定自由出流**

**1. 自由出流**

图 6-1 所示为一薄壁小孔口出流,其水流经孔口流入大气中,故称为自由出流。容器内的液体不断地被补充,保持水头 $H$ 不变,为薄壁小孔口恒定出流的情况。容器内的液体自上游各个方向向孔口汇集,由于质点的惯性,当绕过孔口边缘时,流线不能成直角突然改变方向,有一个连续变化的过程,即以圆滑曲线逐渐弯曲且向中心收缩,造成孔口断面上的急变流。直至出流流股距孔口约 $d/2$ ($d$ 为孔径)处,断面收缩达到最小,流线趋于平直,成为渐变流,该断面称为收缩断面,即图 6-1 中的 $c—c$ 断面。设孔口断面面积为 $A$,收缩断面积为 $A_c$,则有

$$\varepsilon=\frac{A_c}{A} \tag{6-1}$$

式中：$\varepsilon$ 称为**收缩系数**。

以下讨论出流规律。选择通过孔口形心的水平面为基准面，取容器内符合渐变流条件的过流断面 1—1，收缩断面 $c$—$c$，列伯努利方程

$$H+\frac{p_0}{\rho g}+\frac{\alpha_0 v_0^2}{2g}=0+\frac{p_c}{\rho g}+\frac{\alpha_c v_c^2}{2g}+h_m$$

式中：$h_m=\zeta_0\frac{v_c^2}{2g}$为孔口的局部水头损失，且 $p_0=p_c=p_a$，于是上式成为

$$H+\frac{\alpha_0 v_0^2}{2g}=(\alpha_c+\zeta_0)\frac{v_0^2}{2g}$$

令 $H_0=H+\frac{\alpha_0 v_0^2}{2g}$，代入上式得收缩断面流速

$$v_c=\frac{1}{\sqrt{\alpha_c+\zeta_0}}\sqrt{2gH_0}=\varphi\sqrt{2gH_0} \tag{6-2}$$

式中 $H_0$——作用水头，是促使出流的全部能量，如 $v_0\approx 0$ 时，则 $H_0=H$；

$\zeta_0$——孔口的局部阻力系数；

$\varphi$——孔口的流速系数。

且有

$$\varphi=\frac{1}{\sqrt{\alpha_c+\zeta_0}}\approx\frac{1}{\sqrt{1+\zeta_0}} \tag{6-3}$$

孔口出流的流量公式为

$$Q=v_cA=\varphi\varepsilon A\sqrt{2gH_0}=\mu A\sqrt{2gH_0} \tag{6-4}$$

式中 $\mu=\varphi\varepsilon$ 为孔口的流量系数。

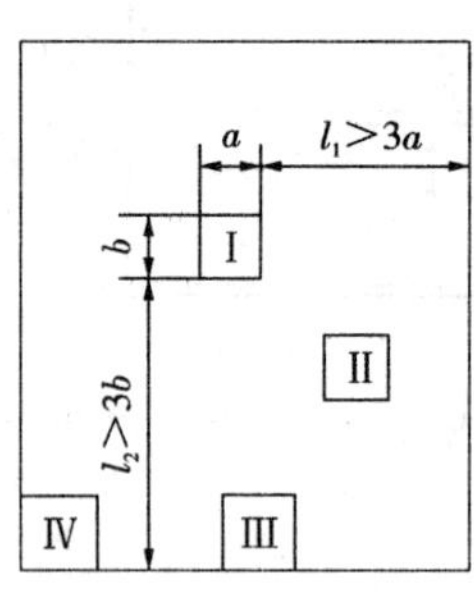

图 6-2 孔口位置对 $\varepsilon$ 值的影响

从上式知，$\mu$ 值与 $\varepsilon$、$\varphi$ 有关。$\varphi$ 值接近于 1，一般取 $\varphi=0.97$；$\varepsilon$ 值因孔口开设的位置不同所造成不同收缩情况，因而有较大的变化，一般 $\varepsilon=0.60\sim0.64$。如图 6-2 所示各孔，孔Ⅰ的全部边界距容器壁均较远(大于 3 倍孔径)，流线全部发生弯曲，并能在各方向全部发生收缩，容器壁对流线的弯曲无影响，为全部收缩孔口的完善收缩情况，此时 $\mu\approx0.62$；其各项系数可采用表 6-1 所示值(该表为对全部完善收缩的小孔口出流实测结果)；孔Ⅱ虽为全部收缩孔口，但孔边界与侧边的距离较小，故产生不完善收缩；孔Ⅲ、孔Ⅳ的部分边界与侧边重合，产生部分收缩。

**表 6-1 圆形薄壁小孔口各项系数**

| 收缩系数 $\varepsilon$ | 损失系数 $\zeta_0$ | 流速系数 $\varphi$ | 流量系数 $\mu$ |
|---|---|---|---|
| 0.64 | 0.06 | 0.97 | 0.62 |

**2. 淹没出流**

液流经孔口直接流入另一部分充满液体的空间时，称为孔口淹没出流，如图 6-3 所示。

孔口淹没出流与自由出流一样，由于惯性作用，液流经孔口流束也形成收缩断面 $c—c$，然后再扩散。在收缩断面处速度最大而压强最低，随着液流的扩散，流速降低而压强升高，但由于阻力使压强不能全部恢复。选取通过孔口形心的水平面为基准面，对上下游过流断面 1—1、2—2 列伯努利方程

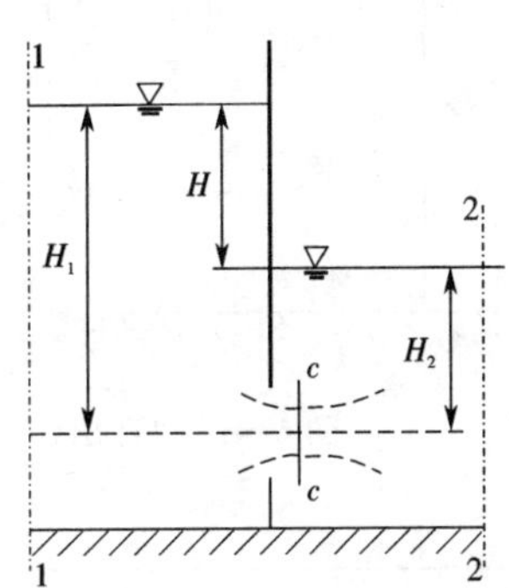


图 6-3　孔口淹没出流

$$H_1+0+\frac{\alpha_1 v_1^2}{2g}=H_2+0+\frac{\alpha_2 v_2^2}{2g}+\zeta_0\frac{v_c^2}{2g}+\zeta_{se}\frac{v_c^2}{2g}$$

式中水头损失项包括孔口的局部损失和收缩断面 $c—c$ 至 2—2 断面流束突然扩大的局部损失。

令　$H_0=H_1-H_2+\dfrac{\alpha_1 v_1^2}{2g}$，且将 $v_2$ 忽略，代入上式后得

$$v_c=\frac{1}{\sqrt{\zeta_0+\zeta_{se}}}\sqrt{2gH_0}=\varphi\sqrt{2gH_0} \tag{6-5}$$

为收缩断面流速的计算公式。式中 $H_0$ 为作用水头，当 $v_1\approx O$ 时，有 $H_0=H_1-H_2=H$；$\zeta_0$ 为孔口的局部阻力系数，其值与自由出流时相同；$\zeta_{se}$ 为水流自收缩断面后突然扩大的局部阻力系数，根据局部阻力系数的计算公式，当 $A_2\gg A_c$ 时，$\zeta_{se}\approx 1$。

流速系数为

$$\varphi=\frac{1}{\sqrt{\zeta_0+\zeta_{se}}}\approx\frac{1}{\sqrt{1+\zeta_0}} \tag{6-6}$$

与自由出流时的流速系数相比可知，在孔口形状和尺寸相同的情况下，自由出流和淹没出流的 $\varphi$ 值相等，不同的是自由出流时 $a_c\approx 1$，淹没出流时 $\zeta_{se}\approx 1$。

流量计算公式为

$$Q=v_c A_c=\varphi\varepsilon A\sqrt{2gH_0}=\mu A\sqrt{2gH_0} \tag{6-7}$$

其中，$\mu=\varepsilon\varphi$ 为淹没孔口的流量系数。

由上述计算公式可见，淹没出流的流速及流量与孔口在自由液面以下的深度无关，只与上下游液面之差 $H_0$ 有关。

## 6.1.2　大孔口出流

当孔口直径与孔口形心在水面下的深度即作用水头之比值超过 1/10 即 $\dfrac{d}{H}>1/10$ 时，即为大孔口出流。此时，孔口断面上的流动参数分布不均匀。如图 6-4 所示的闸孔出流，此时的流动为不完善收缩，可以通过实验确定其流速及流量。大孔口出流的流量计算公式也可写成式 6-7，其中由于大孔口的收缩系数 $\varepsilon$ 值较大，

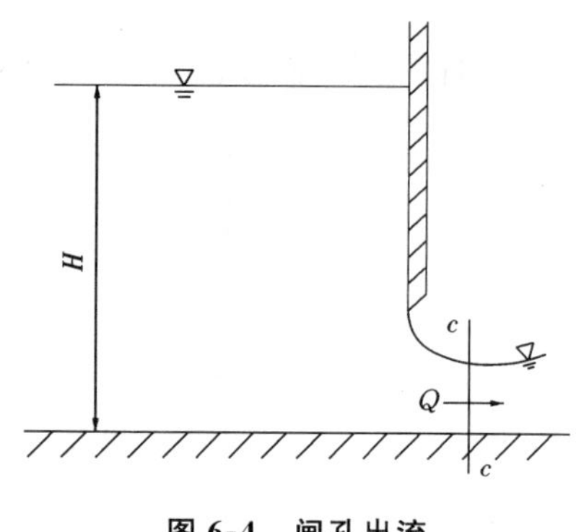

图 6-4 闸孔出流

因而流量系数 $\mu$ 值亦较大，见表 6-2。关于闸孔出流，在水利和市政工程中应用较多，闸孔出流虽属大孔口出流，但其边界影响较大，其流量系数 $\mu$ 受闸门的相对开度、闸门类型、闸底板的形式等因素的影响，一般通过实验或用经验公式确定，对一般中小工程亦可参考表 6-2 选用，但对主要的大型工程则一定要通过实验论证。遇此情况，可参阅有关专业书籍和计算手册。

表 6-2 大孔口出流的流量系数

| 收缩情况 | 流量系数 $\mu$ |
|---|---|
| 四周不完善收缩 | 0.7 |
| 无底部收缩但有侧收缩 | 0.65～0.70 |
| 无底部收缩但有小侧收缩 | 0.70～0.75 |
| 无底部收缩但有微小侧收缩 | 0.80～0.90 |

### 6.1.3 孔口非恒定出流

在实际工程中，还会遇到在变水头下的非恒定流动。即孔口出流过程中，容器内水位随时间变化，导致孔口的流量随时间变化的流动，称为孔口的非恒定即变水头出流。例如，油箱放油孔放油时，容器油箱的液面是连续不断地变化的，因而油液经底部孔口的出流是非恒定流动，此时，应考虑油液流动的惯性力。容器泄流时间、蓄水库的流量调节等问题，都可按非恒定出流计算。

当孔口的过流面积远小于容器的横截面积时，容器液面的变化相当缓慢，非恒定流的惯性项可以忽略不计，则可把整个出流过程划分为许多微小时段，在每一微小时段内，认为出流水头不变，可当作恒定流处理，孔口出流的基本公式仍适用，这样就把非恒定流问题转化为恒定流处理。由于各时段之间的水头不同，所以总体上还是非恒定流，时段分得越小就越接近实际。

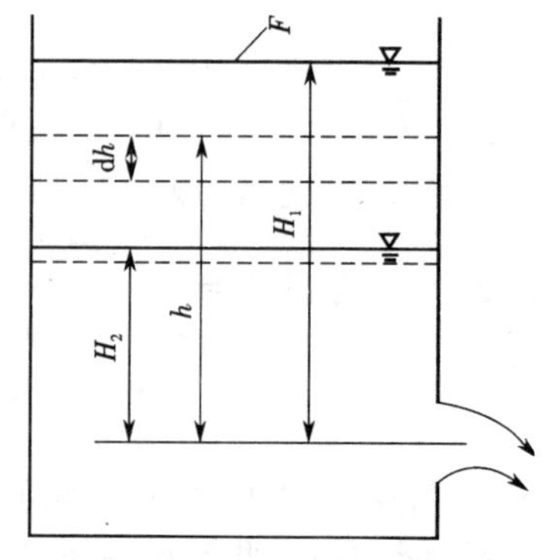

图 6-5 孔口非恒定出流

图 6-5 为一柱形容器，其截面积为 $F$，流体经孔口变水头自由出流。设某时刻容器中液面高度为 $h$，在微小时段 $\mathrm{d}t$ 内，孔口流出的体积为

$$\mathrm{d}V=Q\mathrm{d}t=\mu A\sqrt{2gh}\,\mathrm{d}t$$

根据体积相等的原则，孔口流出的体积应等于该

时段由于水面下降使容器内减少的体积，即

$$dV=-Fdh$$

于是

$$\mu A\sqrt{2gh}\,dt=-Fdh$$

$$dt=-\frac{F}{\mu A\sqrt{2g}}\times\frac{dh}{\sqrt{h}}$$

积分得

$$t=\int_{H_1}^{H_2}-\frac{F}{\mu A\sqrt{2g}}\times\frac{dh}{\sqrt{h}}=\frac{2F}{\mu A\sqrt{2g}}(\sqrt{H_1}-\sqrt{H_2}) \tag{6-8}$$

即为水位由 $H_1$ 降至 $H_2$ 所需时间。

当 $H_2=0$ 时，即得容器放空时间

$$t=\frac{2F\sqrt{H_1}}{\mu A\sqrt{2g}}=\frac{2FH_1}{\mu A\sqrt{2gH_1}}=\frac{2V}{Q_{max}} \tag{6-9}$$

式中，$V$ 为容器放空的体积；$Q_{max}$ 为初始出流时的最大流量。

上式说明，变水头出流容器的放空时间等于在起始水头 $H_1$ 的作用下，流出同体积液体所需时间的2倍，或非恒定出流排空容器所需时间是在起始水头 $H$ 作用下恒定出流的2倍。

应当指出，上述出流时间和放空时间一般只适用于孔口断面面积与容器断面面积之比很小的情况。特别是当孔口开在容器底部时，液面降低到接近孔口，液流会出现旋涡，液体不再充满孔口，上述公式则不再适用，但就整个放空时间来说，此现象的影响是很小的。若容器为非等截面，例如圆锥形或球形等，应写出变截面容器的横截面积随其液位高度变化的函数关系 $A=A(h)$，代入公式(6-8)中，进行积分求解。

**【例6-1】** 如图6-6所示，工程中在房间顶部设置夹层，把处理过的清洁空气用风机送入夹层中，并使层中保持 $\Delta p=300$ Pa 的压强。清洁空气在此压强作用下，通过孔板上的孔口向房间流出，即为孔板送风的过程。求每个孔口(孔口直径为1 cm)出流的流量及速度。

**【解】** 从相应手册中查到孔板的流量系数 $\mu=0.60$，流速系数 $\varphi=0.97$，空气密度 $\rho=1.2\ \text{kg/m}^3$，根据式(6-7)，气体出流用压强代替作用水头，求得每个孔口出流的流量

$$Q=\mu A\sqrt{\frac{2\Delta p_0}{\rho}}$$

$$=0.60\times\frac{\pi}{4}\times0.01^2\times\sqrt{\frac{2\times300}{1.2}}\ \text{m}^3/\text{s}$$

$$=0.001\,05\ \text{m}^3/\text{s}$$

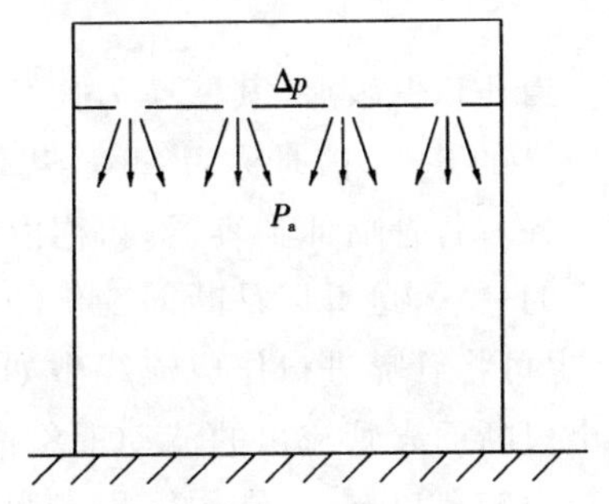

图6-6　孔板送风

每个孔口的出流速度

$$v=\varphi\sqrt{\frac{2\Delta p_0}{\rho}}=0.97\sqrt{\frac{2\times300}{1.2}}\ \text{m/s}=21.96\ \text{m/s}$$

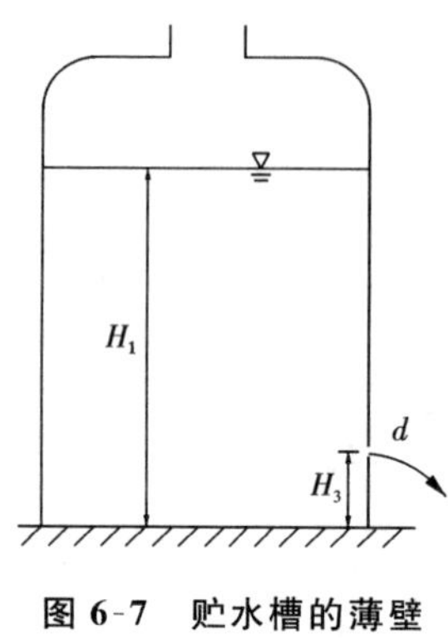

图 6-7　贮水槽的薄壁小孔口出流

**【例 6-2】** 贮水槽如图 6-7 所示，底面积 $F=3\ \text{m}\times 2\ \text{m}$，贮水深 $H_1=4\ \text{m}$。由于锈蚀，距槽底 $H_3=0.2\ \text{m}$ 处形成一个直径 $d=5\ \text{mm}$ 的孔洞。试求在水位恒定和因漏水水位下降两种情况下一昼夜的漏水量。

**【解】** (1) 水位恒定时，孔口出流量按薄壁小孔口恒定出流公式(6-4)计算。

取 $\mu=0.62$(查表 6-1)，孔口面积

$$A=\frac{\pi d^2}{4}=\frac{\pi\times 0.005^2}{4}\ \text{m}^2=19.63\times 10^{-6}\ \text{m}^2$$

$$H=H_1-0.2=(4-0.2)\ \text{m}=3.8\ \text{m}$$

代入公式得

$$Q=\mu A\sqrt{2gH_0}=0.62\times\frac{\pi}{4}\times 0.005^2\times\sqrt{2\times 9.8\times(4-0.2)}\ \text{m}^3/\text{s}=1.05\times 10^{-4}\ \text{m}^3/\text{s}$$

一昼夜的漏水量为

$$V=Qt=1.05\times 10^{-4}\times 3600\times 24\ \text{m}^3=9.07\ \text{m}^3$$

(2) 因漏水水位下降时，一昼夜的漏水量可按孔口非恒定出流计算。由式(6-8)得

$$t=\frac{2F}{\mu A\sqrt{2g}}(\sqrt{H_1}-\sqrt{H_2})$$

$$24\times 3600=\frac{2\times 6}{0.62\times 19.63\times 10^{-6}\sqrt{19.6}}(\sqrt{3.8}-\sqrt{H_2})$$

解得 $H_2=2.44\ \text{m}$，则水位下降时一昼夜的漏水量为

$$V=(H_1-H_2)\times F=(3.8-2.44)\times(3\times 2)\ \text{m}^3=8.16\ \text{m}^3$$

## 6.2　管嘴出流

当孔口壁较厚，其壁厚为孔径 $d$ 的 3～4 倍或在孔口上连接一段短管，其管长为孔径 $d$ 的 3～4 倍时称为管嘴，若管嘴不伸入到容器内，称外管嘴如图 6-8(a)、(c)、(d)、(e)；若管嘴伸到容器内，称内管嘴如图 6-8(b)，根据实际需要，管嘴可以是断面不变的柱状，也可以是断面变化的收缩或扩散管如图 6-8(c)、(d)。为了减小进口损失，也可将管嘴进口作成流线型如图 6-8(e)，称流线型管嘴。流体经管嘴并且在管嘴出口断面满管流出的流动现象称为管嘴出流。管嘴的阻力比孔口大，但管嘴的出流能力较孔口要大，常用管嘴来增加出流流量。表 6-3 给出了孔口与管嘴各系数的比较。

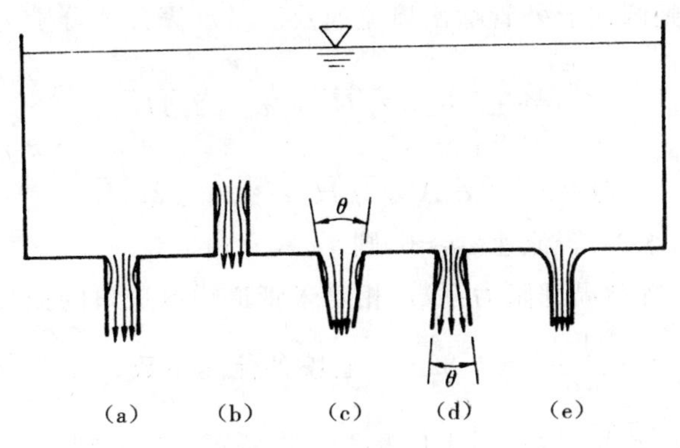


图 6-8　管嘴出流

表 6-3　孔口与管嘴各系数的比较

| | $\varepsilon$ | $\varphi$ | $\zeta$ | $\mu$ |
|---|---|---|---|---|
| 小孔口 | 0.6～0.64 | 0.97 | 0.06 | 0.60～0.64 |
| 管嘴 | 1.0(出口) | 0.82 | 0.5 | 0.82 |

工程上管嘴出流的情况很多，如厚壁容器的孔口出流以及消防水枪、水厂沉淀池隔墙上的孔口出流等都可视作管嘴出流，本节主要讨论常见的外管嘴出流的计算方法。应用管嘴的目的是为了增加孔口出流的流量，或者是为了增加或减少孔口外面水股的流速。

管嘴出流沿流动方向边界长度很小，其沿程损失与局部损失相比很小，可以忽略，因此管嘴出流的计算也只考虑局部水头损失。

## 6.2.1　圆柱形外管嘴恒定出流

图 6-9 所示为一开口容器壁上外接一长度 $l=(3\sim4)\ d$ 的圆形断面短管的圆柱形外管嘴。流入管嘴的流体同孔口出流一样，由于惯性作用在距进口不远处(一般为孔径的 0.5～0.8 倍)流股发生收缩，在收缩断面 $c$-$c$ 处主流与壁面脱离并形成旋涡区。而后流股逐渐扩散，在管嘴出口断面处完全充满管嘴断面出流。

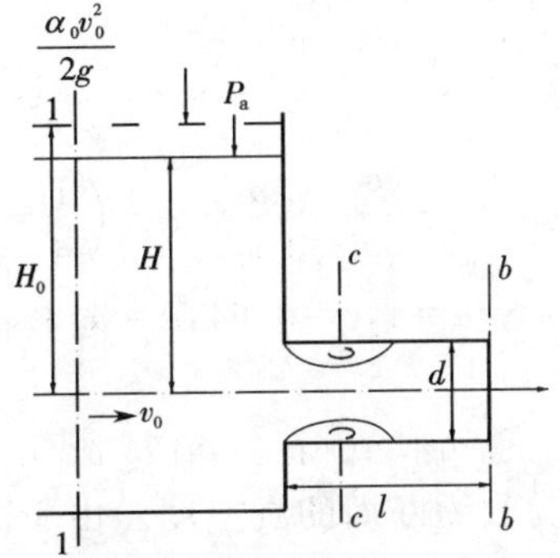


图 6-9　圆柱形外管嘴出流

在图 6-9 中，以通过管嘴中心轴线的水平面为基准面建立容器内过流断面 1-1 至管嘴出口断面 $b$-$b$ 之间的伯努利方程

$$H+0+\frac{\alpha_0 v_0^2}{2g}=0+0+\frac{\alpha v^2}{2g}+\zeta_n\frac{v^2}{2g}$$

令 $H_0=H+\frac{\alpha_0 v_0^2}{2g}$，则圆柱形外管嘴出口流速及流量计算公式分别为

$$v=\frac{1}{\sqrt{\alpha+\zeta_n}}\sqrt{2gH_0}=\varphi_n\sqrt{2gH_0} \tag{6-10}$$

$$Q=vA=\varphi_n A\sqrt{2gH_0}=\mu_n A\sqrt{2gH_0} \tag{6-11}$$

式中　$H_0$——作用水头，若流速 $v_0\approx 0$，则 $H_0=H$；

$\zeta_n=0.5$——管嘴局部阻力系数，相当于管道锐缘进口的损失系数；

$\varphi_n=\frac{1}{\sqrt{\alpha+\zeta_n}}=\frac{1}{\sqrt{1+0.5}}=0.82$——管嘴的流速系数；

$\mu_n$——管嘴的流量系数，因出口断面无收缩 $\varepsilon_n=1.0$，则 $\mu_n=\varepsilon_n\varphi_n=0.82$。

将上式与孔口自由出流的流量公式比较可知，两者形式上完全相同，只是流量系数不同，当 $\mu=0.62$ 时，$\mu_n=1.32\mu$，可见在相同的作用水头下，同样断面面积管嘴的过流能力是孔口过流能力的 1.32 倍。

### 6.2.2 圆柱形管嘴内收缩断面处的真空

孔口外接短管成为管嘴，其阻力增大了，但流量系数 $\mu_n$ 反而变大，流量却增加了，这是因为与孔口出流不同，管嘴使流体在收缩断面处形成真空，从而增加了流量。建立图 6-9 中收缩断面 $c$-$c$ 和出口断面 $b$-$b$ 之间的伯努利方程

$$\frac{p_c}{\rho g}+\frac{\alpha_c v_c^2}{2g}=\frac{p_a}{\rho g}+\frac{\alpha v^2}{2g}+\zeta_{se}\frac{v^2}{2g}$$

整理得

$$\frac{p_a-p_c}{\rho g}=\frac{\alpha_c v_c^2}{2g}-\frac{\alpha v^2}{2g}-\zeta_{se}\frac{v^2}{2g}$$

其中

$$v_c=\frac{A}{A_c}v=\frac{1}{\varepsilon}v$$

局部水头损失主要发生在主流扩散上。根据局部阻力系数的计算公式，在主流上的局部水头损失为

$$\zeta_{se}=\left(\frac{A}{A_c}-1\right)^2=\left(\frac{1}{\varepsilon}-1\right)^2$$

$$\frac{p_v}{\rho g}=\left[\frac{\alpha_c}{\varepsilon^2}-\alpha-\left(\frac{1}{\varepsilon}-1\right)^2\right]\frac{v^2}{2g}=\left[\frac{\alpha_c}{\varepsilon^2}-\alpha-\left(\frac{1}{\varepsilon}-1\right)^2\right]\varphi^2 H_0$$

将 $\alpha_c=\alpha=1$，$\varepsilon=0.64$，$\varphi=0.82$ 代入上式，得

$$h_v=\frac{p_v}{\rho g}=0.75H_0$$

即为收缩断面的真空度。由于圆柱形管嘴内收缩断面处的真空度达作用水头的 7.5 倍，相当于把孔口的作用水头增大 75%，因此，与孔口流量相比，圆柱形外管嘴的流量有所增大。

### 6.2.3　圆柱形外管嘴的正常工作条件

**1. 作用水头**

上述分析表明，增加管嘴内收缩断面的真空度可以使流量增大，提高泄流效率。但实际上，真空度不能无限增大。当收缩断面的真空度超过 7 m(水柱)时，收缩断面处水发生汽化而生成气泡，连续流动将被破坏。同时，汽化区被水流带出，和外界大气相通，空气将会从管嘴出口断面冲入真空区，使得收缩断面的真空被破坏，气泡与空气使管嘴内部液流脱离内壁而不再满管出流，变为孔口出流，流量将下降。因此，为保证正常的管嘴出流，应限制收缩断面的真空度 $h_v \leqslant 7\ \text{m}$，于是管嘴作用水头的极限值为 $[H_0]=\frac{7}{0.75}\ \text{m}\approx 9\ \text{m}$。

**2. 管嘴长度**

管嘴的长度是保证管嘴正常出流的条件之一。管嘴过短则流束在管嘴内收缩后来不及扩大到整个出口断面，不能阻断空气进入，使收缩断面处不能形成理想的真空，而如孔口一样成非满流流出；管嘴过长则沿程水头损失不容忽略，管嘴出流变为短管流动，失去管嘴的作用。所以，管嘴长度 $[l]=(3\sim4)d$。

综上，圆柱形外管嘴的正常工作条件是：(1) 作用水头 $H_0 \leqslant 9\ \text{m}$；(2) 管嘴长度 $l=(3\sim4)d$。

### 6.2.4　其他形状常用管嘴的出流

在实际工程中，除圆柱形管嘴外还有其他形状的管嘴出流，其流速及流量计算公式与圆柱形外管嘴公式形式相同，只是流速系数 $\varphi_n$ 和流量系数 $\mu_n$ 不同。常见的各种形状管嘴如图 6-8 中所示。

**1. 内伸管嘴**

图 6-8 中所示(b)型，此类管嘴阻力较大，流速系数和流量系数均较小，所以它的流速和流量与圆柱形外管嘴相比大约要降低 15%左右，其优点是适合装置于外形须隐蔽之处。

**2. 收缩圆锥形管嘴**

图 6-8 中所示(c)型，此类管嘴流速系数大，所以流速大，是几种管嘴中出口流速最高的，它的特点是收缩后不必过分扩张，因而阻力较小，适用于要求加大喷射速度的情况，如消防水枪。此类管嘴出流的流量与收缩角度 $\theta$ 有关，当 $\theta=30.4°$时，$\varphi_{max}=0.963$，$\mu_{max}=0.943$。

**3. 扩张圆锥形管嘴**

图 6-8 中所示(d)型，此类管嘴收缩断面小于出口断面，收缩断面的流速大于出口断面上的流速，在该断面处也产生真空，真空值随圆锥角的增大而增大，当圆锥角为 5 °～7°时达最佳值，此时 $\varphi=\mu=0.42\sim0.50$。这种管嘴的真空值比圆柱形外伸管

嘴大，因而吸力及流量较大，但出口流速较小，适用于将动能恢复成压能，以加大流量的情况，如人工降雨喷头、引射器的扩压管等。

**4. 流线型管嘴**

图 6-8 中所示(e)型，此类管嘴消除了上述几种管嘴的缺点，在管嘴内部不形成离壁收缩断面，因而阻力减少，流量系数增大，但管嘴曲线形状加工困难。此时 $\varphi=\mu=0.97$，适用于要求流量大，水头损失小，出口断面上的流速分布均匀的情况，如水利工程中拱坝内的泄水孔和各种管道的进口。

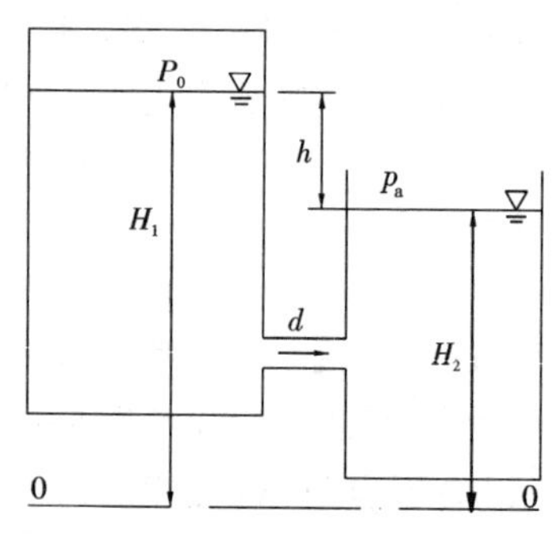

**图 6-10 圆柱形管嘴淹没出流**

**【例 6-3】** 液体从封闭的立式容器中经管嘴流入开口水池如图 6-10 所示。管嘴直径 $d=80$ mm，容器内与水池中的水位差 $h=3$ m，要求流量 $Q=0.05\ \mathrm{m^3/s}$。试求作用于密闭容器内液面上的压强 $p_0$。

**【解】** 由管嘴出流量公式

$$Q=\mu_n A\sqrt{2gH_0}$$

求得作用水头

$$H_0=\frac{Q^2}{2g\mu_n^2 A^2}$$

取 $\mu=0.82$，$A=\pi\times0.08^2/4=0.785\times0.08^2\ \mathrm{m^2}$，则

$$H_0=\frac{0.05^2}{2\times9.8\times0.82^2\times(0.785\times0.08^2)^2}\ \mathrm{m}=7.5\ \mathrm{m}$$

在本题的具体条件下，忽略上游容器中行进流速和水池中水流速度，则

$$H_0=\frac{p_0}{\rho g}+(H_1-H_2)=\frac{p_0}{\rho g}+h$$

于是解得

$$p_0=\rho g(H_0-h)=1000\times9.8\times(7.5-3)\ \mathrm{kPa}=44.1\ \mathrm{kPa}$$

## 6.3 有压管道恒定流动

有压管道是指管道中充满流体，无自由水面并且管道内的压强一般不等于(大多是大于)大气压强，这种管道称为有压管道。它是给排水、供暖通风、水利、环境等工程中最常用的流体输送设施。进行有压管道恒定流计算的基本依据是连续性方程、能量方程和水头损失的计算。

### 6.3.1 有压管道的分类

有压管道恒定流计算中的总水头损失包括沿程水头损失和局部水头损失。由于具体问题不同，这两种损失在总水头损失中所占的比重不同。为便于计算，常按沿程水头损失和局部水头损失在总水头损失中所占的比重不同，将管道分为“短管”和“长

管”两类。所谓短管是指流体在管内流动时，局部水头损失和流速水头之和与沿程水头损失相比，占有相当大的比重（一般＞5%），不可忽略，就是短管。计算时，沿程水头损失和局部水头损失及流速水头都必须考虑。例如：水泵的吸水管、虹吸管、坝体内的泄水管、铁路函管以及送风管等；长管是指管道中的水头损失以沿程水头损失为主，局部水头损失和流速水头之和与其沿程水头损失相比，所占比重很小（＜5%），可以忽略不计，或按沿程损失的某一百分数估算仍能满足工程的要求者为长管。例如城市室外的给水管道系统就属于长管。短管与长管的划分不是简单几何长度的概念，而是由具体问题所要求达到的精度确定的。应该指出，当无法确定是否可以忽略局部水头损失和流速水头时，应该先按短管进行水力计算。

此外，根据管道的结构布置的不同，又可将其分为简单管道和复杂管道两种类型。所谓简单管道是指没有分支的单一直径的管道；复杂管道指的是由两根或两根以上管道所组成的管道系统。如串、并联管系，分支状管网和环状管网等（如图 6-11 所示）。

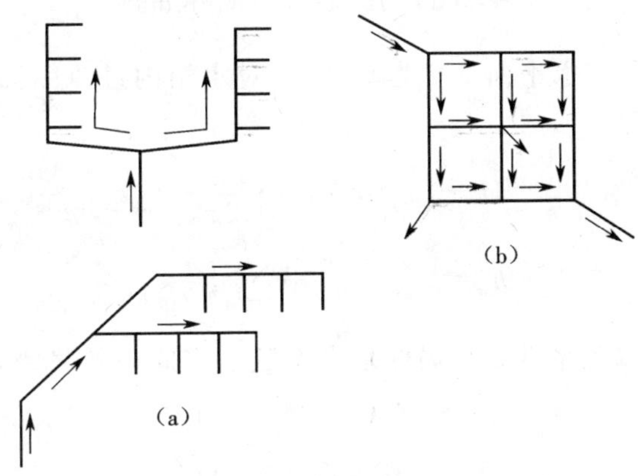


图 6-11　管网示意图

一般来说，简单管道既可以按短管也可以按长管计算（根据两种不同水头损失所占的比重来决定）；复杂管道则一般均按长管计算，但对串联管道也有例外。

### 6.3.2　短管的水力计算

短管是有压管道的基本类型，是工程中最常见的一种管道，其水头损失包括沿程损失和局部损失。两种损失及速度水头都必须考虑。

有压管道的出流有自由出流和淹没出流之分。前者管道出口暴露在大气中，出流水股直接流入大气中；后者管道出口在下游水体的液面以下，出流水股流入下游四周水体之中。

短管的水力计算，可直接由连续性方程、伯努利方程并计入各项水头损失求解，也可采用管道阻抗 $S$ 的形式计算。对于前者，直接由连续方程，能量方程求解已很熟悉，为此主要介绍阻抗形式的计算方法。

**1. 短管的自由出流**

如图 6-12(a)所示自由出流短管，设水箱水位恒定，管长 $l$ 和管径 $d$ 沿程不变。

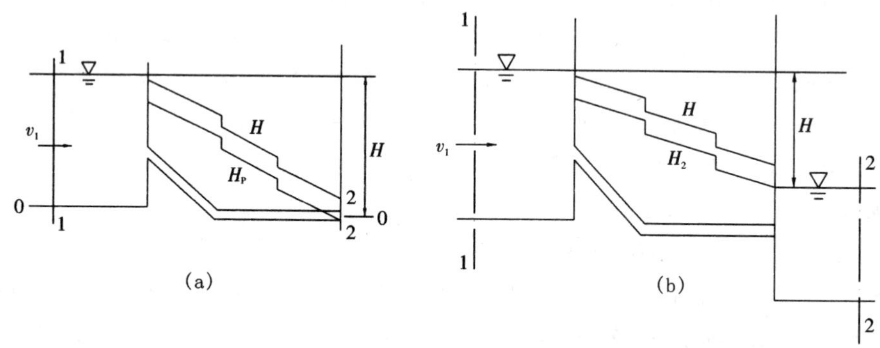


**图 6-12 两种出流形式**

(a)短管自由出流；(b)短管淹没出流

以出口处管轴所在水平面 0-0 为基准面，对水箱内过流断面 1-1 及管道出口断面 2-2 列伯努利方程

$$H+0+0=0+0+\frac{\alpha v^2}{2g}+h_w$$

$$h_w=\lambda\frac{l}{d}\times\frac{v^2}{2g}+\sum\zeta\frac{v^2}{2g}$$

其中 $v_1\approx 0$，且动能修正系数 $\alpha$ 与局部阻力系数 $\zeta$ 为同一数量级，归并入 $\sum\zeta$ 中，上两式整理为

$$H=\left(\lambda\frac{l}{d}+\sum\zeta\right)\frac{v^2}{2g}$$

将流速 $v=4Q/\pi d^2$ 代入上式得

$$H=\frac{8\left(\lambda\frac{l}{d}+\sum\zeta\right)}{\pi^2 d^4 g}Q^2$$

定义

$$S=\frac{8\left(\lambda\frac{l}{d}+\sum\zeta\right)}{\pi^2 d^4 g} \tag{6-12}$$

称为管道阻抗，其单位为 $s^2/m^5$，是反映管道流动阻力情况的综合系数，可得短管自由出流的水力计算公式

$$H=SQ^2 \tag{6-13}$$

**2. 短管的淹没出流**

图 6-12(b)所示为管道出口在下游液面以下的淹没出流短管，选取上游水池中过流断面 1-1 及下游水池中距出口一定距离，其出流水股已完全扩散，满足渐变流条

件的过流断面 2-2。以下游自由水面为基准面，对断面 1-1 和断面 2-2 列总流伯努利方程

$$z_1+\frac{p_1}{\rho g}+\frac{\alpha_1 v_1^2}{2g}=z_2+\frac{p_2}{\rho g}+\frac{\alpha_2 v_2^2}{2g}+h_{\mathrm{w}1-2}$$

式中：$z=H$（为上、下游水位差），$z_2=0$，由于上、下游自由水面均为大气压强，故 $p_1=p_2=p_a=0$（取相对压强），不计上游水池中的行近流速及下游水池中的流速，所以 $v_1=v_2\approx 0$，则上式变为

$$H=h_{\mathrm{w}1-2}=\left(\lambda\frac{l}{d}+\sum\zeta\right)\frac{v^2}{2g}$$

将 $v=4Q/\pi d^2$ 代入上式整理后得

$$H=\frac{8\left(\lambda\frac{l}{d}+\sum\zeta\right)}{\pi^2 d^4 g}Q^2$$

淹没出流的管道阻抗

$$S=\frac{8\left(\lambda\frac{l}{d}+\sum\zeta\right)}{\pi^2 d^4 g}$$

所以

$$H=SQ^2$$

故短管淹没出流其水力计算公式的形式与自由出流时的公式(6-13)相同，只是作用水头 $H$ 为上、下游水位差；管道阻抗 $S$ 也与自由出流时式(6-12)完全一样，只是式中的 $\sum\zeta$ 内没有动能修正系数 $\alpha$ 项而增加了出口局部阻力系数 $\zeta_0$，且有 $\alpha=\zeta_0=1$。

**3. 短管水力计算的应用举例**

**1）虹吸管的水力计算**

虹吸管是一种特殊的管道装置，如图 6-13 所示，其管道轴线的一部分高出无压的上游供水水面，管内必存在真空区段，这是虹吸管的水力特点。而随真空度的增大，溶解在水中的空气分离出来，并在虹吸管顶部聚集，挤缩有效过流断面，阻碍水流运动，直至造成断流。应用虹吸管输水，具有能跨越高地、减少挖方、便于自动操作等优点，因而在农田水利和市政工程中广为应用。

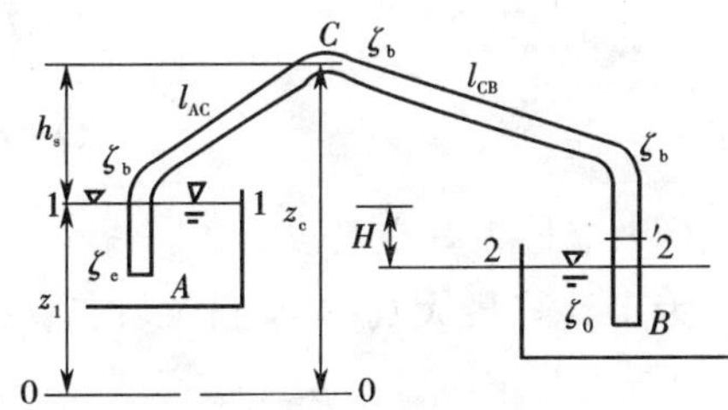

图 6-13　虹吸管输水

为保证虹吸管正常过流的工作条件，工程上限制管内最大真空度不超过允许值 $[h_v]=7\sim 8.5$ m（水柱），以防汽化。

虹吸管的结构布置、各部分尺寸及局部阻碍如图 6-13 所示，计算虹吸管的流量和最大真空度。

(1) 求虹吸管的流量。

如用阻抗形式计算，则由式(6-12)得虹吸管的管道阻抗为

$$S=\frac{8\left(\lambda\frac{l_{AB}}{d}+\sum_{AB}\zeta\right)}{\pi^2d^4g}$$

根据式(6-13)得

$$Q=\sqrt{\frac{H}{S}}=\frac{\frac{1}{4}\pi d^2}{\sqrt{\lambda\frac{l_{AB}}{d}+\sum\zeta}}\sqrt{2gH}$$

流速
$$v=\frac{1}{\sqrt{\lambda\frac{l_{AB}}{d}+\sum\zeta}}\sqrt{2gH}$$

流量
$$Q=vA=v\frac{\pi d^2}{4}$$

如直接由连续性方程、能量方程并计入各项水头损失求解的方法计算，设管道进口、转弯和出口的局部阻力系数分别为 $\zeta_e$、$\zeta_b$ 及 $\zeta_0$，则局部阻力系数之和为 $\sum\zeta_{AB}=\zeta_e+3\zeta_b+\zeta_0$，取上、下游水面 1-1 和 2-2 为过流断面，以下游水面 2-2 为基准面，列伯努利方程，其中 $v_1\approx v_2\approx0$，则有

$$H=h_w=h_f+\sum h_j=\left(\lambda\frac{l_{AB}}{d}+\sum_{AB}\zeta\right)\frac{v^2}{2g}$$

流速
$$v=\frac{1}{\sqrt{\lambda\frac{l_{AB}}{d}+\sum_{AB}\zeta}}\sqrt{2gH}$$

流量
$$Q=vA=v\frac{\pi d^2}{4}$$

(2) 求最大真空高度。

为了计算最大真空高度，对 1-1、$c$-$c$ 断面之间列伯努利方程，则有

$$z_1+\frac{p_1}{\rho g}+\frac{\alpha_1v_1^2}{2g}=z_c+\frac{p_c}{\rho g}+\frac{\alpha v^2}{2g}+\left(\lambda\frac{l_{AC}}{d}+\sum_{AC}\zeta\right)\frac{v^2}{2g}$$

此时局部阻力系数之和变为 $\sum\zeta_{AC}=\zeta_e+2\zeta_b$，由于 $p_1=p_a$，$v_1\approx0$，则

$$\frac{p_a-p_c}{\rho g}=\frac{p_v}{\rho g}=(z_c-z_1)+\left(\alpha+\lambda\frac{l_{AC}}{d}+\sum_{AC}\zeta\right)\frac{v^2}{2g}$$

最大真空高度

$$h_{vmax}=\frac{p_v}{\rho g}=h_s+\left(\alpha+\lambda\frac{l_{AC}}{d}+\sum_{AC}\zeta\right)\frac{v^2}{2g}<[h_v]$$

或

$$h_{\mathrm{vmax}}=\frac{p_{\mathrm{v}}}{\rho g}=h_{\mathrm{s}}+\frac{\alpha+\lambda\dfrac{l_{\mathrm{AC}}}{d}+\sum\limits_{\mathrm{AC}}\zeta}{\lambda\dfrac{l_{\mathrm{AB}}}{d}+\sum\limits_{\mathrm{AB}}\zeta}H<[h_{\mathrm{v}}]$$

按照虹吸管正常过流的工作条件，还应有

$$h_{\mathrm{vmax}}=\frac{p_{\mathrm{v}}}{\rho g}<[h_{\mathrm{v}}]$$

可见虹吸管的最大允许超高 $h_s$ 和作用水头 $H$ 都要受到限定真空度$[h_v]$的制约。另外，为了不加大真空度，在虹吸管上设计安装阀门时，应将阀门安装在 $c$-$c$ 断面的下游。

若虹吸管管长 $l_{AC}=15$ m，$l_{CB}=20$ m，管径 $d=200$ mm，上下游水池的水位差 $H=2$ m，沿程阻力系数 $\lambda=0.025$，入口局部阻力系数 $\zeta_e=1$，各转弯的局部阻力系数 $\zeta_b=0.2$，管顶允许真空高度$[h_v]=7$ m。试求通过流量 $Q$ 及管道最大允许超高 $h_s$。

虹吸管的流速和流量分别为

$$v=\frac{1}{\sqrt{\lambda\dfrac{l_{\mathrm{AB}}}{d}+\zeta_{\mathrm{e}}+3\zeta_{\mathrm{b}}+1}}\sqrt{2gH}$$

$$=\frac{1}{\sqrt{0.025\times\dfrac{35}{0.2}+1+0.6+1}}\sqrt{2\times9.8\times2}\ \mathrm{m/s}=2.37\ \mathrm{m/s}$$

$$Q=vA=v\frac{\pi d^2}{4}=2.37\times\frac{\pi\times0.2^2}{4}\ \mathrm{m^3/s}=0.074\ \mathrm{m^3/s}$$

设$[h_v]=7$ m，虹吸管最大允许超高为

$$h_{\mathrm{s}}=[h_{\mathrm{v}}]-\left(\alpha+\lambda\frac{l_{\mathrm{AC}}}{d}+\zeta_{\mathrm{e}}+2\zeta_{\mathrm{b}}\right)\frac{v^2}{2g}$$

$$=\left[7-\left(1+0.025\times\frac{15}{0.2}+1+0.4\right)\times\frac{2.37^2}{19.6}\right]\ \mathrm{m}=5.78\ \mathrm{m}$$

**2）水泵吸水管的水力计算**

如图 6-14 所示，水泵吸水管的水力计算主要是求作用水头，确定泵的安装高度，即泵轴线在吸水池水面以上的高度 $H_s$。

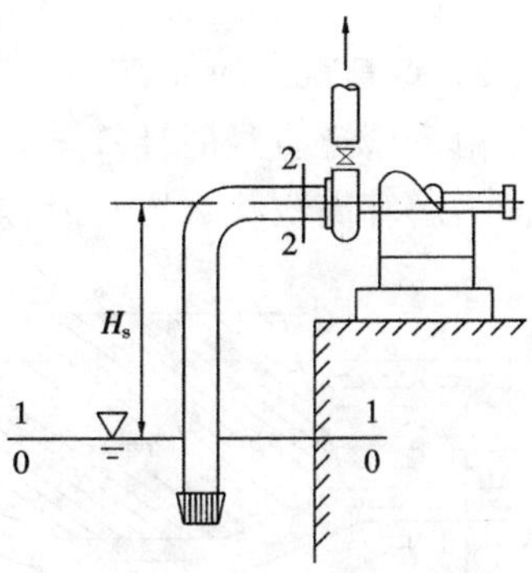

图 6-14　水泵的吸水管

不计吸水池水面流速，取吸水池水面 1-1 和水泵进口断面 2-2 以吸水池水面 1-1 为基准面，列伯努利方程

$$0+\frac{p_{\mathrm{a}}}{\rho g}+0=H_{\mathrm{s}}+\frac{p_2}{\rho g}+\frac{\alpha v^2}{2g}+h_{\mathrm{w}}$$

$$H_{\mathrm{s}}=\frac{p_{\mathrm{a}}-p_2}{\rho g}-\frac{\alpha v^2}{2g}-h_{\mathrm{w}}$$

$$=h_v-\left(\alpha+\lambda\frac{l}{d}+\sum\zeta\right)\frac{v^2}{2g} \tag{6-14}$$

$$h_v=\frac{p_a-p_2}{\rho g}$$

式中 $H_s$——水泵安装高度；

$h_v$——水泵进口断面真空度；

$\lambda$——吸水管沿程阻力系数；

$\sum\zeta$——吸水管各项局部阻力系数之和。

上式表明，水泵的安装高度 $H_s$ 与进口的真空度 $h_v$ 有关。但是真空度不能无限增大，当该断面绝对压强低于该水温下的汽化压强时，断面处水发生汽化而生成气泡，连续流动将被破坏。同时，汽化区产生的气泡被水流带出而进入泵内，当气泡受到压缩而产生突然溃灭时，可在溃灭点及其附近造成高达数百大气压以上的压强。这一过程如发生在水泵部件的表面，就会导致部件很快损坏，这种现象称为**汽蚀**。为防止此现象发生，水泵的生产厂家通常由实验给出允许吸水真空高度[$h_v$]，作为水泵的性能指标之一。

设图 6-14 所示离心泵，其实际抽水量 $Q=8.11\times10^{-3}\ \text{m}^3/\text{s}$，吸水管长度 $l=7.5$ m，直径 $d=100$ mm。沿程阻力系数 $\lambda=0.045$。局部阻力系数包括：有滤网的底阀处 $\zeta_v=7.0$、直角弯管处 $\zeta_b=0.3$。若泵的允许吸水真空高度[$h_v$]=5.7 m，确定水泵的最大安装高度 $H_s$。

吸水管的局部阻力系数总和为 $\sum\zeta=7+0.3=7.3$，管中流速 $v=4Q/\pi d^2=1.03$ m/s，允许吸水真空高度[$h_v$]=5.7 m，根据水泵最大安装高度的计算公式(6-14)，有

$$\begin{aligned}H_s&=h_v-\left(\alpha+\lambda\frac{l}{d}+\sum\zeta\right)\frac{v^2}{2g}\\&=\left[5.7-\left(1+0.045\times\frac{7.5}{0.1}+7.3\right)\times\frac{1.03^2}{19.6}\right]\text{m}=5.07\text{ m}\end{aligned}$$

**3）短管直径的计算**

由于管道直径的计算与沿程和局部损失以及过流断面面积等都有关系，所以当化简为解算高次代数方程时，难以直接求解。一般采用试算法，更适合编程电算。

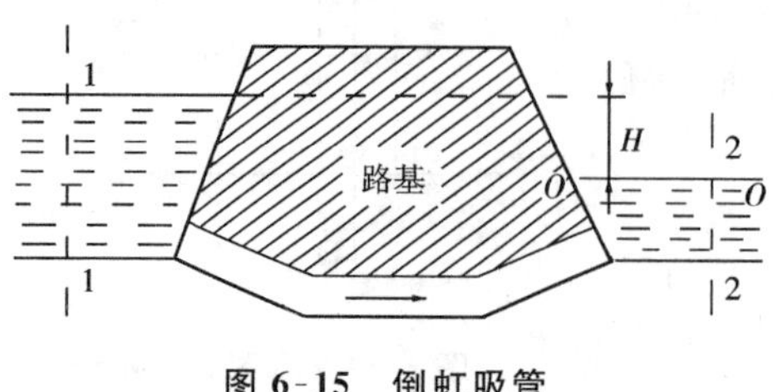


**图 6-15　倒虹吸管**

**【例 6-4】** 圆形有压涵管如图 6-15 所示。管长 $l=50$ m，上、下游水位差 $H=3$ m。涵管为钢筋混凝土管，沿程阻力系数 $\lambda=0.03$。各局部阻力系数为：进口 $\zeta_e=0.5$，转弯 $\zeta_b=0.65$，出口 $\zeta_0=1$，通过流量 $Q=2.9\ \text{m}^3/\text{s}$，计算所需管径。

**【解】** 忽略上、下游流速，以下游水面 0—0 为基准面，取上、下游过流断面 1—1 和断面 2—2 列伯努利方程。

$$H=h_{\mathrm{w}}=\left(\lambda\frac{1}{d}+\zeta_{\mathrm{e}}+2\zeta_{\mathrm{b}}+\zeta_{0}\right)\times\frac{1}{2g}\times\left(\frac{4Q}{\pi d^{2}}\right)^{2}$$

代入已知数值并化简

$$3d^{5}-1.949d-1.044=0$$

用试算法求 $d$，设 $d=1.0\ \mathrm{m}$，代入上式得

$$3\times1^{5}-1.949\times1-1.044\approx0$$

采用规格管径 $d=1.0\ \mathrm{m}$。

**4. 短管恒定流的设计问题与计算方法**

短管恒定流的设计与计算是工程上常见的实际问题。此类设计问题一般有三种类型，即求作用水头或断面压强、求管道流量或流速和设计管道直径等。

**1）求作用水头 $H$ 或断面压强 $p$**

在设计水塔高度、确定水泵扬程等工程实际问题中，需要计算作用水头 $H$ 或断面压强 $p$，以满足如市政供流、消防工程的需要，或防止真空值过大而产生空化、空蚀等有害现象，以保证设备安全。此类问题的计算可参照短管的流速及流量计算。

**2）求管道流量 $Q$ 或流速 $v$**

在工程计算中，当作用水头及管道参数确定后，计算管道流量 $Q$，以验算管道输流能力，计算流速 $v$，以核算经济流速指标要求。此类问题应考虑沿程阻力系数与流量的关系，根据流速或流量公式进行迭代计算。

**3）设计管道直径**

在短管恒定流的设计与计算中，管径的设计是十分重要的，它决定了沿程损失和局部损失的量及过流断面的面积。实际设计时，考虑到在流量一定的条件下，较大的流速会使管径较小、管路造价较低，但所产生的水头损失较大、所需管路运行费较高；而较小的流速虽然使水头损失较小、节省管路运行费，但会使管径增大、管路造价提高。所以，必须综合考虑管路系统造价及运行费用等各经济因素，通过不同方案的比较，确定供流成本最低的流速，称为**经济流速**（可查阅相关设计手册）。在管径实际设计中，一般先根据流量要求及经济流速来计算管径，然后选取相应的标准管径。例如，对于供水管路，管径为 100～400 mm 时经济流速在 0.6～1.0 m/s 范围内；管径大于 400 mm 时，经济流速在 1.0～1.4 m/s 范围内。

**【例 6-5】** 水泵管道系统如图 6-16 所示，滤水网设有底阀，已知水泵流量为 $Q=25\ \mathrm{m^3/h}$，吸水管长度为 $l_{\mathrm{a}}=5\ \mathrm{m}$，压水管长度为 $l_{\mathrm{p}}=20\ \mathrm{m}$，提水高度为 $z=18\ \mathrm{m}$，最大真空度不超过 $h_{\mathrm{v}}=6\ \mathrm{m}$，水泵效率为 $\eta=85\%$，管道的沿程阻力系数 $\lambda=0.046$。试确定水泵吸水管直径 $d_{\mathrm{a}}$、压水管直径 $d_{\mathrm{p}}$、水泵扬程 $H$ 和水泵轴功率 $N_{\mathrm{p}}$。

**【解】** (1)吸水管经济流速为 $v_{\mathrm{a}}=1\sim1.6\ \mathrm{m/s}$。选取 $v_{\mathrm{a}}=1.6\ \mathrm{m/s}$，则

$$d_{\mathrm{a}}=\sqrt{\frac{4Q}{\pi v_{\mathrm{a}}}}=\sqrt{\frac{4\times25}{\pi\times1.6\times3600}}\ \mathrm{m}=0.074\ \mathrm{m}$$

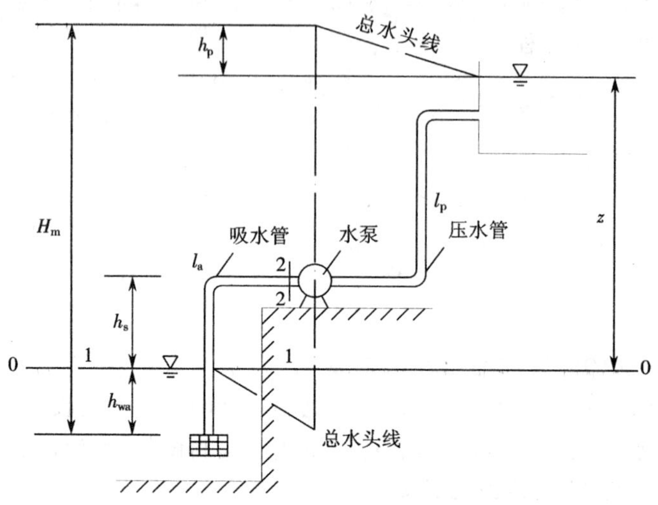


图 6-16 水泵的管路系统

选取标准直径 $d_a = 75$ mm，相应的

$$v_a = \frac{4Q}{\pi d_a^2} = \frac{4 \times 25}{\pi \times 0.075^2 \times 3600} \text{m/s} = 1.57 \text{ m/s}$$

以 0-0 为基准面，写出断面 1-1(上游水库内自由面上)和断面 2-2 间的能量方程，得

$$z_1 + \frac{p_a}{\rho g} + \frac{\alpha_1 v_1^2}{2g} = h_s + \frac{p_2}{\rho g} + \frac{\alpha v_a^2}{2g} + h_{wa}$$

因为 $z_1 = 0$，若不计行近流速水头 $\frac{\alpha_1 v_1^2}{2g}$，得到

$$h_s = \frac{p_a - p_2}{\rho g} - \frac{\alpha v_a^2}{2g} - h_{wa} = h_v - \frac{\alpha v_a^2}{2g} - h_{wa}$$

查表可得局部阻力系数：滤水网 $\zeta_1 = 8.5$，90°弯头 $(d/R=1)$ $\zeta_2 = 0.294$，水泵入口前的渐缩管 $\zeta_3 = 0.1$ 等。则吸水管水头损失为

$$\begin{aligned} h_{wa} &= \left(\lambda \frac{l_a}{d_a} + \zeta_1 + \zeta_2 + \zeta_3\right) \frac{v_a^2}{2g} \\ &= \left(0.046 \times \frac{5}{0.075} + 8.5 + 0.294 + 0.1\right) \frac{1.57^2}{2 \times 9.8} \text{ m} \\ &= 1.5 \text{ m} \end{aligned}$$

取 $\alpha = 1.0$，可得

$$h_s = h_v - \frac{\alpha v_a^2}{2g} - h_{wa} = \left[6 - 1 \times \frac{1.57^2}{2 \times 9.8} - 1.5\right] \text{m} = 4.37 \text{ m}$$

(2) 选取压水管直径 $d_p = 75$ mm，其流速为 $v_p = 1.57$ m/s，出口局部阻力系数 $\zeta_4 = 1.0$，得压水管水头损失为

$$h_{wa} = \left(\lambda \frac{l_2}{d_p} + 2\zeta_2 + \zeta_4\right) \frac{v_p^2}{2g}$$

$$=\left(0.046\times\frac{20}{0.075}+2\times0.294+1.0\right)\frac{1.57^2}{2\times9.8}\ \text{m}$$
$$=1.74\ \text{m}$$

水泵扬程为

$$H_m=z+h_{wa}+h_{wp}=(18+4.37+1.74)\ \text{m}=21.24\ \text{m}$$

水泵轴功率为

$$N_p=\frac{g\rho QH_m}{\eta}=\frac{9.8\times1\ 000\times25\times21.24}{0.85\times3\ 600}\ \text{N·m/s}$$
$$=1700\ \text{N·m/s}=1.7\ \text{kW}$$

### 6.3.3　长管的水力计算

**1. 简单管道**

长管是有压管道的简化模型，其特点是不计局部水头损失和流速水头，使得水力计算得以简化。在长管计算中，将没有分支的单一直径的管道称为简单管道。简单管道的计算是复杂管道计算的基础。

对于简单长管的水力计算，在环境给排水工程中，比较习惯采用管道比阻 $a$ 的形式计算。

图 6-17 所示为一简单管道的计算模型，由水箱引出一长度为 $l$、直径为 $d$ 的简单长管，水箱水面距管道出口中心的高度为 $H$，现分析其计算方法。取过出口断面中心点的水平面为基准面，取水箱内过流断面 1-1 和管道出口断面 2-2，列伯努利方程并视 $v_1\approx0$，得

$$H=\frac{\alpha_2 v_2^2}{2g}+h_f+h_j$$

因为是长管

$$\left(\frac{\alpha_2 v_2^2}{2g}+h_j\right)\ll h_f$$

可以忽略不计，则

$$H=h_f \tag{6-15}$$

可见，长管的全部作用水头都消耗于沿程水头损失，总水头线是连续下降的直线，并

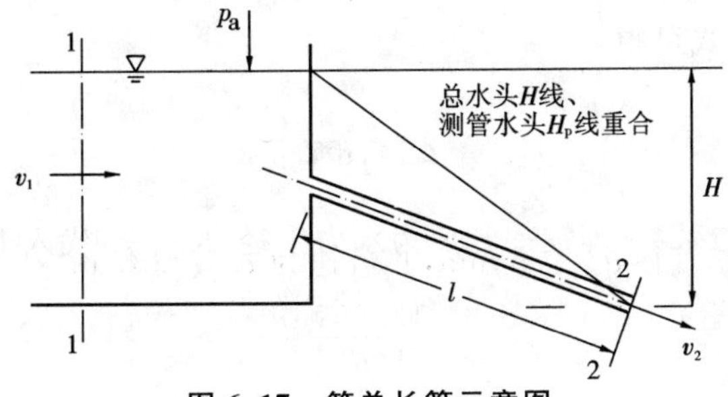


图 6-17　简单长管示意图

与测压管水头线重合，如图 6-17 所示。上式中

$$h_f=\lambda\frac{l}{d}\frac{v^2}{2g}=\lambda\frac{l}{d}\frac{1}{2g}\left(\frac{4Q}{\pi d^2}\right)^2=\frac{8\lambda}{g\pi^2d^5}lQ^2=alQ^2$$

定义

$$a=\frac{8\lambda}{\pi^2d^5g} \tag{6-16}$$

称为比阻或比阻抗，$a=f(\lambda,d)$，单位为 $s^2/m^6$，令 $S=al$，称为阻抗。单位为 $s^2/m^5$ 则有

$$H=h_f=alQ^2=SQ^2 \tag{6-17}$$

式(6-17)是简单管道按长管用比阻计算的基本公式。

除用比阻计算外，工程设计中还常用流量模数 $K$ 来表示管道的输水能力。在水利交通运输等工程中，流体一般多在完全粗糙区（即阻力平方区）工作，常应用谢才公式进行分析。由谢才公式得

$$Q=AC\sqrt{RJ}=K\sqrt{J}=K\sqrt{\frac{h_f}{l}}$$

则

$$h_f=\frac{Q^2}{K^2}l \tag{6-18}$$

式中，$K=AC\sqrt{R}$ 称为管道的流量模数，具有流量的单位($m^3/s$)，它综合反映了管道断面形状、大小和粗糙等特性对输水能力的影响。与管道比阻 $a$ 比较，由式(6-17)

$$H=h_f=alQ^2=SQ^2$$

所以

$$alQ^2=\frac{Q^2}{K^2}l$$

$$a=\frac{1}{K^2}$$

即管道比阻 $a$ 恰是流量模数 $K$ 平方数的倒数。

从式(6-16)已知，比阻 $a$ 取决于沿程阻力系数 $\lambda$ 和管径 $d$。而 $\lambda$ 的计算公式很多，不同区域有不同的公式，下面介绍一种在土木工程中通用的（一般均指在阻力平方区）计算方法。由

$$\lambda=\frac{8g}{C^2}$$

而 $C=\frac{1}{n}R^{1/6}$ 代入上式可得

$$\lambda=\frac{8gn^2}{R^{1/3}}$$

式中 $n$ 为管道的粗糙系数（即糙率），$R$ 为水力半径，$R=\frac{d}{4}$，代入上式，得

$$\lambda=\frac{12.699gn^2}{d^{1/3}}$$

代入式(6-16)中，得

$$a=\frac{10.3n^2}{d^{5.33}} \tag{6-19}$$

按式(6-19)可编制水管通用比阻计算表如表 6-4，用于查表计算，表中粗糙系数 $n$：铸铁取 $n=0.013$，混凝土管和钢筋混凝土管 $n=0.013\sim0.014$。

**表 6-4　水管通用比阻计算表**

| 水管直径/mm | 比阻 $a$ 值（$Q$ 以 $m^3/s$ 计）曼宁公式（$C=\frac{1}{n}R^{1/6}$） | | | 水管直径/mm | 比阻 $a$ 值（$Q$ 以 $m^3/s$ 计）曼宁公式（$C=\frac{1}{n}R^{1/6}$） | | |
|---|---|---|---|---|---|---|---|
| | $n=0.012$ | $n=0.013$ | $n=0.014$ | | $n=0.012$ | $n=0.013$ | $n=0.014$ |
| 75 | 1480 | 1740 | 2010 | 450 | 0.105 | 0.123 | 0.143 |
| 100 | 319 | 375 | 434 | 500 | 0.059 8 | 0.070 2 | 0.081 5 |
| 150 | 36.7 | 43.0 | 49.9 | 600 | 0.022 6 | 0.026 5 | 0.030 7 |
| 200 | 7.92 | 9.30 | 10.8 | 700 | 0.009 93 | 0.011 7 | 0.013 5 |
| 250 | 2.41 | 2.83 | 3.28 | 800 | 0.004 87 | 0.005 73 | 0.006 63 |
| 300 | 0.911 | 1.07 | 1.24 | 900 | 0.002 60 | 0.003 05 | 0.003 54 |
| 350 | 0.401 | 0.471 | 0.545 | 1000 | 0.001 48 | 0.001 74 | 0.002 01 |
| 400 | 0.196 | 0.230 | 0.267 | | | | |

**【例 6-6】**　由水塔向车间供水（如图 6-18 所示），采用铸铁管 $n=0.013$，管长 $l=3000$ m，管径 $d=350$ mm，水塔地面高程 $\nabla_1=56$ m，水塔水面距地面的高度 $H_1=20$ m，车间地面标高 $\nabla_2=40$ m，供水点需要的自由水头 $H_2=25$ m，求供水流量 $Q$。

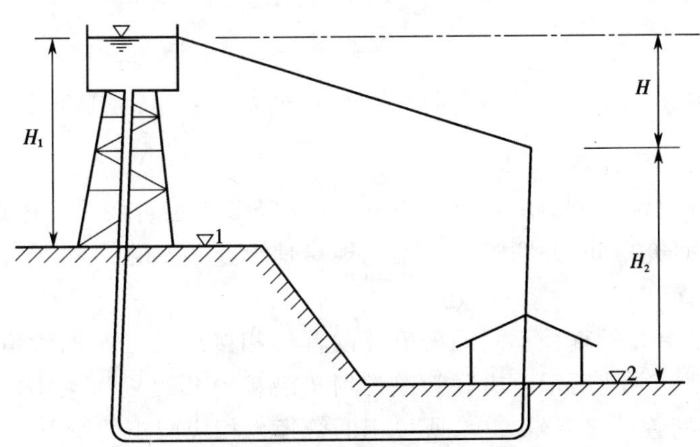


**图 6-18　水塔供水系统示意图**

**【解】**　由式(6-17)，可得

$$Q=\sqrt{\frac{H}{al}}$$

式中:作用水头为

$$H=(\nabla_1+H_1)-(\nabla_2+H_2)=[(56+20)-(40+25)]\ \text{m}=11\ \text{m}$$

比阻 $a$ 可查表 6-4 得

$$d=350\ \text{mm},\quad 铸铁管\ n=0.013$$

查得 $a=0.471\ \text{s}^2/\text{m}^6$,所以

$$Q=\sqrt{\frac{H}{al}}=\sqrt{\frac{11}{0.471\times3000}}\ \text{m}^3/\text{s}=0.0882\ \text{m}^3/\text{s}$$

**【例 6-7】** 上题(如图 6-17 所示)中,管线布置、地面标高及供水点所需要的自由水头均不变,供水流量增至 100 L/s,试求管道直径

**【解】** 作用水头,仍为 $H=11$ m,要求比阻

$$a=\frac{H}{lQ^2}=\frac{11}{3\ 000\times0.1^2}\ \text{s}^2/\text{m}^6=0.367\ \text{s}^2/\text{m}^6$$

而 $n=0.013$,根据 $n$、$a$ 查表 6-4,求 $d$。

查表得

$$d_1=400\ \text{mm},\ a=0.230\ \text{s}^2/\text{m}^6$$

$$d_2=350\ \text{mm},\ a=0.471\ \text{s}^2/\text{m}^6$$

可见,所需管径在 $d_1$ 与 $d_2$ 之间,由于无此规格产品,采用较大管径将浪费管材,合理的办法是采用两段不同管径($d_1=400$ mm 和 $d_2=350$ mm)的管段串联。

**2. 复杂管道**

由两根或两根以上管道所组成的管道系统称之为复杂管道。在复杂管道中一般都是以沿程水头损失为主,而

$$\left(h_f+\frac{\alpha v^2}{2g}\right)\ll h_f$$

所以一般复杂管道都按长管计算,或是不计$\left(h_j+\dfrac{\alpha v^2}{2g}\right)$,或是将其按一定百分比折算成沿程水头损失计算。

任何复杂管道都是由简单管道经串联、并联等形式组合而成。因此在复杂管道的计算中,首先研究串联、并联管道的流动规律是十分必要的。

**1) 串联管道**

串联管道是由几段直径不同的简单管段首尾相接组合起来的管道,管段相接之点称为节点,如图 6-19 所示。串联管道常用于沿程向几处输送流体,经过一段距离便有流量分出,随着沿程流量减少,所采用的管径也相应减小的情况。

串联管道的水力特征如下。

(1) 各节点处流量出入平衡。

在串联管道的每个节点上都遵循流量平衡原理,即流入的质量流量等于流出的质量流量,若 $\rho=$常数,则流入的体积流量等于流出的体积流量。

设串联管道如图 6-19,各管段的长度分别为 $l_1$、$l_2$、$l_3$…$l_i$,管径为 $d_1$、$d_2$、$d_3$…$d_i$,

通过流量为 $Q_1$、$Q_2$、$Q_3$…$Q_i$，节点出流量为 $q_1$、$q_2$、$q_3$、…$q_i$，$i=1,2,\cdots,n$，根据节点处流量出入平衡则有

$$Q_1=q_1+Q_2$$

$$Q_2=q_2+Q_3$$

……

一般式为

$$Q_i=q_i+Q_{i+1} \tag{6-20}$$

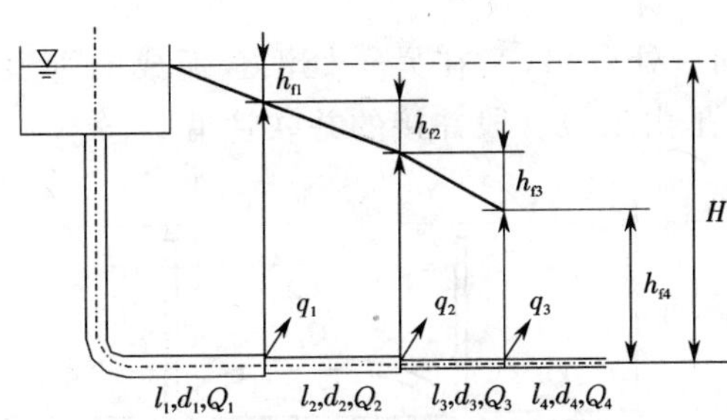


图 6-19　串联管道

(2) 总的水头损失为各分段水头损失之和。

串联管道的总水头损失等于各分管段水头损失之和，即

$$H=\sum_{i=1}^{n} h_{fi}=\sum_{i=1}^{n} a_i l_i Q_i^2=\sum_{i=1}^{n} S_i Q_i^2 \tag{6-21}$$

式中 $S_i$ 为各管段的阻抗，$S_i=a_i l_i$，当节点无流量分出时，$q_i=0$，则 $Q_i=Q_{i+1}$，此时通过串联管道各管段的流量相等，总阻抗等于各管段阻抗之和，即

$$S=\sum_{i=1}^{n} S_i=\sum_{i=1}^{n} a_i l_i$$

于是

$$H=SQ^2=Q^2\sum_{i=1}^{n} S_i=Q^2\sum_{i=1}^{n} a_i l_i \tag{6-22}$$

**【例 6-8】** 在例 6-7 中，为了充分利用水头和节省管材，决定采用 400 mm 和 350 mm 两种管径的管段串联使用，试求每段的管长。

**【解】** 设直径 $d_1=400$ mm 的管段长为 $l_1$，$d_2=350$ mm 的管段长为 $l_2$，则已知管道总长

$$l=3\ 000$$

所以

$$l_2=3000-l_1$$

查表 6-4 可得

$$d_1=400\ \text{mm},\ a_1=0.230\ \text{s}^2/\text{m}^6$$

$$d_2=350\ \text{mm},\ a_2=0.471\ \text{s}^2/\text{m}^6$$

根据式(6-21) $$H=Q^2\sum_{i=1}^{n}a_il_i=(a_1l_1+a_2l_2)Q^2$$

代入数值,得

$$11=[0.230l_1+0.471\times(3000-l_1)]\times0.1^2$$

解得

$$l_1=1298.76\ \text{m},\ l_2=3000-l_1=(3000-1298.76)\ \text{m}=1701.24\ \text{m}$$

**2）并联管道**

两根以上管段在同一处分出,又在另一处汇合而成的管道称为并联管道,如图6-20中节点 $A$、$B$ 之间是由三根管段并接的并联管道。

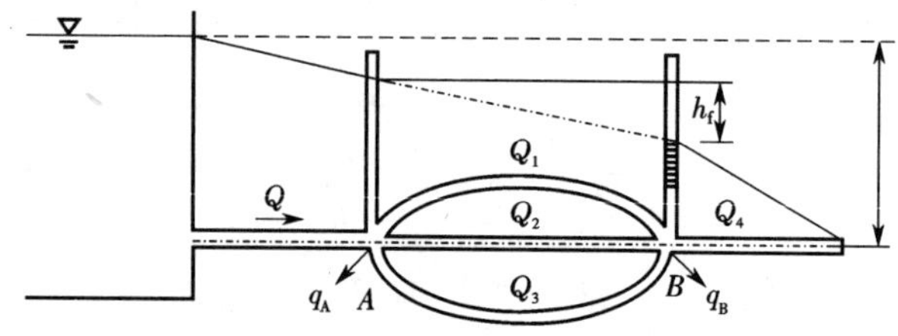


图 6-20 并联管道

并联管道的水力特征如下。

(1) 各管段单位重量流体所产生的水头损失相等。

并联管道各管段的首端和末端分别具有共同的节点,如图6-20中节点 $A$、$B$,节点间的测压管水头差(也就是总水头差)即为各并联管段的水头损失,由于节点间的测压管水头差只有一个,因此并联各管段的水头损失相等。即

$$h_{f1}=h_{f2}=h_{f3}=h_{fAB} \tag{6-23}$$

从式(6-22)表明,并联各管中的水流应满足两端共同的边界条件,从断面平均意义上说,即是在相等的单位势能差的作用下的流动。

应该注意:并联管道上的水头损失相等,并不等于说各管段上的总能量损失相等。因为各管段的阻力不同,流量不同,则水头损失乘以重量流量所得到的各管段功率损失也不同,即单位时间里各管段总的能量损失是不同的。

(2) 流出各管段的流量之和等于进入并联管道的总流量。因为并联各管段的长度、管径、粗糙度可能不同,虽然在相同水头作用下,但流量也不会相等,而各管流量要满足连续条件,即同串联管道一样,并联管道满足质量平衡原理。当 $\rho=$ 常数时,应有

$$Q=\sum_{i=1}^{n}Q_i=Q_1+Q_2+Q_3 \tag{6-24}$$

其中,$Q$ 为总流量,$Q_i(i=1,2,3)$为各分支管段流量。

根据水头损失的计算公式,有

$$H=h_f=S_1Q_1^2=S_2Q_2^2=S_3Q_3^2$$

所以
$$Q=\sum_{i=1}^{n}Q_i=Q_1+Q_2+Q_3=\sqrt{h_f}\left(\frac{1}{\sqrt{S_1}}+\frac{1}{\sqrt{S_2}}+\frac{1}{\sqrt{S_3}}\right)$$
$$=\sqrt{H}\left(\frac{1}{\sqrt{S_1}}+\frac{1}{\sqrt{S_2}}+\frac{1}{\sqrt{S_3}}\right)$$

(3) 并联各管段的流量分配与各管段阻抗的平方根成反比。因为

$$Q_1=\frac{\sqrt{h_{l1}}}{\sqrt{S_1}}=\frac{\sqrt{H}}{\sqrt{S_1}}$$
$$Q_2=\frac{\sqrt{h_{l2}}}{\sqrt{S_2}}=\frac{\sqrt{H}}{\sqrt{S_2}}$$
$$Q_3=\frac{\sqrt{h_{l3}}}{\sqrt{S_3}}=\frac{\sqrt{H}}{\sqrt{S_3}}$$

所以
$$Q_1:Q_2:Q_3=\left(\frac{1}{\sqrt{S_1}}\right):\left(\frac{1}{\sqrt{S_2}}\right):\left(\frac{1}{\sqrt{S_3}}\right) \tag{6-25}$$

上式表明:并联各管段的流量分配与各管段阻抗的平方根成反比,此即为并联管道流量分配的规律。式(6-25)的意义在于,各分支管段的几何尺寸、局部构件确定后,就可按照节点间各分支管段的阻力损失相等来分配各支管上的流量,阻抗大的支管其流量小,阻抗小的支管其流量大。

在工程上并联管道的设计计算中,必须进行“阻力平衡”校核,即应用并联管道中流量分配规律,在满足用户需要的流量下,设计合适的管道尺寸及局部构件,使各支管上阻力损失相等。

**【例 6-9】** 某两层楼的供暖立管,管段 1 的直径为 20 mm,总长为 20 m,$\sum\zeta_1=15$。管段 2 的直径为 20 mm,总长为 10 m,$\sum\zeta_2=15$,管路的 $\lambda=0.025$,干管中的流量 $Q=1\times10^{-3}\ \mathrm{m^3/s}$。求 $Q_1$ 和 $Q_2$。

**【解】** 从图 6-21 可知,节点 $a$、$b$ 间并联有 1、2 两管段。由 $S_1Q_1^2=S_2Q_2^2$ 得

$$\frac{Q_1}{Q_2}=\frac{\sqrt{S_2}}{\sqrt{S_1}}$$

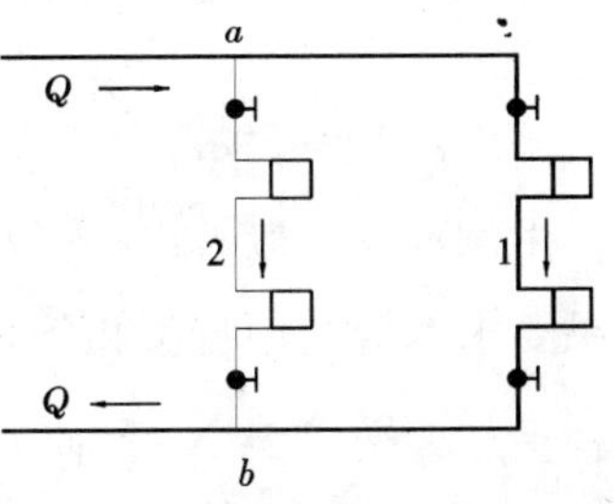

**图 6-21　两层楼房供暖管路示意图**

**解法Ⅰ**　将局部阻力转换成沿程阻力,根据 $\lambda\frac{l}{d}=\zeta$ 求出等值长度 $l_x$,因两管段中 $\zeta$、$\lambda$、$d$ 都是一样的,故所求 $l_x$ 亦相等,即

$$l_x=\frac{\zeta d}{\lambda}=\frac{15\times0.02}{0.025}\ \mathrm{m}=12\ \mathrm{m}$$

所以
$$L_1=l_1+l_x=(20+12)\ \mathrm{m}=32\ \mathrm{m}$$
$$L_2=l_2+l_x=(10+12)\ \mathrm{m}=22\ \mathrm{m}$$

又知 $Q=\frac{8\lambda}{g\pi^2 d^5}$，两根管的比阻相同 $a_1=a_2=a$，有

$$\frac{S_2}{S_1}=\frac{aL_2}{aL_1}=\frac{L_2}{L_1}$$

$$\frac{Q_1}{Q_2}=\sqrt{\frac{L_2}{L_1}}=\sqrt{\frac{22}{32}}=0.829$$

$$Q_1=0.829Q_2,\quad Q=Q_1+Q_2=0.829Q_2+Q_2=1.829Q_2$$

则

$$Q_2=\frac{Q}{1.829}=\frac{1\times10^{-3}}{1.829}\ \text{m}^3/\text{s}=0.547\times10^{-3}\ \text{m}^3/\text{s}$$

$$Q_1=0.829Q_2=0.829\times0.547\times10^{-3}\ \text{m}^3/\text{s}=0.453\times10^{-3}\ \text{m}^3/\text{s}$$

**解法Ⅱ** 根据 $H=h_f+\sum h_j=\left(\lambda\frac{l}{d}+\sum\zeta\right)\frac{v^2}{2g}=\left(\lambda\frac{l}{d}+\sum\zeta\right)\frac{1}{2g}\left(\frac{4Q}{\pi d^2}\right)^2=\left(\lambda\frac{l}{d}+\sum\zeta\right)\frac{8}{g\pi^2 d^4}Q^2=SQ^2$，求 $S_1$、$S_2$ 为

$$S_1=\left(\lambda_1\frac{l_1}{d}+\sum\zeta_1\right)\frac{8}{g\pi^2 d^4}=\left(\lambda\frac{l_1}{d}+\zeta\right)\frac{8}{g\pi^2 d^4}$$

$$S_2=\left(\lambda\frac{l_2}{d}+\zeta\right)\frac{8}{g\pi^2 d^4}$$

所以

$$\frac{Q_1}{Q_2}=\sqrt{\frac{S_2}{S_1}}=\sqrt{\frac{\lambda\frac{l_2}{d}+\zeta}{\lambda\frac{l_1}{d}+\zeta}}=\sqrt{\frac{0.025\times\frac{10}{0.02}+15}{0.025\times\frac{20}{0.02}+15}}=\sqrt{\frac{27.5}{40}}=0.829$$

则

$$Q_1=0.829Q_2$$

又因

$$Q=Q_1+Q_2=0.829Q_2+Q_2=1.829Q_2$$

$$Q_2=\frac{1}{1.829}Q=0.547\times10^{-3}\ \text{m}^3/\text{s}$$

于是

$$Q_1=0.828Q_2=(0.828\times0.547\times10^{-3})\ \text{m}^3/\text{s}=0.453\times10^{-3}\ \text{m}^3/\text{s}$$

由例 6-9 可以看出，支管 1 中，由于阻抗比支管 2 大，所以流量分配小于支管 2。如果要求两管段中流量相等，则需改变管径 $d$ 及 $\sum\zeta$，使 $S$ 相等才能达到流量相等。这种重新改变 $d$ 及 $\sum\zeta$，使 $Q_1=Q_2$ 并达到 $S_1=S_2$，$h_1=h_2$ 的计算，即为“阻力平衡”计算。

**【例 6-10】** 有一输水管道，在甲处用四条并联管道供水至乙处。粗糙系数 $n=0.013$，直径 $d_1=300$ mm，$d_2=d_3=350$ mm，$d_4=250$ mm；管长 $l_1=200$ m，$l_2=400$ m，$l_3=350$ m，$l_4=300$ m；总流量 $Q=400$ L/s，求各管流量 $Q_1$、$Q_2$、$Q_3$、$Q_4$。

**【解】** 根据已知 $n$ 值和管径 $d$ 查表 6-4 得 $a_1=1.07\ \text{s}^2/\text{m}^6$，$a_2=0.471\ \text{s}^2/\text{m}^6$，$a_3=0.471\ \text{s}^2/\text{m}^6$，$a_4=2.83\ \text{s}^2/\text{m}^6$，所以

$$S_1 = a_1 l_1 = 1.07 \times 200\ \mathrm{s^2/m^5} = 214\ \mathrm{s^2/m^5}$$

$$S_2 = a_2 l_2 = 0.471 \times 400\ \mathrm{s^2/m^5} = 188.4\ \mathrm{s^2/m^5}$$

$$S_3 = a_3 l_3 = 0.471 \times 350\ \mathrm{s^2/m^5} = 164.85\ \mathrm{s^2/m^5}$$

$$S_4 = a_4 l_4 = 2.83 \times 300\ \mathrm{s^2/m^5} = 849\ \mathrm{s^2/m^5}$$

有

$$\frac{1}{\sqrt{S_1}} = \frac{1}{\sqrt{214}} = 0.0684, \quad \frac{1}{\sqrt{S_2}} = \frac{1}{\sqrt{188.4}} = 0.0729$$

$$\frac{1}{\sqrt{S_3}} = \frac{1}{\sqrt{164.85}} = 0.0779, \quad \frac{1}{\sqrt{S_4}} = \frac{1}{\sqrt{849}} = 0.0343$$

根据

$$Q_1 : Q_2 : Q_3 : Q_4 = \frac{1}{\sqrt{S_1}} : \frac{1}{\sqrt{S_2}} : \frac{1}{\sqrt{S_3}} : \frac{1}{\sqrt{S_4}}$$

$$= 0.0684 : 0.0729 : 0.0779 : 0.0343$$

所以

$$Q_1 = \frac{0.0684}{0.0684 + 0.0729 + 0.0779 + 0.0344} \times Q = \frac{0.0684}{0.2535} \times 400\ \mathrm{L/s} = 107.9\ \mathrm{L/s}$$

$$Q_2 = \frac{0.0729}{0.2535} \times 400\ \mathrm{L/s} = 115.0\ \mathrm{L/s}$$

$$Q_3 = \frac{0.0779}{0.2535} \times 400\ \mathrm{L/s} = 122.9\ \mathrm{L/s}$$

$$Q_4 = \frac{0.0343}{0.2535} \times 400\ \mathrm{L/s} = 54.12\ \mathrm{L/s}$$

**3）沿程均匀泄流管道**

上述的管道流动，其流量都是集中于管道末端泄出，沿程各管段所通过的流量保持不变。实际工程中，如灌溉工程中的人工降雨管或给排水工程、卫生工程以及供热通风设备和水处理设备中，常会遇到在管壁沿程开孔的管道，流体在管道中流动时，沿程不断有流量泄出，称此泄出流量为**途泄流量**（或**沿线流量**），并以 $Q_t$ 表示总的途泄流量。此时若单位长度泄出的流量相等，即称为**沿程均匀泄流管道**。而管道末端泄出的流量 $Q_z$，因其流经全管，则称为**传输流量**（或**贯通流量**）。

计算沿程均匀泄流管道的水头损失时，将每隔一定间距开一孔的情况视为沿整个长度上连续均匀泄流，以简化分析。

如图 6-22 所示一沿程均匀泄流管道装置，设管道长度为 $l$，直径为 $d$，传输流量为 $Q_z$，总途泄流量为 $Q_t$，根据质量守恒原理，通过某断面的流量 $Q_x$ 等于管段的传输流量与该断面以后的总途泄流量之和，即

$$Q_x = Q_z + Q_t - \frac{Q_t}{l}x \qquad (6\text{-}26)$$

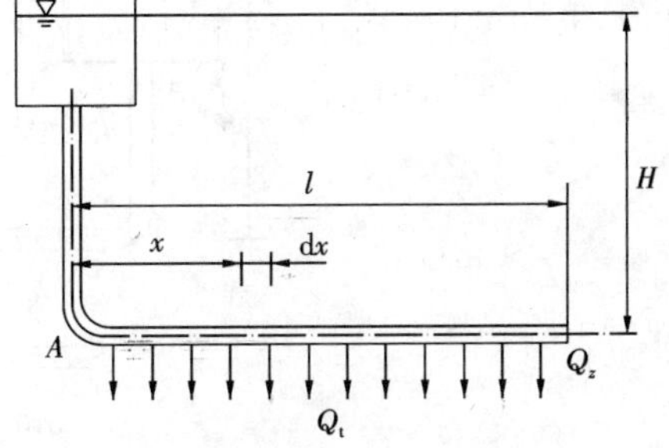

图 6-22　沿程均匀泄流管道

在距开始泄流断面为 $x$ 的断面处，取长

度为 $dx$ 的微小管段，认为通过此微小管段的流量 $Q_x$ 不变，不计局部阻力，其水头损失近似按简单长管式(6-17)计算得

$$h_f = SQ_x^2$$

而

$$S = al$$

代入上式，则有

$$dh_f = aQ_x^2 dx$$

将式(6-26)代入上式，积分后得到整个泄流管段的水头损失

$$h_f = \int_0^l dh_f = \int_0^l a\left(Q_z + Q_t - \frac{Q_t}{l}x\right)^2 dx$$

若管段直径和粗糙情况一定，且流动处于紊流粗糙区，比阻 $a$ 是常量，将上式积分得

$$h_f = al\left(Q_z^2 + Q_zQ_t + \frac{1}{3}Q_t^2\right) \tag{6-27}$$

由于

$$Q_z^2 + Q_zQ_t + \frac{1}{3}Q_t^2 \approx (Q_z + 0.55Q_t)^2$$

且令 $Q_c = Q_z + 0.55Q_t$ 为折算流量，式(6-26)可近似写成

$$h_f = al(Q_z + 0.55Q_t)^2 = alQ_c^2 = SQ_c^2 \tag{6-28}$$

与简单管道的基本公式形式相同。该式是将途泄流量折算成传输流量计算沿程均匀泄流管段的水头损失。

若管段只有途泄流量，无传输流量，即 $Q_z = 0$，由式(6-26)得

$$h_f = \frac{1}{3}alQ_t^2 = \frac{1}{3}SQ_t^2 \tag{6-29}$$

可见，对于只有途泄流量的管道，水头损失是通过相同数量传输流量的水头损失的1/3。

**【例 6-11】** 水塔供水的输水管道如图 6-23 所示，管道由三段铸铁管串联而成，中段 $BC$ 为均匀泄流管段，已知 $l_1 = 500$ m，$l_2 = 150$ m，$l_3 = 200$ m，$d_1 = 200$ mm，$d_2 = 150$ mm，$d_3 = 125$ mm。节点 $B$ 分出流量 $q = 0.01$ m³/s，传输流量 $Q_z = 0.02$ m³/s，途泄流量 $Q_t = 0.015$ m³/s，沿程阻力系数 $\lambda = 0.03$，不计局部阻力，试求所需的作用

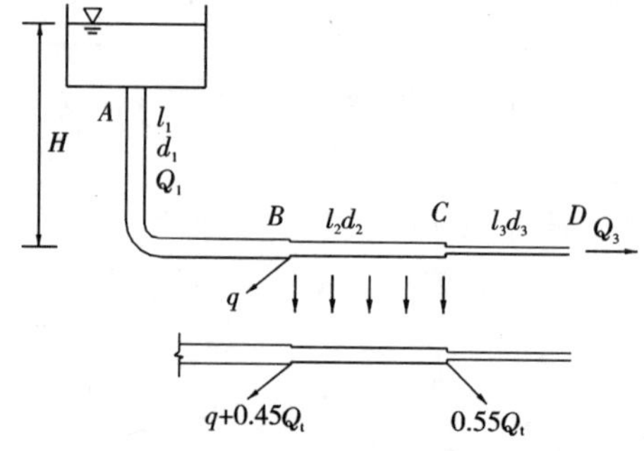


**图 6-23 带有均匀泄流管段的串联输水管系**

水头。

【解】　首先将 $BC$ 段泄流量折算成传输流量，按式(6-27)把 $0.55Q_t$ 加在节点 $C$，其余 $0.45Q_t$ 加在节点 $B$，则各管段流量为

$$Q_1 = q + Q_t + Q_z = 0.045\ \text{m}^3/\text{s}$$

$$Q_2 = 0.55Q_t + Q_z = 0.028\ \text{m}^3/\text{s}$$

$$Q_3 = Q_z = 0.02\ \text{m}^3/\text{s}$$

各管段的阻抗为

$$S_1 = \frac{8\lambda_1 l_1}{\pi^2 d_1^5 g} = \frac{8\times 0.03\times 500}{3.14^2\times 0.2^5\times 9.8}\ \text{s}^2/\text{m}^5 = 3\,881.02\ \text{s}^2/\text{m}^5$$

$$S_2 = \frac{8\lambda_2 l_2}{\pi^2 d_2^5 g} = \frac{8\times 0.03\times 150}{3.14^2\times 0.15^5\times 9.8}\ \text{s}^2/\text{m}^5 = 4906.38\ \text{s}^2/\text{m}^5$$

$$S_3 = \frac{8\lambda_3 l_3}{\pi^2 d_3^5 g} = \frac{8\times 0.03\times 200}{3.14^2\times 0.125^5\times 9.8}\ \text{s}^2/\text{m}^5 = 16278.18\ \text{s}^2/\text{m}^5$$

总作用水头等于各管段水头损失之和

$$\begin{aligned} H &= \sum h_f = S_1 Q_1^2 + S_2 Q_2^2 + S_3 Q_3^2 \\ &= (3881.02\times 0.045^2 + 4906.38\times 0.028^2 + 16278.18\times 0.02^2)\ \text{m} \\ &= 18.22\ \text{m} \end{aligned}$$

**4)管网的水力计算**

管网是由简单管路、并联、串联管路组合而成，按其布置形式可分为枝状管网和环状管网两种。在实际工程中，为满足向更多用户供水、供热、供燃气的需要，往往采用管网结构。

枝状管网管线短、投资少，但其可靠性较差；环状管网的局部管段损坏时，能够利用其他管线向用户供流，自弥补能力较强，但管线长、投资高。

(1) 枝状管网。

枝状管网的管道在某节点分出后，不再汇合到一起，管线总长度较短，造价较低，常用于通风工程的管网及较小区域的供水管网。图 6-24 给出由三个吸气口，六根简单管路并、串联而成的排风枝状管网。

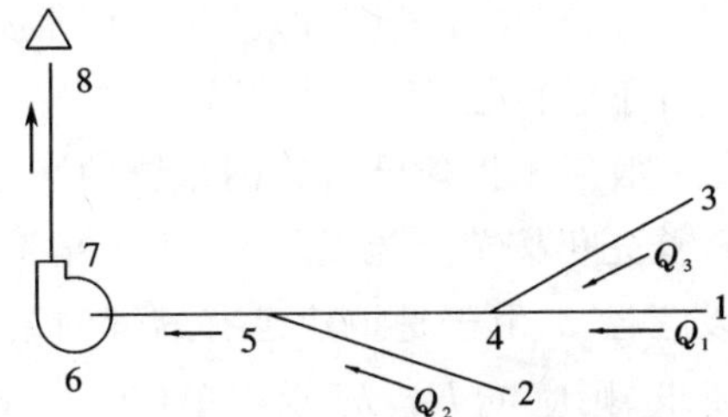

**图 6-24　排风枝状管网**

根据串联、并联管道计算原则，风机应具有的压头为

$$H = \frac{p}{\rho g} = h_{w_{1-4}} + h_{w_{4-5}} + h_{w_{5-6}} + h_{w_{7-8}} \tag{6-30}$$

式中，$h_w$ 为管段的总水头损失。风机应具有的风量为

$$Q = Q_1 + Q_2 + Q_3$$

在节点 4 与通大气的管道末端(相当于另一节点都通大气,有共同的管端条件)间,存在着 1-4 管段、3-4 管段两根并联的支管。通常以管段最长,局部构件最多的一支参加阻力叠加,也就是选择最不利的条件进行计算。而另外一支则不加入阻力叠加,只按并联管道的规律,在满足流量的要求下,与第一支管段进行阻力平衡。

在枝状管网的设计中,常遇到的水力计算基本分为两类。

① 管网的管道布置已定,如各管段长度 $l$、管材的壁面粗糙以及局部构件形式和数量都已确定,在已知各用户所需流量 $Q$ 和末端要求的压头 $P_c$(或自由水头 $h_c$ 即供流末端压强水头的余量)的条件下,进行干管设计。一般取距风机或水泵最远点,通过流量最大的管线作为干管,也常把压头或水头要求最高,通过流量最大的点称为控制点或最不利点。一般按最不利点进行设计,求管径 $d$ 及风机风压 $p$(或作用水头 $H$)多为新建管网系统的水力计算问题。

首先按节点流量平衡,由末梢节点即距离最远的节点向风机或水泵逐段计算各管段流量 $Q_i$,其次计算各管段管径 $d$,根据 $Q_i=v_e\dfrac{\pi d_i^2}{4}$ 得

$$d=\sqrt{\frac{4Q}{\pi v_e}}=1.13\sqrt{\frac{Q}{v_e}} \tag{6-31}$$

即按流量 $Q$ 及限定流速即经济流速 $v_e$ 求管径 $d$。其中,限定流速是根据不同专业的技术、经济要求,经过比较、论证而确定的设计流速,如除尘管路中,为防止灰尘沉积堵塞管路,限定了管中最小速度;热水采暖供水干管中,为了防止抽吸作用造成的支管流量过少,限定了干管的最大速度;给水管网中限定流速选取给水总成本(包括建造费和运营费等)最低的经济流速。不同管路的限定流速即经济流速,可在相关专业设计手册中查得。

在管径 $d$ 确定后,便可对枝状管网进行阻力计算,然后按总阻力(或总水头损失)及总流量选择泵和风机。最后调整支线管径,进行阻力平衡。

② 已有泵或风机,即已知作用水头 $H$、用户所需流量 $Q$ 及末端要求压头 $p_c$(或 $h_c$),由于管网已存在,所以管路布置情况及各管段长度 $l$ 已知,要求确定各段管径 $d_i$。一般属于扩建已有管网系统的水力计算问题。

首先仍按节点流量平衡,由末梢节点向风机或水泵逐段计算各管段流量 $Q$ 及各管段管径 $d$,由于是扩建已有的管网系统,按原设计流速计算管径,不能保证技术、经济要求,则应按 $H-h_c$ 求得单位长度上允许损失的水头 $J$

$$J=\frac{H-h_c}{l+l_{zh}} \tag{6-32}$$

作为主干线的控制标准。式中 $l_{zh}$ 为局部损失的折算长度,可按局部水头损失的公式计算,即

$$l_{zh}=\frac{\zeta d}{\lambda}$$

总水头损失 $h_l$ 为

$$h_l=\lambda\frac{l+l_{zh}}{d}\times\frac{v^2}{2g} \tag{6-33}$$

在管径 $d$ 尚不知道的情况下，$l_{zh}$ 难以确切得出，可由专业设计手册中查得估计各种局部构件的当量长度后，再代入公式计算 $J$。

在求出 $J$ 之后，根据此控制标准将水头损失均匀分配，计算主干线各管段直径

$$J=\frac{\lambda}{d}\frac{v^2}{2g}=\frac{\lambda}{d}\frac{1}{2g}\left(\frac{4Q}{\pi d^2}\right)^2$$

$$d_i=\left(\frac{8\lambda Q_i^2}{\pi^2 gJ}\right)^{\frac{1}{5}} \tag{6-34}$$

求出管径 $d$ 后，确定局部构件形式及尺寸。然后进行校核计算，计算总阻力与已知水头核对。最后根据确定的主干线各管段直径，计算各节点压头，并以此为已知条件，计算各支路管段直径。

**【例 6-12】** 图 6-25 所示枝状送风管道由薄钢板制造，各段长度 $l_1=l_2=30$ m，$l_3=25$ m，$l_4=23$ m，空气温度 $t=20$ ℃，风量 $Q_3=30\ 000\ \text{m}^3/\text{h}$，$Q_4=40\ 000\ \text{m}^3/\text{h}$，限定风速 $v_c$ 不超过 15 m/s，不计局部阻力，试求各管段直径及风机风压。

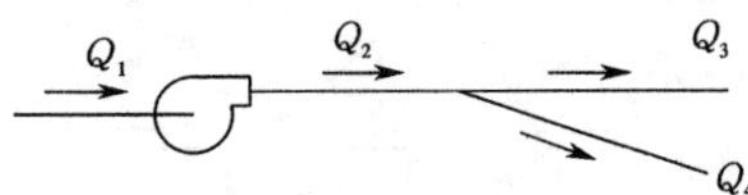


**图 6-25　枝状送风管网**

**【解】** 计算各管段流量

$$Q_2=Q_3+Q_4=\left(\frac{30\ 000}{3\ 600}+\frac{40\ 000}{3\ 600}\right)\ \text{m}^3/\text{s}=(8.33+11.11)\ \text{m}^3/\text{s}=19.44\ \text{m}^3/\text{s}$$

$$Q_1=Q_2=19.44\ \text{m}^3/\text{s}$$

按限定流速计算各管段直径

$$d_3=\sqrt{\frac{4Q}{\pi v_c}}=1.13\sqrt{\frac{Q}{v_c}}=1.13\sqrt{\frac{8.33}{15}}\ \text{m}=0.84\ \text{m}$$

同理可得 $d_1=d_2=1.29$ m，$d_4=0.97$ m。

计算各管段压强损失，管段 3 的雷诺数为

$$Re_3=\frac{v_c d_3}{\nu}=\frac{15\times0.84}{15.7\times10^{-6}}=8.03\times10^5$$

查表选当量粗糙高度为 0.15 mm，则相对粗糙为 0.00018，由莫迪图查得 $\lambda_3=0.0146$，得管段 3 阻抗

$$S_{p3}=\frac{8\lambda_3 l_3\rho}{\pi^2 d_3^5}=\frac{8\times0.0146\times25\times1.2}{3.14^2\times0.84^5}\ \text{kg/m}^7=0.850\ \text{kg/m}^7$$

压强为

$$p_3=p_{f3}=S_{p3}Q_3^2=0.850\times8.33^2\ \text{Pa}=59.0\ \text{Pa}$$

同理 $p_1=p_2=41.6\ \mathrm{Pa}$，$p_4=45.7\ \mathrm{Pa}$，则风机的风压为

$$p=p_1+p_2+p_3=(41.6+41.6+59.0)\mathrm{Pa}=142.2\ \mathrm{Pa}$$

因管段 3、管段 4 出口外均为大气空间，全压为零，出口条件相同，两管段为并联管道，支线(管段 4)的阻力平衡可通过在该管段加设阀门调节(增加 $\zeta$)实现。

(2) 环状管网。

**环状管网**的特点是管段在某一共同的节点处分支，然后又在另一共同点处汇合，如图 6-26 所示。环状管网是很多个并联管路组合而成，遵循串联和并联管路的计算原则，并存在下列两个条件。

① 满足质量平衡原理。即任一节点流入和流出的流量相等。若设流入节点的流量为正值，流出的流量为负值，则流入和流出节点流量的代数和应等于零。即

$$\sum Q_i=0 \tag{6-35}$$

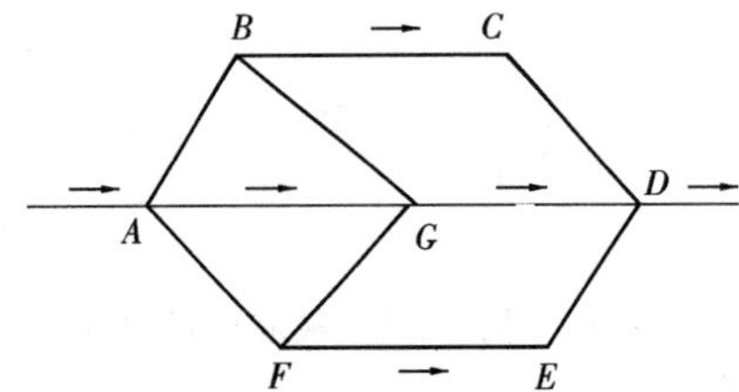


图 6-26　环状管网示意图之一

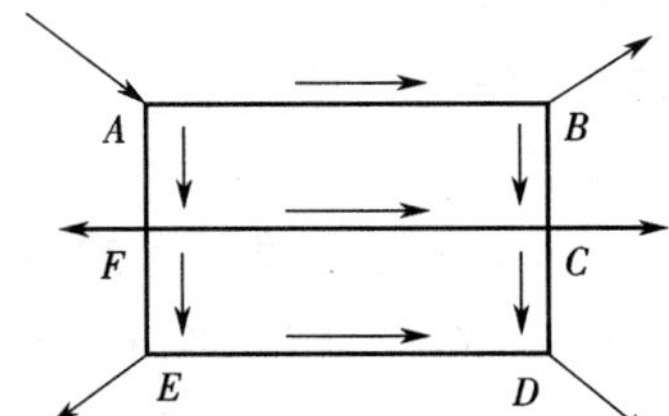


图 6-27　环状管网示意图之二

② 满足并联管路节点间各分支管段阻力损失相等的原则。在任一闭合环路的管道中，如规定顺时针方向流动的阻力损失为正，反之为负，则各管段阻力损失的代数和必等于零。即

$$\sum h_{\mathrm{W}i}=\sum (S_iQ_i^2)=0 \tag{6-36}$$

如图 6-27 所示

$$h_{\mathrm{WAB}}+h_{\mathrm{WBC}}-h_{\mathrm{WAF}}-h_{\mathrm{WFC}}=0$$

$$h_{\mathrm{WFC}}+h_{\mathrm{WCD}}-h_{\mathrm{WFE}}-h_{\mathrm{WED}}=0$$

由于环状管网的管道形成闭合环路，所以不会因管网内某一处故障而中断该点以后用户所需的流量，从而提高了管网工作的可靠性。因此，一般城镇配水管网、燃气管网等多采用环状管网。

在环状管网计算中，通常是管网的管线布置已确定，已知各管段的长度、管网各用户所需流量 $q_i$(节点流量)和末端压头，确定各管段的通过流量和管径 $d$，求出各段的水头损失 $h_{\mathrm{W}i}$，从而确定管网所需压头 $p$ (或 $H$)。

环状管网的计算是一个多解问题。因为任一形状的环状管网中，其管段数 $n_{\mathrm{g}}$、环数 $n_{\mathrm{k}}$ 和节点数 $n_{\mathrm{p}}$ 存在关系

$$n_{\mathrm{g}}=n_{\mathrm{k}}+n_{\mathrm{p}}-1$$

每一管段均有两个未知数 $Q$ 和 $d$，管网总未知数的个数为 $2n_g=2(n_k-n_p-1)$个。根据式(6-34)可以列出$(n_p-1)$个独立方程式(不包括最后一个节点)，根据式(6-35)可以列出 $n_k$ 个方程式，因此总方程数仅为$(n_k+n_p-1)$个。说明该问题在数学上具有任意解。

为解决方程的任意解问题，在实际计算时，通常用限定流速即经济流速 $v_w$ 先行确定各管段直径，从而使未知数个数减半，满足未知量与方程式的数目一致，以求得唯一解。虽理论上可行，但计算繁琐。工程上一般采用逐步渐近法，首先按各节点用户所需流量，初拟各管段的流向，并根据式(6-34)第一次分配流量，并利用 $v_e$ 算出管径，再计算各管段的水头损失，进而验算每一环的 $h_{Wi}$ 是否满足式(6-35)；如不满足，需对所分配的流量进行重新调整，并重复以上步骤，依次逼近，直至各环同时满足式(6-35)或闭合差 $\Delta h_{Wi}=\sum h_{Wi}$ 小于规定值为止。

工程上有多种环状管网的计算方法，现仅对应用较广泛的哈代-克罗斯(Hardy-Cross)法做简单介绍。该方法适于人工计算，也易于编写程序后用计算机计算。

首先，根据式(6-34)分配各管段流量，并根据分配的流量计算水头损失，按式(6-35)计算各环路闭合差

$$h_{Wi}=S_iQ_i^2$$

$$\Delta h_{Wi}=\sum h_{Wi}$$

当最初分配的流量不满足闭合条件时，需调整流量分配，在各环路加入校正流量 $\Delta Q$，各管段相应得到水头损失增量 $K$，即

$$h_{Wi}+\Delta h_{Wi}=S_i(Q_i+\Delta Q)^2=S_iQ_i^2(1+\frac{\Delta Q}{Q_i})^2$$

将上式按二项式展开，取前两项得

$$h_{Wi}+\Delta h_{Wi}=S_iQ_i^2\left(1+2\frac{\Delta Q}{Q_i}\right)=S_iQ_i^2+2S_iQ_i\Delta Q$$

如加入校正流量后。环路满足闭合条件，则有

$$\sum(h_{Wi}+\Delta h_{Wi})=\sum h_{Wi}+\sum \Delta h_{Wi}=\sum h_{Wi}+2\sum S_iQ_i\Delta Q=0$$

解上式可得闭合环路的校正流量 $\Delta Q$ 的计算公式

$$\Delta Q=-\frac{\sum h_{Wi}}{2\sum\frac{S_iQ_i^2}{Q_i}}=-\frac{\sum h_{Wi}}{2\sum\frac{h_{Wi}}{Q_i}} \tag{6-37}$$

校正后的流量为

$$Q'=Q+\Delta Q \tag{6-38}$$

将 $\Delta Q$ 加入到各管段第一次分配的流量可得第二次分配流量，重复同样步骤逐次计算，直到满足所要求的精度为止。

近年来，对实际管网特别是多环管网的水力计算大都采用计算机程序进行，以保

证计算的迅速、准确及易于操作。以下例题说明如何使用哈代-克罗斯法进行环状管网的计算。

**【例 6-13】** 图 6-28 所示为一有两个闭合环路的管网。各管段均为铸铁管其粗糙系数 $n=0.0125$，由 $a$、$b$、$c$、$d$ 四个结点组成，各管段长度和节点流量分别在图 6-28 中标出，不计局部阻力。试确定各管段的直径 $d$ 及管网中的流量分配。

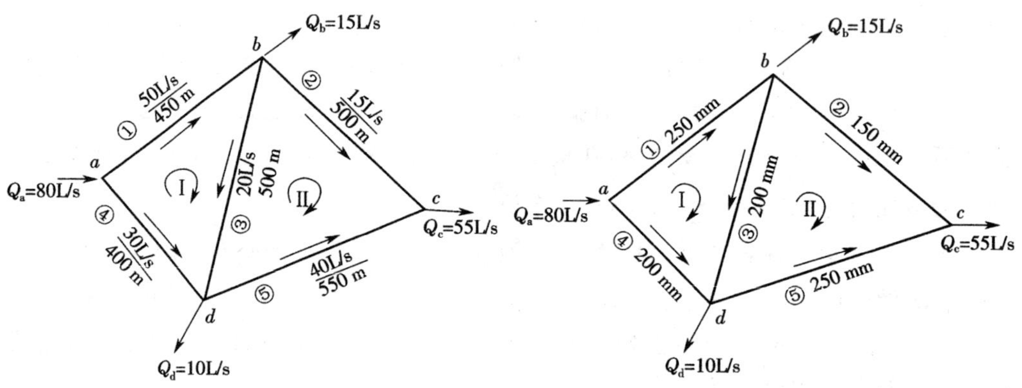


图 6-28　双闭合环路的管网 Ⅰ　　　　图 6-29　双闭合环路的管网 Ⅱ

**【解】** (1)在各环中设定各管水流方向，如图 6-28 所示。规定环的方向是顺时针方向，流量方向与环的方向一致为正，与环的方向相反为负。管段的排号如下：

①为 $ab$ 管，②为 $bc$ 管，③为 $bd$ 管，④为 $ad$ 管，⑤为 $dc$ 管。按连续性条件初步分配各管流量数值大致为①管 $Q_1=50$ L/s，②管 $Q_2=15$ L/s，③管 $Q_3=20$ L/s，④管 $Q_4=30$ L/s，⑤管 $Q_5=40$ L/s，均标在图 6-28 上。

(2) 根据初步分配的流量，按经济流速选择适当的管径，以 mm 为单位，$d_1=250$，$d_2=150$，$d_3=200$，$d_4=200$，$d_5=250$，并在图 6-29 中绘出。

(3) 用公式(6-17)计算各管段的水头损失。

计算①管的水头损失 $h_{f1}$：

根据 $d_1=250$ mm，$n=0.012\,5$，计算得 $S_1=a_1 l_1=1176.34$ s$^2$/m$^5$，$Q=50$ L/s 代入式(6-17)得

$$h_{f1}=S_1 Q_1^2=117\,6.34\times 0.05^2 \text{ m}=2.94 \text{ m}$$

同法可以计算②、③、④、⑤各管的水头损失，并规定顺时针方向流动(与环向一致)水头损失为正，反之，水头损失为负。将其计算结果列入表 6-5 中。

**表 6-5 双闭合环路管网计算表**

| 次数 | 计算项目 | 环号 | Ⅰ 环 | | | Ⅱ 环 | | |
|---|---|---|---|---|---|---|---|---|
| | | 管段号 | ① | ③ | ④ | ② | ⑤ | ③ |
| | | 管长/m | 450 | 500 | 400 | 500 | 550 | 500 |
| 初步流量分配计算 | $d$/mm | | 250 | 200 | 200 | 150 | 250 | 200 |
| | $Q$/(L/s) | | 50 | 20 | −30 | 15 | −40 | −20 |
| | $S/(s^2/m^5)$ | | 1 176.34 | 4 297.41 | 3 437.93 | 19 927.81 | 1 437.75 | 4 297.41 |
| | $h_f$/m | | +2.94 | +1.72 | −3.09 | +4.48 | −2.30 | −1.72 |
| | $h_f/Q$ | | 0.059 | 0.086 | 0.103 | 0.30 | 0.058 | 0.086 |
| | 计算 $\Delta Q$ | | $\sum h_f=+1.57$<br>$\sum \frac{h_f}{Q}=0.248$<br>$\Delta Q=-\frac{1.57}{2\times0.248}=-3.17$ | | | $\sum h_f=+0.46$<br>$\sum \frac{h_f}{Q}=0.444$<br>$\Delta Q=-\frac{0.46}{2\times0.444}=-0.52$ | | |
| 第一次修正计算 | $\Delta Q$ | | −3.17 | −3.17<br>+0.52 | −3.17 | −0.52 | −0.52 | +3.17<br>−0.52 |
| | $Q'$ | | 46.83 | 17.35 | −33.17 | 14.48 | −40.52 | −17.35 |
| | $h_f$ | | +2.56 | +1.29 | −3.78 | +4.17 | −2.16 | −1.29 |
| | $h_f/Q$ | | 0.055 | 0.074 | 0.113 | 0.288 | 0.053 | 0.074 |
| | 计算 $\Delta Q'$ | | $\sum h_f=+0.07$<br>$\sum h_f/Q=0.242$<br>$\Delta Q'_1=-\frac{0.07}{2\times0.242}$<br>$=-0.145$ | | | $\sum h_f=+0.72$<br>$\sum h_f/Q=0.415$<br>$\Delta Q'_2=-\frac{0.72}{2\times0.415}$<br>$=-0.866$ | | |
| 第二次修正计算 | $\Delta Q'$ | | −0.145 | 0.145<br>+0.866 | −0.145 | −0.866 | −0.366 | +0.145<br>−0.866 |
| | $Q''$ | | 46.66 | 18.07 | −33.32 | 13.61 | 41.39 | −18.07 |
| | $h_f$ | | +2.57 | +1.40 | −3.80 | +3.70 | −2.46 | −1.40 |
| | $h_f/Q$ | | 0.055 | 0.0775 | 0.114 | 0.271 | 0.0592 | 0.077 |
| | 计算 $\Delta Q''$ | | $\sum h_f=+0.17$<br>$\sum h_f/Q=0.247$<br>$\Delta Q'=-\frac{0.17}{2\times0.247}=-0.344$ | | | $\sum h_f=-0.15$<br>$\sum h_f/Q=0.408$<br>$\Delta Q'=-\frac{-0.15}{2\times0.408}=+0.183$ | | |

续表

<table>
<tr><td rowspan="3">次数</td><td rowspan="3">计算项目</td><td>环号</td><td colspan="3">Ⅰ 环</td><td colspan="3">Ⅱ 环</td></tr>
<tr><td>管段号</td><td>①</td><td>③</td><td>④</td><td>②</td><td>⑤</td><td>③</td></tr>
<tr><td>管长/m</td><td>450</td><td>500</td><td>400</td><td>500</td><td>550</td><td>500</td></tr>
<tr><td rowspan="5">第三次修正计算</td><td colspan="2">$\Delta Q''$</td><td>−0.344</td><td>−0.344<br>−0.183</td><td>−0.344</td><td>+0.183</td><td>+0.183</td><td>+0.344<br>+0.183</td></tr>
<tr><td colspan="2">$Q'''$</td><td>46.34</td><td>17.54</td><td>−33.66</td><td>13.79</td><td>−41.21</td><td>−17.54</td></tr>
<tr><td colspan="2">$h_f$</td><td>+2.52</td><td>+1.33</td><td>−3.88</td><td>+3.77</td><td>−3.44</td><td>−1.33</td></tr>
<tr><td colspan="2">$h_f/Q$</td><td>0.0545</td><td>0.0755</td><td>0.115</td><td>0.274</td><td>0.0594</td><td>0.0755</td></tr>
<tr><td colspan="2">$\Delta Q'''$计算</td><td colspan="3">$\sum h_f=-0.03$<br>$\sum h_f/Q=0.245$<br>$\Delta Q''=-\dfrac{-0.03}{2\times0.245}=0.062$</td><td colspan="3">$\sum h_f=0.00$<br>$\sum h_f/Q=0.41$<br>$\Delta Q''=-\dfrac{0.00}{2\times0.41}=0$</td></tr>
<tr><td colspan="3">最终各管流量/(L/s)</td><td>46.40</td><td>17.60</td><td>33.60</td><td>13.79</td><td>41.21</td><td>17.60</td></tr>
</table>

(4) 对两个环路各管段流量分配进行修正计算。

根据初步流量分配,依次计算Ⅰ环、Ⅱ环水头损失的闭合差 $\Delta h_f$。例如在Ⅰ环中得

$$\Delta h_f=\sum h_f=h_{f1}+h_{f3}+h_{f4}=(2.94+1.72-3.09)\ \text{m}=1.57\ \text{m}$$

若 $\sum h_f\neq0$,说明流量的分配比例不恰当,而Ⅰ环中 $\sum h_f>0$,表示通过管段①和③的顺时针方向的流量偏大,而通过管段④的反时针方向的流量偏小,为使闭合差 $\sum h_f=0$,需求出校正流量。校正流量 $\Delta Q$ 的计算式如下,即

$$\Delta Q=-\frac{\sum h_f}{2\sum\dfrac{h_f}{Q}}$$

在校正流量 $\Delta Q$ 的计算式中,分母的 $h_f$ 和 $Q$ 总是同号的,所以分母为正;而分子为各管的损失之和,可正可负。因公式本身带负号,使校正流量的符号必与水头损失闭合差符号相反。例如,对于Ⅰ环第一次校正流量为

$$\Delta Q=\frac{-1.57}{2\left(\dfrac{h_{f1}}{Q_1}+\dfrac{h_{f3}}{Q_3}+\dfrac{h_{f4}}{Q_4}\right)}=\frac{-1.57}{2\times0.248}=-3.17$$

校正后的流量为

$$Q'=Q+\Delta Q$$

以Ⅰ环为例,①和③管为顺时针方向流动,$Q$ 为正,加校正流量 $\Delta Q$(负值)后,流量减

小，而④管反时针方向流动，$Q$ 为负，加校正流量 $\Delta Q$（负值）后，流量加大。要特别注意：若某一段管路为几个闭合环路所共用，则这一段管路的流量校正值应为几个闭合环路校正值的总和，校正值符号由所在环路的方向确定。所以，Ⅰ环、Ⅱ环所共有的③管，对Ⅰ环来说除了上面Ⅰ环计算所得的修正值 $\Delta Q=-3.17$ 外，还要加上Ⅱ环按同理计算所得的修正值 $\Delta Q=+0.52$，而对Ⅱ环来说，除修正值 $\Delta Q=-0.52$ 外，还应加上 $+3.17$。

(5) 按修正后的流量重新计算水头损失，求闭合差，若不为零，再进行流量校正。重复以上步骤，直至闭合差小到可以忽略时为止，这时各段管的管径、流量、水头损失就可以作为最后的计算结果，如表 6-5。

上述计算可以编程，用计算机计算。

## 6.4　有压管道中的水击

以上讨论将液体均视为不可压缩流体，但对液体在有压管道中所发生的水击现象，则必须考虑液体的可压缩性及管壁材料的弹性。此时的液体流动属于非恒定流问题。

### 6.4.1　水击现象

在工业管道中，为了调整流量，管道阀门常常需要突然启闭，换向阀突然变换工位或水泵机组突然停车以及水电站机组的增、减负荷等，使得水流流速和动量发生突然变化，从而引起液体压强的骤然变化，并产生大幅度波动的现象，这种现象称为**水击**。水击所产生的增压波和减压波交替进行的频率很高，对管壁或阀门的作用有如锤击一样，故又称为**水锤**。由水击引起的瞬时压强称为**水击压强**，可达管道正常工作压强的几十倍甚至数百倍，导致管道系统强烈振动、噪声，造成阀门破坏，管件接头断开，甚至管道炸裂等重大事故，其危害性很大。

**1. 水击产生的原因**

如图 6-30 所示一简单管道，上游为一水箱，管道下游末端设有阀门。管道长 $l$，直径 $d$，末端阀门关闭前，管道中的液体为恒定流动，流速为 $v_0$。由于水击增压值非常大，往往是正常工作压强的几十至数百倍，故为便于分析水击现象，忽略其流速水头和水头损失以及管道高程沿程的变化（管道非水平走向而是倾斜布置时），则管道的沿程各断面压强相等，记为 $p_0$，其压强水头均为 $H=p_0/\rho g$。若阀门突然完全关闭，紧靠阀门处的液体质点受阀门阻

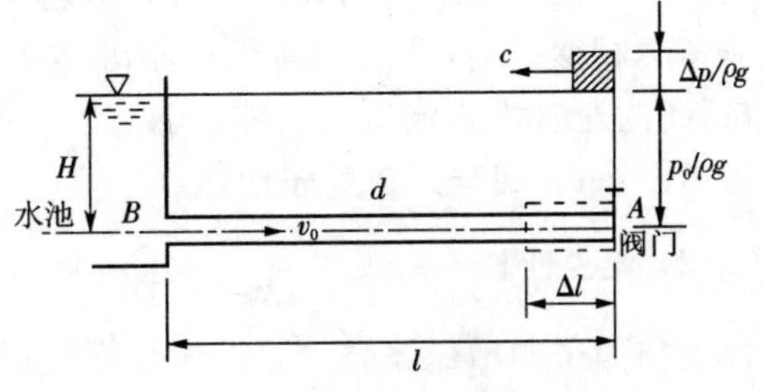

图 6-30　水击波的传播

碍突然停止流动，$v_0 \to 0$，而水流惯性却仍企图维持其原来的流速前进。根据质点系的动量定理，该紧靠阀门处的微小流段液体动量的变化等于作用在该液体上的外力（阀门对液体的作用力）的冲量。此外力的作用使该液体的应力（即压强）突然升高增至 $p_0+\Delta p$，增高的压强 $\Delta p$ 即为水击压强。$\Delta p$ 值的大小取决于关闭阀门所需要的时间，时间越短，$\Delta p$ 值越大。将这种迫使流动产生变化的因素，即阀门的突然关闭叫做扰动。假如水和管道都是不可压缩或没有弹性的刚体，则全管道的水体就会立刻，即同时受到这种扰动的影响，使全管的流速、压强同时发生相同的变化。实际上，水和管道都是弹性体，在扰动时间很短促，压强变化很大的情况下，它们的弹性作用是不可忽略的。很大的水击压强使停止流动的液体处发生液体压缩和管壁膨胀两种变形。此变形使其产生部分剩余空间，紧临其后仍在运动的水体在占据前面由于水体压缩、管壁膨胀而空出的空间后才停止流动，随即压强升高，水体被压缩，管壁膨胀，如此持续不断向上游即管道进口传播。由此可见，阀门关闭的扰动使液体质点的速度并不是同时在整个管内突然变为零，压强也不是在同一时刻增高 $\Delta p$。在弹性体中，任何扰动都不可能立刻传播到所有各处，而是以弹性波的形式，以一定的速度由阀门传向管道进口，故称这种波动为**水击波**。可见，引起管道内液体流速突然变化的因素（如阀门突然关闭等）是发生水击现象的条件，液体本身具有惯性和压缩性则是发生水击现象的内在原因。因此水击是水流惯性与弹性共同作用的结果。而水流的黏性阻尼作用，使水击过程逐渐衰减，最终达到新的平衡。

**2. 水击波及其传播过程**

水击是以弹性波的形式以一定的速度 $c$ 传播的，该弹性波称为水击波，其传播速度 $c$ 为水击波速。水击波的传播过程如图 6-31 所示。

(1) 第一阶段（$0<t<\dfrac{l}{c}$），增压波从阀门向上游管道进口传播（升压过程）。

设在初始时刻 $t=0$ 时阀门瞬时关闭，紧靠阀门处的流体速度变为零，即由 $v_0 \to 0$，其动能立即转变为压能，使压强升高 $\Delta p$，由 $p_0$ 增至 $p_0+\Delta p$，水流密度增高由 $\rho$ 增至 $\rho+\Delta\rho$，管壁膨胀，断面积由 $A$ 增至 $A+\Delta A$。这种变化现象就是水击弹性波在第一阶段的内涵，它以速度 $c$ 向上游传播，凡水击波传到之处水流均发生上述同样地变化。未传到之处，水体仍以 $v_0$ 流动，压强仍为 $p_0$。此时水击弹性波的传播为增压逆行波。由产生水击的阀门处向上游管道进口处（即水库）传播。随着增压波的传递，流体密度相继提高，管的截面积也相继增大。经过 $t=l/c$ 时段后，水击波传到管道进口，此时全管内水流流速为零，压强均为 $p_0+\Delta p$，水流密度均为 $\rho+\Delta\rho$，断面面积均为 $A+\Delta A$。即全管道处于增压状态。

(2) 第二阶段（$\dfrac{l}{c}<t<\dfrac{2l}{c}$），减压波从管道进口向下游阀门传播（在减压波传播过程中与原来的增压波叠加而使压强恢复正常的过程）。

由于水库中水位不变即压强不变，在 $t=l/c$ 时刻，管内压强 $p_0+\Delta p$ 大于进口外侧静水压强 $p_0$，与边界条件不符，在压强差作用下，紧靠管道进口的液体以速度 $-v_0$

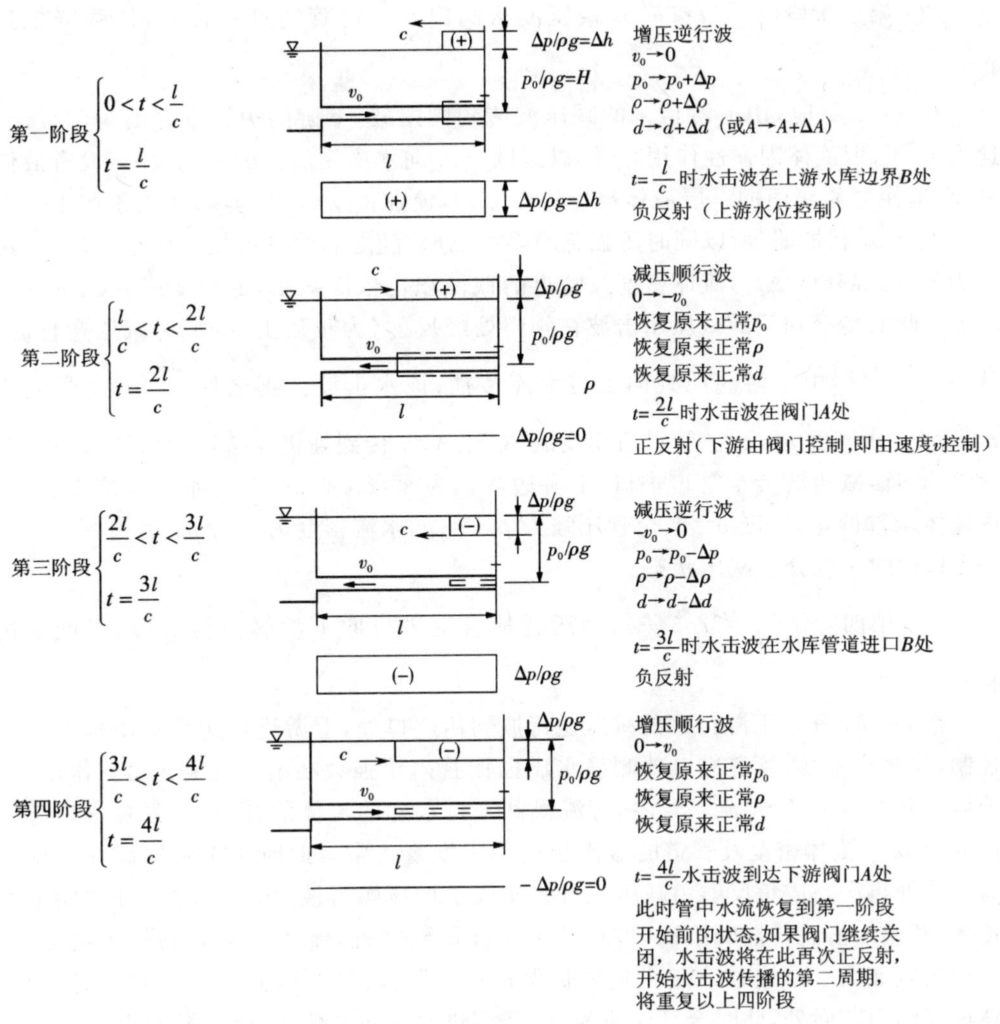


**图 6-31　水击波传播发展的四个阶段**

立即向水库倒流，同时产生负压即$-\Delta p$，与原来的增压$+\Delta p$叠加使压强恢复为$p_0$，于是该段水体又与管内相邻的液体出现压强差，这样液体自管道进口起逐层向水库倒流。此时水击弹性波为减压波，从$t=l/c$开始从管道进口向下游阀门端传播，为减压顺行波，凡传到之处流速为$-v_0$，压强、密度和管壁均恢复正常。未传到之处，仍保持第一阶段状态，这个过程相当于第一阶段水击弹性波在管道进口边界处的反射波。由于第一阶段为增压波，经上游边界处反射后成为减压波，故称这种反射为负反射。反射后的减压波在向下游传播过程中使流速变为$-v_0$，流体密度及管道的截面积都依次恢复到初始状态。在$t=2l/c$时，减压波传至阀门断面，全管流体压强及水流密度和管道断面积都恢复为原来状态，且都具有向水库方向的流速$-v_0$。

(3) 第三阶段($\frac{2l}{c}<t<\frac{3l}{c}$),减压波从阀门向上游管道进口传播(压强降低过程)。

在 $t=2l/c$ 时,由上游传来的减压波传到阀门处,下游的边界条件由阀门控制,速度 $v=0$,但液体因惯性作用,继续以速度 $-v_0$ 向水库倒流。因阀门关闭,没有液体补充,迫使紧靠阀门的一层液体被迫停止流动,流速由 $-v_0$ 变为零,相当于产生一个 $+v_0$ 与 $-v_0$ 相抵消,所以同时压强急剧降低 $\Delta p$。随之后续各层相继停止流动,流速变为零,压强降低 $\Delta p$ ,流体密度及管道的截面积也依次减小,分别变成 $\rho-\Delta\rho$ 和 $A-\Delta A$,此时传至阀门的减压水击波在阀门处经反射(为正反射)变成为减压逆行波。从 $t=\frac{2l}{c}$ 开始,由下游阀门处向上游水库传播;该水击波传到之处 $v=0$,压强变为 $p_0-\Delta p$,水密度 $\rho-\Delta\rho$。管道断面变成 $A-\Delta A$,未传到处仍保持第二阶段状态。在 $t=3l/c$ 时,减压波传至管道进口,上游边界仍为库水位控制,此时水库水位不变,管内流体全部静止,速度 $v=0$,全管压强为 $p_0-\Delta p$,水流密度为 $\rho-\Delta\rho$。管道断面为 $A-\Delta A$,此时全管处于减压状态。

(4) 第四阶段($\frac{3l}{c}<t<\frac{4l}{c}$),增压波从管道进口向下游阀门传播(压强恢复过程)。

在 $t=3l/c$ 时,下游传来的减压逆行波到达进口处,上游进口边界仍由水库水位控制,库水位不变,管道进口外侧静水压强比管内压强大 $\Delta p$,在压强差 $\Delta p$ 作用下,液体又开始以流速 $v_0$ 流入管内,管流得到来自水库的流体的补充,压强自进口起又恢复为 $p_0$。流体密度及管道的截面积也依次恢复正常。此时水击弹性波在上游进口边界处再次完成负反射由减压逆行波变成了增压顺行波,由 $t=3\ l/c$ 开始向下游传播,开始水击波传播的第四阶段,凡水击波传到之处,流速为 $v_0$,压强、水密度、管道均恢复正常。水击波未传到之处仍保持第三阶段时的状态。在 $t=4l/c$ 时,增压波传至阀门断面处,此时全管流速为 $v_0$,压强恢复到正常值 $p_0$,水流密度和管道也都恢复正常。水流又恢复到水击未发生时的状态。

至此,水击波经历了一个周期,如果阀门仍关闭,水击波将开始新一轮的周期,重复以上四个传播阶段往复循环一直到由于流体的黏性作用使水击波的能量耗尽为止,达到一个新的平衡状态。

水击弹性波的传播完成一个周期,在这一个周期内,水击波要由阀门传到上游水库的管道进口,再由进口反射传至阀门,共往返两次。往返一次所需时间为 $t=2\ l/c$,称为相或相长,是分析、计算水击的时间单位,常以 $T_r$ 表示,即 $T_r=2\ l/c$。实际上水击波传播速度很快,前述水击波传播的各阶段是在极短的时间内连续进行的。

在水击波的传播过程中,管道各断面的流速和压强皆随时间而变化,所以水击过程(亦称过渡过程)是非恒定流动。如图 6-32(a)所示,为阀门处断面压强随时间的变化曲线。当阀门在时间 $t=0$ 瞬时关闭,压强由原来的 $p_0$ 增至 $p_0+\Delta p$,一直保持

到一相末 $t=2\ l/c$，即水击波往返一次的时间，在 $t=2\ l/c$ 时，压强由 $p_0+\Delta p$ 突然降至 $p_0-\Delta p$，一直维持至 $t=4\ l/c$，压强由 $p_0-\Delta p$ 恢复到正常 $p_0$，然后再开始周期性变化。

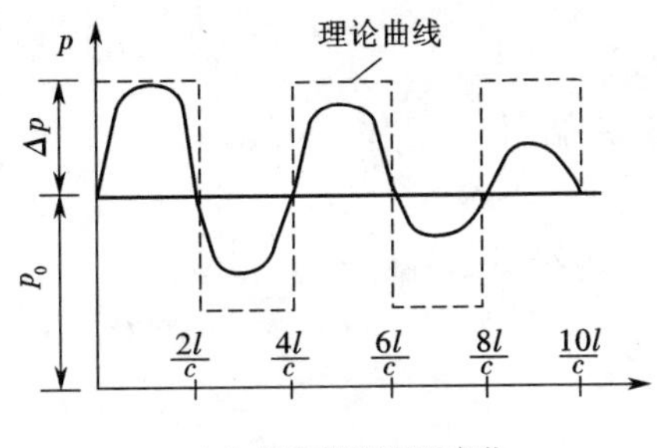


(a) 阀门断面压强变化

(b) 实测阀门断面水击压强变化

图 6-32　阀门断面处水击压强随时间的变化

如果不考虑水的黏性，水击波传播过程中没有能量损失，则水击弹性波将一直周期性无衰减地传播下去。但实际水流是有黏性的，水击波的传播过程中，能量不断损耗，水击压强迅速衰减。阀门断面处实测的水击压强随时间的变化如图 6-32(b)所示。

### 6.4.2　水击压强的计算

水击压强的计算是为了压力管道设计和控制与保证其安全运行提供科学依据。在水击波的传播过程中，从阀门突然关闭到水击波第一次返回阀门处(第一、第二阶段)需要的时间为一相，即 $T_r=2\ l/c$，这是阀门第一次压强恢复时间，每经 $T_r$ 时间，水击压强变化一次。而每经 $T_k=4l/c=2T_r$ 时间，水击现象重复一次，$T_k$ 称为**水击波的周期**。

在前面分析水击现象时，假设阀门瞬时关闭，即关闭动作是瞬间完成的。所谓**瞬时关闭**，即在 $t=0$ 这一时刻关闭。没有过程，只产生一个水击弹性波。但实际上阀门完全关闭总是有个过程的，即使阀门关得再快也需要有一段时间 $T_z$，称为**阀门关闭时间**，这时所产生的水击波就不是一个而是一系列且按时间顺序先后产生的。根据 $T_r$ 与 $T_z$ 之间的大小关系，将水击分为直接水击与间接水击。

**1. 直接水击**

如果阀门关闭时间小于一个相长，即 $T_z<T_r$，阀门关闭的时间很短，即最早产生的水击波的反射波回到阀门以前，阀门已完全关闭，此时阀门处的水击压强和阀门瞬时关闭时的压强相同，称为**直接水击**。

图 6-33 为一有压管流，当阀门突然关小时，流速瞬间变化而产生水击现象，水击波的传播速度为 $c$，在 $\Delta t$ 时段内，水击波由断面 2-2 传至断面 1-1。取 1-2 水流段水体进行分析，根据质点系动量定理，可以得出水击压强的计算公式。设水击波通过前，原流速为 $v_0$、压强为 $p_0$、密度为 $\rho$、过流断面面积为 $A$；水击波通过后，流速为 $v$，

压强为 $p_0+\Delta p$、密度为 $\rho+\Delta\rho$、过流断面面积为 $A+\Delta A$，在 $\Delta t$ 时段内，质点系动量的变化等于该质点系所受外力在同一时段内的冲量(不计阻力)

$$[p_0A-(p_0+\Delta p)(A+\Delta A)]\Delta t=(\rho+\Delta\rho)(A+\Delta A)c\ \Delta t\ v-\rho Ac\Delta t\ v_0$$

由于 $\Delta p\ll\rho$，$\Delta A\ll A$ 化简上式得

$$\Delta p=\rho c(v_0-v) \tag{6-39}$$

即为直接水击压强计算公式，该公式是由俄国科学家儒科夫斯基(Жуковский，н. Е)于 1898 年导出的，又称儒科夫斯基公式。

若阀门瞬时关闭，则 $v=0$，得水击压强最大值计算公式

$$\Delta p=\rho c\ v_0 \tag{6-40}$$

或写成压强水头的形式

$$\frac{\Delta p}{\rho g}=\frac{c\ v_0}{g} \tag{6-41}$$

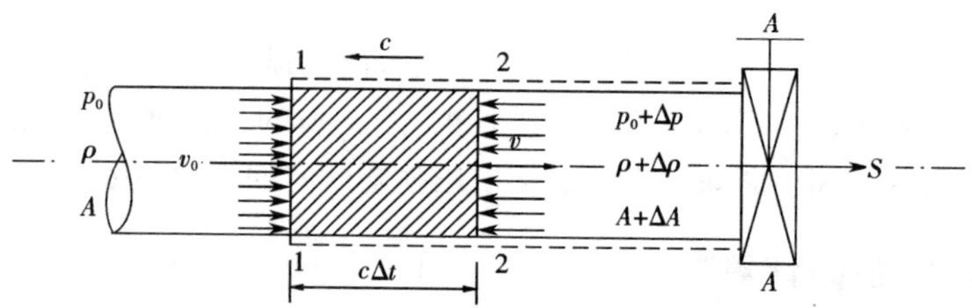


**图 6-33 直接水击压强公式推导**

**2. 间接水击**

如果阀门关闭时间大于一个相长，即 $T_z>T_r$，则阀门开始关闭时最早产生的水击波的反射波(为减压波)在阀门尚未完全关闭前已返回到阀门，并在阀门处发生正反射，继续变为负的水击波向上游管道进口传播。在阀门处由于反射回来的负水击波与闸门继续关闭产生的正水击波相叠加，使此处水击压强降低而小于直接水击压强，这种水击称为间接水击。由于间接水击压强计算的复杂性，在一般情况下其近似估算的公式可用

$$\Delta p=\rho cv_0\frac{T_r}{T_z} \tag{6-42}$$

或

$$\frac{\Delta p}{\rho g}=\frac{c\ v_0}{g}\frac{T_r}{T_z}=\frac{v_0}{g}\frac{2L}{T_z} \tag{6-43}$$

式中 $v_0$——水击发生前，管道的断面平均流速；

$T_r$——水击波的相长 $T_r=2L/c$；

$T_z$——阀门关闭时间。

### 6.4.3 水击波的传播速度

已知压力波在介质中的传播速度(或声速)为

$$c=\sqrt{K/\rho} \tag{6-44}$$

其中，$K$ 为流体介质的体积模量，也称体积弹性系数；$\rho$ 为该流体介质的密度。

根据式(6-44)可计算出压力波在水中的传播速度。考虑到水击波是流体在管道中发生的，在水击过程中由于管内压强大幅度变化，管壁的弹性变形会影响压强波的传播，水的体积模量需要进行修正，记为 $K'$，经过推导可得其计算公式

$$K'=\frac{K}{1+\dfrac{dK}{\delta E}}$$

式中，$d$ 和 $\delta$ 分别为管道直径和管壁厚度（单位均为 m）；$E$ 为管材的弹性模量，其值见表 6-6。

**表 6-6　管壁材料的弹性模量**

| 管材 | 钢管 | 铸铁管 | 钢筋混凝土管 | 木管 |
|---|---|---|---|---|
| $E$/Pa | $20.6\times10^{10}$ | $9.8\times10^{10}$ | $19.6\times10^{10}$ | $9.8\times10^{10}$ |

将 $K'$ 替代式(6-44)中的 $K$ 后，可得水击波的传播速度为

$$c=\frac{\sqrt{\dfrac{K}{\rho}}}{\sqrt{1+\dfrac{K}{E}\times\dfrac{d}{\delta}}}=\frac{c_0}{\sqrt{1+\dfrac{dK}{\delta E}}} \tag{6-45}$$

式中，$c_0$ 为水中声波的传播速度，当水温在 10 ℃左右，压强为 1～25 个大气压时，$c_0=1435\ \text{m/s}$；$K=2.1\times10^9$ Pa 为水的体积模量。例如，对于普通钢管，一般有 $(d/\delta)\approx100$，$(K/E)\approx0.01$，由上式计算可得 $c\approx1\,000$ m/s。若阀门关闭前流速为 $v_0=1$ m/s，根据式(6-40)可得由于阀门瞬时关闭所产生的直接水击压强为 $\Delta p=\rho c v_0\approx10^6$ Pa，可见直接水击压强是很大的，并能造成严重危害。

**【例 6-14】**　铸铁压力输水管道直径 $D=105$ mm，壁厚 $\delta=4.5$ mm，管壁的允许拉应力 $[\sigma]=46\times10^6$ Pa，水的体积模量 $K=2.1\times10^{10}$ Pa，管壁材料的弹性模量 $E=9.8\times10^9$ Pa，为防止水击损坏管道，试求管道的限制流速。

**【解】**　取单位长度（取 $L=1.0$ m）输水管道，按管壁允许拉应力，计算水击压强。

为防止水击破坏管道，如图 6-34 管壁所能承受的拉力与管道所受荷载压力之间应满足

$$(p_0+\Delta p)D\leqslant2[\sigma]\ \delta$$

由于

$$\Delta p\gg p_0$$

故忽略不计水击发生前的正常荷载 $p_0$。取

$$\Delta p<\frac{2[\sigma]\delta}{D}=\frac{2\times46\times10^6\times4.5}{105}\ \text{Pa}=3.94\times10^6\ \text{Pa}$$

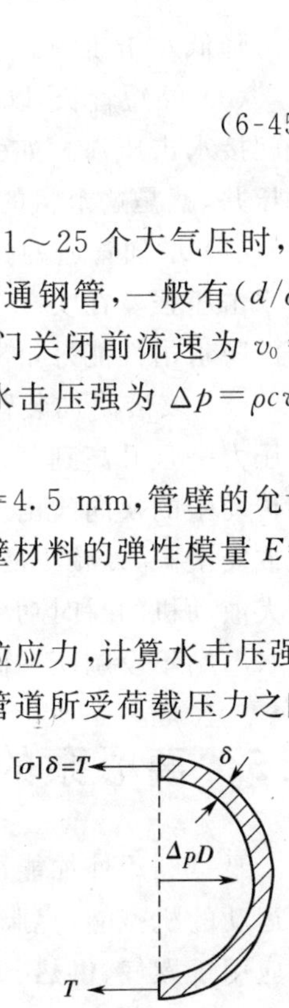

图 6-34　管壁受力分析

计算水击波传播速度。由式(6-45),得

$$c=\frac{c_0}{\sqrt{1+\frac{K}{E}\frac{D}{\delta}}}=\frac{1435}{\sqrt{1+\frac{2.1\times10^9}{9.8\times10^{10}}\times\frac{105}{4.5}}}\ \text{m/s}=1171.67\ \text{m/s}$$

计算限制流速。由 $\Delta p=\rho c v_0$ 得

$$v_0<\frac{\Delta p}{\rho c}=\frac{3.94\times10^6}{10^3\times1\ 171.67}\ \text{m/s}=3.36\ \text{m/s}$$

实际
$$v_0\leqslant3.36-\frac{p_0}{\rho c}=[3.36-(0.854\times10^{-6})p_0]\ \text{m/s}$$

### 6.4.4 预防水击危害的措施

从水击压力的计算公式可以看出,当流体密度、管径、壁厚及管材材料一定时,影响水击压力的参数有关闭阀门的时间、管中流体流速及管道长度。因而减小水击压力、预防水击危害的措施如下。

(1) 尽量缓慢关闭或开启阀门,以避免直接水击,并可减少间接水击压强。

(2) 减小管内流速。由于水击压强与管道中的流速成正比,因此减小流速,可有效地降低水击压强。如一般给水管网中限制流速不超过 3 m/s。

(3) 缩短管长,既减小了水击波的相长,易于使直接水击变为间接水击,并可降低间接水击压强。如引水式水电站压力隧洞过长时,在靠近电站附近适当位置修建调压井,就是这个目的。

(4) 增加管道的弹性。弹性模量 $E$ 减小,可使水击波传播速度减缓,从而降低直接水击压强。在实际工程中尽量采用有弹性的管材,如液压传动中的铜管、铝管比钢管的防水击性能好,橡胶管和尼龙管减轻水击的效果更佳。

(5) 安装附加装置,使水击波减弱。如在管道上安置水击消除阀(减压阀),当管内压力一旦升高到某一数值时,该阀门立即开启并泄流,从而达到减压目的。又如液压传动中的换向阀由于工作性质的要求不能缓慢关闭,则通常采用超载保护的溢流阀或安全阀,以减小液压冲击对其他组件的损坏。液压传动中有时也采用蓄能器来增大液动机的瞬时功率,当液压冲击发生时,蓄能器则起到超载保护的作用。又如有的水电站不设调压一而建有放空孔,以使水流波减弱。

## 6.5 离心泵的工作原理及其选用

泵是利用外加能量输送流体的流体机械,其作用是将原动机的机械能转变为流体运动的机械能,克服流动阻力,使流体能量增加,从而被提升、增压或输送。泵大量地应用于燃气、供热、通风、给排水等市政工程及农田灌溉、水利施工、采矿、造船等工业中。

根据泵的工作机理,可将泵分成叶片式、容积式、射流式、水环式等各种类型。本

节重点介绍叶片式离心式泵的有关内容。

### 6.5.1　离心泵的工作原理

**1. 离心泵的基本构造**

离心泵的种类很多，但由于其作用原理基本相同，因此它的主要部件大体类同。按照各部件的工作性质，可将其分为三大部分，即转动部件（包括叶轮、泵轴、键等）、固定部件（包括泵体（也称泵壳）、泵盖、轴承体等）和连接部件（包括轴承、轴封装置、密封环、联轴器、轴向力平衡装置等）。

图 6-35 为一离心泵装置示意图，它主要由叶轮、泵轴、泵体、进水管（又称吸水管）和出水管（又称压水管）等主要零部件组成。泵壳与输水管相连，叶轮的入口处与吸水管相接，构成了离心泵的系统装置如图 6-35 所示。

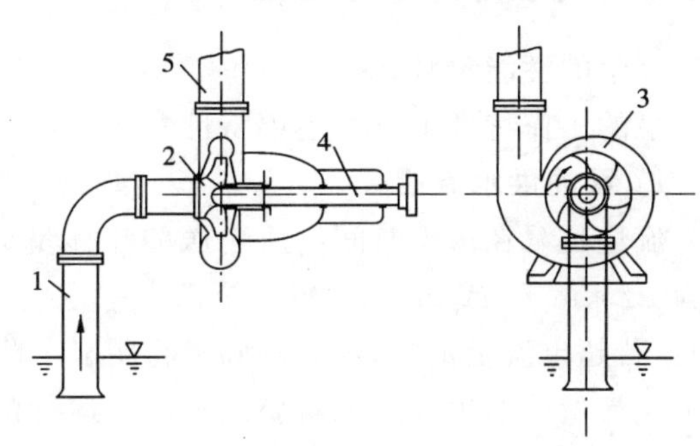


**图 6-35　离心泵构造装置示意图**

1—进水管（吸水管）；2—叶轮；3—泵体（泵壳）
4—泵轴；5—出水管（输水管或压水管）

**2. 离心泵的工作原理**

由物理学可知，做圆周运动的物体受有向心力的作用时，如果向心力不足或为零，物体由于惯性就会沿圆周的切线方向飞出，形成所谓离心运动。在生活中经常可以观察到如下现象：在雨天，旋转雨伞，水滴会沿着伞边切线方向飞出，旋转的雨伞给水滴以能量，旋转的离心力把水滴甩出。这就是旋转的离心力能给水增加能量的例子。

离心泵就是根据上述离心力甩水的原理设计的。离心水泵利用水泵叶轮高速旋转的离心力甩水，使得水流能量增加，并通过泵壳和水泵出口流出水泵，再经过压水管输往目的地。

离心泵在启动之前，应先用水灌满泵壳和进水管，然后驱动电机，通过泵轴带动叶轮高速旋转，使叶轮中的水做高速旋转运动，获得能量，同时受离心力作用沿切线方向被甩出叶轮，经泵壳及出口流入压力管道；与此同时，水泵叶轮处由于水被甩出而形成真空（小于大气压强），进水池中的水在外界大气压作用下，立即沿吸水管流入叶轮进口；由于叶轮的不断旋转，水就源源不断地被甩出和吸入，形成连续的扬水过程。

在离心泵启动前，如果不灌满水，叶轮只能带动空气旋转，因空气单位体积的质量很小，产生的离心力甚小，无力把泵内和排水管路中的空气排出，在泵内不能形成真空，水也就吸不上来。

离心泵的工作过程实际上就是一个能量传递和转换的过程，它把电机高速旋转的机械能转换成水的动能和势能。在能量传递和转换过程中，必然伴随着一些能量损失，能量损失越大，说明离心泵的工作效率越低。

**3. 离心泵的分类**

离心泵的结构类型各异，所输送的介质种类很多，因此，有多种分类方法。根据泵转轴的方位不同分为卧式泵与立式泵；根据轴上叶轮数目多少可分为单级和多级泵；根据液流进入叶轮的方式又有单侧与双侧吸入之分。在选用水泵时，要根据任务的具体要求，有针对性地选择。对其各种类型的离心泵的特点及性能等可以查阅生产厂家的产品目录和有关资料及专业书籍。

## 6.5.2 离心泵的工作性能曲线

**1. 泵的性能参数**

泵的工作特性由以下主要特性参数表示。

**1）泵的供水流量**

流量是泵在单位时间内所输送的流体量（体积流量或质量流量），用 $Q$ 表示，单位为 L/s、$m^3/s$ 或 $m^3/h$。每台泵都有一定的流量范围，称为正常工作区（简称工作区）。若超出流量范围，水泵的效率将明显下降。将水泵效率最高时所对应的流量称为最优流量。而生产厂家希望用户经常运行的流量称为额定流量，该流量一般等于设计流量。

**2）泵的扬程**

泵的扬程是指泵所输送的单位重量流体从进口至出口的能量增值。也就是单位重量流体通过泵所获得的有效能量。用 $H$ 表示，单位为 m。其作用是使水提升几何给水高度及克服管路的水头损失。

以下分析水泵扬程 $H$ 在管道系统中的作用。

如图 6-36 所示一离心水泵系统，以吸水池水面 1-1 为基准面。对断面 1-1 和蓄水池水面 2-2 列有能量输入的伯努利方程。有

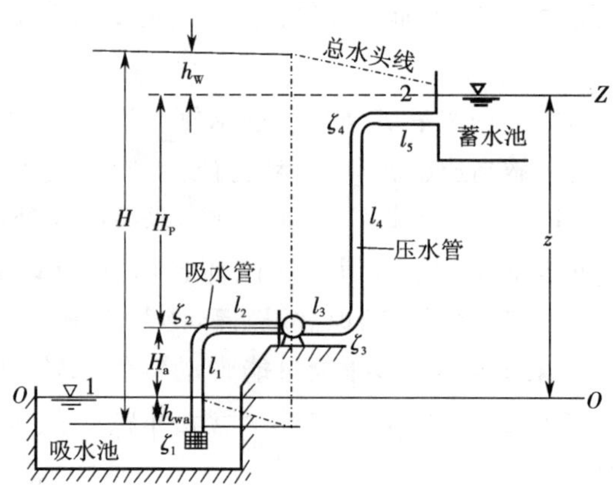


图 6-36 离心式水泵系统

$$z_1+\frac{p_1}{\rho g}+\frac{\alpha_1 v_1^2}{2g}+H=z_2+\frac{p_2}{\rho g}+\frac{\alpha_2 v_2^2}{2g}+h_{w_{1-2}}$$

$p_1=p_2=p_a$（大气压），$v_1\approx v_2\approx 0$。化简上式，得

$$H=z_2-z_1+h_{w_{1-2}}=z+h_{w_{1-2}} \tag{6-46}$$

式中：$z=z_2-z_1$，为水泵抽水的几何提水高度；$h_{w_{1-2}}$ 为全部管路的总水头损失（不包括泵）。

式(6-46)说明了水泵扬程的作用是使流体提升几何（提水或给水）高度，同时克服管路的全部水头损失。

**3）泵的功率**

泵的功率一般分为输入功率及有效功率。输入功率（轴功率）指原动机传到泵轴上的功率，以 $N$ 表示。有效功率（输出功率）指单位时间内流体从水泵中实际获得的有效能量，以 $N_c$ 表示。功率的单位一般为 W、kW。

因为泵的扬程是指单位重量流体通过泵所获得的有效能量，所以扬程和质量流量及重力加速度的乘积即为单位时间内流体从泵中所获得的有效能量——泵的有效功率，即

$$N_c=\rho gQH \tag{6-47}$$

由于流体通过泵时要产生一些损失，如流动损失、轮阻损失、泄漏损失及机械传动损失等，则有效功率必然小于输入功率，即 $N_c<N$。

**4）水泵效率**

水泵输出的有效功率与输入的轴功率之比称为水泵效率，用 $\eta$ 来表示，即有

$$\eta=\frac{N_c}{N}\times 100\%=\frac{\rho gQH}{N}\times 100\% \tag{6-48}$$

表示输入的轴功率被流体的利用程度，$\eta$ 越大，能量损失越少，因此，$\eta$ 是评价泵性能好坏的一个重要指标。如小型泵的最高效率一般为 70%左右，大中型泵的效率一般可达 80%～90%。

**5）泵的转速**

泵的转速是指泵的叶轮每分钟旋转的圈数，以 $n$ 表示，单位为 r/min，一般情况下，泵的转速是固定的。如工程中常用泵的转数有 970、1450、2900 r/min 等。

**6）允许吸水真空高度**

水泵吸水真空高度是指水泵进口处的真空度，即水泵进口处的绝对强力小于大气压强的数值。分析表明，水泵吸水真空高度随水泵安装高度增加而增大，但水泵进口断面的真空高度是有限制的，为防止泵内汽蚀（由于泵内局部压强过低使液体汽化而形成气泡，气泡进入高压区后撞击并瞬间破灭，侵蚀直至破坏过流部件）现象，水泵吸水真空高度不能超过某一规定的允许值，此允许值称为允许吸水真空高度，以 $[h_V]$ 表示，单位为 m 水柱。

允许吸水真空高度是水泵抗气蚀性能的表达方式。$[h_V]$的值是制造厂家在标准状态（标准大气压、20 ℃的清水）下根据水泵的汽蚀实验确定的。如果水泵使用地

点的条件与上述标准状态不符，应对[$h_V$]的值加以修正。

**2. 泵的工作性能曲线**

上述的各种参数是从不同方面、不同角度，以不同的数值表示水泵的性能。然而各个参数之间是相互联系，互相影响的，由于泵的性能参数间的关系和影响因素比较复杂，很难从理论上准确地求出各参数间的相互关系和变化规律，所以生产厂家往往用实验的方法测出有关参数并绘出其关系曲线，用以反映各性能参数间的内在联系和变化规律，这种曲线称为泵的工作性能曲线(特性曲线)。性能曲线可以全面、直观、准确地描述泵的工作性能，是经济、合理地选择及应用水泵、分析水泵运行规律的基本资料和依据。

性能曲线通常是在转速 $n$ 一定的情况下，以流量为自变量，讨论其他性能参数的变化(如图 6-37 所示)。流量与扬程的关系曲线、流量与轴功率的关系曲线、流量与效率的关系曲线等，其中最重要的是流量与扬程曲线，它揭示了泵的两个最重要、最有实际意义的性能参数之间的内在关系。

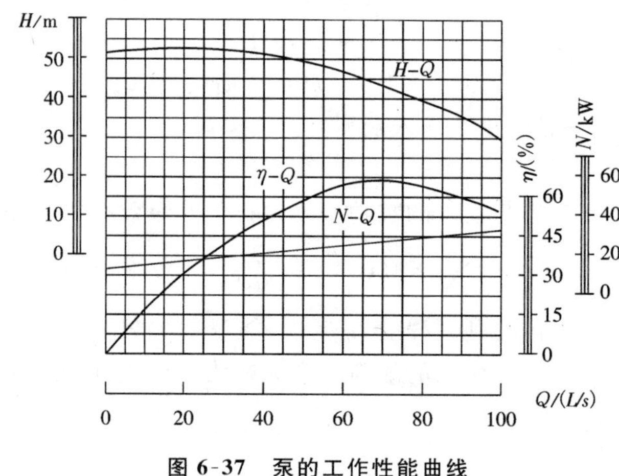


图 6-37 泵的工作性能曲线

**1) 扬程曲线($H$-$Q$ 曲线)**

由图中可以看出，离心泵的扬程曲线是一条下降的曲线，即扬程随流量的增加而降低。在实际应用中，为充分发挥泵的工作效益，节约能源，应尽量使泵在高效区工作。高效区的选定原则一般为相对于最高效率的效率降低值在 5%～8%之内。

**2) 轴功率曲线($N$-$Q$ 曲线)**

由于机械损失的存在，实际轴功率将大于有效功率，当 $Q=0$ 时，实际轴功率并不为零，因为机械摩擦损失仍然存在。由图 6-37 中可以看出，离心泵的轴功率曲线是一条上升的曲线，即轴功率随流量的增加而增大，空载时最小。因此离心泵应空载启动，以免电机超载。

**3）效率曲线（$\eta$-$Q$ 曲线）**

在 $H$-$Q$ 曲线、$N$-$Q$ 曲线已知的情况下，便可得出流量与效率的关系曲线，即 $\eta$-$Q$ 曲线，如图 6-37 所示。根据公式 $\eta=\frac{\rho g Q H}{N}\times 100\%$ 可知，当 $Q=0$ 或 $H=0$ 时，均有 $\eta=0$。$\eta$-$Q$ 曲线是一条先上升后下降，且具有最高顶点的抛物线形状的曲线，其最高效率点所对应的参数即是该离心泵的**最优流量**和**最优扬程值**，通常称为离心泵的**最优工况**。

从理论上讲，离心泵的设计工况应与最优工况相吻合，实际很难做到。离心泵出厂时标注的工况一般是指额定工况，其值基本等于设计工况。

## 6.5.3　管道的特性曲线

根据离心泵的工作性能曲线可以知道某台泵在一定转速下，所提供的扬程和流量是密切相关的，并有无数组对应值（$H_0$，$Q_0$）、（$H_1$，$Q_1$）…泵实际运行时究竟在哪一点工作，并非任意，因为，水泵是在管道系统中运行的，因此，泵的实际工作情况要由水泵的性能和管道的特性来决定。**管道特性曲线**是管道中通过的流量与水头损失之间的关系曲线。图 6-38 所示为一管道系统与泵的装置示意图，在吸入容器液面 1-1 及压出容器液面 2-2 之间对基准面 0-0 列有能量输入的伯努利方程（视 $v_1\approx v_2\approx 0$），有

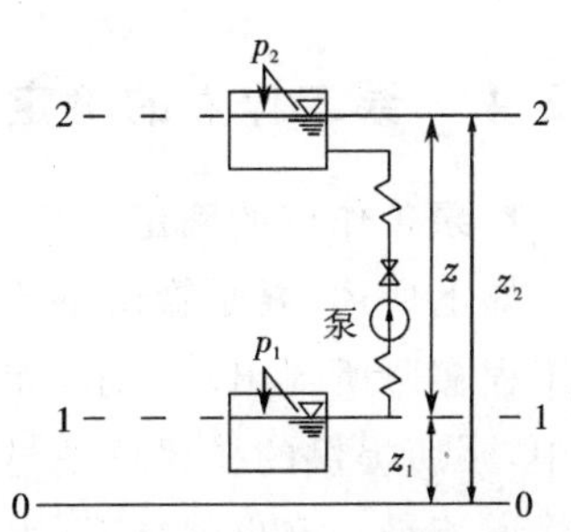

图 6-38　管道系统与泵的装置示意图

$$z_1+\frac{p_1}{\rho g}+H=z_2+\frac{p_2}{\rho g}+h_W$$

则有

$$H=\left[\left(z_2+\frac{p_2}{\rho g}\right)-\left(z_1+\frac{p_1}{\rho g}\right)\right]+h_W$$

$$H=H_{st}+h_W=H_{st}+SQ^2 \tag{6-49}$$

式中　$H$——管道中对应某一流量所需的水泵扬程，单位为 m；

$h_W$——水泵吸水及输水管路的水头损失（包括沿程损失和局部损失）；

$H_{st}$——静压头，即压出与吸入容器液面测压管水头之差，单位为 m；

$S$——综合反映管道阻力特性的系数，即管道阻抗，单位为 $s^2/m^5$；

$Q$——管道流量，单位为 $m^3/s$。

式(6-49)反映了液体管道系统所需能量与流量的关系，称为液体**管道特性方程**。

在开式液体管网中，管网两端分别与大气相通，则有 $H_{st}=z_2-z_1$，即静压头等于管网两端点的位置高差；在闭式液体管网（如室内供热管网）中 $H_{st}=0$，则有

$$H=SQ^2 \tag{6-50}$$

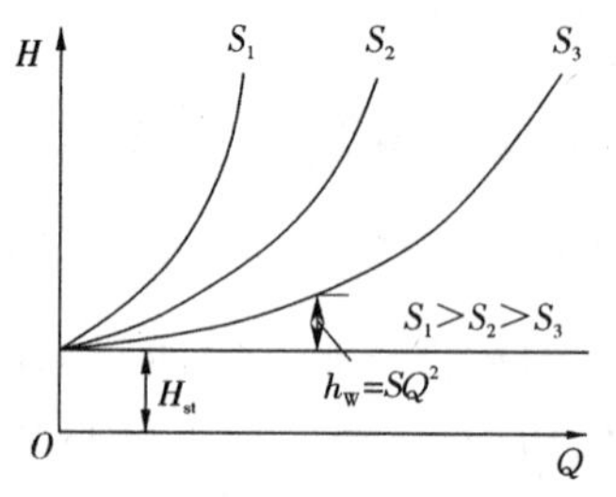


图 6-39 有截距的管路特性曲线

式(6-50)反映了管网系统所需能量与流量的关系，将其绘在以流量 $Q$ 为横坐标、扬程 $H$ 为纵坐标的坐标图中，可得到管道系统的 $H$-$Q$ 曲线，称为管道特性曲线。图 6-39 为有截距的管道特性曲线。该曲线表示出管道系统通过不同流量时，单位重量流体所需要的能量。

管道特性曲线是二次抛物线，管道阻抗 $S$ 越大，曲线越陡。在前面简单管道计算中已知阻抗 $S$ 是 $\lambda$、$d$、$l$、$\sum\zeta$、$\rho$ 诸因素的函数，对于确定的管道系统，且流动处于紊流粗糙区(即阻力平方区)管道阻抗可认为是定值。上述任一因素变化，将使 $S$ 改变，从而达到调整管道水力特性的目的。

### 6.5.4 泵工作点的确定及泵的选用

**1. 泵工作点的确定**

如上所述，泵是管道系统的动力源，管道系统的特性是由工程实际要求决定的，而工程实际所提出的要求(如所需流量、扬程等)又必须由泵来满足。在管道系统工作中，泵所提供的扬程总是与管道系统所需要的扬程达到自动平衡，此时泵的流量即为管道流量。这也就是说，水泵是在管道系统中工作的，水泵与管道系统两者必须是统一的、匹配的，即泵的抽水流量，就是管道的流量，泵的扬程就等于管道中流动所需要的能量。这种情况便是泵的工作点。泵在某一时刻或某一时段内，只能按照其实际特性曲线上的某一点工作。泵与管道系统的合理匹配是保证管网系统正常运行的前提。

为说明泵工作点的概念，将泵的特性曲线和管道系统的特性曲线用相同的比例尺、相同的单位绘在同一个直角坐标图上，如图 6-40 所示，图中曲线 1 为泵的特性曲线，曲线 2 为管道系统的特性曲线。两条曲线的交点 $A$ 称为**泵工作点**。泵工作点的意义为：$A$ 点所对应的 $Q_A$ 和 $H_A$，在管道系统的特性曲线(曲线 2)上，表明管道系统中通过的流量为 $Q_A$ 时所需要的能量为 $H_A$，而在泵的特性曲线(曲线 1)上，表明选定的泵可以在流量为 $Q_A$ 的条件下，向管路系统提供的能量为 $H_A$。说明水泵与管道系统二者是完全一致的。如果 $A$ 点所表明的参数既能满足工程提出的要求，又处在泵的高效率区域内，则说明此时泵与管道系统是

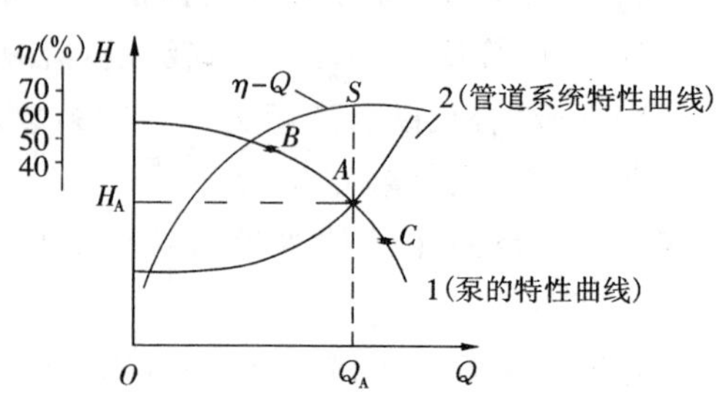


图 6-40 泵的工作点

匹配的，这样的选择与安排是合理的、经济的。

当泵的特性曲线为驼峰形时，如图6-41所示的曲线1，它可能与管路特性曲线有两个交点，如 $D$ 和 $E$。$D$ 点如上所述为稳定工作点，而 $E$ 点则为不稳定工作点。这是因为当泵的工况（指流量、扬程等）受设备振动和电压波动而引起转速变化的干扰时，就会离开 $E$ 点。如 $E$ 点向流量增大方向偏离，则泵所提供的扬程就大于管道所需要消耗的水头，于是管道中流速加大，流量增加，则工况点将沿泵性能曲线继续向流量增大的方向移动，直至 $D$ 点为止。当 $E$ 点向流量减小方向偏离时，工况点就会继续向流量减小的方向移动，直至流量等于零为止。此刻，如吸水管上未安装底阀或止回阀，流体将发生倒流。由此可见，工况点在 $E$ 处只是暂时平衡，一旦离开 $E$ 点，便难以再返回到原来的 $E$ 点，故称 $E$ 点为不稳定工作点。

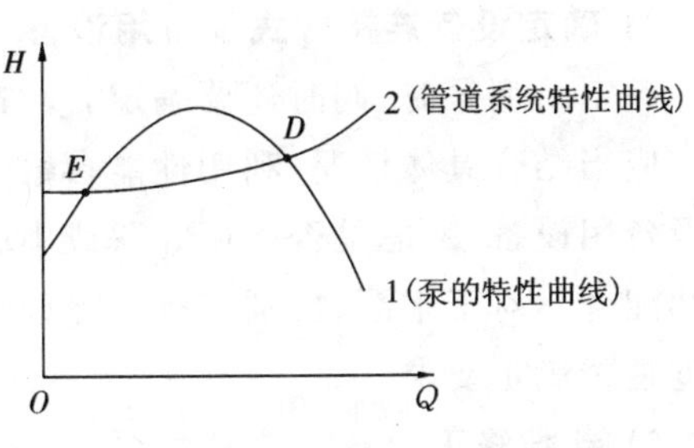

图 6-41　泵不稳定工况

大多数泵的 $H$-$Q$ 曲线呈下降趋势，这种情况下运行工况是稳定的。当少数特性曲线具有驼峰形时，泵可能产生不稳定运行，这时应使泵工作点位于 $H$-$Q$ 曲线的下降段，通常可保证其运行的稳定性。

**2. 泵的选用**

由于泵的种类繁多，用途各异，使用条件千变万化，因此，兼顾使用与经济两方面的要求，合理地选择泵的类型与大小以满足不同的需要是非常必要的。

**1）确定选机类型**

充分了解整个装置的用途，管路布置，地形条件，被输送流体的种类、状况，水位高度以及运输条件等原始数据，确定选机类型。

如选水泵时，应了解被输送水体的性质，以便正确选择合适的水泵类型，如清水泵、污水泵、锅炉给水泵、冷凝水泵、氨水泵等。

**2）确定选机流量及压头**

根据工程要求，合理确定最大流量与最高扬程，然后分别加10%～20%不可预计（如计算误差、管网漏耗等）的安全量作为选用的依据，即

$$Q=1.1\,Q_{\max} \qquad (6\text{-}51)$$

$$H=(1.1\sim1.2)H_{\max}$$

**3）确定型号大小和转速**

泵类型确定以后，要根据已知的流量、扬程或压头选定具体设备型号。可查阅水泵产品目录，当具体设备型号确定后，根据水泵及管道特性曲线确定泵的工作点，应使工作点处在高效率区域，并应使工作点位于 $H$-$Q$ 曲线最高点的右侧下降段，以保证泵的工作稳定性和经济性。产品样本中提供的泵性能参数表以及综合选择性能曲

线图上的数据点，都是处在上述高效率区域而又稳定工作的工况点，可以直接选用。

**4）确定设备连接方式及备用设备**

确定泵型号时，同时还要确定其转速、原动机型号和功率、传动方式、皮带轮大小等。应当结合具体情况，利用性能参数表或性能曲线提供的信息选择电动机、传动配件及备用设备，考虑是否采用并联或串联工作方式。泵进出口方向应注意与管路系统相配合。对于水泵，特别应查明允许吸水真空高度或允许汽蚀余量，并核算其安装高度是否满足要求。

**5）参数修正**

泵产品样本提供的数据是在规定条件下得出的。当实际使用条件与样本规定条件不同时，应对性能参数加以修正。

**6）综合比较核算**

必要时，还应进行初投资、运行管理费用的综合技术、经济比较。

**【例 6-15】** 由吸水池向水塔供水（如图 6-42 所示），已知水塔上的储水箱底部高程为▽111.0 m，水箱中水深 3.0 m，水塔的地面高程为▽100.0 m，吸水池的水面高程为▽95.0 m，管道（包括吸水管和输水管）均为铸铁管，总长度 200 m，直径为 100 mm，要求流量 $Q=7.0$ L/s，试选择离心水泵。

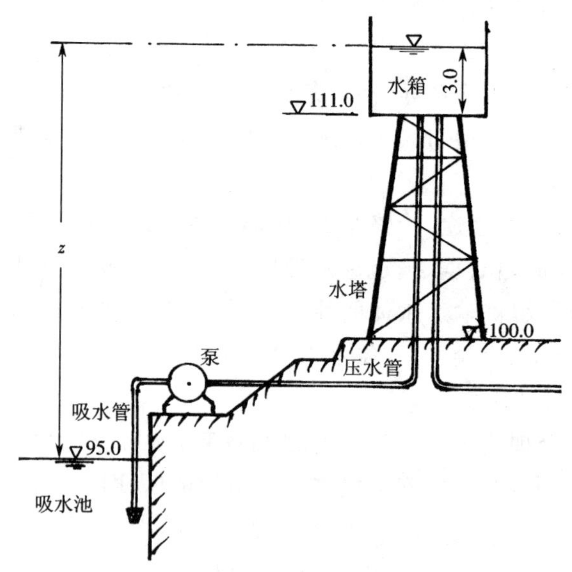


**图 6-42 由吸水池向水塔供水示意图**

**【解】** (1)计算选型的特性参数。

已知 $Q=7.0$ L/s

$$H=z+h_w$$

提水高度

$$z=(111.0-95.0+3.0)\ \text{m}=19.0\ \text{m}$$

水头损失按长管计算

$$h_w=alQ^2$$

管道均为铸铁管

$$n=0.013$$

管径　　　　　　　　　　$d=100\ \text{mm}$

查表 6-4 得比阻 $a=375\ \text{s}^2/\text{m}^6$，所以

$$h_w=alQ^2=375\times200\times0.007^2\ \text{m}=3.675\ \text{m}$$

水泵扬程为

$$H=z+h_w=(19.0+3.675)\ \text{m}=22.675\ \text{m}$$

(2) 初选水泵型号。

根据选型参数 $Q=7.0$ L/s；$H=22.68$ m，查阅水泵产品目录，初选离心水泵型号为 2BA-6 型。

(3) 工作点校核。

在初选水泵的性能曲线图上，按式(6-49)，以相同比尺，绘出管道特性曲线(见图 6-43)，两曲线之交点即为泵的工作点。在该点：$Q=8.3$ L/s，扬程 $H=24.6$ m，水泵的效率 $\eta=64\%$，由图 6-43 可知水泵工作点处于高效率区域，故满足供水要求。

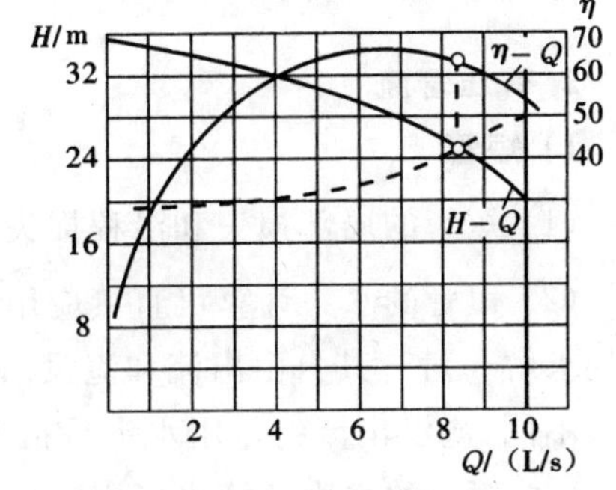


图 6-43　管道特性曲线

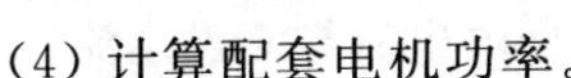
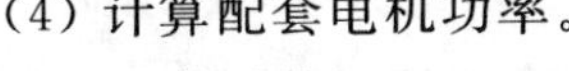

(4) 计算配套电机功率。

水泵的轴功率

$$N_P=\frac{N_c}{\eta}=\frac{\rho gQH}{\eta}=\frac{9.8\times0.0083\times24.6}{0.64}\ \text{kW}=3.13\ \text{kW}$$

考虑电机的传动效率及超载系数等因素，最终选定配套电机功率 $N_P=4.5$ kW

## 【本章小结】

本章是流体动力学基本理论和水头损失计算在有压流动中的应用。重点掌握运用伯努利方程、连续性方程和水头损失规律，分析计算有压流动。内容包括孔口、管嘴出流，有压管流，有压管道中的水击和离心泵的工作原理四部分。

**1. 孔口和管嘴出流**

(1)水力特点是水头损失只有局部损失，不计沿程损失，$h_w=h_j$。

(2)孔口自由出流和淹没出流的基本公式相同，各项系数相同，作用水头的算法不同。

$$Q=\varepsilon\varphi A\sqrt{2gH_0}=\mu A\sqrt{2gH_0}\quad(\mu=0.62)$$

(3)管嘴出流,在正常工作条件下,圆柱形外管嘴的过流能力大于孔口的过流能力。

$$Q=\mu_n A\sqrt{2gH_0}\quad(\mu_n=0.82=1.32\mu)$$

圆柱形管嘴内收缩断面的真空高度 $h_V=\dfrac{p_V}{\rho g}=0.75H_0$

圆柱形外管嘴的正常工作条件:

① 作用水头 $H_0\leqslant[H_0]=\dfrac{7}{0.75}\ \text{m}=9.0\ \text{m}$

② 管嘴长度 $l\leqslant[l]=(3\sim4)d$

(4) 孔口非恒定出流:

① 水位由 $H_1$ 降至 $H_2$ 所需时间: $t=\dfrac{2F}{\mu A\sqrt{2g}}(\sqrt{H_1}-\sqrt{H_2})$

② 容器放空时间($H_2=0$): $t=\dfrac{2FH_1}{\mu A\sqrt{2gH_1}}=\dfrac{2V}{Q_{max}}$

**2. 有压管流**

**1) 短管**

(1) 短管的局部损失和沿程损失都要计入,$h_w=\sum h_f+\sum h_j$。

(2) 短管的水力计算可直接应用连续性方程、伯努利方程,并计入全部水头损失直接求解。对于其自由出流和淹没出流两者计算公式形式完全相同,只是作用水头算法不同,淹没出流的作用水头是指上下游水位差。

(3) 短管的水力计算也可用阻抗 $S$ 的形式计算。且自由出流与淹没出流二者计算公式的形式相同,除在作用水头上略有不同外,还在管道阻抗 $S$ 中的 $\sum\zeta$ 内略有区别:淹没出流中以出口局部阻力系数 $\zeta_0$ 代替了自由出流时的动能修正系数 $\alpha$。

$$H=SQ^2,\quad 阻抗\ S=\frac{8\left(\lambda\dfrac{l}{d}+\sum\zeta\right)}{g\pi^2d^4}$$

**2) 长管**

(1) 长管的水力特点是局部水头损和流速水头的总和与沿程损失相比很小,可以忽略不计或按沿程损失的某一百分数估算,$h_w=h_f$。

(2) 水力计算。

简单管道:

$$H=h_f=alQ^2=SQ^2$$

比阻抗 $a=\dfrac{8\lambda}{g\pi^2d^5}$ 单位 $\text{s}^2/\text{m}^6$ $a=f(n,d)$

管道阻抗 $S=al=\dfrac{8\lambda l}{g\pi^2d^5}$ 单位 $\text{s}^2/\text{m}^5$

串联管道：

$$H=\sum_{i=1}^{n} h_{fi}=\sum a_i l_i Q_i^2;\qquad Q_i=q_i+Q_{i+1}$$

并联管道：

$$h_f=S_1Q_1^2=S_2Q_2^2=S_3Q_3^2=\cdots=S_iQ_i^2;\qquad Q=\sum_{i=1}^{n} Q_i;$$

$$Q_1:Q_2:Q_3\cdots Q_i=\frac{1}{\sqrt{S_1}}:\frac{1}{\sqrt{S_2}}:\frac{1}{\sqrt{S_3}}:\cdots\frac{1}{\sqrt{S_i}}$$

沿程均匀泄流管道：

$$h_f=al(Q_z+0.55Q_t)^2=alQ_c^2,\qquad Q_c=Q_z+0.55Q_t$$

管网水力计算：

① 枝状管网：　风机(泵)应具有的压头(作用水头)　$H=\dfrac{p}{\rho g}=\sum_{i=1}^{n} h_{fi}$

风机(泵)应具有的风量(流量)　$Q=\sum_{i=1}^{n} Q_i$

② 环状管网：　任一节点流入与流出的流量相等　$\sum Q_i=0$

各管段阻力损失的代数和等于零　$\sum h_{wi}=\sum (S_iQ_i^2)=0$

**3. 有压管道中的水击**

水击是有压管道中发生的弹性波传播过程，也是由一种平衡状态过渡到另一种新的平衡状态的过渡过程，它是有压管道中的非恒定流动。研究水击现象，计算水击压强，必须考虑水的压缩性和管壁的弹性。

**1) 水击现象**

水击发生的原因；水击波的传播过程——四个传播发展阶段；水击波产生→传播→反射→传播→叠加→再反射→再传播→再叠加……直至消失，达到新的平衡状态的过程。

**2) 水击弹性波的波速**

$$c=\frac{c_0}{\sqrt{1+\dfrac{dK}{\delta E}}}=\frac{1435}{\sqrt{1+\dfrac{dK}{\delta E}}}$$

**3) 水击压强的计算**

(1) 直接水击($T_z<T_r=2L/c$)

$$\Delta p=\rho c(v_0-v)\quad 或\quad \Delta h=\frac{\Delta p}{\rho g}=\frac{c}{g}(v_0-v)$$

水击压强最大值($v=0$)　$\Delta p=\rho c\, v_0$　或　$\Delta h=\dfrac{c}{g}v_0$

(2) 间接水击($T_z>T_r$)

近似估算 $\Delta p=\rho c v_0 \frac{T_r}{T_z}$ 或 $\Delta h=\frac{\Delta p}{\rho g}=\frac{v_0}{g}\frac{2L}{T_z}$

**4. 离心泵的工作原理和选用**

(1) 离心泵的工作原理。

(2) 离心泵的性能参数与性能关系曲线——离心泵的性能曲线是在一定转速下,表示水泵扬程 $H$、轴功率 $N$、效率 $\eta$ 以及允许吸水真空度 $h_V$ 等性能参数与流量的关系曲线。其中最重要、最关键的是 $H$-$Q$ 关系曲线。

(3) 管道特性曲线——表示管道中通过的流量与水头损失之间的关系曲线

$$扬程\ H=H_{st}+h_W=H_{st}+SQ^2$$

(4) 工作点——水泵是在管道系统中工作的,水泵与管道系统二者必须统一,即泵的抽水流量就是管道的流量,泵的扬程就等于管道中流动所需要的能量,这种情况就是泵的工作点。即泵的性能曲线与管道系统的特性曲线,两条曲线的交点就是泵的工作点。应使工作点处在泵的高效率工作区域内。

(5) 离心泵的选用。

## 【思考题】

6-1 孔口、管嘴出流和有压管流的水力特点有什么不同?

6-2 正常工作条件下,作用水头相同,面积也相同的孔口和圆柱形外管嘴,其过流能力是否相同?原因何在?

6-3 薄壁小孔口的自由出流与淹没出流的流量系数和流速系数有何异同?

6-4 孔口出流不产生完全收缩对流量系数有无影响?

6-5 怎样计算长管串联,并联管道及沿程均匀泄流管道的水头损失?

6-6 在管道的水力计算中,长管与短管是如何区分的?划分长管与短管的目的是什么?

6-7 为什么在管网的水力计算中一般不考虑局部水头损失?

6-8 何谓管道的比阻 $a$ 和管道的阻抗 $S$?它们的关系如何?它们的物理意义是什么?

6-9 并联管路中各支管的流量分配遵循什么原理?如果要保证支管的流量相等,该如何设计管路?

6-10 当有压管流,管道末端阀门瞬时关闭时,水击波是怎样传播的?

6-11 研究水击现象在工程上有什么实际意义?

6-12 水击有哪些危害?

6-13 产生水击的内因与外因都是什么?有什么方法可以减小水击压力?

6-14 在研究水击波的传播速度时,若将水看做是不可压缩流体会导致什么结果?

6-15 离心泵的工作原理是什么?怎样选择离心泵?

6-16 如思 6-16 图所示的两根上下平行安装完全相同的长管,由甲水池向乙水池引水,若上游水位恒定不变,而下游水位分别为 $A$、$B$、$C$,试问(1)在这三种情况下两管中的流量关系会是怎样的？(2)如果 $d_2=2d_1$，下游水位为 $A$，其他情况都不变、问两管中的流量之比如何？

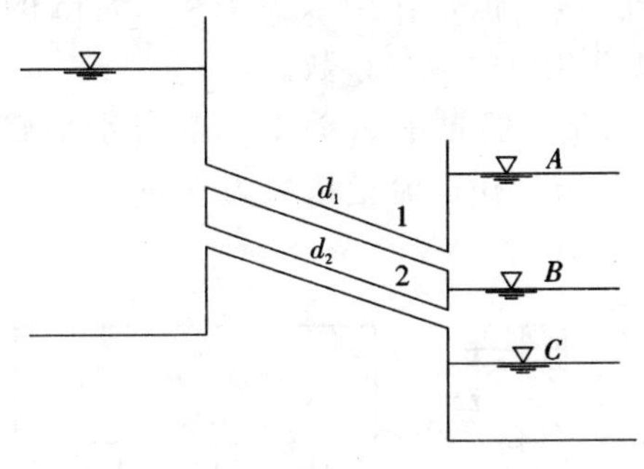


思 6-16 图

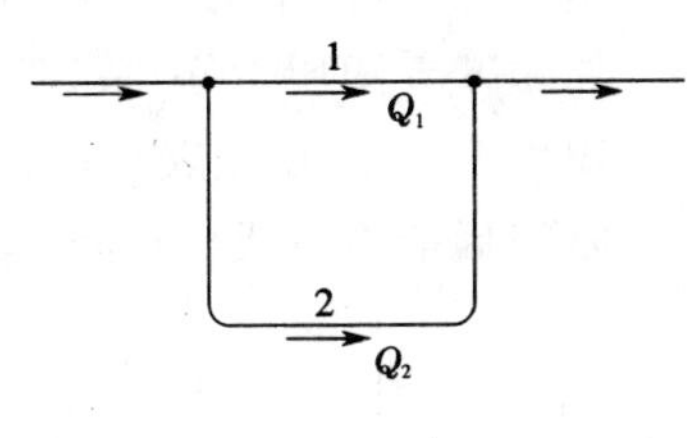


思 6-17 图

6-17　如思 6-17 图所示并联管道 1 和 2，两管的直径 $d$ 相同，沿程阻力系数 $\lambda$ 相同，其长度 $L_2=3L_1$，试分析两管的流量关系？

6-18　如思 6-18 图所示的并联管道，水箱中水位保持恒定，当阀门 $K$ 全开，正常工作时，各管段的流量分别为 $Q_1$、$Q_2$、$Q_3$，若将阀门 $K$ 关小，其他条件不变，试问流量 $Q_1$、$Q_2$、$Q_3$，将如何变化？

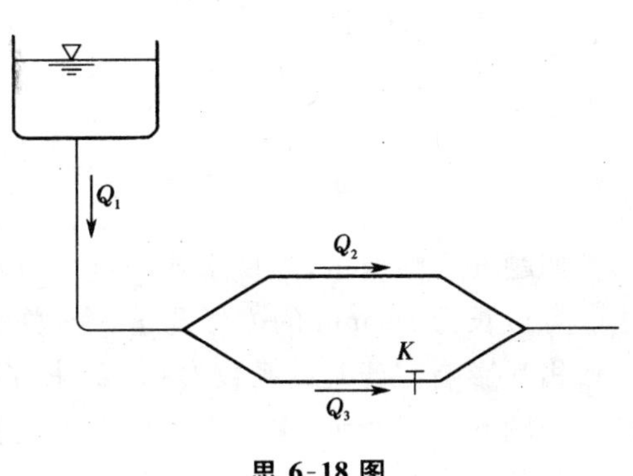


思 6-18 图

## 【习题】

6-1　有一水箱水面保持恒定(5 m)，箱壁上开一孔口，孔口直径 $d=10$ mm。(1)如果箱壁厚度 $\delta=3$ mm，求通过孔口的流速和流量。(2)如箱壁厚度 $\delta=40$ mm，求通过孔口的流速和流量。

6-2　一隔板将水箱分为 $A$、$B$ 两格，隔板上有直径为 $d_1=40$ mm 的薄壁孔口，如题 6-2 图，$B$ 箱底部有一直径 $d_2=30$ mm 的圆柱管嘴，管嘴长 $l=0.1$ m，$A$ 箱水深 $H_1=3$ m 恒定不变。

(1) 分析出流恒定性条件($H_2$ 不变的条件)。

(2) 在恒定出流时，$B$ 箱中水深 $H_2$ 等于多少？

(3) 水箱流量 $Q_1$ 为何值？

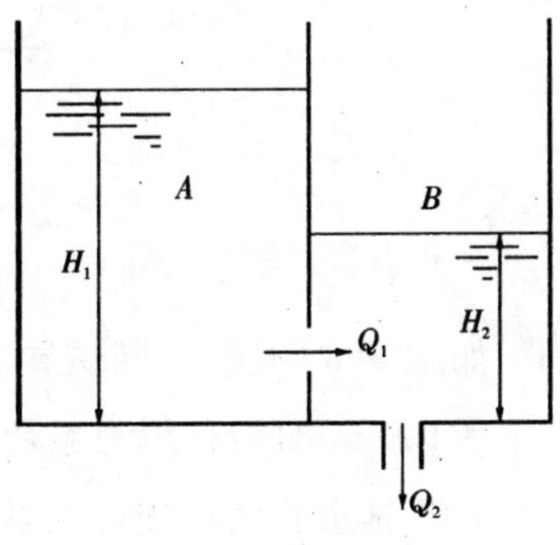


题 6-2 图

6-3 某恒温室采用多孔板送风，风道中的静压为 200 Pa，孔口直径为 20 mm，空气温度为 20 ℃，$\mu=0.8$。要求通风量为 1 $m^3/s$。问应布置多少孔口？

6-4 容器器壁上开有直径为 20 mm 的圆形孔口，在恒定作用水头 $H=0.8$ m 的作用下，测得流量为 $0.772\times10^{-3}\,m^3/s$，试求孔口的流量系数。

6-5 如题 6-5 图所示平底驳船，船舷高度 $h=1$ m，船自重 9.81 kN，船身水平截面积为 8 $m^2$。现船底有一破孔，直径为 100 mm，孔口流量系数为 0.60。问多长时间后船将沉没？（不计船壁厚度）

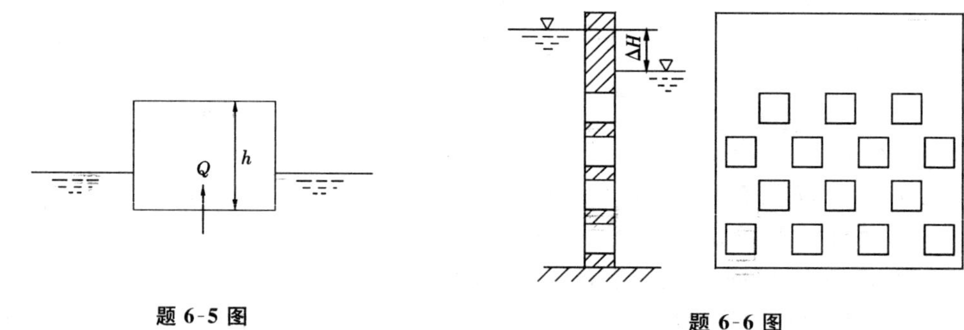


题 6-5 图　　题 6-6 图

6-6 如题 6-6 图所示，为使水均匀进入沉淀池，在池子进口设穿孔墙。穿孔墙上开有边长为 80 mm 的方形孔 14 个，总流量为 $110\times10^{-3}\,m^3/s$，不计墙厚及孔间相互影响。若流量系数为 0.62，求穿孔墙前后的水位差。

6-7 如题 6-7 图所示，水库由三个水平底孔放水。孔口直径 $d=0.2$m，三个孔上水深分别为 2.2 m，2.4 m，2.6 m，流量系数均为 0.60。试求总泄流量。（不计底板厚度）

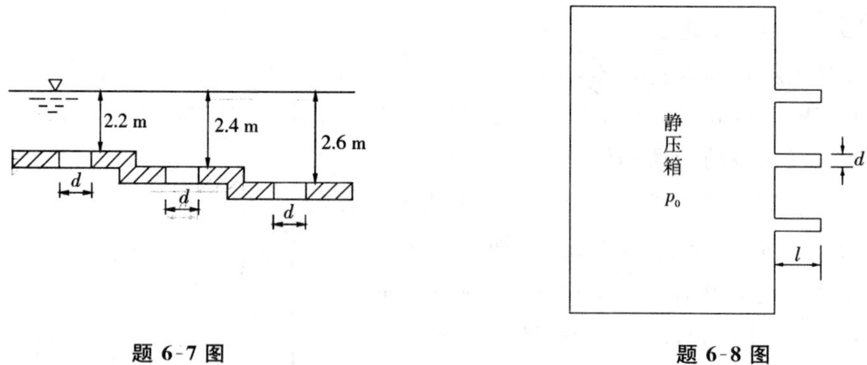


题 6-7 图　　题 6-8 图

6-8 如题 6-8 图所示，某诱导器的静压箱上装有圆柱形管嘴，管径 $d=4$ mm，长度 $l=100$ mm，沿程阻力系数 $\lambda=0.02$，从管嘴入口到出口的局部阻力系数 $\sum\zeta=0.5$，试求管嘴的流速系数和流量系数。

6-9 水从 A 水箱通过直径 $d=10$ cm 的孔口流入 B 水箱，孔口流量系数为 0.62（如题6-9图所示），设上游水箱的水面高程保持不变 $H_1=3$ m，试求在下列三种情况下，通过孔口的流量。

(1) $B$ 水箱中无水，即 $H_2=0$。

(2) $B$ 水箱中的作用水头 $H_2=2$ m。

(3) $A$ 水箱水面压力为 2000 Pa，$H_1=3$ m，同时 $B$ 水箱水面压力为 0，$H_2=2$ m。

6-10 某厂房利用自然通风进行换气如题6-10图所示，其上下部各有一面积为 8 $m^2$ 的窗口，两窗口的中心高差为 7 m，窗口流量系数为 0.64，室外空气温度为 20 ℃，室内空气温度为 30 ℃，气流在自然压头作用下流动，求车间的自然通风换气量（质量流量）。

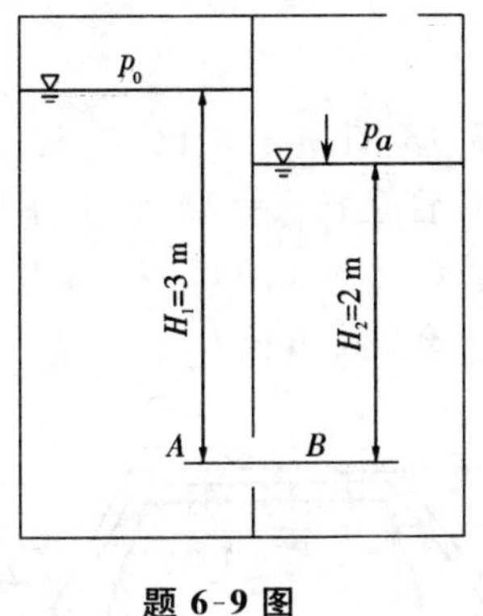

题6-9图

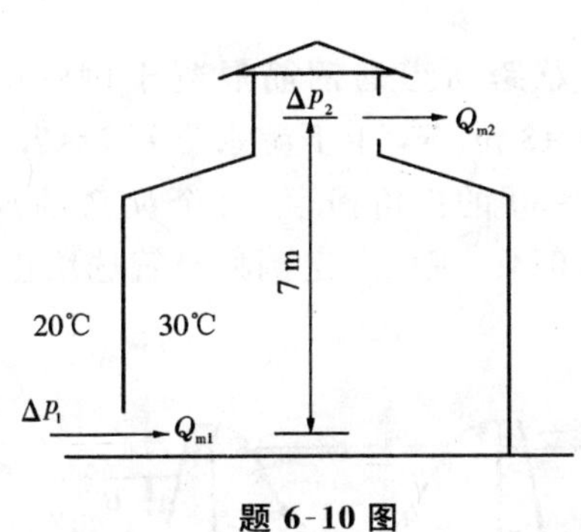

题6-10图

6-11 有一串联铸铁管路如题6-11图所示，$d_1=150$ mm，$d_2=125$ mm，$d_3=100$ mm，$l_1=25$ m，$l_2=10$ m；沿程水头损失系数 $\lambda_1=0.030$，$\lambda_2=0.032$；局部水头损失系数 $\zeta_1=0.1$，$\zeta_2=0.15$，$\zeta_3=0.1$，$\zeta_4=2.0$，问：(1) 通过流量 $Q=25\times 10^{-3}\,m^3/s$ 时，需要的水头 $H$ 为多少？(2) 若水头 $H$ 不变，但不计水头损失，则流量将变成多少？

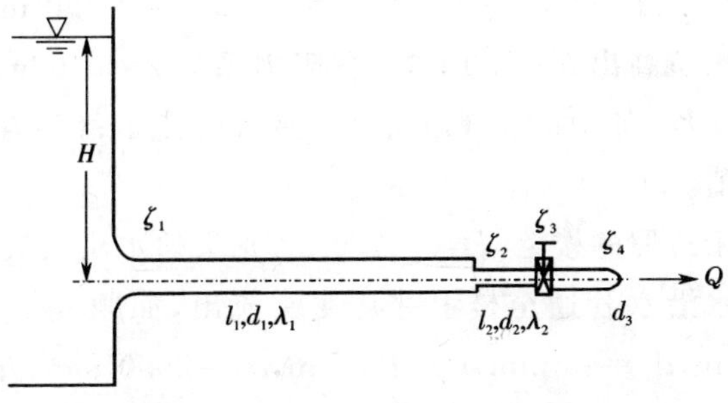

题6-11图

6-12 一管路如题6-12图所示，已知 $d_1=50$ mm，$d_2=100$ mm，$d_3=d_4=d_5=70$

mm；$l_1=2.0$ m，$l_2=3.0$ m，$l_3=1.5$ m，$l_4=1.5$ m，$l_5=2.5$ m；$k_{s1}=0.4$ mm，$k_{s2}=0.6$ mm；$\lambda_3=\lambda_4=\lambda_5=0.027$，折角 $\alpha=30°$，阀门半开，求管路维持最大流量 $Q=35\times10^{-3}\text{m}^3/\text{s}$ 所需之水头 $H$，并绘制总水头线和测压管水头线。

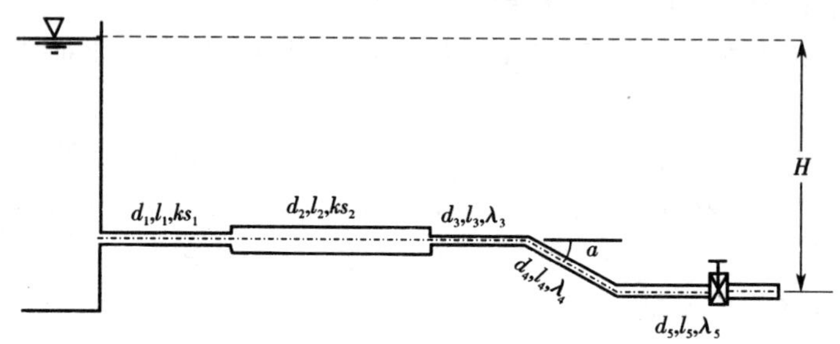


**题 6-12 图**

6-13 一横跨河道的钢筋混凝土倒虹吸管如题 6-13 图所示。已知，通过的流量 $Q=3\ \text{m}^3/\text{s}$，上下游水位差 $z=3.0$ m，倒虹吸管全长 $L=50$ m，其中以过两个 $\alpha=30°$ 的折角拐弯，每个拐弯的局部阻力系数 $\zeta_1=0.2$，沿程阻力系数 $\lambda=0.024$。现已选定倒虹吸管选用正方形断面，试求其边长 $b$。

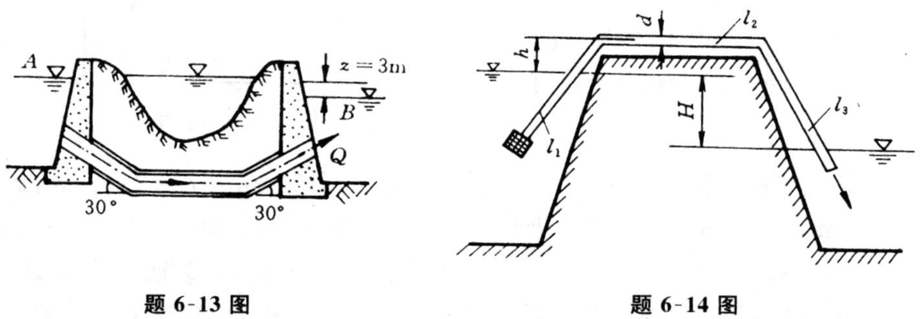


**题 6-13 图**　　**题 6-14 图**

6-14 两水池用虹吸管相连接(如题 6-14 图所示)。上、下游水池的水位差 $H=2.0$ m，虹吸管各段的长度 $l_1=3.0$ m，$l_2=5.0$ m，$l_3=4.0$ m，直径 $d=200$ mm，管顶比上游水位高出 $h=1.0$ m，沿程阻力系数 $\lambda=0.026$，底阀 $\zeta_{31}=10$，弯头 $\zeta_2=1.5$，出口 $\zeta_3=1.0$。求：(1)通过虹吸管的流量；(2)管中压强最低点的位置及其真空值。

6-15 一水龙头位于房屋的楼上，$H_2=20.0$ m，龙头的水头损失系数 $\zeta=3.5$。为了使容器中的水沿水管通至楼上并从龙头流出，如题 6-15 图所示。$H_1=1.5$ m，$l_2=15.0$ m，$d_1=40$ mm，$l_2=10.0$ m，$d_2=20.0$ mm，几个弯头的阻力系数 $\zeta=0.48$，管壁的当量粗糙 $k_s=0.20$ mm，问当流量 $Q=3.0\ \text{m}^3/\text{h}$，水的 $\nu$ 值为 $0.0131\ \text{cm}^2/\text{s}$ 时，容器中需维持多大的表面压强 $p_0$？

6-16 水泵将水抽至水塔，水泵的功率为 103 kW，流量为 100 L/s，吸水管长

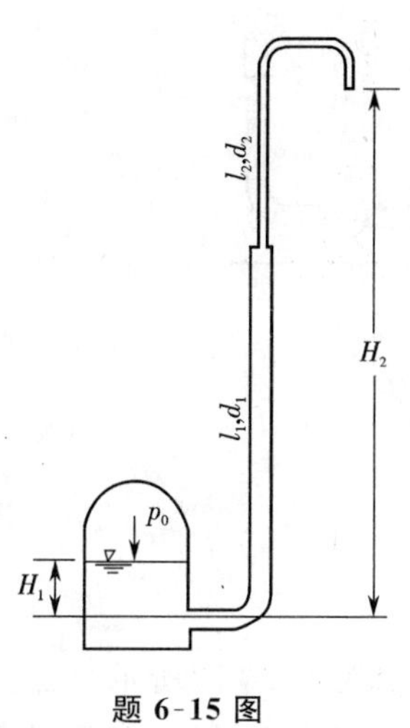


题 6-15 图

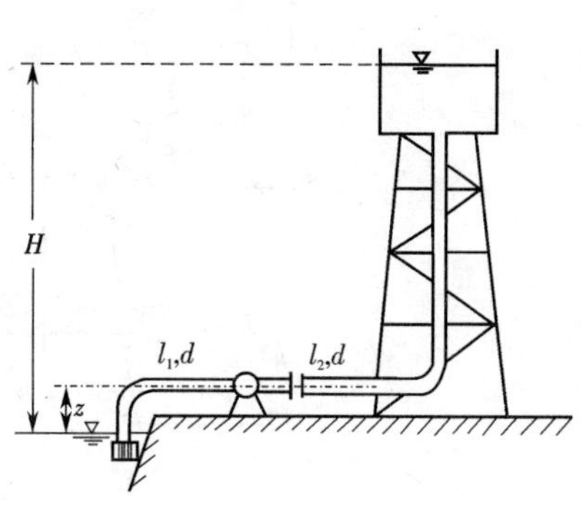


题 6-16 图

$l_1=30$ m，压水管长 $l_2=500$ m，管径 $d=300$ mm，管道的沿程水头损失系数 $\lambda=0.03$，水泵的允许真空度为 6 m 水柱，效率为 0.75，局部水头损失系数 $\zeta_{进口}=6.0$，$\zeta_{弯头}=0.4$。求(1)水泵的提水高度 $H$；(2)水泵的最大安装高度 $z$。

6-17　有如题 6-17 图所示的水泵抽水系统，其管长、管径(单位为 m)，局部阻力系数 $\zeta$ 都绘于图中，水泵的流量 $Q=40\times10^{-3}$ $m^3/s$，沿程阻力系数 $\lambda=0.03$，试求：(1)吸水管及压水管的阻抗 $S$；(2)水泵的扬程 $H$。

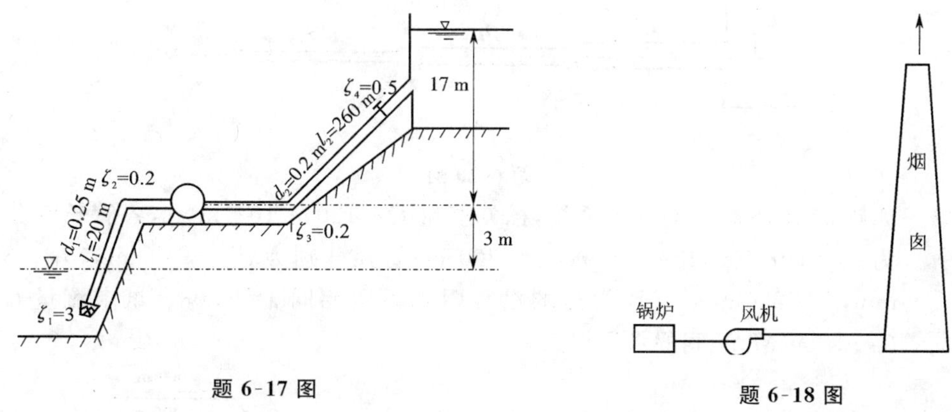


题 6-17 图　　题 6-18 图

6-18　已知锅炉烟风道的能量损失为 $h_W=117.6$ mm 水柱、烟气的重度为 $\gamma_s=7.8$ $N/m^3$，空气的重度为 $\gamma_a=11.7$ $N/m^3$。烟囱高 $H=30$ m，如题 6-18 图所示，求风机的全压。

6-19　离心泵自一井中抽水，水井由自流管与蓄水池相连，如题 6-19 图所示。已知自流管长 $L=20$ m，管径 $D=150$ mm，水泵吸水管长 $l=12.0$ m，管径 $d=150$ mm，在水泵进口处真空度不超过 6 m 水柱的条件下，确定泵的最大流量。

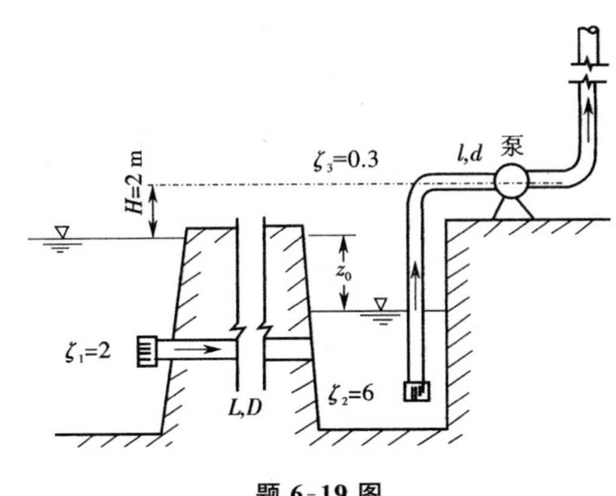


题 6-19 图

6-20 有一供水系统，由三种不同管径的管道组成，如题 6-20 图所示。已知管径 $d_1=0.3$ m，$d_2=0.2$ m，$d_3=0.1$ m，管长 $l_1=l_2=l_3=100$ m，管道的粗糙系数 $n=0.0125$，求：当保证正常供水量 $Q_1=Q_2=Q_3=50\times10^{-3}\ \mathrm{m^3/s}$ 时所需之水头 $H$。

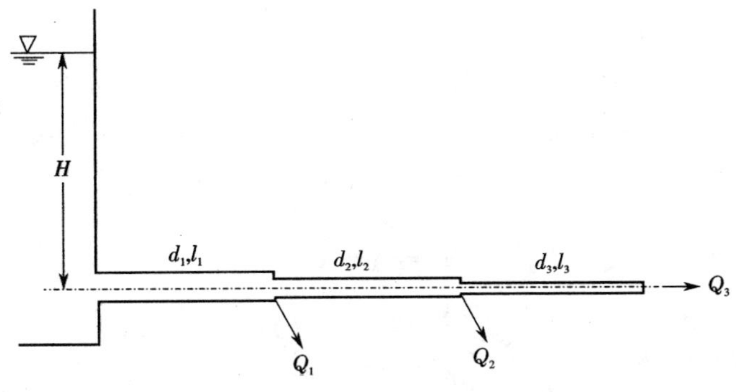


题 6-20 图

6-21 如题 6-21 图所示的管道系统，已知流量 $Q=120\times10^{-3}\ \mathrm{m^3/s}$，各管长度分别为 $l_A=1\ 000$ m，$l_B=900$ m，$l_c=300$ m，管径分别为 $d_A=250$ mm，$d_B=300$ mm，$d_c=250$ mm，三段管道的沿程阻力系数相同 $\lambda=0.03$。试求流量 $Q_A$、$Q_B$、$Q_C$ 及 $M$、$N$ 间的水头损失 $h_{MN}$。

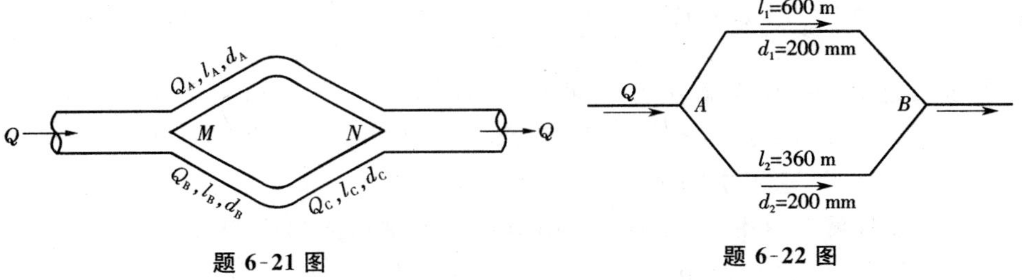


题 6-21 图

题 6-22 图

6-22 有一简单并联管路(如题 6-22 图所示)，总流量 $Q=80\times10^{-3}\ \mathrm{m^3/s}$，$\lambda=0.02$，第一

支路 $d_1=200$ mm，$l_1=600$ m，第二支路 $d_2=200$ mm，$l_2=360$ m，求各管段的流量及两节点 $A$、$B$ 间的水头损失。

6-23 两水池的水位差 $H=6.0$ m，用一组管道按题 6-23 图所示的方式连接，管道的第一段 $BC$ 长为 3 000 m，直径为 600 mm，$C$ 点后分为两段，各长为 3 000 m、直径为 300 mm 的并联管，各在 $D$ 点和 $E$ 点进入下游水池。设管道的沿程阻力系数 $\lambda=0.04$，问总流量为多大？

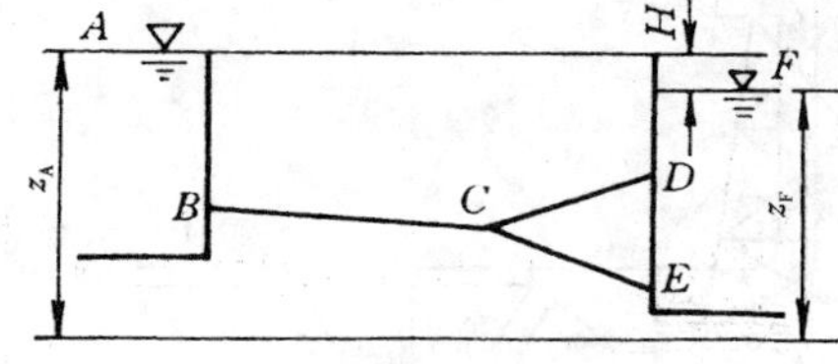


题 6-23 图

6-24 由水塔供水的输水管路，如题 6-24 图所示。全管路包括三段，中间 $AB$ 段为沿程泄流管路，每米长度上连续分泄的流量 $q=0.1\times10^{-3}\,\mathrm{m^3/s}$，第一与第二段管路的接头处要求泄流量 $Q_1=15\times10^{-3}\,\mathrm{m^3/s}$，第三段管末端的流量 $Q_t=10\times10^{-3}\,\mathrm{m^3/s}$，各管段的长度及直径分别为 $l_1=300$ m，$l_{2(AB)}=200$ m，$l_3=100$ m，$d_1=200$ mm，$d_2=150$ mm，$d_3=100$ mm，管路均为铸铁管，求需要的水头 $H$。

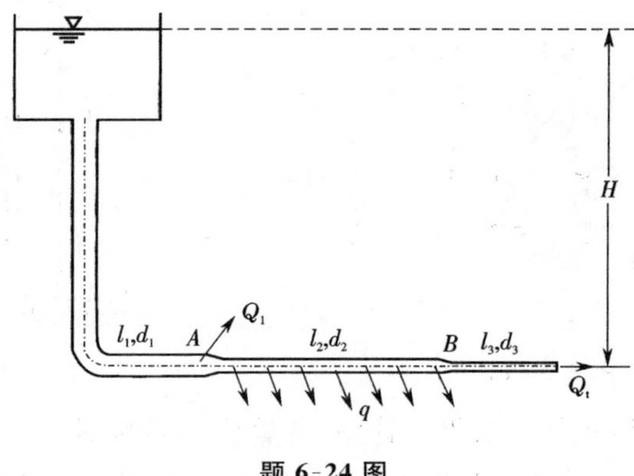


题 6-24 图

6-25 水塔供水的管路系统，如题 6-25 图所示。其管道均为铸铁管，糙率 $n=0.012$，$D$ 点要求的自由水头 $h_{eD}=10$ m，$q_B=45\times10^{-3}\,\mathrm{m^3/s}$，$Q_D=20\times10^{-3}\,\mathrm{m^3/s}$，长度 $l_{CD}=300$ m，干管直径 $d_{AB}=250$ mm，管长 $l_{AB}=500$ m，支管 1 的直径 $d_1=150$ mm，管长 $l_1=350$ m，支管 2 的直径 $d_2=150$ mm，管长 $l_2=700$ m。试求：(1)并联管路中的流量分配；(2) 水塔水箱中的水位至管道末端出口中心的高度 $H$。

6-26 水平放置的通风机如题 6-26 图所示，吸入管 $d_1=200$ mm，$l_1=10$ m，压出管为直径不同的两段风管串联而成，$d_2=200$ mm，$d_3=100$ mm，$l_2=l_3=50$ m，总风量 $Q=0.15\,\mathrm{m^3/s}$，空气密度 $\rho=1.2\,\mathrm{kg/m^3}$，沿程阻力系数 $\lambda=0.02$，不计局部水头损失，试求：

(1) 风机应产生的总压强。

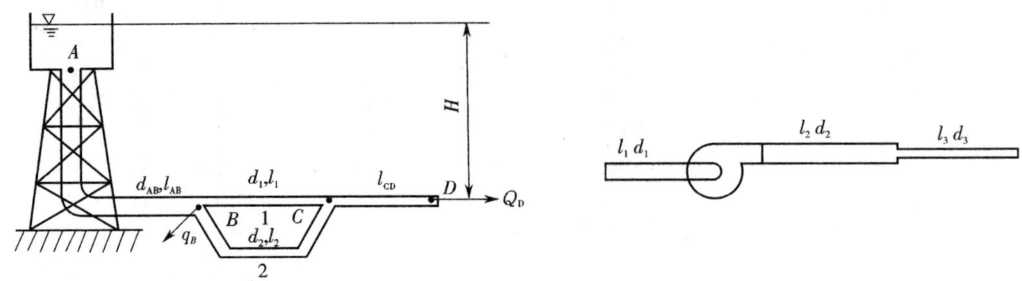


题 6-25 图　　　　题 6-26 图

(2) 如风机与管道垂直安装，但管路情况不变，风机的总压有无变化？

(3) 如果流量提高到 0.16 $m^3/s$，风机总压变化为多少？

6-27　一枝状管网如题 6-27 图所示，已知 1、2、3、4 点与水塔的地面标高相同，点 5 较各点高 2.0 m，各点要求自由水头均为 8 m，管长 $l_{1-2}=200$ m，$l_{2-3}=350$ m，$l_{4-5}=200$ m，$l_{1-4}=300$ m，$l_{0-1}=400$ m。若管路的粗糙系数按 $n=0.012$ 计，试设计各管段的管径及水塔高度。

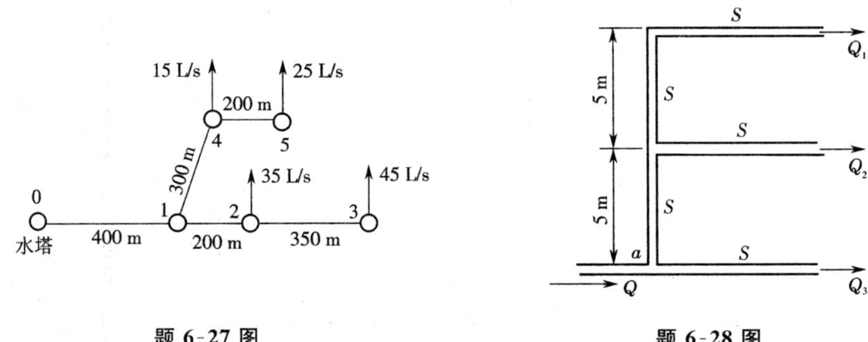


题 6-27 图　　　　题 6-28 图

6-28　如题 6-28 图所示的三层供水管路，各管段的阻抗 $S$ 皆为 $1.0\times10^6\ s^2/m^5$，层高均为 5.0 m。设 $a$ 点的作用水头为 20 m，试求 $Q_1$、$Q_2$、$Q_3$，并比较三流量，得出结论来(忽略 $a$ 处的流速水头)。

6-29　水塔 $A$ 接一水平环管，$C$、$D$ 两点为供水点，用水量及流向如题 6-29 图所示，皆流入大气中，各管段的管长及直径如表中所列，若粗糙系数 $n=0.0117$，求各管段的流量及水塔高度。

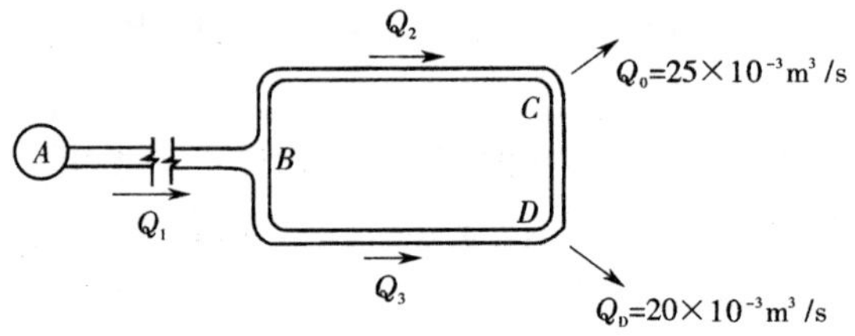


题 6-29 图

| 管 段 | 段 号 | $l$/m | $d$/mm |
|---|---|---|---|
| 1 | AB | 4000 | 250 |
| 2 | BC | 1000 | 200 |
| 3 | BD | 1000 | 150 |
| 4 | CD | 500 | 100 |

6-30 一压力钢管的直径 $D=2.5$ m，壁厚 $\delta=2.5$ cm，水的体积弹性系数 $K=2.03\times10^5$ N/cm$^2$，钢的弹性模量 $E=2.06\times10^7$ N/cm$^2$，试求水击波的传播速度 $c$。

6-31 若上题中从水库引水至电站的钢管长度 $l=2000$ m，管道末端阀门关闭时间 $T=3$ s，问产生直接水击还是间接水击？若关闭时间 $T=6$ s，问产生什么水击？若阀门关闭时间仍为 3 s，在管道上设置调压室，电站到调压室的钢管长度 $l=500$ m，问产生什么水击？

6-32 在题 6-31 中产生直接水击的情况下，若通过的流量为 10 m$^3$/s，问水击压强增值为多少？

6-33 有一输水铸铁管，直径 $d=150$ mm，壁厚 $\delta=8$ mm，铸铁的弹性模量 $E_s=9.8\times10^{10}$ Pa，要求在阀门突然瞬时关闭时所引起的水击压强不超过 $4\times10^5$ Pa，试求阀门关闭前的管道流量应为多少？

6-34 某工地施工用水，由水泵把河水抽送至山上的贮水池中，已知几何给水高度 $H=85$ m，抽水量 $Q=12.5$ m$^3$/h，压水管长度 $l_1=110$ m，吸水管长度 $l_2=10$ m，采用现有直径 $d=75$ mm 的铸铁管，试选用水泵。

[附]国产 2DA-8 型离心泵的性能曲线如题 6-34 图所示，图中系一级水泵的性能，级数（即叶轮数）增加时，流量不变，但扬程按比例增加。

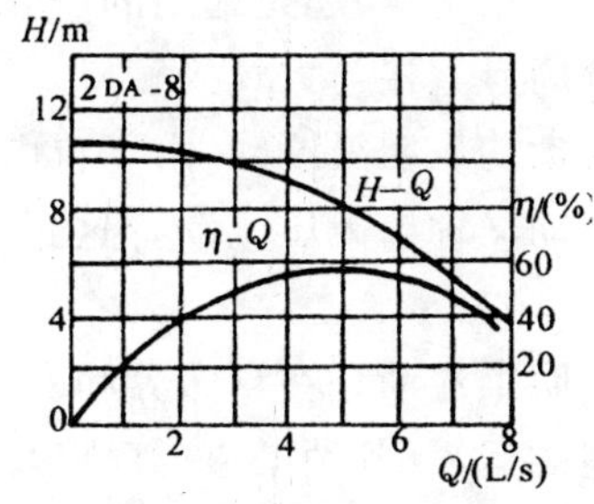


题 6-34 图

# 第 7 章　明渠恒定流动

**【要点提示】**

本章是继有压流动之后，运用工程流体力学的基本理论研究的另一类典型流动——明渠流动，即无压流动。研究明渠流动是以水深的变化为中心，其要点是：明渠流动的特点；明渠流动的基本概念；明渠均匀流的水力特性、形成条件以及水力计算方法；明渠恒定非均匀流的水力特性；两种流动形态（急、缓流）相互过渡时所产生的急变流形态——水跃与水跌的特征、发生条件及水跃的水力计算；恒定非均匀渐变流的基本方程；棱柱形渠道非均匀渐变流水面曲线的定性分析和明渠非均匀渐变流水面曲线的计算。

## 7.1　明渠流动的水流特点和明渠流动的分类

明渠是一种人工修建或自然形成的渠槽，无论其周界是开敞的（如天然河道、各种人工渠道等）还是封闭的（如隧洞、涵管等），凡是当液体在渠槽中流动时，其液体的部分周界直接与大气接触，形成具有显露于大气中并可以自由升降变动的自由水面的流动均属明渠流动，由于自由表面上各点压强均为大气压强，相对压强为零，故明渠流动又称为无压流动。这正是明渠流动与有压管流最主要也是最本质的区别所在。

明渠流动是在自然界和实际工程中最常遇到的一类流动，如天然的江、河，人工修建的运河、各种渠道、渡槽以及明流隧洞和管涵中的水流等皆为明渠流动。由于明渠流动具有自由水面，因而运动的规律较有压管流复杂得多。在这类流动中常会遇到，诸如：为了宣泄洪水，在水库边开挖的溢洪道或泄洪隧洞应有一定的输水能力；为了城市供水或发电、灌溉而修建的渠道，根据要求应有合理的断面尺寸；为了确定拦河坝上游水库的淹没范围，应合理计算明流隧洞中自由水面以上的空间余幅及边壁、底板上的水流荷载以及水深沿程的变化，即水面线的变化等问题。这些都要求掌握明渠水流的运动规律，研究明槽水流的水力计算方法，为工程规划、设计提供可靠的科学依据。

### 7.1.1　明渠流动的水流特点

（1）凡明渠流动的水流都具有显露于大气中的自由水面，其上各点的压强均为大气压强 $p_a$。

如图 7-1 所示，各种天然河川、人工渠道、泄槽、明流隧洞等，不论其断面形状如何，其水流的部分边界都直接与大气接触，形成受大气压强作用的自由水面，故它们都属明渠流动，这也正是明渠流动与有压管流的重要区别之所在。

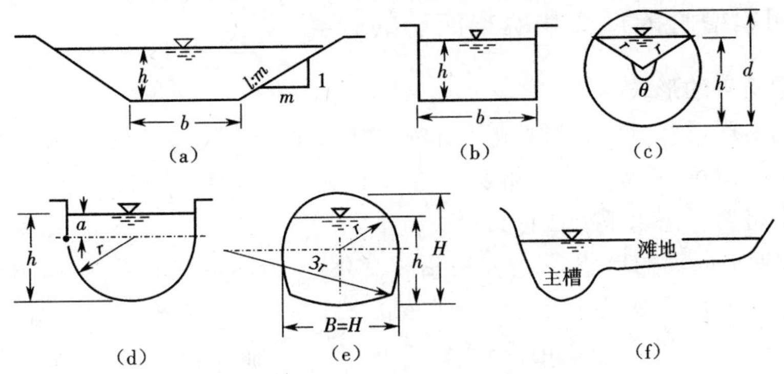


图 7-1　各种不同断面形式的明渠

(2)明渠流动的自由水面不受固体边界的约束，可以自由升降。

明渠水流的自由水面与大气直接接触，其上边界不固定，即过流断面不固定。在外界干扰作用下，自由水面可以自由升降，直接影响明渠水流的水深和断面平均流速的变化。例如明渠槽底坡度的改变，导致自由水面升降，对明渠水深和断面平均流速将产生直接影响。如图 7-2 所示，底坡 $i_1 \neq i_2$，则水深 $h_1 \neq h_2$，流速 $v_1 \neq v_2$。而有压管流，只要断面形状、尺寸一定，其管线坡度的变化，对过流断面积和断面流速无影响。又如在明渠中设置控制设备、渠槽断面形状、尺寸的改变、槽壁粗糙度的变化、沿程流量的改变等都将导致自由水面的升降，而且会造成水深在很长的流程上发生变化。即便是在一定的流量条件下，由于上、下游控制条件的不同，在同一明渠中的水流也可以形成各种不同形式的水面线。

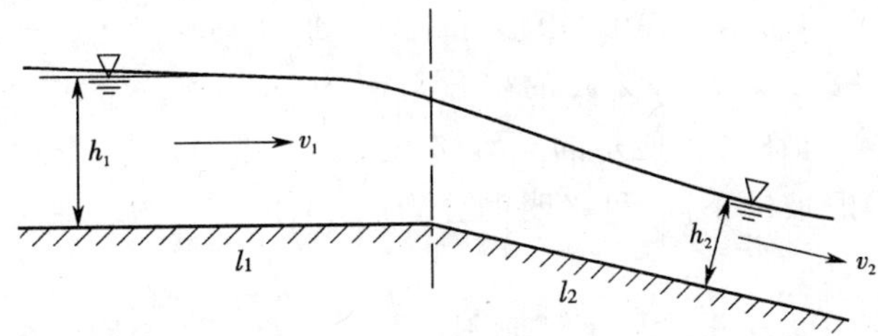


图 7-2　底坡变化对明渠流动的影响

(3)明渠流动中重力起主导作用。

明渠流动是受重力作用而产生的运动，并在运动过程中不断克服阻力做功而消耗能量。这与有压管流截然不同，在有压管流中，重力并不起直接作用，重力作用只反映在有压管道断面上的压强变化规律上。通常俗话所说的："水往低处流"，只是对于这种无压的明渠流动而言才是正确的。由于明渠流动重力起主导作用，因此，还将因水流的弗劳德数不同而形成不同的流态。由此可见，解决无压的明渠流动问题比解决有压流动问题要复杂得多。

### 7.1.2 明渠槽身的形式和明渠流动的分类

#### 1. 明渠槽身的形式

明渠的断面形状、尺寸、底坡等对水流的流动状态有重要影响。为了研究掌握明渠水流运动的规律，必须首先了解明渠的类型及其对水流运动的影响。在工程流体力学中通常将明渠按以下方法进行分类。

(1) 按明渠断面的形状、尺寸是否沿程变化，可分为棱柱形明槽与非棱柱形明槽(渠)。凡是断面形状及尺寸沿程保持不变的长直渠道，称为棱柱形明槽。其过水断面面积 $A$ 的大小只随水深变化，即 $A=f(h)$。一般轴线顺直、断面规则的人工渠、槽、洞、涵均属于棱柱形明槽。否则，断面形状和尺寸沿程不断变化的明槽称为非棱柱形明槽。非棱柱形明槽的过水断面面积 $A$，不仅随水深 $h$ 变化，而且还随着断面的沿程位置 $S$ 而改变，即 $A=f(h,s)$。渠系建筑物进出口的渐变段和连接断面形状、尺寸不同的两条渠道的过渡段就是典型的非棱柱形明渠。天然河道的断面不规则，且主流弯曲多变，也是非棱柱形明槽。

明渠的断面形状，则多种多样，如图 7-1 所示。工程中常见的人工渠槽的断面形状既要考虑水力学条件，又要结构合理、施工方便、利于运行管理，一般多采用对称的矩形、梯形、圆形、城门洞形、马蹄形或 U 形等断面形式。天然河道一般常有主槽与滩地之分，形成所谓的复式断面。

(2) 按渠道过水断面形状的不同，可分为规则断面槽和不规则断面槽。

凡过水断面的各水力要素，如过流断面积 $A$、湿周 $P$、水力半径 $R$、水面宽度 $B$ 等在水深 $h$ 的变化范围内均为水深的连续函数的渠槽，称为规则断面槽，如图 7-1 中(a)、(b)、(c)、(d)、(e)所示的梯形、矩形、圆形、U 形和马蹄形等断面的人工渠道。凡过水断面的各水力要素。在水深 $h$ 的变化范围内，不为水深的连续函数的渠槽，称之为不规则断面槽，如图 7-1 所示的天然河道或人工渠道的复式断面槽。

(3) 按照渠道底坡的不同，可将明渠分为顺(正)坡($i>0$)、平坡($i=0$)和逆(反)坡($i<0$)明渠。

人工渠槽的槽底面一般为向下游倾斜的平面。槽底面与明渠纵剖面的交线称为渠道的槽底线。槽底线与水平线的夹角 $\theta$ 的正弦 $\sin\theta$，称为槽底纵坡或底坡，用 $i$ 表示。如果选取的明渠两过流断面的槽底高程分别为 $z_{b1}$ 和 $z_{b2}$，其间的流程长度为 $s$，则

$$i=\frac{z_{b1}-z_{b2}}{s}=\sin\theta \tag{7-1a}$$

通常 $\theta$ 角很小，当底坡 $i\leqslant 0.1$(即 $\theta\leqslant 6^\circ$)时，$\sin\theta\approx\tan\theta$，因而也常用两断面之间的水平距离 $l$ 来代替其流程长度 $s$，如图 7-3 所示，则

$$i \approx \tan\theta = \frac{z_{b1} - z_{b2}}{l} \tag{7-1b}$$

为了实际量测和计算的方便，同理，也常取明渠的铅垂断面为过水断面，采用铅垂水深 $h'$ 替代实际垂直于流向的水深 $h$。由图 7-3 可以看出 $h' = h/\cos\theta$。当明渠底坡 $i \leqslant 0.1(\theta \leqslant 6°)$ 时，采用水平距离 $l$ 代替断面间的流程长度 $s$；采用铅垂水深 $h'$ 代替实际垂直于流向的水深 $h$ 所引起的误差很小，可以满足实际工程的需要。

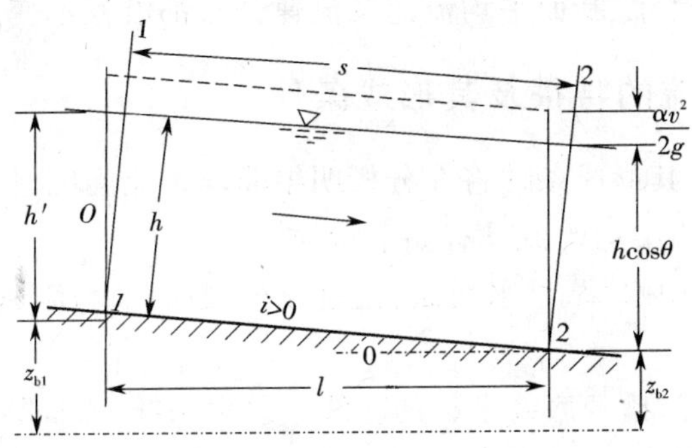


图 7-3　明渠的过流断面水深和断面间距

当明渠的渠底沿程降低（$z_{b1} > z_{b2}$），$i > 0$，称为顺坡明渠或正坡；渠底高程沿程不变（$z_{b1} = z_{b2}$），$i = 0$，称为平坡明渠；渠底沿程抬高（$z_{b1} < z_{b2}$），$i < 0$，称之为逆坡或反坡明渠，如图 7-4 所示。天然河道的底坡高低不一，陡坦相同，计算时通常采用的是一定河段上的平均底坡。

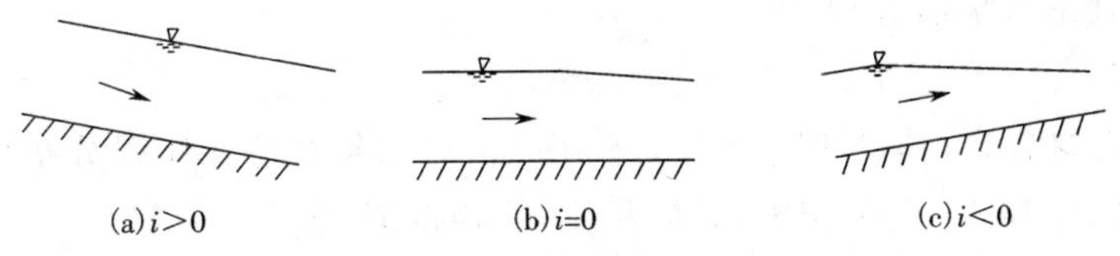


图 7-4　不同底坡的明渠

**2. 明渠流动的分类**

明渠流动的分类与前所介绍的流动分类相同，当明渠中的水流运动要素不随时间而变化时，称为明渠恒定流，否则就是明渠非恒定流。在明渠恒定流中，如果其流线为一簇平行直线，则水深 $h$，过水断面积 $A$，断面平均流速 $v$ 以及断面流速分布均沿程不变，这种流动称为明渠恒定均匀流，否则就是明渠恒定非均匀流。在明渠恒定非均匀流中，若其流线是接近于相互平行的直线，流线间的夹角很小，或流线虽然是弯曲的，但其曲率很小，即曲率半径很大，其离心惯性力很小，可忽略不计，这种水流称为明渠非均匀渐变流，反之则为明渠非均匀急变流。

本章只讨论明渠恒定均匀流和明渠非均匀渐变流及急变流中的水跃与跌水。

## 7.2 明渠恒定均匀流

明渠恒定均匀流是流线为相互平行的直线，它是明渠流动中最简单的形式。明渠均匀流动的规律不但是分析复杂的明渠水流运动的基础，并且也经常直接应用于明渠的水力计算及水文测验工作中，故它也是明渠水力计算的基本依据。明渠水流是水深、断面形状和尺寸、断面平均流速及流速分布都沿程不变的流动。

### 7.2.1 明渠均匀流的特征及其形成条件

均匀流的特征及其形成条件将在分析明渠非均匀流问题时具有重要的作用。由均匀流的定义可知，明渠均匀流具有如下特征。

(1) 明渠均匀流中水深、过水断面、流速分布、断面平均流速、流量等运动要素均沿程不变。

(2) 流线为一簇与槽身底线平行的直线。总水头线、水面线及渠底线三线平行，如图 7-5 所示，也就是说，明渠均匀流的水力坡度（即总水头线坡度）$J$、水面坡度（即测压管水头线坡度）$J_z$ 及渠底坡度 $i$ 三者相等，即

$$J=J_z=i \tag{7-2}$$

(3)明渠恒定均匀流是一种等速直线运动，作用在水体上的各种作用力必然处于平衡状态，没有加速度。在图 7-5 所示的均匀流中取断面 1—1 和 2—2 之间的水体进行分析，作用于水体上的力有重力 $G$、摩擦阻力 $F$、两端断面上的动水压力 $P_1$ 和 $P_2$。沿流向列出其平衡方程，则

$$P_1+G\sin\theta-F-P_2=0 \tag{7-3}$$

因为是均匀流动，其过流断面上动水压强的分布符合静水压强分布规律，水深沿程又不变，故 $P_1$ 和 $P_2$ 大小相等，方向相反，互相抵消，故有

$$G\sin\theta=F \tag{7-4}$$

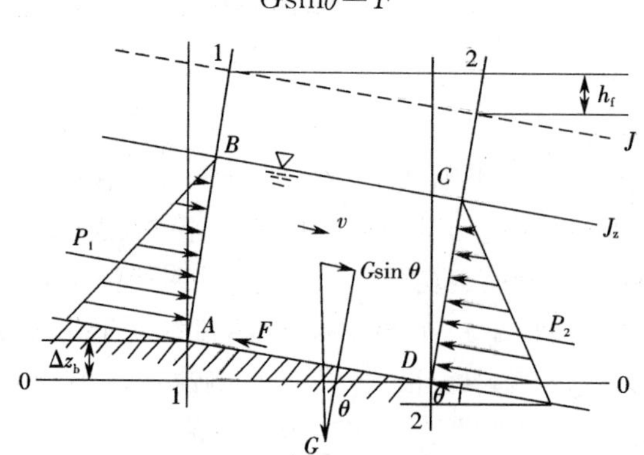


图 7-5 明渠均匀流

即明渠均匀流动中促使水流运动的重力分量 $G\sin\theta$ 与阻碍水流运动的摩擦阻力 $F$ 相平衡。

另外，从能量观点分析，在明渠均匀流中，对于单位重量液体，重力所做之功正好等于克服水流阻力做功所损耗的能量。在图 7-5 所示的均匀流动中，以 0-0 水平面为基准面，对断面 1—1 和 2—2 写能量方程，有

$$\Delta z_b + h_1 + \frac{\alpha v_1^2}{2g} = h_2 + \frac{\alpha {v_2}^2}{2g} + h_f$$

因为是均匀流，其水深 $h$，断面平均流速 $v$ 和断面流速分布均沿程不变，故

$$h_1 + \frac{\alpha v_1^2}{2g} = h_2 + \frac{\alpha {v_2}^2}{2g}$$

所以

$$\Delta z_b = h_f$$

这说明水流从断面 1—1 至 2—2，在一定的距离上，由于高程的降低所引起的水流位能（势能）的减少恰等于克服水流阻力所损耗的能量，而水流的动能仍维持不变。这也就是式(7-2)的物理意义所在。

明渠均匀流动的水深，称为**正常水深**，用符号 $h_0$ 表示。显然，当 $i\leqslant 0$ 时，明渠水流中不存在正常水深 $h_0$，亦不存在式(7-3)所表示的平衡关系，此时只可能出现非均匀流。

由于明渠均匀流具有上述特征，它的形成就需要一定的条件，即

① 明渠流动必须是恒定的，且流量沿程保持不变；

② 渠槽必须是长而直的顺坡($i>0$)棱柱形明渠；

③ 渠道底坡 $i$ 和粗糙系数 $n$ 沿程不变；

④ 渠道沿程没有建筑物的局部干扰。

明槽均匀流由于种种条件的限制，往往难以完全实现，在渠槽中大量存在的是非均匀流。然而，对于整齐顺直的正坡($i>0$)近似于棱柱形渠槽的天然河道的河段，只要有足够的长度，总会有形成均匀流的趋势。也可按均匀流做近似的估算。对于其他人工非棱柱形明槽，通常采用分段计算，其各段的计算均按均匀流处理，一般可满足生产上的要求。因此，均匀流理论是分析明渠水流的基础。

### 7.2.2　明渠均匀流基本公式

明渠水流一般雷诺数较大，多属于紊流粗糙区（即阻力平方区），沿程水头损失主要与固体边界的形状尺寸以及粗糙情况有关，其大小与断面平均流速的平方成正比。

明渠均匀流水力计算的基本公式是连续性方程和谢才公式

$$Q = vA \tag{7-5}$$

$$v = C\sqrt{RJ} \tag{7-6}$$

由于明渠均匀流的水力坡度 $J$ 与渠底坡 $i$ 相等，故谢才公式也可写成

$$v = C\sqrt{Ri} \tag{7-7}$$

根据连续性方程，明渠均匀流的流量公式为

$$Q=vA=AC\sqrt{Ri}=K\sqrt{i} \tag{7-8}$$

即计算明渠均匀流输水能力的基本关系式。式中 $K=AC\sqrt{R}$，称为流量模数，具有流量的量纲。当断面形状和粗糙系数一定时，$K$ 是正常水深 $h_0$ 的函数。$C$ 为谢才系数，是反映断面形状尺寸和粗糙程度的综合系数，通常采用曼宁公式(5-64)或巴甫洛夫斯基公式(5-66)计算 $C$ 值，即

$$C=\frac{1}{n}R^{1/6}$$

或

$$C=\frac{1}{n}R^{y}$$

其中

$$y=2.5\sqrt{n}-0.13-0.75\sqrt{R}(\sqrt{n}-0.10)$$

采用巴甫洛夫斯基公式时其指数计算较复杂，也可采用近似公式求指数 $y$，即

当 $R<1.0$ m 时，　$y=1.5\sqrt{n}$

当 $R>1.0$ m 时，　$y=1.3\sqrt{n}$

可以看出，谢才系数 $C$ 与水力半径 $R$ 和粗糙系数 $n$ 值有关，而 $n$ 值的影响远比 $R$ 的影响大得多。如果在设计中选用的 $n$ 值与实际相差偏大，则将会增大断面尺寸、增加工程量，不仅造成浪费，而且会使渠中实际流速值大于设计值，可能引起土渠的冲刷。反之，如果选择的 $n$ 值较实际偏小，将会使过流断面减小，造成渠槽的漫溢，而且会使渠中实际流速偏小，达不到设计要求，不仅影响渠道的过流能力，而且可能引起渠道的淤积。所以，正确选择粗糙系数 $n$ 值是明渠均匀流计算中的关键。对于各种类型的人工渠槽和天然河道的粗糙系数 $n$ 值可查阅表 5-3 或有关水力计算手册。

对于天然河流，影响其 $n$ 值的因素很多，实际情况要复杂得多，因而对糙率 $n$ 值的正确估计和正确选用就更加困难，常常需要通过对实际河流的深入调研和实地量测确定。在没有实测资料的条件下，也可参考已有的经过多年积累的大量其他的实测资料和工程经验或查阅有关水力计算手册。

### 7.2.3 明渠均匀流的水力计算

明渠均匀流的水力计算可分为两类基本问题，一是计算明渠的过流能力，另一类是明渠的水力设计，下面就以工程中常见的图 7-6所示梯形断面渠道为例分述如下。

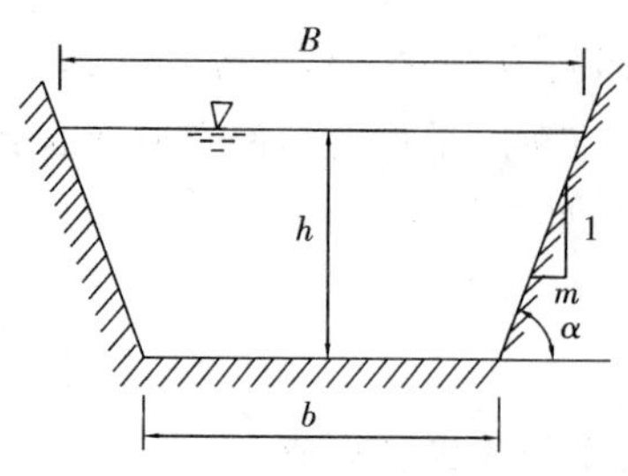

图 7-6　梯形过流断面

由式(7-8)可知，梯形断面渠道各水力要素间存在以下的函数关系

$$Q=AC\sqrt{Ri}=f(h,b,m,n,i) \tag{7-9}$$

一般，边坡系数 $m$ 取决于渠壁土壤或护面的性质，糙率 $n$ 取决于渠壁类型及状况，用经验方法确定。

**1. 校核渠道的输水能力 $Q$**

这类问题主要是针对原建渠道校核性的水力计算。对已经建成渠道，过流断面的形状及尺寸 $b$、$h$、$m$，渠壁糙率 $n$ 和渠底坡度 $i$ 等都已知，由此算出 $A$、$R$ 及 $C$，代入式(7-8)便可求得渠道的过流能力 $Q$。

**【例 7-1】** 有一顺直的梯形断面棱柱形排水土渠，其底宽 $b=3.5$ m，边坡系数 $m=1.25$，粗糙系数 $n=0.023$，渠底坡度 $i=0.0005$，设计正常水深 $h_0=1.50$ m，试校核渠道的输水能力和流速。

**【解】** 过流断面面积

$$A=h_0(b+mh_0)=1.5\times(3.5+1.25\times1.5)\ \text{m}^2=8.063\ \text{m}^2$$

湿周

$$\chi=b+2h_0\sqrt{1+m^2}=(3.5+2\times1.5\sqrt{1+1.25^2})\text{m}=8.302\ \text{m}$$

所以水力半径

$$R=\frac{A}{\chi}=\frac{8.063}{8.302}\ \text{m}=0.971\ \text{m}$$

$$C=\frac{1}{n}R^{1/6}=\frac{1}{0.023}\times0.971^{1/6}\ \text{m}^{1/2}/\text{s}=43.266\ \text{m}^{1/2}/\text{s}$$

过流能力

$$Q=AC\sqrt{Ri}=8.063\times43.266\sqrt{0.971\times0.0005}\ \text{m}^3/\text{s}=7.687\ \text{m}^3/\text{s}$$

$$v=\frac{Q}{A}=\frac{7.687}{8.063}\ \text{m/s}=0.953\ \text{m/s}$$

**2. 渠道设计的水力计算**

**1）渠底坡度 $i$ 的设计**

决定渠底坡度 $i$ 的问题在渠道设计中会常遇到，如兼作通航的渠道，需由通航允许流速设计底坡。又如市政建设中的下水道为防止污物的沉积淤塞，要求污水有一定的“自清”流速，下水道要求有一定底坡等。通常这类问题在设计计算时，一般已知渠道断面形状及尺寸 $b$、$h$、$m$，渠壁糙率 $n$ 和输水流量 $Q$ 等，依据已知条件先算出流量模数 $K$，然后根据式(7-8)便可求出渠底坡度 $i$

$$i=\frac{Q^2}{K^2}$$

在设计渠底坡度时，还应结合当地情况考虑实际的地形和地势的走向。

**【例 7-2】** 某梯形断面棱柱形排水土渠，其底宽 $b=2.0$ m，边坡系数 $m=1.50$，粗糙系数 $n=0.025$，要求正常水深 $h_0=1.5$ m，设计流量 $Q=3.5\ \text{m}^2/\text{s}$，试求排水渠的底坡 $i$ 和断面平均流速 $v$。

**【解】** 过水断面积

$$A=h_0(b+mh_0)=1.5\times(2.0+1.50\times1.5)\ \text{m}^2=6.375\ \text{m}^2$$

湿周

$$\chi=b+2h_0\sqrt{1+m^2}=(2.0+2\times1.5\sqrt{1+1.5^2})\ \text{m}=7.408\ \text{m}$$

水力半径

$$R=\frac{A}{\chi}=\frac{6.375}{7.408}\ \text{m}=0.861\ \text{m}<1.0\ \text{m}$$

根据巴甫洛夫斯基公式

$$y=1.5\sqrt{n}=1.5\sqrt{0.025}=0.237$$

$$C=\frac{1}{n}R^y=\frac{1}{0.025}\times0.861^{0.237}\ \text{m}^{1/2}/\text{s}=38.606\ \text{m}^{1/2}/\text{s}$$

所以流量模数大

$$K=AC\sqrt{R}=6.375\times38.606\sqrt{0.861}\ \text{m}^3/\text{s}=228.369\ \text{m}^3/\text{s}$$

所以

$$i=\frac{Q^2}{K^2}=\frac{3.5^2}{228.369^2}=0.000\ 235$$

$$v=\frac{Q}{A}=\frac{3.5}{6.375}\ \text{m/s}=0.55\ \text{m/s}$$

**2）渠道断面尺寸的设计**

确定渠道的断面尺寸 $b$ 和 $h$ 是渠道设计的主要内容。一般已知通过的流量 $Q$，根据渠道工能的要求及地形条件确定渠道的底坡 $i$，根据地形、地质条件、土壤情况以及渠槽护面材料的性质等选定边坡系数 $m$ 和粗糙系数 $n$ 值，来设计渠道断面尺寸 $b$ 和 $h$。由式(7-9)可知，在 $Q$、$m$、$i$、$n$ 一定时，仅用一个基本方程求 $b$ 和 $h$ 两个未知量，将有多组解答，为了得到确定解，则必须补充条件。补充的途径一般有以下几种。

(1)根据工程具体情况先确定底宽 $b$，求相应的正常水深 $h_0$。

由式(7-8)可知，流量模数 $K$ 与水深 $h$ 之间的关系。

$$K=AC\sqrt{R}=\frac{A}{n}R^{2/3}=\frac{1}{n}A^{5/3}P^{-2/3}$$

$$=\frac{1}{n}[h(b+mh)]^{5/3}\cdot(b+2h\sqrt{1+m^2})^{-2/3}=f(h)$$

上式为一非线性超越方程，很难直接求得 $h$ 值，一般采用试算作图法求解，也可选用各种方程求根方法，编制计算机程序求解。

可先假定水深 $h$，求其相应的流量模数 $K$ 或流量 $Q$，若其计算结果与已知的 $K$ 或 $Q$ 值不符，则需要重新假设 $h$ 值。重复上述计算，直到计算结果与已知 $K$ 或 $Q$ 值相等为止，此时假设的 $h$ 值即为所求之 $h_0$。也可先假设一系列 $h$ 值，求出相应的流量模数 $K$ 或流量 $Q$ 值，作出 $K=f(h)$ 或 $Q=f(h)$ 曲线。如图 7-7 所示。然后根据已知的 $K_0=\frac{Q}{\sqrt{i}}$ 或 $Q$，在曲线上求出与其相应的水深 $h$ 值，即为所求之的正常水深 $h_0$。用试算法求解时宜列表进行，步骤清晰，便于校核。

在实际工程设计中已有现成图表供查用，见附录 I，可用查图法求 $h_0$。即先计算出 $K=\frac{Q}{\sqrt{i}}$，然后根据 $\frac{b^{2.67}}{nK}$ 和 $m$，查该图即可求得 $\frac{h_0}{b}$，从而可得正常水深 $h_0$。

(2)由于渠道功能或施工条件的要求，正常水深 $h_0$ 已定，求相应底宽 $b$。

这种情况与上述(1)情况一样，只是未知量由 $h_0$ 变成 $b$，求解的方法和步骤也与(1)相同。假定一系列 $b$ 值，求出相应的 $K$ 或 $Q$ 值，作出 $K=f(b)$ 或 $Q=f(b)$ 曲线，然后根据已知的 $K_0=\dfrac{Q}{\sqrt{i}}$ 或 $Q$，在曲线上求出与其相应的 $b$ 值，即为所求之底宽 $b$。

(3)宽深比 $b/h$ 已定，求相应的 $b$、$h$。

可以通过综合的技术经济比较确定其宽深比 $b/h$，其中小型渠道还可直接按水力最优条件确定其宽深比 $\beta=\dfrac{b}{h}=2(\sqrt{1+m^2}-m)$（水力最优的概念后述）。

因 $\beta$ 已定，则 $b=\beta h_0$ 或 $h_0=b/\beta$，$b$ 或 $h$ 中只有一个独立未知量，用与上述相同的方法，即可求得相应的正常水深 $h_0$ 或底宽 $b$ 值。

(4)根据允许流速$[v]$，确定相应的 $b$ 和 $h$ 值。

可以以渠道不发生冲刷和淤积为控制条件，确定某一允许流速$[v]$为设计渠道断面尺寸 $b$ 和 $h$ 的依据。（允许流速的概念述）由连续性方程和谢才公式可求得其相应的过流断面积 $A$ 和湿周 $\chi$

$$A=\frac{Q}{[v]}=h(b+mh)$$

$$\chi=\left[\frac{A^{2/3}i^{1/2}}{n[v]}\right]^{3/2}=b+2h\sqrt{1+m^2}$$

联立求解上述二式，即可求得正常水深 $h_0$ 和底宽 $b$。

**【例 7-3】** 某梯形引水渠道通过沙壤土地段，并采用浆砌块石衬砌，粗糙系数 $n$ 为 0.025，其边坡系数 $m=1.0$，底坡 $i=1/1\ 200$，渠道底宽 $b=8$ m，设计流量 $Q=90$ m$^3$/s。试计算渠堤高度 $H$(要求超高 $\Delta h=0.5$ m)。

**【解】** 求出渠道在设计条件下的正常水深 $h_0$ 后，渠堤高度 $H$，即 $H=h_0+\Delta h$。故本题关键是计算正常水深 $h_0$。下面介绍三种求解 $h$ 的方法。

(1) 试算法。

根据谢才公式 $Q=AC\sqrt{Ri}$ 列表试算。已知：$b=8.0$ m，$m=1.0$，$n=0.025$，$i=1/1\ 200=0.000\ 833$，$Q=90$ m$^3$/s。

列表试算如下。

| $h$ / m | $A=h(b+mh)$ / m$^2$ | $\chi=b+2h\sqrt{1+m^2}$ /m | $R=A/\chi$ / m | $C=\frac{1}{n}R^{1/6}$ /( m$^{1/2}$/s) | $Q=AC\sqrt{Ri}$ /( m$^3$/s) |
|---|---|---|---|---|---|
| 3.0 | 33.00 | 16.48 | 2.00 | 44.9 | 60.5 |
| 3.5 | 40.25 | 17.90 | 2.25 | 45.8 | 79.8 |
| 3.74 | 43.91 | 18.58 | 2.36 | 46.2 | 90.0 |

$h_0=3.74$ m，故渠堤高度 $H=h_0+\Delta h=(3.74+0.5)$ m$=4.24$ m。

（2）试算—图解法。

假设一系列水深 $h$ 值，根据谢才公式求出其相应的 $Q$ 值，绘制 $Q=f(h)$ 曲线，然后根据已知 $Q$ 值在曲线上可查得相应 $h$ 值即为所求的 $h_0$。

列表试算如下。

| $h$ / m | $A=h(b+mh)$ / $\mathrm{m^2}$ | $\chi=b+2h\sqrt{1+m^2}$ /m | $R=A/\chi$ / m | $C=\frac{1}{n}R^{1/6}$ /( $\mathrm{m^{1/2}/s}$) | $Q=AC\sqrt{Ri}$ /( $\mathrm{m^3/s}$) |
|---|---|---|---|---|---|
| 2.5 | 26.25 | 15.07 | 1.74 | 43.9 | 43.9 |
| 3.0 | 33.00 | 16.48 | 2.00 | 44.9 | 60.5 |
| 3.5 | 40.25 | 17.90 | 2.25 | 45.8 | 79.8 |
| 4.0 | 48.00 | 19.31 | 2.49 | 46.6 | 101.8 |

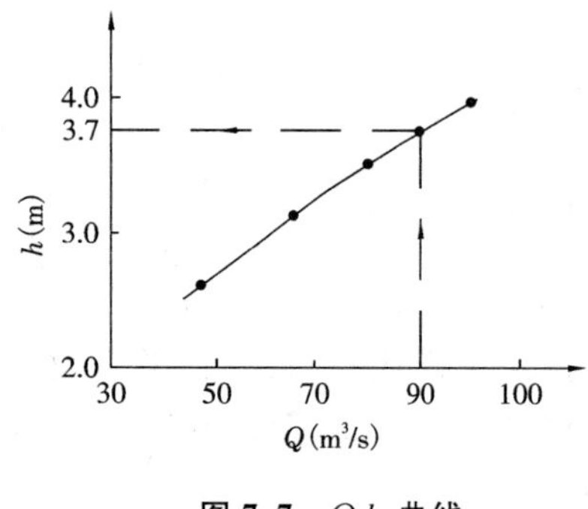


图 7-7 $Q$-$h$ 曲线

依据上表绘制 $Q$-$h$ 曲线，如图 7-7 所示。从该曲线查得：

当 $Q=90\ \mathrm{m^3/s}$ 时，其相应水深 $h_0=3.74$ m，故此设计的渠堤高度为

$$H=h_0+\Delta h=(3.74+0.5)\ \mathrm{m}=4.24\ \mathrm{m}$$

（3）查图法。先计算

$$K=\frac{Q}{\sqrt{i}}=\frac{90}{\sqrt{1/1\,200}}\ \mathrm{m^3/s}=3\,118\ \mathrm{m^3/s}$$

$$\frac{b^{2.67}}{nK}=\frac{8^{2.67}}{0.025\times 3\,118}=3.31$$

又已知 $m=1.0$，查附录 I 梯形、矩形断面明槽正常水深求解图，查得 $\frac{h_0}{b}=0.468$。

故正常水深 $h_0=0.468b=0.468\times 8\ \mathrm{m}=3.74\ \mathrm{m}$

设计的渠堤高度 $H=h_0+\Delta h=(3.74+0.5)\ \mathrm{m}=4.24\ \mathrm{m}$

由以上计算可知，三种计算方法的结果一致。

**【例 7-4】** 已知一梯形渠道（见图 7-8），其流量 $Q=20.8\ \mathrm{m^3/s}$，边坡系数 $m=1.20$，渠道的粗糙系数 $n=0.02$，底坡 $i=0.000\,8$，该渠道的设计允许流速 $[v]=1.60$ m/s，试设计该渠道的断面尺寸。

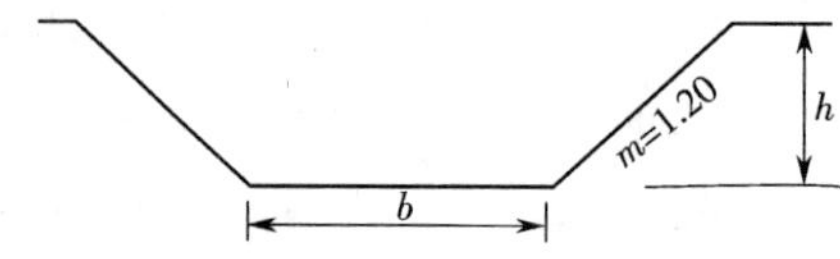


图 7-8 梯形断面渠道

**【解】** 根据连续性方程，渠道的过水断面积

$$A=\frac{Q}{[v]}=\frac{20.8}{1.60}\ \mathrm{m}^2=13.0\ \mathrm{m}^2$$

根据
$$[v]=C\sqrt{Ri}=\frac{i^{1/2}}{n}A^{2/3}P^{-2/3}$$

$$=\frac{(0.000\,8)^{1/2}}{0.02}(13)^{2/3}(\chi)^{-2/3}=1.60\ \mathrm{m/s}$$

解得湿周
$$\chi=10.81\ \mathrm{m}$$

根据梯形断面的几何条件

$$A=h(b+mh)=h(b+1.2h)=13.0$$

$$\chi=b+2h\sqrt{1+m^2}=b+2h\sqrt{1+1.2^2}=b+3.12=10.81$$

将上述二式联立求解得

$$h_1=1.74\ \mathrm{m},\ b_1=5.38\ \mathrm{m}$$

$$h_2=3.89\ \mathrm{m},\ b_2=-1.33\ \mathrm{m}<0\qquad \text{不合理，将其舍去}$$

故最后结果

$$h_0=1.74\ \mathrm{m},\ \text{相应}\ b=5.38\ \mathrm{m}$$

### 7.2.4 明渠均匀流水力计算中的允许流速、水力最优断面及其他问题

**1. 渠道的允许流速**

为了保证渠道能够安全、正常、稳定地工作，在设计渠道时，应该使其断面平均流速保持在具体条件下的允许流速范围之内，既不能过大，也不能太小。

如果设计流速过大，当大到超过某一数值时，就会开始引起渠道的冲刷和破坏，则该流速称为最大允许流速，即不冲允许流速$[v]_{max}$。它主要与渠道的地质条件、土质情况（如土壤种类，颗粒大小和密实程度等）有关。为了防止渠道的冲刷破坏，应使设计流速 $v$ 小于不冲允许流速$[v]_{max}$（见表 7-1）。

设计流速如果太小，则会导致水中悬浮泥沙的淤积，甚至会使渠中滋生杂草、冬季容易结冰，严重影响其过流能力。渠道中是否会发生淤积，主要取决于水流的挟沙能力（即水流在一定条件下能挟带多少泥沙随水流一起前进）、含沙量大小和悬沙的性质等。如果水流含沙量超过了水流挟沙能力，就会有泥沙沉淀造成淤积。影响水流挟沙能力的因素很多也很复杂，但都与渠道的断面平均流速有关。为了保证渠道不淤积，应使设计流速 $v$ 大于渠道的最小允许流速，即不淤允许流速$[v]_{min}$。该不淤允许流速值一般在 0.5 m/s 左右，也可采用经验公式计算求得。为避免渠中滋生杂草和保证冬季有良好的冬情、水流不易结冰，一般应使渠中流速分别大于 0.5 m/s 和 0.6 m/s。

**表 7-1 渠道的不冲允许流速**

(1)坚硬岩石和人工护面渠道

| 渠道流量/(m³/s)<br>不冲允许流速/(m/s)<br>岩石或护面种类 | <1.0 | 1～10 | >10.0 |
|---|---|---|---|
| 软质水成岩(泥灰岩、页岩、软砾岩) | 2.5 | 3.0 | 3.5 |
| 中等硬质水成岩(致密砾岩、多孔石灰岩、层状石灰岩、白云石灰岩、灰质砂岩) | 3.5 | 4.25 | 5.0 |
| 硬质水成岩(白云砂岩、砂质石灰岩) | 5.0 | 6.0 | 7.0 |
| 结晶岩、火成岩 | 8.0 | 9.0 | 10.0 |
| 单层块石铺砌 | 2.5 | 3.5 | 4.0 |
| 双层块石铺砌 | 3.5 | 4.5 | 5.0 |
| 混凝土护面(水流中不含砂和卵石) | 6.0 | 8.0 | 10.0 |

(2)土质渠道

<table>
<tr><td rowspan="5">均质黏性土</td><td>土质</td><td colspan="2">不冲允许流速/(m/s)</td><td>说　明</td></tr>
<tr><td>轻壤土</td><td colspan="2">0.6～0.8</td><td rowspan="14">(1)均质黏性土质渠道中各种土质的干容重为 1.3～1.7 t/m³<br>(2)表中所列为水力半径 $R=1.0$ m 的情况，如 $R\neq1.0$ m 则应将表中数值乘以 $R^a$ 才得相应的不冲允许流速值。<br>对于砂、砾石、卵石、疏松的壤土、黏土<br>$a=\frac{1}{3}\sim\frac{1}{4}$<br>对于密实的壤土、黏土<br>$a=\frac{1}{4}\sim\frac{1}{5}$</td></tr>
<tr><td>中壤土</td><td colspan="2">0.65～0.85</td></tr>
<tr><td>重壤土</td><td colspan="2">0.7～1.0</td></tr>
<tr><td>黏土</td><td colspan="2">0.75～0.95</td></tr>
<tr><td rowspan="9">均质无黏性土</td><td>土质</td><td>粒径/ mm</td><td>不冲允许流速/m/s</td></tr>
<tr><td>极细砂</td><td>0.05～0.1</td><td>0.35～0.45</td></tr>
<tr><td>细砂、中砂</td><td>0.25～0.5</td><td>0.45～0.6</td></tr>
<tr><td>粗砂</td><td>0.5～2.0</td><td>0.60～0.75</td></tr>
<tr><td>细砾石</td><td>2.0～5.0</td><td>0.75～0.90</td></tr>
<tr><td>中砾石</td><td>5.0～10.0</td><td>0.90～1.10</td></tr>
<tr><td>粗砾石</td><td>10.0～20.0</td><td>1.10～1.30</td></tr>
<tr><td>小卵石</td><td>20.0～40.0</td><td>1.30～1.80</td></tr>
<tr><td>中卵石</td><td>40.0～60.0</td><td>1.80～2.20</td></tr>
</table>

另外，渠道的允许流速还应该考虑它所承担的任务(如灌溉、通航、给排水和水电站引水等)和运行管理的要求。不同的专业都有不同的规定，需要时可查阅有关书籍、资料和手册。

**2. 断面周界上粗糙度不同的渠道**

由于不同的材料具有不同的粗糙系数，因此，当明渠的渠底与渠壁采用不同的材料时，粗糙系数沿湿周发生变化，形成断面周界上粗糙度不同的明槽断面。例如沿山坡开凿岩石筑墙而成的引水渠道如图 7-9(a)所示；边坡为混凝土护面而渠底为浆砌石的渠道如图 7-9 (b)所示；冬季结冰被冰封盖的渠道如图 7-9(c)所示等都属于这类渠道。

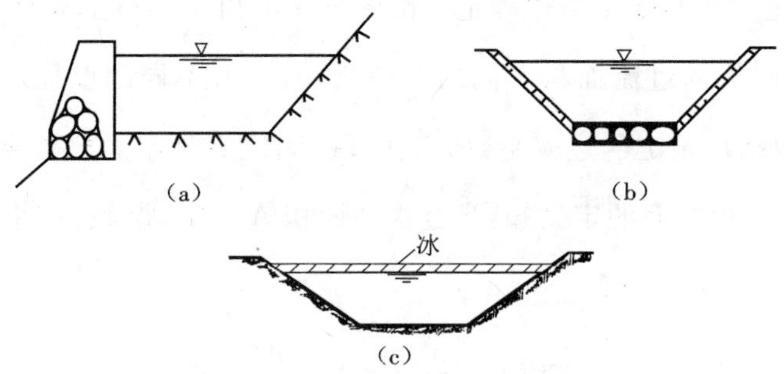


图 7-9　周边糙率不同的渠道断面

对于周界上糙率不同的渠道水力计算时，通常可以采用一个综合的粗糙系数 $n$ 反映整个断面的粗糙情况。综合 $n$ 值的取定有各种不同的方法。常用的一种方法是根据各不同的粗糙系数所占有湿周的长度，按比例平均，即

$$n=\frac{\chi_1 n_1+\chi_2 n_2+\cdots+\chi_k n_k}{\chi_1+\chi_2+\cdots+\chi_k}=\frac{\sum_{i=1}^{k}\chi_i n_i}{\sum_{i=1}^{k}\chi_i} \tag{7-10}$$

式中，$\chi_1,\chi_2,\cdots,\chi_k$ 分别为相应的粗糙系数 $n_1,n_2,\cdots,n_k$ 的湿周。

其他确定综合粗糙系数 $n$ 值的方法，可查阅有关专著和计算手册。

**3. 水力最优断面**

所谓明渠的水力最优断面，就是输水性能最佳的断面。明渠的输水能力(流量)取决于过水断面的形状、尺寸、底坡和粗糙系数的大小。设计渠道时，底坡一般依地形条件或其他技术上的要求而定；粗糙系数则主要取决于渠槽选用的建筑材料。在底坡及粗糙系数已定的情况下，渠道的过水能力则决定了渠道的横断面形状及尺寸。从设计的角度考虑，总是希望所选定的横断面形状在通过已知的设计流量时面积最小，或者是过水面积一定时通过的流量最大。符合这种条件的断面，其工程量最小，称为**水力最优断面**。

根据基本公式 $Q=AC\sqrt{Ri}=\frac{A}{n}R^{2/3}i^{1/2}=\frac{i^{1/2}}{n}\frac{A^{5/3}}{P^{2/3}}$，当渠道的底坡 $i$，粗糙系数 $n$ 及过水断面积 $A$ 一定时，湿周 $\chi$ 愈小(或水力半径 $R$ 愈大)通过流量 $Q$ 愈大；或者说当 $i$、$n$、$Q$ 一定时，湿周 $\chi$ 愈小(或水力半径 $R$ 愈大)所需的过水断面积 $A$ 也愈小。由几何学可知，面积一定时圆形断面的湿周最小，水力半径最大；因为半圆形的过水断面与圆形断面的水力半径相同，所以，在明渠的各种断面形状中，半圆形断面是水力

最优的。但半圆形断面不易施工，对于无衬护的土渠，两侧边坡往往达不到稳定要求，特别是对于大型渠道，不便于维修和运行管理。因此，半圆形断面难于普遍采用。尽管如此，不少钢筋混凝土或钢丝网水泥渡槽以及一些沿山体岩壁开凿的盘山引水渠，仍然做成底部为半圆形的 U 形断面。工程中采用最多的是梯形断面，其边坡系数 $m$ 由边坡稳定要求和施工条件确定。由图 7-6 可知 $m=\cot\alpha$，这样，在边坡系数 $m$ 已定的条件下，同样的过流面积不同的宽深比 $\frac{b}{h}$，就有不同的湿周 $\chi$，因而过流能力就不一样。则根据所选定的边坡系数 $m$，就可以确定满足水力最优条件下的宽深比 $\beta_0=\frac{b}{h}$。由水力最优断面的定义知，当过水断面积 $A$ 一定，湿周 $\chi$ 最小时，其过流量 $Q$ 最大。现求湿周 $\chi$ 的最小值，即

$$\frac{\mathrm{d}\chi}{\mathrm{d}h}=0,\quad \frac{\mathrm{d}^2\chi}{\mathrm{d}h^2}>0,\quad \frac{\mathrm{d}A}{\mathrm{d}h}=0$$

而梯形断面的几何关系

$$A=h(b+mh)$$

$$\chi=b+2h\sqrt{1+m^2}$$

所以

$$\frac{\mathrm{d}A}{\mathrm{d}h}=(b+mh)+h\left(\frac{\mathrm{d}b}{\mathrm{d}h}+m\right)=0$$

$$\frac{\mathrm{d}\chi}{\mathrm{d}h}=\frac{\mathrm{d}b}{\mathrm{d}h}+2\sqrt{1+m^2}=0$$

联立求解上述两式，可得

$$\beta_0=\left(\frac{b}{h}\right)_0=2(\sqrt{1+m^2}-m) \tag{7-11}$$

而湿周 $\chi$ 对 $h$ 的二阶导数

$$\frac{\mathrm{d}^2\chi}{\mathrm{d}h^2}=\frac{\mathrm{d}}{\mathrm{d}h}\left(\frac{\mathrm{d}\chi}{\mathrm{d}h}\right)=\frac{b}{h^2}>0$$

故湿周的最小值存在，式(7-11)就是梯形水力最优断面的宽深比的关系式。可以看出，梯形水力最优断面的宽深比 $\beta_0$ 仅是边坡系数 $m$ 的函数，对于不同的边坡，有不同的 $\beta_0$ 值。

由式(7-11)可知，梯形水力最优断面的水力半径 $R$ 为

$$R=\frac{A}{\chi}=\frac{h(b+mh)}{b+2h\sqrt{1+m^2}}=\frac{h^2(\beta_0+m)}{h(\beta_0+2\sqrt{1+m^2})}=\frac{h^2(2\sqrt{1+m^2}-m)}{2h(2\sqrt{1+m^2}-m)}=\frac{h}{2} \tag{7-12}$$

上式说明，梯形水力最优断面的水力半径等于正常水深的一半，即 $R=\frac{h_0}{2}$，而与边坡系数 $m$ 无关。

对于矩形断面，边坡系数 $m=0$，则 $\beta_0=b/h=2$，也就是说矩形水力最优断面的底宽 $b$ 是水深 $h$ 的 2 倍，即 $b=2h_0$。

水力最优断面虽然过水断面面积小，工程量少，但它只是从水力学角度分析断面的水力最优条件。而在实际工程中，则要通过综合的技术经济分析比较，既要考虑结构合理、便于施工，又要考虑渠道的允许流速、施工技术、维修养护以及经济造价等因素，综合考虑最终确定其合理的宽深比。如果只按水力最优条件考虑，则断面往往过于窄而深，例如土渠的边坡系数 $m=2$ 时，$\beta_0=0.427$，即底宽不到水深的一半，且随着 $m$ 的增大，其 $\beta_0$ 要随之减小，变得越加窄而深。对于较大型的渠道，由于深挖高填施工困难、劳动效率低、养护维修也困难，反而不经济，所以一般不采用该形式断面。然而具体情况要具体分析，在不少山区修建的石渠、渡槽、涵洞等都是按水力最优断面设计的。在山高坡陡处修建的盘山渠，为了避免大量劈坡，有时甚至还采用比水力最优断面更为窄深的断面形式。

**【例 7-5】**　某梯形土渠设计流量 $Q$ 为 3.5 $m^3/s$，渠道为中壤土，粗糙系数为 0.03，边坡系数 $m$ 为 1.25，底坡 $i$ 为 0.000 2。按照水力最优条件设计该梯形断面的尺寸($b,h$)，并校核其渠中流速是否满足不冲不淤流速条件(不淤允许流速$[v]_{min}$为 0.4 m/s)。

**【解】**　梯形水力最优断面宽深比 $\beta_0$ 值应由下式确定

$$\beta_0=\left(\frac{b}{h}\right)_0=2\sqrt{1+m^2}-m=2(\sqrt{1+1.25^2}-1.25)=0.702$$

则

$$b=0.702h_0$$

$$A=h_0(b+mh_0)=h_0(0.702h_0+1.25h_0)=1.952h_0^2$$

水力最优断面的水力半径

$$R=h_0/2=0.5h_0$$

将 $A$、$R$ 值代入式(7-8)得

$$Q=Ac\sqrt{Ri}=\frac{A}{n}R^{2/3}i^{1/2}=\frac{1.952h_0^2}{0.03}(0.5h_0)^{2/3}(0.000\ 2)^{1/2}$$

即

$$3.5=\frac{0.000\ 2^{1/2}}{0.03}\times 1.23{h_0}^{8/3}$$

所以

$$h_0=\left(\frac{3.5\times 0.03}{0.000\ 2^{1/2}\times 1.23}\right)^{3/8}\ \text{m}=1.96\ \text{m}$$

$$b=\beta_0 h_0=0.702\times 1.96\ \text{m}=1.38\ \text{m}$$

校核渠中流速是否满足不冲的条件。

从表 7-1 中查得中壤土的不冲允许流速

$$[v]_{max}=0.65\sim 0.85\ \text{m/s}$$

渠道中断面的平均流速为

$$v=\frac{Q}{(b+mh_0)h_0}=\frac{3.5}{(1.38+1.25\times 1.96)\times 1.96}\ \text{m/s}=0.47\ \text{m/s}$$

而

$$[v]_{min}=0.4\ \text{m/s}$$

故

$$[v]_{min}<v<[v]_{max}$$

所设计的断面不会发生冲刷或淤积。

**4. 复式断面明渠**

此前所介绍的矩形、梯形或圆形等断面，称为单式断面，属于规则断面渠槽，其水力要素是水深的连续函数。对于大型渠道，特别是通过的流量、水深变化较大的渠道，常采用复式断面。所谓复式断面，就是由两个或两个以上单式断面组合而成的断面，如图 7-10 所示。自然形成的具有主槽和漫滩的天然河道就是一种复式断面的天然河道。复式断面属于非规则断面渠槽，其水力要素如水深、过水断面积等不是水深的连续函数。复式断面明渠具有许多优点。

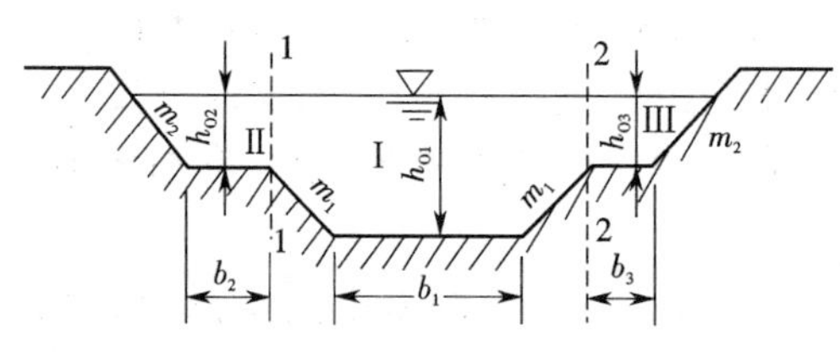


图 7-10　复式断面明渠

(1) 首先，避免深挖高填工作量，断面结构合理，施工方便，提高效率，降低造价、便于养护和维修管理。

(2) 有利于渠道边坡的稳定。

(3) 由于复式断面有主槽和漫滩，当通过流量变化较大时，大流量时可以全断面过流；小流量时，可以通过小断面，即主槽过流，可使主槽始终保持有一定的水深和流速，既有利于防止渠道淤积，又便于船只通航运输。

由于复式断面的水力要素随水深的变化会发生突变，其各部分的水力条件不同。壁面的粗糙系数沿湿周可能一致也可能不一致，因为复式断面的主槽一般常年过水，壁面比较光滑，而边滩过水机会较少，常常滋生杂草，且长年裸露，由于各种人为因素，使其壁面比较粗糙。因此，主槽与边滩的糙率一般是不一致的。另外，主槽和边滩的水深相差较大，导致流速也相差较大，如果仍按单式断面的计算方法，把整个断面当作一个统一的总流考虑，直接用均匀流的基本公式(7-8)进行计算，必然会产生较大误差，甚至得出不符合实际情况的结果。

复式断面明渠的水力计算通常采用垂线将整个断面划分成几个部分，如图 7-10 所示，用垂线 1—1 和 2—2 将整个断面划分为主槽 I 和边滩 II、III，分别计算各部分的水力要素，最后得出各部分的过流量，然后叠加得到整个复式断面的过流量的近似方法。一般是用垂线在边界的突变点将整个复式断面划分成几部分，或再根据 $n$ 值沿湿周的变化划分得更细。但其划分的原则如下。

(1) 划分后的每一部分，都应是规则断面，不会因水深的变化而引起湿周和断面积等水力要素的突变。

(2) 划分后的每一部分都是独立的，互不影响，相邻两部分的交界面不计湿周，各部分的湿周只计水流与固体边壁的周界。

(3) 认为每个部分都符合均匀流基本公式 $Q=AC\sqrt{Ri}=K\sqrt{i}$。

(4) 认为整个复式断面上的水面是水平的，所以各部分流股在单位长度流程上的水头损失相等，即各部分的水力坡度均等于底坡度，$J_1=J_2=J_3=\cdots=J_k=i$，则总

流量 $Q$ 就是各部分流量之和。

$$Q_1 = A_1 C_1 \sqrt{R_1 i} = K_1 \sqrt{i}$$
$$Q_2 = A_2 C_2 \sqrt{R_2 i} = K_2 \sqrt{i}$$
$$Q_3 = A_3 C_3 \sqrt{R_3 i} = K_3 \sqrt{i}$$
$$\vdots$$
$$Q_k = A_k C_k \sqrt{R_k i} = K_k \sqrt{i}$$

所以总流量

$$Q = Q_1 + Q_2 + Q_3 + \cdots + Q_k = (K_1 + K_2 + K_3 + \cdots + K_k)\sqrt{i}$$
$$= \left(\sum_{j=1}^{k} K_j\right)\sqrt{i} \tag{7-13}$$

**【例 7-6】** 如图 7-11 所示一复式断面渠道，图中 $b_1$ 与 $b_3$ 为 8 m，$b_2$ 为 12 m，$h_2$ 为 6 m，$h_1$ 与 $h_3$ 为 2.0 m；$m_1$ 与 $m_3$ 均为 1.6，$m_2$ 为 2.0；$n$ 为 0.02 及 $i$ 为 0.000 2。求 $Q$ 及 $v$。

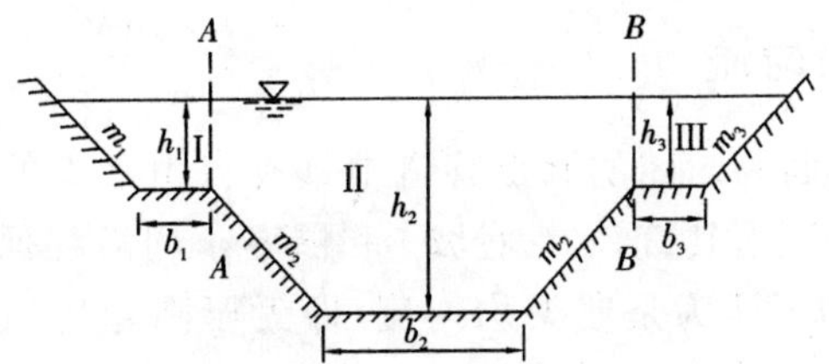


**图 7-11　复式断面渠道**

**【解】** 用 $A—A$ 及 $B—B$ 铅垂线将该复式断面分为Ⅰ，Ⅱ及Ⅲ三个部分，各部分的断面面积分别为

$$A_{\mathrm{I}} = A_{\mathrm{III}} = \left(b_1 + \frac{m_1 h_1}{2}\right)h_1 = \left(8 + \frac{1.6 \times 2.0}{2}\right) \times 2.0\ \mathrm{m}^2 = 19.2\ \mathrm{m}^2$$

$$A_{\mathrm{II}} = (b_2 + m_2 h')h' + (b_2 + 2m_2 h')h_1$$
$$= \{[12 + 2 \times (6 - 2.0)] \times (6 - 2.0) + [12 + 2 \times 2(6 - 2.0)] \times 2.0\}\ \mathrm{m}$$
$$= (80 + 56)\ \mathrm{m}^2 = 136\ \mathrm{m}^2$$

各部分湿周分别为

$$\chi_{\mathrm{I}} = \chi_{\mathrm{III}} = b_1 + h_1\sqrt{1 + m_1^2} = (8 + 2.0\sqrt{1 + 1.6^2})\ \mathrm{m} = 11.77\ \mathrm{m}$$

$$P_{\mathrm{II}} = b_2 + 2\sqrt{1 + m_2^2}\,h' = [12 + 2 \times \sqrt{1 + 2.0^2} \times (6 - 2.0)]\ \mathrm{m} = 29.89\ \mathrm{m}$$

各部分的水力半径分别为

$$R_{\mathrm{I}} = R_{\mathrm{III}} = \frac{A_{\mathrm{I}}}{P_{\mathrm{I}}} = \frac{19.2}{11.77}\ \mathrm{m} = 1.63\ \mathrm{m}$$

$$R_{\mathrm{II}} = \frac{A_{\mathrm{II}}}{P_{\mathrm{II}}} = \frac{136}{29.89}\ \mathrm{m} = 4.55\ \mathrm{m}$$

各部分的流量模数分别为

$$K_{\rm I}=K_{\rm III}=A_{\rm I}C_{\rm I}\sqrt{R_{\rm I}}=\frac{1}{n}A_{\rm I}R_{\rm I}^{2/3}$$

$$=\frac{1}{0.02}\times 19.2\times(1.63)^{2/3}\ \mathrm{m^3/s}=1\ 330\ \mathrm{m^3/s}$$

$$K_{\rm II}=A_{\rm II}C_{\rm II}\sqrt{R_{\rm II}}=\frac{1}{n}A_{\rm II}R_{\rm II}^{2/3}$$

$$=\frac{1}{0.02}\times 136\times(4.55)^{2/3}\ \mathrm{m^3/s}=18\ 672\ \mathrm{m^3/s}$$

于是，所给复式断面的流量为

$$Q=(K_{\rm I}+K_{\rm II}+K_{\rm III})\sqrt{i}$$

$$=\left[(1\ 330+18\ 672+1\ 330)\times\sqrt{0.000\ 2}\right]\ \mathrm{m^3/s}=302\ \mathrm{m^3/s}$$

复式过水断面的平均流速为

$$v=\frac{Q}{A_{\rm I}+A_{\rm II}+A_{\rm III}}=\frac{302}{(19.2+136+19.2)}\ \mathrm{m/s}=1.73\ \mathrm{m/s}$$

### 7.2.5 无压圆管均匀流

无压圆管流，即断面为封闭的圆形管道中具有自由水面的明流（非管流）。对于这种长直的无压圆管流，当其直径 $d$、底坡 $i$ 和糙率 $n$ 均沿程保持不变而通过一定的流量 $Q$ 时，管中的流动可认为是明渠均匀流，即无压圆管均匀流。无压圆管流被广泛应用于给排水工程和环境工程中，其原因主要是它既符合水力最优断面条件、受力条件好，又便于工场成批预制生产、方便施工等诸多优点。特别是用于城市排污水管道，由于排水量经常变动，为防止在流量增大时，管道承压造成污水漏溢污染环境，以及为保持管道内通风，防止污水中溢出的有毒及可燃气体聚集而产生的危害，通常采用污水表面上方有足够空间余幅的无压管流（非满管流）。

**1. 无压圆管均匀流的水力特性**

无压圆管均匀流是明渠均匀流特定的断面形式，它的水力特征、形成条件以及基本公式等均与前面介绍的明渠均匀流相同，即有

$$J=J_z=i$$

$$Q=AC\sqrt{Ri}$$

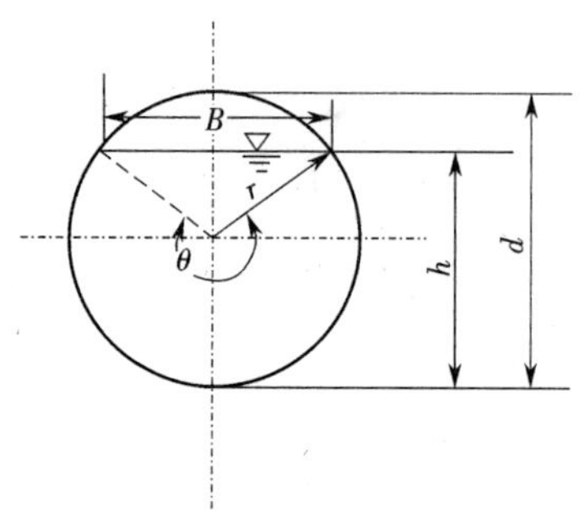

图 7-12 无压圆管断面图

无压圆管均匀流过水断面的几何要素如图 7-12 所示。直径为 $d$，水深为 $h$，定义无量纲数（或称无量纲水深）$\alpha=\dfrac{h}{d}$ 为充满度，与水深 $h$（或湿周 $\chi$）相对应的圆心角 $\theta$ 称为充满角。根据几何关系得出过水断面各水力要素间的关系。

充满度与充满角的关系

$$\alpha=\frac{h}{d}=\sin^2\left(\frac{\theta}{4}\right) \tag{7-14}$$

$$\left.\begin{aligned}
&\text{过水断面面积} && A=\frac{d^2}{8}(\theta-\sin\theta)\\
&\text{湿周} && \chi=\frac{d}{2}\theta\\
&\text{水力半径} && R=\frac{d}{4}\left(1-\frac{\sin\theta}{\theta}\right)\\
&\text{水面宽度} && B=d\sin\frac{\theta}{2}
\end{aligned}\right\} \tag{7-15}$$

不同充满度的圆管过水断面的几何要素见表 7-2。

**表 7-2　非满管流的几何要素及 $Q/Q_d$**

| $\alpha=\frac{h}{d}$ | $A$ | $R$ | $Q/Q_d$ | $\alpha=\frac{h}{d}$ | $A$ | $R$ | $Q/Q_d$ |
|---|---|---|---|---|---|---|---|
| 0.05 | $0.0147d^2$ | $0.0325d$ | 0.0048 | 0.55 | $0.4425d^2$ | $0.2649d$ | 0.5860 |
| 0.10 | $0.0408d^2$ | $0.0635d$ | 0.0204 | 0.60 | $0.4919d^2$ | $0.2776d$ | 0.6721 |
| 0.15 | $0.0739d^2$ | $0.0928d$ | 0.0487 | 0.65 | $0.5403d^2$ | $0.2882d$ | 0.7567 |
| 0.20 | $0.1118d^2$ | $0.1206d$ | 0.0876 | 0.70 | $0.5871d^2$ | $0.2962d$ | 0.8376 |
| 0.25 | $0.1535d^2$ | $0.1466d$ | 0.1370 | 0.75 | $0.6318d^2$ | $0.3017d$ | 0.9124 |
| 0.30 | $0.1981d^2$ | $0.1709d$ | 0.1959 | 0.80 | $0.6735d^2$ | $0.3042d$ | 0.9780 |
| 0.35 | $0.2449d^2$ | $0.1935d$ | 0.2631 | 0.85 | $0.7114d^2$ | $0.3033d$ | 1.0310 |
| 0.40 | $0.2933d^2$ | $0.2142d$ | 0.3372 | 0.90 | $0.7444d^2$ | $0.2980d$ | 1.0662 |
| 0.45 | $0.3427d^2$ | $0.2331d$ | 0.4168 | 0.95 | $0.7706d^2$ | $0.2865d$ | 1.0752 |
| 0.50 | $0.3926d^2$ | $0.2500d$ | 0.5003 | 1.00 | $0.7853d^2$ | $0.2500d$ | 1.0000 |

对于一定的无压圆管($d$、$n$、$i$ 一定)均匀流的流量 $Q$ 和流速 $v$ 随水深 $h$ 的变化,可以用无量纲参数图(如图 7-13)表示。图中无量纲化的流量$\frac{Q}{Q_d}$与流速$\frac{v}{v_d}$分别为

$$\frac{Q}{Q_d}=\frac{AC\sqrt{Ri}}{A_dC_d\sqrt{R_di}}=\frac{A}{A_d}\left(\frac{R}{R_d}\right)^{2/3}=f_Q\left(\frac{h}{d}\right)$$

$$\frac{v}{v_d}=\frac{C\sqrt{Ri}}{C_d\sqrt{R_di}}=\left(\frac{R}{R_d}\right)^{2/3}=f_v\left(\frac{h}{d}\right)$$

式中　$Q$、$v$——分别为不满流($h<d$)时的流量和流速;

$Q_d$、$v_d$——分别为满流($h=d$)时的流量和流速。

由图可以看出:$Q$ 和 $v$ 随水深 $h$ 的增长而增大,当水深较小时,流量随水深增大而增大的趋势越来越快,当水深接近管轴$\left(h=\frac{d}{2}\right)$处增大最快;水深超过半管以后,流量随水深增大而增大的趋势减慢,在满流前($h<d$)增大最慢,当水深增长到某一值,流量达到最大。由图可见,在满流前,当水深(即充满度)增大到$\frac{h}{d}=0.95$ 时,流

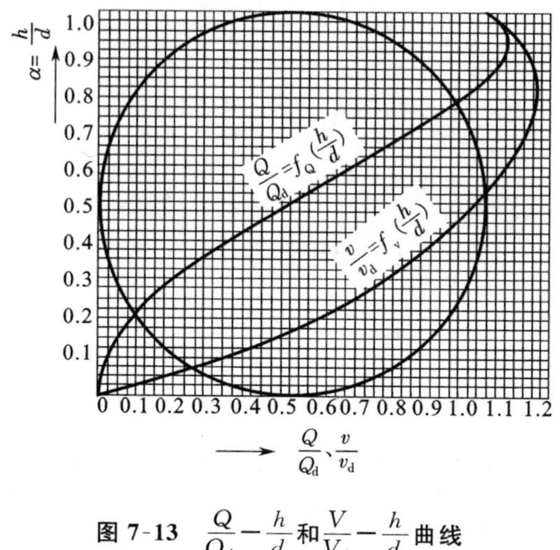


图 7-13 $\frac{Q}{Q_d}-\frac{h}{d}$和$\frac{V}{V_d}-\frac{h}{d}$曲线

量$\frac{Q}{Q_d}$达到最大值，也就是输水能力达到了最佳，此时$\left(\frac{Q}{Q_d}\right)_{max}=1.087$。与输水能力最大值相应的充满度就是水力最优充满度（或输水性能最优充满度），此时管中的水深 $h=0.95d$，最大流量 $Q_{max}=1.087Q_d$，超过满管流时流量 $Q_d$ 的 8.7%。而流速随水深增大而增大的趋势从水深较小时开始，一直就比较缓慢，直至水深超过半管后，其流速增大的速度越来越慢。当$\frac{h}{d}=0.81$ 时，流速$\frac{v}{v_d}$达到最大值，$\left(\frac{v}{v_d}\right)_{max}=1.16$。此时管中水深 $h=0.81d$，最大流速 $v_{max}=1.16v_d$，超过满管流时流速 $v_d$ 的 16%。

对上述结果，同样可以通过理论分析得到。由基本公式

$$Q=AC\sqrt{Ri}=\frac{i^{1/2}}{n}\frac{A^{5/3}}{\chi^{2/3}}$$

将几何关系式(7-15)$A=\frac{d^2}{8}(\theta-\sin\theta)$和 $\chi=\frac{d}{2}\theta$ 代入上式得

$$Q=\frac{i^{1/2}}{n}\frac{\left[\frac{d^2}{8}(\theta-\sin\theta)\right]^{5/3}}{\left(\frac{d}{2}\theta\right)^{2/3}}=f(\theta)$$

根据相应输水能力最大的充满度为水力最优充满度，求 $Q_{max}$，令$\frac{\mathrm{d}Q}{\mathrm{d}\theta}=0$，从而解得水力最优充满角 $\theta=308°$。

根据式(7-14)得水力最优充满度

$$\alpha=\frac{h}{d}=\sin^2\frac{\theta}{4}=0.95$$

用同样的方法可以求得过流速度最大的充满角和流满度分别为

$$\theta=257.5°,\quad \alpha=\frac{h}{d}=0.81$$

有了水力最优充满度 $\alpha$ 后，直接查图 7-13，得到相应的 $\left(\frac{Q}{Q_d}\right)_{max}$ 和 $\left(\frac{v}{v_d}\right)_{max}$，从而求得 $Q_{max}$ 和 $v_{max}$ 值；也可根据 $\alpha$，查表 7-2，得到相应的 $\left(\frac{Q}{Q_d}\right)_{max}$ 和过流断面积 $A$，从而求得 $Q_{max}$ 和 $v_{max}$。

当无压圆管满流时的 $Q_d$ 和 $v_d$，可以根据基本公式求得，也可由基本公式

$$Q_d = A_d C_d \sqrt{R_d i} = K_d \sqrt{i}$$

将 $C_d = \frac{1}{n} R_d^{1/6}$，且 $A_d = \frac{\pi d^2}{4}$，$R_d = \frac{d}{4}$ 代入上式中的 $K_d$，则有

$$K_d = A_d C_d \sqrt{R_d} = \frac{0.312}{n} d^{8/3} = f(n, d)$$

上式表明，满流时的流量模数只是糙率 $n$ 和管径 $d$ 的函数，可以根据常用管材的 $n$ 值预先制成 $K_d$-$d$ 关系的表格，供计算查用。例如对于钢筋混凝土管，一般取 $n=0.013$，它的 $K_d$-$d$ 的关系见表 7-3。由表中查得 $K_d$ 值，通过基本公式可求得 $Q_d$，再根据已知的 $A_d$，便可求出 $v_d$ 值。

**表 7-3　钢筋混凝土管 $K_d$-$d$ 关系表**

| $d$/m | 0.50 | 0.60 | 0.70 | 0.80 | 0.90 |
|---|---|---|---|---|---|
| $K_d$/($m^3$/s) | 3.78 | 6.15 | 9.27 | 13.24 | 18.12 |
| $d$/m | 1.0 | 1.25 | 1.50 | 1.75 | 2.00 |
| $K_d$/($m^3$/s) | 24.00 | 43.51 | 70.76 | 106.74 | 152.39 |

**2. 最大设计充满度和允许流速**

以上介绍了水力最优充满度的概念。必须强调，水力最优充满度并不是设计充满度。在工程实际进行无压管道水力计算时，其设计充满度尚须考虑管道的工作条件以及直径的大小，且符合有关规范的规定。对于污水管道，为避免因流量变化而形成有压流，则流满度不能过大，而保证其按不满流计算。按现行《室外排水设计规范》规定，污水管道最大设计充满度见表 7-4。

**表 7-4　最大设计充满度**

| 管径/mm | 最大设计充满度 $\alpha=\frac{h}{d}$ |
|---|---|
| 150～300 | 0.60 |
| 350～450 | 0.70 |
| 500～900 | 0.75 |
| ≥1 000 | 0.80 |

对于雨水管道和合流管道，允许短时承压，按满管流进行水力计算。

为了防止管道发生冲刷和淤积，排水管的最大设计允许流速：金属管为 10 m/s，非金属管为 5 m/s。

污水管道在设计充满度下最小设计流速可查阅表 7-5。

**表 7-5 污水管道在设计充满度下最小设计允许流速**

| 管径/mm | ≤500 | 500～1100 | 1200～1400 | >1400 |
|---|---|---|---|---|
| 最小允许设计流速/(m/s) | 0.70 | 0.80 | 0.90 | 1.00 |

此外，管道的最小设计管径和最小设计坡度，《室外排水设计规范》均有相应规定。

**3. 无压圆管均匀流的水力计算**

与明渠均匀流的水力计算一样，无压圆管均匀流的水力计算分为两类。

**1）校核类型——验算输水能力 $Q$**

对于已建成的管道，其直径 $d$，管壁粗糙系数 $n$，管线坡度 $i$ 均已知，充满度 $\alpha$ 由《室外排水设计规范》确定（见表 7-4）。按已知 $\alpha$ 和 $d$，由表 7-2 查得 $A$、$R$，并算出谢才系数 $C=\dfrac{1}{n}R^{1/6}$，代入基本公式，便可计算得到流量 $Q$ 值

$$Q=AC\sqrt{Ri}$$

也可根据充满度 $\alpha$，直接查表 7-2 或图 7-13 求得相应的无量纲流量$\dfrac{Q}{Q_d}$，再根据计算或查表求得的满管流的 $Q_d$，便可求出流量 $Q$。

**2）设计类型**

（1）确定管道底坡 $i$。

此时管径 $d$，充满度 $\alpha$，管壁糙率 $n$ 和输水流量 $Q$ 均已知，按已知的 $d$、$\alpha$ 由表 7-2 查得 $A$、$R$，计算其流量模数 $K=AC\sqrt{R}$，代入基本公式，便可确定管道坡度 $i$ 为

$$i=\frac{Q^2}{K^2}$$

（2）计算管道直径 $d$。

在输水流量 $Q$，管道粗糙系数 $n$ 和管道坡度 $i$ 均已知的条件下，充满度 $\alpha$ 按有关规范预先设定的条件下，求管道直径 $d$。为此，可按所设定的充满度 $\alpha$，查表 7-2 可求得 $A$、$R$ 与直径 $d$ 的关系，代入基本公式

$$Q=AC\sqrt{Ri}=\frac{A}{n}R^{2/3}i^{1/2}=f(d)$$

便可求出管道直径 $d$。

**【例 7-7】** 钢筋混凝土圆形断面污水管，直径 $d=1\ 000$ mm，管壁糙率 $n=0.013$，管道坡度 $i=0.002$，求最大设计充满度时的流速和流量。

**【解】** 查表7-4，得管径 $d=1\ 000\ \text{mm}$ 的污水管最大设计充满度 $\alpha=\frac{h}{d}=0.80$。再由表7-2查得当 $\alpha=0.8$ 时过流断面几何要素与直径 $d$ 的关系。

$$A=0.673\ 5d^2=0.673\ 5\ \text{m}^2$$

$$R=0.304\ 2d=0.304\ 2\ \text{m}$$

谢才系数

$$C=\frac{1}{n}R^{1/6}=\frac{1}{0.013}\times(0.302\ 4)^{1/6}\ \text{m}^{1/2}/\text{s}=63.08\ \text{m}^{1/2}/\text{s}$$

流速

$$v=C\sqrt{Ri}=63.08\times\sqrt{0.304\ 2\times0.002}\ \text{m/s}=1.56\ \text{m/s}$$

流量

$$Q=vA=1.56\times0.673\ 5\ \text{m}^3/\text{s}=1.05\ \text{m}^3/\text{s}$$

在工程实际中，尚须验算流速 $v$ 是否在允许流速范围之内，本题为钢筋混凝土管，管径 $d=1\ 000\ \text{mm}$，最大设计允许流速 $[v]_{\max}=5\ \text{m/s}$，经查表7-5得最小设计允许流速 $[v]_{\min}=0.8\ \text{m/s}$，故该管道流速 $v=1.56\ \text{m/s}$ 在允许范围之内，即 $[v]_{\max}>v>[v]_{\min}$。

本题另一种解法：根据 $\alpha=0.80$，查表7-2或图7-13直接求得 $\frac{Q}{Q_d}=0.978\ 0$。本题恰 $n=0.013$，故可根据管径 $d=1\ 000\ \text{mm}$，查表7-3，得满管流的 $K_d=24.0$，则

$$Q_d=K_d\sqrt{i}=24\times\sqrt{0.002}=1.073\ \text{m}^3/\text{s}$$

所以

$$Q=0.978\ 0Q_d=0.978\ 0\times1.073\ \text{m}^3/\text{s}=1.05\ \text{m}^3/\text{s}$$

由 $\alpha=0.80$，查表7-2得 $A=0.673\ 5d^2=0.673\ 5\text{m}^2$，则

$$v=\frac{Q}{A}=\frac{1.05}{0.673\ 5}\ \text{m/s}=1.56\ \text{m/s}$$

两种解法结果一致。如果无图表供查阅，则根据规范设定设计充满度 $\alpha=\frac{h}{d}$ 后，可根据 $\alpha=\frac{h}{d}=\sin^2\frac{\theta}{4}$ 的关系，求得充满角 $\theta$，然后代入式(7-15)用计算的方法也可求得 $Q$ 和 $v$。

## 7.3 明渠水流的两种流动形态

### 7.3.1 明渠恒定非均匀流动的特性

明渠均匀流只能发生在断面形状、尺寸、底坡和糙率均沿程不变的长直棱柱形渠道中，而且要求渠道中没有修建任何水工建筑物。以上条件中的任何一个条件不能满足均可能引起水流的水深、流速的沿程变化，从而产生明渠非均匀流。对于交通土

建和给排水等工程，常在河渠上架桥、设涵、筑坝、建闸和设立跌水等。这些建筑物的兴建以及渠道底坡的变化，或渠壁材料的改变，或渠道断面的扩大和缩小等，都会导致均匀流条件的破坏，使明渠水流成为非均匀流动。所以在自然界和实际工程中非均匀流是普遍存在的，而真正的明渠均匀流实际上是很难实现的。

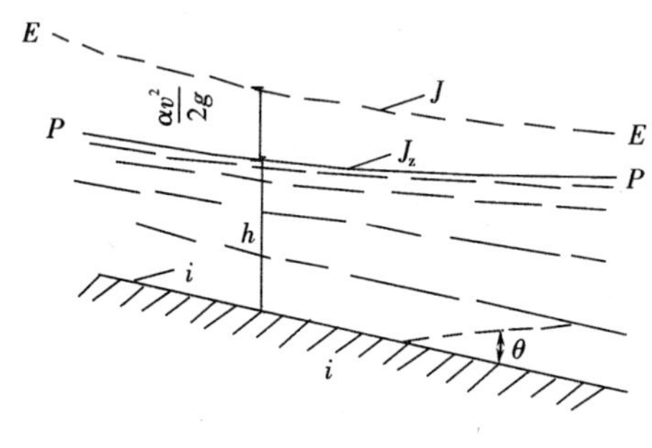


图 7-14 明渠非均匀流动

明渠非均匀流的特点与明渠均匀流的水力特征不同。在明渠恒定非均匀流动中，水深 $h$、过水断面 $A$、流速 $v$ 及流速分布等水力要素沿程是变化的。水面线一般为曲线，其水面坡度 $J_z$ 与底坡 $i$ 和水力坡度 $J$ 三者并不相等，即 $J \neq J_z \neq i$（如图 7-14 所示）。水流重力在流动方向上的分力与阻力不平衡，存在有位变加速度。在明渠非均匀流中，若流线是接近于相互平行的直线，或流线间夹角很小，或流线虽然弯曲但其曲率半径很大，即曲率很小，离心惯性力可以忽略不计时，这种水流称为明渠非均匀渐变流。反之为明渠非均匀急变流。

### 7.3.2 缓流和急流

观察天然河流、溪涧中障碍物对水流的影响，可以发现明槽水流中有两种截然不同的流动状态。一种是底坡陡峻、水流湍急的山涧溪流，若有大块孤石阻碍水流，则水面在孤石上隆起，激起浪花，而孤石对上游远处的涧流并无任何影响，说明对明槽水流的局部干扰只能引起附近局部水面的变化，干扰影响不能向上游传播。另一种情况是底坡平坦，水流徐缓的平原河道中，如同样遇到孤石或桥墩等障碍物干扰，则将引起障碍物上游水面壅高并可延伸至上游较远的地方，表明局部干扰可以向上游传播。上述这两种情况说明：在明槽水流中，确实存在着两种完全不同的流动状态。障碍物对水流的干扰与人为的连续不断地搅动水流所形成的干扰在性质上是相同的。其干扰的影响都是以具有一定速度的微小干扰波的形式向四周各个方向传播的。例如在静水中沿铅垂方向丢下一块石子，水面将产生一个微小波动，这个波动以石子着落点为中心，以一定的速度 $c$ 向四周传播，平面上的波形将是一连串的同心圆如图 7-15(a)所示。微波在静水中的传播速度 $c$ 也称微幅干扰波波速。若把石子投入流动着的明渠均匀流中，当水流断面平均流速 $v$ 小于波速 $c$ 时，微波将以绝对速度 $c'=v-c$ 向上游传播，同时又以绝对速度 $c'=v+c$ 向下游传播如图 7-15(b)所示，这种水流称为缓流。当水流流速 $v$ 等于相对波速 $c$ 时，微波向上游传播的绝对速度 $c'=0$ 形成驻波，而向下游传播的绝对速度 $c'=2c$ 如图 7-15(c)所示，这种水流称为临界流。当水流流速 $v$ 大于相对波速 $c$ 时，微波只能以绝对速度 $c'=v+c$ 向下游传播，而对上游水流不发生任何影响如图 7-15(d)所示，这种水流称为急流。在工程流体力学中，根据干扰微波能否向上游传播，将水流分为缓流、急流，而介于两者之间，干扰微波向上游传播的绝对速度 $c'=v-c=0$，形成驻波者为临界流。

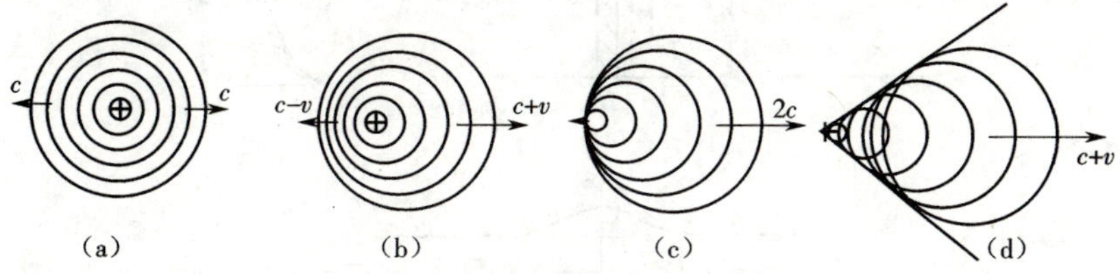


**图 7-15　干扰微波的传播方式**

(a) $v=0$；(b) $v<c$；(c) $v=c$；(d) $v>c$

渠槽边界的局部变化对上述两种不同状态的水流将会引起明显不同的水面变化，因而在分析明槽水流问题时，首先需要科学地区分这两种完全不同的流动状态。掌握不同流动状态的实质，对认识明渠流动现象，分析明渠水流的运动规律，都有着非常重要的意义。

还要强调：明渠水流的两种流动形态——急流和缓流与急变流和缓变流，是截然不同的两个概念，不能混淆。通俗地讲，急流、缓流是指相对流动的快慢，而急变流与缓变流则是指流动变化的快慢。在缓变流里有缓流也有急流，在急变流中同样也有缓流和急流，例如弯道水流。

### 7.3.3　微幅干扰波的波速和弗劳德数

**1. 微幅干扰波的波速**

障碍物对水流的干扰是以干扰微波的形式向周围传播的，通过比较水流流速与微波波速的大小，就可以区分上述两种完全不同状态的水流——急流与缓流，因此需要分析研究微波波速及其计算方法。

如图 7-16(a)所示，为一任意形状的平底棱柱体明渠，渠内水流处于静止状态，水深为 $h$，断面面积为 $A$，水面宽度为 $B$。若用一竖直平板，以一定的速度向左拨动一下，则在平板的左侧水面上将产生一个向左传播的干扰微波。设微波的波高为 $\Delta h$，波速为 $c$。如忽略阻力的影响，微波将保持其形状不变一直传播到无限远处，实际由于阻力的存在，微波在传播过程中将逐渐衰减直到最终消失。从微波的传播看，所到之处将带动该处槽水运动，此时水槽中某一点的水流流速将随时间而变化，这是一种非恒定流动。如果改用相对运动的概念分析，将原来建立在地球上的坐标系移至干扰微波上，以相同的速度 $c$ 与微波一起自右向左运动。在此坐标系中再来观察微波的传播，这时的干扰微波就是静止的了，而水体则以速度 $c$ 自左向右运动。对于以速度 $c$ 自右向左运动的坐标系而言，明渠水流就是恒定的非均匀流。如图 7-16(c)所示，以渠底为基准，忽略摩阻力的影响，对 1-1 断面和 2-2 断面列能量方程和连续性方程，则

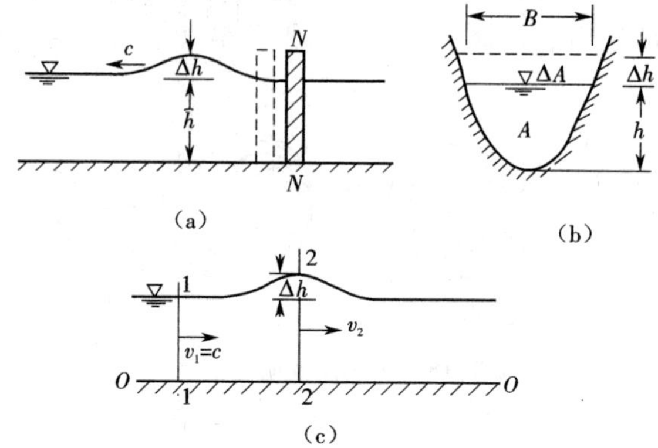


图 7-16　任意形状断面的平坡棱柱形明渠

$$h+\frac{\alpha_1 v_1^2}{2g}=(h+\Delta h)+\frac{\alpha_2 v_2^2}{2g}$$

因为

$$v_1=c$$

由连续性方程可得

$$v_2=c\,\frac{A}{A+\Delta A}$$

令 $\alpha_1=\alpha_2=1.0$，则上述能量方程可写成

$$h+\frac{c^2}{2g}=h+\Delta h+\frac{c^2}{2g}\left(\frac{A}{A+\Delta A}\right)^2$$

将 $\Delta A\approx B\Delta h$ 代入上式，移项展开，分子、分母均除以 $B^2$，经整理后静水中干扰微波波速为

$$c=\pm\sqrt{\frac{2g\left(\dfrac{A}{B}+\Delta h\right)^2}{\dfrac{2A}{B}+\Delta h}} \tag{7-16}$$

对于微波，其波高 $\Delta h\ll\dfrac{A}{B}$（即断面平均水深 $\bar{h}$），则上式可简化为

$$c=\pm\sqrt{g\,\frac{A}{B}} \tag{7-17}$$

对于矩形断面，$A=Bh$ 则

$$c=\pm\sqrt{gh} \tag{7-18}$$

由上式可以看出，在忽略水流阻力的情况下，微波的波速与断面平均水深的 1/2 次方成比例，水深越大，微波的波速越大。

对于实际水流，如其水流的断面平均流速为 $v$，则微波在水流中的绝对速度 $c'$ 应为静水中的波速 $c$（又称相对波速）与水流流速 $v$ 两者之和，即

$$c'=v\pm c=v\pm\sqrt{g\,\frac{A}{B}} \tag{7-19}$$

式中，取正号为微波顺水流方向传播的绝对速度，取负号为微波逆水流方向传播的绝对速度。

当明渠中水流流速，$v>c$ 时，则干扰微波的绝对波速 $c'>0$ 为正值，说明干扰微波只能向下游传播，不能向上游传播，此时明渠中水流流动状态为急流。

当明渠中 $v<c$ 时，则可能 $c'>0$ 也可能 $c'<0$，即 $c'$ 值可正、可负。说明干扰微波既能向下游传播，又能向上游传播，这种水流流动状态为缓流。

当明渠中水流流速 $v$ 与静水中微波波速 $c$ 相等，即 $v=c$ 时，干扰微波向上游传播的速度为零，形成驻波，这种水流流动状态介于急流与缓流之间，称为临界流。此时的断面平均流速称之为临界流速，以 $v_c$ 表示，则

$$v_c=c=\sqrt{g\frac{A}{B}} \tag{7-20}$$

对矩形断面明槽

$$v_c=\sqrt{gh} \tag{7-21}$$

因此，也可以用临界流速 $v_c$ 来判别两种不同的流态。当明槽断面平均流速

$v<v_c$ 时，为缓流

$v>v_c$ 时，为急流

$v=v_c$ 时，为临界流

**2. 流态判别准数——弗劳德数**

可将临界流速表示式(7-20)或式(7-21)改写为

$$\frac{v}{\sqrt{g\frac{A}{B}}}=1 \tag{7-20a}$$

或矩形断面

$$\frac{v}{\sqrt{gh}}=1 \tag{7-21a}$$

上两式中$\frac{A}{B}$和 $h$ 的量纲为长度量纲 L，故上两式的等号左边为一无量纲数，在流体力学中将其定义为弗劳德(Froude，W.)数，用符号 $Fr$ 表示。即

$$Fr=\frac{v}{\sqrt{g\frac{A}{B}}}=1 \tag{7-20b}$$

或

$$Fr=\frac{v}{\sqrt{gh}}=1 \tag{7-21b}$$

上两式实质就是明槽水流的断面平均流速 $v$ 与静水中干扰微波波速 $c$ 的比值，即 $Fr=\frac{v}{c}=1$。

这说明水流处于临界状态时，相当于弗劳德数 $Fr=1.0$。

则当 $v<c=\sqrt{g\frac{A}{B}}$ 时，$Fr<1.0$，水流流动状态为缓流；

当 $v>c=\sqrt{g\frac{A}{B}}$ 时，$Fr>1.0$，水流流动状态为急流。

所以，综合反映水流流速和水深大小的弗劳德数 $Fr$ 可以作为判别明渠水流是缓流还是急流的标准。

弗劳德数 $F_r$ 的物理意义，除了反映水流流速 $v$ 与干扰波速 $c$ 的比值之外，为加深对其物理意义的理解，将其定义式进行改写

$$Fr=\frac{v}{\sqrt{gh}}=\sqrt{2\frac{v^2/2g}{h}} \tag{7-22}$$

由上式可以看出，弗劳德数还表示过水断面单位重量液体平均动能与平均势能之比 2 倍的平方根。简而言之，即弗劳德数还表示水流动能与势能之比。同时它也表示流动中惯性力与重力的对比关系。

### 7.3.4 断面单位能量和临界水深

明渠水流的流态还可以从能量的角度进行分析判断。

**1. 断面单位能量(比能)**

图 7-17 所示为一非均匀渐变流，若以 0-0 为基准面，则某过水断面上单位重量液体所具有的总能量为

$$E_T=z+\frac{\alpha v^2}{2g}=z_0+h\cos\theta+\frac{\alpha v^2}{2g}$$

式中 $h$——断面最大水深；

$z_0$——断面最低点的位置高度。

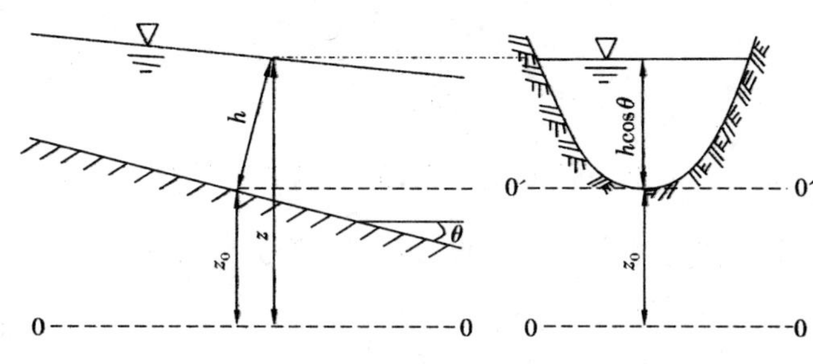


图 7-17 断面单位能量

如果把基准面 0-0 抬高 $z_0$，经过该断面的最低点，则单位重量液体相对新基准面 0′-0′的总机械能为

$$E=h\cos\theta+\frac{\alpha v^2}{2g}=h\cos\theta+\frac{\alpha Q^2}{2gA^2} \tag{7-23}$$

对于坡度较小的明渠，当 $i<0.1$(或坡度角 $\theta<6°$)时，$\cos\theta\approx1.0$，可以用水深 $h$

代替$h\cos\theta$，则上式可写成

$$E=h+\frac{\alpha v^2}{2g}=h+\frac{\alpha Q^2}{2gA^2} \tag{7-24}$$

$E$称为该断面的**断面单位能量**或**比能**，是单位重量液体相对于通过过流断面最低点的基准面的总机械能。

断面单位能量$E$和单位重量液体的机械能$E_T$是两个不同的概念。$E_T$是相对于同一基准面的总机械能，其值必沿程减小，即$dE_T/ds<0$。而断面单位能量$E$是针对某一个固定的断面来说的，它的基准面是通过该断面最低点的水平面，沿流程不同的断面有不同的最低点，也就是有不同的能量基准，因而断面单位能量$E$沿程可能增大，即$\frac{dE}{ds}>0$，也可能沿程减小，即$\frac{dE}{ds}<0$，只有在均匀流中$\frac{dE}{ds}=0$，$E$保持沿程不变。下面分析断面单位能量的变化特性。

**1）断面单位能量的沿程变化**

将式(7-23)代入一般非均匀流某断面单位重量液体总能量关系式得

$$E_T=z_0+E$$

将上式两边对流程$s$微分得

$$\frac{dE_T}{ds}=\frac{dz_0}{ds}+\frac{dE}{ds}$$

整理得

$$\frac{dE}{ds}=i-J \tag{7-25}$$

该式表明：断面单位能量沿程变化率取决于底坡$i$与水力坡度$J$的对比关系，即取决于由底坡降落所提供的能量和克服阻力所消耗的能量$J$的对比关系。当$i=J$时，$dE/ds=0$，断面单位能量沿程不变，即为均匀流；当$i>J$时，$dE/ds>0$，断面单位能量沿程增加；当$i<J$时，$dE/ds<0$，则断面单位能量沿程减小。

**2）断面单位能量随水深的变化**

由式(7-24)可知，当流量$Q$和过水断面的形状及尺寸一定时，断面单位能量$E$只是水深$h$的函数，即$E=f(h)$。由于在非均匀流中条件的变化，一定的流量$Q$有可能以不同的水深$h$通过某一断面，因而就有不同的过水断面面积和相应的断面平均流速，从而得出不同的断面单位能量$E$值。若以水深$h$为纵坐标，以比能$E$为横坐标，就可以绘出$h$-$E$关系曲线，即比能曲线，它表示出在一定流量下断面单位能量随水深的变化规律。从式(7-24)可以看出：当$h\to 0$时，$A\to 0$，有$\frac{\alpha Q^2}{2gA^2}\to\infty$，则$E\to\infty$，比能曲线以横坐标为渐近线。当$h\to\infty$时，$\frac{\alpha Q^2}{2gA^2}\to 0$，则$E\to\infty$，比能曲线必以45°斜直线$ON$为渐近线。在给定的流量下，计算不同水深相应的比能，便可绘制$h$-$E$关系曲线，如图7-18中的实线所示。

水深$h$由0增加至$\infty$，相应比能$E$则从$\infty$变化到$\infty$，其变化过程只能是先减小，

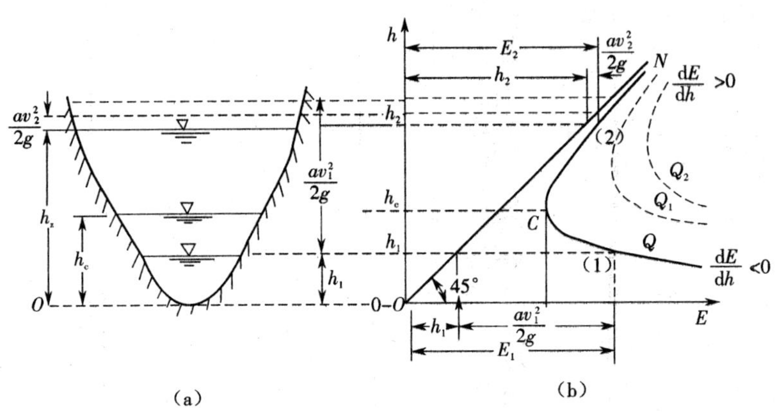


图 7-18 $h$-$E$ 关系曲线

再增加到∞，中间必定有一个 $E$ 的最小值，该值可由$\dfrac{\mathrm{d}E}{\mathrm{d}h}=0$ 求得

$$\frac{\mathrm{d}E}{\mathrm{d}h}=\frac{\mathrm{d}}{\mathrm{d}h}\left(h+\frac{\alpha Q^2}{2gA^2}\right)=1-\frac{\alpha Q^2}{gA^3}\frac{\mathrm{d}A}{\mathrm{d}h}=0 \tag{7-26}$$

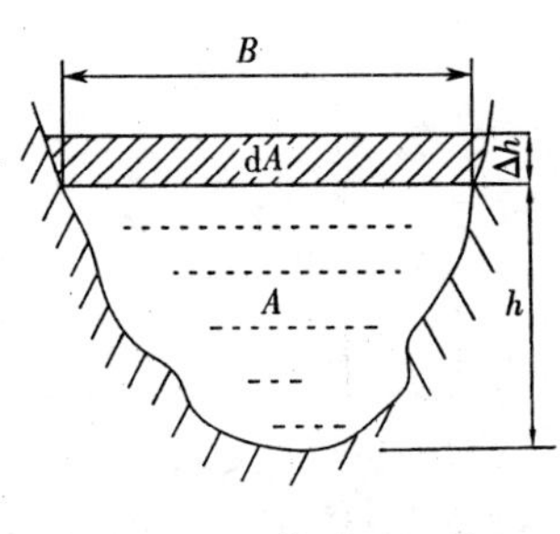


图 7-19 推求 $E_{\min}$ 值

式中，$\mathrm{d}A$ 是由水深变化 $\mathrm{d}h$ 所引起的面积变化，以 $B$ 表示相应于水深 $h$ 时的水面宽度（如图 7-19 所示），则$\dfrac{\mathrm{d}A}{\mathrm{d}h}\approx B$，令 $\alpha=1.0$，上式中的第二项$\dfrac{\alpha Q^2}{gA^3}\dfrac{\mathrm{d}A}{\mathrm{d}h}=\dfrac{\alpha Q^2 B}{gA^3}=\dfrac{\alpha v^2}{g\dfrac{A}{B}}$，正是前面已介绍过的弗劳德数 $Fr$ 的平方，则

$$\frac{\mathrm{d}E}{\mathrm{d}h}=1-\frac{\alpha v^2}{gA/B}=1-Fr^2=0 \tag{7-27}$$

所以 $Fr=1.0$

这说明断面单位能量 $E$ 最小时，$Fr=1.0$ 是属于临界流动，其相应的水深就是临界水深。这样比能曲线 $h$-$E$ 被相应于 $E_{\min}$的 $C$ 点分成上下两支。在曲线的上支，比能 $E$ 随着水深 $h$ 的增加而增加，即$\dfrac{\mathrm{d}E}{\mathrm{d}h}>0$，$Fr<1.0$，流动属于缓流；在曲线下支，比能 $E$ 随着水深增加而减小，即$\dfrac{\mathrm{d}E}{\mathrm{d}h}<0$，$Fr>1.0$，流动属于急流。在图 7-18(b)中实线所示的比能曲线 $h$-$E$ 是对应于某一个固定流量而言的。如果流量 $Q$ 改变了，则可以得出相应不同的比能曲线，如图中虚线所示，但这些曲线都具有相同的性质。

**2. 临界水深**

临界水深是指在断面形状、尺寸及流量一定的条件下，相应于断面单位能量最小值的水深，亦即 $E=E_{\min}$时所对应的水深，用符号 $h_c$ 表示。当明渠中通过某一流量 $Q$ 时，实际水深 $h$ 大于临界水深 $h_c$（即 $h>h_c$），相当于比能曲线 $h$-$E$ 的上支，为缓流；当

实际水深 $h$ 水深小于临界水深 $h_c$（即 $h<h_c$），相当于比能曲线的下支，为急流；当实际水深 $h$ 等于临界水深 $h_c$ 时，就是临界流。与临界水深 $h_c$ 相应的流速就是临界流速 $v_c$。

临界水深 $h_c$ 的计算式可根据其上述定义求出。由式(7-27)可得

$$\frac{\mathrm{d}E}{\mathrm{d}h}=1-\frac{\alpha v^2}{gA/B}=1-\frac{\alpha Q^2}{gA^3/B}=0$$

$E=E_{\min}$时的水深为临界水深 $h_c$，与之相应的断面面积和水面宽度分别为 $A_c$ 和 $B_c$，将其代入上式，则有

$$\frac{\alpha Q^2}{g}=\frac{A_c{}^3}{B_c} \tag{7-28}$$

上式即为任意形状断面的临界水深公式。该式为临界水深 $h_c$ 的隐函数形式，无法直接求解，通常采用迭代法或作图法求解，也可编制程序用计算机求解。另外，水力计算手册对常见的梯形断面和不满流的圆形断面有现成的临界水深 $h_c$ 求解图可以查用，见本书附录Ⅱ。对于矩形断面渠道，$A_c=h_cB_c$，$Q=qB_c$（$q$ 为单宽流量），将其代入式(7-28)，经整理后可得临界水深计算式为

$$h_c=\sqrt[3]{\frac{\alpha q^2}{g}} \tag{7-29}$$

上式为矩形断面渠道的临界水深计算式。由式(7-28)和式(7-29)可以看出临界水深 $h_c$，只与断面的形状、尺寸和流量有关，而与底坡 $i$ 和壁面粗糙系数 $n$ 等参数无关。

对于矩形断面明槽在临界流动状态下，其水深、流速水头和断面单位能量之间存在如下关系，即将单宽流量 $q=h_cv_c$ 代入式(7-29)可得到

$$h_c=2\,\frac{\alpha v_c^2}{g} \tag{7-30}$$

即临界水深是临界流速水头$\frac{\alpha v_c^2}{2g}$的 2 倍，$h_c=2\,\frac{\alpha v_c^2}{2g}$。也就是在矩形断面明槽临界流动时，单位势能是单位动能的 2 倍，是相应的最小断面单位能量 $E_{\min}$的 2/3，即

$$h_c=\frac{2}{3}E_{\min} \tag{7-31}$$

因此，当单位势能大于 2 倍单位动能时，即 $h>2\left(\frac{\alpha v^2}{2g}\right)$，流动为缓流；当单位势能小于 2 倍单位动能时，即 $h<2\left(\frac{\alpha v^2}{2g}\right)$，流动为急流。

### 7.3.5　临界底坡

在分析明渠水流时，除了作为判别流态的弗劳德数 $Fr$、临界流速 $v_c$ 和临界水深 $h_c$ 等概念外，还应该有临界底坡 $i_c$ 的概念。

由明渠均匀流的基本公式 $Q=AC\sqrt{Ri}$ 可知，在断面形状、尺寸和边壁粗糙率一

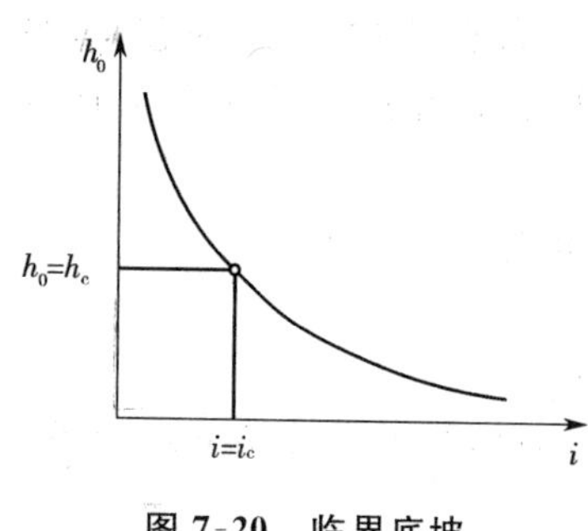

图 7-20 临界底坡

定的棱柱形渠槽中，通过某一流量形成均匀流时，其正常水深 $h_0$ 的大小取决于渠道底坡 $i$，不同的底坡 $i$ 有相应不同的正常水深 $h_0$，且 $i$ 越大，$h_0$ 越小(如图 7-20 所示)。如果恰好形成正常水深 $h_0$ 等于该流量相应的临界水深 $h_c$ 的临界状态的均匀流，则此时该渠道的底坡就是**临界底坡**，以符号 $i_c$ 表示。即 $h_0=h_c$，$i=i_c$。

根据上述定义，在临界底坡时，明渠中的水深同时满足均匀流基本公式和临界水深公式，即

$$\left.\begin{aligned} Q&=A_cC_c\sqrt{R_ci_c} \\ \frac{\alpha Q^2}{g}&=\frac{A_c^3}{B_c} \end{aligned}\right\}$$

联立求解上述两式，可得临界底坡的计算公式为

$$i_c=\frac{g}{\alpha C_c^2}\frac{P_c}{B_c} \tag{7-32}$$

式中，$C_c$、$\chi_c$、$B_c$ 分别为与临界水深 $h_c$ 相对应的谢才系数、湿周和水面宽度。对于宽浅渠槽 $P_c\approx B_c$，则上式可简化为

$$i_c=\frac{g}{\alpha {C_c}^2} \tag{7-33}$$

临界底坡 $i_c$ 是为了便于分析明渠非均匀流动而引入的一个基本概念，它与渠道的断面形状、尺寸、边壁粗糙系数 $n$ 和通过的流量 $Q$ 有关，而与实际底坡 $i$ 无关。也就是说，当前边的几个有关条件已定，则渠道的临界底坡 $i_c$ 也就确定了，与实际底坡 $i$ 无关。两者相比较，如果在一定流量下形成均匀流，则当实际的底坡 $i>i_c$ 时，正常水深 $h_0<h_c$，将发生急流状态的均匀流，称为**陡坡**明槽；当实际明渠的底坡 $i<i_c$ 时，其正常水深 $h_0>h_c$，将发生缓流状态的均匀流，称为**缓坡**明槽。

如果由于边界条件的影响使渠道中形成非均匀流，水深 $h$ 不等于正常水深 $h_0$，则在缓坡上可能出现水深 $h$ 小于临界水深 $h_c$ 的急流，在陡坡上也可能出现水深 $h$ 大于临界水深 $h_c$ 的缓流。

临界流动状态是不稳定的，一般渠道设计时应尽量避免，通常设计渠道底坡不能接近临界底坡 $i_c$。由于渠道中流量是变化的，其临界底坡 $i_c$ 亦随之改变，如原来实际底坡 $i<i_c$ 为缓坡，但随着流量 $Q$ 增大，$i_c$ 减小，可能使 $i$ 变成大于 $i_c$，成为陡坡；另外，施工时也难免有超、欠挖之处，使实际渠道底坡不能严格符合设计底坡；同时实际渠道的壁面粗糙系数 $n$ 很难完全符合设计计算所选用的 $n$ 值，因此临界底坡 $i_c$ 也会与设计计算有出入。如果设计底坡 $i$ 接近于 $i_c$，则实际运用时在渠道中难以保证形成设计的流态。为了保证渠道中水流实际流态稳定且与设计流态相符，一般常使渠道的设计底坡 $i$ 与设计流量相应的临界底坡 $i_c$ 相差 2 倍以上。

**【例 7-8】** 某矩形断面明渠，流量 $Q=25\ \mathrm{m^3/s}$，测得其水深 $h=3.0\ \mathrm{m/s}$，底宽 $b$

=8 m。要求计算临界水深及临界流速，并据此判别水流流态。

**【解】** 取 $\alpha=1.0$，渠中单宽流量为

$$q=\frac{Q}{b}=\frac{25}{8}=3.125\ \mathrm{m^3/(s \cdot m)}$$

故临界水深为

$$h_c=\left(\frac{\alpha q^2}{g}\right)^{1/3}=\left[\frac{1\times(3.125)^2}{9.8}\right]^{1/3}\ \mathrm{m}=1.00\ \mathrm{m}$$

临界流速

$$v_c=\sqrt{gh_c}=\sqrt{9.8\times1.00}\ \mathrm{m/s}=3.13\ \mathrm{m/s}$$

渠中流速

$$v=\frac{Q}{bh}=\frac{25}{8\times3.0}\ \mathrm{m/s}=1.04\ \mathrm{m/s}$$

以水深为标准，由于 $h>h_c$，故渠中水流为缓流。

以临界流速与实际水流流速比较，因 $v_c>v$，故水流为缓流。

**【例 7-9】** 某梯形断面渠道，已知底宽 $b=4.0\mathrm{m}$，边坡系数 $m=1.5$，底坡 $i=0.005$，粗糙系数 $n=0.020$，试分别计算当流量为 $Q_1=10\ \mathrm{m^3/s}$，$Q_2=20\ \mathrm{m^3/s}$ 时的临界底坡，并判别实际渠道底坡的类型。

**【解】** (1) 当 $Q_1=10\ \mathrm{m^3/s}$ 时，以查图法计算临界水深 $h_c$ 值。

$$\frac{Q_1}{b^{2.5}}=\frac{10}{4.0^{2.5}}=0.3125$$

查附录Ⅱ中 $m=1.5$ 的曲线，得到 $\frac{h_c}{b}=0.20$，故

$$h_c=0.20\ b=0.8\ \mathrm{m}$$

计算对应于临界水深 $h_c=0.8$ m 时的渠道断面水力要素

$$B_c=b+2mh_c=(4.0+2\times1.5\times0.8)\ \mathrm{m}=6.4\ \mathrm{m}$$

$$A_c=(b+mh_c)h_c=(4.0+1.5\times0.8)\times0.8\ \mathrm{m^2}=4.16\ \mathrm{m^2}$$

$$\chi_c=b+2h_c\sqrt{1+m^2}=(4.0+2\times0.8\times\sqrt{1+1.5^2})\ \mathrm{m}=6.88\ \mathrm{m}$$

$$R_c=\frac{A_c}{\chi_c}=\frac{4.16}{6.88}\ \mathrm{m}=0.605\ \mathrm{m}$$

$$C_c=\frac{1}{n}R_c^{1/6}=\frac{1}{0.020}\times0.605^{1/6}\mathrm{m^{1/2}/s}=45.98\ \mathrm{m^{1/2}/s}$$

$$i_c=\frac{g\chi_c}{\alpha C_c^2B_c}=\frac{9.8\times6.88}{1\times45.98^2\times6.4}=0.005$$

由于 $i=i_c=0.005$，因此该流量下渠道底坡为临界坡。

(2) 当 $Q_2=20\ \mathrm{m^3/s}$ 时，以查图法计算临界水深 $h_c$ 值。

$$\frac{Q_1}{b^{2.5}}=\frac{20}{4.0^{2.5}}=0.625$$

查附录Ⅱ中 $m=1.5$ 的曲线，得到 $\frac{h_c}{b}=0.26$，故

$$h_c=0.26\ b=1.04\ \text{m}$$

计算对应于临界水深 $h_c=1.04$ m 时的渠道断面水力要素

$$B_c=b+2mh_c=(4.0+2\times1.5\times1.04)\ \text{m}=7.12\ \text{m}$$

$$A_c=(b+mh_c)h_c=(4.0+1.5\times1.04)\times1.04\ \text{m}^2=5.78\ \text{m}^2$$

$$\chi_c=b+2h_c\sqrt{1+m^2}=(4.0+2\times1.04\times\sqrt{1+1.5^2})\text{m}=7.75\ \text{m}$$

$$R_c=\frac{A_c}{\chi_c}=\frac{5.78}{7.75}\text{m}=0.746\ \text{m}$$

$$C_c=\frac{1}{n}R_c^{1/6}=\frac{1}{0.020}\times0.746^{1/6}\ \text{m}^{1/2}/\text{s}=47.62\ \text{m}^{1/2}/\text{s}$$

$$i_c=\frac{g\chi_c}{\alpha C_c^2B_c}=\frac{9.8\times7.75}{1\times47.62^2\times7.12}=0.0047$$

由于 $i=0.005>i_c=0.0047$，因此该流量下渠道底坡为陡坡。

## 7.4 明渠水流两种流态的转换——水跃和水跌

实际工程中往往由于明渠沿程流动边界的变化，导致流动状态的相互过渡转换，水跃和水跌就是水流由急流向缓流和由缓流向急流转换过渡时发生的流动局部变态而产生的一种特殊水力现象。

上述水流流动状态的过渡，理论上是水面升降变化经过临界水深的过程。研究水流衔接、流态过渡问题，均需由此入手。

### 7.4.1 水跃——急流到缓流的过渡

**1. 水跃现象**

水跃是明渠水流从急流状态过渡到缓流状态时水面骤然跃起的局部水力现象，如图 7-21 所示。从闸孔、溢流坝或其他水工构筑物下泄的水流往往为急流，水深较浅($h<h_c$)，而下游河渠中的水流，因底坡一般较缓、流速较小、水深较大($h>h_c$)，属于缓流，这样上游的急流要经过水跃与下游的缓流衔接起来。

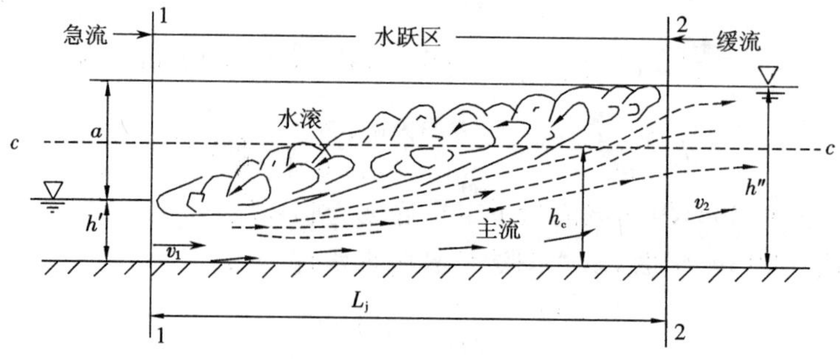


图 7-21 水跃

水流由急流向缓流过渡，中间要通过临界水深，急、缓流之间发生剧烈冲撞形成水跃。水跃发生在较短的流段内，水深及流速等都发生急剧的变化，是一种明渠急变流。水跃区段的上部为从急流冲入缓流所激起的表面漩流，翻腾滚动、饱掺空气，形成漩滚，称为表面漩滚。漩滚之下为急剧扩散的主流，称为主流区，流速由快变慢，水深由浅变深。水跃段内水力要素急剧变化，水流发生强烈的回旋运动，水滚大量掺气，内部产生强烈的紊动掺混，漩滚与主流之间不断产生动量、能量和质量的输运交换。在发生水跃的突变过程中，水流内部结构也要经历剧烈的改变和再调整，故水跃段内可集中消耗大量的机械能，甚至可高达跃前断面总能量的(60～70)%。工程中常利用水跃作为泄水建筑物与下游水流衔接的一种有效的消能方式，以防止水流对建筑物基础及下游河道的冲刷破坏。

通常将表面水滚的前端称为跃首或跃前断面，该处的水深称为跃前水深 $h'$；表面水滚的末端称为跃尾或跃后断面，该处的水深称为跃后水深 $h''$。跃后与跃前水深之差 $a=h''-h'$ 称为跃高，跃前、跃后两断面之间的距离称为水跃长度，以 $L_j$ 表示。

**2. 平底棱柱形明渠的水跃方程**

**1）水跃方程**

水跃是水流由急流向缓流过渡而产生的一种局部特殊的水流现象。而这种现象的发生必须具备一定的条件，即上、下游的水深，也就是跃前断面水深 $h'$ 与跃后断面水深 $h''$ 之间存在有一定的关系，必须满足这种关系，水跃才能发生，这种关系就是共轭关系，跃前水深 $h'$ 与跃后水深 $h''$ 即为共轭水深。因此，上、下游水深必须满足这种共轭水深的关系，就是发生水跃必须具备的条件。以下推求任意形状断面平坡($i=0$)棱柱形明槽中自由水跃的共轭水深关系式——即水跃方程。

所谓自由水跃，就是在明槽中不借助于设置任何障碍物，而是完全依靠天然的上下游水深之间满足共轭关系而形成的水跃。

图 7-22 表示为一任意形状断面平底坡($i=0$)棱柱形明槽，当通过恒定的流量 $Q$ 时，发生自由水跃，跃前断面水深为 $h'$，平均流速为 $v_1$，跃后水深为 $h''$，平均流速为 $v_2$，水跃长度为 $L_j$。

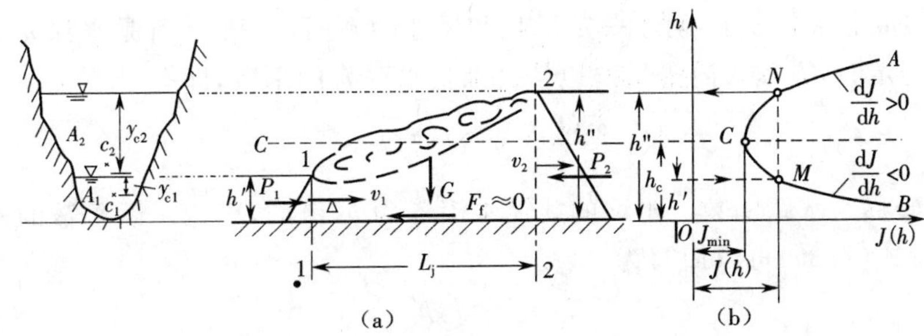


**图 7-22　平底棱柱形明槽中的自由水跃**

(a)水跃段；(b)水跃函数曲线

应用恒定总流的动量方程进行分析，推求自由水跃的共轭水深关系。取跃前断面 1-1，跃后断面 2-2 之间的水体为控制体，进行受力分析。水平方向有：槽身对水流的摩擦阻力 $F_f$；上、下游控制断面 1-1 和 2-2 上的动水总压力 $P_1$ 和 $P_2$。铅垂方向有：控制体中水体的重量 $G$。空气对水流的阻力可忽略不计。根据水跃的实际情况，作如下假设。

（1）槽身壁面对水流的黏性摩擦阻力 $F_f$ 可以忽略不计，即 $F_f=0$。

（2）跃前、跃后两断面上水流符合渐变流的条件，因而其动水压强的分布规律与静水压强分布规律相同。

（3）跃前和跃后两断面上的动量修正系数 $\alpha_{01}=\alpha_{02}=\alpha_0$。

根据上述假设，对控制体写出沿水流方向的动量方程，有

$$\alpha_0\rho Q(v_2-v_1)=P_1-P_2$$

因为重力 $G$ 和槽身周壁对水体的反作用力均与水流方向正交，故作用在控制体上沿水流方向的外力只有跃前、跃后两断面上的动水总压力 $P_1$ 和 $P_2$ 为

$$P_1=\rho g y_{c_1}A_1,\quad P_2=\rho g y_{c_2}A_2$$

代入上式得

$$\alpha_0\rho Q\left(\frac{Q}{A_2}-\frac{Q}{A_1}\right)=\rho g y_{c_1}A_1-\rho g y_{c_2}A_2$$

整理后得

$$\frac{\alpha_0 Q^2}{gA_1}+y_{c_1}A_1=\frac{\alpha_0 Q^2}{gA_2}+y_{c_2}A_2 \tag{7-34}$$

式中：$y_{c_1}$、$y_{c_2}$ 分别为跃前、跃后断面形心在水面以下的深度；$A_1$，$A_2$ 分别为跃前、跃后断面的面积。

式(7-34)就是任意形状断面平底棱柱形明槽中自由水跃的水跃方程。它说明在水跃区内，单位时间内流入跃前断面的动量与该断面上动水总压力之和与单位时间内从跃后断面流出的动量与该断面上动水总压力之和相等。但上式尚不能直接计算水跃的跃前和跃后水深，一般可采用图解的计算方法求解。

**2）水跃函数与共轭水深**

式(7-34)水跃方程中，对于一定形状和尺寸的断面，$A$ 和 $y_c$ 都是水深 $h$ 的函数，所以当 $Q$ 一定时，方程式的等量两边各自都是水深 $h$ 的函数，即有

$$\frac{\alpha_0 Q^2}{gA}+y_c A=J(h) \tag{7-35}$$

将函数 $J(h)$ 称为水跃函数。水跃的共轭水深各为 $h'$ 和 $h''$，根据水跃函数的概念，上述水跃方程式(7-35)可以简写为

$$J(h')=J(h'') \tag{7-35a}$$

上式说明在平底棱柱形明槽中，对于某一流量 $Q$，存在着具有相同的水跃函数 $J(h)$ 的两个不同水深，这样一对水深就是共轭水深。

对于断面形状、尺寸一定的任意断面形状的棱柱形渠槽和已给定的流量 $Q$ 可以

类似绘制比能曲线($E(h)$-$h$)的方法，计算、绘制水跃函数曲线，即 $J(h)$-$h$ 关系曲线(如图 7-22(b)所示)。由图可见，当水深 $h$ 由 0 变化至$\infty$时，相应水跃函数 $J(h)$则由无穷大$\infty$变化至无穷大$\infty$，因此 $J(h)$必定存在最小值 $J_{\min}(h)$。可由$\frac{\mathrm{d}J}{\mathrm{d}h}=0$ 求其最小值，可得

$$\frac{\alpha_0 Q^2}{g}=\frac{A^3}{B}$$

上式中 $B$ 为明渠水面宽度。若近似认为 $\alpha_0=\alpha$，则相应于 $J_{\min}(h)$的水深恰好也是该流量下已给定的任意形状断面明渠的临界水深。即 $h=h_c$ 时

$$J(h_c)=J_{\min}(h)$$

这样水跃函数曲线 $J(h)$-$h$，就被与 $J_{\min}$相对应的 $C$ 点分为上下两支。在上支，水跃函数 $J(h)$随水深 $h$ 增大而增大，$\frac{\mathrm{d}J}{\mathrm{d}h}>0$，$h>h_c$ 为缓流；在下支则 $J(h)$随水 $h$ 增大而减小，$\frac{\mathrm{d}J}{\mathrm{d}h}<0$，$h<h_c$，为急流。另外由图 7-22(b)中还可看出，跃前水深 $h'$越小，对应的跃后水深 $h''$越大；反之，跃前水深 $h'$越大，则对应的跃后水深 $h''$就越小。如果已知共轭水深之一 $h'$(或 $h''$)，以该水深作水平线交 $J(h)$-$h$ 曲线之一支于$M$(或 $N$)，自该点作平行于 $h$ 轴的直线与水跃函数曲线的另一支相交于 $N$(或 $M$)点，根据式(7-35 a)，一对共轭水深具有相同的水跃函数，则此点的水深 $h''$(或 $h'$)即为所求的另一共轭水深。

**3. 矩形断面平底棱柱形明渠中的水跃方程**

泄水建筑物下游的水跃消能池常建成具有矩形断面平坡($i=0$)棱柱体明槽，分析、研究这种渠槽中的水跃共轭水深关系具有重要的实际意义。

对于底宽为 $b$ 的平底矩形断面槽，若通过流量为 $Q$，水深为 $h$，则 $A=bh$，$y_c=\frac{h}{2}$，$q=\frac{Q}{b}$，将其代入水跃方程的普遍表示式(7-34)，消去 $b$，得

$$\frac{\alpha_0 q^2}{gh'}+\frac{h'^2}{2}=\frac{\alpha_0 q^2}{gh''}+\frac{h''^2}{2}$$

经整理后，得二次方程式

$$h'h''(h'+h'')=\frac{2\alpha_0 q^2}{g} \tag{7-36}$$

分别以跃后水深 $h''$或跃前水深 $h'$为未知量，解上式得

$$h''=\frac{h'}{2}\left(\sqrt{1+8\frac{\alpha_0 q^2}{gh'^3}}-1\right) \tag{7-37}$$

$$h'=\frac{h''}{2}\left(\sqrt{1+8\frac{\alpha_0 q^2}{gh''^3}}-1\right) \tag{7-38}$$

上两式即为矩形断面平底棱柱形明槽中的水跃共轭水深关系式——即水跃方程。可

认为 $\alpha_0 \approx \alpha$，则上式中 $\frac{\alpha_0 q^2}{gh'^3} \approx \frac{\alpha q^2}{gh'^3} = \frac{\alpha v_1^2}{gh'} = Fr_1^2$；$\frac{\alpha_0 q^2}{gh''^3} \approx \frac{\alpha q^2}{gh''^3} = \frac{\alpha v_2^2}{gh''} = Fr_2^2$。

代入上两式得

$$h'' = \frac{h'}{2}(\sqrt{1+8Fr_1^2} - 1) \tag{7-37a}$$

$$h' = \frac{h''}{2}(\sqrt{1+8Fr_2^2} - 1) \tag{7-38a}$$

还可写成

$$h'' = \frac{h'}{2}\left[\sqrt{1+8\left(\frac{h_c}{h'}\right)^3} - 1\right] \tag{7-37b}$$

$$h' = \frac{h''}{2}\left[\sqrt{1+8\left(\frac{h_c}{h''}\right)^3} - 1\right] \tag{7-38b}$$

上式中：$Fr_1$、$Fr_2$ 分别为跃前和跃后断面处的弗劳德数，$h_c$ 为矩形断面平坡棱柱形明渠的临界水深。

**4. 水跃的水力计算**

水跃计算的主要内容包括：共轭水深的计算；水跃长度计算；水跃的消能计算等。

**1）水跃共轭水深的计算**

共轭水深的计算是水跃各项计算的基础。对于矩形断面平坡棱柱形明槽的共轭水深，可以通过公式(7-37)、(7-38)直接计算求得。

对于任意断面形状平坡棱柱形明槽中水跃共轭水深的计算，可采用图解法或试算法求得。

图解法：若已知共轭水其中之一，跃前水深 $h'$ 或跃后水深 $h''$，计算出该已知水深的水跃函数 $J(h')$ 或 $J(h'')$，然后再根据水跃函数式(7-35)即 $J(h) = \frac{\alpha_0 Q^2}{gA} + y_c A$，点绘出另外一支，上支或下支水跃函数曲线，依据 $J(h') = J(h'')$，即共轭的两个水深具有相同水跃函数，用已计算出的 $J(h')$ 或 $J(h'')$，在绘出的 $J(h)$-$h$ 曲线图上，查得相应之水深就是所要求的 $h''$ 或 $h'$。

试算法：由已知的共轭水深之一 $h'$（或 $h''$），计算相应的水跃函数 $J(h')$ 或 $J(h'')$。作为已知的水跃函数，同样依据共轭的两个水深具有相同水跃函数，即 $J(h') = J(h'')$，由水跃函数式(7-35)，设水深 $h$，求水跃函数 $J(h)$，直至求得的 $J(h)$ 与已知的水跃函数 $J(h')$ 或 $J(h'')$ 相等，则相应所设的水深 $h$，即是所要求的共轭水深中的另一个 $h''$ 或 $h'$。

**【例 7-10】** 如图 7-23 所示，一闸门局部开启，出流为急流与其下游平坡（底波 $i$ 很小，近似视为 $i=0$）矩形断面棱柱形明槽中缓流相衔接形成水跃，已知单宽流量 $q=0.45\ \mathrm{m^3/(s\cdot m)}$，跃前水深 $h'=0.056\ \mathrm{m}$。求跃后水深 $h''$。

**【解】** 根据矩形断面平底棱柱形明槽中水跃的共轭水深关系式，可得

$$h'' = \frac{h'}{2}\sqrt{1+8\frac{q^2}{gh'^3}-1}$$

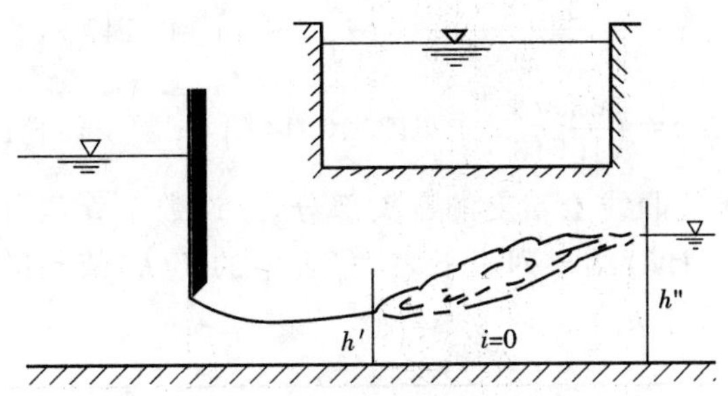

图 7-23　闸孔出流

$$=\frac{0.056}{2}\sqrt{1+8\frac{0.45^2}{9.8\times0.056^3}}-1\ \mathrm{m}=0.832\ \mathrm{m}$$

**【例 7-11】**　一水跃产生于一棱柱体矩形断面平底明渠中。今测得跃前水深 $h'=0.4$ m，跃后水深 $h''=1.8$ m。求渠中的单宽流量 $q$。

**【解】**　由平底棱柱体矩形断面明槽的水跃方程解 $q$ 可以得出下列公式（或根据式(7-36)，令 $\alpha_0=1.0$ 亦可求得）

$$q=\sqrt{\frac{gh'h''(h'+h'')}{2}}$$

将已知值代入上式，得

$$q=\sqrt{\frac{9.8\times0.4\times1.8\times(0.4+1.8)}{2}}\ \mathrm{m^3/(s\cdot m)}=2.79\ \mathrm{m^3/(s\cdot m)}$$

**【例 7-12】**　如图 7-24 所示，一水跃产生于一平底棱柱体梯形断面渠段中。已知：流量 $Q=25\ \mathrm{m^3/s}$，底宽 $b=5.0$ m，边坡系数 $m=1.25$ 及跃前水深 $h'=0.3$ m。求跃后水深 $h''$。

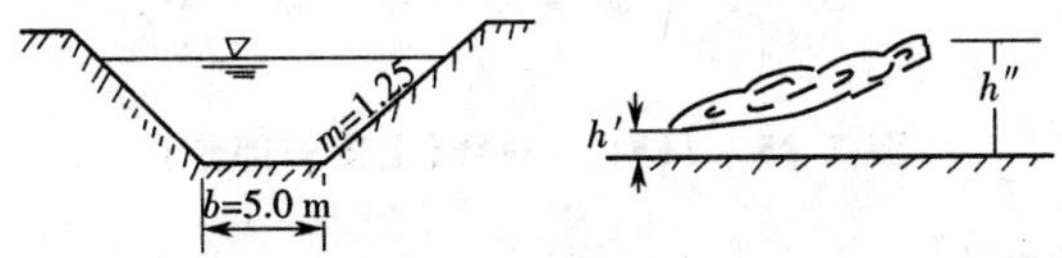

图 7-24　平底棱柱形梯形断面明渠

**【解】**　(1) 应用水跃函数曲线图解 $h''$。因为

$$A=(b+mh)h=(5+1.25h)h$$

令 $\alpha_0=1.0$，则

$$y_c=\frac{h}{6}\frac{3b+2mh}{b+mh}=\frac{(3+0.5h)h}{6+1.5h}$$

$$J(h)=\frac{Q^2}{gA}+Ay_c=\frac{63.78}{A}+Ay_c$$

根据已知的 $h'=0.3$，由以上诸关系式分别求得

$$A_1=(5+1.25\times0.3)\times0.3\ \mathrm{m^2}=1.613\ \mathrm{m^2}$$

$$y_{c1}=\frac{(3+0.5\times0.3)\times0.3}{6+1.5\times0.3}\text{ m}=0.147\text{ m}$$

$$J(h')=\left(\frac{63.78}{1.613}+1.613\times0.147\right)\text{ m}^3=39.78\text{ m}^3$$

为了绘制水跃函数曲线上半支的有关部分，今设数个 $h$ 值并应用以上关系式计算出相应的 $J(h)$ 值。计算结果列于下表中（表中的 $J(h)$ 值是随着 $h$ 的增加而增大的，故所设的 $h$ 值均大于 $h_c$）。

| $h$ /m | $A$ /$\text{m}^2$ | $y_c$/m | $Ay_c$/$\text{m}^3$ | $Q^2/gA$ / $\text{m}^3$ | $J(h)$/ $\text{m}^3$ |
|---|---|---|---|---|---|
| 2.5 | 20.313 | 1.090 | 22.141 | 3.140 | 25.281 |
| 3 | 26.250 | 1.286 | 33.758 | 2.430 | 36.188 |
| 3.1 | 27.513 | 1.324 | 36.427 | 2.318 | 38.745 |
| 3.2 | 28.800 | 1.363 | 39.254 | 2.215 | 41.469 |
| 3.3 | 30.113 | 1.401 | 42.188 | 2.118 | 44.306 |

根据表中的 $h$ 与 $J(h)$ 值所绘出的水跃函数曲线上半支有关部分如图 7-25 所示，从该曲线上查得 $h''=3.14$ m。

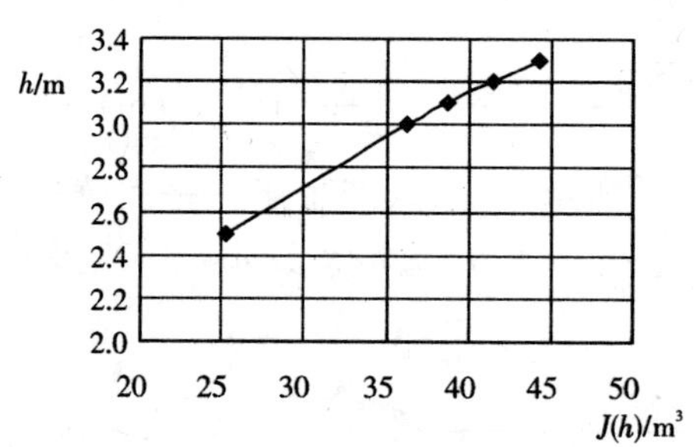


**图 7-25　$J(h)$-$h$ 曲线（上支一部分）**

(2) 应用试算法求 $h''$。

令 $\alpha_0=1.0$，首先求得

$$J(h')=J(h'')=\frac{\alpha_0 Q^2}{gA_1}+y_{c1}A_1=(39.541+0.237)\text{ m}^3=39.78\text{ m}^3$$

列表试算：

| $h$ /m | $A$ /$\text{m}^2$ | $y_c$/m | $Ay_c$/$\text{m}^3$ | $Q^2/gA$ /$\text{m}^3$ | $J(h)$/ m |
|---|---|---|---|---|---|
| 3.0 | 26.250 | 1.286 | 33.758 | 2.430 | 36.188 |
| 3.2 | 28.800 | 1.363 | 39.254 | 2.215 | 41.469 |
| 3.14 | 28.025 | 1.340 | 37.554 | 2.276 | 39.83≈39.78 |

所以跃后水深 $h''=3.14\mathrm{m}$。

**2）水跃长度的计算**

水跃长度即是由急流过渡到缓流的流段长度。这段水流紊动强烈，主流在底部，与槽底直接接触，流速很大，会对其产生冲刷破坏作用。在实际工程中，对水跃段需要专门设置钢筋混凝土护坦加以保护，故水跃长度的确定具有重要的实际意义。该段虽然不长，但它是泄水建筑物下游消能设计的主要依据之一。由于水跃段的水流运动极为复杂，迄今还不能由理论分析的方法得出比较完善的水跃长度理论计算公式。在实际工程设计中，目前一般多采用由实验研究，总结得出的经验公式来确定矩形断面平坡棱柱形渠槽中的水跃长度。这种经验公式很多，但对同一问题应用不同公式计算，所得结果往往差别较大，其原因之一是由于水流强烈紊动，水跃位置不停地前后摆动，不易量准；另一个原因就是不同的研究者对跃尾位置的选定有各自不同的标准。因此，计算水跃长度的经验公式，一般只能供初步设计时估算使用。下面介绍几个不同形式常用的公式，供使用参数。

(1) 以跃后水深 $h''$表示的，如

$$L_{\mathrm{j}}=6.1h'' \tag{7-39}$$

适用范围：$4.5<Fr_1<10$，该公式由美国垦务局提出并使用。

(2) 以跃高表示的，如

$$L_{\mathrm{j}}=6.9(h''-h') \tag{7-40}$$

该公式是由荷兰籍人欧勒弗托斯基(Elevatorski E. A.)首先提出并使用。

(3) 包含跃首断面弗劳德数 $Fr_1$ 的，如

$$L_{\mathrm{j}}=10.3h'(Fr_1-1)^{0.81} \tag{7-41}$$

适用条件为 $Fr_1<4.5$，该公式由原苏联的切尔陀乌索夫 M. Д. (ЧертоусовM. Д.)教授总结提出，被称为切尔陀乌索夫公式。

$$L_{\mathrm{j}}=9.4h'(Fr_1-1) \tag{7-42}$$

该公式是由我国水力学专家陈椿庭教授提出的，被称为陈椿庭公式。

$$L_{\mathrm{j}}=10.8h'(Fr_1-1)^{0.93} \tag{7-43}$$

该公式是由我国学者吴持恭教授所提出，被称为吴持恭公式。

上述公式中式(7-40)和式(7-42)更较为接近于实验资料。

对上述给出的经验公式有几点说明：

① 计算结果给出的是平坡自由水跃的长度；

② 水跃长度与槽壁的粗糙程度有关，即与粗糙系数 $n$ 值有关，$n$ 值越大，壁面越粗糙，水跃长度 $L_{\mathrm{j}}$ 则越短，上述公式都是对一般混凝土槽壁而言的；

③ 水跃段水流紊动剧烈，水跃长度也随时在变动，上述公式计算结果均指的是水跃长度的时均值；

④ 公式是用于平坡($i=0$)明槽的，但当 $i$ 比较小时，亦可按平底用上述公式计算。例如，当 $i\leqslant 0.01$ 时，计算水跃长度 $L_{\mathrm{j}}$，所引起的误差约$<1.0\%$。

**3）水跃消能计算**

（1）水跃的消能机理。

从水流的紊动机构来定量分析水跃的消能过程是一个很复杂的课题。要分析研究水跃中的消能过程，需要从分析水跃区水流的运动学特征入手。在水跃段中，底部主流与表面漩滚之间的交界面附近，时均流速梯度$\left(\frac{d\bar{u}}{dy}\right)$很大，该区域是产生漩涡的策源地。流速梯度愈大，则漩涡强度就越大，从而产生的紊动也就越强烈，紊动混掺也就越强烈。通过强烈的混掺过程：一方面使水流的动量、能量以及紊动涡团本身沿横向和纵向扩散，使水流的运动特征沿水深和流向不断获得调整（调整的过程就要消耗大量的能量）；另一方面紊动混掺过程伴随有强烈的紊动附加切应力（$-\rho\overline{u'_x u'_y}$），使水流的部分机械能，在较短的距离内很快地转化为热能而耗散掉。因此，主流与面滚的交界面附近既是强烈漩涡的发源地，同时也是水流机械能消耗最集中的地方。这种强烈的紊动扩散过程一直要延续到水跃段之后相当一个距离（称为跃后段）才能结束，这时水流才能转化为正常的紊流。此外，由于$\tau_l=\mu\frac{du}{dy}$的存在（即黏性耗散），掺气，撞击，与固体边壁之间的摩阻，水流与空气的摩阻等也都要耗散部分能量。所以通过水跃能够消耗大量的能量。

（2）水跃消能量的计算。

如上所述，水跃段的强烈紊动扩散过程一直要延续到水跃段之后相当一段距离，才能使水流转化成正常流动。所以真正完整的消能，只有水跃段是不够的，要通过整个水跃消能段（即水跃段及跃后段的合称）才能完成。但跃后段消能所占比例一般较小，约有70%以上的能耗集中在水跃段。为了简便起见，实用上可以假定水跃的能量消耗全部集中于水跃段内，忽略不计跃后段的能量消耗。所以只需计算跃首和跃尾两断面的水流能量差值就得到了水跃的消能量。

对于任意断面形状平底（或坡度很小可忽略者）棱柱形明槽，跃首、跃尾两断面的水流能量差（单位重量液体），即水跃消能量为

$$\Delta E_j=E_1-E_2=\left(h'+\frac{\alpha_1 v_1^2}{2g}\right)-\left(h''+\frac{\alpha_2 v_2^2}{2g}\right) \tag{7-44}$$

如果流量为$Q$，则水跃每秒内所消耗的总能量（即水跃的消能总功率）为

$$\Delta N_j=\rho gQ\Delta E_j(W) \tag{7-45}$$

对于矩形断面平底棱柱形渠槽，在讨论其水跃共轭水深关系时，曾得到式(7-36)，即

$$h'h''(h'+h'')=\frac{2\alpha_0 q^2}{g}$$

设$\alpha_1=\alpha_2=\alpha_0$，可得

$$\frac{\alpha_1 v_1^2}{2g}=\frac{\alpha_1 q^2}{2gh'^2}=\frac{1}{4}\frac{h''}{h'}(h'+h'')$$

$$\frac{\alpha_2 v_2^2}{2g}=\frac{\alpha_2 q^2}{2gh''^2}=\frac{1}{4}\ \frac{h'}{h''}(h'+h'')$$

将上两式代入式(7-44)，经整理简化后得

$$\Delta E_{\mathrm{j}}=\frac{(h''-h')}{4h'h''} \tag{7-46}$$

若将下式

$$h''=\frac{h'}{2}(\sqrt{1+8Fr_1^2}-1)$$

代入上式(7-46)，便可得到另一个计算矩形断面渠槽水跃消能量的公式，即

$$\Delta E_{\mathrm{j}}=\frac{h'(\sqrt{1+8Fr_1^2}-3)^3}{16(\sqrt{1+8Fr_1^2}-1)} \tag{7-47}$$

该式说明水跃段单位重量水体所消耗的能量与跃首断面水深 $h'$ 成正比，并且是跃首断面水流弗劳德数 $Fr_1$ 的函数。

(3) 水跃消能率的计算。

水跃消能量 $\Delta E_{\mathrm{j}}$ 与跃首断面水流能量 $E_1$ 之比，即为**水跃消能率**，也称**水跃消能系数**，用 $K_{\mathrm{j}}$ 表示，它反映水跃消能的效率，即

$$K_{\mathrm{j}}=\frac{\Delta E_{\mathrm{j}}}{E_1} \tag{7-48}$$

因 $E_1=h'+\frac{\alpha_1 v_1^2}{2g}=h'+\frac{h'}{2}Fr_1^2$，将该式和式(7-47)代入式(7-48)可得矩形断面渠槽水跃消能率计算公式为

$$K_{\mathrm{j}}=\frac{(\sqrt{1+8Fr_1^2}-3)^3}{8(\sqrt{1+8Fr_1^2}-1)(2+Fr_1^2)} \tag{7-49}$$

上式说明水跃消能率是跃首断面水流 $Fr_1$ 的函数，即 $K_{\mathrm{j}}=f(Fr_1)$。该函数关系如图7-26所示。从该图可以看出，$Fr_1$ 愈大，消能效率愈高。通过实验观测还告诉我们，在不同的 $Fr_1$ 情况下，水跃具有不同的形式，而各种不同形式的水跃的流态和

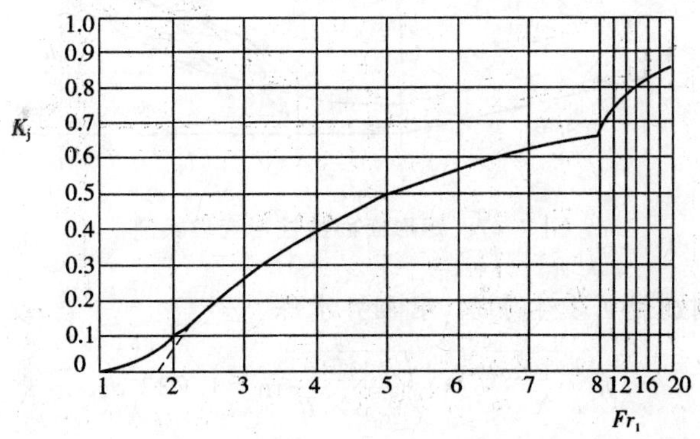


图7-26 $K_{\mathrm{j}}$-$Fr_1$ 关系曲线

消能效果也不一样。

**【例 7-13】** 有一水跃发生于一平底棱柱形矩形断面渠段中。已知:单宽流量 $q=4.5\ \mathrm{m^3/(s\cdot m)}$，底宽 $b=5.4$ m 及跃前水深 $h'=0.6$ m。求水跃的消能量 $\Delta E_j$ 和消能系数 $K_j$。

**【解】** 因为是为矩形断面,所以

$$\Delta E_j=\frac{(h''-h')^3}{4h'h''}$$

已知 $h'=0.6$ m,令 $\alpha_0=1.0$,求

$$h''=\frac{h'}{2}\left(\sqrt{1+8\frac{\alpha_0 q^2}{gh'^3}}-1\right)=\frac{0.6}{2}\left(\sqrt{1+8\frac{4.5^2}{9.8\times0.6^3}}-1\right)\ \mathrm{m}=2.34\ \mathrm{m}$$

所以 $$\Delta E_j=\frac{(h''-h')^3}{4h'h''}=\frac{(2.34-0.6)^3}{4\times0.6\times2.34}\ \mathrm{m}(水柱)=0.938\ \mathrm{m}(水柱)$$

消能系数 $K_j=\dfrac{\Delta E_j}{E_1}$，令 $\alpha_1=1.0$,而

$$E_1=h_1'+\frac{\alpha_1 v_1^2}{2g}=h'+\frac{q^2}{2gh'^2}=\left(0.6+\frac{4.5^2}{2\times9.8\times0.6^2}\right)\ \mathrm{m}=3.47\ \mathrm{m}$$

所以 $$K_j=\frac{\Delta E_j}{E_1}\times100\%=\frac{0.938}{3.47}\times100\%=27\%$$

**【例 7-14】** 两段底坡不同的矩形断面棱柱形渠道相连如图 7-27 所示。渠道底宽均为 $b=7$ m,上游渠道中水流作均匀流动,正常水深为 $h_{01}=0.7$ m。下游渠道为平坡($i=0$)渠道,在连接处附近水深约为 $h\approx3.0$ m,通过流量为 $Q=50\ \mathrm{m^3/s}$。(1)判别是否发生水跃。(2) 若发生水跃,试以上游渠中水深为跃前水深,计算其共轭水深。(3)计算水跃段长度和水跃消耗的能量 $\Delta E_j$ 和消能系数 $K_j$。

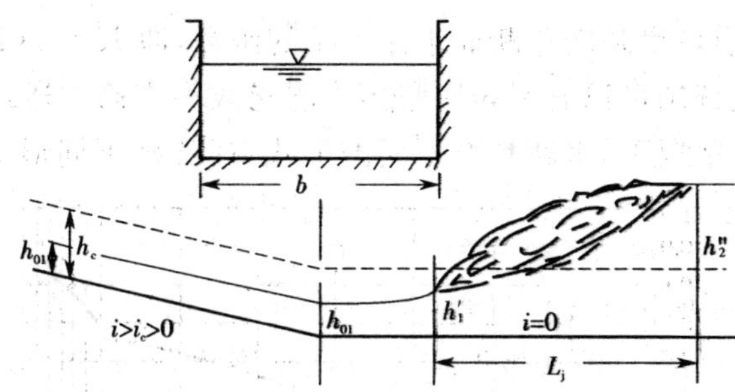


图 7-27 矩形断面棱柱形变坡渠道

**【解】** (1) 判别是否发生水跃,求临界水深

$$h_c=\sqrt[3]{\frac{\alpha q^2}{g}}=\sqrt[3]{\frac{1\times50^2}{9.8\times7^2}}\ \mathrm{m}=1.733\ \mathrm{m},$$

因上游水深 $h_{01}=0.7\ \mathrm{m}<1.733$ m,为急流,下游 $h=3.0\ \mathrm{m}>1.733$ m 为缓流,水流由急流转变为缓流,必将发生水跃。

(2) 求共轭水深 $h''$

由式(7-37)，以 $h'=h_{01}=0.7$ m 计算共轭水深

$$h''=\frac{h'}{2}\left(\sqrt{1+8\frac{q^2}{gh'^3}}-1\right)=\frac{0.7}{2}\times\left(\sqrt{1+8\times\frac{50^2}{9.8\times0.7^3\times7^2}}-1\right)\text{m}=3.523\ \text{m}$$

(3) 因为下游水深 $h=3.0\ \text{m}<h''=3.523$ m，不是 $h'$ 的共轭水深，现以 $h$ 为跃后水深即 $h=h_2''=3.0$ m，求它的共轭水深 $h_1'$

$$h_1'=\frac{h_2''}{2}\left(\sqrt{1+8\frac{q^2}{gh''^3}}-1\right)=\frac{3}{2}\times\left(\sqrt{1+8\times\frac{50^2}{9.8\times33\times7^2}}-1\right)\text{m}=0.89\ \text{m}$$

求水跃长度

$$L_j=6.9(h''-h')=6.9\times(3-0.89)\ \text{m}=14.56\ \text{m}$$

求水跃消耗的能量

$$\Delta E_j=\frac{(h''-h')^3}{4h'h''}=\frac{(3-0.89)^3}{4\times0.89\times3}\ \text{m}=0.88\ \text{m}$$

求消能系数

$$K_j=\frac{\Delta E_j}{E_1}\times100\%\text{，令 }\alpha_1=1.0$$

$$E_1=h_1'+\frac{\alpha Q^2}{2gb^2h_1'^2}=\left(0.89+\frac{50^2}{2\times9.8\times0.89^2\times7^2}\right)\ \text{m}=4.18\ \text{m}$$

所以
$$K_j=\frac{0.88}{4.18}\times100\%=21.1\%$$

## 7.4.2　水跌——缓流到急流的过渡

处于缓流状态的明槽水流，因为渠槽底坡由缓坡($i<i_c$)突然变成陡坡($i>i_c$)，或因缓坡明渠末端出现跌坎(可视为在跌坎处底坡突然变为 $i=\infty$)，使水面急剧降落，水流以临界水深通过该突变断面而转变为急流。这种由缓流向急流过渡的局部特殊水力现象称之为**水跌**，亦可称为**跌水**(如图 7-28 所示)。

下面就以**棱柱形缓坡**($i<i_c$)明渠在 $D$-$D$ 断面突然转变成陡坡($i>i_c$)明渠为例，分析水流在变坡处 $D$-$D$ 断面发生的跌水现象。

如果缓坡明渠底坡没有变化，槽身从 $D$-$D$ 断面向下游一直继续延伸下去，则在通过某一流量 $Q$ 时，就会在该缓坡明渠中形成缓流状态的均匀流，水深为正常水深 $h_{01}$，水面线 $N$-$N$ 和总水头线与槽底坡平行($J=J_z=i$)。现在是缓坡明渠到了 $D$-$D$ 断面处突然变坡，成为陡坡($i>i_c$)明槽，该渠道的正常水深由上游缓坡明渠的 $h_{01}>h_c$，经过变坡断面 $D$-$D$ 后改变为陡坡明渠的 $h_{02}<h_c$。变坡断面前后水深变化相差很大，明显改变了变坡断面上水流的受力条件，破坏了原缓坡明渠上重力沿水流方向的分力与阻力的平衡。在重力的主导作用下，促使水流加速，水面逐渐下降，趋近变坡断面，水面下降越来越快，直至变坡断面 $D$-$D$ 处水位降到临界水深 $h_c$，通过临界水深，水流继续急剧下跌，形成水跌，与下游陡坡明渠水流衔接。由于水流是连续的，不

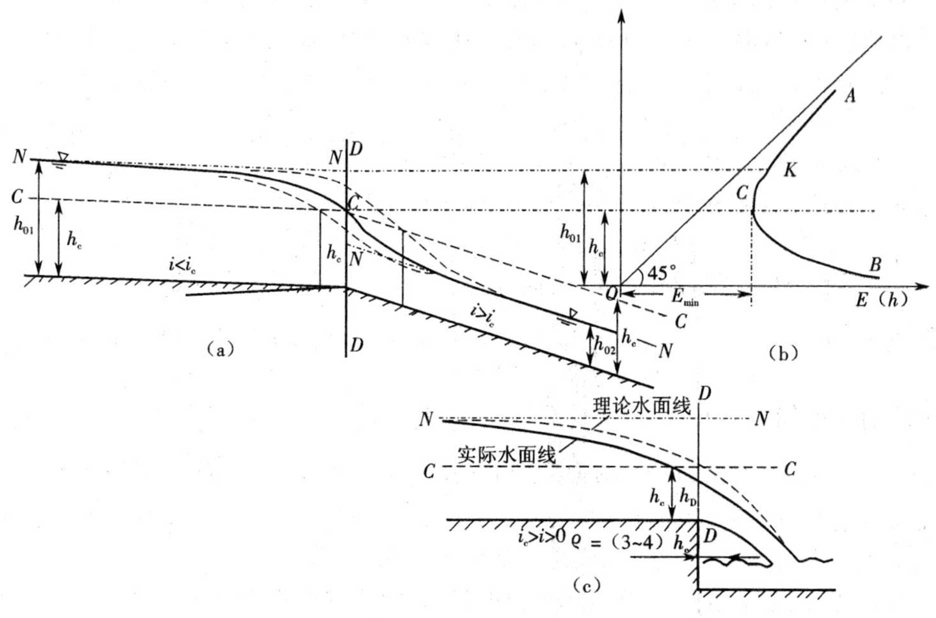


图 7-28 水跌现象

可能突变，经过变坡断面，水跌下泄进入陡坡明槽的水流，其水深 $h$ 不可能立即达到陡坡明渠中的正常水深 $h_{02}$，成为急流状态均匀流，而是水流仍要继续加速，使水面继续下降，逐渐趋近于正常水深 $h_{02}$，只要陡坡明渠足够长，就会逐渐形成新的重力沿流向的分力与阻力的平衡，从而形成陡坡明渠里的急流状态的均匀流。下面着重讨论棱柱形缓坡明渠中水面沿程下降至变坡断面 D-D 处的水深。

根据前面 7.3.4 小节对棱柱形明渠断面单位能量的分析，在跌水上游缓坡明渠中水流为缓流状态的非均匀渐变流，水深沿程降低，$h_c<h<h_{01}$，所以断面单位能量 $E$ 沿程随水深 $h$ 的减小而减小，即 $\frac{dE}{dh}>0$，$\frac{dE}{ds}<0$，如图 7-28(b)所示。比能 $E$ 将沿 $E(h)$—$h$ 曲线的上支，随水面降低自 $K$ 点向 $C$ 点减小，显然在重力作用下，缓坡明渠中水面最低只能降至 $C$ 点，即断面单位能量为最小($E_{min}$)的临界状态，水深不能再减小了。如果水面继续降低，则将变为急流状态，比能 $E$ 将随水深沿程减小而随之增大，即 $\frac{dE}{dh}<0$，$\frac{dE}{ds}>0$，而当水流经过变坡断面 $D-D$ 后进入下游陡坡明槽中，变为急流状态非均匀渐变流，沿程水面继续降低，水深 $h_{02}<h<h_c$，断面比能 $E$ 沿程随水深 $h$ 减小而增大，即 $\frac{dE}{dh}<0$，$\frac{dE}{ds}>0$，这一变化过程符合能量沿程变化规律。故在上游缓坡明渠中，断面单位能量只能沿流程减小到变坡断面 $D-D$ 处达到 $E_{min}$ 值，而与 $E_{min}$ 值相应的水深即为临界水深 $h_c$，所以水跌只能以临界水深 $h_c$ 通过变坡断面。

那么到底有无可能以小于或大于 $h_c$ 的水深通过变坡断面？如果水深提前在变

坡断面上游的缓坡明渠上降至 $h_c$，而以小于 $h_c$ 的水深通过变坡断面如图 7-28(a)所示，则必然在变坡断面 $D-D$ 至上游水深达到 $h_c$ 的断面之间，这段水面线位于缓坡明渠，在其临界水深线 $c-c$ 之下，其水深 $h<h_c<h_{01}$，由于 $h<h_c$，必然比能 $E$ 随水深 $h$ 沿程的减小而增大，即$\frac{\mathrm{d}E}{\mathrm{d}h}<0$，$\frac{\mathrm{d}E}{\mathrm{d}s}>0$(如图 7-28(b)所示)，而又 $h<h_{01}$，则$\frac{\mathrm{d}E}{\mathrm{d}s}<0$，故两者矛盾，不可能实现。同理，如果水流通过变坡断面后，在下游陡坡明渠中水深才降至 $h_c$，而以大于 $h_c$ 的水深通过变坡断面(如图 7-28(a)的所示)，则在陡坡明槽中，从断面 $D-D$ 至水深降至 $h_c$ 断面处，这一段水面线将在临界水深线 $c-c$ 之上，其水深 $h>h_c>h_{02}$。由于 $h>h_c$，必然断面比能 $E$ 随水深 $h$ 沿程减小而减小，即$\frac{\mathrm{d}E}{\mathrm{d}h}>0$，$\frac{\mathrm{d}E}{\mathrm{d}s}<0$(如图 7-28(b)所示)，而又 $h>h_{02}$，则有$\frac{\mathrm{d}E}{\mathrm{d}s}>0$，所以两者同样是矛盾的，不可能出现。故至此，可以确切地证明了在水跌这一现象中，水流只能以临界水深 $h_c$ 通过变坡断面或跌坎断面(因为只有上述三种可能性)。这一位置确定，水深已知的断面为**控制断面**，已知的水深(此处为临界水深 $h_c$)即为**控制水深**。

这里需要说明的是：上述断面单位能量、临界水深的理论都是建立在渐变流前提之下的，故以上结论，都是根据渐变流条件分析得到的结果。实际上在变坡断面(或跌坎)上下游附近，水面急剧下降，流线显著弯曲，曲率半径很小，离心惯性力已不能忽略，流动已变成急变流状态，严格讲已不能再用渐变流条件进行分析。从实验得出在变坡断面(或跌坎)处的水深 $h_D$ 并不等于按渐变流计算得到的临界水深 $h_c$，而是稍小于 $h_c$，$h_D\approx0.7h_c$。而 $h_c$ 出现在上游缓坡段，距变坡断面(或跌坎)$l=(3\sim4)h_c$ 处如图 7-28c 所示。

但至今一般水面线分析、计算，仍然按照渐变流理论进行，仍然取变坡断面(或跌坎)处的水深为临界水深 $h_c$，作为控制水深。

## 7.5　明渠恒定非均匀渐变流基本方程

前已介绍了明渠非均匀流的特点，并指出根据其水力要素沿程**变化**的快慢，又有非均匀渐变流与急变流之分，还讨论了非均匀渐变流的特征。以下分析并建立明渠恒定非均匀渐变流的基本微分方程，因为所有研究讨论或分析计算各类明渠非均匀流问题，都要由基本方程出发。非均匀渐变流的基本微分方程的一般形式可以通过一维恒定总流的能量方程推导得出，然后再根据分析计算不同类型明渠水流的需要，从基本微分方程出发，将其转换为以水深 $h$ 沿程变化，或以断面单位能量 $E$ 沿程变化，或以水面高程 $z$ 沿程变化所表示的不同形式的基本方程。

非均匀渐变流的基本特征之一是共水力要素沿程变化。如图 7-29 所示，底坡为 $i$ 的明渠非均匀渐变流，以 0-0 为基准面，沿水流方向任取两个符合渐变流条件的断面 1-1 和 2-2，其间距为 $\mathrm{d}s$，设断面 1-1 的水深为 $h$，水位为 $z$，渠底高程为 $z_b$，断面平

均流速为 $v$；顺流从断面 1-1 至断面 2-2，水深相差了 $\mathrm{d}h$，水位高程相差 $\mathrm{d}z$，渠底高程相差 $\mathrm{d}z_b$，断面平均流速相差 $\mathrm{d}v$，对两断面写出能量方程

$$z_1+\frac{p_1}{\rho g}+\frac{\alpha_1 v_1^2}{2g}=z_2+\frac{p_2}{\rho g}+\frac{\alpha_2 v_2^2}{2g}+h_{w1-2}$$

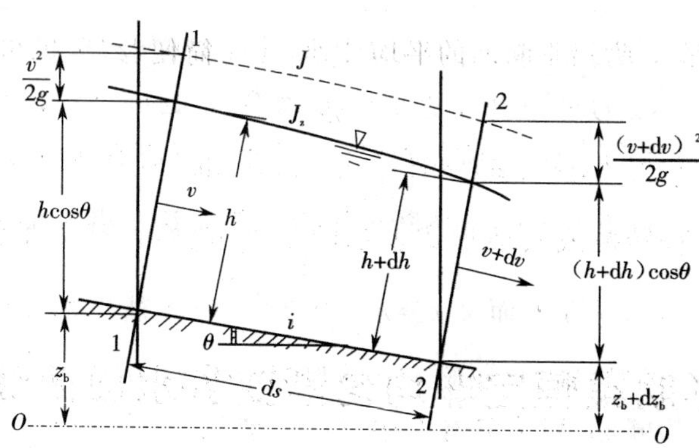


图 7-29 明渠非均匀渐变流

一般明渠的动能修正系数 $\alpha$ 值，对断面规则的人工渠槽，如渠道、渡槽、溢洪道等均为 1.1～1.2；对于天然河道均为 1.15～1.50；对于有冰盖的河流或洪水漫流的河谷，甚至有的可高达 2.0。

此处令 $\alpha_1=\alpha_2=\alpha$，则上述能量方程可写为

$$z_b+h\cos\theta+\frac{\alpha v^2}{2g}=(z_b+\mathrm{d}z_b)+(h+\mathrm{d}h)\cos\theta+\frac{\alpha(v+\mathrm{d}v)^2}{2g}+h_{w1-2} \tag{7-50}$$

而式中

$$\frac{\alpha(v+\mathrm{d}v)^2}{2g}=\frac{\alpha}{2g}[v^2+2v\mathrm{d}v+(\mathrm{d}v)^2]\approx\frac{\alpha}{2g}(v^2+2v\mathrm{d}v)=\frac{\alpha v^2}{2g}+\mathrm{d}\left(\frac{\alpha v^2}{2g}\right)$$

上式简化中略去了高阶微量 $(\mathrm{d}v)^2$，式(7-50)中

$$h_{w1-2}=\mathrm{d}h_f+\mathrm{d}h_j$$

将上两式代入式(7-50)，并化简得

$$\mathrm{d}z_b+\mathrm{d}h\cos\theta+\mathrm{d}\left(\frac{\alpha v^2}{2g}\right)+\mathrm{d}h_f+\mathrm{d}h_j=0 \tag{7-51}$$

上式即为明渠恒定非均匀渐变流基本微分方程。

前面已提到，当明槽底坡较小时，常以铅垂水深 $h'$ 代替垂直于槽底的水深 $h$，以铅垂断面 $A'$ 代替垂直于流向（或槽底）的过水断面 $A$。在均匀流中以铅垂断面的水深 $h'$ 代替以垂直于槽底过水断面的水深 $h$ 的单位势能 $h\cos\theta(=h'\cos^2\theta)$；以铅垂断面的单位动能 $\frac{\alpha v'^2}{2g}\left(=\frac{\alpha Q^2}{2gA'^2}\right)$ 代替垂直于槽底过流断面的单位动能 $\frac{\alpha v^2}{2g}\left(=\frac{\alpha Q^2}{2gA^2}=\frac{\alpha Q^2}{2gA'^2\cos^2\theta}\right)$，当 $i\leqslant 0.1(\theta\leqslant 6^\circ)$ 时，所带来的误差均 $\leqslant 1\%$。由于非均匀

流水面线与槽底线不平行，其误差比均匀流的会大一些，但两者相差甚微，可以忽略。所以对非均匀渐变流，当底坡较小（$i\leqslant 0.1$，即 $\theta\leqslant 6°$）时，同样可以铅垂断面 $A'$ 及其水深 $h'$ 代替垂直于槽底的过水断面 $A$ 及其水深 $h$。则上述基本方程可改写成

$$\mathrm{d}z_{\mathrm{b}}+\mathrm{d}h'+\mathrm{d}\left(\frac{\alpha v'^2}{2g}\right)+\mathrm{d}h_{\mathrm{f}}+\mathrm{d}h_{\mathrm{j}}=0 \tag{7-52a}$$

式中：$h'$ 为铅垂水深，$v'$ 为铅垂断面的平均流速，为了简便起见，也可以不带上标"′"。则上式可写成

$$\mathrm{d}z_{\mathrm{b}}+\mathrm{d}h+\mathrm{d}\left(\frac{\alpha v^2}{2g}\right)+\mathrm{d}h_{\mathrm{f}}+\mathrm{d}h_{\mathrm{j}}=0 \tag{7-52b}$$

将上述基本方程转换成其他形式表示的基本方程，自然也是针对底坡 $i\leqslant 0.1$（即 $\theta\leqslant 6°$）情况的。

## 7.6 棱柱形明渠恒定非均匀渐变流水面曲线分析

明渠非均匀流水深沿程变化，水面线 $h=f(s)$ 是和渠底不平行的曲线，称为水面曲线或水面线。水深沿程变化的情况，直接关系到河渠的淹没范围、堤防的高度、渠堤和渠底所承受的荷载，以及渠道内冲淤的变化等诸多实际工程问题。因此，水深沿程变化的规律，是明渠非均匀流主要研究的内容。明渠水深沿程变化规律的研究，可分为定性和定量两方面，前者可给出水深沿程变化的趋势，后者则能定量绘出水面曲线。所以，在分析计算明渠非均匀流之前，首先需要对水面线进行定性分析，即确定流动是水深沿流程增加的壅水形式还是水深沿程减小的降水形式。为此先要对棱柱形明渠恒定非均匀渐变流建立以水深沿程变化的形式表示的微分方程，它是水面线分析的基础。

### 7.6.1 棱柱形明渠非均匀渐变流水深沿程变化的微分方程

应从基本方程式(7-52)出发，即

$$\mathrm{d}z_{\mathrm{b}}+\mathrm{d}h+\mathrm{d}\left(\frac{\alpha v^2}{2g}\right)+\mathrm{d}h_{\mathrm{f}}+\mathrm{d}h_{\mathrm{j}}=0 \tag{7-52}$$

式中：$\mathrm{d}z_{\mathrm{b}}=-i\mathrm{d}s$；$\mathrm{d}\left(\frac{\alpha v^2}{2g}\right)=d\left(\frac{\alpha Q^2}{2gA^2}\right)$；$\mathrm{d}h_{\mathrm{f}}$ 可近似用均匀流公式计算，即 $\mathrm{d}h_{\mathrm{f}}=\frac{Q^2}{K^2}\mathrm{d}s=\frac{v^2}{c^2R}\mathrm{d}s=J_{\mathrm{f}}\mathrm{d}s$，$J_{\mathrm{f}}$ 代表沿程水头损失的坡降，称为摩阻坡度；$\mathrm{d}h_{\mathrm{j}}$ 在棱柱形槽的渐变流中可以忽略不计。则对于棱柱形明渠渐变流，基本方程可写为

$$-i\mathrm{d}s+\mathrm{d}h+\mathrm{d}\left(\frac{\alpha Q^2}{2gA^2}\right)+J_{\mathrm{f}}\mathrm{d}s=0$$

以 $\mathrm{d}s$ 除上式，得

$$-i+\frac{\mathrm{d}h}{\mathrm{d}s}+\frac{\mathrm{d}}{\mathrm{d}s}\left(\frac{\alpha Q^2}{2gA^2}\right)+J_{\mathrm{f}}=0 \tag{7-53}$$

对于棱柱形渠槽过水断面面积只是水深的函数 $A=f(h)$，而 $h$ 又是 $s$ 的函数，所以式中

$$\frac{\mathrm{d}}{\mathrm{d}s}\left(\frac{\alpha Q^2}{2gA^2}\right)=\frac{\alpha Q^2}{2g}\left(-2A^{-3}\frac{\mathrm{d}A}{\mathrm{d}s}\right)=-\frac{\alpha Q^2}{gA^3}\frac{\mathrm{d}A}{\mathrm{d}h}\frac{\mathrm{d}h}{\mathrm{d}s}=-\frac{\alpha Q^2 B}{gA^3}\frac{\mathrm{d}h}{\mathrm{d}s}$$

代入上式得

$$-i+\frac{\mathrm{d}h}{\mathrm{d}s}-\frac{\alpha Q^2 B}{gA^3}\frac{\mathrm{d}h}{\mathrm{d}s}+J_f=0$$

即

$$\frac{\mathrm{d}h}{\mathrm{d}s}=\frac{i-J_f}{1-\dfrac{\alpha Q^2 B}{gA^3}}=\frac{i-J_f}{1-Fr^2} \tag{7-54}$$

上式是在正底坡明槽 $i>0$ 情况下得出的。

对于平底坡明槽 $i=0$，则有

$$\frac{\mathrm{d}h}{\mathrm{d}s}=\frac{-J_f}{1-Fr^2} \tag{7-55}$$

对于反底坡明槽 $i<0$，以底坡 $i$ 的绝对值 $|i|=i'$，代入式(7-54)得

$$\frac{\mathrm{d}h}{\mathrm{d}s}=\frac{-i'-J_f}{1-Fr^2} \tag{7-56}$$

以上三式(7-54)、(7-55)、(7-56)即为棱柱形明槽中水深沿程变化的基本微分方程。

### 7.6.2 棱柱形明渠渐变流水面曲线形式

明渠非均匀流动有减速流动和加速流动，其相应的水深沿程变化即水面曲线的变化亦分为两类即：减速流动水深沿程增大，$\frac{\mathrm{d}h}{\mathrm{d}s}>0$，为壅水曲线；加速流动则水深沿程减小，$\frac{\mathrm{d}h}{\mathrm{d}s}<0$，为降水曲线。由于明槽沿程糙率的变化、底坡的不同、通过渠道的流量的变化、渠首渠尾进出流边界条件或渠内建筑物所形成的控制水深的不同，可以形成各式各样的水面线。以棱柱形明渠中渐变流的水面线分析最为简单，共有 12 种水面线，分析所采用的公式，即为上面所建立的棱柱形明渠水深沿程变化的基本微分方程。现分述如下：

**1. 正坡 $i>0$ 的明渠**

根据流量大小、渠槽断面形状尺寸和粗糙程度的不同，可分成缓坡($i<i_c$)、陡坡($i>i_c$)、临界坡($i=i_c$)三种情况，均可采用基本方程

$$\frac{\mathrm{d}h}{\mathrm{d}s}=\frac{i-J_f}{1-Fr^2} \tag{7-54}$$

分析其水深沿程变化。

**1）缓坡明渠，**$i<i_c$（如图 7-30(a)所示）

正常水深 $h_0$（以 $N$-$N$ 线表示）大于临界水深 $h_c$（以 $C$-$C$ 线表示），由上述二线将流动空间分成三个区域，根据控制水深的不同，水深在不同区域内流动，将形成三种

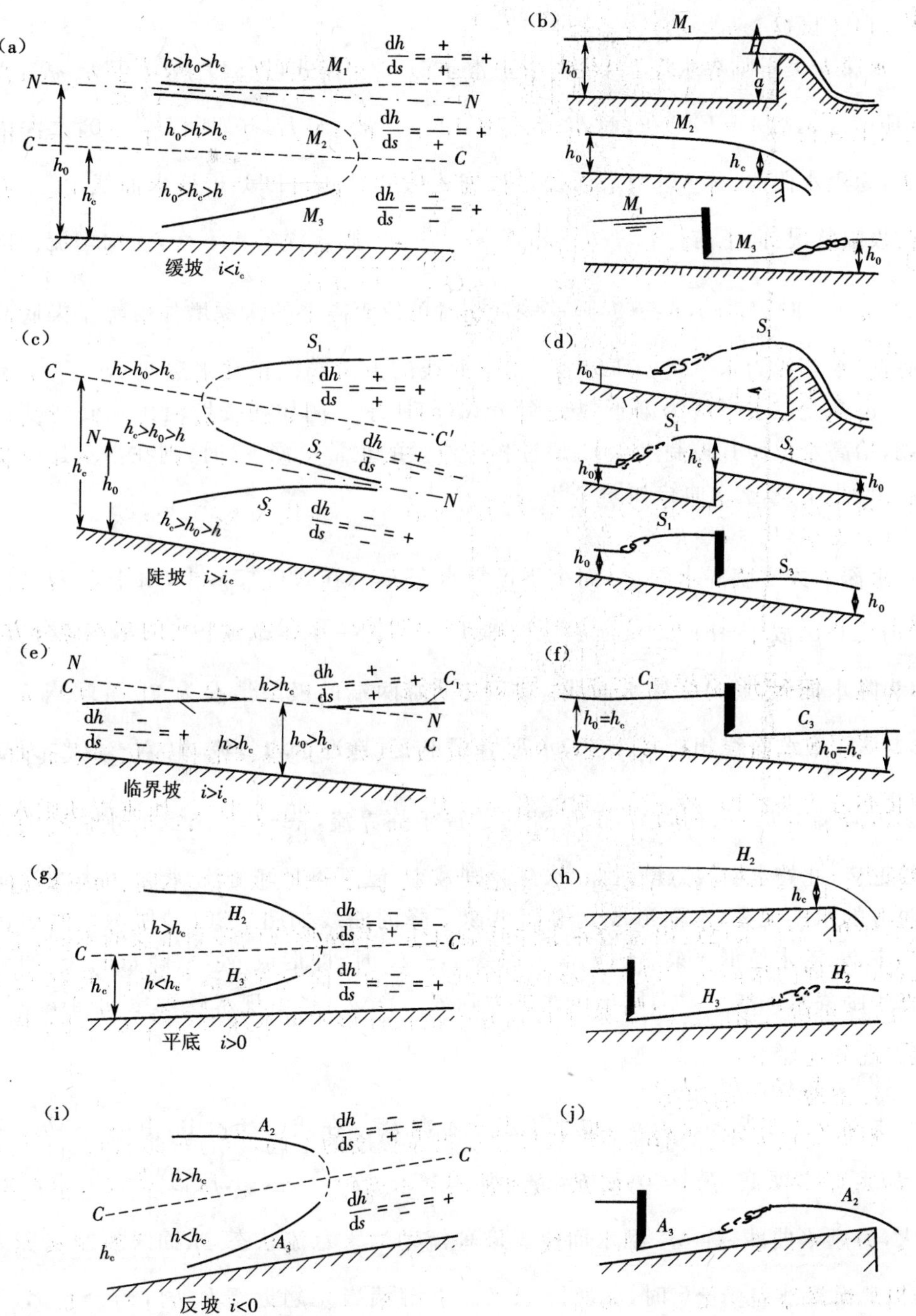


图 7-30　水面曲线的 10 种形式

不同情况的水面线。

(1) 1 区($h>h_0>h_c$)。

水深 $h$ 大于临界水深 $h_c$,也大于正常水深 $h_0$。在式(7-54)中,由于 $h>h_c$,为缓流,$Fr<1.0$,故 $1-Fr^2>0$;而 $h>h_0$,则 $J_f<i$。故 $i-J_f>0$,所以$\frac{dh}{ds}>0$,水深沿程增大,为壅水曲线,称 $M_1$ 型水面线。根据式(7-54)还可以分析该水面线上、下游两端的极限状况:向上游,当 $h\to h_0$ 时,$J_f\to i$,$\frac{dh}{ds}\to 0$,则水深沿程不变,为均匀流。向下游,当 $h\to\infty$时,$J_f\to 0$,$Fr\to 0$,则$\frac{dh}{ds}\to i$,此时单位距离上的水深增加恰等于渠底高程的降低,水石线为水平线。所以 $M_1$ 型水面线的上游端以正常水深线 $N—N$ 为渐近线,下游端则以水平线为渐近线如图 7-30(a)所示。例如在缓坡河渠上修建挡水建筑物,抬高水位使其控制水深 $h$,超过相应流量的正常水深 $h_0$ 时,则在挡水建筑物上游将出现 $M_1$ 型壅水曲线如图 7-30(b)。

(2) 2 区($h_0>h>h_c$)。

水深 $h$ 大于临界水深 $h_c$,而小于正常水深 $h_0$。在式(7-54)中,由于 $h>h_c$,为缓流,$Fr<1.0$,故 $1-Fr^2>0$;而 $h<h_0$,则 $J_f>i$,故 $i-J_f<0$,所以$\frac{dh}{ds}<0$,水深沿程减小,为降水曲线,称 $M_2$ 型水面线。其上、下游两端的极限情况为:上游端当 $h\to h_0$ 时,与 $M_1$ 型水面线相似,$\frac{dh}{ds}\to 0$,水深沿程不变,趋近于均匀流,以 $N—N$ 线为渐近线。下游端当 $h\to h_c$ 时,$Fr\to 1.0$,流态趋近于临界流,$\frac{dh}{ds}\to -\infty$,此时水面线与 $C—C$ 线正交,此处水面线急剧弯曲,水深急剧减小,已不再是渐变流,将发生由缓流向急流过渡的水跌现象,水面形成光滑而迅速下降的曲线如图 7-30(a)所示。例如在排水渠末端,若水位低于渠尾的正常水深线 $N—N$ 时,即形成 $M_2$ 型降水曲线;如果水位低于临界水深线 $C—C$,则渠尾水深为临界水深 $h_c$,将出现水跌现象如图 7-30(b)所示。

(3) 3 区($h<h_c<h_0$)。

水深 $h$ 小于临界水深 $h_c$,也小于正常水深 $h_0$。在式(7-54)中,由于 $h<h_c$,为急流,$Fr>1.0$,故 $1-Fr^2<0$;而 $h<h_0$,则 $J_f>i$。故 $i-J_f<0$,所以$\frac{dh}{ds}>0$,水深沿程增大,为壅水曲线,称 $M_3$ 型水面线。该种流动处于急流状态,水面线控制水深 $h<h_c$,当上游端水深 $h\to 0$ 时,无实际意义。下游端当 $h$ 趋近于 $h_c$ 时,$Fr\to 1.0$,$\frac{dh}{ds}\to +\infty$,水面线与 $C—C$ 线正交,此处水流已属于急变流,将发生从急流过渡到缓流的水跃现象如图 7-30(a)所示。例如在缓坡渠道上的闸门部分开启时,门后水深小于 $h_c$,形成急流,在流动过程中由于阻力作用,沿程流速减小,水深增大,当增大到该水

深 $h$ 与下游水深 $h_t$ 成为共轭水深时，则产生水跃，从闸门后的收缩断面至跃前断面间的水面线，即为 $M_3$ 型水面线如图 7-30(b)所示。

**2）陡坡明渠，**$i>i_c$（如图 7-30(c)所示）

此时正常水深 $h_0$ 小于临界水深 $h_c$，$N—N$ 线在 $C—C$ 线之下方，将流动空间也分 1、2、3 三个区域。

(1) 1 区($h>h_c>h_0$)。

水深 $h$ 大于临界水深 $h_c$，也大于正常水深 $h_0$。与对 $M_1$ 型水面曲线的分析相似，从式(7-54)分析可得$\frac{dh}{ds}>0$，为壅水曲线，称为 $S_1$ 型水面线。其极限情况，当上游端 $h\to h_c$ 时，$\frac{dh}{ds}\to\infty$，此处已属于急变流，将发生水跃，下游端当 $h\to\infty$ 时，$\frac{dh}{ds}\to i$，则水面为水平线如图 7-30(c)所示。例如在陡坡河渠上修建挡水建筑物，其上游形成的就是 $S_1$ 型水面线(见图 7-30(d))。

(2) 2 区($h_0>h>h_c$)。

水深 $h$ 大于正常水深 $h_0$，但小于临界水深 $h_c$。由式(7-54)分析可得$\frac{dh}{ds}<0$，为降水曲线，称为 $S_2$ 型水面线。上游端 $h\to h_c$ 时，$\frac{dh}{ds}\to-\infty$，此处水面急剧弯曲，已属急变流，将发生水跌现象。下游端当 $h\to h_0$ 时，将趋近于均匀流，水面线以 $N—N$ 线为渐近线(如图 7-30(c)所示)。例如水流从陡坡渠道流入另一段渠底抬高的陡坡渠道时，在上游渠道里将形成 $S_1$ 型壅水线，在下游陡坡渠道上将形成 $S_2$ 型降水曲线，而在两渠段连接的立坎顶上通过临界水深，形成水跌如图 7-30(d)所示。

(3) 3 区($h<h_0<h_c$)。

该区控制水深 $h$ 小于正常水深 $h_0$，也小于临界水深 $h_c$。用与前面同样的方法；从式(7-54)分析可得$\frac{dh}{ds}>0$，为壅水线，称为 $S_3$ 型水面线。上游端，当水深 $h\to0$，无实际意义；下游端，当 $h\to h_0$ 时，趋近于均匀流，水面线以 $N—N$ 线为渐近线如图 7-30(c)所示。例如在陡坡渠道上的闸门部分开启时，其开度小于正常水深，则出流水股在闸门下游的控制水深 $h<h_0<h_c$，沿程水深增大，形成 $S_3$ 型水面线，而在闸门上游形成 $S_1$ 型水面线(见图 7-30(d))。

**3）临界坡明渠，**$i=i_c$（如图 7-30(e)所示）

正常水深 $h_0$ 等于临界水深 $h_c$，故 $N—N$ 线与 $C—C$ 线重合，只能将流动空间分成 1、3 两个区域，不存在 2 区。

(1) 1 区($h>h_0=h_c$)。

该区控制水深 $h>h_0$，$h>h_c$，同样由式(7-54)可得$\frac{dh}{ds}>0$，为壅水曲线，称为 $C_1$ 型水面线。水深沿程增加，当 $h\to\infty$，水面线趋近于水平线 如图 7-30(e)所示，在 $i=$

$i_c$ 的渠道上闸门上游形成的是 $C_1$ 型水面线，如图 7-30(f)所示，(在设计渠道纵坡时，一般规定应避开 $i_c$，常使渠道的设计底坡 $i$ 与设计流量相应的临界底坡 $i_c$ 相差 2 倍以上)。这种水面线实际上是极少出现的。

(2) 3 区($h<h_0=h_c$)。

该区由于 $h<h_0$，又 $h<h_c$，故$\frac{dh}{ds}>0$，为壅水曲线，称为 $C_3$ 型水面曲线。在 $i=i_c$ 的渠道上闸孔下游形成的就是 $C_3$ 型水面线如图 7-30(f)所示。这种水面线实际上也是极少出现的。

对在矩形宽线渠槽中，$C_1$ 型和 $C_2$ 型水面线是水平线。

**2. 平坡 $i=0$ 的明渠**

平坡明渠中不可能形成均匀流，无正常水深线 $N—N$，只有临界水深线 $C—C$。流动空间被分成 2、3 两个区域，不存在 1 区，如图 7-30(g)所示。分析平坡明渠中水面线的基本公式为

$$\frac{dh}{ds}=\frac{-J_f}{1-Fr^2} \tag{7-55}$$

(1) 2 区($h>h_c$)。

该区控制水深 $h$ 大于临界水深 $h_c$，为缓流，$Fr<1.0$，$\frac{dh}{ds}<0$，为降水曲线，称为 $H_2$ 型水面线 如图 7-30(g)所示。水深沿程减小，当 $h\to h_c$ 时$\frac{dh}{ds}\to-\infty$，此处水面线急剧弯曲，与 $C—C$ 线正交，成为急变流，将形成水跌现象。例如在平底渠道末端跌坎上游形成的就是 $H_2$ 型水面线如图 7-30(h)所示。

(2) 3 区($h<h_c$)。

水深 $h$ 小于临界水深 $h_c$，$Fr>1.0$，$\frac{dh}{ds}>0$，为壅水曲线，称为 $H_3$ 型水面线。水深沿程增大，当 $h\to h_c$ 时，$\frac{dh}{ds}\to+\infty$，此处将发生水跃现象。例如在平底渠道上的闸门部分开启时，闸门下游就会形成 $H_3$ 型水面线如图 7-30(h)。

**3. 反坡 $i<0$ 的明渠**

在这种渠道中也不可能形成均匀流，故无 $N—N$ 线，只有 $C—C$ 线，将流动空间分为 2、3 两个区域如图 7-30(i)所示，其水面线分析的基本公式为

$$\frac{dh}{ds}=\frac{-i'-J_f}{1-Fr^2} \tag{7-56}$$

与前面平底渠槽相类似，2 区是降水曲线，称为 $A_2$ 型水面线。水深沿程减小，当 $h\to h_c$ 时，该处将发生水跌现象；在 3 区是壅水曲线，称为 $A_3$ 型水面线。水深沿程增大，当 $h\to h_c$ 时，将产生水跃现象。如在反坡渠道上的闸门局部开启，出流的控制水深 $h<h_c$，若闸门下游渠道足够长，则在闸门下游形成 $A_3$ 形壅水曲线，再往下游，当 $h\to h_c$ 时，将出现急流向缓流的过渡发生水跃，再往下游将形成 $A_2$ 型降水曲线，如果

往下游一定距离有跌坎(或变坡为陡坡渠道),则水面线沿程下降至跌坎(或变坡)断面处并以 $h_c$ 通过该断面形成水跌现象如图 7-30(j)。

以上分析了棱柱形明槽中可能出现的 12 种水面线形式,从图 7-30 中也可以清楚地看出它们之间有共同的规律,也有各自不同的特点。在一般工程实践中经常遇到和用到,也是比较重要和关键的主要有 $M_1$、$M_3$、$H_3$ 型壅水线和 $M_2$、$S_2$ 型降水线。

凡是在 1 区(即水深 $h>h_c$,同时 $h>h_0$)和 3 区($h<h_c$,同时 $h<h_0$)的水面线均为壅水曲线$\left(\frac{dh}{ds}>0\right)$;

凡是在 2 区(水深 $h$ 界于正常水深 $h_0$ 与临界水深 $h_c$ 之间,即 $N—N$ 线与 $C—C$ 线之间)的水面线均为降水曲线$\left(\frac{dh}{ds}<0\right)$;

从 $S_1$ 型和 $M_3$ 型水面线的存在说明:对于非均匀流来说,在陡坡($i>i_c$)明槽上也可以形成缓流(如 $S_1$ 型水面线),同样,在缓坡($i<i_c$)明槽上也可以形成急流(如 $M_3$ 型水面线)。这完全取决于边界的控制条件。

### 7.6.3 水面线分析的一般原则

一般在水面线具体计算之前,首先要定性分析水面曲线变化的趋势,掌握各渠段间水面线的衔接,因此必须牢固掌握水面线定性分析的方法和一般原则,为水面线的综合分析奠定良好基础。

要很好掌握水面线分析的一般原则,特别要注意以下几点。

(1) 首先要分析判断底坡的性质,定性划出正常水深线 $N$-$N$ 和临界水深线 $C$-$C$ 的相对位置,将流动空间划分成三个区域。

在棱柱形明渠渐变流中可能出现的水面线有 12 种形式,但具体发生的是哪一种形式,则要根据底坡的性质来决定。对于平坡 $i=0$ 或反坡 $i<0$,情况比较简单。这两种情况不可能形成均匀流,没有 $N$-$N$ 线,只有 $C$-$C$ 线,只能将流动划分为 2、3 两个区域,但对于正坡 $i>0$ 的明渠,则要根据渠道输送的流量、断面形状、尺寸和粗糙程度来判别底坡 $i$ 与临界底坡 $i_c$ 的关系,将其分为缓坡($i<i_c$)明渠、陡坡($i>i_c$)明渠和临界坡($i=i_c$)明渠,从而界定了 $N$-$N$ 线与 $C$-$C$ 线的相对位置,将流动的空间划分为 1、2、3 三个区域。

(2) 分析、确定控制条件(控制断面与控制水深)。

分析或计算水面线时,必须从位置确定且根据水流条件其水深已知的断面开始,这样的断面称为**控制断面**,相应的水深称为**控制水深**。

明渠非均匀流可以看成是均匀流受到干扰后所产生的,则在长而直的棱柱形明渠中,一切会影响水流运动平衡、且将改变其运动状态的因素,如流量的变化、槽底坡度的改变、粗糙程度的变化、上下游进出口水位的升降、河渠中修建的建筑物的影响和控制等,都会形成控制断面而在局部区域产生非均匀流。例如图 7-30 中所示的在河渠中修建的闸坝,在其上下游均形成了控制断面,如闸坝前(即上游)断面和下游出流收缩断面。其水深与过流量之间有一定关系，根据流量就可确定相应的控制水深；又如在渠槽的出口处，下游水位当影响到出流时就形成了控制水深；在跌坎上，在由缓坡变为陡坡的变坡处或其他由缓流过渡到急流之处，水流必然通过临界水深，则 $h_c$ 就可作为控制水深；对于正底坡($i>0$)的明渠，在定性分析水面线时，可以认为在远离干扰(即远离控制断面)之处，由于未受干扰影响而仍保持均匀流的水深为正常水深，这里也可视为控制断面，这也是一种控制条件。

(3) 根据流动形态(是缓流还是急流)，确定作为定性分析水面线起点的控制断面和控制水深，然后即可分别由上游往下流或由下游向上游分析推算水面线。

急流中水流流速大于微波波速，干扰的影响不能往上游传播，只能往下游传播。因此，对于急流状态的 $M_3,S_2,S_3,C_3,H_3,A_3$ 型水面线，其控制断面必定在上游。缓流中流速小于微波的速度，干扰的影响可以往上游传播。因此，对于缓流状态的 $M_1,M_2,S_1,C_1,H_2,A_2$ 型水面线，其控制断面均在下游。这样就可以按两种情况，分别由上而下或由下而上地进行水面线的定性分析或计算。对于前面提到的正底坡($i>0$)的明渠，在定性分析时，可以认为在远离干扰之处，未受扰动影响而仍保持均匀流的正常水深。此处亦可视为控制断面的控制水深，也可以从这里向上游或下游分析或计算。

(4) 分析水面线的变化趋势和上下游两端的极限情况。

① 变化趋势分析。

根据水深沿程变化的基本方程，分析在不同条件下水深的沿程变化规律：$\frac{\mathrm{d}h}{\mathrm{d}s}>0$，水深沿程增大，为升水线；$\frac{\mathrm{d}h}{\mathrm{d}s}<0$，水深沿程减小，为降水线；$\frac{\mathrm{d}h}{\mathrm{d}s}=0$，水深沿程不变，为均匀流。

② 上下游两端的极限情况。

a. 凡是水深 $h\rightarrow h_0$(除 $C_1,C_3$ 型水面线外)时，$\frac{\mathrm{d}h}{\mathrm{d}s}\rightarrow 0$，水流趋向均匀流，水面线以 $N$—$N$ 线为渐近线；

b. 凡是水深 $h\rightarrow h_c$(除 $C_1,C_3$ 型水面线外)时，$\frac{\mathrm{d}h}{\mathrm{d}s}\rightarrow\pm\infty$，则水面线均与临界水深线 $C$—$C$ 正交，此处已不再符合渐变流条件而属于急变流动。沿水流方向，从缓流过渡到急流，水流以水跌方式通过临界水深 $h_c$；若从急流过渡到缓流，则水流以水跃方式通过临界水深，水跃的位置应满足跃前跃后水深的共轭关系。

c. 当水深 $h\rightarrow\infty$时，对于正底坡($i>0$)和反底坡($i<0$)的明渠，分别有$\frac{\mathrm{d}h}{\mathrm{d}s}\rightarrow i$ 和 $\frac{\mathrm{d}h}{\mathrm{d}s}\rightarrow -i'$，水面线均趋于水平，以水平线为渐近线。只不过前者是单位距离上水深的增加等于底坡的降低，而后者此时则表示单位距离上水深的减小等于底坡的升高。

而对于平坡（$i=0$）的明渠，则此时$\frac{dh}{ds}\to 0$，水流趋近于均匀流，可以理解为$h_0\to\infty$，无实际意义。因为，对于平坡（$i=0$）的明渠，水流不可能形成均匀流。

d. 凡是水深$h\to 0$，无实际意义，要视其上游具体边界条件而定其控制水深。

### 7.6.4　水面线分析举例

**【例 7-15】**　有一矩形断面棱柱形混凝土渠道，底宽$b=2.0$ m，在1—1断面处由上游渠底坡度$i_1=0.002\,5$变成为下游渠底坡度$i_2=0.001$，如图7-31所示。已知两段渠道的粗糙系数$n=0.015$，通过的流量$Q=5.0\ \mathrm{m^3/s}$，试分析确定变坡断面上下游两段明渠中的水面线形式。

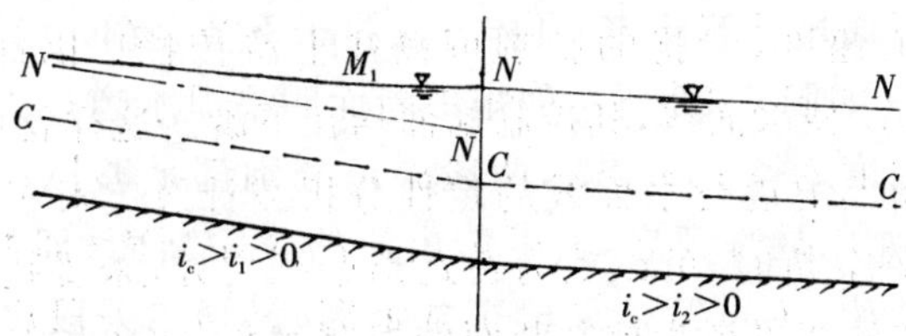


图 7-31　矩形断面棱柱形变坡渠道

**【解】**　(1) 因渠道底坡$i_1>0$，$i_2>0$需要判别它们与$i_c$的关系，确定其性质。

因为渠道为矩形断面，令$\alpha=1.0$，所以

$$h_c=\sqrt[3]{\frac{\alpha p^2}{g}}=\sqrt[3]{\frac{Q^2}{gb^2}}=\sqrt[3]{\frac{5.0^2}{9.8\times 2^2}}\ \mathrm{m}=0.861\ \mathrm{m}$$

查附录Ⅰ求正常水深：

$$b^{2.67}=2^{2.67}=6.36$$

上游渠道

$$K_1=\frac{Q}{\sqrt{i_1}}=\frac{5.0}{\sqrt{0.002\,5}}\ \mathrm{m^3/s}=100\ \mathrm{m^3/s}$$

所以
$$\frac{b^{2.67}}{nK_1}=\frac{6.63}{0.015\times 100}=4.24$$

根据$m=0.00$，查得$\frac{h}{b}=0.57$，所以$h_{01}=(0.57\times 2)\ \mathrm{m}=1.14\ \mathrm{m}>h_c$，故$i_1<i_c$，为缓坡。

下游渠道

$$K_2=\frac{Q}{\sqrt{i_2}}=\frac{5.0}{\sqrt{0.001}}\ \mathrm{m^3/s}=158\ \mathrm{m^3/s}$$

所以
$$\frac{b^{2.67}}{nK_2}=\frac{6.36}{0.015\times 158}=2.68$$

根据$m=0.00$，查筛得$\frac{h}{b}=0.81$，所以$h_{02}=0.81\times 2\ \mathrm{m}=1.62\ \mathrm{m}>h_c$，故$i_2<i$

为缓坡。

所以两段渠道均为缓坡，$N$-$N$ 线都在 $C$-$C$ 线上方，但因 $i_1>i_2$，所以 $h_{01}<h_{02}$，给出相应的 $C$-$C$ 线和 $N$-$N$ 线，如图 7-31 所示。

(2) 确定控制断面和控制水深 $h$。

由于改变渠道内均匀流动的因素是渠道底坡的变化，故 1-1 断面为控制断面，在远离变坡处，可以认为仍是均匀流，水深各等于其相应的正常水深，均为缓流。

(3) 根据缓流的控制断面在下游的原则，从下而上分析水面线。第二段渠道下游无其他干扰，维持其均匀流，向上游直至断面 1-1 处，控制水深 $h=h_{02}$。第一段渠道受控制水深 $h_{02}$ 的影响，形成一段非均匀流，由于控制水深 $h_{02}$，位于第一段渠道的 1 区，故形成了 $M_1$ 型壅水曲线，水深由 $h_{01}=1.14$ m 升至 1.62 m，如图 7-31 所示。壅水曲线的长度可以通过计算确定，具体方法将于下节介绍。

**【例 7-16】** 有一如图 7-32 所示的矩形断面明槽泄水道。由底坡不同的两段渠道组成。已知渠底坡度 $i_1<i_c$，$i_2>i_c$，两段渠道分别都足够长。控制流量的闸门设在渠道进口处附近，闸门局部开启，其下游出流的收缩断面（即控制断面）水深 $h_1<h_c$，且 $h_1$ 的共轭水深 $h''>h_{01}$（第一渠段正常水深）。第二渠段出口水流泄入下游河道，河道中的水位很高，高于出口断面临界水深的水位。试定性分析两渠段中的水面线变化情况。

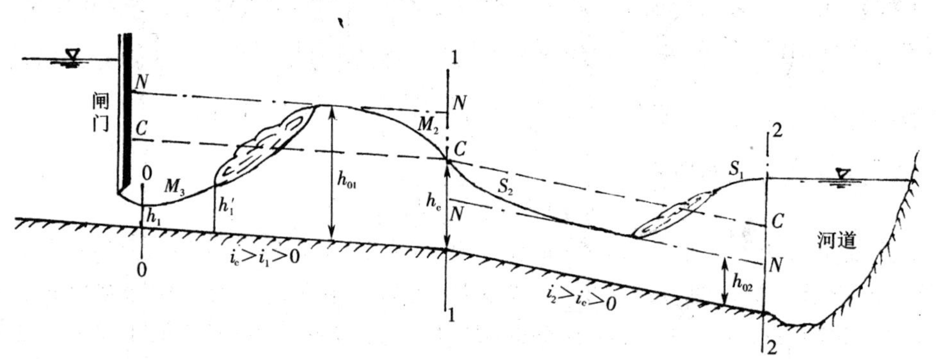


图 7-32 矩形断面变坡渠槽泄水道

**【解】** (1) 已知该泄水道为矩形断面的明槽，且 $i_c>i_1>0$，$i_2>i_c>0$，则 $h_{01}>h_c$，$h_{02}<h_c$，分别画出两渠段相应的 $N$—$N$ 线和 $C$—$C$ 线，如图 7-32 所示。

(2) 分析确定控制断面和控制水深。

流入泄水道的水流受其进口处闸门控制。已知闸门局部开启，其下游出流的收缩断面 0-0 水深 $h_1<h_c$，该水深与闸上游水位和下泄流量有关，可以通过其求得，故该收缩断面形成急流的控制断面，其水深为控制水深。

由缓坡变为陡坡的变坡断面 1-1，为另一控制断面，由于两渠段都有足够长度，故该变坡断面处必定会出现水跌现象，所以该控制断面的控制水深为临界水深 $h_c$。

第二渠段（陡坡）出口断面 2-2，其下游河水位的高低不同，可以形成该断面的不同水深，如果河水位较低，不影响陡坡上的流动，则该断面就不是控制断面，而现已知在该断面处，河水位已高过临界水深线，则已形成陡坡渠槽上缓流的控制断面。

(3) 根据水流的流态，从闸门下游收缩断，即上游急流控制断面开始向下游分析。首先已知两渠段均有足够的长，如果闸下出流的收缩断面水深 $h_1$ 恰与第一渠段正常水深 $h_{01}$满足共轭关系，则在收缩断面处即形成水跃，而现已知 $h_1$ 的共轭水深 $h''>h_{01}$，而又 $h_1<h_c$，所以在收缩断面后形成一段 $M_3$ 型壅水线，当 $M_3$ 型线升高到一定位置，即水深沿程增大到 $h_1'$ 恰为 $h_{01}$的共轭水深时，则形成水跃，以水跃形式通过临界水深由急流过渡到缓流，并达到缓流均匀流状态。由于受变坡处控制断面的影响，在其上游形成一段 $M_2$ 型降水曲线，至变坡断面处，又以水跌的形式通过该控制断面的控制水深 $h_c$，由缓流过渡到急流，在其下游陡坡明槽上形成 $S_2$ 型降水曲线，由于渠道足够长，$S_2$ 型降水线逐渐趋近于急流状态的均匀流，认为至渠道出口处已为均匀流，其水深为水深 $h_{02}$如图 7-32 所示。

(4) 已知下游河水位很高，已高过陡坡明槽末端出口断面的临界水深线，则形成陡坡明渠上缓流的控制断面，在其影响下，在陡坡下端出现 $S_1$ 型壅水线，与陡坡明槽上的急流在某一断面形成共轭水深时，则在该处形成水跃(如图 7-32 所示)。

## 7.7 明渠恒定非均匀渐变流水面线的计算

在实际工程中除了要求对水深沿程的变化作出定性分析之外，还需要将其定性分析的成果，具体、定量地落实下来，这就要求对水深的沿程变化作定量的计算，最后给出具体量化的水深沿程变化的水面曲线，这在工程实践中具有重要的实际意义。明渠水面线的计算，从数学的角度来看，就是在给定条件之下求解常微分方程的问题。然而，对描述水面曲线的微分方程，要求其严格的解析解是很困难的，一般只能求其近似解或数值解(也是一种近似解)。实践中最常用的方法就是分段试算法。这种方法是计算明渠水面线的基本方法。它简明实用，不受明槽形式的限制，对棱柱形和非棱柱形渠槽以及天然河道都适用。应用分段计算法同样要依据明渠非均匀流的基本方程，从基本方程出发。只是对于人工渠槽，需将基本方程改写成断面单位能量 $E$ 沿程变化的形式；对天然河道，需将基本方程改写成水位高程 $z$ 沿程变化的形式，再引入一些近似的假定，即计算条件，在此基础上进行计算，求基本方程的近似解。下面简要介绍应用分段计算法的条件(或假定)。

(1) 分段法是将整个流动分成若干流段，分段考虑，在所分的每个有限长的流段内，认为断面单位能量 $E$ 或水位高程 $z$ 成线性变化，并将微分方程变成有限差分方程。

(2) 对于所分成的每一流段，均可视为是均匀流。其非均匀流的沿程水头损失，认为与均匀流的规律相同，可以分段采用均匀流公式计算，即 $J_f=\frac{Q^2}{K^2}=\frac{v^2}{C^2R}$。

(3) 式中的 $J_f$ 或 $K$ 值，采用所分流段上下游断面的平均值。

如以下标 $u$ 代表上游断面，下标 $d$ 代表下游断面，平均值的取法可以有多种形式，但对水面线的最后计算结果相差并不很大。各种平均方法有

$$\overline{K}=\overline{A}\overline{C}\sqrt{\overline{R}} \tag{7-57a}$$

$$\overline{K}=\frac{1}{2}(K_u+K_d) \tag{7-57b}$$

$$\overline{K^2}=\frac{1}{2}(K_u^2+K_d^2) \tag{7-57c}$$

$$\frac{1}{\overline{K^2}}=\frac{1}{2}\left(\frac{1}{K_u^2}+\frac{1}{K_d^2}\right) \tag{7-57d}$$

$$\overline{K}^2=K_uK_d \tag{7-57e}$$

或直接取

$$\overline{J_f}=\frac{1}{2}(J_{fu}+J_{fd}) \tag{7-58}$$

或

$$\overline{J}_f=\frac{\overline{v}^2}{\overline{c}^2\overline{R}} \tag{7-59}$$

式中

$$\overline{A}=\frac{1}{2}(A_u+A_d)\text{；}\ \overline{v}=\frac{1}{2}(v_u+v_d)$$

$$\overline{C}=\frac{1}{2}(C_u+C_d)\text{；}\ \overline{R}=\frac{1}{2}(R_u+R_d)$$

### 7.7.1 人工明渠水面曲线的计算

**1. 人工明渠断面单位能量沿程变化的微分方程**

应用分段法计算明渠恒定非均匀流时，常需分别写出上下游两个断面的断面单位能量。故需要将明渠非均匀流的基本方程改写成断面单位能量 $E$ 沿程变化的形式。还是要从基本方程式(7-52)出发

$$\mathrm{d}z_b+\mathrm{d}h+\mathrm{d}\left(\frac{\alpha v^2}{2g}\right)+\mathrm{d}h_f+\mathrm{d}h_j=0 \tag{7-52}$$

式(7-52)中

$$\mathrm{d}h+\mathrm{d}\left(\frac{\alpha v^2}{2g}\right)=\mathrm{d}\left(h+\frac{\alpha v^2}{2g}\right)=\mathrm{d}E$$

在人工渠槽中水流的局部水头损失很小，可以忽略不计，则基本公式(7-52)可写成

$$\mathrm{d}z_b+\mathrm{d}E+\mathrm{d}h_f=0$$

上式各项除以 ds，得

$$-i+\frac{\mathrm{d}E}{\mathrm{d}s}+J_f=0$$

即

$$\frac{\mathrm{d}E}{\mathrm{d}s}=i-J_f \tag{7-60}$$

该式即为以断面单位能量沿程变化的形式表示的明槽恒定渐变流的微分方程，它常用于人工渠槽的水面线计算，对于棱柱形或非棱柱形槽均适用。

**2. 人工渠槽水面线的计算**

人工渠槽(包括棱柱形槽和非棱柱形槽)中非均匀渐变流的水面线计算所依据的

基本方程就是上述以断面单位能量沿程变化表示的明槽非均匀流的基本方程式(7-60)

$$\frac{\mathrm{d}E}{\mathrm{d}s}=i-J_{\mathrm{f}}$$

$$E=h+\frac{\alpha v^{2}}{2g}$$

当 $i<0.1(\theta<6^{\circ})$ 时，可以用铅垂水深，代替垂直于槽底的水深，上式中 $h$ 即为铅垂水深，$v$ 为相应铅垂断面的平均流速。

当 $i>0.1(\theta>6^{\circ})$ 时，断面单位能量应写成

$$E=h\cos\theta+\frac{\alpha v^{2}}{2g}$$

此时式中，$h$ 为垂直于槽底的水深，$v$ 为相应垂直槽底（或流向）的过水断面的断面平均流速。

分段计算法需将微分方程改写成差分方程的形式

$$\frac{\Delta E}{\Delta s}=\frac{E_{\mathrm{d}}-E_{\mathrm{u}}}{\Delta s}=i-\overline{J}_{\mathrm{f}} \tag{7-61}$$

$$E_{\mathrm{u}}+i\Delta s=E_{\mathrm{d}}+\overline{J}_{\mathrm{f}}\Delta s \tag{7-61a}$$

$$E_{\mathrm{d}}-i\Delta s=E_{\mathrm{u}}-\overline{J}_{\mathrm{f}}\Delta s \tag{7-61b}$$

流程总长度

$$S=\sum\Delta s=\sum\frac{E_{\mathrm{d}}-E_{\mathrm{u}}}{i-\overline{J}_{\mathrm{f}}} \tag{7-62}$$

用分段法计算水面曲线，需要将整个恒定的非均匀流分成若干流段。一般降水曲线水面变化较大，分段宜短；缓流壅水曲线，水面变化较小，分段可长些。在断面的形状尺寸、粗糙系数 $n$ 和底坡 $i$ 等发生突变处应作为分段的位置。在所分流段内的断面形状尺寸、糙率 $n$ 和底坡 $i$ 等应尽可能一致，变化不大。另外还要根据具体工程对精度的要求，决定分段的疏密。对精度要求高者，分段多些，每一段距离短些，反之，分段可少些，每一段距离可长些。

分段计算时一般有两种情况。

一种情况是已知流段两端断面的水深 $h_{\mathrm{u}}$ 和 $h_{\mathrm{d}}$，求该流段的长度 $\Delta s$，对这种情况，可以直接用公式(7-62)计算。

另一种则是已知流段一端断面的水深（$h_{\mathrm{u}}$ 或 $h_{\mathrm{d}}$）以及流段的长度 $\Delta s$，求另一端的水深（$h_{\mathrm{d}}$ 或 $h_{\mathrm{u}}$）。对这种情况就需要通过试算求得。可先假设水深值，按公式(7-61a)或(7-61b)计算直至等号两边相等为止，此时所设水深即为所要求的流段另一端断面的水深。将求得的该水深作为下一个流段的已知水深，然后依次逐段推算。

要注意，在计算棱柱形明槽水面线时，因为过水断面积 $A$ 只与水深 $h$ 有关，即 $A=f(h)$，与 $S$ 无关，可以用第一种算法，即假设另一端的水深，直接求流段的长度 $\Delta S$，即求出假设水深所在的位置（只要所设的水深所在位置，不超出总流程长度 $S$ 即可），待只剩下最后一段 $\Delta S$ 时，再用第二种算法试算另一端水深，或者就用前面所建立起来的 $h\sim S$ 关系直接从图中查得最后一个断面的水深亦可。但对于计算非棱柱

形明槽水面线时，因 $A=f(h,S)$，所以只能先划定流段长度 $\Delta S$，用第二种试算法求另一端的水深。

采用分段法计算明渠非均匀流水面线时，计算前，先要定性分析水面线的变化（上节已作介绍）；同时还要正确选择控制断面，并准确求得其控制水深，作为分段法计算水面线的起始断面，若起始断面选择有误，或者断面上的水深不够准确，则必将影响到整个水面线的计算结果，另外要分清人工渠槽中水流的流态，如果是急流时应该在上游找控制断面，由上游向下游推算，渠中若是缓流，一般在下游找控制断面，由下而上进行推算。一般在渠槽中由于修建建筑物而形成非均匀流时，在建筑物上下游的水深可以作为水面线计算的控制水深。另外，从缓流过渡到急流处（如变坡处、渠道末端跌坎处等）水深为临界水深，也常用来作为水面线计算的起始断面控制水深。

**【例 7-17】** 有一长直棱柱体梯形断面明渠，底宽 $b=12\ \text{m}$，边坡系数 $m=1.5$，底坡 $i=0.0006$，糙率 $n=0.025$，在其下游修一泄水闸，当泄流量 $Q=48\ \text{m}^3/\text{s}$ 时，闸前水深 $h_{闸}=4.2\ \text{m}$。为了解修闸后对两岸的影响，要求计算渠道中的水面曲线。

**【解】** (1) 首先定性分析水面变化，确定水面曲线类型。已知 $i>0$，需要判别底坡性质，为此需计算 $h_c$ 与 $h_0$，以标出 $C—C$ 线与 $N—N$ 线。临界水深试算得 $h_c=1.12\ \text{m}$，正常水深 $h_0$ 可按均匀流基本关系式试算得 $h_0=3.05\ \text{m}$。因 $h_0>h_c$，故 $i<i_c$ 渠道属于缓坡渠道。又因 $h_{闸}>h_0>h_c$，故水面曲线应为 $M_1$ 型壅水曲线，计算应从渠道末端，即闸前断面开始向上游推算。上游端水深计算到比正常水深稍大一点（设比正常水深大 1%），即

$$h=h_0(1+1\%)=3.05(1+1\%)\ \text{m}=3.08\ \text{m}$$

(2) 计算水面曲线。

因为是棱柱形渠槽，应用式(7-62)可按第一种方法计算，即设水深求两断面间距离。

$$\Delta s=\frac{\Delta E}{i-\overline{J}_f}=\frac{E_d-E_u}{i-\overline{J}_f}$$

式中

$$E=h+\frac{\alpha v^2}{2g}=h+\frac{\alpha}{2g}\left(\frac{Q}{A}\right)^2$$

$$A=(b+mh)h$$

$$\chi=b+2h\sqrt{1+m^2}$$

$$R=\frac{A}{\chi}$$

$$CR^{1/2}=\frac{1}{n}R^{1/6}R^{1/2}=\frac{1}{n}R^{2/3}$$

今以 $h_1=4.2\ \text{m}$，$h_2=4.0\ \text{m}$，求两断面间的距离 $\Delta S$。将有关已知数据代入上列各公式中，分别求得

$$A_1=(12+1.5\times4.2)\times4.2\ \text{m}^2=76.86\ \text{m}^2$$

$$A_2=(12+1.5\times4.0)\times4.0\ \text{m}^2=72.00\ \text{m}^2$$

$$\chi_1=(12+2\sqrt{1+1.5^2}\times 4.2)\ \text{m}=27.14\ \text{m}$$

$$\chi_2=(12+2\sqrt{1+1.5^2}\times 4.0)\ \text{m}=26.42\ \text{m}$$

$$R_1=\frac{76.86}{27.14}\ \text{m}=2.832\ \text{m}$$

$$R_2=\frac{72.00}{26.42}\ \text{m}=2.725\ \text{m}$$

$$C_1R_1{}^{1/2}=\frac{1}{n}R_1{}^{2/3}=80.07\ \text{m/s}$$

$$C_2R_2{}^{1/2}=\frac{1}{n}R_2{}^{2/3}=78.04\ \text{m/s}$$

$$v_1=\frac{48}{76.86}\ \text{m/s}=0.6245\ \text{m/s}$$

$$v_2=\frac{48}{72.00}\ \text{m/s}=0.6667\ \text{m/s}$$

$$\frac{v_1^2}{C_1{}^2R_1}=\left(\frac{0.6245}{80.07}\right)^2=0.608\times 10^{-4}$$

$$\frac{v_2^2}{C_2{}^2R_2}=\left(\frac{0.6667}{78.03}\right)^2=0.730\times 10^{-4}$$

$$\overline{J}=\frac{1}{2}\left(\frac{v_1^2}{C_1{}^2R_1}+\frac{v_2^2}{C_2{}^2R_2})\right)=\frac{1}{2}(0.608+0.730)\times 10^4=0.669\times 10^{-4}$$

$$\frac{\alpha_1 v_1^2}{2g}=\frac{1\times 0.6245^2}{2\times 9.8}\ \text{m}=0.0199\ \text{m}$$

$$\frac{\alpha_2 v_2^2}{2g}=\frac{1\times 0.6667^2}{2\times 9.8}\ \text{m}=0.0227\ \text{m}$$

$$\Delta S=\frac{(4.2+0.0199)-(4.0+0.0227)}{(6-0.669)\times 10^{-4}}\ \text{m}=369.9\ \text{m}$$

其余各流段的计算过程与此完全相同，其计算结果见下表。

| $h$ / m | $A$ / $\text{m}^2$ | $\chi$ / m | $R$ / m | $\frac{1}{n}R^{2/3}$ /(m/s) | $v$/(m/s) |
|---|---|---|---|---|---|
| 4.20 | 76.86 | 27.14 | 2.832 | 80.06 | 0.6245 |
| 4.00 | 72.00 | 26.42 | 2.725 | 78.04 | 0.6667 |
| 3.80 | 67.26 | 25.70 | 2.617 | 75.96 | 0.7136 |
| 3.60 | 62.64 | 24.98 | 2.508 | 73.83 | 0.7663 |
| 3.40 | 58.14 | 24.26 | 2.397 | 71.64 | 0.8256 |
| 3.20 | 53.76 | 23.54 | 2.284 | 69.37 | 0.8929 |
| 3.08 | 51.19 | 23.11 | 2.215 | 67.97 | 0.9380 |

续表

| $J=\frac{v^2}{C^2R}$ ($10^{-4}$) | $\overline{J}$ ($10^{-4}$) | $i-\overline{J}$ ($10^{-4}$) | $\frac{\alpha v^2}{2g}$ / m | $E_s$ / m | $\Delta E_s$ / m | $\Delta S$ / m | $\sum \Delta S$ / m |
|---|---|---|---|---|---|---|---|
| 0.608 | — | — | 0.019 9 | 4.219 9 | — | — | 0 |
| 0.730 | 0.669 | 5.330 9 | 0.022 7 | 4.022 7 | 0.197 2 | 370.0 | 370.0 |
| 0.883 | 0.806 | 5.193 8 | 0.026 0 | 3.826 0 | 0.196 7 | 378.7 | 748.7 |
| 1.077 | 0.980 | 5.020 1 | 0.030 0 | 3.630 0 | 0.196 0 | 390.5 | 1 139.2 |
| 1.328 | 1.203 | 4.797 3 | 0.034 8 | 3.434 8 | 0.195 2 | 406.9 | 1 546.0 |
| 1.656 | 1.492 | 4.507 6 | 0.040 7 | 3.240 7 | 0.194 1 | 430.6 | 1 976.6 |
| 1.904 | 1.780 | 4.220 | 0.044 9 | 3.124 9 | 0.115 8 | 274.4 | 2 251.0 |

(3) 根据表中的数据,绘制水面曲线,见图 7-33。

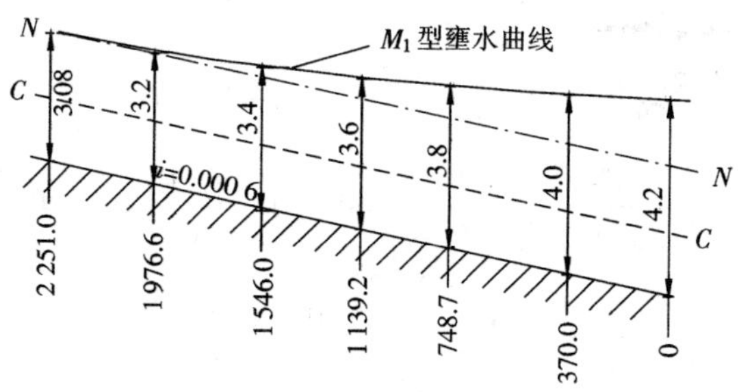


图 7-33 水面曲线图

## 7.7.2 天然河道水面曲线的计算

### 1. 天然河道水位沿程变化的微分方程

对于天然河道内的非均匀流,由于天然河道断面极不规则,河床起伏不平,坡降陡坦不一,且不断发生冲淤变化,水面线的计算中如仍用水深的沿程变化来表示,则极为不便,而且也不易得出准确的结果。一般对河道水情变化的观测,首先观测到的是水位涨落的变化,因此,对天然河道水面曲线的分析、计算用水位高程的沿程变化来表示。应将明渠非均匀流的基本方程式(7-52)改写为水位沿程变化的微分方程形式。

$$dz_b+dh+d\left(\frac{\alpha v^2}{2g}\right)+dh_f+dh_j=0 \tag{7-52}$$

式中

$$dz_b+dh=d(z_b+h)=dz$$

在天然河道中,沿程水头损失与人工渠槽相同,按均匀流规律考虑 $dh_f=J_f ds$,但

对其局部水头损失一般不能忽略,即

$$dh_j=d\left(\zeta\frac{v^2}{2g}\right)$$

则基本方程(7-52)可改写为

$$dz+(\alpha+\zeta)d\left(\frac{v^2}{2g}\right)+J_f ds=0$$

上式两边除以 $ds$,则得

$$-\frac{dz}{ds}=(\alpha+\zeta)\frac{d}{ds}\left(\frac{v^2}{2g}\right)+J_f \tag{7-63}$$

上式即为以水位沿程变化表示的明渠恒定非均匀流的基本方程,一般用来计算天然河道的水面曲线。

**2. 天然河道的水面曲线计算**

天然河道的水面曲线计算,目前只能用分段法近似计算。此种算法有两种方式,即分段试算法和图解法,无论是哪种方式,其基本原理都是以基本方程为依据。用分段法计算天然河道的水面曲线的条件(或假定)与人工渠槽是相同的,前面已有介绍。首先需将上述以水位沿程变化表示的明渠非均匀流的基本微分方程式(7-63)。改写成差分方程:

$$-\frac{\Delta z}{\Delta s}=(\alpha+\zeta)\frac{\Delta\left(\frac{v^2}{2g}\right)}{\Delta S}+\frac{Q^2}{K^2} \tag{7-64}$$

或

$$-\Delta z=z_u-z_d=(\alpha+\zeta)\left(\frac{v_d^2}{2g}-\frac{v_u^2}{2g}\right)+\frac{Q^2}{K^2}\Delta S \tag{7-64a}$$

对于每一流段的沿程水头损失 $\Delta h_f$,按均匀流计算与人工渠槽相同 $\Delta h_f=\frac{Q^2}{K^2}\Delta S$;局部水头损失 $\Delta h_j$,对于收缩段较小,可以忽略不计,对于扩散段,则

$$\Delta h_j=\zeta\Delta\left(\frac{v^2}{2g}\right)=\zeta\left(\frac{v_d^2}{2g}-\frac{v_u^2}{2g}\right) \tag{7-65}$$

式中局部阻力系数 $\zeta$ 的取值:对于逐渐扩散的流段取 $\zeta=-0.33\sim-0.50$;对于急剧扩展的流段取 $\zeta=-0.50\sim-1.0$。负号是为了使局部水头损失为正值。

式中的流量模数 $K$ 的平均值采用:$\frac{1}{K^2}=\frac{1}{2}\left(\frac{1}{K_u^2}+\frac{1}{K_d^2}\right)$计算。则将基本方程式(7-64)两边可分别写成上下游两个断面水位的函数

$$z_u+(\alpha+\zeta)\frac{v_u^2}{2g}-\frac{\Delta S}{2}\frac{Q^2}{K_u^2}=z_d+(\alpha+\zeta)\frac{v_d^2}{2g}-\frac{\Delta S}{2}\frac{Q^2}{K_d^2} \tag{7-66}$$

即

$$f(z_u)=\varphi(z_d) \tag{7-66a}$$

如果流段两端断面面积相差较小,流速水头相差较小时,则上式(7-66)可简化为

$$-\Delta z=z_u-z_d=\frac{Q^2}{K^2}\Delta S \tag{7-67}$$

天然河道一般都很不规则，平面上曲直相间、弯弯曲曲，断面上形状复杂、宽窄不齐，槽底高低不平，粗糙程度也不一致，所以在分段时要注意以下几点。

（1）应尽可能使各流段具有一致的平均底坡和粗糙度，过水断面的形状、大小无急剧变化。

（2）当有支流汇入或分出时，分段的位置应保证同一流段内的流量沿程不变。

（3）对于收缩段和扩展段应该分开考虑，收缩段的局部水头损失可以忽略不计，对于扩展段，其局部水头损失可按 $\Delta h_{\mathrm{j}}=\zeta\left(\frac{v_{\mathrm{d}}^2}{2g}-\frac{v_{\mathrm{u}}^2}{2g}\right)$计算。

（4）在所划分的每一个流段内，上下游断面水位差一般不能过大，对于底坡较陡的山区河流，分段可以多些，水位差可以稍大一些；对于平坦的平原河流，分段可以疏一些，每段距离可以长些，两端水位差可取数十厘米或流段长度为几百米。

（5）对水位高程提出特定要求的控制点，例如需要重点保护的城镇、工矿企业、铁路道桥以及重点工程等应作为分段点，并根据其范围适当将分段加密，以得出较准确的计算结果。

由于天然河道是非棱柱形渠槽，其过水断面 $A=f(h,S)$，计算其水面线时只能用前面所介绍的第二种方法，即只能先划定流段长度 $\Delta S$，根据一端已知水深用试算法求另一端水深。

天然河道的水面曲线计算较为复杂，在计算之前应收集，掌握当地的地形、地质及水文资料，根据实测的地形，绘制各分段位置的横断面图，对每个断面分别计算在不同水位高程时的过水断面积、湿周及水力半径，绘制 $z$-$A$、$z$-$R$ 关系曲线以备计算时查用。

天然河道的水面线计算同人工渠槽一样也要从控制断面的水位开始，所以必须正确选择，准确计算控制断面及控制水深，以此为起始点，假设另一端的水位，用逐段试算法求解。基本方程式(7-66)的两端分别为流段上下游两端断面水位的函数，即式(7-66a)，当试算得等号两边相等，说明假设的水位正确；如若不等，则需重新再设，直至两边相近（误差在允许范围内）为止。然后再将求得的水位作为下一流段的已知水位，继续推算。

天然河道水面线的计算比较繁复，工作量很大，逐段试算法常用于只需要计算一条水面线的情况（如对已经选定的方案）。而在规划和初步设计阶段，经常需要多方案比较，因而需要计算不同流量和控制水位下的多条水面曲线，这种情况下采用图解法就比较简单。图解法有不同的做法，其基本原理都是以基本方程作为依据，从已知断面水位推求另一断面的水位，需要时可查阅有关计算手册、教材或专著（图 7-34、图 7-35 即可参考）。

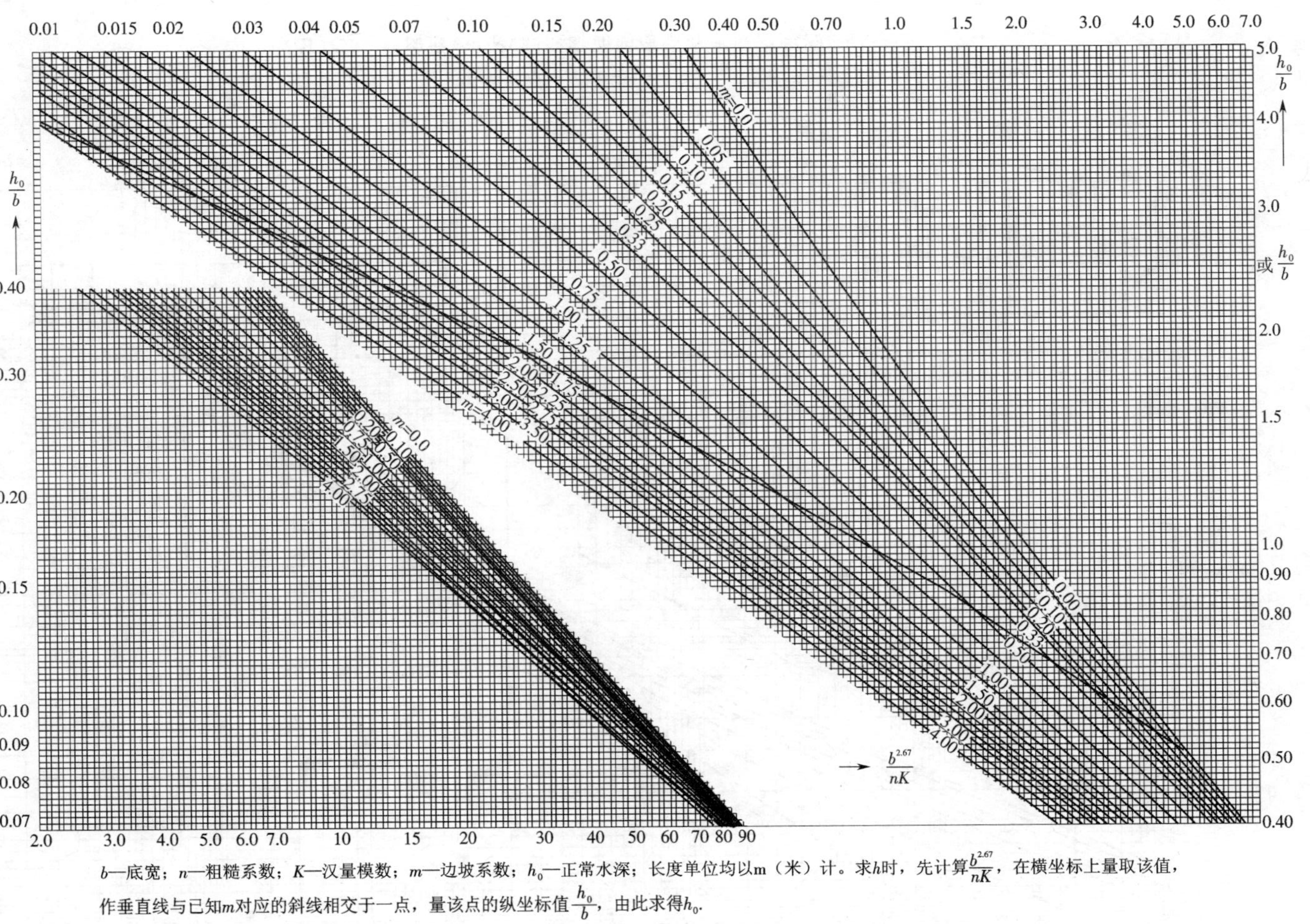


$b$—底宽；$n$—粗糙系数；$K$—汉量模数；$m$—边坡系数；$h_0$—正常水深；长度单位均以m（米）计。求$h$时，先计算$\frac{b^{2.67}}{nK}$，在横坐标上量取该值，作垂直线与已知$m$对应的斜线相交于一点，量该点的纵坐标值$\frac{h_0}{b}$，由此求得$h_0$。

图7-34 梯形、矩形断面明槽正常水深求解图

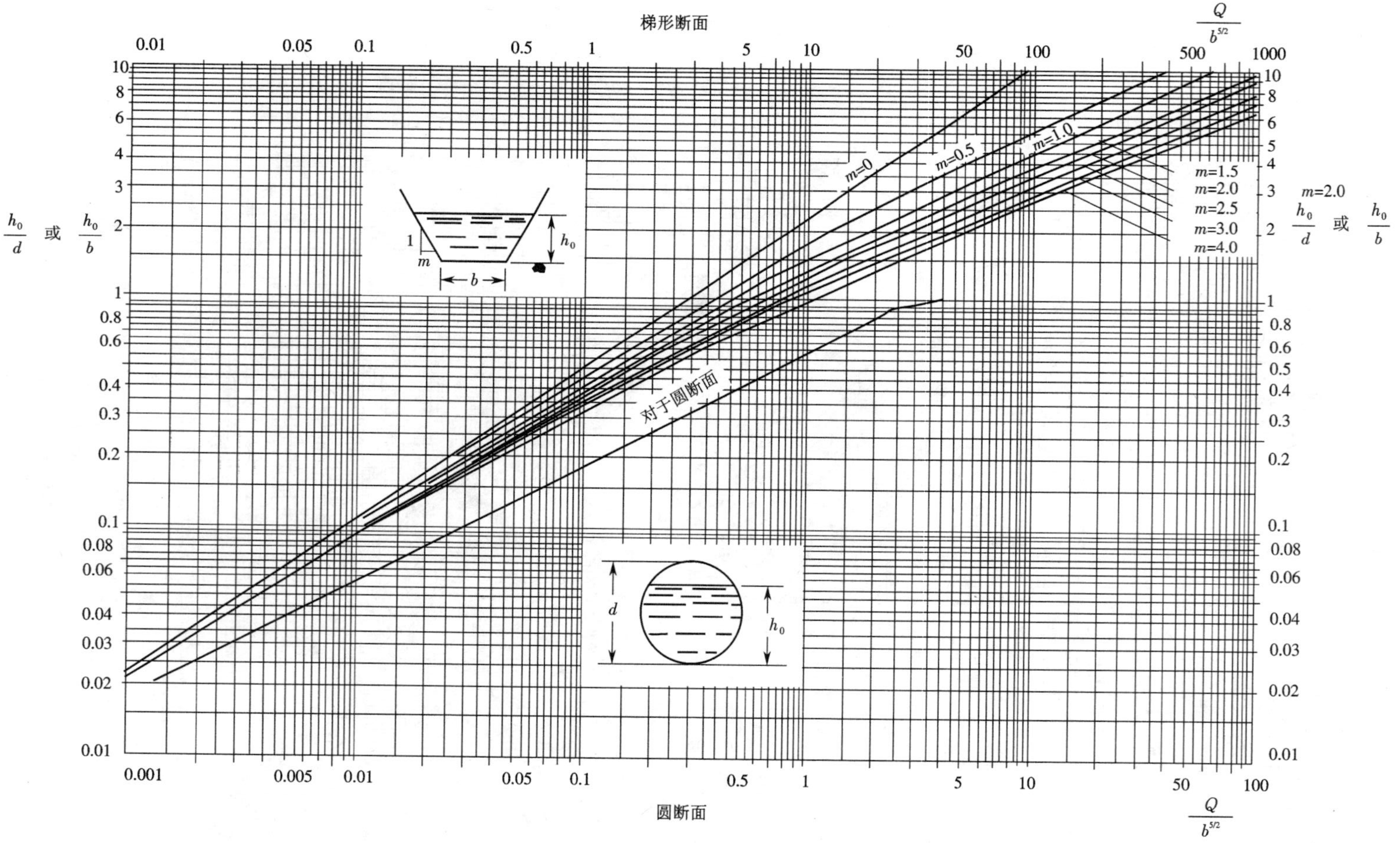


长度以m计，流量Q以m³/S计

图 7-35 梯形、矩形、圆形断面明槽临界水深求解图

## 【本章小结】

本章的基本内容主要分为明渠均匀流，明渠水流的流动状态和明渠非均匀渐变流三部分。重点阐述了明渠均匀流和非均匀渐变流的水力特点和分析计算方法，介绍了明渠水流流动状态的一系列基本概念、流态的判别和流态的转换等。明渠水流与有压管流相比，其特点是具有自由水面，其上作用为大气压强，而且可以不受约束地自由升降，因而其他水力要素也随之变化，这是一种由重力直接主导作用下形成的流动。所以，研究明渠流动是以水深的变化规律为中心。

**1. 明渠均匀流**

**1）水力特征**

水深 $h$、断面平均流速 $v$、流速分布等水力要素沿程不变；$J=J_z=i$；$G\sin\theta=F_f$。

**2）产生条件**

流量沿程不变的恒定流；断面形状尺寸、$i$、$n$ 沿程不变的棱柱形顺坡($i>0$)明渠。

**3）水力计算**

(1) 基本公式：$Q=AC\sqrt{Ri}=K\sqrt{i}$（谢才系数 $C$，用曼宁公式确定）

梯形断面：$Q=AC\sqrt{Ri}=K\sqrt{i}=f(b,h,m,i)$

无压圆管：$Q=AC\sqrt{Ri}=K\sqrt{i}=f(d,\alpha,n,i)$

(2) 计算问题。

可分两大类：①校核问题（求 $Q$）；

②设计问题 $\begin{cases}\text{设计渠道底坡 } i\\ \text{设计渠道断面（确定 } b、h、m\text{）}\end{cases}$

水力最优断面，水力最优梯形断面宽深比 $\beta=2(\sqrt{1+m^2}-m)=f(m)$。

明渠均匀流正常水深 $h_0=f(Q,\text{断面形状尺寸},i,n)$。

**2. 流动状态**

微幅干扰波的传播现象，显示明渠水流的流动状态。

**1）基本概念**

(1) 微幅干扰波波速 $C=\sqrt{g\dfrac{A}{B}}$；矩形断面明渠：$C=\sqrt{gh}$。

(2) 弗劳德数 $Fr$：明渠水流流速 $v$ 与微幅干扰波速 $c$ 之比，定义为弗劳德数 $Fr$

$$Fr=\frac{v}{c}=\frac{v}{\sqrt{g\dfrac{A}{B}}};\quad \text{矩形断面：}Fr=\frac{v}{\sqrt{gh}}。$$

弗劳德数 $Fr$，同时反映了水流动能与势能之比；惯性力与重力的对比关系。

(3) 断面单位能量 $E$：是以通过该断面最低点的基准面计算的单位重量液体的机械能。

对于棱柱形明槽，当流量一定，断面单位能量只随水深变化，即

$$E=h\cos\theta+\frac{\alpha v^2}{2g}=h\cos\theta+\frac{\alpha Q^2}{2gA^2}=f(h)$$

断面单位能量是指对确定断面、确定流量而言的；

$\frac{dE}{ds}$反映了 $h$ 与 $h_0$ 的关系：

$$\frac{dE}{ds}>0,\ h>h_0$$

$$\frac{dE}{ds}<0,\ h<h_0$$

$$\frac{dE}{ds}=0,\ h=h_0\quad \text{均匀流}$$

$\frac{dE}{dh}$反映了水流的流动状态：

$$\frac{dE}{dh}>0\quad \text{缓流}$$

$$\frac{dE}{dh}<0\quad \text{急流}$$

$$\frac{dE}{dh}=0\quad \text{临界流}$$

在棱柱形明渠中，对确定的断面来说，断面单位能量 $E$ 随水深的变化规律与 $E$ 随沿程水深 $h$ 变化的规律是一致的。

(4) 临界水深 $h_c$，定义：断面单位能量 $E=E_{min}$时的水深，$h=h_c$；或临界流动状态时的水深就是临界水深 $h_c$。

计算：任意形状的断面，$\frac{\alpha Q^2}{g}=\frac{A_c^3}{B_c}$；矩形断面，$h_c=\sqrt[3]{\frac{\alpha q^2}{g}}$。

临界水深 $h_c=f(Q$,断面形状尺寸$)$，而与 $n$、$i$ 无关。

(5) 临界底坡 $i_c$，定义：对断面形状尺寸和边壁糙率一定的棱柱形明渠中，通过某一定的流量时，形成临界状态的均匀流($h_0=h_c$)，则该渠底坡 $i$ 即为临界底坡 $i_c$。

计算：$i_c=\frac{g}{\alpha c_c^2}\frac{P_c}{B_c}$；对宽浅明渠 $i_c=\frac{g}{\alpha c_c^2}$。

临界底坡 $i_c$，是为了便于分析明渠流动的流动状态而引入的一个基本概念。$i_c=f(Q$,断面形状尺寸,$n)$而与实际底坡 $i$ 无关；

根据 $i$ 与 $i_c$ 的比较关系，将底坡性质分为：缓坡($i<i_c$)，陡坡($i>i_c$)和临界坡($i=i_c$)。

**2）流动状态**

(1) 缓流。流动状态判别：$v<c$；$Fr<1.0$；$\frac{dE}{dh}>0$；$h>h_c$；$i<i_c$(为缓坡明渠，将形成缓流状态的均匀流。)

(2) 急流。流动状态判别：$v>C$；$Fr>1.0$；$\frac{dE}{dh}<0$；$h<h_c$；$i>i_c$(为陡坡明渠，

将形成急流状态的均匀流。）

（3）临界流。流动状态判别：$v=C$；$Fr=1.0$；$\frac{\mathrm{d}E}{\mathrm{d}h}=0$；$h=h_c$；$i=i_c$（为临界坡明渠，将形成临界状态的均匀流。）

**3）流态的转换**

（1）水跃：明渠水流从急流过渡到缓流，水面骤然跃起的现象。

水跃方程

$$\frac{\alpha_0 Q^2}{gA_1}+y_{c1}A_1=\frac{\alpha_0 Q^2}{gA_2}+y_{c2}A_2$$

矩形断面

$$h''=\frac{h'}{2}(\sqrt{1+8Fr_1^2}-1)$$

$$h'=\frac{h''}{2}(\sqrt{1+8Fr_2^2}-1)$$

水跃函数

$$J(h)=\frac{\alpha_0 Q^2}{gA}+y_c A$$

水跃计算：共轭水深 $h'$（$h''$）的计算；水跃长度 $L_j$ 计算；水跃消能$\left(\Delta E、K_j=\frac{\Delta E}{E_1}\right)$计算。

（2）水跌：明渠水流从缓流过渡到急流时，经过临界水深 $h_c$，且水面急剧降落的水力现象。

**3. 明渠非均匀流**

**1）明渠恒定非均匀渐变流的基本方程**

一般形式

$$\mathrm{d}z_b+\mathrm{d}h+\mathrm{d}\left(\frac{\alpha v^2}{2g}\right)+\mathrm{d}h_f+\mathrm{d}h_j=0 \tag{7-52}$$

水深沿程变化的形式

$$\begin{cases}\frac{\mathrm{d}h}{\mathrm{d}s}=\frac{i-J_f}{1-Fr^2} & (i>0) & (7\text{-}54)\\ \frac{\mathrm{d}h}{\mathrm{d}s}=\frac{-J_f}{1-Fr^2} & (i=0) & (7\text{-}55)\\ \frac{\mathrm{d}h}{\mathrm{d}s}=\frac{-i'-J_f}{1-Fr^2} & (i<0) & (7\text{-}56)\end{cases}$$

断面单位能量沿程变化的形式

$$\frac{\mathrm{d}E}{\mathrm{d}s}=i-J_f \tag{7-60}$$

水位高程沿程变化的形式

$$-\frac{\mathrm{d}z}{\mathrm{d}s}=(\alpha+\zeta)\frac{\mathrm{d}}{\mathrm{d}s}\left(\frac{v^2}{2g}\right)+J_f \tag{7-63}$$

**2）棱柱形明渠非均匀渐变流水面线定性分析**

① 基本公式：水深沿程变化表示的基本方程式(7-54)，是定性分析水面线变化

的理论基础；

② 可能出现的水面曲线形式共有 12 种，工程中常见的、比较重要的有 $M_1$、$M_3$、$H_3$ 型壅水线和 $M_2$、$S_2$ 型降水线；

③ 凡在 1 区和 3 区的水面线均为壅水曲线$\left(\frac{dh}{ds}>0\right)$，凡在 2 区的水面线均为降水曲线$\left(\frac{dh}{ds}<0\right)$；

④ 从 $S_1$ 型和 $M_3$ 型水面线的存在说明在陡坡明渠中可以形成缓流（$S_1$ 型水面线），在缓坡明渠中可以形成急流（$M_3$ 型水面线）。

**3）明渠非均匀渐变流水面曲线计算**

（1）计算方法：分段试算法（求近似解），它适用于棱柱形与非棱柱形人工渠槽。也适用于天然河道的水面曲线计算。

（2）应用分段试算法的条件（或假定）。

（3）计算的基本公式。

①人工渠槽
$$\frac{\Delta E}{\Delta s}=\frac{E_d-E_u}{\Delta s}=i-\overline{J}_f \tag{7-61}$$

②天然河道
$$z_u+(\alpha+\zeta)\frac{v_u^2}{2g}-\frac{\Delta s}{2}\frac{Q^2}{K_u^2}=z_d+(\alpha+\zeta)\frac{v_d^2}{2g}-\frac{\Delta s}{2}\frac{Q^2}{K_d^2} \tag{7-66}$$

利用上述差分形式的基本公式，根据已知条件：断面形状、尺寸、$n$、$i$ 和 $Q$ 及控制水深，从控制断面开始，用分段试算方法逐段推算。

## 【思考题】

7-1 明渠均匀流的特点是什么？产生明渠均匀流的渠道应满足的条件有哪些？

7-2 如思 7-2 图所示的各渠道，糙率沿程不变，试判断下述情况是否可能产生明渠均匀流动。

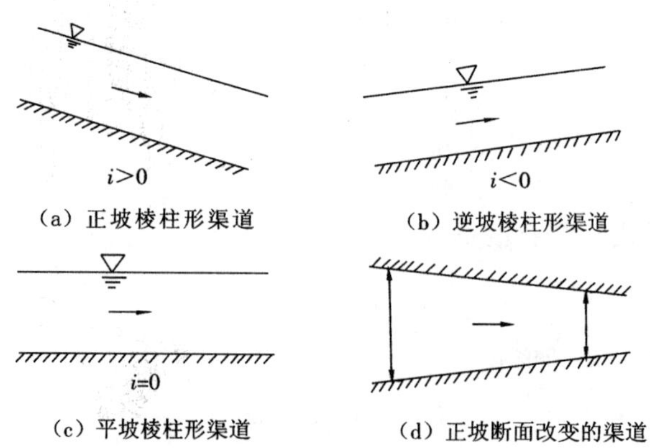


思 7-2 图

7-3　渠道的断面是否都应按水力最优断面设计？为什么？

7-4　明渠水流三种流态各自有哪些特点？三种流态如何判断？

7-5　弗劳德数的物理意义是什么？如何用它来判别明渠水流的流态？

7-6　什么是断面比能？它与断面单位重量液体的总能量有何区别？

7-7　断面比能曲线有哪些特性？

7-8　若有两条渠道，其断面形状、尺寸、糙率、底坡都相同，但流量不同，它们的临界水深是否相同？若流量相同，但断面形状、尺寸、糙率 、底坡都不同，临界水深是否相同？

7-9　下列水流情况哪些可能发生？哪些不可能发生？为什么？

- (1) 缓坡上
  - 均匀流
    - 缓流
    - 急流
  - 非均匀流
    - 缓流
    - 急流
- (2) 陡坡上
  - 均匀流
    - 缓流
    - 急流
  - 非均匀流
    - 缓流
    - 急流
- (3) 平坡上
  - 均匀流
    - 缓流
    - 急流
  - 非均匀流
    - 缓流
    - 急流

7-10　当渠道的断面形式、尺寸以及断面比能 $E$ 一定时，试证明：对应于最大流量的水深是临界水深。

7-11　什么是临界底坡 $i_c$？它与什么影响因素有关？与实际底坡是什么关系？

7-12　什么是缓流、急流？什么是渐变流和急变流？它们有什么关系？

7-13　有一断面形状尺寸、$i$、$n$ 都一定的棱柱形明渠，通过某一流量 $Q$ 时，该明渠为缓坡($i<i_c$)明渠，形成缓流状态的均匀流，试问它能否变成陡坡明渠，而产生急流状态的均匀流？条件是什么？

7-14　什么是控制断面？什么是控制水深？控制断面经常容易在什么地方形成？它在水面线分析计算中的作用是什么？

7-15　明渠恒定非均匀渐变流水面曲线分析的一般原则是什么？可能会出现多少种类型的水面线？经常出现、比较重要的有哪几种？$N$—$N$ 线和 $C$—$C$ 线将流动空间分成三个或两个区域，试问在不同性质的底坡上，相同区域中的水面线有何共同的特征？

**【习题】**

7-1 现将一梯形断面渠道按均匀流设计。设计流量 $Q=4.0\ m^3/s$。底坡 $i=0.002$，边坡系数 $m=1.5$，粗糙系数 $n=0.025$，水深 $h=0.8\ m$，试设计渠道的底宽 $b$。

7-2 现将一梯形混凝土渠道按均匀流设计。其中流量 $Q=40\ m^3/s$，底宽 $b=8.5\ m$，边坡系数 $m=1.5$，$n=0.012$，底坡 $i=0.000\ 2$，求水深 $h$。

7-3 有一梯形断面渠道，设计流量 $Q=32\ m^3/s$，土壤为沙壤土。边坡系数 $m=2.0$，底坡 $i=0.003$，粗糙系数 $n=0.025$，初步设定宽深比 $\beta=4$，超高按 0.5 m 设计，试求渠道的断面尺寸。

7-4 为测定某梯形断面渠道的糙率 $n$ 值，选取 180 m 长的均匀流段进行测量。已知渠底宽度 $b=12\ m$，边坡系数 $m=1.25$，水深 $h_0=3.2\ m$，两断面的水面高差 $\Delta Z=0.5\ m$，流量 $Q=45\ m^3/s$，试计算 $n$ 值。

7-5 矩形断面渠道用浆砌条石筑成。粗糙系数 $n$ 为 0.028，底宽 $b$ 为 6 m，底坡 $i$ 为 $\frac{1}{8\ 000}$，按水力最优断面设计，试求通过的流量。

7-6 按梯形断面设计某一土渠，其中设计流量 $Q$ 为 $10\ m^3/s$。边坡系数 $m$ 为 1.5，粗糙系数 $n$ 为 0.025，已知最大设计允许冲刷流速 $v=1.2\ m/s$，试求按水力最优断面设计时的断面尺寸和渠道底坡 $i$。

7-7 某环山渠道如图所示，底宽 $b$ 为 2.0 m，水流按均匀流计算。靠山一侧边坡系数 $m$ 为 0.5，粗糙系数 $n_1$ 为 0.025，另一侧为直立的混凝土墙，粗糙系数 $n_2$ 为 0.017，渠道底坡 $i$ 为 0.002，计算当水深 $h$ 为 1.0 m 时该渠道的过流能力。

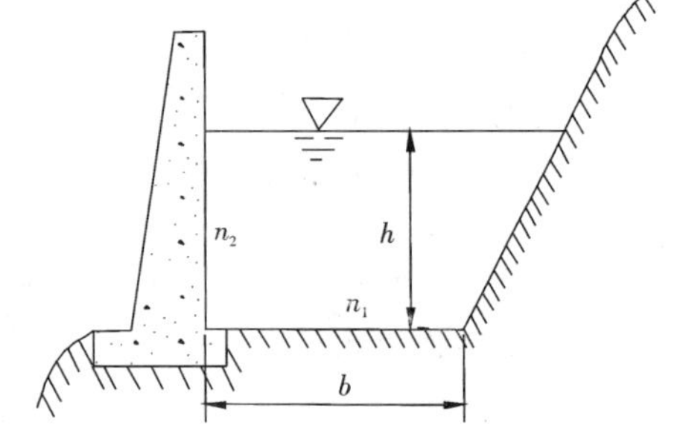

题 7-7 图

7-8 有一钢筋混凝土排水管道，其管径 $d=600\ mm$，粗糙系数 $n=0.014$。当在最大设计充满度下通过的流量 $Q=0.4\ m^3/s$，试求该排水管道的坡度 $i$。

7-9 有一圆形无压钢筋混凝土排污管道，管径 $d=1.0\ m$，管壁粗糙系数 $n=0.014$，底坡 $i=0.002$，求在最大设计充满度情况下，该管道的流量和断面平均流速。

7-10 圆形混凝土排水管道，底坡 $i=0.005$，管壁粗糙系数 $n=0.014$，当充满度为 $\alpha=0.70$ 时，通过的排水流量 $Q$ 为 $0.4\ m^3/s$，试确定该排水管的管径 $d$。

7-11 如图所示一复式断面明渠。底坡 $i=0.000\ 9$，主槽底宽 $b_1=16\ m$，边坡系数 $m_1=2.0$，粗糙系数 $n_1=0.025$，两侧边滩的边坡系数 $m_2=2.5$，粗糙系数 $n_2=0.030$，边滩的宽度均为 $b_2=10\ m$，边滩比主槽高 $h=1.5\ m$，当主槽内的均匀流水深 $h_{01}=2.7\ m$ 时，求该渠道通过的流量。

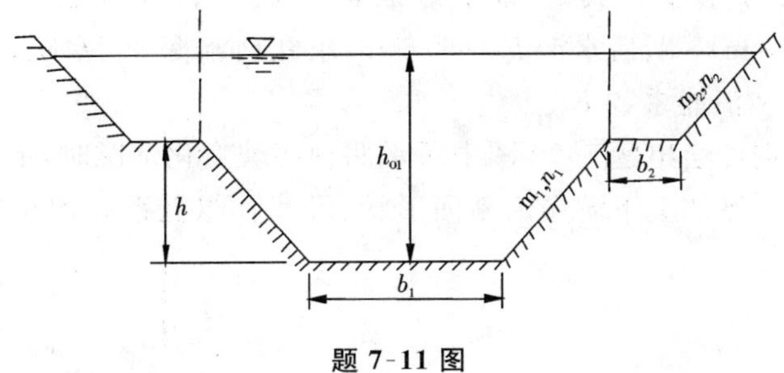


题 7-11 图

7-12　某矩形断面渠道宽 $b$ 为 4 m，流量 $Q$ 为 6.5 $m^3/s$，$n=0.022$，$i=0.0008$。求当实际水深 $h$ 为 1.5 m 时，水流的弗劳德数和微波波速，并据此判断水流形态。

7-13　底宽 $b$ 为 4.0 m 的矩形断面渠道，$n=0.017$，通过的流量 $Q$ 为 50 $m^3/s$。渠道中水流为均匀流时，$h_{01}=4$ m。试用渠底坡与 $i_c$ 比较的方法，判别渠中水流的流态。

7-14　某矩形断面明渠底宽 $b=3$ m，$n=0.017$，$i=0.002$；试计算该明渠在流量为 12 $m^3/s$时的临界底坡，并判别渠道的底坡类型。

7-15　某梯形断面渠道，底宽 $b$ 为 6 m，坡度系数 $m$ 为 1.0，糙率 $n$ 为 0.013，底坡 $i$ 为 0.002；计算流量分别为 10 $m^3/s$ 和 15 $m^3/s$ 时的临界水深和临界底坡，并判断该均匀流的流态。

7-16　有一底宽 $b=5$ m，底坡 $i=0.0008$，粗糙系数 $n=0.015$ 的矩形断面(断面按水力最优条件设计)渠道。设计通过流量 $Q$ 为 10 $m^3/s$。分别用临界水深 $h_c$、弗劳德数 $Fr$、断面单位能量 $E$ 和临界底坡 $i_c$ 的方法，判别渠中水流的流动形态。

7-17　有一由不同底坡 $i_1$ 和 $i_2$ 所组成的矩形断面棱柱形渠道如题 7-17 图所示。已知 $i_1=0.01$，$i_2=0.0006$，渠底宽 $b=12$ m，$n=0.015$，通过的流量 $Q=38$ $m^3/s$，问在变坡处是否会发生水跃？如果发生水跃，试确定其位置(指求跃首断面至变坡断面的距离)。

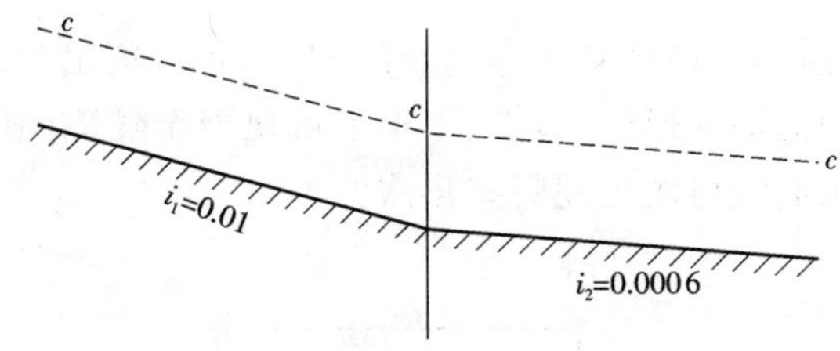


题 7-17 图

7-18　一水跃发生于平底梯形断面棱柱形渠段中。已知：流量 $Q=20$ $m^3/s$，底宽 $b=4.0$ m，边坡系数 $m=1.25$，其跃后水深 $h_2=3.25$ m。求跃前水深 $h_1$，水跃消能量 $\Delta E_j$ 和消能系数 $K_j$。

7-19 有一水跃产生于一棱柱体矩形断面平底渠段中。已知：单宽流量 $q=1.5\ m^3/(s\cdot m)$，跃后水深 $h_2=1.6$ m，求跃前水深 $h_1$、水跃长度 $L_j$ 及水跃消能量 $\Delta E_j$ 和消能系数 $K_j$。

7-20 试分析并定性绘出题 7-20 图中所示两种底坡变化情况时，上下游渠道中水面线的形式。已知上下游渠道断面形状、尺寸及粗糙系数均相同并为长直棱柱形明渠。

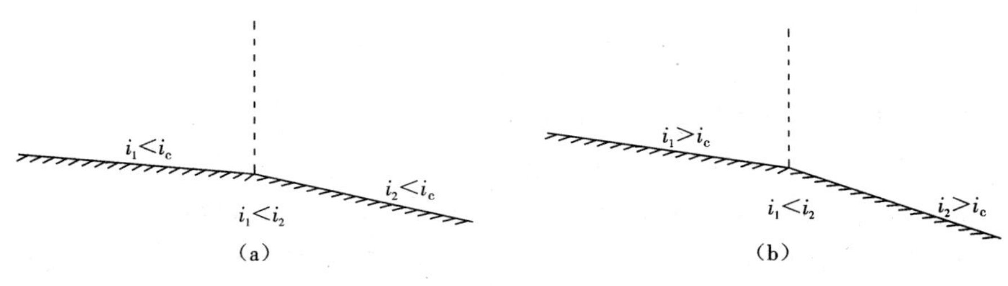


题 7-20 图

7-21 试分析题 7-21 图所示的棱柱形明槽中，渠底纵坡变化时，上、下渠道内的水面曲线形式。

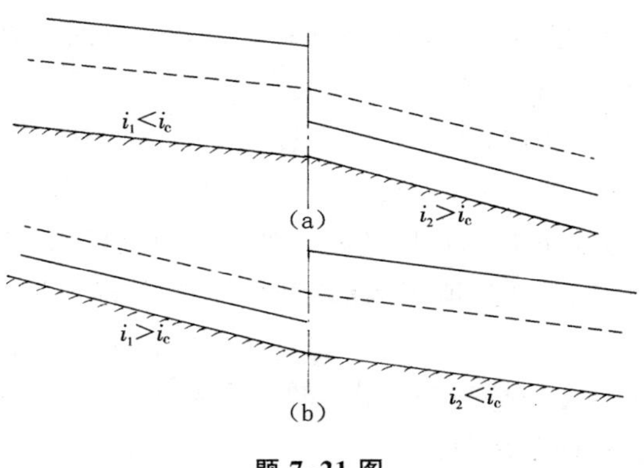


题 7-21 图

7-22 如题 7-22 图所示三段底坡不等的直线明渠，各段渠道为断面形状、尺寸及粗糙系数均相同的棱柱形明渠，上、下渠道可视为无限长，中间段渠道长度为 $L$，试分析渠中水面线可能出现哪些形式？

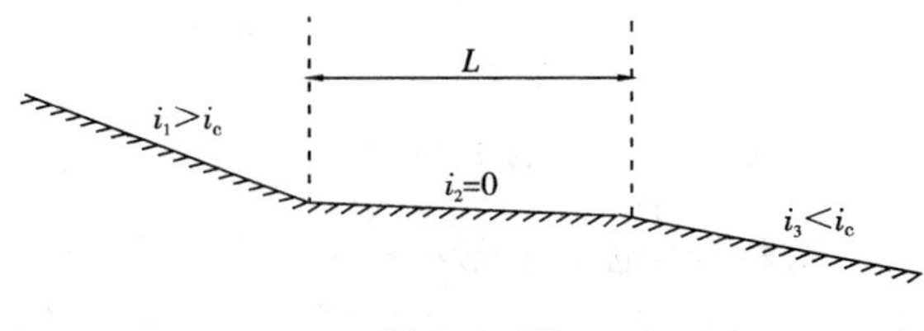


题 7-22 图

7-23　有一梯形断面棱柱形渠道，底宽 $b=5$ m，边坡系数 $m=1.5$，底坡 $i=0.0018$，$n=0.025$，当通过流量 $Q=20$ m$^3$/s 时，渠道末端水深 $h$ 为 1.8 m。计算并绘制水面线。

7-24　某一矩形断面人工渠道，边墙成直线收缩，渠长 80 m，进口宽 $b_1=8$ m，出口宽 $b_2=4$ m，渠底坡度 $i=0.001$，粗糙系数 $n=0.015$，当 $Q=20$ m$^3$/s 时，进口水深 $h_1=2.4$ m，要求计算中间断面及出口断面水深。

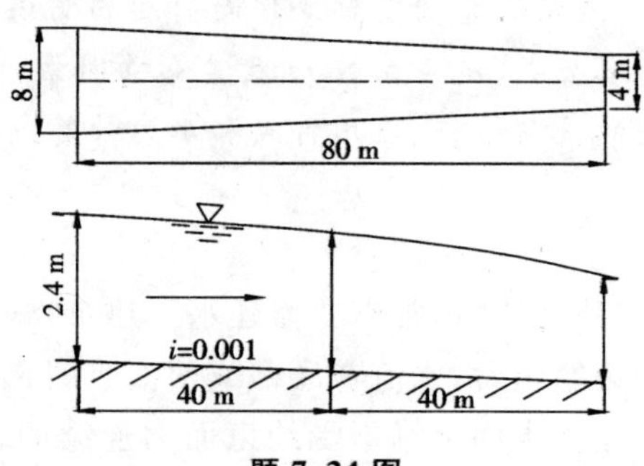


题 7-24 图

# 第8章　堰　　流

**【要点提示】**

堰流是明渠缓流由于流动边界的急剧变化而引起的明渠急变流现象。本章的要点是堰流的水力特征、基本公式、流量系数 $m$ 及其影响因素，以及侧收缩和淹没出流对堰流的影响；各种堰型的流动特征、应用特点和水力计算方法。

在明渠中为了控制水位及流量，常需要修建水工建筑物。如果水流受建筑物（如阻水障壁或两侧边墙）的束窄阻碍，水流在底部或两侧收缩，上游水位壅高，水流经过建筑物顶部溢流下泄，其溢流水面上缘不受约束而为连续的自由降落水面的水流状态，这种水流现象称为堰流。而把这样的水工建筑物称为堰。

堰流及闸孔出流是水利工程中极为常见的水流现象，其水力计算的主要任务是研究过水能力的问题。本章将应用工程流体力学的基本原理，分析堰流的水力特征、基本计算公式、堰型分类以及有关的水力计算方法等。

## 8.1　堰流的水流特点

闸孔出流属孔口出流，其与堰流不同。闸孔出流与堰流是两种不同的水流现象，主要从水面是否受闸门（或胸墙）的控制来区分。但这两种水流现象在一定的边界条件下又可以相互过渡。

如闸门部分开启，水流受闸门控制，上游水位壅高，水流从闸门下缘和闸底板之间的闸孔流出时称为闸孔出流。此时过水断面受闸孔开启尺寸的限制，其自由水面在闸门处是不连续的。但当闸门开度逐渐增大到一定程度时，闸前水面下降，闸门下缘脱离水面，闸门对水流不起控制作用，则水流的性质就由闸孔出流过渡为堰流。反之，如原为堰流，当闸门开度逐渐减小到一定程度，闸门开始对水流起控制作用时，也会从堰流过渡为闸孔出流。

对于具有闸门控制的同一泄水建筑物，闸、堰两种流态相互过渡，即互相转化的条件与闸孔的相对开度 $e/H$、闸底坎形式及上游来流情况有关，如图8-1所示。一般采用下列标准区分闸孔出流和堰流。

当闸底坎为平顶堰：$e/H \leqslant 0.65$ 闸孔出流

$e/H > 0.65$ 堰流

当闸底坎为曲线形堰：$e/H \leqslant 0.75$ 闸孔出流

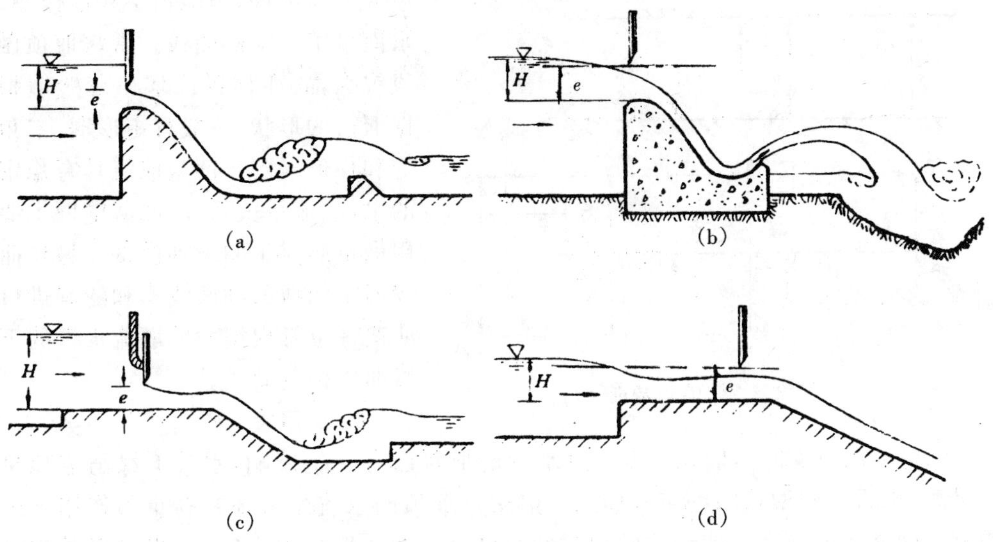


图 8-1 闸孔出流与堰流的相互过渡

$e/H > 0.75$ 堰流

式中,$H$ 为从堰顶或底板算起的闸前水头,$e$ 为闸门开度。堰流与闸孔出流,由其边界差异所引起的水流特征与过流能力等均不同,是两种不同的水流现象。但从研究其过流能力及其影响因素来看,两者也有相同之处:首先两者都是在一定水头 $H$ 作用下形成的(尽管两者的 $Q$ 与 $H$ 之间的关系不同),都是随水头 $H$ 增大过流能力 $Q$ 也增大;两者都是主要受重力作用形成的水流运动;两者均属于明渠急变流动,离心惯性力的作用影响不能忽略;且从能量损失来看,两者均为局部损失为主。

所以在研究堰流之前,一定要将堰流与闸孔出流,这两种不同流动搞清楚,区分开来。

## 8.2 堰和堰流的分类

当水流接近堰顶时,由于流线收缩,流速加大,另外也因局部阻力的存在,自由表面将出现明显跌落。把堰前无明显下降,属渐变流的 0-0 断面叫做堰前断面;堰的上游(3-5)$H$ 处,堰顶以上至自由水面的水深叫做堰上水头,以 $H$ 表示;堰前断面的流速称为行近(或趋近)流速 $v_0$。

如图 8-2 所示,表征堰流的特征量有:堰宽 $b$,即水流漫过堰顶的宽度;堰上水头 $H$,即堰上游水位在堰顶上的最大超高;堰壁厚度 $\delta$;下游水深 $h_t$ 及下游水位高出堰顶的高度 $h_s$;上、下游堰高 $P$ 及 $P'$;行近流速 $v_0$ 等。根据堰流的水力特点,可按 $\delta/H$ 的大小将堰划分为三种基本类型。

**1. 薄壁堰**

$\delta/H < 0.67$,水流越过堰顶时,堰顶厚度 $\delta$ 不影响水流的特性,如图 8-3(a)所示。

水舌下缘上挑，与堰顶呈线性接触，水面呈单一降落曲线。常将堰顶做成锐缘，故亦称锐缘堰。薄壁堰根据堰口的形状，一般有矩形堰、三角堰和梯形堰等。薄壁堰流具有稳定的水位、流量关系，因此薄壁堰主要用做量测流量的一种设备。另外曲线形实用堰的剖面线形和隧洞进口曲线等也常根据薄壁堰流水舌的下缘曲线构制而成。

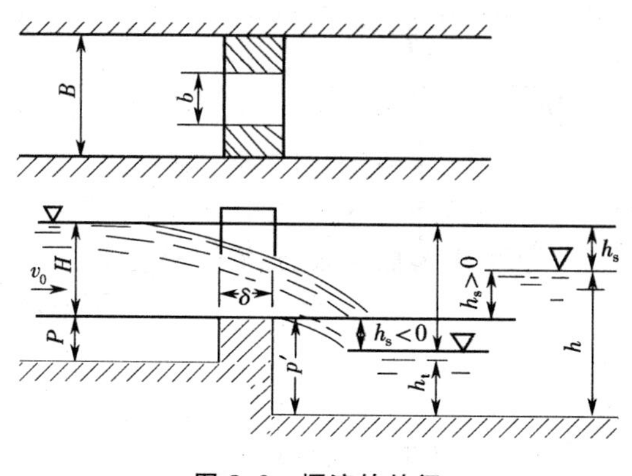


图 8-2 堰流的特征

**2. 实用堰**

0.67<$\delta/H$<2.5，堰顶厚度$\delta$对水舌的形状已有一定影响，水舌下缘与堰顶呈面接触，水舌受到堰顶的约束和顶托。但越过堰顶的水流主要还是在重力作用下呈明显弯曲向下的流动。实用堰的堰顶剖面可以是曲线形如图 8-3(b)，也可以是折线形如图 8-3(c)。曲线型实用堰的堰顶曲线多按薄壁堰溢流水股下缘面并略加修正来构制。工程上的溢流建筑物常属于这种堰。

**3. 宽顶堰**

2.5<$\delta/H$<10，堰顶厚度$\delta$已大到足以使水流进入堰顶，水面发生降落后，在堰顶出现近似水平的流动如图 8-3(d)，但其沿程水头损失还未达到显著的程度而仍可以忽略。水利工程中的引水闸底坎即属于这种堰。

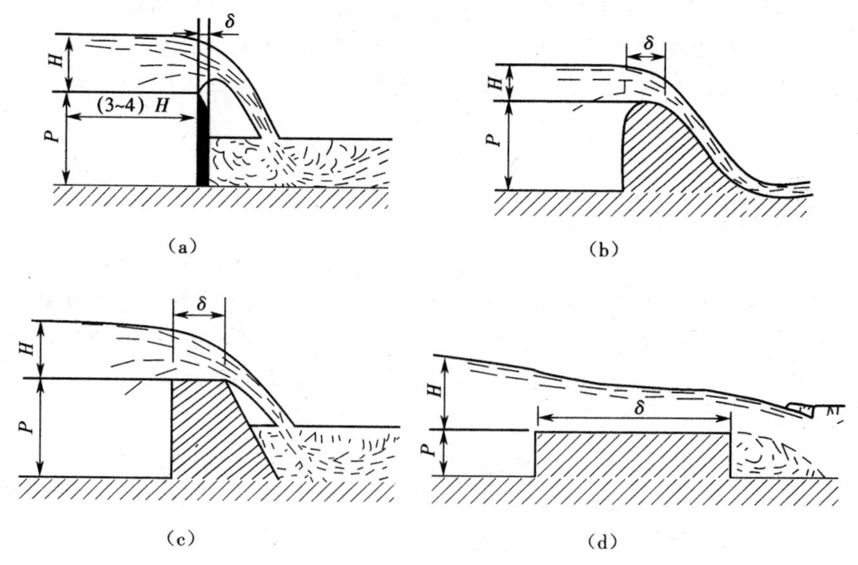


图 8-3 堰与堰流的类型

(a)薄壁堰；(b)实用堰(曲线形)；(c)实用堰(折线形)；(d)宽顶堰

当 $\delta/H>10$ 时，沿程水头损失逐渐起主要作用，不再属于堰流的范畴。

虽然堰流有多种形式，但它们具有共同的特征：水流趋近堰顶时，流股断面收缩，流速增大，动能增加而势能减小，故水面有明显降落。从作用力方面看，重力作用是主要的；堰顶流速变化大，且流线弯曲，属于急变流动，惯性力作用也显著；在曲率大的情况下有时表面张力也有影响；因溢流在堰顶上的流程短（$0<\delta\leqslant 10H$），黏性阻力作用小，在能量损失上主要是局部水头损失，沿程水头损失可忽略不计（如宽顶堰和实用堰），或无沿程水头损失（如薄壁堰）。

影响堰流性质的因素除了 $\delta/H$ 以外，堰流与下游水位的连接关系也是一个重要因素。当下游水深足够小，不影响堰流性质（如堰的过流能力）时，称为自由式堰流。如果下游水深超过了堰顶，即 $h_s>0$，同时使堰的过流能力减小，影响到堰流的性质，就是淹没式堰流。开始影响堰流性质的下游水深，称为淹没标准。此外，当堰宽 $b$ 小于上游渠道宽度 $B$ 时，称为有侧收缩堰，当 $b=B$ 时则称为无侧收缩堰。

## 8.3 堰流的基本公式

现以如图 8-4 所示，薄壁堰流为例，应用能量方程推求堰流水力计算的基本公式。

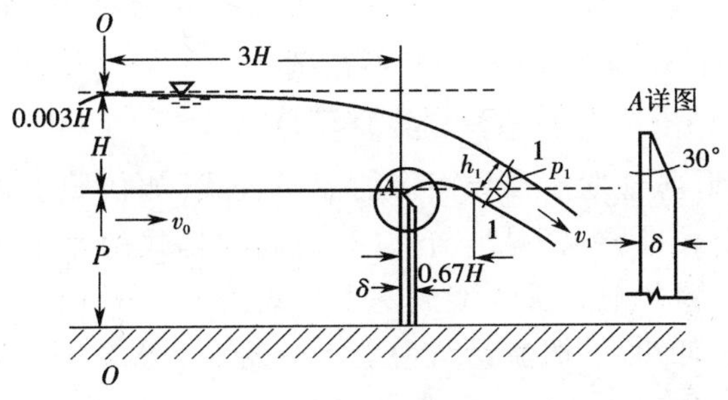


图 8-4 薄壁堰流

以通过堰顶的水平面为基准面，对堰前断面 0-0 及堰下游溢流水股断面 1-1 列能量方程。其中，0-0 断面为渐变流；而 1-1 断面的中点是堰顶溢流水股的中心线与过堰顶的水平面的交点，故该点与堰顶高程相同，该处流线虽然接近于平行，但断面内各点压强并非全等于大气压强，而是呈曲线分布（如图 8-4 所示），现以 $\left(\dfrac{p_1}{\rho g}\right)_m$ 表示 1-1 断面上平均压强水头。由此可得

$$H+\frac{\alpha_0 v_0^2}{2g}=\left(\frac{p_1}{\rho g}\right)_m+(\alpha_1+\zeta)\frac{v_1^2}{2g}$$

式中 $v_1$——1-1 断面的平均流速；

$v_0$——0-0 断面的平均流速，即行近流速；

$\alpha_0$、$\alpha_1$——相应断面的动能修正系数；

$\zeta$——局部损失系数。

令 $H_0=H+\frac{\alpha_0 v_0^2}{2g}$，其中$\frac{\alpha_0 v_0^2}{2g}$为行近流速水头，$H_0$ 称为包括行近流速水头在内的堰上总水头。

令$\left(\frac{p_1}{\rho g}\right)_m=\xi H_0$，$\xi$ 为反映水股压强分布的修正系数。则上式可改写为

$$H_0-\xi H_0=(\alpha_1+\zeta)\frac{v_1^2}{2g}$$

1-1 断面的平均流速

$$v_1=\frac{1}{\sqrt{\alpha_1+\zeta}}\sqrt{2g(H_0-\xi H_0)}=\frac{1}{\sqrt{\alpha_1+\zeta}}\sqrt{2gH_0(1-\xi)}$$

因为堰顶过水断面面积一般为矩形，设其断面宽度为 $b$；1-1 断面的水舌厚度为 $h_1$，令 $h_1=kH_0$，$k$ 为反映堰顶水流垂直收缩的系数。则 1-1 断面的过水面积应为 $kH_0b$；则通过流量为

$$Q=kH_0bv_1=kH_0b\frac{1}{\sqrt{\alpha_1+\zeta}}\sqrt{2gH_0(1-\xi)}=\varphi k\sqrt{1-\xi}\,b\sqrt{2g}H_0^{3/2}$$

式中，$\varphi=\frac{1}{\sqrt{\alpha_1+\zeta}}$称为流速系数。

令 $\varphi k\sqrt{1-\xi}=m$，称为堰流的流量系数，则

$$Q=mb\sqrt{2g}H_0^{3/2} \tag{8-1}$$

式(8-1)虽是针对矩形薄壁堰流推导而得的流量公式，如仿照上述方法，对实用堰和宽顶堰流进行流量公式推导，将得出与式(8-1)同样形式的流量公式，只是流量系数所代表的数值不同。因此上式称为堰流基本公式。

从堰流基本公式可知，过堰流量与堰上水头的 3/2 次方成正比，即 $Q\propto H_0^{3/2}$。式中的流量系数 $m=k\varphi\sqrt{1-\xi}$，是由反映水股收缩程度的系数 $k$，反映水头损失的流速系数 $\varphi$ 和反映水股断面压强分布的系数 $\xi$ 三者所组成的，而该三个系数 $k$、$\varphi$、$\xi$ 值均随堰的几何边界条件而改变的。

上述堰流基本公式只考虑堰上水头和堰型对过流能力的作用，而没有计及其他因素，特别是淹没和侧收缩这两个重要因素的影响。

淹没对过流的影响：当下游水位很高，即下游水位高过堰顶的水深 $h_s>0$，且降低了堰的过流能力，这种情况的堰流即成为淹没堰流。淹没堰流的过流量从理论上难以求解，实用上是在堰流基本公式中乘以一个小于 1.0 的淹没系数 $\sigma_s$，成为

$$Q=\sigma_s mb\sqrt{2g}H_0^{3/2} \tag{8-2}$$

$\sigma_s<1.0$，其值由实验确定。

侧收缩的影响：若过流堰宽 $b$，小于上游来流水面宽度(或引渠宽度)$B$；或者堰顶上设有闸墩、边墩，由于水流惯性，使过堰水流在流经闸墩、边墩时发生分离而产生侧

收缩，减小了过流的有效宽度，并且增加了局部水头损失，从而降低了堰的过流能力。为了反映这种侧向收缩对堰的过流能力的影响，也在基本公式中乘以一个小于 1.0 的侧收缩系数 $\varepsilon$，基本公式将成为

$$Q=\varepsilon\sigma_s mb\sqrt{2g}H_0^{3/2} \tag{8-3}$$

$\varepsilon<1.0$，也有将侧收缩影响合并入流量系数 $m$ 中一起考虑的。

另外上游堰高 $P_1$ 的大小，对过堰水股下缘的收缩是否充分也有影响，从而导致影响堰的过流能力。如堰高 $P_1$ 较小，过流水股下缘收缩不充分，将使堰的过流能力降低。其原理与孔口出流中不完善收缩的情况相类似，这种情况在低堰中更为明显。堰高对堰的过流能力的影响常纳入流量系数 $m$ 中考虑。

关于堰流的各种系数 $m,\varepsilon,\sigma_s$ 等将在下面结合各种堰型的具体情况加以介绍。

## 8.4　薄壁堰流

在理论上当堰壁厚度与堰上水头的比值满足：$\delta/H<0.67$ 时，堰壁不会影响水舌形状，堰顶与水舌只是线接触，称薄壁堰流。薄壁堰流由于具有稳定的水头和流量关系，常作为水力模型实验或野外流量测量中一种有效的量水工具。工程上广泛应用的曲线形实用堰，其剖面线型一般按照矩形薄壁堰流水舌下缘曲线并略加修正设计。因此，对薄壁堰流的研究具有一定的实际意义。

按照堰壁顶部的过水断面的几何形状，薄壁堰可分为矩形、三角形、梯形等形状的薄壁堰。

### 8.4.1　矩形薄壁堰流

**1. 非淹没无侧收缩薄壁堰流**

对矩形薄壁锐缘堰自由溢流水舌几何形状的观测成果，为后来设计曲线形剖面堰提供了依据。

测量流量用的矩形薄壁堰，一般都做得和上游进水槽一样宽，这样，水流通过堰口时，不会产生侧向收缩。堰顶必须做成向下游倾斜的锐角薄壁（见图 8-5）或直角薄壁，以便水流过堰后就不再和堰壁接触，溢流水舌有稳定的外形。同时，应在紧靠堰板下游侧墙内埋设通气孔，使水舌内外缘空气压强相等，以保证通过水舌内缘最高点的铅直断面上也能具有稳定的流速分布和压强分布，从而有稳定的水头和流量关系。

图 8-5 是按照巴赞的实验资料（1898）所绘出的矩形薄壁锐缘堰自由溢流水舌的几何形状。

对矩形薄壁锐缘堰自由溢流水舌几何形状的观测成果，为后来设计曲线形剖面实用堰提供了依据。

**1）矩形薄壁堰的流量计算公式**

按照堰流的基本公式（8-1）

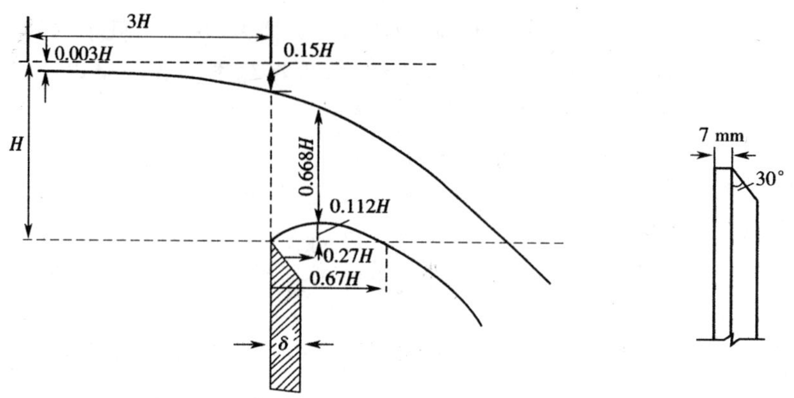


图 8-5 矩形薄壁锐缘堰自由溢流水舌

$$Q=mb\sqrt{2g}H_0^{3/2}$$

由于式中 $H_0$ 包括行近流速水头，应用式(8-1)计算流量不甚方便。为了便于根据直接测量出的水头来计算流量，可将堰流的基本公式中的堰上总水头 $H_0$，改用堰上水头 $H$ 表示，而将行近流速水头包含到流量系数中，用 $m_0$ 表示，则

$$Q=mb\sqrt{2g}(H+\alpha_0 v_0^2/2g)^{3/2}=m\left(1+\frac{\alpha_0 v_0^2}{2gH}\right)^{3/2}b\sqrt{2g}H^{3/2}$$

令
$$m_0=m(1+\alpha_0 v_0^2/2gH)^{3/2}$$

则可以得到实际堰上水头表示的方便测流的矩形薄壁堰流量计算公式

$$Q=m_0 b\sqrt{2g}H^{3/2} \tag{8-4}$$

式中，$m_0=m(1+\alpha_0 v_0^2/2gH)^{3/2}$ 为计及行近流速的堰流流量系数。

**2）流量系数的确定**

流量系数 $m$ 或 $m_0$ 需通过实验确定，适用的矩形薄壁堰流量系数 $m_0$ 可采用以下经验公式确定

(1)巴赞(Bazin，1898)公式

$$m_0=\left(0.405+\frac{0.0027}{H}\right)\left[1+0.55\left(\frac{H}{H+P}\right)^2\right] \tag{8-5}$$

式中 $H$——堰上水头，单位为 m；

$P$——上游堰高，单位为 m。

其中 $\frac{0.0027}{H}$ 项反映表面张力的作用；方括号项反映行近流速水头的影响。

此式的适用条件原为：水头 $H=0.1\sim0.6$ m，堰宽 $b=0.2\sim2.0$ m，堰高 $P\leqslant0.75$ m。后来纳格勒(F. A. Nagler)的实验证实，上式的适用范围可扩大为 0.1 m$\leqslant H\leqslant$1.24 m，$b\leqslant$2 m，0.2 m$\leqslant P\leqslant$1.13 m。

(2)雷伯克(T. Rehbock)公式

另一较常用的经验公式是雷伯克公式

$$m_0=\frac{2}{3}\left(0.605+\frac{0.001}{H}+0.08\frac{H}{P}\right) \tag{8-6}$$

式中：$H$、$P$ 均以 m 为单位，适用范围为 $0.15\ \text{m}<P<1.22\ \text{m}$，$H<2P$，$0.025\ \text{m}\leqslant H\leqslant 0.6\ \text{m}$。

**2. 侧收缩和淹没的影响**

**1）侧收缩的影响**

当堰宽 $b$ 小于引渠宽度 $B$ 时，过堰水流就会产生侧向收缩，减少有效过流宽度，并增加局部阻力，从而降低过流能力。

对于有侧向收缩影响的流量系数，爱格利（Hegly）根据实验提出采用修正的巴赞公式，即

$$m_0=\left(0.405+\frac{0.0027}{H}-0.030\frac{B-b}{B}\right)\times\left[1+0.55\left(\frac{b}{B}\right)^2\frac{H^2}{(H+P)^2}\right] \tag{8-7}$$

式中：$m_0$ 为考虑侧向收缩在内的流量系数，$B$ 为引水渠宽度。

**2）淹没的影响**

当薄壁堰的下游水位较高，高过了堰顶，即 $h_s>0$ 如图 8-6 所示，同时影响了过流流量时，就是淹没堰流。需考虑淹没的影响。

判别标准：薄壁堰流满足下述两个条件时就是淹没薄壁堰流。

（1）$h_s=\nabla_2-\nabla_0>0$

（2）$\frac{z}{P'}<\left(\frac{z}{P'}\right)_c$ 或近似地 $\frac{z}{P'}<0.70$

条件 1 为必要条件，因为只有下游水位超过堰顶后，由于下游水位的顶托，才有可能影响溢流能力。

条件 2 为充分条件，若为淹没薄壁堰流，则下游必然产生淹没水跃。如图 8-6 所示，如果溢流在下游造成远驱水跃，邻近溢流水股的水流将被推开，虽然此时 $h_s=\nabla_2-\nabla_0>0$ 也不能对堰顶出流产生影响。图 8-7 为矩形薄壁堰的淹没准则判别图，图中 $z$ 为上下游水位差；$P'$ 为自下游地面起算的堰高，即下游堰高；$H$ 为堰上水头；图中曲线表示淹没时相应于 $\frac{z}{P'}$ 的 $\left(\frac{z}{P'}\right)_c$ 临界值。设有一堰顶溢流，它的 $\frac{H}{P'}$ 及

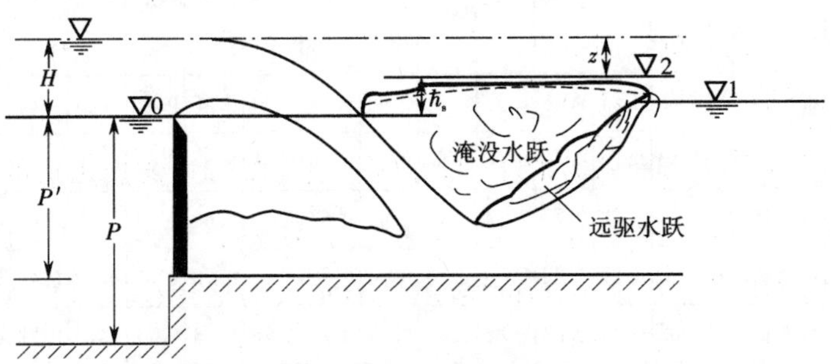


**图 8-6 薄壁堰淹没溢流**

$\frac{z}{P'}$为已知，则可从图上得出一点，如所处位置$\frac{z}{P'}>\left(\frac{z}{P'}\right)_c$，就是远驱水跃，堰是非淹没的；如其所处位置$\frac{z}{P'}<\left(\frac{z}{P'}\right)_c$ 则为淹没水跃，堰是淹没的。

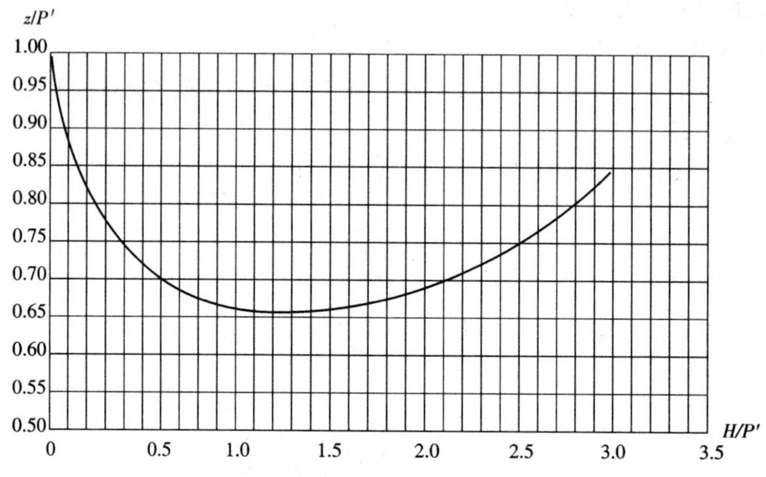


**图 8-7　矩形薄壁堰流淹没准则判别图**

淹没薄壁堰流的流量按下式计算

$$Q=\sigma_s m_0 b\sqrt{2g}H^{3/2} \tag{8-8}$$

其中 $\sigma_s$ 表示淹没的程度，称为淹没系数，可用下述经验公式确定

$$\sigma_s=1.05\left(1+0.2\frac{h_s}{P}\right)\sqrt[3]{\frac{z}{H}} \tag{8-9}$$

或查表可得。如表 8-1 所示。

**表 8-1　淹没矩形薄壁堰流的淹没系数 $\sigma_s$**

| $\sigma_s$ \ $\frac{h_s}{p'}$ \ $\frac{z}{P'}$ | 0.00 | 0.05 | 0.10 | 0.15 | 0.20 | 0.30 | 0.40 | 0.50 | 0.60 | 0.70 | 0.80 | 0.90 | 1.00 | 1.10 | 1.20 | 1.30 | 1.40 | 1.50 |
|---|---|---|---|---|---|---|---|---|---|---|---|---|---|---|---|---|---|---|
| 0.05 | 1.05 | 0.84 | 0.74 | 0.68 | 0.64 | 0.58 | 0.54 | 0.52 | 0.50 | 0.48 | 0.47 | 0.46 | 0.45 | 0.45 | 0.44 | 0.44 | 0.44 | 0.43 |
| 0.10 | 1.05 | 0.93 | 0.85 | 0.80 | 0.76 | 0.70 | 0.66 | 0.64 | 0.61 | 0.60 | 0.58 | 0.57 | 0.57 | 0.56 | 0.55 | 0.55 | 0.54 | 0.54 |
| 0.15 | 1.05 | 0.96 | 0.90 | 0.86 | 0.82 | 0.77 | 0.74 | 0.71 | 0.69 | 0.67 | 0.66 | 0.65 | 0.64 | 0.63 | 0.63 | 0.62 | 0.62 | 0.61 |
| 0.20 | 1.05 | 0.98 | 0.94 | 0.90 | 0.87 | 0.82 | 0.79 | 0.76 | 0.74 | 0.72 | 0.71 | 0.70 | 0.69 | 0.69 | 0.68 | 0.68 | 0.67 | 0.67 |
| 0.25 | 1.05 | 1.00 | 0.96 | 0.82 | 0.90 | 0.86 | 0.82 | 0.80 | 0.78 | 0.77 | 0.75 | 0.75 | 0.74 | 0.73 | 0.72 | 0.72 | 0.72 | 0.71 |
| 0.30 | 1.05 | 1.01 | 0.97 | 0.94 | 0.92 | 0.88 | 0.85 | 0.83 | 0.81 | 0.80 | 0.79 | 0.78 | 0.77 | 0.77 | 0.76 | 0.76 | 0.75 | 0.75 |

续表

| $\frac{z}{P'}$ \ $\sigma_s$ \ $\frac{h_s}{p'}$ | 0.00 | 0.05 | 0.10 | 0.15 | 0.20 | 0.30 | 0.40 | 0.50 | 0.60 | 0.70 | 0.80 | 0.90 | 1.00 | 1.10 | 1.20 | 1.30 | 1.40 | 1.50 |
|---|---|---|---|---|---|---|---|---|---|---|---|---|---|---|---|---|---|---|
| 0.35 | 1.05 | 1.01 | 0.98 | 0.96 | 0.94 | 0.90 | 0.88 | 0.86 | 0.84 | 0.83 | 0.82 | 0.81 | 0.80 | 0.80 | 0.79 | 0.79 | 0.79 | 0.78 |
| 0.40 | 1.05 | 1.02 | 0.99 | 0.97 | 0.95 | 0.92 | 0.90 | 0.89 | 0.87 | 0.85 | 0.84 | 0.84 | 0.83 | 0.82 | 0.82 | 0.82 | 0.81 | 0.81 |
| 0.45 | 1.05 | 1.02 | 1.00 | 0.98 | 0.96 | 0.94 | 0.92 | 0.90 | 0.89 | 0.87 | 0.87 | 0.86 | 0.85 | 0.85 | 0.84 | 0.84 | 0.84 | 0.84 |
| 0.50 | 1.05 | 1.03 | 1.01 | 0.99 | 0.98 | 0.95 | 0.93 | 0.92 | 0.90 | 0.89 | 0.89 | 0.88 | 0.87 | 0.87 | 0.87 | 0.86 | 0.86 | 0.86 |
| 0.55 | 1.05 | 1.03 | 1.01 | 1.00 | 0.98 | 0.96 | 0.94 | 0.93 | 0.92 | 0.91 | 0.90 | 0.90 | 0.89 | 0.89 | 0.88 | 0.88 | 0.88 | 0.88 |
| 0.60 | 1.05 | 1.03 | 1.02 | 1.00 | 0.99 | 0.98 | 0.96 | 0.94 | 0.93 | 0.92 | 0.92 | 0.91 | 0.91 | 0.90 | 0.90 | 0.90 | 0.90 | 0.89 |
| 0.65 | 1.05 | 1.04 | 1.02 | 1.01 | 1.00 | 0.98 | 0.97 | 0.96 | 0.95 | 0.94 | 0.93 | 0.93 | 0.92 | 0.92 | 0.92 | 0.92 | 0.91 | 0.91 |
| 0.70 | 1.05 | 1.04 | 1.02 | 1.01 | 1.00 | 0.99 | 0.98 | 0.96 | 0.96 | 0.95 | 0.94 | 0.94 | 0.94 | 0.93 | 0.93 | 0.93 | 0.93 | 0.92 |

应该指出，作为量测流量设备的薄壁堰不宜在淹没条件下工作。

### 8.4.2 三角形薄壁堰流

矩形薄壁堰适宜量测较大的流量。当流量很小时，堰上水头很小，矩形薄壁堰溢流水舌在表面张力和动水压力的作用下很不稳定，这时稳定的水头流量关系已不能保证，使矩形薄壁堰量测精度大受影响，因此，宜采用三角形薄壁堰作为量水堰如图8-8。三角形薄壁堰的堰上水头是以三角形顶点为基准的，它可以量测较小的流量，使小流量仍能保持较大的堰上水头，以保证量测精度。三角形薄壁堰的夹角 $\theta$，一般为 90°。现在用矩形薄壁堰流的基本公式推导三角形薄壁堰流的流量公式。

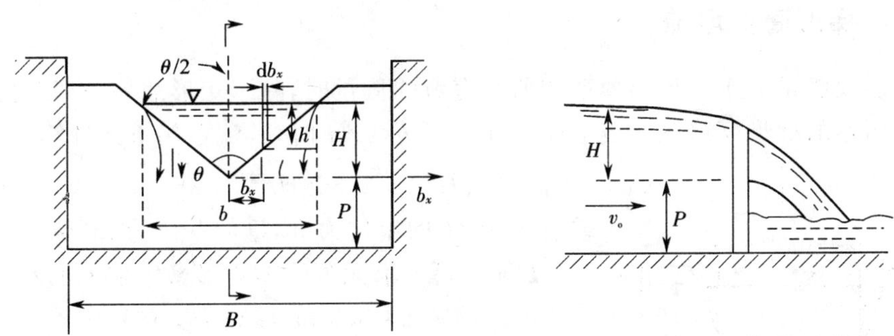


图8-8 三角形薄壁堰流

设三角形薄壁堰的夹角为 $\theta$，自顶点算起的堰上水头为 $H$，将微小宽度 $db_x$ 内的水流视为矩形薄壁堰溢流，则流量为

$$dQ = m_0\sqrt{2g}h^{3/2}db_x$$

式中：$h$ 为 $db_x$ 处的水头。由几何关系 $b_x=(H-h)\tan\dfrac{\theta}{2}$，故 $db_x=-\tan\dfrac{\theta}{2}dh$，代入上式得

$$dQ = -m_0\tan\frac{\theta}{2}\sqrt{2g}h^{3/2}dh$$

设 $m_0$ 为常数，将上式积分，并乘以 2，即得堰的溢流量

$$Q = -2m_0\tan\frac{\theta}{2}\sqrt{2g}\int_H^0 h^{3/2}dh = \frac{4}{5}m_0\tan\frac{\theta}{2}\sqrt{2g}H^{5/2}$$

即

$$Q = \frac{4}{5}m_0\sqrt{2g}\tan\frac{\theta}{2}H^{5/2} \tag{8-10}$$

上式就是顶角为 $\theta$ 的等腰三角形薄壁堰的流量公式。实用上，顶角 $\theta$ 常取直角。根据汤姆逊(P. W. Thomson)的实验，在 $H=0.05\sim0.25$ m 时，$m_0=0.395$。$\theta=90°$ 的三角形薄壁堰流的流量公式为

$$Q = 1.4\ H^{5/2} \tag{8-11}$$

式中：$H$ 为自堰口顶点计起的堰上水头，单位以 m 计，流量 $Q$ 单位以 $m^3/s$ 计。该式适用于 $P\geqslant 2H$，$H=0.05\sim0.25$ m，$B\geqslant(3\sim4)H$ 范围。当 $Q<0.1\ m^3/s$ 时，上式具有足够高的精度。$B$ 为堰板上游引水渠槽的宽度，单位以 m 计。

金(H. W. King)根据实验提出，当 $\theta=90°$，在 $H=0.06\sim0.55$ m 条件下，流量公式为

$$Q = 1.343H^{2.47} \tag{8-12}$$

还有一些类似的公式，只是系数和 $H$ 的指数有很小的差异。

### 8.4.3 梯形薄壁堰流

当需要测量大于三角形薄壁堰所能宣泄的流量时，除了矩形堰外，有时也采用如图 8-9 所示的梯形薄壁堰。当 $\tan\theta=1/4$ 及 $b<3H$ 时，其流量用下式计算

$$Q = 0.42b\sqrt{2g}H^{3/2} = 1.86bH^{3/2} \tag{8-13}$$

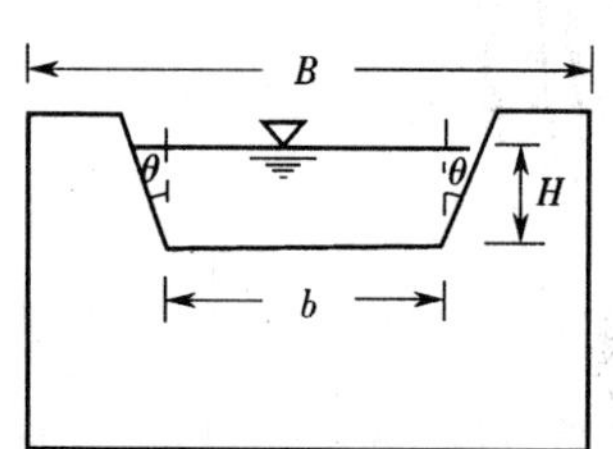

图 8-9 梯形薄壁堰流

式中：$b$ 及 $H$ 的单位为 m，$Q$ 的单位为 $m^3/s$。

**【例 8-1】** 求无侧收缩矩形薄壁堰上的水头 $H$。已知堰宽 $b=3.0$ m，堰高 $P=P'=0.8$ m，下游水深 $h=0.6$ m，泄水流量 $Q=3.0\ m^3/s$。

**【解】** 因 $h<P'$，所以是非淹没堰流。可应用式(8-4)计算，但因堰上水头 $H$ 未知，故流量系数 $m_0$ 尚不能确定，可先设 $m_0=0.43$，然后再行修正。

$$Q=m_0\sqrt{2g}\,bH^{3/2}$$

$$3.0=0.43\times3.0\sqrt{2\times9.8}\,H^{3/2}$$

则
$$H=0.65\ \text{m}$$

现在已知 $H$ 的第一次近似值，代入式(8-5)可以修正流量系数值。

$$m_0=\left(0.405+\frac{0.0027}{0.65}\right)\times\left[1+0.55\left(\frac{0.65}{0.65+0.80}\right)^2\right]=0.454$$

在 $m_0=0.454$ 条件下，重新计算水头 $H$

$$H^{3/2}=\frac{Q}{m_0b\ \sqrt{2g}}=\frac{3.0}{0.454\times3\times\sqrt{2\times9.8}}=0.498$$

$$H=0.498^{2/3}\ \text{m}=0.63\ \text{m}$$

第二次计算流量系数 $m_0$ 值

$$m_0=\left(0.405+\frac{0.0027}{0.63}\right)\times\left[1+0.55\left(\frac{0.63}{0.63+0.80}\right)^2\right]=0.453$$

与第一次算的值只差 0.001，已足够准确，取 $H=0.63$ m。

## 8.5　实用堰流

### 8.5.1　实用堰的分类

实用堰主要用做工程上泄水建筑物的溢流。

**1. 按剖面线型分类**

根据堰的专门用途和结构本身的稳定性要求，其剖面可设计成曲线形或折线形两类，如图 8-10 所示。

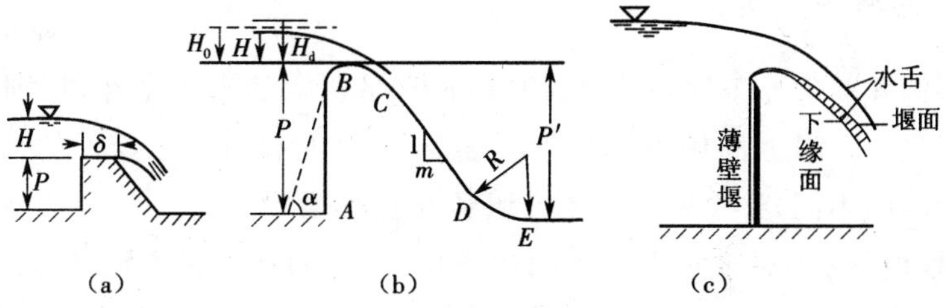


**图 8-10　实用堰的剖面线形式**

曲线形实用堰的剖面线形是按照矩形薄壁堰自由溢流水舌的下缘形状，经稍加修正构制而成，如图 8-10(c)所示。

折线形实用堰，如用条石或其他当地材料砌筑而成的中低型溢流堰，其堰顶剖面常做成折线形，如图 8-10(a)所示。折线形实用堰以梯形剖面居多。

曲线形实用堰的剖面形状一般由以下几部分组成，如图 8-10(b)所示：上游迎水面 $AB$ 段，该段可做成铅垂直线状亦可做成斜坡状；堰顶曲线段（可细分为堰顶上游和下游曲线段）；下游斜坡段和与下游河床连接的反弧段四部分。影响泄流能力的主要因素是堰顶曲线段 $BC$ 的线型和上游迎水面 $AB$ 段是铅垂的还是斜坡状的。而堰顶曲线段 $BC$ 是设计曲线型实用堰剖面的关键。各种堰型的不同关键就在于堰顶曲线段 $BC$ 的线型不同。国内外对堰的剖面形状有许多设计方法，其主要区别也就在于曲线段 $BC$ 如何确定。

我国沿用较广的曲线形实用堰剖面形式主要有以下几种。

(1) 克里格(W. P. Creagre)-奥菲才洛夫(A. C. ОФицеров)曲线形实用堰，简称克-奥剖面堰。该剖面与其他剖面堰比较略显肥大，曾在我国 20 世纪 50 年代至 60 年代被广泛采用。

(2) 渥奇(Ogee)曲线形实有堰，该堰是由美国内务部垦务局在系统研究的基础上推荐的堰型。有关渥奇及克-奥剖面堰的设计可参考有关资料。

(3) WES 曲线形实用堰，该堰是由美国陆军工程兵团水道实验站(Waterways Experiment Station)提供的堰型，简称 WES 剖面。由于该剖面用曲线方程表示，便于控制；和其他堰型比较较瘦，可节省工程量，且具有较高的流量系数；此外，堰面负压较小，堰面压强分布比较理想，对安全有利。因此，该剖面成为近年来常用的堰型。

(4) 长研Ⅰ型和Ⅱ型，是我国长江科学研究院经长期实践，自行研制的一种具有较好水力特性的曲线形实用剖面堰型。

以上各种曲线形实用堰之不同，关键在于堰顶曲线段 $BC$ 的线型的不同并导致了它们在各方面的差异。其剖面线型设计与设计水头 $H_d$ 密切相关并影响实用堰的过流能力。

### 2. 按上游堰高$\dfrac{P}{H_d}$分类

实用堰的几何边界条件，其中包括堰高 $P$，是影响其水力特性，特别是过流能力的重要因素之一。根据曲线形实用堰上游堰高 $P$ 与设计水头 $H_d$ 的比值即 $P/H_d$（称相对堰高）的不同，将实用堰分为**高堰**和**低堰**两类。

高、低堰的区分，对于实用堰不同的堰型，划分的标准是不同的。对于 WES 堰型，以 1.33 为界限，即 $P/H_d \geqslant 1.33$ 为高堰，$P/H_d < 1.33$ 为低堰；对于其他几种堰型（如 Ogee 型、克-奥型、长研Ⅰ、Ⅱ型等）均以 3.0 为分界。$P/H_d \geqslant 3.0$ 者为高堰，$P/H_d < 3.0$ 者为低堰。高堰与低堰之间，两者的水力特性是有差异的。

高堰，其堰前上游水深较大，行近流速 $v_0$ 很小，因此行近流速水头$\dfrac{\alpha_0 v_0^2}{2g}$较小，可以忽略不计，实际的堰上水头 $H$ 就等于堰上总水头 $H_0$，即 $H=H_0$；由于堰前水深较大。因此过堰水流收缩充分，势能与动能转化比较充分，使其流速系数较大，即过流能力较大，且下游溢流坝面压强较小，分布较为合理；一般高堰取设计水头 $H_d=(0.75\sim0.95)H_{max}$。

低堰，由于堰高 $P$ 较小，上游行近流速 $v_0$ 较大，故行近流速水头 $\frac{\alpha_0 v_0^2}{2g}$ 在堰上总水头 $H_0=H+\frac{\alpha_0 v_0^2}{2g}$ 中将有显著影响，而不能像高堰那样忽略不计，$H\neq H_0$；由于 $P$ 较小，过堰水流垂向收缩不充分，导致堰顶上压强增大，而使低堰的流量系数 $m$ 有所降低；对低堰剖面的设计水头，一般选用 $H_d=(0.65\sim0.75)H_{max}$。低堰的剖面形式很多，其流态常较复杂多样。详细情况可参考有关文献和手册。

## 8.5.2 计算公式

实用堰的流量公式采用堰流的基本公式进行计算，即

$$Q=mb\sqrt{2g}H_0^{3/2} \tag{8-13}$$

如为有侧收缩的自由溢流，则

$$Q=\varepsilon mnb\sqrt{2g}H_0^{3/2} \tag{8-14}$$

式中 $\varepsilon$——侧收缩系数；

$m$——流量系数；

$n$——闸孔数目；

$b$——单个闸孔净宽；

$H_0$——堰上总水头。

如果为淹没溢流，则

$$Q=\sigma_s\varepsilon mnb\sqrt{2g}H_0^{3/2} \tag{8-15}$$

式中 $\sigma_s$——淹没系数。

## 8.5.3 影响实用堰流过流能力的因素分析简介

影响实用堰过流能力的主要因素有两方面，其一是几何边界条件，包括堰的剖面形状和堰高 $P$ 等，剖面形状的不同，关键是指堰顶曲线段 $BC$ 的线型不同，直接影响着流量系数的大小。堰高 $P$ 不同，使溢流水股垂向收缩的情况不同，直接影响着堰顶压强的大小和分布，也就影响着过流能力，即流量系数的大小。其二是堰流的水力要素，包括堰上水头 $H$ 和下游水深等。堰顶曲线的形式多根据薄壁堰溢流水股的下缘面来确定，并与堰的剖面设计水头 $H_d$ 有密切关系。也就是说，实用堰的剖面线型都是相对于某一设计水头 $H_d$（也称剖面定形水头）设计的。实际上，堰不可能只在设计水头下工作。实际过流时，流量有大有小，因此实际溢流时堰上总水头 $H_0$（高

堰就是 $H$)，常大于或小于设计水头 $H_d$，这时溢流水股与堰顶剖面之间的作用就不同于在设计水头 $H_d$ 时的相互作用，它影响着流量系数大小的不同，所以实用堰的过流能力与 $H_0/H_d$ 比值有直接关系。$H_0/H_d$ 称为水头饱满系数。当 $H_0=H_d$(高堰即 $H=H_d$)，即 $H_0/H_d=1.0$，设计情况，$m=m_d$；当 $H_0>H_d$($H_0/H_d>1.0$)，溢流水股下缘将与堰而脱离而产生负压，使过流能力增大，则 $m>m_d$；当 $H_0<H_d$($H_0/H_d<1.0$)，堰上水流紧压堰面，堰面上压强增大，则 $m<m_d$。而设计条件下的流量系数 $m_d$，因堰型而异：上游迎水面垂直的 WES 剖面，$m_d=0.502$；Ogee 剖面，$m_d=0.492$；克-奥剖面，$m_d=0.49$；长研 I 型剖面，$m_d=0.487$。上述为高堰情况，低堰的 $m_d$ 比高堰要小。对于 WES 标准剖面堰，水头-流量系数关系($\frac{H_0}{H_d}$-$\frac{m}{m_d}$)如图 8-11 所示，其他堰型在不同情况下，高、低堰的流量系数 $m$ 值，可查阅有关图、表、手册，以及其他文献和资料。在工程实际中一般 $m$ 值都要通过模型实验确定。对于一般中、小型工程中的低堰在初步估算时，曲线形实用堰可取 $m=0.45$，折线形实用堰可取 $m=0.35\sim0.42$。

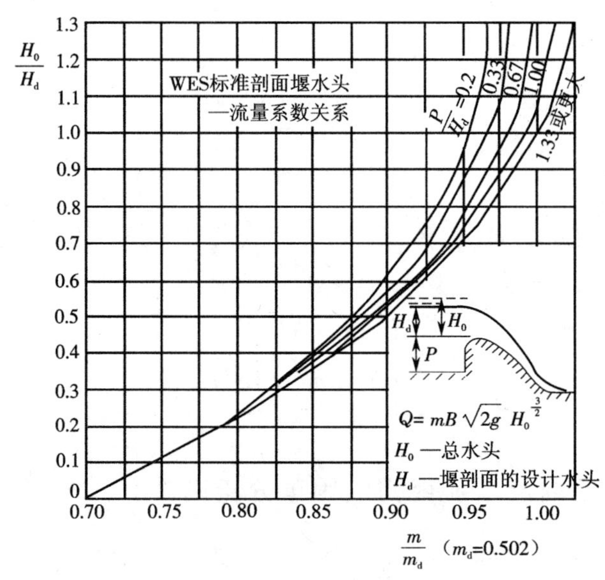


**图 8-11　WES 标准剖面堰 $\frac{H_0}{H_d}$-$\frac{m}{m_d}$ 关系曲线**

堰的上游迎水面是铅垂的竖直面，还是有一定倾斜角度 $\alpha$ 的坡面，对堰的过流能力也有较大影响。上游面为斜坡面时，既可以改善水流条件，提高过流能力，又可增加堰体稳定性。不同的上游斜坡(即不同 $\alpha$ 角)面采用不同的堰顶曲线，具有不同的流量系数 $m$ 值。

另外，堰顶的材料与施工工艺的不同，粗糙程度也就不同，所以流量系数 $m$ 与堰面相对粗糙$\frac{k_s}{H}$也有关系。

综上所述，可以认为曲线形实用堰的流量系数 $m$ 与堰的剖面线型、水头饱满系数$\frac{H_0}{H_d}$、相对堰高$\frac{P}{H_d}$、上游坡角 $\alpha$、堰面粗糙$\frac{k_s}{H}$及表面张力 $\sigma$ 等因素有关。

### 8.5.4　侧收缩的影响

在实际工程中，一般溢流坝都有闸墩及边墩如图 8-12 所示，致使水流产生平面收缩，降低了过流能力，这种影响称侧收缩影响。

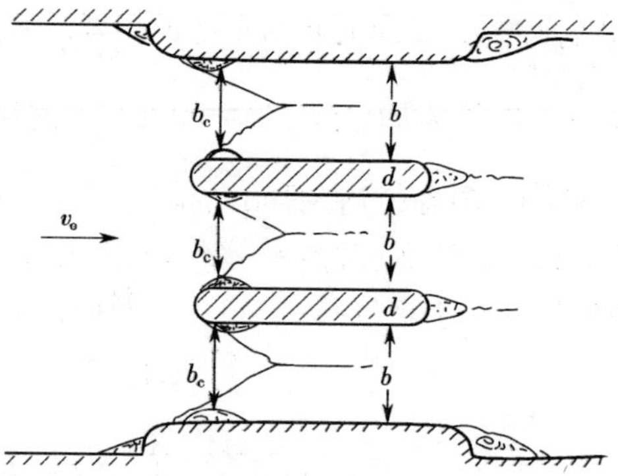

侧收缩影响一般用侧收缩系数 $\varepsilon$ 来反映，侧收缩系数 $\varepsilon$ 可用下式计算

$$\varepsilon=1-0.2[\zeta_k+(n-1)\zeta_0]\frac{H_0}{nb} \tag{8-16}$$

式中　$\zeta_k$——边墩形状系数；

$\zeta_0$——闸墩形状系数；

$H_0$——堰上总水头；

$n$——闸孔数。

图 8-12　侧收缩对过流的影响

系数 $\zeta_k$、$\zeta_0$ 的数值根据不同条件，按不同形状分别从图 8-13 及表 8-2 中查得。

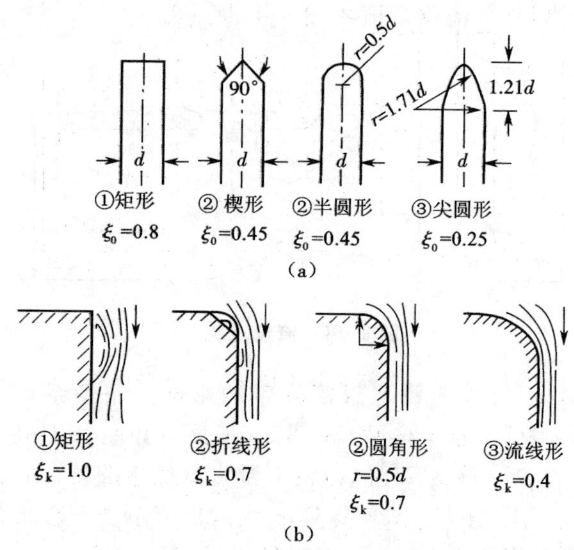


图 8-13　闸墩和边墩的形状系数

(a)闸墩形状系数；(b)闸墩和边墩的形状系数

表 8-2 闸墩形状系数 $\zeta_0$ 值

| 闸墩头部平面形状 | 顶端伸出上游壁面 $a=0.5H_0$ | 顶端与上游壁面齐平 $a=0$ | | | | | 附注 |
|---|---|---|---|---|---|---|---|
| | | $\frac{h_s}{H_0}\leqslant 0.75$ | $\frac{h_s}{H_0}=0.8$ | $\frac{h_s}{H_0}=0.85$ | $\frac{h_s}{H_0}=0.9$ | $\frac{h_s}{H_0}=0.95$ | |
| ① 矩形 | $\zeta_0=0.4$ | 0.8 | 0.86 | 0.92 | 0.98 | 1.00 | 墩子尾部形状与头部相同，闸墩头部形状见图 8-13。$h_s$ 为下游水位超过堰顶的高度 |
| ② 楔形或半圆形 | $\zeta_0=0.3$ | 0.45 | 0.51 | 0.57 | 0.63 | 0.69 | |
| ③ 尖圆形 | $\zeta_0=0.15$ | 0.25 | 0.32 | 0.39 | 0.46 | 0.53 | |

式(8-16)的适用条件

$$\frac{h_s}{H_0}\leqslant 0.85\sim 0.90$$

$$\frac{H_0}{b}\leqslant 1.0 \text{ 及 } B_0\geqslant B+(n-1)d$$

$$\left(\text{当}\frac{H_0}{b}>1.0\text{ 时，仍按}\frac{H_0}{b}=1.0\text{ 计算}\right)$$

其中 $B_0$ 为堰上游引渠(槽)的宽度，$d$ 为闸墩厚度。

### 8.5.5 淹没的影响

当堰的下游水位超过堰顶，堰下游形成淹没水跃时，过堰水流将受到下游水流的顶托，降低了过水能力，称为淹没堰流如图 8-14 所示。

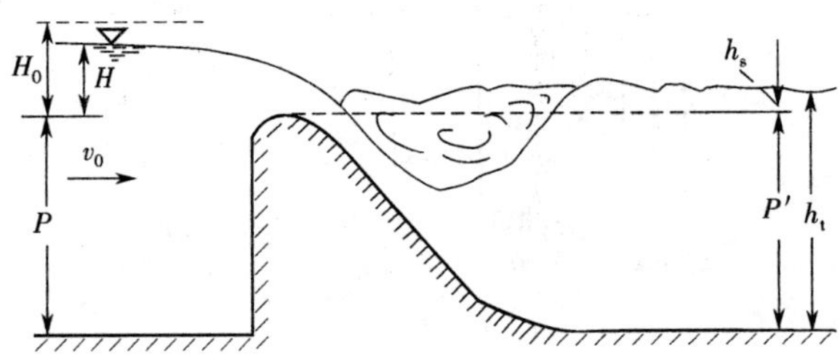


图 8-14 淹没堰流

一般用淹没系数 $\sigma_s$ 反映淹没对过流流量的影响。淹没系数 $\sigma_s$ 取决于淹没度 $h_s/H_0$ 和下游相对堰高 $P'/H_0$，对 WES 剖面，其关系如图 8-15 所示。从图中可以看出：当下游堰高较小($P'/H_0<2$)时，即使下游水位低于堰顶，同样可以影响过流能力。而当 $h_s/H_0\leqslant 0.15$ 以及 $P'/H_0\geqslant 2$ 时，$\sigma_s=1$，出流不受下游水位的影响，称之为自由出流。其他堰型的淹没系数 $\sigma_s$，可查阅有关图、表及资料。

**【例 8-2】** 某溢流堰为按 WES 剖面设计的曲线形实用堰。堰宽 $b$ 为 43 m，闸孔数 $n=1$(无闸墩)，堰与混凝土挡水坝相连，边墩头部为半圆形，上下游堰高均为 12

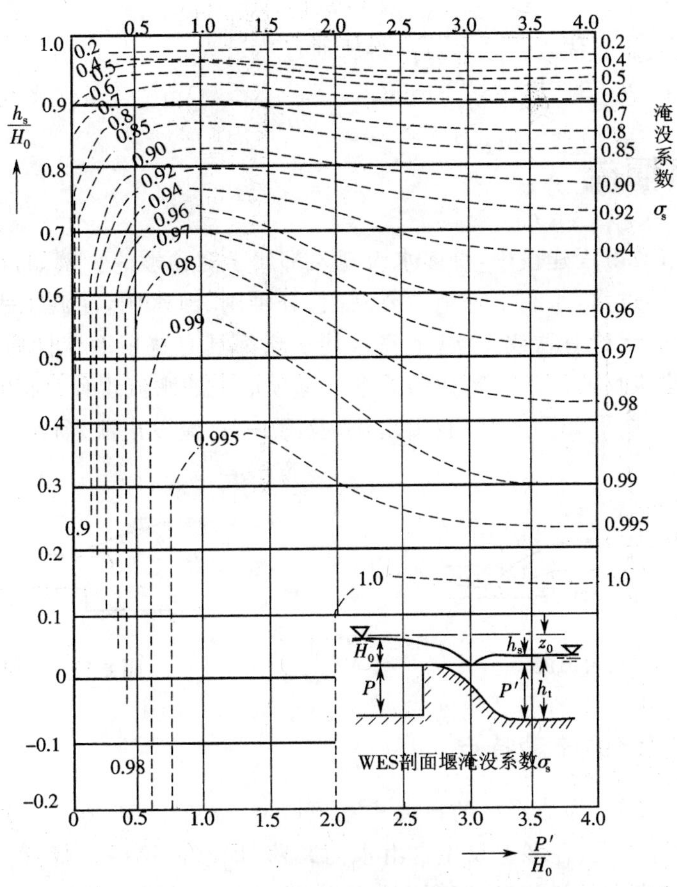


**图 8-15 WES 剖面堰淹沿系数 $\sigma_s$ 曲线图**

m，下游水深 $h_t=2.5$ m，设计水头 $H_d$ 为 3.11 m。试求堰上水头 $H$ 为 3.5 m 时通过溢流堰的流量。

**【解】** 因为 $\frac{P}{H_d}=\frac{12}{3.11}=3.86>1.33$，为高堰故可不计行近流速的影响，即 $H_0=H=3.5$ m 根据

$$Q=\sigma_s \varepsilon m n b\sqrt{2g}H_0^{3/2}$$

对与混凝土挡水坝相连的圆弧形边墩，$\xi_k=0.4$，因无闸墩，故 $\zeta_0=0$。所以

$$\varepsilon_1=1-0.2[0.4+(1-1)\times 0]\frac{4}{1\times 43}=0.99$$

因为 $h_t<P'$，即 $h_s<0$；又 $\frac{P'}{H_0}=\frac{12}{3.5}=3.43$；故由图 8-15 查得 $\sigma_s=1$，即堰为自由出流。对 WES 剖面，当设计水头 $H_d=3.11$ m，$\frac{P}{H_d}=\frac{12}{3.11}=3.86$ 为高堰 $m_d=0.502$。当实际堰上水头 $H=3.5$ m，$\frac{H_0}{H_d}=\frac{3.5}{3.11}=1.125$ 时，流量系数由图 8-11 查得 $\frac{m}{m_d}=$

1.01，则 $m=0.508$。

将已知的 $\varepsilon$、$\sigma_s$、$m$ 代入公式即可求得所通过流量为

$$Q=(1\times0.99\times1\times43\times0.508\times4.43\times3.5^{3/2})\ \mathrm{m^3/s}=627.3\ \mathrm{m^3/s}$$

# 8.6 宽顶堰流

在水利和市政工程建设中，许多水流现象都属于宽顶堰流。例如，小桥桥孔的过水，无压短涵管的过水，水利工程中的节制闸、分洪闸、泄水闸，灌溉工程中的进水闸等，当闸门全开时无论有坎或无坎（平底），其水流都具有宽顶堰流性质。因此，宽顶堰理论与水工建筑物的设计有密切的关系。宽顶堰上的水流现象是很复杂的。根据其主要特点，计算图形如图 8-16（自由出流）及图 8-17（淹没出流）所示。

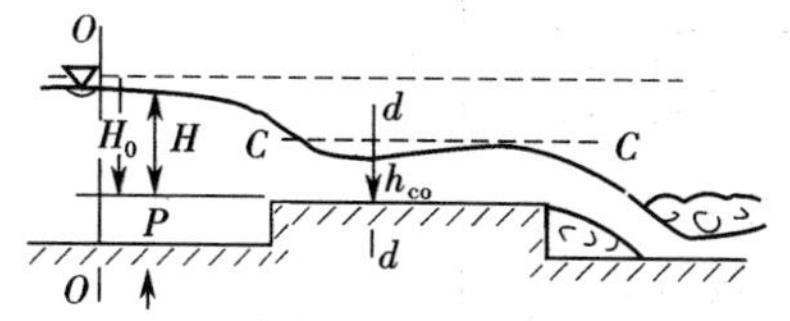


图 8-16 自由出流

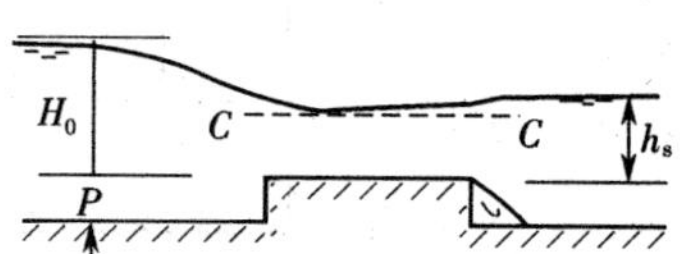


图 8-17 淹没出流

## 8.6.1 宽顶堰流的流动特点

当下游水位较低，为非淹没的自由式宽顶堰流，如图 8-16 所示。其流动的特点是：水流经堰坎进口后，在堰上发生自由水面跌落，即水面第一次降落。其原因是水流在垂向受到堰坎边界的约束，堰顶上的过流断面小于堰前引水渠过流断面，故堰顶水流速度增大、动能增大；同时堰坎前后将产生局部水头损失，因此，堰顶上水流的势能必然要减小，导致水流的第一次跌落。跌落的水流在堰顶上发生收缩，在最大跌落处形成收缩断面 $c'—c'$，收缩断面水深 $h_{co}<h_c$ 临界水深。此后，堰顶水流始终保持急流状态，形成流线近似平行于堰顶的流动，直至堰尾出口水面再次降落，形成第二次水面跌落。

## 8.6.2 计算公式与流量系数

### 1. 计算公式

对于非淹没（自由式），无侧收缩的宽顶堰流，可应用能量方程和连续性方程，按照前述方法直接推导宽顶堰流的流量公式，即前述的堰流基本公式（8-1）为

$$Q=mb\sqrt{2g}H_0^{3/2}$$

当堰上游引渠宽度 $B$ 大于过流堰宽 $b$ 或堰的前沿较宽，堰顶上设有闸墩和边墩，水流流经堰顶时，在侧壁发生水流分离现象，缩小了实际过流宽度，将产生侧收缩现象，同时也增加了局部水头损失。对于非淹没有侧收缩的宽顶堰流，其流量公式可

以采用与实用堰相同的式(8-14),即

$$Q=\varepsilon mnb\sqrt{2g}H_0^{3/2}$$

式中 $\varepsilon$——侧收缩系数;

$n$——闸孔数目;

$b$——单孔净宽。

当下游水位升高至超过堰顶(即 $h_s>0$);同时影响到堰的过流能力,使过流量 $Q$ 减小,即为宽顶堰的淹没溢流。其流量公式亦可采用与实用堰相同的式(8-15),即

$$Q=\sigma_s\varepsilon mnb\sqrt{2g}H_0^{3/2}$$

式中 $\sigma_s$——淹没系数。

**2. 流量系数 $m$**

宽顶堰流的流量系数 $m$ 与堰的进口形式和堰的相对高度 $P/H$ 等有关,可根据如图 8-18 所示的不同进口形式选用不同的经验公式进行计算。

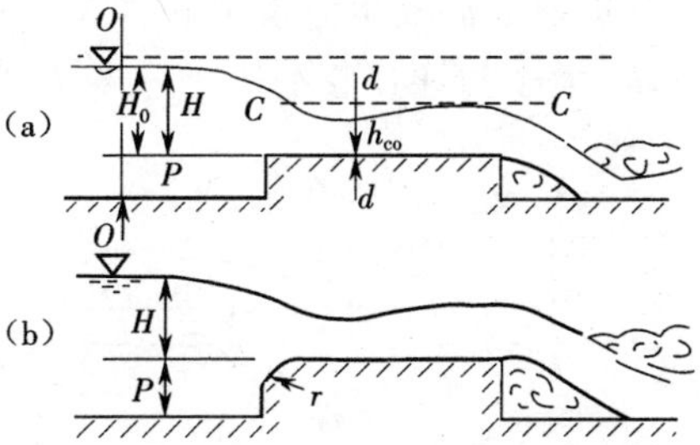

对于矩形有直角前沿进口的宽顶堰如图 8-18(a)所示,即

$$m=0.32+0.01\frac{3-\frac{P}{H}}{0.46+0.75\frac{P}{H}} \tag{8-17}$$

图 8-18 具有不同进口前沿的宽顶堰流

对矩形带圆角前沿进口的宽顶堰如图 8-18(b)所示,即

$$m=0.36+0.01\frac{3-\frac{P}{H}}{1.2+1.5\frac{P}{H}} \tag{8-18}$$

分析上述二式可知:当$\frac{P}{H}=3$时,$m$ 值为最小值,直角与圆角进口分别为 0.32 和 0.36;当 $P=0$ 时,$m$ 为最大值,两者均为 $m=0.385$。所以 $m$ 值的范围,对于直角进口 $m=0.32\sim0.385$,当$\frac{P}{H}>3$时,按$\frac{P}{H}=3$计算,$m=0.32$;对于圆角进口 $m=0.36\sim0.385$,当$\frac{P}{H}>3$时,$m=0.36$。

根据理论推导,宽顶堰流的流量系数 $m$ 值最大不超过 0.385。

### 8.6.3 侧收缩的影响

侧收缩产生的原因,前已阐明。宽顶堰溢流与实用堰流一样,用侧收缩系数 $\varepsilon$ 反映侧收缩对过堰水流的影响。计算侧收缩系数 $\varepsilon$ 可采用与实用堰相同的经验公式

(8-16)，即

$$\varepsilon=1-0.2[\xi_k+(n-1)\xi_0]\frac{H_0}{nb}$$

其中边墩形状系数 $\xi_k$ 和闸墩形状系数 $\xi_0$，可根据不同条件，按不同形状分别从图8-13及表 8-2 中查用。该式的适用条件与前述相同。

影响侧收缩的主要因素是闸墩和边墩的头部形状、数目和闸墩在堰顶上的相对位置及堰上总水头 $H_0$，还有淹没程度$\frac{h_s}{H_0}$的影响。

### 8.6.4 淹没的影响

**1. 淹没条件**

宽顶堰溢流发生淹没的条件是：下游水位超过堰顶($h_s>0$)，并且超过堰顶上的水深，$h_s$ 大于与堰顶收缩断面水深 $h_{co}$ 相共轭的跃后水深 $h''_{co}$，即发生淹没水跃，使堰的过流能力减小，此时宽顶堰流为淹没溢流状态。

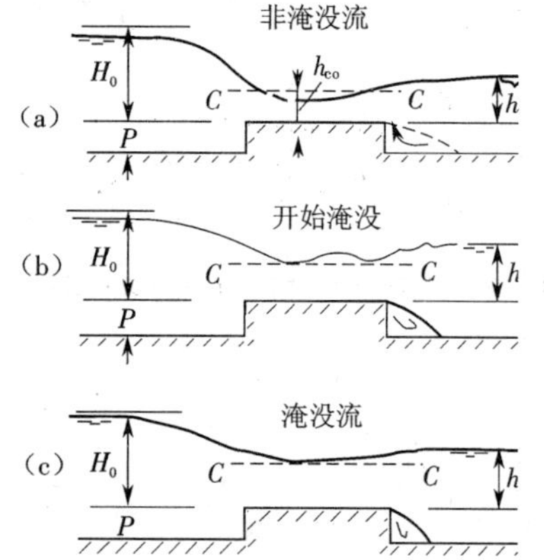

图 8-19　宽顶堰流淹没的展过程

宽顶堰的淹没过程可以由图 8-19 清楚地表示出。当下游水位超过了堰顶，虽然此时 $h_s>h_{co}$，但收缩断面水深 $h_{co}$ 仍不受影响，过流能力亦不变，如图 8-19(a)所示，则此时仍为非淹没溢流；图(b)则表示，随下游水位继续升高，$h_{co}$ 开始受到影响，而开始发生波状水跃，堰的过流能力也开始减小，这时刚刚开始淹没溢流状态；图 8-19(c)表示 $h_s$ 超过了收缩断面水深 $h_{co}$ 的共轭水深 $h''_{co}$，产生淹没水跃，将收缩断面淹没，使堰的过流能力下降，成为淹没溢流的状态。

**2. 淹没的判别标准**

下游水位高于堰顶只是发生淹没溢流的必要条件。由于堰身的影响，其下游水流情况复杂，因此使其发生淹没水跃的条件也较复杂。目前用理论分析确定淹没条件尚有困难，一般多采用实验资料判别宽顶堰是否淹没。其条件是

$$\frac{h_s}{H_0}\geqslant 0.75\sim0.85\ (\text{一般取 } 0.80) \tag{8-19}$$

或

$$\frac{h_s}{h_c}\geqslant 1.25\sim1.35$$

当满足条件式(8-19)时，为淹没溢流。式中 $h_c$ 为临界水深。

**3. 淹没系数**

对于淹没溢流的宽顶堰，淹没对过流能力的影响仍然采用淹没系数 $\sigma_s$($<1.0$)反

映。宽顶堰的淹没系数 $\sigma_s$ 主要随淹没度 $\frac{h_s}{H_0}$ 的增大而减小，可查用表 8-3。

表 8-3　宽顶堰的淹没系数 $\sigma_s$ 值

| $\frac{h_s}{H_0}$ | 0.80 | 0.81 | 0.82 | 0.83 | 0.84 | 0.85 | 0.86 | 0.87 | 0.88 | 0.89 |
|---|---|---|---|---|---|---|---|---|---|---|
| $\sigma_s$ | 1.00 | 0.995 | 0.99 | 0.98 | 0.97 | 0.96 | 0.95 | 0.93 | 0.90 | 0.87 |
| $\frac{h_s}{H_0}$ | 0.90 | 0.91 | 0.92 | 0.93 | 0.94 | 0.95 | 0.96 | 0.97 | 0.98 | |
| $\sigma_s$ | 0.84 | 0.82 | 0.78 | 0.74 | 0.70 | 0.65 | 0.59 | 0.50 | 0.40 | |

**【例 8-3】** 某进水闸具有直角形的前沿闸坎，坎前河底高程为 105.0 m，河水位高程为 112.0 m，坎顶高程为 108.0 m 如图 8-20 所示。闸分两孔，闸墩头部为半圆形，边墩头部为圆角形。下游水位很低，对溢流无影响。闸墩厚度 $d=2.0$ m，边墩厚度为 $d/2=1.0$ m。引水渠及闸后渠道均为矩形断面，其宽度 $B_0$ 均为 20 m，求该两孔闸闸门全部开启时下泄的流量。

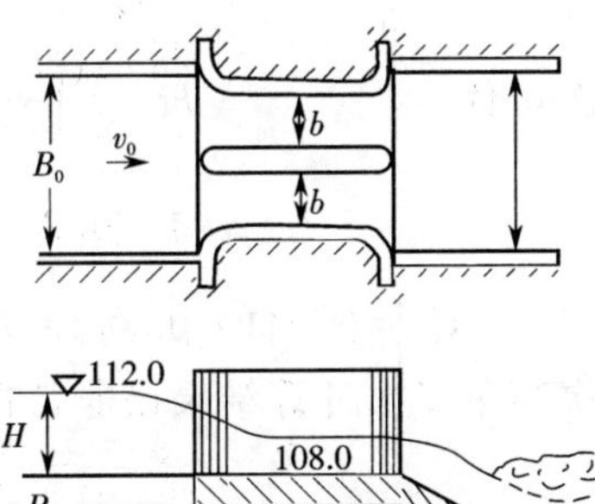


图 8-20　进水闸

**【解】** 闸门全开敞泄时为宽顶堰流；下游水位很低，对溢流无影响，故为非淹没溢流；由于堰顶上设有边墩和闸墩，故有侧收缩影响。计算堰的泄流量可用公式

$$Q=\varepsilon mnb\sqrt{2g}H_0^{3/2}$$

(1) 先求流量系数 $m$

因堰坎前沿为直角进口，按式(8-17)计算流量系数 $m$

$$m=0.32+0.01\frac{3-\frac{P}{H}}{0.46+0.75\frac{P}{H}}=0.32+0.01\times\frac{3-\frac{3}{4}}{0.46+0.75\times\frac{3}{4}}=0.342$$

(2) 求侧收缩系数 $\varepsilon$

可用公式(8-16)，即　$\varepsilon=1-0.2[\xi_k+(n-1)\xi_0]\frac{H_0}{nb}$

要求 $\varepsilon$ 就得有 $H_0$，要求得 $H_0$，就要知道行近流速 $u_0$，而 $Q$ 正是需要求解的，故此处先用 $H\approx H_0$ 求得 $\varepsilon$ 和 $Q$，再来求 $H_0$，校核 $\varepsilon$。

由图 8-13 查得 $\xi_k=0.7$，$\xi_0=0.45$，此处 $n=2$，$b=\frac{1}{2}(B_0-2d)=\frac{1}{2}(20-4)\text{m}=8.0\text{m}$，$H=4\text{m}$。

所以
$$\varepsilon_1=1-0.2\times(0.7+0.45)\times\frac{4}{16}=0.943$$

则 $Q_1=\varepsilon mnb\sqrt{2g}H_0^{3/2}=0.943\times0.342\times2\times8\sqrt{19.6}\times4^{3/2}\ \mathrm{m^3/s}=182.874\ \mathrm{m^3/s}$

$$H_{02}=H+\frac{v_0^2}{2g}=H+\frac{1}{2g}\left[\frac{Q}{B_0(H+P)}\right]^2=\left\{4+\frac{1}{19.6}\times\left[\frac{(182.874)^2}{20\times7}\right]^2\right\}\mathrm{m}=4.09\mathrm{m}$$

第二次求 $\varepsilon_2$
$$\varepsilon_2=1-0.2\times(0.7+0.45)\times\frac{4.09}{2\times8}=0.941$$

$$Q_2=0.941\times0.342\times2\times8\times4.43\times4.09^{3/2}\ \mathrm{m^3/s}=188.68\ \mathrm{m^3/s}$$

$$\frac{\varepsilon_1-\varepsilon_2}{\varepsilon_2}\times100\%=\frac{0.943-0.941}{0.941}\times100\%=0.213\%$$

$$\frac{Q_2-Q_1}{Q_2}=\frac{188.68-182.87}{188.68}=3.08\%$$

第三次迭代
$$H_{03}=4+\frac{1}{19.6}\times\left(\frac{188.68}{20\times7}\right)^2=4.093$$

$$\varepsilon_3=1-0.2\times(0.7+0.45)\times\frac{4.093}{2\times8}=0.941$$

$$Q_3=0.941\times0.342\times16\times4.43\times4.093^{3/2}\ \mathrm{m^3/s}=188.89\ \mathrm{m^3/s}$$

第三次与第二次计算结果已非常接近

$$\frac{\varepsilon_3-\varepsilon_2}{\varepsilon_3}\times100\%=0$$

$$\frac{Q_3-Q_2}{Q_3}\times100\%=\frac{188.89-188.68}{188.89}\times100\%=0.11\%$$

以第三次结果为最终结果，故该两孔闸闸门全开时下泄流量 $Q=188.89\ \mathrm{m^3/s}$。

### 8.6.5 无坎宽顶堰流

经过平底（堰高 $P=0$，无坎）进水闸、桥墩、无压涵洞及廊道进口等处的水流，虽然无底坎的阻碍作用，但因在平面上受到翼墙的束窄，束窄后比束窄前过水断面变小，流速增大、动能增大，同时也增大了局部阻力，过堰水流也要发生水面跌落现象，符合宽顶堰流的水流流态，由于无底坎，故称之为**无坎宽顶堰流**，如图 8-21 所示。

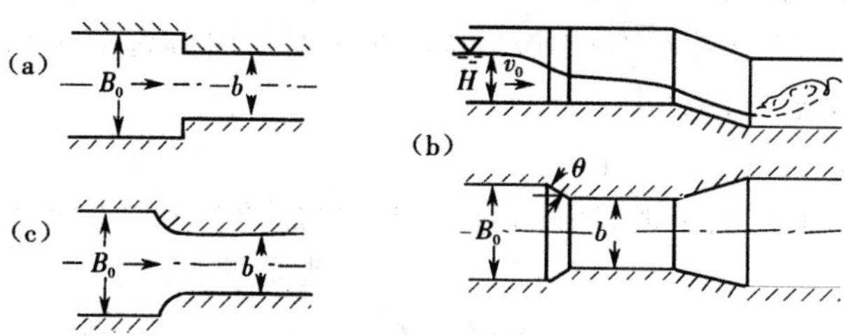


**图 8-21 无坎宽顶堰流**

无坎宽顶堰流的流量公式与有坎的一样仍可用式(8-14)和式(8-15)计算。但在计算单孔堰流时,不必再另外考虑侧收缩系数的影响。因为无坎宽顶堰流的流量系数 $m$ 已计入了边壁翼墙侧收缩的影响。无坎宽顶堰进口翼墙有多种形式,如直角形翼墙、八字形翼墙、圆角形翼墙等。其流量系数 $m$ 值随不同翼墙和进口形式而不同。可查表 8-4。

**表 8-4　无坎宽顶堰的流量系数 $m$ 值**

| $m$ 翼墙形式 $\frac{b}{B_0}$ | ⓐ直角形翼墙 | ⓑ八字形翼墙 | | | ⓒ圆角形翼墙 | | |
|---|---|---|---|---|---|---|---|
| | | $\cot\theta$ | | | $r/b$ | | |
| | | 0.5 | 1.0 | 2.0 | 0.2 | 0.3 | ≥0.5 |
| 0 | 0.320 | 0.343 | 0.350 | 0.353 | 0.349 | 0.354 | 0.360 |
| 0.1 | 0.322 | 0.344 | 0.351 | 0.354 | 0.350 | 0.355 | 0.361 |
| 0.2 | 0.324 | 0.346 | 0.352 | 0.355 | 0.351 | 0.356 | 0.362 |
| 0.3 | 0.327 | 0.348 | 0.354 | 0.357 | 0.353 | 0.357 | 0.363 |
| 0.4 | 0.330 | 0.350 | 0.356 | 0.358 | 0.355 | 0.359 | 0.364 |
| 0.5 | 0.334 | 0.352 | 0.358 | 0.360 | 0.357 | 0.361 | 0.366 |
| 0.6 | 0.340 | 0.356 | 0.361 | 0.363 | 0.360 | 0.363 | 0.368 |
| 0.7 | 0.346 | 0.360 | 0.364 | 0.366 | 0.363 | 0.366 | 0.370 |
| 0.8 | 0.355 | 0.365 | 0.369 | 0.370 | 0.368 | 0.371 | 0.373 |
| 0.9 | 0.367 | 0.373 | 0.375 | 0.376 | 0.375 | 0.376 | 0.378 |
| 1.0 | 0.385 | 0.385 | 0.385 | 0.385 | 0.385 | 0.385 | 0.385 |

表中 $B_0$ 为上游引水渠(槽)的宽度,$b$ 为闸孔净宽(对于多孔堰,$b$ 为全部闸孔净宽之和)。

反映淹没对无坎宽顶堰流影响的淹没系数 $\sigma_s$,仍可近似由表 8-3 查用。

## 【本章小结】

堰流是在明渠缓流中,因设置了溢流障壁或平面上束窄过流通道,而使流动边界发生急剧变化所引起的急变流现象。堰是在水利和市政工程中常用来控制和调节水位和流量的、既能挡水又能泄水的水工建筑物。本章内容包括了堰流的水力特征和不同堰型的溢流及水力计算。

**1. 堰流的水力特征**

(1) 首先介绍了什么是堰、堰流,它与闸孔出流的关系以及判别堰流与闸孔出流的标准。

(2) 堰和堰流的分类。按堰壁厚度 $\delta$ 与堰上水头 $H$ 之比 $\frac{\delta}{H}$,将堰和堰流划分为三种基本类型,即

① 薄壁堰流 $\delta/H<0.67$

② 实用堰流 $0.67<\frac{\delta}{H}<2.5$

③ 宽顶堰流 $2.5<\frac{\delta}{H}<10$

(3) 堰流的水力特征。虽然堰流有多种形式，但它们具有共同的水力特征：水流趋近堰顶时，流股断面收缩，水面有明显降落；作用力主要是重力作用；堰顶属于急变流；能量损失主要是局部水头损失。

(4) 堰流的基本公式。堰流的主要问题是过流能力的计算。因堰流的受力性质和运动形式相同，各堰型的基本公式相同，即

$$Q=mb\sqrt{2g}H_0^{3/2}$$

不同堰型，流量系数 $m$ 不同。

(5) 介绍了堰流侧收缩产生的原因；发生淹没堰流的充分必要条件；堰流的侧收缩影响和淹没影响由侧收缩系数 $\varepsilon$ 和淹没系数 $\sigma_s$ 来表示，对于不同堰型，需根据边界侧收缩的具体情况、条件和淹没程度，选择相应的 $\varepsilon$、$\sigma_s$ 值。

**2. 不同堰型的溢流与水力计算**

**1) 薄壁堰流($\delta<0.67H$)**

矩形薄壁堰流，$Q=m_0 b\sqrt{2g}H^{3/2}$，流量系数 $m_0$ 的计算 $\begin{cases}\text{巴赞公式(有侧收缩和无侧收缩影响)}\\ \text{雷伯克公式}\end{cases}$

三角形薄壁堰流($\theta=90°$)，$Q=1.4H^{5/2}$；$Q=1.343H^{2.47}$

梯形薄壁堰流($\tan\theta=1/4, b<3H$)，$Q=1.86bH^{3/2}$

薄壁堰流淹没的判别条件：$h_s>0$；$\frac{z}{P'}<0.70$

作为量测流量的设备，薄壁堰不宜在淹没条件下工作。

**2) 实用堰流($0.67H<\delta<2.5H$)**

从剖面线型可分为曲线形和折线形实用堰；根据相对堰高 $P/H_d$ 又可将实用堰分为高堰和低堰(不同形式的实用堰区分标准不同)

(1) 自由溢流　　$Q=mb\sqrt{2g}H_0^{3/2}$

(2) 影响过流能力的因素　　$m=f(\text{剖面形状}、\frac{P}{H_d}、\frac{H_0}{H_d}、\alpha、\sigma、\frac{k_s}{H}、\frac{h_s}{H_0})$

(3) 侧收缩及淹没的影响　　分别用 $\varepsilon$ 和 $\sigma_s$ 反映

$$\varepsilon=1-0.2[\xi_k+(n-1)\xi_0]\frac{H_0}{nb}\text{(注意适用条件)}$$

$\sigma_s$ 取决于$\frac{h_s}{H_0}$与$\frac{P'}{H_0}$。

**3) 宽顶堰流($2.5H<\delta<10H$)**

(1) 可分为有坎和无坎宽顶堰流；宽顶堰流的流动特征。

(2) 自由溢流 $Q=mb\sqrt{2g}H_0^{3/2}$；流量系数 $m=0.32\sim0.385$，在此范围内，最大超不过0.385。

(3) 流量系数 $m$ 的计算公式及影响 $m$ 的因素。

(4) 侧收缩及淹没的影响，分别用 $\varepsilon$ 和 $\sigma_s$ 来反映。

$$\varepsilon=1-0.2[\xi_k+(n-1)\xi_0]\frac{H_0}{nb}\text{（注意适用条件）}$$

淹没的具体判别条件：$\frac{h_s}{H_0}\geqslant0.75\sim0.85$（一般取0.80）或 $\frac{h_s}{h_c}\geqslant1.25\sim1.35$。

## 【思考题】

8-1 何谓堰流？堰是如何分类的？堰流共同的水力特征是什么？

8-2 什么是堰流的侧收缩影响？

8-3 淹没堰流的充分必要条件是什么？

8-4 如何区分堰流和闸孔出流？

8-5 如何判别断壁薄堰流是淹没还是非淹没？薄壁堰流有何用途？

8-6 为什么淹没的流量系数比非淹没的流量系数要小？

8-7 宽顶堰溢流的特征是怎么样的？

8-8 宽顶堰的淹没出流与非淹没出流如何判别？

8-9 宽顶堰的流量系数与哪些因素有关？如何确定？

8-10 如何确定宽顶堰流的侧收缩系数、淹没系数？它们都与哪些影响因素有关？

8-11 对曲线形实用堰，当堰上水头变化时流量系数有无变化？

8-12 曲线形实用堰高、低堰有什么区别？

8-13 影响实用堰过流能力的因素都有哪些？

## 【习题】

8-1 在一矩形断面水槽末端设置一矩形薄壁堰，水槽宽 $B=2.0$m，堰宽 $b=1.2$m，堰高 $P=P'=0.5$m。求水头 $H=0.25$m时，非淹没堰流的流量。

8-2 如题8-2图所示，薄壁堰堰高 $P=0.5$m，堰上水头 $H=0.3$m，堰宽 $b=0.6$m（与引水渠同宽）。试算过堰流量（不计淹没影响）。

8-3 三角形薄壁堰，夹角 $\theta=90°$，堰宽 $B=1.0$m，如题8-3图所示，问通过流量 $Q=40\times10^{-3}\text{m}^3/\text{s}$ 时，堰上水头 $H$ 应为多少？相应的堰高 $P$ 应为多少？

8-4 如题8-4图所示一宽顶堰，已知 $H=1.8$ m。(1) 下游水深 $h_t=1.0$ m，堰高 $P=P_1=0.5$ m，堰宽 $b=2$ m，渠宽 $B=3$ m，边墩为圆角形，试确定其过堰流量。(2)当下游水深 $h_t=2.0$ m，其他尺寸同(1)，试判别流态是否淹没？并求过堰流量为多少？

8-5 如题8-5图所示一宽顶堰，为两孔，中设闸墩，厚度0.4 m，闸墩头部为半圆形，

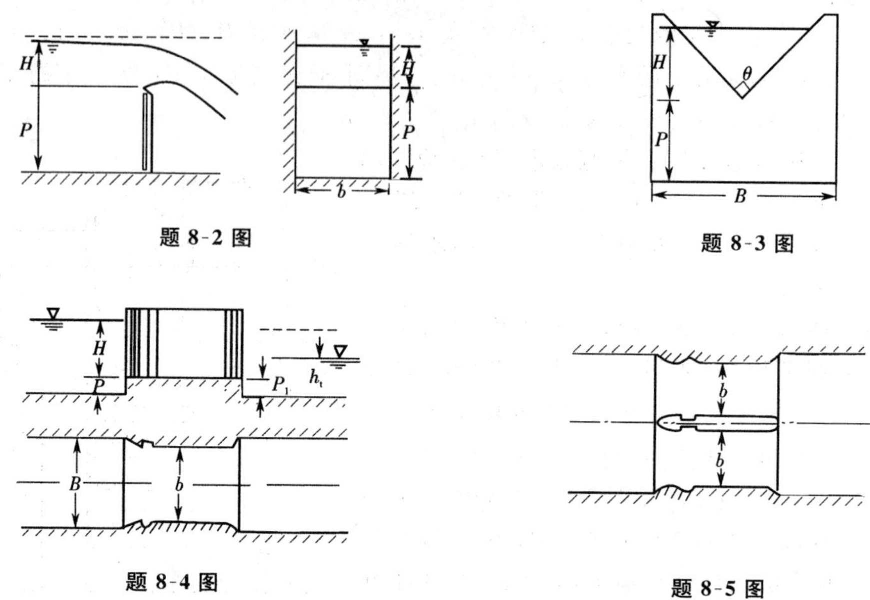


题 8-2 图

题 8-3 图

题 8-4 图

题 8-5 图

边墩为圆角形，每个闸孔宽 3 m，堰高 $P$、$P_1$，下游水深 $h_t$ 及 H 值与上题(1)相同，试求过堰流量

8-6 如题 8-6 图所示为某陡槽溢洪道，堰高 $P=2$ m，堰上水头 $H=8$ m（设计水头 $H_d$ 为 8 m）。共分三孔，每孔宽 5.0 m，闸墩厚 1.0 m，为尖圆形墩头，下游水位很低，不影响泄流，试求下泄流量（低堰剖面分别采用 WES 低堰和带圆角宽顶堰剖面）。

8-7 某进水闸具有直角形的前沿闸坎，坎前河底高程为 105.0 m，河水位高程为 112.0 m，坎顶高程为 108.0 m 如题 8-7 图所示。闸分为 2 孔，闸墩头部为半圆形，边墩头部为圆角形。下游水位很低，对堰溢流无影响。引水渠及闸后渠道均为矩形断面，宽度 $B_0$ 均为 20 m，求下泄流量为 200 m$^3$/s 时，所需闸孔宽度。

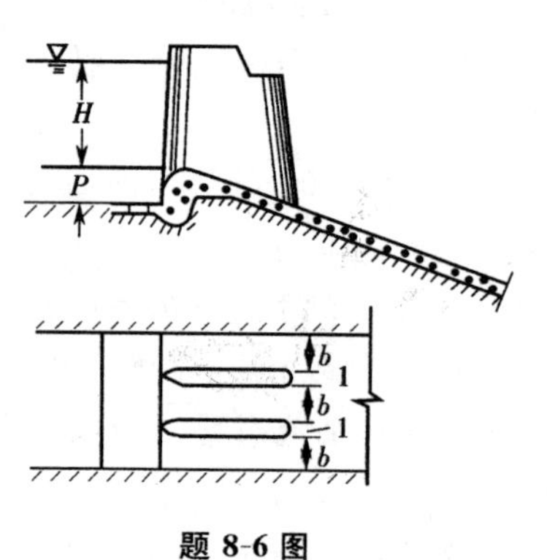


题 8-6 图

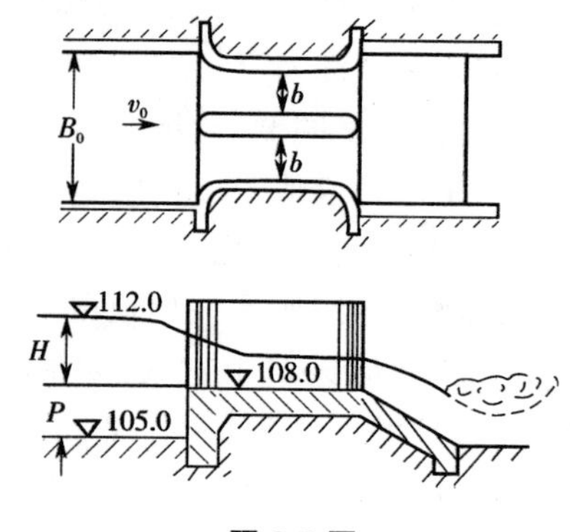


题 8-7 图

8-8 同题 8-7，求下游水位升至 111.7 m 时，流量应为多少？

8-9 一直角进口无侧收缩宽顶堰，堰宽 $b=4.0$ m，堰高 $P=P'=0.60$ m，水头 $H=1.20$ m，堰的下游水深 $h_t=0.8$ m。(1) 求通过的流量。(2) 当下游水深升至 $h=1.70$ m 时，求过堰流量。

8-10 一圆进口无侧收缩宽顶堰，流量 $Q=12$ $m^3/s$，堰宽 $b=1.8$ m，堰高 $P=P'=0.80$ m，下游水深 $h_t=1.73$ m，求堰上水头 $H$。

8-11 如题 8-11 图所示，一座上游堰面垂直的 WES 标准剖面堰，上下游堰高 $P$ 和 $P_1$ 均为 4.0 m，已知堰上实际水头 $H=4.0$ m(设计水头 $H_d=4.0$ m)。下游水位高程超过堰顶高程 $h_s=2.0$ m，采用厚度 $d=1.0$ m 的半圆形闸墩和厚为 0.5 m 的圆角形边墩，共 6 孔，每孔净宽 $b=5.0$ m，试确定通过的洪水流量 $Q$。

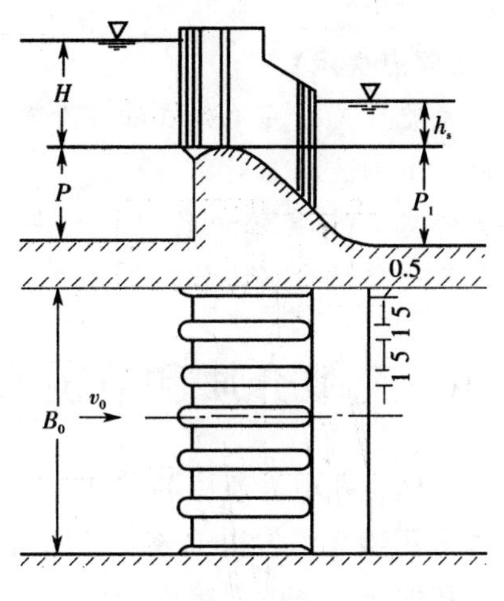

题 8-11 图

# 第9章 渗　　流

【要点提示】

渗流理论研究流体在孔隙介质中的运动规律及其在实际中的应用。本章的要点是以地下水流动为对象，通过地下水在土壤或岩层中的流动，研究其运动规律，建立渗流的基本概念、渗流的阻力定律——达西定律以及运用渗流理论对普通的无压渗流和普通井进行水力计算的方法。

## 9.1　孔隙介质和渗流模型

流体在孔隙介质中的流动称为渗流。流体主要指水，还包括石油、天然气等各种流体。孔隙介质包括土壤、岩层等各种多孔介质和裂隙介质。在工程中，渗流主要是指水在地表以下的土壤或岩层中的流动，也称为地下水流动。研究地下水流动规律的学科，称为地下水动力学，也是渗流力学的一个分支。渗流理论广泛应用于国民经济建设的许多部门。

在水利工程方面，经过挡水建筑物如坝、堤、围堰等的透水地基，不仅会造成漏水，而且对建筑物产生一定的作用力，严重者甚至造成建筑物毁坏。

在土建工程方面，对取水构筑物和地下水位较高地区的地下建筑，掌握渗流变化规律对解决抗渗和抗浮问题至关重要；在路基排水，集水建筑物设计，建筑施工中基坑排水，降低地下水位等也都离不开渗流理论的指导。

在农田水利事业方面，如何评价和合理开发利用地下水资源，如何进行灌溉排水和防止土地盐碱化等，均需应用有关的渗流理论。

此外，渗流理论还广泛地应用在石油、采矿、化工以及环保等方面。随着科学技术的发展，各学科之间也不断相互渗透，渗流理论在生物科学中的应用领域也日益扩大。

在具体讨论渗流运动规律以前，应先简要说明多孔介质的水力特性及介质中水的存在状态。

### 9.1.1　土壤的渗透特性与土壤的分类

孔隙介质是多孔介质和裂隙介质的总称，是指包含有相互连通的孔隙或裂隙的一种固体。这类介质中包括由松散颗粒组成的土壤、天然及人工堆石、具有较多裂隙的岩层等。本章所研究的主要是以土壤为代表的多孔介质中的渗流，并将多孔介质简称为“土壤”，有时相对于流体也称为“骨架”。

土壤最主要的水力特性就是透水性。透水性是指土壤允许水透过的性能。透水性的好坏主要取决于孔隙的大小和多少，以及孔隙的形状与分布等有关，也与土壤本身颗粒的粗细、形状、均匀程度及排列方式等有关。透水性的定量指标是渗透系数，渗透系数值愈大，表示透水能力愈强。渗透系数也称为导水率。

土壤密实的程度可用孔隙率 $n$ 来表示。所谓孔隙率是指一定体积的土壤中，孔隙的体积 $V'$ 与土壤总体积 $V$（包括孔隙的体积）的比值，即

$$n=\frac{V'}{V} \tag{9-1}$$

$n$ 值越小，则土壤越密实。如果土壤是均质的，则（体积）孔隙率 $n$ 与面积孔隙率相等。

土壤颗粒的均匀程度，通常用土壤的不均匀系数 $\eta$ 表示，即

$$\eta=\frac{d_{60}}{d_{10}} \tag{9-2}$$

式中，$d_{60}$ 表示按重量计有 60％的土壤颗粒，其直径 $\leqslant d_{60}$；$d_{10}$ 则表示按重量计有 10％的土壤颗粒的直径 $\leqslant d_{10}$。不均匀系数 $\eta$ 值越大，表示土壤颗粒越不均匀。由完全均匀颗粒组成的土壤，不均匀系数 $\eta=1.0$。

根据土壤的渗透特性对土壤进行分类：将渗流中各处透水性能都一样（即透水性能与位置无关）的土壤，称为均质土壤，否则即为非均质土壤；将在各个方向上透水性能都相同的土壤，称为各向同性土壤，否则就是各向异性的土壤。本章主要讨论均质各向同性土壤中的渗流问题。

## 9.1.2 水在土壤中的状态

水在土壤中存在的状态可以分为气态水、结合水（包括附着水和薄膜水）、毛细水和重力水等。

气态水是以蒸汽状态存在于土壤孔隙内，数量很少，一般不需考虑。结合水包括附着水和薄膜水，附着水是以最薄的分子层吸附于土壤颗粒的四周，呈现固态水的性质；薄膜水则以厚度不超过分子作用半径的膜层包围着土壤颗粒，其性质与液态水近似，数量上也很少，故结合水在渗流运动中一般也不考虑。毛细水是由于毛细管作用而保持在土壤孔隙中，除特殊情况外，一般也可忽略。当土壤含水量很大时，除少量的结合水和毛细水外，大部分液体将在重力作用下在土壤孔隙中运动，这种状态的水称为重力水。重力水是渗流理论研究的对象。

土壤按水的存在状态，可分为饱和带与非饱和带（又称包气带）。饱和带中土壤的孔隙全部为水所充满，主要为重力水区，也包括饱和的毛细水区；毛细水区与重力水区的分界面上的压强等于大气压强，此分界面称为潜水面或地下水面（如图 9-1 所示）。

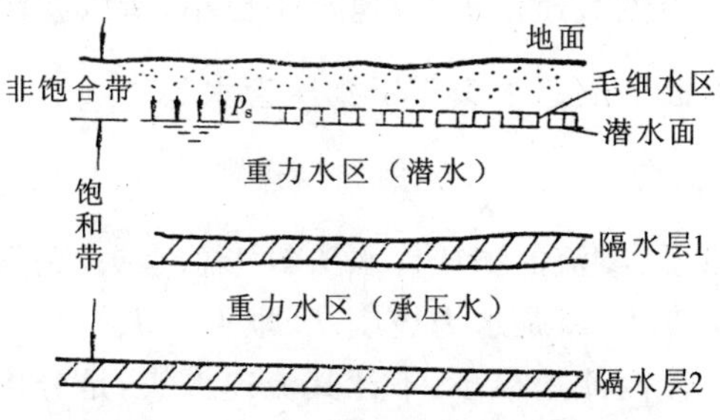


图 9-1 土壤中的饱和带与非饱和带

非饱和带中的土壤孔隙为水和空气所共同充满,其中气态水、附着水、薄膜水、毛细水和重力水都可能存在。

本章所研究的是饱和带重力水的渗流规律。饱和带重力水按其含水层埋藏条件又可以分为潜水和承压水(又称自流水)。潜水是埋藏于地面以下第一个不透水层(隔水层)之上的重力水,直接与包气带相连而具有自由表面。承压水是深埋藏于地下,充满于两个隔水层之间的重力水,经常处于承压状态。

### 9.1.3 渗流的简化模型

由于土壤孔隙的大小、形状及分布情况极不规则、异常复杂,要详细研究渗流在每个孔隙中的流动情况是极为困难的,也无必要。工程上所关心的主要是渗流的宏观平均效果,而不是孔隙内的流动细节,为此引入简化的渗流模型替代实际的渗流运动。

所谓渗流的简化模型,内容包括:流体和孔隙介质共同占有的渗流区空间场,其边界形状和其他边界条件均保持不变,但略去渗流区内的全部土壤颗粒骨架,认为渗流区全部空间场均被流体所充满,并把渗流运动要素作为全部渗流区空间场的连续函数。而渗流模型中任意过水断面上所通过的流量与实际渗流中该断面所通过的真实流量相等,且渗透压力及渗流阻力与实际渗流也相同。

根据渗流简化模型的概念,渗流模型中的流速与实际渗流中的流速是不同的。渗流模型中的流速比实际渗流中的流速要小。设渗流模型中某一微小过流断面面积 $\Delta A$(包括了土壤颗粒面积和孔隙面积总和),通过的实际流量为 $\Delta Q$,则渗流模型中的断面平均流速,即渗流流速为

$$u=\frac{\Delta Q}{\Delta A}$$

而其中孔隙的面积为 $\Delta A'<\Delta A$,对于均质土壤,孔隙率与面积孔隙率相等,均为 $n=\frac{\Delta A'}{\Delta A}$,即 $\Delta A'=n\Delta A\ (n<1.0)$,所以水在孔隙中的实际流速

$$u'=\frac{\Delta Q}{\Delta A'}=\frac{\Delta Q}{n\Delta A}=\frac{u}{n}>u$$

渗流流速很小,流速水头更小,所以在渗流中流速水头$\frac{\alpha v^2}{2g}$可以忽略不计,此时过流断面上的总水头等于测压管水头

$$H=z+\frac{p}{\rho g}$$

或者说,渗流的测压管水头等于总水头,测压管水头差就是水头损失,测压管水头线的坡度 $J_p$ 就是水力坡度 $J$,即 $J_p=J$。

渗流流速很小,不计其流速水头,是分析渗流运动规律的前提条件。

由于渗流模型将渗流简化为连续空间内的连续介质的运动,所以采用简化的渗流模型后,以前关于分析连续介质空间场运动要素的各种概念和方法,就都可以直接

应用于渗流中，使从理论上研究渗流问题成为可能。

在渗流简化模型的基础上，渗流亦可按欧拉法的概念进行分类，例如根据渗流空间各点的运动要素是否随时间变化，分为恒定渗流和非恒定渗流；根据运动要素与空间坐标的关系，分为三维（空间）渗流，二维（平面）渗流和一维渗流；根据运动要素是否沿程变化分为均匀渗流与非均匀渗流；非均匀渗流又可分为渐变渗流和急变渗流。此外，从有无自由水面还可分为无压渗流和有压渗流。无压渗流的自由水面称为浸润面，即潜水面或地下水面，其水面线称为浸润线或地下水面线。

## 9.2 渗流的达西定律

流体在孔隙介质中流动时，由于实际流体黏滞性的作用，必然伴随有能量损失。法国工程师达西（Darcy H.）在1852—1855年间，通过大量实验研究，总结得出渗流能量损失与渗流速度之间的基本关系，后人称之为达西定律。

### 9.2.1 达西定律

达西定律是通过达西实验总结得出的。达西实验的装置如图9-2所示。在上端开口的直立圆筒侧壁上安装两支（或多支）测压管，在筒底以上一定距离装有一块滤板C，在滤板以上的圆筒内装入颗粒均一的砂体。水由上端注入圆筒，并以溢流水管B使圆筒内保持恒定水位。渗透过砂体的水从出水短管T流入容器V中，并由此来计算渗流量$Q$。

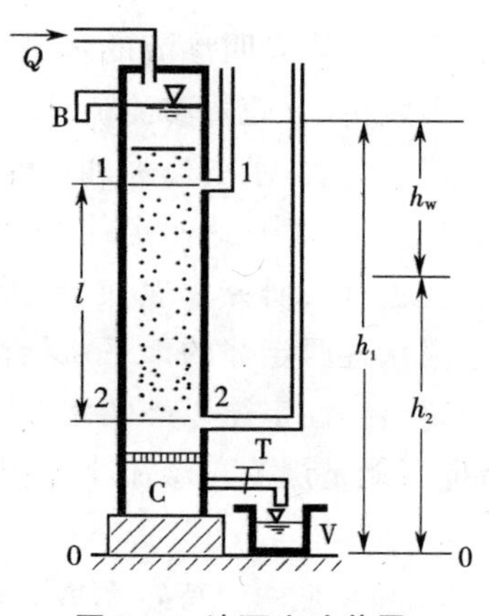

图9-2 达西实验装置

由于渗流不计流速水头，实测的测管水头差即为间距为$l$的两断面间的水头损失

$$h_w = h_1 - h_2$$

水力坡度 $J = \frac{h_w}{l} = \frac{h_1 - h_2}{l}$

达西通过分析大量实验资料，得到圆筒内的渗流量$Q$与圆筒面积$A$和水力坡度$J$成正比，并和土壤的透水性能有关，得到的基本关系式为

$$Q = kAJ \tag{9-3}$$

或

$$v = \frac{Q}{A} = kJ \tag{9-4}$$

式中，$v$为渗流断面平均流速（指渗流简化模型中的）；比例系数$k$为反映孔隙介质透水性能的一个综合性系数，即渗透系数，也称导水率。

达西实验是在颗粒均一的圆柱状的均质砂体中进行的，属于均匀渗流，可以认为，各点的流动状态相同，任一点的渗流流速$u$均等于断面平均渗流流速。故达西

定律也可表示为

$$u=kJ \tag{9-5}$$

式(9-4)和式(9-5)就是达西定律的表达式。上述达西定律指出：渗流的水力坡度，即单位距离上的水头损失与渗流流速的一次方成正比，因此也称为达西渗流线性定律。

达西定律是从均质砂土的恒定均匀渗流实验中概括总结出来的。后来又有许多人做过大量研究来探讨达西定律的理论依据，并将达西定律近似地推广到非均匀渗流和非恒定渗流等渗流运动中去。此时的达西定律表达式只能用公式(9-5)，该式中的 $u$ 为点流速，$J$ 为该点的水力坡度，它们都随位置的改变而变化，并可写成如下形式

$$J=-\frac{\mathrm{d}H}{\mathrm{d}s}=-\frac{\mathrm{d}h}{\mathrm{d}s}$$

$$u=\frac{\mathrm{d}Q}{\mathrm{d}A}=kJ=-k\frac{\mathrm{d}H}{\mathrm{d}s} \tag{9-6}$$

### 9.2.2 达西定律的适用范围

达西定律表明渗流的水头损失和流速的一次方成正比。后来大量的、范围更广泛的实验指出，随着渗流流速加大，水头损失将与流速的 1～2 次方成比例；当流速大到一定数值后，水头损失和流速的平方成正比。因此，达西线性定律是有一定适用范围的。一般认为，达西定律的适用范围是层流，有时也把达西定律称为层流渗透定律。但也有人研究发现，并非所有地下水的层流运动都服从达西定律，也就是说，还有不服从达西定律的地下水层流运动。

超出线性定律以外的水头损失规律称为非线性定律，这时的渗流流态可能是紊流，也可能是层流。渗流水头损失规律的一般表达式可以概括为

$$J=\alpha u+\beta u^2 \tag{9-7}$$

式中，$\alpha$ 和 $\beta$ 是两个待定系数。如 $\beta=0$，即为达西线性定律；当渗流进入了紊流阻力平方区时，则 $\alpha=0$，此时的水头损失和流速的平方成正比。在这两种流动情况之间为一般的非线性定律，$\alpha$ 和 $\beta$ 均不为零。目前 $\alpha$ 和 $\beta$ 只能通过实验来确定。

从服从达西定律到不服从达西定律的渗流运动，其转变是逐渐的，往往没有一个明确的分界线。因为介质中孔隙的大小、形状和分布往往是在很大范围内变化的，有些孔隙内渗流状态发生了改变，但有些孔隙内还没有发生转变，所以总的看来是逐步变化的。大量的实验表明，可以用雷诺数 $Re$ 作为一个判别转变的指标。如以 $v$ 代表渗流区的断面平均流速，$d$ 代表颗粒的有效直径(可用 $d_{10}$ 代替)，$\nu$ 为渗流流体的运动黏度，则线性定律上限值的变化范围为

$$Re=\frac{vd}{\nu}\leqslant 1\sim 10 \tag{9-8}$$

为了安全起见，把 $Re=1.0$ 作为线性定律的上限值。即当 $Re>1.0$ 时，渗流不再符

合达西线性定律，但此时渗流形态可能仍然是层流，也可能为紊流。至于层流、紊流的转变界线，有人提出把 $Re=100$ 作为层流的上限值。

按照上述判别标准，大多数渗流运动是服从达西定律的。在工程有关的渗流问题中一般也是在线性定律范围以内的，只是在一些特定情况，如堆石坝、堆石排水、渗水路堤以及裂隙介质中，渗流才往往是紊流，甚至进入了紊流的阻力平方区，不再符合线性渗流定律，这时必须选用根据试验成果所拟定的公式作为计算的依据。

本章所讨论的内容，仅限于符合达西线性定律的渗流。

达西线性定律适用于一般的土壤，对于颗粒极细的土壤如黏土等，有资料表明，黏土中渗流只有在克服了一定的起始坡度 $J_0$ 后才能发生渗流流动，认为渗流流速 $u$ 与水力坡度差值 $(J-J_0)$ 成正比。这一问题还有待进一步研究，目前在黏土的渗流计算中，一般仍采用达西定律。

还应指出：上述讨论的各种渗流水头损失的规律（包括线性和非线性渗流规律）都是对没有渗流变形的情况而言的。当土壤颗粒因渗流作用而发生运动，或土壤结构因渗流作用而失去稳定，遭到破坏，即发生渗流变形时，渗流水头损失将服从另外的定律。

### 9.2.3 渗透系数及其确定方法

根据达西定律，反映孔隙介质透水性能的渗透系数（或称导水率），可以理解为单位水力坡度下的渗流通量（单位面积上的渗透流量），也就是单位水力坡度下的渗透流速，具有速度的量纲 $LT^{-1}$，常用 cm/s 或 m/d 表示。

渗透系数 $k$ 综合地反映了孔隙介质和流体两方面的相互作用对透水性能的影响，其数值的大小，一方面取决于孔隙介质的特性；另一方面也与渗透流体的物性如黏度和密度等有关。因此 $k$ 值将随孔隙介质的不同而不同；对于同一种介质，也因流体的不同而有差异。即使是同一流体，也会因温度变化，引起其黏度和密度的变化而导致其 $k$ 值也随之而变化。

在实际工程中，一般所讨论的渗流问题主要以水为对象，温度对其物性的影响甚微，可以忽略不计。所以 $k$ 值只随孔隙介质而变化。因此可以把渗透系数 $k$ 理解为只单纯反映孔隙介质特性对透水性影响的一个参数。但如果研究石油、天然气及盐水等的渗流运动时，由于此时流体的黏度和密度等受温度的变化影响较大，因此就必须同时考虑孔隙介质和渗流流体两方面对 $k$ 值的综合影响。

由于 $k$ 值的影响因素很多，要想比较准确地确定，比较困难，但是渗透系数 $k$ 的确定对解决实际工程问题具有非常重要的意义，因此必须寻求科学的途径以确定渗透系数。

目前确定渗透系数 $k$ 的方法可以分为三类。

**1. 实验室测定法**

该法通常使用的实验设备如图 9-2 所示，即达西实验装置。如实验中渗流符合达西定律，测得水头损失 $h_w$ 和流量 $Q$ 后，即可由式(9-3)求得 $k$ 值，即

$$k=\frac{Ql}{Ah_{\mathrm{w}}}$$

实验室测定法对被测定的土壤来说是科学可靠的，但和实际土壤还是有差别的。为了使被测定的土壤能够正确地反映现场未受扰动土壤的天然情况，应尽量采取非扰动土样，并选取足够数量的有代表性的土样进行实验。

**2. 现场测定法**

该法是一种较可靠的测定方法。其主要优点是不需将土样取回实验室，因此土壤结构可以保持原状而不受扰动，同时可以取得大面积的平均渗透系数值。但因规模较大，投入的劳力和经费均较大，一般多用于重要的大型工程。

现场测定法一般需要钻井或挖试坑，然后采用抽水或注水的方式，测定其流量及水头等数值，再根据相应的理论公式反求出渗透系数 $k$ 值。具体做法，此处不做详述。

**3. 经验公式估算法**

用于计算 $k$ 值的经验公式很多，但真正能够应用于实际的只有少数几个，而且只适用于沙质土壤，有很大局限性。直到现在，有关的手册或规范资料中，所给出的各类土壤的渗透系数值或计算公式，大都是经验性的，各有其局限性，只可作为粗略估算时使用。当遇到重要的实际工程问题时，大多都采用实验室测定法或现场测定法来确定渗透系数 $k$ 值。为了对渗透系数 $k$ 值能有一个大致的概念，现将各类土壤的渗透系数值的大概范围列于表 9-1，以供参考。

**表 9-1　土壤的渗透系数参考值**

| 土壤名称 | 渗透系数 $k$ 值 | | 土壤名称 | 渗透系数 $k$ 值 | |
|---|---|---|---|---|---|
| | m/d | cm/s | | m/d | cm/s |
| 黏土 | <0.005 | $<6\times10^{-6}$ | 粗砂 | 20～50 | $2\times10^{-2}\sim6\times10^{-2}$ |
| 亚黏土 | 0.005～0.1 | $6\times10^{-6}\sim1\times10^{-4}$ | 均质粗砂 | 60～75 | $7\times10^{-2}\sim8\times10^{-2}$ |
| 轻亚黏土 | 0.1～0.5 | $1\times10^{-4}\sim6\times10^{-4}$ | 圆砾 | 50～100 | $6\times10^{-2}\sim1\times10^{-1}$ |
| 黄土 | 0.25～0.5 | $3\times10^{-4}\sim6\times10^{-4}$ | 卵石 | 100～500 | $1\times10^{-1}\sim6\times10^{-1}$ |
| 粉砂 | 0.5～1.0 | $6\times10^{-4}\sim1\times10^{-3}$ | 无填充物卵石 | 500～1000 | $6\times10^{-1}\sim1\times10^{0}$ |
| 细砂 | 1.0～5.0 | $1\times10^{-3}\sim6\times10^{-3}$ | 稍有裂隙岩石 | 20～60 | $2\times10^{-2}\sim7\times10^{-2}$ |
| 中砂 | 5.0～20.0 | $6\times10^{-3}\sim2\times10^{-2}$ | 裂隙多的岩石 | >60 | $>7\times10^{-2}$ |
| 均质中砂 | 35～50 | $4\times10^{-2}\sim6\times10^{-2}$ | — | — | — |

**【例 9-1】** 在实验室用达西实验装置测定土样的渗透系数 $k$。圆筒直径 $d=20$ cm，土层厚度 $l=40$ cm，通过实验测得渗透流量 $Q=100$ mL/min 时，其测压管水头差 $\Delta h=20$ cm，求该土样的渗透系数 $k$ 值（实验符合达西线性定律）。

**【解】** 渗透流量

$$Q=100\ \text{mL/min}=\frac{0.1\times10^{-3}}{60}\text{m}^3/\text{s}=1.67\times10^{-6}\ \text{m}^3/\text{s}$$

实验符合达西线性定律，所以

$$k=\frac{Ql}{A\Delta h}=\frac{4Ql}{\pi d^2\Delta h}=\frac{4\times1.67\times10^{-6}\times0.4}{\pi\times0.2^2\times0.2}\text{m/s}$$
$$=1.06\times10^{-4}\ \text{m/s}=1.06\times10^{-2}\ \text{cm/s}$$

**【例 9-2】** 在两个容器之间，连接一条水平放置的矩形断面管道如图 9-3 所示，其宽度 $b=20$ cm，高度 $a=30$ cm，管长 $l=150$ cm，管中填满粗砂，其渗透系数 $k_1=0.05$ cm/s，如容器水深 $H_1=100$ cm，$H_2=50$ cm，求通过管中的流量。若管中后 1/3 换成细砂，其渗透系数 $k_2=0.005$ cm/s，求粗细砂交界断面的测压管水头 $H$ 和管中通过的流量。

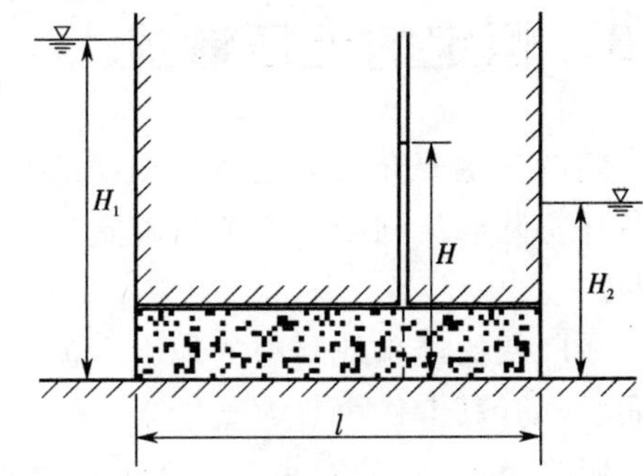

图 9-3　不同均质砂组成的砂体的渗流

**【解】** (1) 管中填满粗砂的情况。

矩形断面管道断面积

$$A=ab=30\ \text{cm}\times20\ \text{cm}=600\ \text{cm}^2$$

$$J=\frac{H_1-H_2}{l}=\frac{100-50}{150}=\frac{1}{3}$$

根据 $$Q=kAJ=0.05\times600\times\frac{1}{3}\text{cm}^3/\text{s}=10\ \text{cm}^3/\text{s}=0.01\ \text{L/s}$$

(2)后 1/3 管长内换成细砂的情况。

前 2/3 管长为 $l_1=\frac{2}{3}\times150\text{cm}=100$ cm，$k_1=0.05$ cm/s；后$\frac{1}{3}$管长为 $l_2=50$ cm，$k_2=0.005$ cm/s，设前 2/3 管长处断面（即粗、细砂交界面处）的测压管水头为 $H$，则根据 $Q=kAJ$，可知通过粗砂段和细砂段的渗透流量分别为

$$Q_1=k_1\ \frac{H_1-H}{\frac{2}{3}l}A,\qquad Q_2=k_2\ \frac{H-H_2}{\frac{1}{3}l}A$$

根据连续性方程 $$Q_1=Q_2$$

即 $$k_1\ \frac{H_1-H}{\frac{2}{3}l}A=k_2\ \frac{H-H_2}{\frac{1}{3}l}A$$

$$k_1\ \frac{H_1-H}{100}A=k_2\ \frac{H-H_2}{50}A$$

得交界面测压管水头

$$H=\frac{50k_1H_1+100k_2H_2}{50k_1+100k_2}=\frac{50\times0.05\times100+100\times0.005\times50}{50\times0.05+100\times0.005}\text{cm}$$

$$=\frac{275}{3}\text{cm}=91.67\ \text{cm}$$

渗流量为

$$Q=Q_1=k_1\ \frac{H_1-H}{\frac{2}{3}l}A=0.05\times\frac{100-91.67}{100}\times 600\text{cm}^3/\text{s}=2.499\ \text{cm}^3/\text{s}$$

## 9.3 恒定的无压渗流

前两节主要介绍的是渗流运动的基本原理，从本节开始将应用这些基本原理分析各种实际渗流问题。本节将着重讨论恒定的无压均匀渗流和无压非均匀渐变渗流问题。

在广阔的透水地层中的地下水流动，有很多情况是具有潜水面(即地下水面或称浸润面)的，其上作用有大气压强，属于无压渗流，与地面上的明槽流动相似，也称为地下明槽渗流，它的槽底就是地下不透水层。在自然界中，地下天然的不透水层是高低不平、很不规则的，为简便起见，一般都将其假设为平面，并以 $i$ 表示其平均坡度，称为底坡。由于透水地层非常广阔，地下明槽渗流通常可以将其过水断面简化为非常宽阔的矩形断面明槽渗流，一般可按平面运动处理。

顺渗流方向(即纵向)所作的铅垂面与无压渗流的自由液面，即浸润面(也称地下水面或潜水面)的交线称为浸润线(或地下水面线)。

与地面上的明槽流动相似，地下明槽渗流可以是运动要素沿程保持不变的恒定无压的均匀渗流，也可以是(而且更多是)渗流运动要素沿程缓慢变化的渐变渗流。下面首先来分析恒定无压均匀渗流，然后再来推求渐变渗流的一般表示式。并用其来分析无压渐变渗流浸润线的变化与计算。

通过地下明槽渗流分析，可以得知某一地区地下水位的变化规律、地下水的动向和补给情况等，这些都是水文地质、水资源开发利用、农田水利及工程建设等所迫切需要的重要资料。

### 9.3.1 无压均匀渗流

恒定无压均匀渗流如图 9-4 所示的运动要素如水深 $h_0$、断面平均流速 $v$、断面上流速分布等都沿程不变。由于渗流的流速水头很小，可以忽略不计，因此地下水面线即浸润线就是测压管水头线，也就是总水头线两者重合，沿程总是下降的，其水力坡度 $J$ 与测压管(即水面)坡度 $J_p$ 重合相等和底坡 $i$ 也相等，即 $J=J_p=i$。由达西定律知

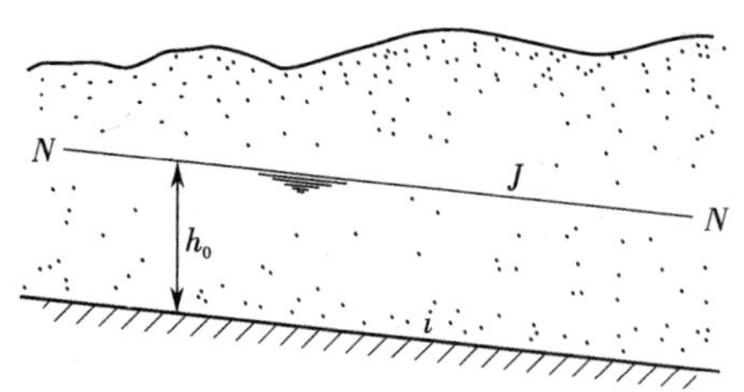

图 9-4 恒定无压均匀渗流

$$v=kJ=ki$$

通过过水断面的渗流量为

$$Q=kA_0i$$

式中，$A_0$ 为相应于正常水深 $h_0$ 的过水断面积。对于宽阔的无压透水地层，可视为非常宽的矩形断面明槽。其宽度为 $b$，则其均匀渗流的流量

$$Q=kA_0i=kbh_0i$$

相应的单宽渗流量为

$$q=kh_0i \tag{9-9}$$

### 9.3.2 无压渐变渗流的裘皮幼公式

达西定律所给出的公式是对均匀渗流而言的，为了进一步研究恒定无压非均匀渐变渗流的运动规律，还必须建立渐变渗流的断面平均流速的计算公式，这就是下面所要介绍的在1857年首先由法国学者裘皮幼(J. Dupuit)根据渐变渗流的特征，采取一定的假设，直接推导建立的一般公式，亦称为裘皮幼公式。

根据渐变渗流的特征，其流线可近似视为平行的直线，因此可近似地认为其过水断面为一平面，过水断面上的动水压强分布规律与静压强的分布规律相同，同一过水断面上各点的测压管水头相等，为一常数，这是一般渐变流动都采用的假设。但在渐变渗流里还认为，在同一过水断面上各点的(总)水头和水力坡度也是相等的，因而流速也是均匀(成矩形)分布的。

现通过图9-5所示的渐变渗流来做一具体简要的说明。渗流的流速极其微小，其流速水头更小，可以忽略不计，所以渗流中的总水头就等于测压管水头，根据渐变渗流的特点，所以渐变渗流在同一过水断面上各点的总水头相等，为一常数。例如断面1—1上各点的总水头(亦为测压管水头)均为 $H_1$；断面2—2上任意一点的总水头均为 $H_2$，因而该两断面之间任一条流线上的水头损失也都相同，以水头差 $\mathrm{d}H$ 来表示。同时，两断面间任一流线的长度也都可以近似地认为是相等的，并以槽底流程距

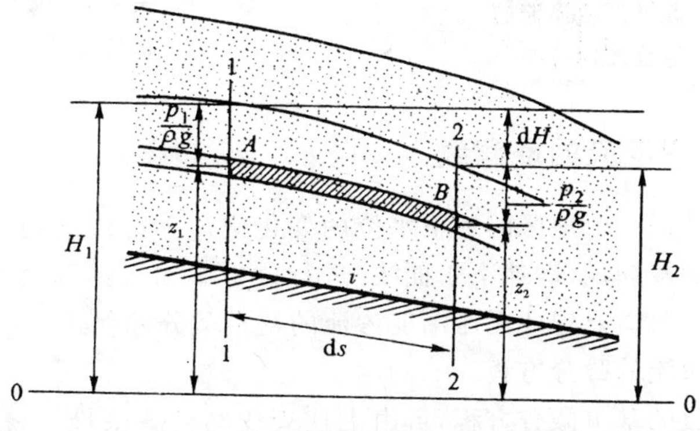


图9-5 恒定无压渐变渗流

离 $ds$ 表示。所以渐变渗流同一过水断面上各点的水力坡度也是相等的，以 $-\frac{dH}{ds}$ 表示。因此，过水断面上各点的流速 $u$ 也是均匀分布的(不同断面上 $u$ 值的大小不同)，有

$$u=kJ=-k\frac{dH}{ds}=\text{const.} \tag{9-10}$$

断面平均流速 $v$ 即等于任一点的渗流流速 $u$

$$v=\frac{Q}{A}=-k\frac{dH}{ds}=kJ \tag{9-11}$$

上式即为恒定无压渐变渗流的一般公式，即裘皮幼公式。该式表明，在无压渐变渗流中，过水断面上各点的流速相等，并等于断面平均流速，其流速分布呈矩形均匀分布。但不同过水断面上的流速大小则是不相等的，如图 9-6 所示。裘皮幼公式在形式上虽然与达西定律一样，但其含义已不同，它表示的是渐变渗流过水断面上平均流速和水力坡度的关系。

当渗流过水断面变化较大、水面坡度较大时裘皮幼公式就不再适用。因此时渗流已偏离了渐变渗流的范围，趋于急变渗流，此时流线交角较大，不能近似视为平行的直线，因此，这时过水断面已不是平面，沿与槽底垂直方向的流速已不能忽略，过水断面上各点的水力坡度和渗透流速也不再是均匀分布。

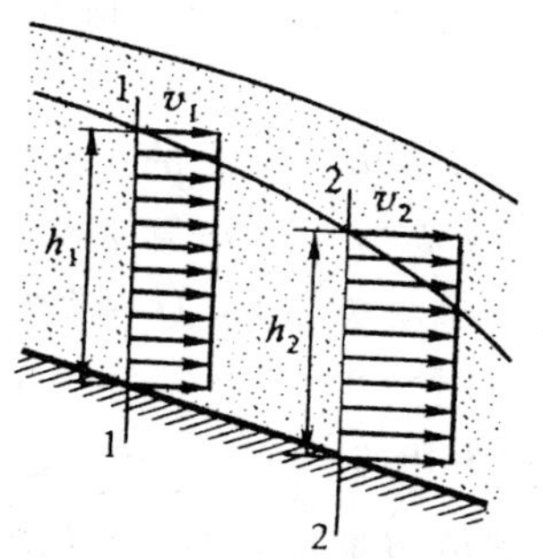


图 9-6 无压渐变渗流的断面流速分布

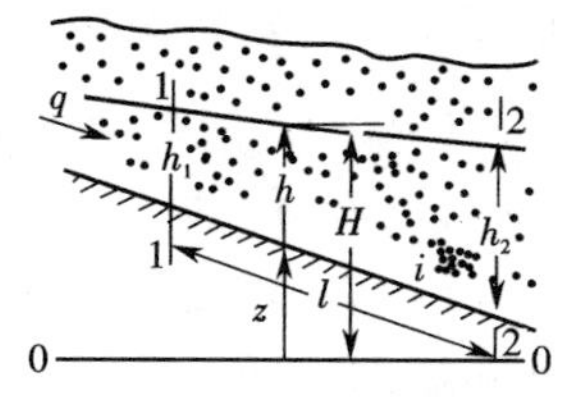


图 9-7 无压渐变渗流的浸润线

## 9.3.3 无压渐变渗流的浸润线

为了求解和掌握一个地区的地下水位的变化规律和渗流的动向，必须经常对地下明槽渐变渗流的浸润线(即地下水面线)进行分析和水力计算，了解地下水位沿程是如何变化的。这就需要建立无压渐变渗流的基本微分方程式。

**1. 无压渐变渗流的微分方程**

无压渐变渗流的基本微分方程，可由上述裘皮幼公式来推求。设含水层下有一不透水层，该不透水层的表面坡度为 $i$，如图 9-7 所示。若含水层中无压渐变渗流的

任一过水断面水深为 $h$,该断面槽底至基准面 0—0 的位置高度为 $z$,则该任一过水断面的测压管水头,也即是总水头 $H=z+h$,则

$$J=-\frac{\mathrm{d}H}{\mathrm{d}s}=-\frac{\mathrm{d}(z+h)}{\mathrm{d}s}=i-\frac{\mathrm{d}h}{\mathrm{d}s}$$

根据裘皮幼公式,得

$$v=kJ=k\left(i-\frac{\mathrm{d}h}{\mathrm{d}s}\right)$$

则渗透流量

$$Q=vA=kA\left(i-\frac{\mathrm{d}H}{\mathrm{d}s}\right) \tag{9-12}$$

式中　$Q$——渗透流量;

$A$——过水断面面积;

$k$——渗透系数。

上式就是无压渐变渗流的微分方程。若地下明槽过水断面视为非常宽阔的矩形断面,其宽度为 $b$ 时,则单宽渗流量为

$$q=\frac{Q}{b}=kh\left(i-\frac{\mathrm{d}h}{\mathrm{d}s}\right) \tag{9-13}$$

**2. 浸润线的分析与计算**

对于最简单的均匀渗流,水深 $h=h_0$,沿程不变,为一常数。故无压均匀渗流的浸润线(即地下水面线)与不透水层表面平行,其坡度与底坡相同,也为 $i$。均匀渗流的方程式也可由式(9-13)得到

$$q=kh_0 \tag{9-14}$$

式中,$h_0$ 为均匀渗流的正常水深。

如前所述,对于无压非均匀渐变渗流,可视为非常宽阔的矩形断面地下明槽流动,它的地下水面线,即浸润线的变化与一般地面上的棱柱形明槽中水面曲线变化相类似。浸润线可以是降水曲线,也可以是壅水曲线,但不同的是无压渐变渗流中的地下水面线要比一般棱柱形明槽水流的水面曲线简单得多。渗流中的流速水头很小,可以略而不计,故渐变渗流中的浸润线就是测压管水头线,也是总水头线。因此,浸润线各点的高程总是沿程下降的,而不可能沿程升高。由于渗流中的流速非常微小,在渐变渗流中没有急流,不存在临界水深 $h_c$,也没有临界坡度 $i_c$,在分析地下水面线时,没有临界水深线 $c$—$c$ 线,因此也不存在第 3 区,故无压渐变渗流的浸润线只有 4 条,即当正底坡 $i>0$ 时,有 2 条;平坡 $i=0$ 时,有 1 条;反坡 $i<0$ 时,有 1 条。

对于正坡($i>0$)的地下明槽非均匀渐变渗流,如图 9-7 所示。在前面第 7 章明渠流动中曾介绍过:一个非均匀流可以视为是相应于原来的均匀流受外界扰动而形成的,其前后是连续的。若渗流的单宽流量为 $q$,其相应的正常水深为 $h_0$,则

$$q=kh_0 i$$

将上式代入式(9-13),并令 $\frac{h}{h_0}=\eta$,则

$$\frac{\mathrm{d}h}{\mathrm{d}s}=i\left(1-\frac{1}{\eta}\right) \tag{9-15}$$

因为 $h=h_0\eta$，则 $\mathrm{d}h=h_0\mathrm{d}\eta$。将其代入上式，得

$$\frac{h_0\mathrm{d}\eta}{\mathrm{d}s}=i\left(1-\frac{1}{\eta}\right)$$

即

$$\frac{i\mathrm{d}s}{h_0}=\frac{\mathrm{d}\eta}{1-\frac{1}{\eta}}=\frac{\eta\mathrm{d}\eta}{\eta-1}$$

所以

$$\frac{i\mathrm{d}s}{h_0}=\mathrm{d}\eta+\frac{\mathrm{d}\eta}{\eta-1} \tag{9-16}$$

把上式从断面 1—1 到 2—2 进行积分，可得

$$\frac{il}{h_0}=\eta_2-\eta_1+\ln\frac{\eta_2-1}{\eta_1-1}=\eta_2-\eta_1+2.3\lg\frac{\eta_2-1}{\eta_1-1} \tag{9-17}$$

或

$$il=h_2-h_1+2.3h_0\lg\frac{h_2-h_0}{h_1-h_0} \tag{9-18}$$

式中，$l$ 为断面 1—1 到断面 2—2 之间的距离。上两式即为正坡（$i>0$）时的浸润线（地下水面线）方程。可用来计算正坡（$i>0$）时的浸润线，确定其位置。

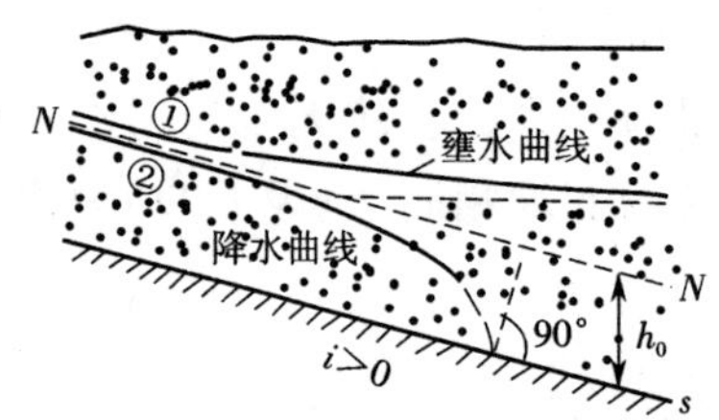


**图 9-8　正底坡（$i>0$）时，地下明槽渐变渗流的浸润线**

正坡（$i>0$）地下明槽渐变渗流的浸润线如图 9-8 所示，分为两种情况：正常水深线 $N$—$N$（$h=h_0$）将整个渗流区分成①和②两个流区。因为渗流中没有急流，不存在临界水深，只有正常水深线 $N$—$N$ 线，没有 $c$—$c$ 线，因而也就没有③区，临界坡度不存在。

在①区，位于 $N$—$N$ 线以上，$h>h_0$，则 $\eta>1.0$，由式(9-15)可知：$\frac{\mathrm{d}h}{\mathrm{d}s}>0$，故渗流的浸润线为壅水线。

上游端：当 $h\to h_0$ 时，$\frac{\mathrm{d}h}{\mathrm{d}s}\to 0$，即浸润线在上游以 $N$—$N$ 线为渐近线。

下游端：当 $h\to\infty$ 时，$\frac{\mathrm{d}h}{\mathrm{d}s}\to i$，即浸润线在下游逐渐趋近于水平，以水平线为渐近线，此时单位距离水深的增加恰等于底坡的降低值。

在②区，位于 $N$—$N$ 线下方，$h<h_0$，则 $\eta<1.0$ 故 $\frac{\mathrm{d}h}{\mathrm{d}s}<0$，渗流的浸润线为降水曲线。

上游端：当 $h\to h_0$ 时，$\frac{\mathrm{d}h}{\mathrm{d}s}\to 0$，浸润线在上游仍以 $N$—$N$ 线为渐近线。

下游端：从理论上讲，当 $h\to 0$ 时，$\frac{\mathrm{d}h}{\mathrm{d}s}\to -\infty$，即按式(9-15)分析，浸润线将与槽

底面正交。此时已不属于渐变流，不能再用式(9-15)进行分析。实际上浸润线将以某一不等于零的水深为终点，该水深取决于具体的边界条件。

对于平坡($i=0$)的地下明槽渐变渗流，如图9-9所示。式(9-12)将成为

$$Q=-kA\frac{\mathrm{d}h}{\mathrm{d}s} \tag{9-19}$$

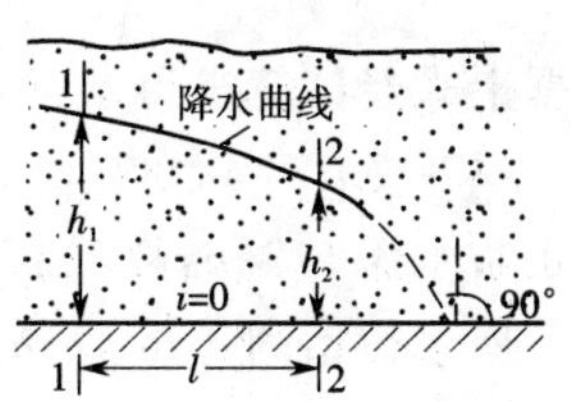

图9-9 平坡($i=0$)地下明槽渐变渗流的浸润线

如为宽阔的矩形地下明槽，则为

$$\frac{q}{k}\mathrm{d}s=-h\mathrm{d}h$$

对上式从断面1—1到断面2—2进行积分，得

$$\frac{2ql}{k}=h_1^2-h_2^2 \tag{9-20}$$

上式即为平坡($i=0$)地下明槽渐变渗流的浸润线方程。

用该式可以进行平底坡的浸润线计算，确定其位置，从该式可知平底坡的浸润线为二次抛物线。

对于平坡地下明槽渐变渗流只有一种浸润线形式，即为水深沿程减小的渗流降水曲线。因为在平坡($i=0$)和反坡($i<0$)地下明槽渗流中不可能形成均匀渗流，都不存在正常水深$h_0$，因此它们不仅没有临界水深线即$c$—$c$线，也没有正常水深线$N$—$N$线，故只有②区，与一般地面上明渠水流的水面线一样，在②区均为降水曲线，这与分析一致。根据式(9-19)可得$\frac{\mathrm{d}h}{\mathrm{d}s}=-\frac{Q}{kA}$，而式中$Q$、$A$、$k$均为正值，所以$\frac{\mathrm{d}h}{\mathrm{d}s}<0$，即水深沿程减小，为降水曲线。

当$h\to0$时，$\frac{\mathrm{d}h}{\mathrm{d}s}\to-\infty$，即浸润线在下游此时将与槽底正交，实际上此时已不是渐变渗流，故式(9-19)已不适用。实际情况与正坡相似，同样将以某一不等于零的水深为终点，该水深取决于具体的边界条件。

对于反坡($i<0$)的地下明槽渐变渗流，也只有一种浸润线形式，即渗流降水曲线。其具体分析和计算公式，此处不再介绍。

**【例9-3】** 设有某一河槽剖面地层情况如图9-10所示。左岸含水层中有地下水渗入河槽。河槽水深1.0 m，在距河道1 000 m处的地下水深度为2.5 m。当在此河道下游修建水库后，此处河槽水位抬高4 m。如离左岸1 000 m处的地下水位不变，试问在修建水库以后单位长度上渗入流量将减少多少？含水层的渗透系数$k=0.002$ cm/s。

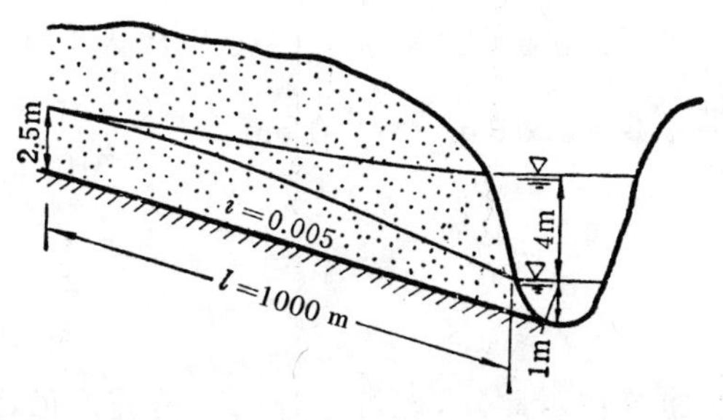

图9-10 某河槽地层剖面

**【解】** 未建水库以前的渗入量可用式(9-18)求得

$$il=h_2-h_1+2.3h_0\lg\frac{h_2-h_0}{h_1-h_0}$$

已知，$i=0.005$，$l=1\ 000$ m，$h_1=2.5$ m，$h_2=1.0$ m。代入已知数值并化简后得

$$h_0 \lg \frac{1-h_0}{2.5-h_0}=2.83$$

根据上式经试算求得正常水深 $h_0=2.638$ m。则渗入的单宽流量为

$$q_1=kh_0 i=0.000\ 02\times2.638\times0.005 \mathrm{m^3/(s\cdot m)}=2.638\times10^{-7}\ \mathrm{m^3/(s\cdot m)}$$

因正常水深 $h_0>h$，故浸润线为一降水曲线（位于②区）。

库水位抬高 4 m 后，$h_2=(4+1)$m$=5$ m，$h_1=2.5$ m，则有

$$h_0 \lg \frac{5-h_0}{2.5-h_0}=1.089$$

根据上式，经过试算求得 $h_0=1.73$ m$<h$。由此可知水库蓄水后浸润线已变为壅水曲线，壅水后渗入的单宽流量为

$$q_2=kh_0 i=0.000\ 02\times1.73\times0.005 \mathrm{m^3/(s\cdot m)}=1.73\times10^{-7}\ \mathrm{m^3/(s\cdot m)}$$

所以壅水后的渗流量较原来的渗流量减少了

$$(2.638-1.73)\times10^{-7}\times86\ 400 \mathrm{m^3/(d\cdot m)}=7.84\times10^{-3}\ \mathrm{m^3/(d\cdot m)}$$

**【例 9-4】** 为了降低地下水位，在水平（$i=0$）不透水层上修建了一条长 $S=100$ m 的地下集水廊道，如图 9-11 所示，将集水经排水系统排走。在廊道一侧，距离廊道边墙 $l=80$ m 处打有一口井底直至水平不透水层的竖井，实测得井中水深 $H=7.6$ m，廊道中水深 $h=3.6$ m。在排水过程中廊道中水深保持不变，现已知由廊道排出的总流量 $Q=2.23\ \mathrm{m^3/s}$，试求该透水土层的渗透系数 $k$ 值。

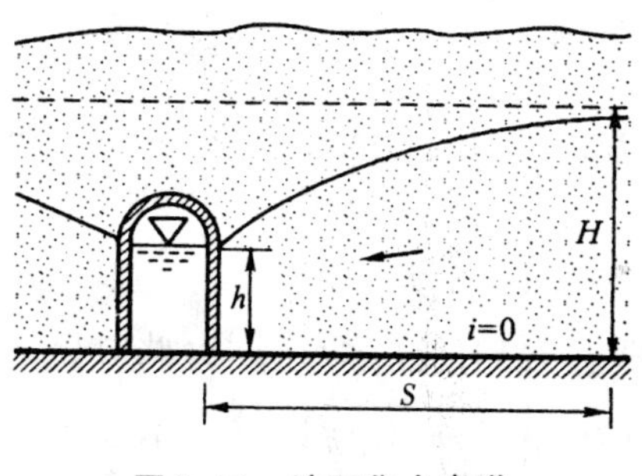


**图 9-11 地下集水廊道**

**【解】** 地下集水廊道中汇集的地下水流量，是由廊道两侧透水土层渗出的，故每一侧渗出的单宽渗流量为

$$q=\frac{Q}{2S}=\frac{2.23}{2\times100}\mathrm{m^3/(s\cdot m)}=0.0112\ \mathrm{m^3/(s\cdot m)}$$

由式(9-20)计算如下

已知：$h_1=H=7.6$ m，$h_2=h=3.6$ m，$l=80$ m，$q=0.0112\ \mathrm{m^3/(s\cdot m)}$，代入上式得

$$k=\frac{2ql}{h_1^2-h_2^2}=\frac{2\times0.0112\times80}{7.6^2-3.6^2}\mathrm{m/s}=0.04\ \mathrm{m/s}=4.0\ \mathrm{cm/s}$$

## 9.4 井的渗流

井是一种汲取地下水或排水用的集水建筑物。此外，也可通过向井内充水回灌，增加地下含油层的压力或防止地面沉降等，井在水文地质勘探工作和在地下水资源

开发利用中以及在工业、农业等生产建设方面都有着广泛的应用。

根据水文地质条件，可将井按其所处位置分为潜水井和承压井两种基本类型。潜水井也称为普通井，位于地表以下、第一个不透水层之上、具有自由表面的潜水含水层中，汲取无压地下水。井底直达不透水层者称为完全井或完整井。如井底未达到不透水层则称为非完全井或非完整井。承压井也称为自流井，它穿过一层或多层不透水层，在地下深层的承压含水层中汲取承压水。自流井也可分为完全井和非完全井，本节只介绍这两种基本类型的完全井——完全潜水井（或完全普通井）和完全承压井（或完全自流井）。

分析井的渗流运动时的两点假设：(1) 恒定渗流。一般来说，井的渗流运动属于非恒定流。当地下水开采量较大时或需要较精确地测定水文地质参数时，则应严格按照非恒定渗流考虑。但在地下水补给来源充沛，开采量远小于天然补给量的地区，经过相当长时间的抽水以后，井的渗流情况可以近似按恒定流进行分析。本节只分析恒定流的情况。(2) 渐变渗流。严格来说，井的渗流运动，属于三维渗流，可以从渗流运动的微分方程组出发来求解渗流运动要素空间场的函数关系，但这样求解是非常复杂的。当井距离含水层边界很远时，在均质各向同性的地层中，一般可以假设渗流对井轴是对称的，各径向断面上的渗流情况相同，而且除了井的四周附近地区外，浸润线的曲率都很小，可以忽略渗流运动要素沿 $z$ 轴方向的变化，则可认为是一维渐变渗流，可运用一维渐变渗流的一般公式——裘皮幼公式来分析处理。

### 9.4.1 完全普通井(完全潜水井)

水平不透水层上的完全普通井，如图 9-12 所示，当不从井中取水时，原有静止的天然水面是水平的，井内水位与原有的天然水面平齐。从井中取水时，则井中水位下降，四周地下水向井中集流形成漏斗状的浸润面，也称为降落漏斗。若开采量较小，且提取的流量不变时，经过一段时间后，井四周的渗流可认为达到了恒定状态，井中的水位下降值 $S$ 和漏斗形浸润面的位置均保持不变。

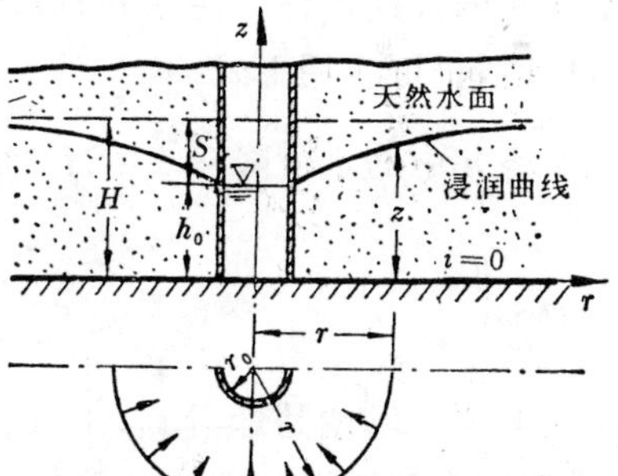

图 9-12　完全潜水井

根据前面介绍的假定，井的渗流具有轴对称性，可以简化为二维平面问题，如进一步忽略其运动要素沿 $z$ 轴方向的变化，则可近似按一维渐变渗流用裘皮幼公式来分析。

设 $z$ 为距离井轴 $r$ 处的浸润线高度(以不透水层表面为基准)，按渐变渗流的裘皮幼公式，则半径为 $r$ 处的流向井轴的断面平均流速为

$$v=kJ=k\frac{dz}{dr}$$

其过流断面为半径为 $r$ 的圆柱面，即 $A=2\pi rz$，则

$$Q=vA=2\pi rzk\frac{dz}{dr}$$

将上式分离变量

$$\frac{Q}{2\pi k}\frac{dr}{r}=zdz$$

两边积分

$$\frac{Q}{2\pi k}\int_{r_0}^{r}\frac{dr}{r}=\int_{h_0}^{z}zdz$$

即

$$\frac{Q}{2\pi k}(\ln r-\ln r_0)=\frac{1}{2}(z^2-h_0^2)$$

所以

$$z^2-h_0^2=\frac{Q}{\pi k}\ln\frac{r}{r_0}=\frac{0.73Q}{k}\lg\frac{r}{r_0} \tag{9-21}$$

式中：$h_0$ 为井中水深，$r_0$ 为井的半径。上式即为浸润线方程，可用来确定浸润线的位置。

浸润线在离井越远的地方，越接近于原有的地下水位。在井的渗流计算中，常引入一个近似的概念，即影响半径，认为从井中抽水的影响有一个影响半径 $R$。在影响半径 $R$ 以外的区域，地下水位不受抽水的影响。故近似地认为 $r=R$ 处 $z=H$（$H$ 为原有的地下水深度或潜水含水层厚度），则完全普通井的出水量公式为

$$Q=1.36\frac{k(H^2-h_0^2)}{\lg\frac{R}{r_0}} \tag{9-22}$$

将水注入的井通常称为注水井，应用于回灌地下水和测定水文地质参数，此时的出水量为负值，仍可应用上式。

如将井中的水位降深 $S=H-h_0$ 代入式(9-22)，并忽略 $\frac{S}{2H}$ 后可得

$$Q=2.73\frac{kHS}{\lg\frac{R}{r_0}} \tag{9-23}$$

从上式可以清楚地看到，出水量 $Q$ 与渗透系数 $k$、含水层厚度 $H$ 和井中水位降深（或称抽水深度）$S$ 成正比，这三个量显著影响出水量 $Q$ 的大小，而影响半径 $R$ 值变化的影响是比较小的。

影响半径 $R$ 需用实验的方法或根据经验来确定。在初步计算中，根据经验对细砂可采用 $R=100\sim200$ m，中等粒径砂可采用 $R=250\sim500$ m，粗砂可采用 $R=700\sim1\,000$ m，或用如下经验公式计算。

齐哈尔德（原苏联）经验公式

$$R=3000S\sqrt{k} \tag{9-24}$$

И. П. 库萨金(原苏联)公式(该公式多用于井群的计算)

$$R=575S\sqrt{Hk} \tag{9-25}$$

式中,$k$ 以 m/s 计,$R$,$S$ 和 $H$ 均以 m 计。

影响半径本身就是一个近似的概念,所以用各种方法确定的数值差别也很大。但因流量 $Q$ 与影响半径 $R$ 的对数值成反比,所以影响半径的差别对流量计算所带来的影响并不大。

关于非完全普通井的渗流计算,由于其渗流情况比较复杂,已不能运用一维渐变渗流的裘皮幼公式来进行分析,其流动情况的具体分析与计算公式这里不再介绍。

### 9.4.2 完全自流井(完全承压井)

当含水层位于地下深层某两个不透水层之间,由于地质构造的关系,使含水层中的地下水处于承压状态。如果打井穿过上面的不透水层,则井中水位在不抽水的情况下也将自动上升至 $H$ 的高度(见图 9-13 所示)。$H$ 即为该承压含水层中地下水的水头,该水头可能高出地面,也可能低于地面。高出地面时,则地下水会自动流出井外,成为所谓自流井,类似于喷泉。即使水头 $H$ 高不出地面,但总比承压含水层厚度 $t$ 要大,否则就不称其为承压水了。这种汲取深层承压地下水的井称为自流井或承压井。也根据其井底是否直接抵达不透水层表面而有完全自流井与非完全自流井之分。本节只讨论完全井的情况。

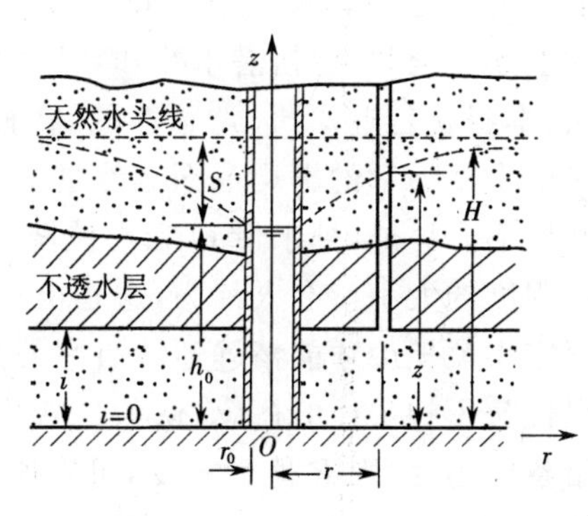


图 9-13 完全承压井

为便于讨论,设承压含水层为具有同一厚度 $t$ 的水平含水层。与完全潜水井一样,同样符合前面提到的关于恒定和渐变渗流的假设。如若从井中抽取的水量不大,且提取的流量不变时,经过一段时间后,井四周的渗流可以认为达到了恒定状态,井中水位下降值 $S$ 及在井周围形成的漏斗状地下水的水头线的形状与位置也都稳定不变。此时和完全普通井一样,仍可按一维渐变渗流来分析处理。根据裘皮幼公式,过水断面上的平均流速为

$$v=k\frac{\mathrm{d}z}{\mathrm{d}r}$$

离井轴距离为 $r$ 处的过水断面面积 $A=2\pi rt$,故得

$$Q=2\pi rtk\frac{\mathrm{d}z}{\mathrm{d}r} \tag{9-26}$$

分离变量

$$\mathrm{d}z=\frac{Q}{2\pi kt}\frac{\mathrm{d}r}{r}$$

积分得

$$z=\frac{Q}{2\pi kt}\ln r+C$$

根据 $r=r_0$ 时，$z=h_0$ 的条件，求 $C$ 值，并代回原式得

$$z-h_0=\frac{Q}{2\pi kt}\ln\frac{r}{r_0}=0.37\frac{Q}{kt}\lg\frac{r}{r_0} \tag{9-27}$$

式(9-27)即为完全自流井的承压地下水的水头线方程，用它可以计算确定承压地下水水头线的位置和形状。同样引入影响半径 $R$ 的概念，设 $r=R$ 时，$z=H$，则可得完全自流井出水量公式为

$$Q=2.73\frac{kt(H-h_0)}{\lg\frac{R}{r_0}}=2.73\frac{ktS}{\lg\frac{R}{r_0}} \tag{9-28}$$

影响半径 $R$ 也可以按上节所介绍的方法确定。

上述完全井(包括潜水井和承压井)的计算公式中，引入的影响半径 $R$ 及其确定方法，本身就是近似的、经验性的，在概念上还存在着许多含混不清和矛盾的地方。事实上水井抽水的影响范围必然是全部补给区的含水层，而且影响范围一般也不会是圆柱形。另外，抽水量 $Q$ 和水位降深 $S$ 的大小也不会改变影响的范围，只能改变影响程度的大小。有人认为，这是由于采用了恒定渗流理论所伴随的缺陷，应该运用非恒定渗流理论才能精确地解决井的渗流问题。也有人提出了引用“补给半径”的概念以代替影响半径的概念，认为公式中的 $R$ 是一个综合反映抽水补给条件的参数。补给条件不变，则 $R$ 值就不变，可以通过实验来测定。关于这一问题，目前尚在进一步研究之中。

### 9.4.3 井群

在实际工程中为了大量汲取地下水，或为了基坑开挖及在其他场合更有效地降低地下水位，常常需要在一定范围内开凿多口井，令其同时共同工作形成所谓的井群。在井群中各单井之间的距离都不大，每一口井都在其他井的影响半径之内，由于各井之间的互相影响，使渗流区地下水浸润面呈现出很复杂的形状，各井的出水量和单井的出水量也完全不同。这种由多个井组合成的井群中彼此互相干扰的井称为干扰井。井群在开发利用地下水资源，在工程建设施工中以及在有效降低地下水位等方面得到广泛应用，所以对井群渗流的分析研究具有重要的实用价值。

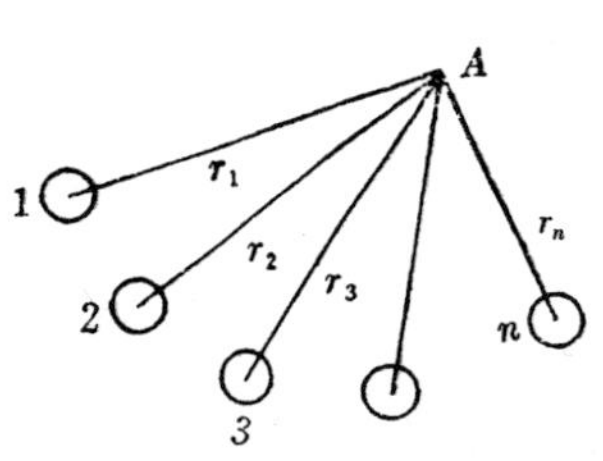

图 9-14 完全普通井的井群

可以证明，在重力作用下均质各向同性的土壤中符合达西定律的渗流，具有流速势函数 $\varphi$，可以看成一种有势流动，满足势流叠加原理。所以井群所形成的渗流场，可以看成是由许多单独井所形成的渗流场的叠加。

设在水平不透水层上，由 $n$ 个完全普通井组成的井群，如图 9-14 所示。各单井的半径、出水量及到某

一点 $A$ 的距离分别为 $r_{01},r_{02},\cdots,r_{0n}$;$Q_1,Q_2,\cdots,Q_n$ 及 $r_1,r_2,\cdots,r_n$。若每个井单独工作时,各井中的水深分别为 $h_{01},h_{02},\cdots,h_{0n}$,在 $A$ 处所形成的地下水位(即浸润面高度)分别为 $z_1,z_2,\cdots,z_n$。由式(9-19)可得各井的浸润线方程分别为

$$z_1^2-h_{01}^2=\frac{Q_1}{\pi k}\ln\frac{r_1}{r_{01}}$$

$$z_2^2-h_{02}^2=\frac{Q_2}{\pi k}\ln\left(\frac{r_2}{r_{02}}\right)$$

$$\cdots$$

$$z_n^2-h_{0n}^2=\frac{Q_n}{\pi k}\ln\left(\frac{r_n}{r_{0n}}\right)$$

当 $n$ 个井同时抽水,共同工作时,则该井群共同形成一个渗流场,其所形成的公共浸润面,此时在 $A$ 点的高度(即此时在 $A$ 点的地下水位)为 $z$,按第 4 章所介绍的势流叠加原理,井群所形成的渗流场,可看成是许多个单独井所形成的渗流场的叠加。叠加后其方程可写为

$$z^2=\frac{Q_1}{\pi k}\ln\frac{r_1}{r_{01}}+\frac{Q_2}{\pi k}\ln\frac{r_2}{r_{02}}+\cdots+\frac{Q_n}{\pi k}\ln\frac{r_n}{r_{0n}}+C=\sum_{i=1}^{n}\frac{Q_i}{\pi k}\ln\frac{r_i}{r_{0i}}+C \tag{9-29}$$

式中　$r_i$——$A$ 点距第 $i$ 口井井轴的距离;

$C$——一常数由边界条件确定。

若各井的出水量相同,即 $Q_1=Q_2=\cdots=Q_n=\dfrac{Q_0}{n}$, $Q_0$ 为井群的总出水量,则上式可写为

$$\begin{aligned}z^2&=\frac{Q_0}{\pi nk}\sum_{i=1}^{n}(\ln r_i-\ln r_{0i})+C\\&=\frac{Q_0}{\pi nk}[\ln(r_1\cdot r_2\cdot\cdots\cdot r_n)-\ln(r_{01}\cdot r_{02}\cdot\cdots\cdot r_{0n})]+C\end{aligned} \tag{9-30}$$

井群作为一个整体也具有影响半径,一般它的影响半径 $R$ 远大于井群本身的尺度,若 $A$ 点就在其影响半径处,故可近似认为,$A$ 点至各井的距离

$$r_1\approx r_2\approx\cdots\approx r_n\approx R$$

同时该处 $z=H$,代入式(9-30),可得常数 $C$

$$C=H^2-\frac{Q_0}{\pi k}\left[\ln R-\frac{1}{n}\ln(r_{01}r_{02}\cdots r_{0n})\right]$$

将 $C$ 值代回式(9-30),得

$$z^2=H^2-\frac{Q_0}{\pi k}\left[\ln R-\frac{1}{n}\ln(r_1r_2\cdots r_n)\right] \tag{9-31}$$

或
$$z^2=H^2-0.73\frac{Q_0}{k}\left[\lg R-\frac{1}{n}\lg(r_1r_2\cdots r_n)\right] \tag{9-32}$$

上两式即为井群的浸润线方程,可用来求井群中某点 $A$ 的地下水位 $z$,也可求得整个浸润线的位置和形状,或反求井群的出水量 $Q_0$。

井群的总出水量为

$$Q_0=1.36\frac{k(H^2-z^2)}{\lg R-\frac{1}{n}\lg(r_1r_2\cdots r_n)} \tag{9-33}$$

式中，$R$ 为井群的影响半径，可通过抽水试验的方法测定，亦可由前面介绍的经验公式(9-25)，即库萨金公式估算：

$$R=575S\sqrt{Hk}$$

式中 $S$——井群中心点处在抽水稳定后的地下水位降落深度，以 m 计；

$H$——潜水含水层的厚度，以 m 计；

$k$——渗透系数，以 m/s 计。

对于沿半径为 $r$ 的圆周对称分布的井群，在井群的圆心处 $r_1=r_2=\cdots=r_n=r$，则公式(9-32)可以简化为

$$z_0^2=H^2-0.73\frac{Q_0}{k}\lg\frac{R}{r} \tag{9-34}$$

式中，$z_0$ 为在井群圆心处的渗流水头。

若井群中各井的出水量不相等，则井群的浸润线方程将变为

$$z^2=H^2-\frac{0.73}{k}\left(Q_1\lg\frac{R}{r_1}+Q_2\lg\frac{R}{r_2}+\cdots+Q_n\lg\frac{R}{r_n}\right) \tag{9-35}$$

式中，$Q_1,Q_2,\cdots,Q_n$ 为各井的出水量，其余符号与前相同。

以上介绍的为完全普通井(潜水井)的井群。对于含水层厚度为 $t$ 的完全自流井(即完全承压井)的井群，采用上述完全普通井井群的分析方法，按势流叠加原理，同样可求得井群的浸润线方程为(分析过程从略)

$$z=H-\frac{0.37Q_0}{kt}\left[\lg R-\frac{1}{n}\lg(r_1r_2\cdots r_n)\right] \tag{9-36}$$

井群的总出水量

$$Q_0=2.73\frac{kt(H-z)}{\lg R-\frac{1}{n}\lg(r_1r_2\cdots r_n)} \tag{9-37}$$

如果井群中各井的出水量不相等，则此时井群的浸润线方程将变为

$$z=H-\frac{0.37}{kt}\left(Q_1\lg\frac{R}{r_1}+Q_2\lg\frac{R}{r_2}+\cdots+Q_n\lg\frac{R}{r_n}\right) \tag{9-38}$$

**【例 9-5】** 有一完全普通井，半径 $r_0=0.1$ m，潜水含水层厚度 $H=8.0$ m，其渗透系数 $k=0.001$ m/s。从井中抽水，待其稳定后测得井中水深 $h_0=3.0$ m，试估算该井的出水量。

**【解】** 该井中的水位降落

$$S=H-h_0=(8.0-3.0)\text{m}=5.0\text{ m}$$

影响半径 $R$ 可用齐哈尔德经验公式估算，即

$$R=3000S\sqrt{k}=3000\times5.0\times\sqrt{0.001}\text{ m}=474.3\text{ m}$$

该完全普通井的出水量为

$$Q=1.36\frac{k(H^2-h_0^2)}{\lg\frac{R}{r_0}}=1.36\times\frac{0.001\times(8^2-3^2)}{\lg\frac{474.3}{0.1}}\text{m}^3/\text{s}=0.02\ \text{m}^3/\text{s}$$

**【例 9-6】** 如图 9-15 所示，从一承压井中取水，该井半径 $r_0=0.1$ m，承压含水层厚度 $t=5.0$ m，在距离井中心 10 m 处钻有一口观测井，在未抽水前，测得地下水位 $H=12$ m，现抽水量 $Q=36\ \text{m}^3/\text{h}$，抽水稳定后井中的水位降 $S=2.0$ m，在观测井中的水位降深 $S_1=1.0$ m，求(1) 含水层的渗透系数 $k$ 值；(2) 当井中水位降深 $S=3.0$ m 时，井的出水量。

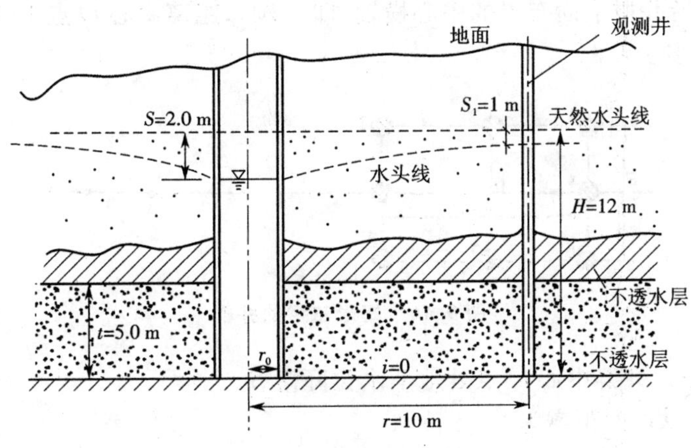


**图 9-15　完全承压井**

**【解】** (1)求含水层的渗透系数 $k$ 值。

出水量 $Q=36\ \text{m}^3/\text{h}=0.01\ \text{m}^3/\text{s}$ 时，抽水稳定后井中水深 $h_0=H-S=(12-2)\text{m}=10$ m，此时观测井中水深

$$z=H-S_1=(12-1.0)\text{m}=11\ \text{m}$$

又已知承压含水层厚度 $t=5.0$ m，观测井中心距承压井中心距离 $r=10$ m，承压井的半径 $r_0=0.1$ m，将已知量代入完全自流井承压水头线方程即可求得 $k$ 值：

$$z-h_0=0.37\frac{Q}{kt}\lg\left(\frac{r}{r_0}\right)$$

即
$$11-10=0.37\times\frac{0.01}{k\times5}\lg\frac{10}{0.1}$$

即
$$1=\frac{0.00148}{k}$$

所以
$$k=0.00148\ \text{m/s}$$

(2) 求当 $S=3.0$ m 时，出水流量 $Q$。

影响半径 $R$ 用齐哈尔德经验公式估算

$$R=3000S\sqrt{k}=3000\times3\sqrt{0.00148}\ \text{m}=346.24\ \text{m}$$

出水流量

$$Q=2.73\frac{ktS}{\lg\frac{R}{r_0}}=2.73\times\frac{0.001\,48\times5.0\times3.0}{\lg\frac{346.24}{0.1}}\ \mathrm{m^3/s}$$

$$=0.0171\ \mathrm{m^3/s}=61.56\ \mathrm{m^3/h}$$

**【例 9-7】** 为了降低基坑的地下水位，在基坑周围设置了 8 个完全普通井，井在平面上呈矩形布置，如图 9-16 所示。已知潜水层的厚度 $H=12$ m，渗透系数 $k=0.001$ m/s，井群的影响半径 $R=500$ m，井的半径 $r_0=0.1$ m，当 8 口井同时抽水工作时，每口井的出水量均为 $Q=12$ L/s。试求：(1) 井群中心 $O$ 点处地下水位能降落多少？(2) 沿井群平面布置的中心横轴(即 $x$ 轴)，距离中心 $O$ 点 100 m 处的 $A$ 点地下水位降落多少？

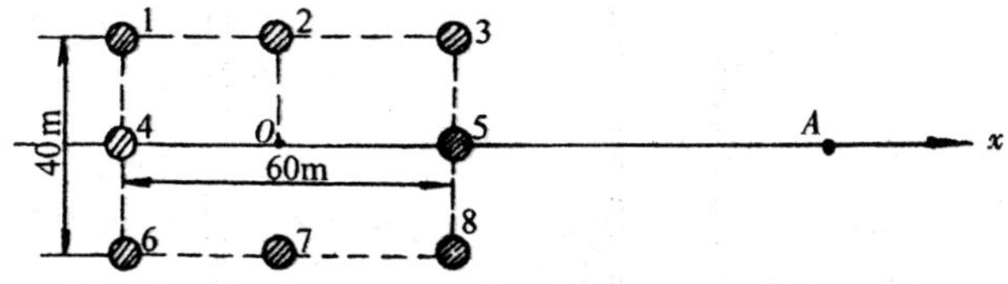


**图 9-16 矩形布置的井群**

**【解】** (1)设井群中心 $O$ 点处地下水位降落 $S$。

各单井至 $O$ 点的距离为

$$r_4=r_5=30\ \mathrm{m},\quad r_2=r_7=20\ \mathrm{m}$$

$$r_1=r_3=r_6=r_8=\sqrt{30^2+20^2}\ \mathrm{m}=36\ \mathrm{m}$$

代入式(9-30)得

$$z^2=H^2-0.73\frac{Q_0}{k}\left[\lg R-\frac{1}{n}\lg(r_1r_2\cdots r_8)\right]$$

$$=\left\{12^2-0.73\times\frac{0.012\times8}{0.001}\times\left[\lg 500-\frac{1}{8}\lg\ (30^2\times20^2\times36^4)\right]\right\}\ \mathrm{m^2}$$

$$=(144-85.94)\ \mathrm{m^2}=58.06\mathrm{m^2}$$

$$z=7.62\ \mathrm{m}$$

所以 $O$ 点地下水位降落

$$S=H-z=(12-7.62)\mathrm{m}=4.38\ \mathrm{m}$$

(2)$A$ 点处地下水位降落 $S_A$。

$$r_1^2=r_6^2=(20^2+130^2)\mathrm{m^2}=17\ 300\mathrm{m^2}$$

$$r_2^2=r_7^2=(20^2+100^2)\mathrm{m^2}=10\ 400\mathrm{m^2}$$

$$r_3^2=r_8^2=(20^2+70^2)\mathrm{m^2}=5300\ \mathrm{m^2}$$

$$r_4=(100+30)\mathrm{m}=130\ \mathrm{m};\quad r_5=(100-30)\mathrm{m}=70\ \mathrm{m}$$

代入式(9-30)得

$$z^2=H^2-0.73\frac{Q_0}{k}\left[\lg R-\frac{1}{n}(r_1r_2\cdots r_8)\right]$$
$$=\left\{12^2-0.73\times\frac{0.012\times 8}{0.001}\times\left[\lg 500-\frac{1}{8}\lg(17300\times 10400\times 5300\times 130\times 70)\right]\right\}\ \mathrm{m}^2$$
$$=(144-49.52)\mathrm{m}^2=94.48\mathrm{m}^2$$

则
$$z=9.72\ \mathrm{m}$$

所以 $A$ 点处的地下水位降落
$$S_A=H-z=(12-9.72)\mathrm{m}=2.28\ \mathrm{m}$$

## 【本章小结】

本章重点阐述了渗流的基本概念，包括渗流简化模型和渗流的水力特点等；介绍了渗流的阻力定律——达西定律和裘皮幼公式以及它们在地下明槽渗流和井的渗流中的应用。

**1. 渗流的基本概念**

**1）渗流简化模型**

以渗流模型代替实际渗流是建立渗流理论的基础。渗流模型是：流体和孔隙介质共同所占有的渗流区空间场，其边界形状和其他边界条件均保持不变，但略去渗流区内的全部土壤骨架，认为渗流区全部空间场均被流体所充满，并把渗流运动要素作为全部渗流区空间场的连续函数来研究，而渗流模型中任意过水断面上所通过的流量与实际渗流中该断面所通过的真实流量相等，且渗透压力及渗流阻力与实际渗流也相同。根据这一渗流模型，其模型流速 $u$ 小于实际渗流的流速 $u'$，$u=nu'$（$n<1.0$ 为面积孔隙率）。

**2）渗流的水力特点**

渗流流速很微小，流速水头更小，可以忽略不计，所以渗流中测压管水头 $H_p$，就等于总水头 $H$（$H_p=H$），测压管水头线与总水头线重合，沿程总是下降的，$J_p=J$，两断面间的测压管水头差，就是水头损失；渗流流速很微小，渗流只有缓流而没有急流，因此渗流中没有临界水深 $h_c$，也没有临界坡度 $i_c$。

由渗流的水力特点所引出的各种结论，是分析渗流运动规律的前提条件。

**2. 渗流的阻力定律**

**1）达西定律**

$u=v=kJ$，表明均匀渗流各点的流速与水力坡度的一次方成正比。达西定律的适用范围 $Re=\frac{vd}{\nu}\leqslant 1\sim 10$（$d=d_{10}$，为安全起见，常取 $Re\leqslant 1.0$）。

将达西定律推广到非均匀渗流时，其点流速 $u=kJ=-k\frac{\mathrm{d}H}{\mathrm{d}s}$。

2）裘皮幼公式

它是恒定无压渐变渗流的基本公式，$u=v=kJ=-k\dfrac{\mathrm{d}H}{\mathrm{d}s}$，该式表明，在无压渐变渗流中，过水断面上各点的流速相等，并等于断面平均流速，其流速分布呈矩形均匀分布。但不同过水断面上的流速大小是不相等的。裘皮幼公式与达西定律虽然形式上一样，但其含义已有不同。

**3. 恒定无压渗流**

可将恒定无压渗流视为非常宽阔的矩形断面地下明槽渗流。

**1）无压均匀渗流**

运动要素，如水深 $h_0$、断面平均流速 $v$ 及断面流速分布等沿程不变。浸润线（地下水面线）就是测压管水头线，也是总水头线，是一条与底坡线平行的直线，$J=J_p=i$，其渗流量 $Q=kA_0i$（相应单宽渗流量 $q=kh_0i$）

**2）无压渐变渗流**

（1）无压渐变渗流的微分方程

$$Q=kA\left(i-\frac{\mathrm{d}h}{\mathrm{d}s}\right)$$

（2）无压渐变渗流的浸润线　渗流中无急流也就没有临界水深 $h_c$ 和临界底坡 $i_c$，只有正坡（$i>0$），平坡（$i=0$）和反坡（$i<0$）。

当 $i>0$（正坡）时，可以形成均匀流，当 $h>h_0$，在 $N—N$ 线以上浸润线为壅水曲线，当 $h<h_0$ 时，在 $N—N$ 线下方为降水曲线，浸润线形式共有两种。浸润线方程

$$il=h_2-h_1+2.3h_0\lg\frac{h_2-h_0}{h_1-h_0}$$

当 $\left.\begin{array}{l} i=0\text{（平坡）时} \\ i<0\text{（反坡）时} \end{array}\right\}$ 该两种情况均不能形成均匀流，没有正常水深线即 $N—N$ 线，同时也无 $c—c$ 线，因此浸润线形式，各只有一条降水曲线。

浸润线方程：对平坡（$i=0$）　$\dfrac{2ql}{k}=h_1^2-h_2^2$；

对反坡（$i<0$），本章未作介绍，读者可自行推导。

无压渐变渗流浸润线形式总共只有 4 种。

**4. 井的渗流**

具有轴对称性，忽略运动要素沿井轴线方向的变化，则可按一维渐变渗流处理，运用裘皮幼公式，即可推求出浸润线方程和出水量公式。

（1）完全普通井。

浸润线方程：

$$z^2-h_0^2=0.73\frac{Q}{k}\lg\frac{r}{r_0}$$

出水量公式：　$Q=1.36\dfrac{k(H^2-h_0^2)}{\lg\dfrac{R}{r_0}}$ 　或　 $Q=2.73\dfrac{kHS}{\lg\dfrac{R}{r_0}}$

(2) 完全自流井。

承压水头线方程：

$$z-h_0=0.37\frac{Q}{kt}\lg\frac{r}{r_0}$$

出水量公式：　$Q=2.73\dfrac{kt(H-h_0)}{\lg\dfrac{R}{r_0}}=2.73\dfrac{ktS}{\lg\dfrac{R}{r_0}}$

(3) 井群。根据势流叠加原理，井群所形成的渗流场，可看成是由许多个单独井所形成的渗流场的叠加，即可推求出井群的浸润线方程和出水总量的计算公式。

## 【思考题】

9-1　什么是渗流？何谓孔隙介质？

9-2　何谓渗透系数？它的物理意义是什么？它与哪些因素有关？如何确定渗透系数？

9-3　何谓渗流模型？它与实际渗流有何区别？为什么要提出这一概念？

9-4　什么是达西定律？达西定律的适用条件是什么？它与裘皮幼公式的含义有何不同？

9-5　恒定无压渐变渗流的特征与一般地面上明槽渐变流动的特征有何异同？

9-6　什么是渗流运动的浸润线？它沿流程可否上升？为什么？

9-7　一般渗流中所指的流速是什么流速？它与真实流速有何联系？

9-8　什么是井的影响半径？引用这一概念的实用意义和理论缺陷是什么？

9-9　什么是完全井和不完全井？何谓潜水井和自流井？分析井的渗流运动(推求其浸润线或水头线方程和出水量公式)时需要引入哪些假定？

## 【习题】

9-1　在实验室中，根据达西定律测定某土样的渗透系数 $k$ 值，如圆筒直径 $d=20$ cm，两测压管间距 $l=40$ cm，测得的渗透流量 $Q=100$ mL/min，两测压管的水头差为 $\Delta h=20$ cm，试求该土样的渗透系数 $k$ 值。

9-2　两水库 A 和 B 之间为一座山，经地质勘探查明，有一水平透水层，将两水库沟通。其上层为细砂，渗透系数 $k_1=0.001$ cm/s，下层为中砂，渗透系数 $k_2=0.01$ cm/s，各层的厚度均为 2 m，宽度为 $b=500$ m，长度 $l=2\,000$ m，A 水库水位为 130 m，B 水库水位为 100 m，试求：由 A 水库向 B 水库的渗透流量 $Q$。

9-3 两水库 A 和 B 隔着一座山体，经地质勘探查明，在山体中有一水平透水层，将两水库连通，透水层厚度均为 4 m，宽度 $b$=500 m，长度 $l$=2 000 m，该透水层前半段为细砂，渗透系数 $k_1$=0.001 cm/s，后半段为中砂，其渗透系数 $k_2$=0.01 cm/s，A 和 B 两水库的水位分别为 130 m 和 100 m，试求：此时由 A 水库向 B 水库的渗透流量 $Q$。

9-4 两水池 A 和 B，中间为一水平不透水层上的砂壤土山丘。已知水池 A 的水位为 15 m，水池 B 的水位为 10 m，不透水层高程为 5.0 m，砂壤土的渗透系数 $k$=0.0005 cm/s，两水池间的距离 $l$=500 m，试求单宽渗流量 $q$。

9-5 为了查明地下水的储藏情况，在含水层土壤中相距 $S$=500 m 处打了两个钻孔 1 和 2，测得两个钻孔中水深分别为 $h_1$=3.0 m，$h_2$=2.0 m，不透水层的底坡 $i$=0.0025，渗透系数 $k$=0.005 cm/s，试求渗透单宽流量 $q$。

9-6 已知河中水位为 67.4 m，距河边 300 m 处有一钻孔，孔中水位为 70.5 m，不透水层为水平面，其高程为 56.0 m，土壤的渗透系数 $k$=16 m/d，求渗透单宽流量 $q$。

9-7 离河 700 m 处打一钻孔，孔中水位为 28.0 m，孔中水面至不透水层之深度为 8.0 m，河水位为 23.0 m，河面至不透水层高为 7.0 m，如题 9-7 图所示。土壤的渗透系数 $k$=10 m/d，求单宽渗流量 $q$。

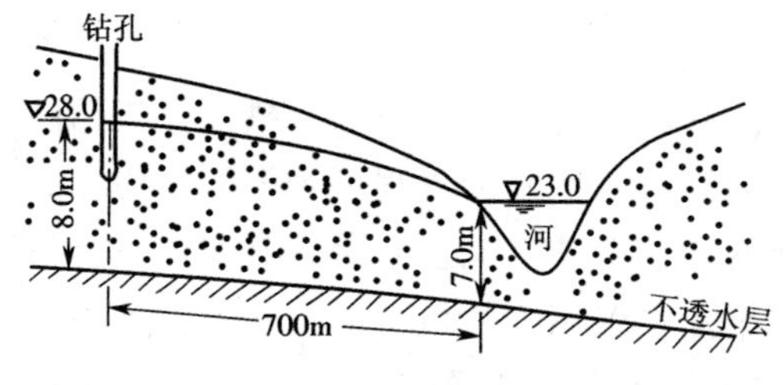

**题 9-7 图**

9-8 如题 9-8 图所示，某河道左岸为一透水层，其渗透系数 $k=2\times10^{-3}$ cm/s，不透水层的底坡 $i$=0.001，修建水库之前距离河道 2 000 m 处的 1-1 断面的水深为 5.0 m，河中水深为 2.0 m，这时地下水补给河道；修建水库之后将河中水位抬升了 18 m，此时 1-1 断面处的水深为 10 m，这时水库补给地下水。试求：(1) 建库前地下水补给河道的单宽流量 $q_1$；(2) 建库后水库补给地下水的单宽流量 $q_2$。

9-9 河边岸滩由两种土壤组成，如题 9-9 图所示，图中高程与长度单位均为 m，求两层土壤交界面处的水位。已知砂卵石 $k_1$=50 m/d，砂 $k_2$=2 m/d。

9-10 试计算水从水库经过覆盖水库边岸的亚黏土坡积层(平均厚度为 2.0 m，$k_2$=0.2 m/d)和砂层渗入附近河谷的渗流量(砂层的 $k_1$=20 m/d)，并定量说明有无坡积层的区别。其他已知条件如题 9-10 图所示。图中高程和长度单位为 m。

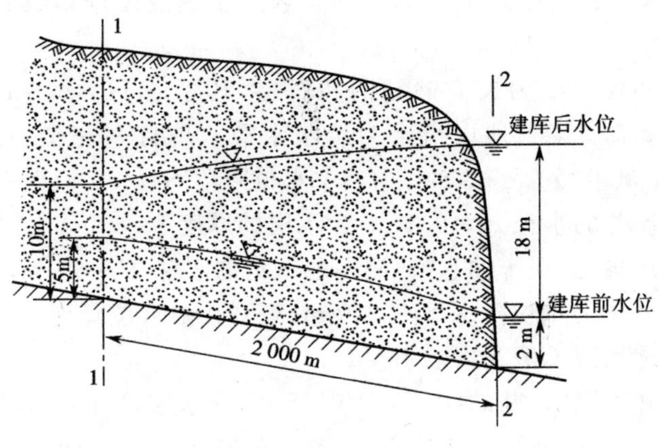


题 9-8 图

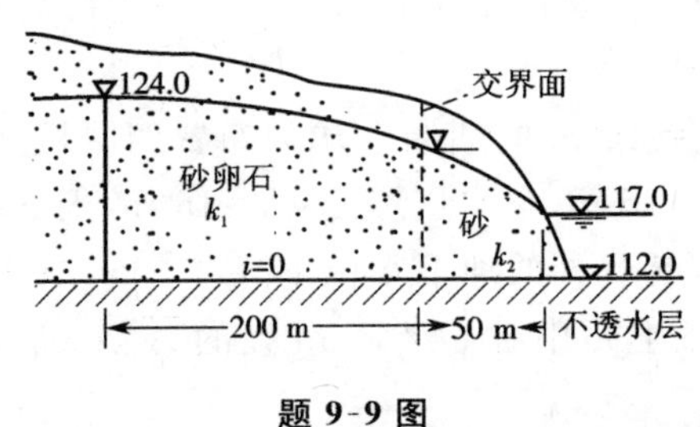


题 9-9 图

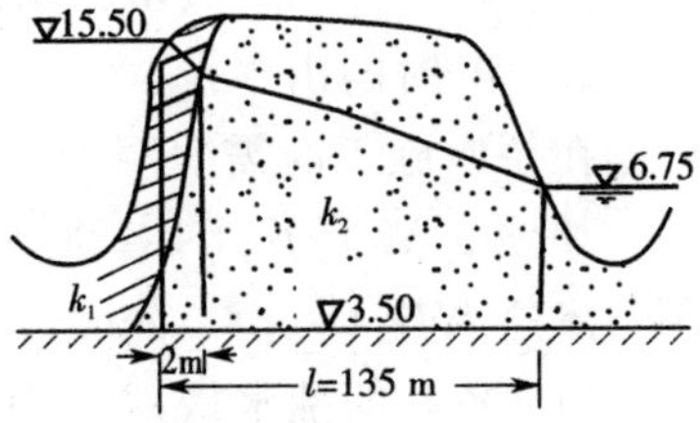

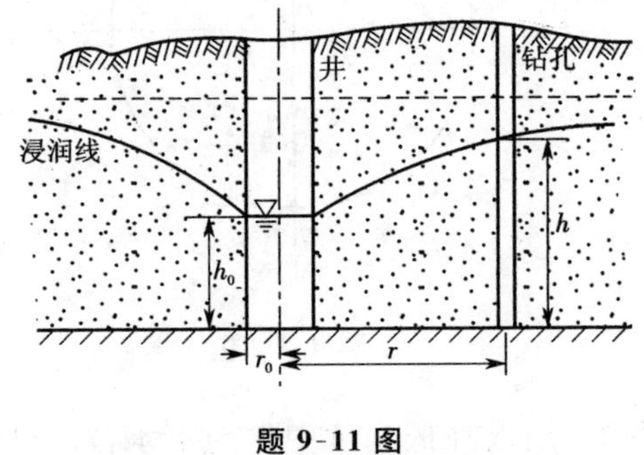


题 9-10 图

9-11 如题 9-11 图所示，已测得抽水流量 $Q$=0.0025 $m^3/s$，钻孔中水深为 $h$=2.6 m，井中水深 $h_0$=2.0 m，井的半径 $r_0$=0.15 m，钻孔至井中心距离 $r$=60 m，求土层的渗透系数 $k$ 值。

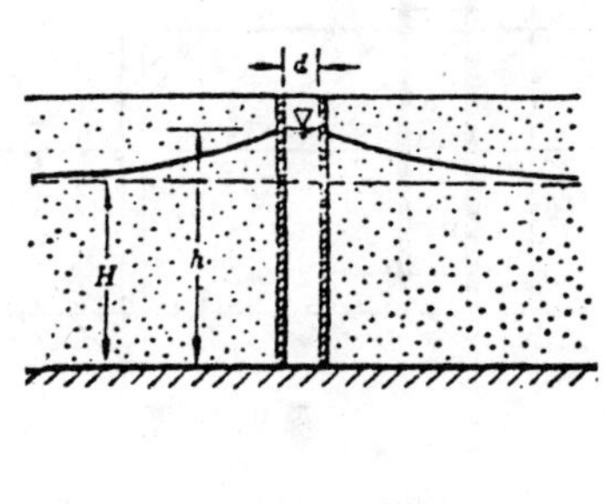


题 9-11 图

题 9-12 图

9-12 往直径 $d$=20 cm 的试验井中注水，注水量 $Q$=200 $cm^3/s$，注水时井中水深 $h$ 保持不变并等于 5.0 m，已测得井中原有的天然水深 $H$=3.5 m 如题 9-12 图所示。求土壤的渗透系数 $k$ 值。

9-13　潜水完整井在厚度为 $H=14$ m 之含水层中取水，抽水稳定时井中的水位降深 $S=4.0$ m，井的直径为 60 cm，已知含水层土壤的渗透系数 $k=10$ m/d，求井的出水量 $Q$。

9-14　由钻探测知含水层为夹有砂粒的卵石层，其厚度 $H=6.0$ m，渗透系数 $k=0.001\ 16$ m/s。某工地以潜水为给水水源。现打一完全普通井，半径 $r_0=0.15$ m，影响半径 $R=450$ m，求井中水位降落 $S=4.0$ m 时井的出水量 $Q$。

9-15　一完全自流井的半径 $r_0=0.1$ m，含水层的厚度 $t=6.0$m，在离井的中心 10 m 处钻有一观察孔，在未抽水前，测得地下水的水深 $H=13$ m，现抽水量为 $Q=36$ m$^3$/h，井中的水位降深 $S_0=2.0$ m，观察孔中水位降深 $S_1=1.0$ m，试求含水层的渗透系数 $k$ 值及影响半径 $R$。

9-16　从一承压井中取水，井的半径 $r_0=0.15$ m，含水层厚度 $t=7.5$ m，在离井中心 15 m 处钻有一观测钻孔如题 9-16 图。在未抽水前，测得地下水的水位 $H=16$ m。现抽水量 $Q=45$ m$^3$/h，井中水位降深 $S_0=2.5$ m，观测孔中的水位降深 $S_1=1.2$ m。试求含水层的渗透系数 $k$ 值及该承压井当水位降深达到 $S_0=3.5$ m 时的出水量。

9-17　在桥墩施工时需要降低地下水位。在 $r=10$ m 的圆周上均匀布置四眼机井，如题 9-17 图所示，各机井的半径均为 0.15 m，含水层厚度 $H=15$ m，土壤的渗透系数 $k=0.05$ cm/s，为使基坑中心点 $O$ 处的地下水位下降 3.0 m，试求：(1) 各井的抽水量；(2) 在基坑中心纵轴上距中心 $O$ 点 5 m 处的 $A$ 点(即 $r_A=5$ m)处的地下水位降落值。

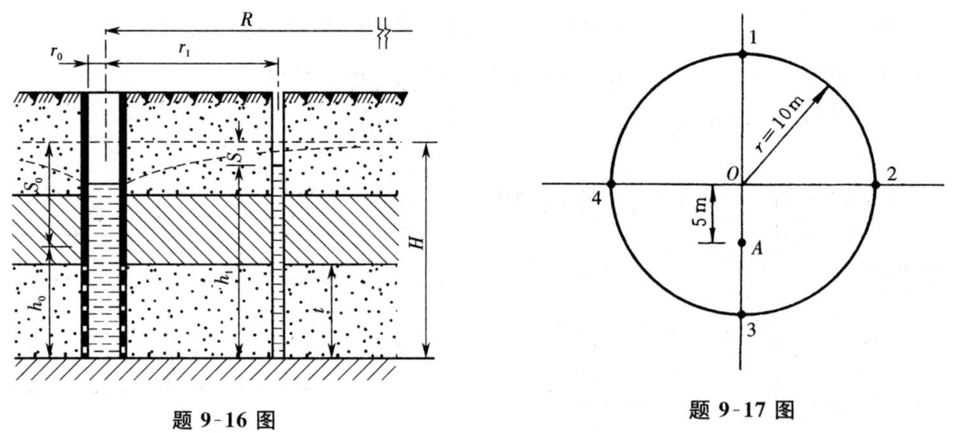


题 9-16 图　　题 9-17 图

9-18　如题 9-18 图所示，采用完全普通井井群，用以降低基坑中的地下水位。已知各井的半径均为 $r_0=0.15$ m，含水层厚度 $H=9.0$m，土壤为中砂，其渗透系数 $k=10$ m/d，井距 $a=20$ m，$b=25$ m，要求基坑中心 $G$ 处地下水位降低 4.0 m，试求各井的抽水流量。

9-19 为了降低基坑中的地下水位，在基坑周围设置了六个完全普通井，位于半径 $r=25$ m 的圆周上，呈正六边形，对该井群中心横轴(即 $x$ 轴)呈对称布置，如题 9-19 图所示。井群的影响半径 $R=500$ m。含水层的原始潜水深度 $H=10$ m，渗透系数 $k=0.001$ m/s，要求井群中心 $O$ 点处地下水位下降 6.21 m。试求(1) 各井的抽水量；(2) 图示的沿 $x$ 轴距 $O$ 点 50 m 处的 $A$ 点和距 $O$ 点 100 m 处的 $B$ 点，两处地下水位各降低多少？

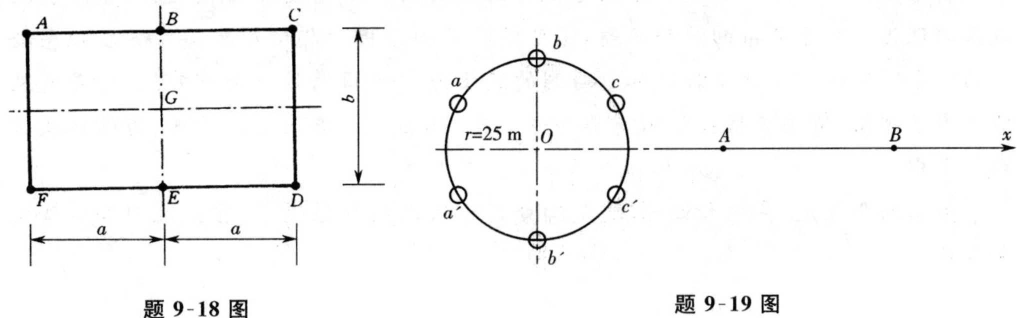


题 9-18 图　　　题 9-19 图

# 第10章　量纲分析和相似原理

**【要点提示】**

量纲分析和相似原理是科学指导如何组织实验及如何处理实验数据、整理实验成果的理论。对于复杂的流动问题，还可借助量纲分析和相似原理建立各物理量之间的关系。它是处理在工程实际中遇到的流体力学问题的另一条重要途径，是发展流体力学理论，解决工程实际问题的有力工具，并已被广泛应用于物理、力学以及工程技术中。

本章的要点是：量纲和谐原理、量纲分析方法以及相似概念、相似准则和模型实验原理。

对在实践中遇到的各种流体力学问题，通常处理的方法有两种。一种是理论分析，包括近代迅速发展起来的数值计算法。本章之前的各章系统介绍了工程流体力学的基本理论，建立了描述流体运动的基本方程，并根据一定的边界条件和初始条件，应用数理解析的方法(包括数值计算)，求解流体运动的基本方程。即所谓的理论分析方法，它是解决流体力学问题的基本途径。但是由于流体运动的复杂性，许多物理过程很难完全用数学形式表示，且由于边界条件的复杂，直接应用已建立的基本方程求解，在数学上也是极其困难的，为此常常需要通过实验的方法解决流体运动中物理量的关系，乃至物理量的量化，所以流体力学实验是解决在实践中遇到的各种流体力学问题的另一重要途径和手段。同时通过科学实验可以验证流体力学理论在发展过程中所提出的各种假设，因此它又是发展流体力学理论的重要手段。实验必须有科学的理论做指导，而量纲分析和相似原理，正是指导如何科学地组织实验、如何整理实验成果以及如何建立复杂的物理过程中各物理量之间关系的理论依据。

## 10.1　量纲和谐原理

### 10.1.1　量纲分析的概念

**1. 量纲和单位**

为描述流体运动的现象及其规律，流体力学涉及各种物理量，如长度、时间、速度、加速度、质量、密度、力和黏度等。而要全面表述任何一个物理量都应包含两方面的内容：一是它的属性，即它是属于哪一类别的物理量；二是物理量的数值大小。物理量按其性质的不同分为各种类别，一般用量纲表示物理量的类别，即量纲是各种物理量类别的标志。量纲亦称为“因次”或“尺度”。如以 L 表示长度的量纲，以 M 表示质量的量纲，T 表示时间量纲。某一物理量 $x$ 的量纲，通常可表示为 $\dim x$ 或 $[x]$，如面积 $A$ 的量纲可表示为

$$\dim A = \mathrm{L}^2 \quad 或 \quad [A] = [\mathrm{L}^2]$$

同理，密度 $\rho$ 的量纲表示为

$$\dim \rho = \mathrm{ML}^{-3} \quad 或 \quad [\rho] = [\mathrm{ML}^{-3}]$$

显然量纲是物理量的实质，它不含有人为的影响因素，不以人的意志而改变。单位则不同，单位是衡量一个物理量数值大小的标准。如 1 m 长的管道，也可表示为 100 cm、1000 mm 或 3.28 ft 或 3.0 市尺，但它们量纲都是不变的长度量纲 L。这说明同一类别或同一量纲的物理量可以选用不同单位量度其值大小，且单位不同所得的数值大小也不同。单位是人为规定的度量标准，例如现行的长度单位 m，最初是法国国民议会 1791 年通过的，将通过巴黎的地球子午线长的 4000 万分之一定为 1m 的长度。1960 年第 11 届国际计量大会又重新规定 1 m 长度为氪同位素（$\mathrm{Kr}^{86}$）原子辐射波的 1 650 763.73个波长的长度。任何一个有量纲量都是由量纲和单位两个因素决定的，量纲和单位二者相关，虽然都具有物理量度量的概念，但是，量纲表示度量的性质或类别，而单位则决定度量的数量，且数量的大小随选用单位的不同而不同。

**2. 基本量纲和导出量纲**

量纲又可分为基本量纲和导出量纲（又称诱导量纲）。所谓基本量纲，即量纲本身具有独立性，它不能由其他基本量纲推导而得出，也就是说基本量纲是不依赖于其他基本量纲而独立存在的量纲。而可以由基本量纲推导得出的量纲就是导出量纲。

基本量纲的选取，原则上并无一定的标准，例如长度量纲 L、时间量纲 T 和质量量纲 M，它们都互相独立。在流体力学中，通常将 L、T、M 作为基本量纲。则作用力 $F$ 的量纲就是导出量纲，$\dim F = \mathrm{MLT}^{-2}$，如若取 L、T、F 为基本量纲，则质量量纲 M 即为导出量纲，$\dim m = \mathrm{F/LT}^{-2} = \mathrm{FL}^{-1}\mathrm{T}^2$。

在国际标准单位制（IS）中，7 个基本量纲如表 10-1 所示。

**表 10-1 国际标准单位制（SI）中的基本量纲**

| 物理量 | 长度 | 时间 | 质量 | 电流 | 温度 | 物质的量 | 光强度 |
|---|---|---|---|---|---|---|---|
| 量纲符号 | L | T | M | I | Θ | N | J |

为应用方便，并与国际标准单位制相一致，普遍采用 L、T、M 作为力学的 3 个基本量纲，其他任何一个力学物理量的量纲都可以由此基本量纲所导出。例如：

速度量纲 $\dim v = LT^{-1}$

加速度量纲 $\dim a = LT^{-2}$

压强的量纲 $\dim p = ML^{-1}T^{-2}$

动力黏度量纲 $\dim \mu = ML^{-1}T^{-1}$

基本量纲一般取 3 个，但并非必须取 3 个，可以多于 3 个，亦可少于 3 个。例如，对于可压缩流体，多取 L、T、M 和温度 Θ4 个基本量纲。

导出量纲的导出方法有二：一是根据物理的定义求得。例如速度的物理定义是单位时间里所通过的距离。据此，速度的量纲由长度量纲 L 除以时间量纲 T 而得到，表示为 $\dim v = \frac{L}{T} = LT^{-1}$；二是根据物理力学公式推导得出。例如，依据牛顿运动定律（即第二定律）$F = ma$，可以求得力的量纲 $\dim F = MLT^{-2}$；又如，依据牛顿内摩擦定律 $\tau = \mu \frac{du}{dy}$ 得 $\mu = \tau \Big/ \frac{du}{dy}$ 导出，动力黏度 $\mu$ 的量纲，即 $\dim \mu = (ML^{-1}T^{-2}) \Big/ \left(\frac{LT^{-1}}{L}\right) = ML^{-1}T^{-1}$。

力学中任何一个物理量的量纲，一般均可表示为 3 个基本量纲的指数乘积的形式。如 $x$ 为任一物理量，其量纲可用下式表示：

$$\dim x = L^{\alpha} T^{\beta} M^{\gamma} \tag{10-1}$$

该式称为量纲公式，每一个基本量纲的指数 $\alpha$、$\beta$、$\gamma$ 称为量纲指数。量纲指数 $\alpha$、$\beta$、$\gamma$ 反映了该物理量 $x$ 的性质。当量纲指数 $\alpha$、$\beta$、$\gamma$ 中有一个不等于零时，则物理量 $x$ 为有量纲量。否则该物理量为无量纲量指数 $\alpha$、$\beta$、$\gamma$ 一般为正或负的整数或分数值。

由式(10-1)可以得到工程流体力学中常见的有量纲量

当 $\alpha \neq 0, \beta = 0, \gamma = 0$　物理量 $x$ 为一几何学的量；

当 $\alpha \neq 0, \beta \neq 0, \gamma = 0$　物理量 $x$ 为一运动学的量；

当 $\alpha \neq 0, \beta \neq 0, \gamma \neq 0$　物理量 $x$ 为一动力学的量。

例如，面积 $A$ 的量纲 $\dim A = L^2$，其量纲公式的 $\dim A = L^2 T^0 M^0$，所以面积 $A$ 为一几何学的量；流速 $v$ 的量纲 $\dim v = LT^{-1}$，其量纲公式为 $\dim v = L^1 T^{-1} M^0$，所以速度 $v$ 为一运动学的量；动力黏度 $\mu$ 的量纲可根据牛顿内摩擦定律得到，$\mu = \tau \Big/ \left(\frac{du}{dy}\right)$，$\tau$ 为切应力，$\frac{du}{dy}$ 为流速梯度，其量纲公式为 $\dim \mu = \frac{\dim F}{L^2} \Big/ \frac{\dim v}{L} = \left(\frac{MLT^{-2}}{L^2}\right) \Big/ \left(\frac{LT^{-1}}{L}\right) = ML^{-1}T^{-1}$，所以 $\mu$ 为一动力学的量。

在工程流体力学中，常用物理量的量纲和单位如表 10-2 所示。

表 10-2 工程流体力学中常见的物理量的量纲和单位

| 物理量 | | | 量纲 LTM 制 | SI 单位 | 物理量 | | | 量纲 LTM 制 | SI 单位 |
|---|---|---|---|---|---|---|---|---|---|
| 几何学的量 | 长度 | $L$ | L | m | 动力学的量 | 质量 | $m$ | M | kg |
| | 面积 | $A$ | $L^2$ | $m^2$ | | 密度 | $\rho$ | $ML^{-3}$ | $kg/m^3$ |
| | 体积 | $V$ | $L^3$ | $m^3$ | | 力 | $F$ | $MLT^{-2}$ | N |
| | 水头 | $H$ | L | m | | 压强 | $p$ | $ML^{-1}T^{-2}$ | Pa |
| | 面积矩 | $I$ | $L^4$ | $m^4$ | | 切应力 | $\tau$ | $ML^{-1}T^{-2}$ | Pa |
| 运动学的量 | 时间 | $t$ | T | s | | 动力黏度 | $\mu$ | $ML^{-1}T^{-1}$ | Pa·s |
| | 速度 | $v$ | $LT^{-1}$ | m/s | | 弹性模量 | $E$ | $ML^{-1}T^{-2}$ | Pa |
| | 加速度 | $a$ | $LT^{-2}$ | $m/s^2$ | | 表面张力 | $\sigma$ | $MT^{-2}$ | N/m |
| | 重力加速度 | $g$ | $LT^{-2}$ | $m/s^2$ | | 动量 | $p$ | $MLT^{-1}$ | kg·m/s |
| | 旋转角速度 | $\omega$ | $T^{-1}$ | rad/s | | 功、能 | $W$、$E$ | $ML^2T^{-2}$ | J=N·m |
| | 流量 | $Q$ | $L^3T^{-1}$ | $m^3/s$ | | 功率 | $P$ | $ML^2T^{-3}$ | W |
| | 单宽流量 | $q$ | $L^2T^{-1}$ | $m^2/s$ | | | | | |
| | 速度环量 | $\Gamma$ | $L^2T^{-1}$ | $m^2/s$ | | | | | |
| | 流速势 | $\varphi$ | $L^2T^{-1}$ | $m^2/s$ | | | | | |
| | 流函数 | $\psi$ | $L^2T^{-1}$ | $m^2/s$ | | | | | |
| | 运动黏度 | $\nu$ | $L^2T^{-1}$ | $m^2/s$ | | | | | |

### 10.1.2 无量纲量

上节已表明：在任何一个物理量的量纲公式中，其量纲指数 $\alpha$、$\beta$、$\gamma$，只要有一个不等于零，则该物理量为有量纲量；如果其量纲指数均为零，则该物理量的量纲公式等于 1，即

$$\dim x = L^0T^0M^0 = 1$$

则该物理 $x$ 为无量纲量（数），也称纯数。

无量纲量可由两个具有相同量纲的物理量相比得到。例如水力坡度 $J=\dfrac{\Delta h}{l}$，其量纲公式 $\dim J = L/L = 1$；无量纲量也可以由几个有量纲量通过乘除组合而成，其各基本量纲的量纲指数均为零。例如雷诺数 $Re$ 是由有量纲量 $v$、$d$ 和 $\nu$ 通过乘除组合而成的无量纲量，即 $Re=\dfrac{vd}{\nu}$，其量纲公式为 $\dim Re=\dfrac{LT^{-1}(L)}{L^2T^{-1}}=1$。又如弗劳德数 $Fr=\dfrac{v}{\sqrt{gh}}$，其量纲公式 $\dim Fr=\dfrac{LT^{-1}}{(LT^{-2}L)^{1/2}}=\dfrac{LT^{-1}}{LT^{-1}}=1$，也为一无量纲量。

无量纲量具有如下特点。

**1. 客观性**

如前所述，凡有量纲的物理量都有单位。同一个物理量，若选用的度量单位不同，则表示该物理量大小的数值也不同。也就是说度量的结果受到人的主观因素的

影响。如果用有量纲量作为表述一个客观规律，或反映一个物理过程的自变量，那么计算得出的因变量，也必将随自变量选用的单位不同而不同。因此，要使表述客观规律或反映物理过程的运动方程式的计算结果不受选取单位的影响，就需要把方程中各项物理量组合成无量纲项，因为无量纲量，其数值大小与度量单位无关。从这个意义上讲，一个能够真正客观地反映物理规律（或过程）的完整、正确的力学方程式应该是用无量纲项组成的方程式。有科学家称此为“相对量（无量纲量）的绝对意义”定律，由此可见无量纲量的重要性。量纲分析的目的之一就是找出如何正确地组合无量纲量的方法。

**2. 不受运动规模大小的影响**

无量纲量既无量纲又无单位，而是一个纯数，其数值大小与所选需用的单位无关，也不受运动规模大小的影响。如圆管流动的层、紊流流态转换的临界雷诺数 $Re_c=2300$，无论管径大小，也无论是采用国际标准单位制（SI），还是采用公制或英制单位，其值均保持不变。又如在原型和模型两种规模大小不同的流动中，其无量纲数是不变的，如两者是相似的流动，则相应的无量纲数相同。在模型实验中，常用同一个无量纲数（如雷诺数 $Re$ 或弗劳德数 $Fr$ 等）作为模型与原型流动的相似判据。无量纲数在模型与原型水流中应保持不变，这就是相似原理的基础之一。

**3. 可进行超越函数运算**

由于有量纲量只能作简单的代数运算，进行对数、指数、三角函数的运算是没有意义的。只有无量纲量才能进行上述超越函数的运算。如气体等温压缩所做之功 $W$，可写成对数形式

$$W=P_1V_1\ln\left(\frac{V_2}{V_1}\right)$$

式中，$\frac{V_2}{V_1}$为压缩后与压缩前的体积比，是一无量纲量，可以进行对数运算。

由于无量纲量具有上述特点，不难看出无量纲量将在量纲分析和相似原理中起重要作用。

### 10.1.3 量纲和谐原理

它是量纲分析的基础。凡正确反映客观规律的物理方程，其各项的量纲一致称为量纲和谐原理。例如：对于不可压缩流体恒定总流的能量方程

$$z_1+\frac{p_1}{\rho g}+\frac{\alpha_1 v_1^2}{2g}=z_2+\frac{p_2}{\rho g}+\frac{\alpha_2 v_2^2}{2g}+h_w$$

式中各项的量纲是一致的，都是长度的量纲，各项可以相加。

对于不可压缩实际流体的运动微分方程沿 $x$ 方向的分式

$$X-\frac{1}{\rho}\frac{\partial p}{\partial x}+\nu\nabla^2 u_x=\frac{\partial u_x}{\partial t}+u_x\frac{\partial u_x}{\partial x}+u_y\frac{\partial u_x}{\partial y}+u_z\frac{\partial u_x}{\partial z}$$

式中各项的量纲也是一致的，都是加速度的量纲 $LT^{-2}$，各项也可以相加。各项的单

位无论是采用国际单位制还是英制，其方程的形式不会因此而改变。对于各项量纲一致的物理方程，可用其中任一项去除方程中的各项，则该方程成为由无量纲项组成的物理方程，因此量纲和谐的物理方程适合各种单位制。

不同量纲的物理量不能相加减，但可以相乘除，而得到另一新的导出物理量，如断面平均流速 $v$ 与过流断面面积 $A$ 相乘可得流量 $Q$。因此各物理量（包括具有相同量纲或不同量纲的物理量）通过乘除可以组合成量纲和谐的方程式中的一项，例如上述能量方程中的 $\frac{p}{\rho g}$ 和 $\frac{\alpha v^2}{2g}$ 均为由两个以上的物理量通过乘除组合而成的。

对于量纲和谐一致的方程式，一般其系数和常数应该是无量纲的。而那些缺乏理论分析只根据部分实验资料或实际观测数据所归纳整理的经验公式常有带量纲的系数，其量纲是不和谐的。运用这些经验公式时，必须用规定的单位，不得更换。例如在明渠均匀流计算中至今仍广为应用的谢才公式

$$v=C\sqrt{RJ}$$

若将其曼宁公式 $C=\frac{1}{n}R^{1/6}$ 代入上式，则有谢才-曼宁公式

$$v=\frac{1}{n}R^{2/3}J^{1/2}$$

式中　$v$——明渠的断面平均流速，量纲为 $\mathrm{LT^{-1}}$；

$R$——水力半径，量纲为 L；$n$ 为渠道壁面的粗糙系数；

$J$——水力坡度。

由于 $n$ 和 $J$ 均为无量纲量，显然上式量纲是不和谐的。当运用这类量纲不和谐的经验公式时，采用不同的单位制，其公式的系数是变化的。谢才-曼宁公式只适用于国际单位制(SI)，若改用英制单位，则上式将变成

$$v=\frac{1.486}{n}R^{2/3}J^{1/2}$$

虽然这些经验公式是量纲不和谐的，但在工程实际中仍广为使用。说明人们对客观事物的认识还不够全面和充分，目前只能用不完全的经验公式表示事物局部的规律性。随着人们对事物本质认识的不断深入，经验公式将逐步被修正和完善或被正确完整的、量纲和谐的公式所代替。

应用量纲和谐原理不但可以检验一个新构建的物理方程或通过科学实验归纳总结的经验公式的正确性和完整性，而且还可以用来确定公式中某物理量的未知指数。

**【例 10-1】**　有一水平放置的圆管，管中水流的流态为层流运动，其所通过的流量为 $Q$，现已知 $Q\propto\frac{\Delta p r_0^n}{l\mu}$，式中 $l$ 为管段长度；$\mu$ 为液流的动力黏度；$r_0$ 为圆管半径；$\Delta p$ 为管段两端之压差，如图 10-1 所示。试用量纲和谐原理确定 $r_0$ 的指数 $n$。

**【解】**　选用 LTM 为基本量纲。

已知 $\dim Q=\mathrm{L^3T^{-1}}$；$\dim(\Delta p)=\frac{\mathrm{MLT^{-2}}}{\mathrm{L_2}}=\mathrm{ML^{-1}T^{-2}}$；$\dim\mu=\frac{\mathrm{MLT^{-2}/L^2}}{\mathrm{LT^{-1}/L}}=$

$\mathrm{ML^{-1}T^{-1}}$；dim $l=\mathrm{L}$；dim $r_0=\mathrm{L}$。

根据量纲和谐原理，$Q\propto\dfrac{\Delta p r_0^n}{l\mu}$该式两边的量纲应该是和谐一致的，即两边相同量纲的量纲指数应该相等，则

$$\dim Q=\dim\left(\frac{\Delta p r_0^n}{l\mu}\right)$$

即 $$\mathrm{L^3T^{-1}}=\frac{\mathrm{ML^{-1}T^{-2}L^n}}{\mathrm{(L)ML^{-1}T^{-1}}}=\mathrm{L^{n-1}T^{-1}}$$

所以 $$n-1=3$$

$$n=4$$

$$Q\propto\frac{\Delta p r_0^4}{l\mu}$$

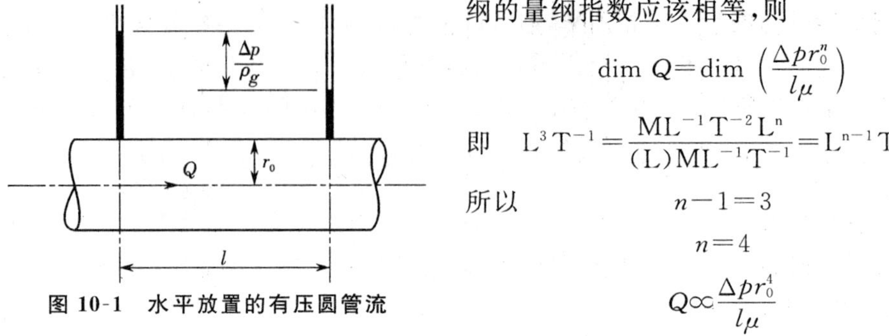


图 10-1 水平放置的有压圆管流

**【例 10-2】** 已知作用在做圆周运动物体上的离心惯性力 $F$ 与物体的质量 $m$，速度 $v$ 和圆周半径 $R$ 有关。试用量纲和谐原理证明 $F\propto m\dfrac{v^2}{R}$。

**【解】** 选用 LTM 为基本量纲系统。

已知：dim$F=\mathrm{MLT^{-2}}$；dim $m=\mathrm{M}$；dim $v=\mathrm{LT^{-1}}$；dim $R=\mathrm{L}$。

根据量纲和谐原理，$F\propto m\dfrac{v^2}{R}$ 该式两边量纲应该是和谐一致的，即两边相同量纲的量纲指数应该相等。

左边 $$\dim F=\mathrm{MLT^{-2}}$$

右边 $$\dim\left(m\frac{v^2}{R}\right)=\frac{\mathrm{M(LT^{-1})^2}}{\mathrm{L}}=\mathrm{MLT^{-2}}$$

所以两端的量纲和谐一致，故 $F\propto m\dfrac{v^2}{R}$。如写成 $F=km\dfrac{v^2}{R}$，则需要通过实验的方法确定式中系数 $k$。

此外，量纲和谐原理可用来于建立反映某一物理过程的各有关物理量的关系式，亦即构建新的物理方程。

量纲和谐原理规定了一个物理过程中有关物理量之间的关系。由于该原理说明了一个正确、完整的物理方程中，各物理量量纲之间的关系是确定的。因此按照物理量量纲之间的确定性规律，可以建立表征该物理过程的各有关物理量的关系式。量纲分析法就是根据这一原理发展起来的，它是 20 世纪初在力学上的重要发现之一。

## 10.2 量纲分析法

以量纲和谐原理为理论基础的量纲分析法有两种。其一是瑞利(Rayleigh)法，适用于比较简单的问题。其二是 π 定理或称为布金汉(Buckingham)定理，是一种具

有普遍性的方法。

### 10.2.1　瑞利法

瑞利法的要点是：

(1) 首先确定影响某一物理过程的影响因素。

如某一物理过程与 $n$ 个物理量有关(即有 $n$ 个影响因素)，即

$$f(x_1, x_2, x_3, \cdots x_n) = 0$$

(2) 假设其中一个物理量 $x_i$，可以表示为其他物理量的指数乘积形式。

$$x_i = k x_1^{a_1} x_2^{a_2} x_3^{a_3} \cdots x_{n-1}^{a_{n-1}}$$

上式之量纲公式为

$$\dim x_i = k\dim(x_1^{a_1} x_2^{a_2} x_3^{a_3} \cdots x_{n-1}^{a_{n-1}})$$

(3) 根据量纲和谐原理，求解物理量的指数。

将上式中各物理量表示成量纲公式的形式，即基本量纲的指数乘积的形式。并根据量纲和谐原理，等号两边的量纲应是和谐一致的，则两边相同量纲的量纲指数应该相等。依此计算上述各指数 $a_1, a_2, a_3 \cdots, a_{n-1}$，从而求得表征该物理过程的方程式。

(4) 通过实验和分析确定式中的系数 $k$。

瑞利法只适用于比较简单的问题，一般与物理过程有关的物理量(或影响因素)的个数不超过 4 个，则其中一个物理量可以用其他 3 个物理量的指数乘积形式表示，其指数有 3 个，即 $n=3$。其基本量纲一般选用 L、T、M，基本量纲数 $r=3$，两者相等，因此可由 3 个包括未知量纲指数的方程式求解 3 个未知的量纲指数，方程组是封闭的，有唯一解。

**【例 10-3】** 已知作用在做圆周运动物体上的离心惯性力 $F$ 与物体的质量 $m$、速度 $v$ 和圆周半径 $R$ 有关，试用瑞利法给出离心力 $F$ 的表达式。

**【解】** (1) 确定影响因素：

根据已知条件，可得下列函数关系

$$F = f(m, v, R)$$

(2) 将物理量离心惯性力 $F$ 表示为有关物理量 $m, v, R$ 的指数乘积形式，即

$$F = k m^{a_1} v^{a_2} R^{a_3}$$

(3) 写出量纲表示式，即

$$\dim F = k\dim(m^{a_1} v^{a_2} R^{a_3})$$

(4) 选用 L、T、M 为基本量纲，将等号两边各物理量写成量纲公式的形式

$$\mathrm{MLT^{-2}} = \mathrm{M}^{a_1} (\mathrm{LT}^{-1})^{a_2} (\mathrm{L})^{a_3}$$

(5) 根据量纲和谐原理，等式两边量纲应该和谐一致，即两边相同量纲的量纲指数应该相等，求解各指数。

$$\left.\begin{aligned} \text{L:} &\quad 1=a_2+a_3 \\ \text{T:} &\quad -2=-a_2 \\ \text{M:} &\quad 1=a_1 \end{aligned}\right\} \quad \text{解得} \quad \begin{cases} a_1=1 \\ a_2=2 \\ a_3=-1 \end{cases}$$

(6) 将指数 $a_1$、$a_2$、$a_3$ 代入指数乘积式，得

$$F=kmv^2/R$$

式中系数 $k$ 则需通过实验和分析确定。

**【例 10-4】** 由实验得知：流体在水平圆管中做层流运动时，所通过的流量 $Q$ 与流体的动力黏度 $\mu$、管道的半径 $r_0$、管道长度 $l$ 和管段两端的压强差 $\Delta p$ 有关，如图 10-1 所示。且根据对实测资料的分析，已知 $Q$ 与管段长度 $l$ 成反比，而与 $\Delta p$ 成正比，试用瑞利法推求水平圆管层流的流量 $Q$ 的计算公式。

**【解】** (1) 确定该物理过程的影响因素：

根据实验已知，该物理过程与物理量 $Q$、$\mu$、$r_0$、$l$ 和 $\Delta p$ 有关，根据已知条件可将 $l$ 和 $\Delta p$ 合并为一项，则可得如下函数关系：

$$f\left(Q,\mu,r_0,\frac{\Delta p}{l}\right)=0$$

(2) 将物理量 $Q$ 表示为其他 3 个物理量 $\mu$、$r_0$ 和 $\frac{\Delta p}{l}$ 的指数乘积形式，即

$$Q=k\mu^{a_1}r_0^{a_2}\left(\frac{\Delta p}{l}\right)^{a_3}$$

(3) 写成量纲公式，即

$$\dim Q=k\dim\left[\mu^{a_1}r_0^{a_2}\left(\frac{\Delta p}{l}\right)^{a_3}\right]$$

(4) 选用 L、M、T 为基本量纲，将其等式两边各物量表示为量纲公式的形式

$$\mathrm{L^3T^{-1}M^0=(L^{-1}T^{-1}M)^{a_1}L^{a_2}(L^{-2}T^{-2}M)^{a_3}}$$

(5) 根据量纲和谐原理求待定的量纲指数

$$\left.\begin{aligned} \text{L:} &\quad 3=-a_1+a_2-2a_3 \\ \text{T:} &\quad -1=-a_1-2a_3 \\ \text{M:} &\quad 0=a_1+a_3 \end{aligned}\right\} \quad \text{解得} \quad \begin{cases} a_1=-1 \\ a_2=4 \\ a_3=1 \end{cases}$$

(6) 将指数 $a_1$、$a_2$、$a_3$ 代入指数乘积式，得

$$Q=k\frac{r_0^4}{\mu}\frac{\Delta p}{l}$$

通过实验确定系数 $k=\frac{\pi}{8}$，则

$$Q=\frac{\pi}{8\mu}\frac{\Delta p}{l}r_0^4$$

如将 $\Delta p=\rho gh_f$，并令 $\frac{h_f}{l}=J$ 代入上式，则 $Q=\frac{\rho g\pi J}{8\mu}r_0^4$。此与第 5 章所推导的结果完全一致。

**【例 10-5】** 实验指出，恒定有压圆管流动在输送流体的流量一定的条件下，管中的断面平均流速 $v$ 与管径 $d$、流体的密度 $\rho$ 和流体的动力黏度 $\mu$ 有关，试用瑞利法求其有关物理量的函数关系。

**【解】** (1) 确定影响因素。根据已知条件，有

$$v=f(d,\rho,\mu)$$

(2) 将物理量 $v$ 表示为物理量 $d$、$\rho$、$\mu$ 的指数乘积的形式，即

$$v=kd^{a_1}\rho^{a_2}\mu^{a_2}$$

(3) 选用 L、T、M 为基本量纲，将上式中各物理量写成基本量纲的指数乘积形式

$$\mathrm{LT^{-1}}=\mathrm{L}^{a_1}(\mathrm{ML^{-3}})^{a_2}(\mathrm{ML^{-1}T^{-1}})^{a_3}$$

(4) 根据量纲和谐原理，求解各指数

$$\left.\begin{array}{ll}\mathrm{L}: & 1=a_1-3a_2-a_3\\ \mathrm{T}: & -1=-a_3\\ \mathrm{M}: & 0=a_2+a_3\end{array}\right\}\text{解得}\quad\left\{\begin{array}{l}a_1=-1\\ a_2=-1\\ a_3=1\end{array}\right.$$

(5) 将各指数值代入指数乘积的函数关系式，可得

$$v=k\frac{\mu}{\rho d}=k\frac{\nu}{d}$$

则
$$k=\frac{vd}{\nu}$$

因为
$$\dim k=\frac{(\mathrm{LT^{-1}})\mathrm{L}}{\mathrm{L^2T^{-1}}}=1$$

所以，系数 $k$ 为无量纲数，即是第 5 章中所介绍的雷诺数 $Re$ 为

$$Re=\frac{vd}{\nu}$$

### 10.2.2　π 定理

继瑞利法之后，由美国物理学家布金汉(Buckingham)于 1915 年提出更具有普遍意义的量纲分析方法，即π 定理，又称为布金汉定理。它比瑞利法更具普遍性，适用于影响因素(变量)较多的复杂的问题。

π 定理和瑞利法一样，其实质也是利用量纲和谐原理来建立能够反映物理过程的新的物理方程。

π 定理的基本内容概括为：任何一个物理过程，如果包含有 $n$ 个有关物理量，其中有 $m$ 个(一般取 $m=3$)为具有独立量纲的基本物理量，则这个物理过程可由 $n$ 个物理量组成的$(n-m)$个无量纲量表达的关系式所描述。因这些无量纲量用 π 表示，故称该定理为 π 定理。

设影响某一物理过程的 $n$ 个物理量为 $x_1,x_2,x_3,\cdots,x_n$，则该物理过程可表示为一个完整的函数关系式

$$f(x_1, x_2, x_3, \cdots, x_n)=0 \tag{10-2}$$

在上述 $n$ 个物理量中包含有 $m$ 个(一般取 $m=3$)具有独立量纲的基本物理量，则该物理过程可用$(n-m)$个无量纲 $\pi$ 项所表示的关系式描述，即

$$F(\pi_1, \pi_2, \cdots, \pi_{n-m})=0 \tag{10-3}$$

$\pi$ 定理可以用数学方法加以证明，此处从略，必要时可查阅有关专著。本节主要介绍 $\pi$ 定理的使用方法。

应用 $\pi$ 定理的步骤如下。

(1) 根据对所研究的物理过程(或现象)的认识，或借助于实验与分析，确定影响该物理过程的各有关物理量，即写成式(10-2)的函数形式。

所谓影响物理过程的有关物理量是指对所研究的物理过程起作用的所有各种独立因素。对于不可压缩流体运动，主要包括流体的物理特性，流动边界的几何特性，流体的运动特征等。在有关物理量中，既有变量，也有常量，如密度、黏度、重力加速度等一般视为常量。应该注意，对影响因素列举得是否全面和正确，将直接影响分析的结果正确与否。重要的影响因素绝不能漏掉，次要因素也不能考虑过多。$\pi$ 定理是一种量纲分析方法，只能依靠对所研究的现象的深刻认识和全面了解并借助于实验和分析确定这一关键和困难的问题。

(2) 从 $n$ 个有关物理量中选取 $m$ 个(一般取 $m=3$)具有独立量纲的基本物理量。

对于不可压缩流体运动，一般基本量纲取 3 个，如 L、T、M。若将剩余的 $n-m$ $(=n-3)$个物理量的都表示成这 $m(=3)$个基本物理量的指数乘积的形式，则这些指数的方程式的个数与基本量纲的数目必须也是 3 个，以求得唯一解，因此对于不可压缩流体运动，基本物理量个数一般取 $m=3$ 个。

另外，选取的 $m=3$ 个基本物理量是作为 3 个基本量纲的代表，因此，要求这 3 个基本物理量在量纲上是独立的。只有如此，其余 $n-3$ 个物理量，才能逐个地用这 3 个基本物理量的指数乘积的形式表示。如前所述，任何一个诱导量的量纲都可以表示成为 3 个基本量纲的指数乘积的形式。

所谓量纲上是独立的，是指在这 3 个基本物理量中任何一个物理量的量纲不能从其他两个物理量的量纲中导出。更严格地讲，这 3 个基本物理量不能组合成一个无量纲量。如用

$$\dim x_1 = \mathrm{L}^{\alpha_1}\mathrm{T}^{\beta_1}\mathrm{M}^{\gamma_1}$$

$$\dim x_2 = \mathrm{L}^{\alpha_2}\mathrm{T}^{\beta_2}\mathrm{M}^{\gamma_2}$$

$$\dim x_3 = \mathrm{L}^{\alpha_3}\mathrm{T}^{\beta_3}\mathrm{M}^{\gamma_3}$$

表示 3 个基本物理量的量纲公式，则基本物理量 $x_1, x_2, x_3$ 不能形成无量纲量的条件是量纲公式中的量纲指数行列式不等于零，即

$$\begin{vmatrix} \alpha_1 & \beta_1 & \gamma_1 \\ \alpha_2 & \beta_2 & \gamma_2 \\ \alpha_3 & \beta_3 & \gamma_3 \end{vmatrix} \neq 0 \tag{10-4}$$

并可以由线性代数得以证明。在选择具有独立量纲的基本物理量时，一般选取一个几何学量，一个运动学量和一个动力学量（或物性量），以保证它们的量纲是彼此独立的。

(3) 从其余的 $n-m(=n-3)$ 个物理量中，每次轮取 1 个，连同 3 个基本物理量一起组合成一个无量纲 $\pi$ 项，共组合成 $n-m(=n-3)$ 个无量纲 $\pi$ 项。

即是将除去 3 个基本物理量以外的其余 $n-3$ 个物理量中的每一个都表示成 3 个基本物理量的指数乘积形式。每一个都是一个无量纲 $\pi$ 项，共计 $n-3$ 个无量纲 $\pi$ 项

$$\pi_1=\frac{x_4}{x_1^{a_1}x_2^{b_1}x_3^{c_1}}$$

$$\pi_2=\frac{x_5}{x_1^{a_2}x_2^{b_2}x_3^{c_2}}$$

$$\cdots$$

$$\pi_{n-3}=\frac{x_n}{x_1^{a_{n-3}}x_2^{b_{n-3}}x_3^{c_{n-3}}}$$

式中，$a_i$、$b_i$、$c_i$（$i=1,2,3,\cdots,n-3$）为各无量纲 $\pi$ 项的待定指数。

(4) 根据量纲和谐原理，求解各无量纲 $\pi$ 项中各基本物理量的待定指数 $a_i$、$b_i$、$c_i$，并代回原无量纲 $\pi$ 项，从而最终确定 $(n-3)$ 个无量纲 $\pi$ 项。

(5) 由 $(n-3)$ 个无量纲 $\pi$ 项组成一个物理方程描述（或表示）与 $n$ 个物理量有关的物理过程（或现象），即

$$F(\pi_1,\pi_2,\pi_3,\cdots,\pi_{n-3})=0 \tag{10-3}$$

于是将一个具有 $n$ 个物理量的关系式，简化成 $(n-3)$ 个无量纲量的表达式。如前所述，无量纲量具有描述自然规律的普遍性意义，所以式(10-3)是反映客观规律的正确形式。

(6) 根据实验和理论分析并结合对该物理过程本质的深刻认识和理解程度，对上述所得的物理方程进一步进行归纳、整理和化简，并确定其有关系数，从而得到最终的物理方程表达式。

最后一步是非常重要的，也是比较困难的。因为所得到的由 $(n-3)$ 个无量纲 $\pi$ 项所组成的物理方程只是一个简单的函数关系式，即只说明了该物理过程与这些无量纲量有关，但具体是什么样的关系，方程的结构形式以及有关系数等，$\pi$ 定理本身都无从告知，只能依靠实验和分析以及对该物理过程的认识和理解确定。

**【例 10-6】** 试用 $\pi$ 定理分析有压气体管路压强损失 $\Delta p$ 的表达式。

**【解】** (1) 首先确定与气体管路压强损失有关的物理量。

根据实验及对已有资料的分析并结合经验得知，当忽略不计气体的压缩性时，管中气流的压强损失 $\Delta p$ 与流体的物理性质（密度 $\rho$ 和动力黏度 $\mu$）、几何特性（管道长 $l$、管径 $d$ 和管壁粗糙度 $k_s$）、运动特征（流速 $v$）有关，即有关物理量 $n=7$，其函数关系式为

$$f(\Delta p,\rho,\mu,l,d,k_s,v)=0$$

(2) 选择基本物理量。

在有关的物理量中选取 $d$、$v$、$\rho$ 为基本物理量，即 $m=3$，其量纲公式分别为

$$\dim d = L^1 T^0 M^0$$
$$\dim v = L^1 T^{-1} M^0$$
$$\dim \rho = L^{-3} T^0 M^1$$

其量纲指数行列式为

$$\begin{vmatrix} 1 & 0 & 0 \\ 1 & -1 & 0 \\ -3 & 0 & 1 \end{vmatrix} = -1 \neq 0$$

故上述所选 3 个基本物理量的量纲是独立的。

(3) 组成 $n-m=7-3=4$ 个无量纲 $\pi$ 项。

$$\pi_1 = \frac{\Delta p}{d^{a_1} v^{b_1} \rho^{c_1}}$$

$$\pi_2 = \frac{\mu}{d^{a_2} v^{b_2} \rho^{c_2}}$$

$$\pi_3 = \frac{l}{d^{a_3} v^{b_3} \rho^{c_3}}$$

$$\pi_4 = \frac{k_s}{d^{a_4} v^{b_4} \rho^{c_4}}$$

(4) 根据量纲和谐原理，求各 $\pi$ 项中各基本物理量的指数。

$\pi_1$：

$$\dim \Delta p = \dim (d^{a_1} v^{b_1} \rho^{c_1})$$

$$ML^{-1}T^{-2} = (L)^{a_1} (LT^{-1})^{b_1} (ML^{-3})^{c_1}$$

$$\left.\begin{aligned} &L: \quad -1 = a_1 + b_1 - 3c_1 \\ &T: \quad -2 = -b_1 \\ &M: \quad 1 = c_1 \end{aligned}\right\} \text{解得} \begin{cases} a_1 = 0 \\ b_1 = 2 \\ c_1 = 1 \end{cases}$$

所以

$$\pi_1 = \frac{\Delta p}{\rho v^2}$$

$\pi_2$：

$$\dim \mu = \dim (d^{a_2} v^{b_2} \rho^{c_2})$$

$$ML^{-1}T^{-1} = (L)^{a_2} (LT^{-1})^{b_2} (ML^{-3})^{c_2}$$

$$\left.\begin{aligned} &L: \quad -1 = a_2 + b_2 - 3c_2 \\ &T: \quad -1 = -b_2 \\ &M: \quad 1 = c_2 \end{aligned}\right\} \text{解得} \begin{cases} a_2 = 1 \\ b_2 = 1 \\ c_2 = 1 \end{cases}$$

所以

$$\pi_2 = \frac{\mu}{dv\rho} = \frac{1}{Re}$$

$\pi_3$： 可直接由无量纲条件得出：$a_3=1, b_3=0, c_3=0$， 所以 $\pi_3 = \frac{l}{d}$。

$\pi_4$： 由无量纲条件直接得出：$a_4=1, b_4=0, c_4=0$， 所以 $\pi_4 = \frac{k_s}{d}$。

(5) 得到由 4 个无量纲 π 项组成的物理方程，即

$$F\left(\frac{\Delta p}{\rho v^2},\frac{1}{Re},\frac{l}{d},\frac{k_s}{d}\right)=0$$

(6) 归纳整理方程。

$$\Delta p=f\left(Re,\frac{l}{d},\frac{k_s}{d}\right)\rho v^2$$

$$\Delta p=f_1\left(Re,\frac{k_s}{d}\right)\frac{l}{d}\frac{\rho v^2}{2}$$

令 $\lambda=f_1\left(Re,\frac{k_s}{d}\right)$，则上式为

$$\Delta p=\lambda\frac{l}{d}\frac{\rho v^2}{2}\quad 或 \quad \frac{\Delta p}{\rho g}=\lambda\frac{l}{d}\frac{v^2}{2g}$$

这就是气体管路中压强损失的计算公式。也就是计算管道沿程水头损失的一般表达式，即达西—魏斯巴赫(Darcy-Weisbach)公式。其中 $\lambda$ 为沿程阻力系数，$\lambda$ 是雷诺数 $Re$ 和相对粗糙度 $\frac{k_s}{d}$ 的函数，即

$$\lambda=f\left(Re,\frac{k_s}{d}\right)$$

**【例 10-7】** 试用 π 定理推求圆球绕流阻力 $F_D$ 的表达式。

**【解】** (1)确定与圆球绕流阻力有关的物理量。

根据对已有资料的分析可知，圆球绕流阻力 $F_D$ 与流体的物理特性——流体的密度 $\rho$ 和动力黏度 $\mu$、流动边界的几何特性——圆球的直径 $d$ 和流体运动的特征——来流流速 $v$ 有关，即有 5 个影响因素，$n=5$。

表示为函数关系，即

$$f(F_D,\rho,\mu,d,v)=0$$

(2) 从上述 5 个有关物理量中，选取 $m=3$ 个具有独立量纲的基本物理量。

现选取几何量 $d$，运动量 $v$ 和物性量 $\rho$ 为基本物理量，其量纲公式为

$$\dim d=\mathrm{L}^1\mathrm{T}^0\mathrm{M}^0$$

$$\dim v=\mathrm{L}^1\mathrm{T}^{-1}\mathrm{M}^0$$

$$\dim \rho=\mathrm{L}^{-3}\mathrm{T}^0\mathrm{M}^1$$

量纲指数行列式为

$$\begin{vmatrix}1 & 0 & 0\\ 1 & -1 & 0\\ -3 & 0 & 1\end{vmatrix}=-1\neq 0$$

故以上所选 3 个基本物理量的量纲是独立的。

(3) 组成 $n-m=5-3=2$ 个无量纲 π 项。

$$\pi_1=\frac{F_D}{d^{a_1}v^{b_1}\rho^{c_1}},\quad \pi_2=\frac{\mu}{d^{a_2}v^{b_2}\rho^{c_2}}$$

（4）根据量纲和谐原理，求各 $\pi$ 项中基本物理量的指数。

$\pi_1$：

$$\dim F_D=\dim(d^{a_1}v^{b_1}\rho^{c_1})$$

$$MLT^{-2}=(L)^{a_1}(LT^{-1})^{b_1}(ML^{-3})^{c_1}$$

$$\left.\begin{array}{ll}L: & 1=a_1+b_1-3c_1\\ T: & -2=-b_1\\ M: & 1=c_1\end{array}\right\}\text{解得}\begin{cases}a_1=2\\ b_1=2\\ c_1=1\end{cases}$$

所以

$$\pi_1=\frac{F_D}{\rho d^2v^2}$$

$\pi_2$：

$$\dim\mu=\dim(d^{a_2}v^{b_2}\rho^{c_2})$$

$$ML^{-1}T^{-1}=(L)^{a_2}(LT^{-1})^{b_2}(ML^{-3})^{c_2}$$

$$\left.\begin{array}{ll}L: & -1=a_2+b_2-3c_2\\ T: & -1=-b_2\\ M: & 1=c_2\end{array}\right\}\text{解得}\begin{cases}a_2=1\\ b_2=1\\ c_2=1\end{cases}$$

所以

$$\pi_2=\frac{\mu}{\rho vd}=\frac{1}{Re}$$

（5）得到由 2 个无量纲 $\pi$ 项组成的新物理方程

$$F\left(\frac{F_D}{\rho d^2v^2},\frac{1}{Re}\right)=0$$

（6）归纳整理方程

$$F_D=f(Re)\rho d^2v^2$$

$$F_D=f(Re)\frac{8}{\pi}\frac{\pi d^2}{4}\frac{\rho v^2}{2}=C_DA\frac{\rho v^2}{2}$$

式中 $C_{F_D}=f(Re)\dfrac{8}{\pi}=F(Re)$ 为圆球绕流阻力系数，与雷诺数 $Re$ 有关，需通过实验确定。

如果该题要求通过实验，研究水流对圆球的绕流阻力 $F_D$，则

$$F_D=f(d,v,\rho,\mu)$$

即绕流阻力 $F_D$ 与 4 个影响因素有关，若要找出 $F_D$ 与各影响因素之间的函数关系，就需分别对每一个变量，即影响因素（保持其余 3 个因素不变）做实验，再根据每个实验结果整理出方程式，显然费时、费力。现通过量纲分析，就将实验研究水流对圆球的绕流阻力，归结为实验测定阻力系数 $C_D$ 与雷诺数 $Re$ 的关系，使实验研究大大简化。

### 10.2.3 量纲分析法的主要用途和局限性

通过以上分析和实例，不难看出量纲分析法是很有用途的。

（1）在仅知与物理过程有关的各物理量的情况下，利用量纲和谐原理即可求出表达该物理过程关系式的基本结构形式，并找出进一步研究该问题的途径。

(2) 量纲和谐原理是判断经验公式是否完善的基础。量纲分析法可依据量纲理论对经验公式作出判别和权衡，进一步使一些纯经验公式具有理论上(量纲和谐性)的形式，找出继续改进的方向。

(3) 由量纲分析法 $\pi$ 定理构成的无量纲 $\pi$ 项可用来作为模型实验的相似准数及处理实验数据的主要参量。量纲分析法还为科学组织实施实验研究以及整理实验数据提供了科学的方法。因此，量纲分析法在流体力学研究和模型试验领域被广泛应用，成为一个有效的研究手段。量纲分析法是沟通流体力学理论和实验之间的桥梁。

然而，量纲分析仅是一种数学分析方法，具有局限性。例如，在确定物理过程的影响因素时，既不能遗漏重要的有关物理量，也不能考虑不必要的因素，否则将导致错误的结论。而量纲分析方法本身对有关物理量的选取并不能提供任何指导和启示。又如，在选择基本物理量时，应满足具有独立量纲的要求。量纲分析法求得的由 $n-m$(一般 $m=3$)个无量纲 $\pi$ 项组合成的一般关系式，只是表示有 $n-m$ 个无量纲量与该物理过程(或现象)有关，并与其存在着一定的函数关系，至于函数关系的具体形式和函数关系式中存在的无量纲常数或者系数的量化等问题，量纲分析法本身都无法给出回答，而只能依靠理论分析和实验，凭借研究者的经验和对流动现象的观察认识能力寻找解决途径。

## 10.3　相似理论基础

由于实际流体流动情况十分复杂，许多流体力学问题，单纯依靠理论分析或直接应用基本方程式求解很难得到解答，大多依靠实验研究寻求讨论。流体力学实验方法之一就是进行模型实验。所谓模型通常是指与原型(工程实物)有相同的运动规律、各运动参量存在固定比例关系的缩小物。通过模型实验，将其研究结果换算为原型流动，进而预测在原型流动中将要发生的现象。如何保证模型与原型有同样的流动规律，关键在于要使模型和原型有相似的流动，相似理论就是研究相似现象之间联系的理论，是进行实验研究的理论依据，同时也是对流动现象进行理论分析的重要手段。它的应用非常广泛，从小到物质分子结构，大到大气环流、海洋流动等，都可借助相似原理探求其运动规律。在流体力学问题的研究中，广泛应用水力模型实验手段进行研究，而相似原理就是模型实验的理论基础。

### 10.3.1　相似概念

流动相似的概念是几何形状相似概念的推广和发展。两个几何图形，如果对应边成比例、对应角相等，则两者就是几何相似图形。对于两个几何相似的图形，把其中一个图形的某一几何长度乘以两相似图形对应边长度的固定比值，即可得到另一图形的相应长度。把几何相似的概念扩展到流动现象，则流动相似的含义是：如两个流动的相应点上所有表征流动状况的相应物理量都维持各自的固定比例关系，则这两个流动就是相似的。与流体运动有关的物理量，除了表征流场几何形状的几何量(长度、面积、体积)之外，还有表征流体运动状态的运动量(速度、加速度)和表征流体动力的动力学量(各种作用力)。由此，流体的力学相似可扩展为以下四个方面。

**1. 几何相似**

几何相似是指原型和模型两个流动的流场几何形状相似，即两个流场相应的线段长度成一定比例，相应的夹角相等。

以下角标 p 表示原型，m 表示模型，以 $\lambda$ 表示物理量的比尺，并以其下标表示该物理量的类别。若有某一线段长度 $l$，两线段的夹角为 $\theta$，则长度比尺

$$\lambda_l = \frac{l_p}{l_m} \tag{10-5}$$

$$\theta_p = \theta_m \tag{10-6}$$

由此可推得相应的面积比尺和体积比尺分别为

$$\lambda_A = \frac{A_p}{A_m} = \frac{l_p^2}{l_m^2} = \lambda_l^2 \tag{10-7}$$

$$\lambda_V = \frac{V_p}{V_m} = \frac{l_p^3}{l_m^3} = \lambda_l^3 \tag{10-8}$$

严格讲，原型与模型的表面粗糙度 $k_s$，也应该具有相同的长度比尺。但因原型的 $k_s$ 非常之小，如再按比尺缩小若干倍，甚至几十、上百倍，则很难模拟，所以实际上只能近似地做到这一点。

几何相似是力学相似的前提。只有在几何相似的流动中，才有可能存在相应的点，才有可能进一步探讨相应点上其他物理量的相似问题。

**2. 运动相似**

运动相似是指两个流场中相应点的速度方向相同，大小成比例，即

$$\lambda_u = \frac{u_p}{u_m} \tag{10-9}$$

式中，$\lambda_u$ 为速度比尺。

由于原型和模型各个相应点的速度都成一定比例，则相应断面的平均流速也具有同样的比尺，即

$$\lambda_v = \frac{v_p}{v_m} = \frac{u_p}{u_m} = \lambda_v \tag{10-10}$$

而 $v = l/t$，将此代入式(10-10)，可得

$$\lambda_v = \frac{(l_p/t_p)}{(l_m/t_m)} = \frac{l_p}{l_m}\frac{t_m}{t_p} = \frac{\lambda_l}{\lambda_t} \tag{10-11}$$

式中，$\lambda_t = \dfrac{t_p}{t_m}$ 为时间比尺。满足两个流动的运动相似应有固定的长度比尺和时间比尺。

速度相似就意味着各相应点的加速度也是相似的，即

$$\lambda_a=\frac{a_p}{a_m}=\frac{(v_p/t_p)}{(v_m/t_m)}=\frac{v_p t_m}{v_m t_p}=\frac{\lambda_v}{\lambda_t}=\frac{\lambda_l}{\lambda_t^2} \tag{10-12}$$

式中，$\lambda_a$ 为加速度比尺。

流速场的研究是流体力学中的重要问题，所以运动相似通常是模型实验的目的。

**3. 动力相似**

动力相似是指两个流动各相应点处的质点所受到的各种作用力，其方向相同，大小均维持一定的比例关系。根据达朗伯原理，对于任一运动的质点，设想加在该质点上的惯性力与质点所受到的其他各种作用力相平衡，形式上构成一个封闭的力多边形。从这个意义上讲，动力相似又可以表征为两个流动相应点上的力多边形相似，其相应边（即同名力）成比例。

影响流体运动的作用力主要有黏滞力、重力、压力。有些流动还要考虑弹性力或表面张力。而企图维持流体原有运动状态的作用力只有惯性力。若分别以 $F_\mu$、$F_g$、$F_p$、$F_K$、$F_\sigma$ 和 $F_i$ 代表黏滞力、重力、压力、弹性力，表面张力和惯性力，则

$$F_\mu=F_g=F_p=F_K=F_\sigma=F_i$$

$$\left.\begin{aligned}&\frac{(F_\mu)_p}{(F_\mu)_m}=\frac{(F_g)_p}{(F_g)_m}=\frac{(F_p)_p}{(F_p)_m}=\frac{(F_K)_p}{(F_K)_m}=\frac{(F_\sigma)_p}{(F_\sigma)_m}=\frac{(F_i)_p}{(F_i)_m}\\&\lambda_{F_\mu}=\lambda_{F_g}=\lambda_{F_p}=\lambda_{F_K}=\lambda_{F_\sigma}=\lambda_{F_i}\end{aligned}\right\} \tag{10-13}$$

前面已经介绍，运动相似要求两个流动相应点上流速和加速度均相似。对于不可压缩流体，其密度 $\rho$ 可视为常量，故加速度相似就意味着惯性力相似，而惯性力相似则是其他各种作用力相似的结果和表象，所以动力相似又是运动相似的保证或者说是主导。

**4. 边界条件和初始条件相似**

边界条件和初始条件相似是保证两个流动相似的充分条件。边界条件相似是指两个流动的相应边界性质相同，如原型中为固体边壁，其法向流速均为零，或原型中为自由液面，其上作用着大气压强，则在模型中的相应部分也应和原型中的一样。对于非恒定流动，还必须满足初始条件相似。

也有人将边界条件相似归属于几何相似。即几何相似包含几何形状相似（对应边成比例、对应角相等）和边界性质相同两方面含义，若对于恒定流动无须考虑初始条件相似，于是流体的力学相似含义就可简述为几何相似、运动相似和动力相似三个方面。

以上三种相似是原型与模型保持完全相似的重要特征和属性。这三种相似是相互关联和互为条件的。几何相似可以理解为运动相似和动力相似的前提和依据；动力相似是决定两个流动运动相似的主导因素和保证；运动相似则是几何相似和动力相似的表象和结果。三个相似是一个彼此密切相关的整体，三者缺一不可。

### 10.3.2　相似准则

以上阐明了相似的含义，本节研讨如何实现原型和模型流动的力学相似。

首先要满足几何相似，因为它是力学相似的前提条件，没有几何相似，两个流动就不存在相应点，也就无相似可言。

其次是要实现(或满足)动力相似，因为它是决定两个流动运动相似的保证或者说是主导因素。原型与模型两个流动要实现动力相似，则作用在两个流动相应点处质点上的各种作用力应维持一定的比例关系，即各种作用力的比尺要满足一定的约束关系，将这种约束关系称之为相似准则。

作用在流体质点上的各种力可以分为两大类，一类是企图改变流体运动状的力，如黏滞力 $F_\mu$、重力 $F_g$、动水压力 $F_p$、弹性力 $F_K$ 和表面张力 $F_\sigma$ 等；另一类则是企图维持流体原有运动状态的力，如惯性力 $F_i$。流体流动的变化和发展就是惯性力和其他各种物理力相互作用的结果。因此，各种物理力之间的比例关系应以惯性力为一方，分别以它对其他各物理力的比例表示。在两个相似的流动中，其比例关系应保持固定不变。

惯性力 $F_i=ma=\rho l^3 a=\rho l^2 v^2$，则惯性力比尺为

$$\lambda_{F_i}=\frac{(F_i)_p}{(F_i)_m}=\frac{\rho_p l_p^2 v_p^2}{\rho_m l_m^2 v_m^2}=\lambda_\rho \lambda_l^2 \lambda_v^2 \tag{10-14}$$

式中，$\lambda_\rho$ 为密度比尺。

若把企图改变流体运动状态的其他物理力用 $F$ 表示，则两个流动相似，$F$ 力的比尺关系

$$\lambda_F=\frac{F_p}{F_m} \tag{10-15}$$

根据动力相似有

$$\lambda_{F_i}=\lambda_F \tag{10-16}$$

即

$$\frac{\rho_p l_p^2 v_p^2}{\rho_m l_m^2 v_m^2}=\frac{F_p}{F_m}$$

或

$$\frac{F_p}{\rho_p l_p^2 v_p^2}=\frac{F_m}{\rho_m l_m^2 v_m^2}$$

$$Ne=\frac{F}{\rho l^2 v^2} \tag{10-17}$$

这就是无量纲的牛顿数 $Ne$。在相似流动中这个比例保持常数，即

$$(Ne)_p=(Ne)_m \tag{10-18}$$

式(10-18)表明两个相似流动的牛顿数应相等。这是流动相似的重要标志和判据，称为牛顿相似准则，也就是牛顿普遍性相似原理。

根据牛顿相似准则，要求两个相似流动的牛顿数 $Ne$ 应相等，也就是要求作用在两个流动相应点上的各种企图改变其流动状态的物理力和惯性力之间都维持同样的比尺，这在模型实验中是很难做到的。实际上，在很多实际工程问题中，对某一具体流动，某些物理力常常不发生作用或其影响甚微，起主导作用的主要作用力往往只有一种，因此在模型实验中，根据具体情况，使起主导作用的作用力的相似准则数在模

型与原型流动中保持相等，即保证主要作用力满足相似条件，而忽略次要准数的相等。实践证明，保证研究的现象在主要方面相似，虽然这种相似是近似的，但是能够满足实际问题所要求的精度，取得令人满意的结果。因此，对于某一具体流动现象的模型实验，应将其所受的主要单项作用力代入牛顿数 $Ne$ 中的 $F$ 项，从而求得表示单项作用力相似的动力相似准则。

**1. 黏滞力(雷诺)相似准则**

当黏滞力起主导作用时，根据牛顿内摩擦定律，其黏滞力为

$$F=F_{\mu}=\mu A\frac{\mathrm{d}u}{\mathrm{d}y}=\mu lv \tag{10-19}$$

则

$$\lambda_F=\lambda_{F_{\mu}}=\frac{(F_{\mu})_p}{(F_{\mu})_m}=\frac{\mu_p l_p v_p}{\mu_m l_m v_m}=\lambda_{\mu}\lambda_l\lambda_v \tag{10-20}$$

将式(10-19)代入式(10-17)得

$$Ne=\frac{\mu lv}{\rho l^2 v^2}=\frac{\mu}{\rho lv}=\frac{1}{Re} \tag{10-21}$$

根据牛顿相似准则，即两个流动相似，牛顿数应相等，即

$$(Ne)_p=(Ne)_m$$

此时即

亦可写成

$$\left.\begin{aligned}(Re)_p=(Re)_m\\ \frac{v_p l_p}{\nu_p}=\frac{v_m l_m}{\nu_m}\end{aligned}\right\} \tag{10-22}$$

式(10-22)说明两个流动的惯性力与黏滞力成比例，则这两个流动相应的雷诺数相等。这就是黏滞力相似准则，亦称雷诺相似准则。

根据式(10-22)，在一般情况下，原型与模型中都是同一种流体——水(温度也基本相同)，故可视为 $\nu_p=\nu_m$，因此可得

$$\frac{v_p}{v_m}=\frac{l_m}{l_p}$$

即

$$\lambda_v=\lambda_l^{-1} \tag{10-23}$$

其他有关比尺为

$$\lambda_Q=\lambda_A\lambda_v=\lambda_l^2\lambda_l^{-1}=\lambda_l \tag{10-24}$$

$$\lambda_t=\lambda_l/\lambda_v=\lambda_l/\lambda_l^{-1}=\lambda_l^2$$

$$\lambda_F=\lambda_{\mu}\lambda_l\lambda_v=\lambda_l\lambda_l^{-1}=\lambda_l^0=1 \qquad (\lambda_{\mu}=1.0)$$

**2. 重力(弗劳德)相似准则**

当重力起主导作用时，则有

$$F=F_g=G=mg=\rho l^3 g \tag{10-25}$$

$$\lambda_F=\lambda_{F_g}=\lambda_{\rho}\lambda_l^3\lambda_g \tag{10-26}$$

式中，$\lambda_g$ 为重力加速度比尺。将式(10-25)代入式(10-17)得

$$Ne=\frac{F}{\rho l^2 v^2}=\frac{\rho l^3 g}{\rho l^2 v^2}=\frac{gl}{v^2}=\frac{1}{Fr^2} \tag{10-27}$$

根据牛顿相似准则，即两个相似流动牛顿数应相等，即

$$Ne_p = Ne_m$$

此时即

亦可写成

$$\left.\begin{aligned}(Fr)_p &= (Fr)_m \\ \frac{v_p}{\sqrt{g_p l_p}} &= \frac{v_m}{\sqrt{g_m l_m}}\end{aligned}\right\} \tag{10-28}$$

式(10-28)说明两个流动的惯性力与重力成比例，则这两个流动相应的弗劳德数相等。这就是重力相似准则，或称弗劳德相似准则。以下求其有关相似比尺关系。

在式(10-28)中，因原型和模型均在地球上，重力加速度 $g$ 在各地变化甚小，故一般可认为 $g_p = g_m$，即 $\lambda_g = 1.0$，故由式(10-28)得

$$\frac{v_p}{v_m} = \left(\frac{l_p}{l_m}\right)^{\frac{1}{2}}$$

流速比尺

$$\lambda_v = \lambda_l^{\frac{1}{2}} \tag{10-29}$$

流量比尺

$$\lambda_Q = \lambda_A \lambda_v = \lambda_l^2 \lambda_l^{\frac{1}{2}} = \lambda_l^{\frac{5}{2}} \tag{10-30}$$

时间比尺

$$\lambda_t = \lambda_l / \lambda_v = \lambda_l / \lambda_l^{\frac{1}{2}} = \lambda_l^{\frac{1}{2}} \tag{10-31}$$

作用力比尺

$$\lambda_F = \lambda_{F_g} = \lambda_\rho \lambda_l^3 \lambda_g$$

式中 $\lambda_\rho = 1.0, \quad \lambda_g = 1.0$

所以

$$\lambda_F = \lambda_l^3 \tag{10-32}$$

**3. 压力(欧拉)相似准则**

当企图改变原有运动状态的力是流体动压力起主导作用时，则有

流体动压力

$$F = F_p = pA = pl^2 \tag{10-33}$$

$$\lambda_F = \lambda_{F_p} = \lambda_p \lambda_l^2 \tag{10-34}$$

式中 $\lambda_p$ 为压强比尺。将式(10-34)代入式(10-16)，得

$$\lambda_\rho \lambda_l^2 \lambda_v^2 = \lambda_p \lambda_l^2$$

化简得

$$\lambda_\rho \lambda_v^2 = \lambda_p$$

上式亦可写成

$$\left.\begin{aligned}\frac{p_p}{\rho_p v_p^2} &= \frac{p_m}{\rho_m v_m^2} \\ (Eu)_p &= (Eu)_m\end{aligned}\right\} \tag{10-35}$$

式中，$Eu = \dfrac{p}{\rho v^2}$ 为一无量纲量，称为欧拉数。

上式表明两个流动的惯性力和流体动压力成比例，则两个流动相应的欧拉数相等，压力相似。这就是压力相似准则，亦称为欧拉相似准则。

在大多数流动中，对流动起主要作用的是压强差 $\Delta p$，而不是压强的绝对值，欧拉数中常以相应点的压强差 $\Delta p$ 代替 $p$，即

$$Eu=\frac{\Delta p}{\rho v^2}$$

**4. 表面张力(韦伯)相似准则**

当作用力以表面张力起主导作用时，则有

$$F=F_\sigma=\sigma l \tag{10-36}$$

$$\lambda_F=\lambda_{F_\sigma}=\lambda_\sigma\lambda_l \tag{10-37}$$

式中，$\lambda_\sigma$ 为表面张力比尺，将上式(10-37)代入式(10-16)，即 $\lambda_{F_i}=\lambda_F$ 中，得

$$\lambda_\rho\lambda_l^2\lambda_v^2=\lambda_\sigma\lambda_l$$

化简，得

$$\lambda_\rho\lambda_l\lambda_v^2=\lambda_\sigma$$

上式亦可写成

$$\left.\begin{aligned}\frac{\rho_p l_p v_p^2}{\sigma_p}&=\frac{\rho_m l_m v_m^2}{\sigma_m}\\(We)_p&=(We)_m\end{aligned}\right\} \tag{10-38}$$

式中，$We=\frac{\rho l v^2}{\sigma}$为一无量纲量，称为韦伯数。

上式表明两个流动的惯性力和表面张力成比例，则该两个流动所对应的韦伯数相等，表面张力相似。这就是表面张力相似准则，或称为韦伯相似准则。

**5. 弹性力(柯西)相似准则**

对于可压缩性流体，当作用力主要是弹性力时，则有

$$F=F_K=KA=Kl^2 \tag{10-39}$$

$$\lambda_F=\lambda_{F_K}=\lambda_k\lambda_l^2 \tag{10-40}$$

式中，$K$ 为流体的体积弹性系数。将式(10-40)代入式(10-16)，即 $\lambda_{F_i}=\lambda_F$ 中，得

$$\lambda_\rho\lambda_l^2\lambda_v^2=\lambda_k\lambda_l^2$$

化简得

$$\lambda_\rho\lambda_v^2=\lambda_k$$

上式亦可写成

$$\left.\begin{aligned}\frac{\rho_p v_p^2}{K_p}&=\frac{\rho_m v_m^2}{K_m}\quad 即\quad \frac{v_p^2}{K_p/\rho_p}=\frac{v_m^2}{K_m/\rho_m}\\(Ca)_p&=(Ca)_m\end{aligned}\right\} \tag{10-41}$$

式中，$Ca=\frac{\rho v^2}{K}$为一无量纲量，称为柯西数。

上式表明两个流动的惯性力和弹性力成比例，则它们相应的柯西数相等，弹性力相似。这就是弹性力相似准则，亦称柯西准则。该准则常用于水击及水流诱发振动等流体压缩性起主要作用的流动问题的研究。

对于高速气流，由气体动力学可知音速 $C=\sqrt{K/\rho}$，将其代入式(10-41)，得

$$\left(\frac{v_{p}}{C_{p}}\right)^{2}=\left(\frac{v_{m}}{C_{m}}\right)^{2}$$

或

即

$$\left.\begin{array}{l}\dfrac{v_{p}}{C_{p}}=\dfrac{v_{m}}{C_{m}}\\(Ma)_{p}=(Ma)_{m}\end{array}\right\}\tag{10-42}$$

式中，$Ma=\frac{v}{c}$为一无量纲量，称为马赫数。

上式表明，两个流动的惯性力和弹性力成比例，则它们的马赫数也相等，称为马赫准则，即弹性力相似准则。当可压缩气流的流速接近或超过音速时，弹性力将成为影响流动的主要因素，该时实现可压缩气流的相似，则要求相应的马赫数 $Ma$ 相等。

以上介绍了五种单项作用力的相似准则，其中雷诺准则、弗劳德准则和欧拉准则运用较为广泛。只是在研究气流速度很大，接近或超过音速时，应考虑满足马赫准则，对于不可压缩流体则无须考虑弹性力相似准则。当流动规模较小，表面张力作用显著时，应考虑满足韦伯准则。在模型实验中，当水流表面流速大于0.23 m/s，水深大于 1.5 cm(经验值)时，表面张力作用一般可予忽略。故除特殊情况外，在一般模型实验中，无须考虑表面张力的影响。所以，对于不可压缩流体恒定流动，只要同时满足雷诺、弗劳德和欧拉三个相似准则即可实现动力相似，也就是要求原型与模型两个流动相应点上质点所受到的黏滞力、重力、流体动压力和惯性力所构成的封闭力多边形相似根据力多边形相似概念，只要惯性力和其他任意两个同名力相似(即方向相同，大小成比例)，则另一个同名力也将相似。由于压强通常是待求量，所以只要相应点的惯性力、黏滞力和重力相似，根据力多边形相似概念，压力将自行相似。换言之，如果雷诺准则和弗劳德准则成立，则欧拉准则就可自行成立。所以又将雷诺准则、弗劳德准则称为独立准则，欧拉准则称为导出准则。

流体的运动是由边界条件和作用力所决定的，两个流动一旦实现了几何相似(包含几何形状相似、边界性质相同)和动力相似，流体必然以相同的规律运动(即指运动就必然相似)。由此得出结论：几何相似和独立准则成立是实现流体力学相似的充分和必要条件。

## 10.4 模型实验

模型实验就是依据相似原理，制成和原型相似的缩小了尺度的模型进行实验研究，并根据实验的结果换算到原型，以预测原型将会发生的流动现象。进行模型实验必须解决以下两方面问题，即模型律的选择和模型设计。

### 10.4.1 模型律的选择

所谓模型律的选择，就是根据实际流动的具体情况，选择一个合适的相似准则进行模型设计。为了使原型与模型两个流动完全相似，除了几何相似（指几何形状相似，边界性质相同）外，各独立的相似准则应同时满足。但实际上要同时满足各独立相似准则是很困难的，甚至是不可能的。虽然说，对于不可压缩流体的恒定流动，由于欧拉准则是一个导出准则，因此，只要两个流动的雷诺数和弗劳德数分别相等，就可以做到动力相似。然而实际上，就是要使雷诺准则和弗劳德准则，这两个相似准则同时成立也是很困难的，也就是说，模型和原型两个流动很难做到完全相似。

因为要满足雷诺准则

$$(Re)_{\mathrm{p}}=(Re)_{\mathrm{m}}$$

即

$$\frac{v_{\mathrm{p}}l_{\mathrm{p}}}{\nu_{\mathrm{p}}}=\frac{v_{\mathrm{m}}l_{\mathrm{m}}}{\nu_{\mathrm{m}}}$$

由上式可求得其流速比尺为

$$\frac{v_{\mathrm{p}}}{v_{\mathrm{m}}}=\frac{\nu_{\mathrm{p}}l_{\mathrm{m}}}{\nu_{\mathrm{m}}l_{\mathrm{p}}}$$

即

$$\lambda_{\mathrm{v}}=\frac{\lambda_{\nu}}{\lambda_{l}} \tag{10-43}$$

而要满足弗劳德准则

$$(Fr)_{\mathrm{p}}=(Fr)_{\mathrm{m}}$$

即

$$\frac{v_{\mathrm{p}}}{\sqrt{g_{\mathrm{p}}l_{\mathrm{p}}}}=\frac{v_{\mathrm{m}}}{\sqrt{g_{\mathrm{m}}l_{\mathrm{m}}}}$$

由于

$$g_{\mathrm{p}}=g_{\mathrm{m}}$$

所以流速比尺为

$$\frac{v_{\mathrm{p}}}{v_{\mathrm{m}}}=\left(\frac{l_{\mathrm{p}}}{l_{\mathrm{m}}}\right)^{\frac{1}{2}}$$

即

$$\lambda_{\mathrm{v}}=\lambda_{l}^{\frac{1}{2}} \tag{10-44}$$

如要同时满足雷诺准则和弗劳德准则，即要求式(10-43)和式(10-44)均成立，则得

$$\frac{\lambda_{\nu}}{\lambda_{l}}=\lambda_{l}^{\frac{1}{2}} \tag{10-45}$$

如果模型和原型采用同一种流体，且温度也一样，则 $\nu_{\mathrm{p}}=\nu_{\mathrm{m}}$，即 $\lambda_{\nu}=1.0$，代入式(10-45)得

$$\lambda_{l}^{-1}=\lambda_{l}^{\frac{1}{2}}$$

显然，只有当 $\lambda_{l}=1.0$，即 $l_{\mathrm{p}}=l_{\mathrm{m}}$ 时，式(10-45)才会成立，也就是说，只有当模型和原型尺寸大小一样时，才能同时满足雷诺准则和弗劳德准则，这样实际上已经失去了模型试验的意义。

如果 $\lambda_v \neq 1.0$，即模型与原型采用不同的流体，则由式(10-45)可得

$$\left.\begin{aligned}\lambda_v &= \lambda_l^{3/2}\\ \nu_m &= \frac{\nu_p}{\lambda_l^{3/2}}\end{aligned}\right\} \tag{10-46}$$

也就是说，如果原型流体为水，则模型需要选用运动黏度正好是水的$\frac{1}{\lambda_l^{3/2}}$的实验流体，显然很不现实。因此，模型实验一般只能做到近似相似，即只能保证对流动起主要作用的力相似，这就是模型律的选择问题。模型律选择的原则是保证对流动起主要作用的力相似，而忽略次要力的相似。

对于具有自由液面，且可以上下自由变动的各种明槽流动，如河渠水流、孔口出流及堰流等，这些流动重力起主要作用，应按弗劳德准则设计模型。

对于管道流动，可以分为两种情况分别进行研究。

(1) 雷诺数较小的情况：当管道流动处于层流、层紊流之间的过渡区、紊流光滑区或紊流过渡区时，阻力主要是由黏滞力所形成的摩擦阻力，都与雷诺数有关(紊流过渡区还与相对粗糙度 $k_s/d$ 有关，严格讲，还应要求模型与原型的相对粗糙度做到几何相似)。以上几种流动情况的断面流速分布、沿程水头损失等取决于管流的内摩擦阻力作用的大小，而重力并不起直接作用，影响流速分布和流动阻力的主要因素是黏滞力，所以应按雷诺准则进行模型设计。

(2) 雷诺数较大的情况：当雷诺数 $Re$ 超过一定数值后，流动进入紊流粗糙区(即阻力平方区)后，流动阻力大小与 $Re$ 无关，只与相对粗糙度 $k_s/d$ 有关，这个流动范围称为**自动模型区**，简称**自模区**。若原型与模型两个流动都处于自动模型区，则只做到几何相似(包括管壁粗糙度的相似)，而不必 $Re$ 相等，就自动实现了动力相似。对于这种流动按弗劳德准则设计模型，只要模型中的流动进入自模区，便同时满足了阻力相似。

### 10.4.2 模型设计

首先要对要求进行模型实验的原型进行分析，正确判定对流动起主导的作用力，从而选择合适的相似准则设计模型(即正确选择模型律)；然后，根据现有的实验场地、供水能力、模型制作和量测条件等，并结合实际工程(即原型流动)所提出的要求和实际需要，合理地选择几何比尺 $\lambda_l$；据此设计模型，得出模型的几何边界；最后根据选择的模型律，即按选用的相似准则，确定其他有关的模型比尺，如流速比尺 $\lambda_v$，流量比尺 $\lambda_Q$、时间比尺 $\lambda_t$ 以及作用力比尺 $\lambda_F$ 等。

前面已经按雷诺准则和弗劳德准则推导出了各主要运动要素的比尺与几何比尺 $\lambda_l$ 的关系，现将常用的按该两准则推导出的各物理量比尺列于表 10-3 中。

表 10-3　模型比尺关系

<table>
<tr><th rowspan="3">名　称</th><th colspan="3">比　尺</th><th rowspan="3">名　称</th><th colspan="3">比　尺</th></tr>
<tr><th colspan="2">雷诺准则</th><th rowspan="2">弗劳德准则</th><th colspan="2">雷诺准则</th><th rowspan="2">弗劳德准则</th></tr>
<tr><th>$\lambda_\gamma=1.0$</th><th>$\lambda_\gamma\neq1.0$</th><th>$\lambda_\gamma=1.0$</th><th>$\lambda_\gamma\neq1.0$</th></tr>
<tr><td>长度比尺 $\lambda_l$</td><td>$\lambda_l$</td><td>$\lambda_l$</td><td>$\lambda_l$</td><td>力的比尺 $\lambda_F$</td><td>$\lambda_l^0$</td><td>$\lambda_\gamma^2$</td><td>$\lambda_l^3$</td></tr>
<tr><td>流速比尺 $\lambda_v$</td><td>$\lambda_l^{-1}$</td><td>$\lambda_\gamma\lambda_l^{-1}$</td><td>$\lambda_l^{\frac{1}{2}}$</td><td>压强比尺 $\lambda_p$</td><td>$\lambda_l^{-2}$</td><td>$\lambda_\gamma^2\lambda_l^{-2}$</td><td>$\lambda_l$</td></tr>
<tr><td>加速比尺 $\lambda_a$</td><td>$\lambda_l^{-3}$</td><td>$\lambda_\gamma^2\lambda_l^{-3}$</td><td>$\lambda_l^0$</td><td>功能比尺 $\lambda_W$</td><td>$\lambda_l$</td><td>$\lambda_\gamma^2\lambda_l$</td><td>$\lambda_l^4$</td></tr>
<tr><td>流量比尺 $\lambda_Q$</td><td>$\lambda_l$</td><td>$\lambda_\gamma\lambda_l$</td><td>$\lambda_l^{\frac{5}{2}}$</td><td>功率比尺 $\lambda_N$</td><td>$\lambda_l^{-1}$</td><td>$\lambda_\gamma^3\lambda_l^{-1}$</td><td>$\lambda_l^{3.5}$</td></tr>
<tr><td>时间比尺 $\lambda_t$</td><td>$\lambda_l^2$</td><td>$\lambda_\gamma^{-1}\lambda_l^2$</td><td>$\lambda_l^{\frac{1}{2}}$</td><td>—</td><td>—</td><td>—</td><td>—</td></tr>
</table>

**【例 10-8】** 为了研究输油管道的流动特性，用水管做模型实验。已知油管的直径 $d_1=500$ mm，油的运动黏度 $\nu_1=40\times10^{-6}$ $m^2/s$，输油流量 90 L/s，水管直径 $d_2=50$ mm，水的运动黏度 $\nu_2=1.3\times10^{-6}$ $m^2/s$，试求模型的流量。

**【解】** 因为圆管中的流动主要受黏滞力作用，所以本实验相似条件应满足雷诺准则。

$$(Re)_p=(Re)_m$$

即

$$\frac{v_p d_p}{\nu_p}=\frac{v_m d_m}{\nu_m}$$

原型油管的流速

$$v_p=\frac{4Q_p}{\pi d_p^2}=\frac{4\times0.09}{\pi\times0.5^2}\ \text{m/s}=0.458\ \text{m/s}$$

则模型水管中的流速为

$$v_m=\left(\frac{v_p d_p}{\nu_p}\right)\left(\frac{\nu_m}{d_m}\right)=\frac{0.458\times0.5\times1.3\times10^{-6}}{40\times10^{-6}\times0.05}\ \text{m/s}=0.149\ \text{m/s}$$

所以模型流量

$$Q_m=v_m\frac{\pi d_m^2}{4}=0.149\times\frac{\pi\times0.05^2}{4}\ \text{m}^3/\text{s}=0.293\times10^{-3}\ \text{m}^3/\text{s}=0.293\ \text{L/s}$$

**【例 10-9】** 舰船的螺旋桨缩制成几何比尺为 4 的(即 $\lambda_l=4$)模型，在水面下进行实验，试选定相似准则并求出转速比尺和推力比尺。

**【解】** 螺旋桨在水下运动，受黏滞力作用；同时，当螺旋桨转动时，水面将引起波动，自由水面的任何变动都受重力作用的影响。考虑到模型不是太小，表面张力的影响可以忽略，故本实验应该同时满足雷诺准则和弗劳德准则。

但一个模型要同时满足上述两个相似准则是很困难的。若按 $\lambda_\nu\neq1.0$，即按式(10-46)，则必须要求模型实验选用一种符合下述条件的液体，即

$$\lambda_\nu=\lambda_l^{3/2}=4^{3/2}=8\quad 即\quad \nu_m=\frac{\nu_p}{8}$$

即模型应选用等于$\frac{1}{8}$倍水的 $\nu_p$ 的液体，这在实际上是不可能做到的。

但已知在原型中螺旋桨转动时，流动的雷诺数已足够大，其阻力与 $Re$ 的大小无关。因此，只要模型中的 $Re_m$ 大到足以使模型中的阻力也与雷诺数 $Re$ 无关，则可按重力相似准则设计模型。即按弗劳德准则可得流速比尺为

$$\lambda_v=\lambda_l^{\frac{1}{2}}=4^{\frac{1}{2}}=2$$

已知 $v=\omega R$，此处 $\omega$ 为角转速，$R$ 为螺旋桨半径，则

$$\lambda_v=\lambda_\omega\lambda_l$$

所以

$$\lambda_\omega=\lambda_v/\lambda_l=2/4=\frac{1}{2}\quad 即\quad \omega_m=2\omega_p$$

推力 $F$ 的比尺，根据 $\lambda_F=\lambda_\rho\lambda_l^2\lambda_v^2$，又知 $\lambda_\rho=1.0$，则得

$$\lambda_F=\lambda_l^2\lambda_v^2=4^2\times2^2=64$$

即原型推力为模型的 64 倍。

**【例 10-10】** 桥孔过流模型实验如图 10-2 所示。已知桥墩长 $l_p=24$ m，桥墩宽度 $b_p=4.0$ m，水深 $h_p=8.6$ m，平均流速 $v_p=2.3$ m/s，两桥台的距离（即两桥墩中心线间距）$B_p=92$ m，现实验室的供水能力为 $Q_m=120$ L/s，试选择该模型的几何比尺 $\lambda_l$，并计算该模型的几何尺寸，平均流速和流量。

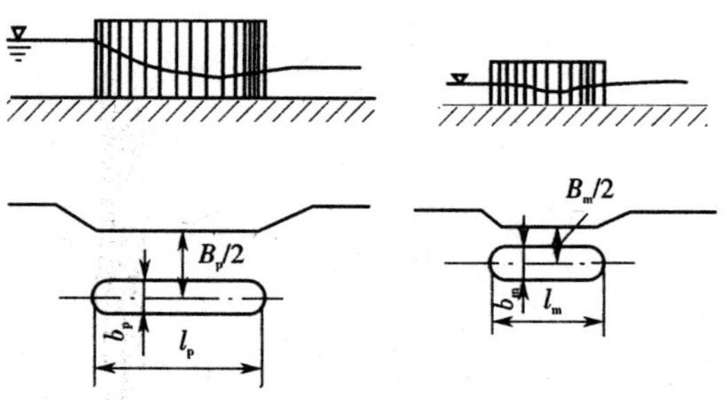


**图 10-2 桥孔过流模型**

**【解】** (1) 桥孔过流主要作用力为重力，应按弗劳德准则设计模型

$$(Fr)_p=(Fr)_m$$

即

$$\frac{v_p}{\sqrt{g_pl_p}}=\frac{v_m}{\sqrt{g_ml_m}}$$

$$\lambda_g=1.0$$

则

$$\lambda_v=\lambda_l^{\frac{1}{2}}$$

$$\lambda_Q=\lambda_v\lambda_l^2=\lambda_l^{\frac{5}{2}}$$

原型流量

$$\begin{aligned}Q_p&=v_pA_p=v_p(B_p-b_p)h_p=2.3\times(92-4)\times8.6\ \mathrm{m^3/s}\\&=2.3\times88\times8.6\ \mathrm{m^3/s}=1\ 740.64\ \mathrm{m^3/s}\end{aligned}$$

而实验室的供水能力 $Q_m=0.12\ m^3/s$，则可求得模型的最小几何比尺为

$$\lambda_l=\frac{\lambda_p}{\lambda_m}=\left(\frac{Q_p}{Q_m}\right)^{2/5}=\left(\frac{1\,740.64}{0.12}\right)^{2/5}=46.20$$

一般模型几何比尺 $\lambda_l$ 多选用整数值，为使模型流量不超过实验室的供水能力，应选择比 46.20 稍大的整数值作为模型的几何比尺。现选取 $\lambda_l=50$，则模型流速和流量比尺分别为

$$\lambda_v=\lambda_l^{1/2}=50^{1/2}=7.071$$

$$\lambda_Q=\lambda_l^{5/2}=50^{5/2}=17677.67$$

（2）模型的平均流速和流量。

$$v_m=\frac{v_p}{\lambda_v}=\frac{v_p}{\lambda_l^{1/2}}=\frac{2.3}{7.071}\ m/s=0.325\ m/s$$

$$Q_m=\frac{Q_p}{\lambda_Q}=\frac{Q_p}{\lambda_l^{5/2}}=\frac{1740.64}{17677.67}\ m^3/s=0.0985\ m^3/s<0.12\ m^3/s$$

满足模型试验要求。

（3）计算模型的几何尺寸。

桥墩长　$l_m=l_p/\lambda_l=24/50\ m=0.48\ m$

桥墩宽　$b_m=b_p/\lambda_l=4/50\ m=0.08\ m$

桥台距　$B_m=B_p/\lambda_l=92/50\ m=1.84\ m$

水　深　$h_m=h_p/\lambda_l=8.6/50\ m=0.172\ m$

## 【本章小结】

本章简要阐述了有关实验研究的基本理论，即量纲分析法和相似理论。

**1. 量纲分析**

**1）量纲的概念**

（1）量纲和单位

量纲是表征物理量的属性和类别，单位是表示物理量大小。两者有密切的关系。

（2）基本量纲和导出量纲

基本量纲具有独立性，即是不依赖于其他基本量纲而独立存在的量纲。在力学中一般取 L、T、M 三个作为基本量纲。导出量纲是由基本量纲推导出来。任何一个导出物理量的量纲都可表示为基本量纲的指数乘积形式，如 $\dim x=L^{\alpha}T^{\beta}M^{\gamma}$，该式即为量纲公式，指数 α、β、γ 为量纲指数。

（3）无量纲（量）数

无量纲数也称为纯数。$\dim x=L^0T^0M^0=1$。它可由两个具有相同量纲的量相比而得到，亦可由几个有量纲量通过乘除组合而成。无量纲、量（数）既无量纲也无单位，它的大小与单位无关。一个能客观反映物理规律的完整的力学方程式，应该是由无量纲量组成的方程式。

**2）量纲和谐原理**

凡是正确反映客观规律的物理方程，其各项的量纲必定是一致的。它是量纲分析的理论基础。

**3）量纲分析方法**

量纲分析方法有两种，即瑞利法和 $\pi$ 定理，它们都是以量纲和谐原理为基础。前者适用于比较简单的问题，一般物理过程的影响因素不超过四个；而 $\pi$ 定理则是一种更具普遍性的方法，适用于影响因素（变量）较多（$n$ 个）的比较复杂的问题。但两者的实质是一样的，都是应用量纲和谐原理建立新的物理方程。

应用 $\pi$ 定理时要特别注意，如何选择基本物理量以及如何判别是否具有独立量纲的基本物理量的方法。

量纲分析方法用途较广，但它只是一种数学分析方法，有其局限性。

**2. 相似原理**

**1）相似概念**

流体力学相似包含：几何相似、运动相似、动力相似以及边界条件和初始条件相似四个方面。

对于恒定流动，也可将边界条件相似（即指边界性质相同）归入几何相似之中，因此力学相似的含义就成为：几何相似、运动相似、动力相似三个方面，这三种相似是原型与模型保持完全相似的重要特征和属性，三种相似之间相互联系、互为条件。几何相似是其他两个相似的前提；动力相似是决定两个流动相似的主导因素和保证；而运动相似则是几何相似和动力相似的表象和结果。三个相似是一个彼此密切相关的整体，三者缺一不可。

**2）相似准则**

流体力学实验的相似准则主要有

黏滞力（雷诺）相似准则

$$Re_{\mathrm{p}}=Re_{\mathrm{m}},\quad 即\quad \frac{v_{\mathrm{p}}l_{\mathrm{p}}}{\nu_{\mathrm{p}}}=\frac{v_{\mathrm{m}}l_{\mathrm{m}}}{\nu_{\mathrm{m}}}$$

重力（弗劳德）相似准则

$$Fr_{\mathrm{p}}=Fr_{\mathrm{m}},\quad 即\quad \frac{v_{\mathrm{p}}}{\sqrt{g_{\mathrm{p}}l_{\mathrm{p}}}}=\frac{v_{\mathrm{m}}}{\sqrt{g_{\mathrm{m}}l_{\mathrm{m}}}}$$

压力（欧拉）相似准则

$$(Eu)_{\mathrm{p}}=(Eu)_{\mathrm{m}},\quad 即\quad \frac{p_{\mathrm{p}}}{\rho_{\mathrm{p}}v_{\mathrm{p}}^{2}}=\frac{p_{\mathrm{m}}}{\rho_{\mathrm{m}}v_{\mathrm{m}}^{2}}$$

表面张力（韦伯）相似准则

$$(We)_{\mathrm{p}}=(We)_{\mathrm{m}},\quad 即\quad \frac{\rho_{\mathrm{p}}l_{\mathrm{p}}v_{p}^{2}}{\sigma_{\mathrm{p}}}=\frac{\rho_{\mathrm{m}}l_{\mathrm{m}}v_{\mathrm{m}}^{2}}{\sigma_{\mathrm{m}}}$$

弹性力相似准则，包括：

柯西准则 $$(Ca)_{\mathrm{p}}=(Ca)_{\mathrm{m}},\quad 即\quad \frac{\rho_{\mathrm{p}}v_{\mathrm{p}}^{2}}{K_{\mathrm{p}}}=\frac{\rho_{\mathrm{m}}v_{\mathrm{m}}^{2}}{K_{\mathrm{m}}}$$

马赫准则　　$(Ma)_p=(Ma)_m$，　即　$\dfrac{v_p}{\sqrt{\dfrac{K_p}{\rho_p}}}=\dfrac{v_m}{\sqrt{\dfrac{K_m}{\rho_m}}}$

以上五种相似准则，以雷诺、弗劳德和欧拉三个准则应用较广泛。其中 $We$ 准则只在流动规模很小，表面张力作用显著的一些特殊条件下才考虑，一般模型实验均不考虑。弹性力相似准则只对可压缩性流体适用，对于不可压缩性流体则不必考虑弹性力相似准则。所以对于不可压缩流体恒定流动，一般只要同时满足雷诺、弗劳德和欧拉三个相似准则，便可实现动力相似。而其中欧拉准则又为导出准则，不是独立准则。故在几何相似条件下，只要同时满足雷诺准则和弗劳德准则，两个流动即为相似。即几何相似和独立准则成立是实现流体力学相似的充分和必要条件。

**3)模型实验**

模型实验的理论基础是相似理论。模型律的选择就是根据实际流动的具体情况选择合适的相似准则进行模型设计。原型与模型两个流动完全相似，除了几何相似(几何形状相似、边界性质相同)外，各独立相似准则应同时满足，但实际很难做到。即使同时满足雷诺和弗劳德两个相似准则，也是很难做到的。因此，模型实验一般只能做到近似相似，即模型实验的模型律选择原则是保证对流动起主要作用的力相似。对于各种明槽流动，重力起主要作用，应按弗劳德准则即 $Fr_p=Fr_m$，设计模型。对于有压管流分两种情况：当 $Re$ 较小时，黏滞力起主要作用，应满足雷诺相似准则；对于雷诺数较大的情况，当其大到超过一定数值后，模型水流与原型两个流动都处于自模区，则只需满足几何相似(包括管壁粗糙度的相似)，而不必 $Re$ 数相等，就自动实现动力相似，则应按重力(弗劳德)相似准则设计模型。

## 【思考题】

10-1　什么是量纲？什么是单位？两者有何区别？

10-2　什么是基本量纲？力学问题中常采用哪些基本量纲？何为导出(或诱导)量纲？什么是量纲公式？

10-3　何为无量纲量？它是如何构成的？无量纲量有什么特点？

10-4　量纲分析法的理论依据是什么？什么是量纲和谐原理？

10-5　量纲分析方法有哪几种？它们各适用于何种情况？

10-6　怎样应用瑞利法建立物理方程？

10-7　如何应用 $\pi$ 定理建立物理方程？

10-8　应用 $\pi$ 定理建立物理方程时，如何选择基本物理量？如何判别几个基本物理量的量纲是否互相独立？

10-9　量纲分析方法有什么有途？又有什么局限性？

10-10　流体的力学相似包括哪几方面？它们的含意是什么？它们之间有何关系？

10-11　何谓相似准则？在模型实验中选择模型律是什么意思？选择模型律的原则是什么？

10-12 各相似准数($Re$、$Fr$、$Eu$、$We$、$Ca$、$Ma$)的物理意义是什么?

10-13 为什么说压力(欧拉)相似准则是一个导出准则,而不是独立准则?

10-14 为什么说模型实验一般只能做到近似相似,而不能完全相似?

## 【练习题】

10-1 试用 $L$、$T$、$M$ 基本量纲导出:加速度 $a$、动力黏度 $\mu$、运动黏度 $\nu$、体积弹性系数 $K$、功能 $W$ 和功率 $N$ 的量纲。

10-2 试将其下列各组物理量组合成无量纲量:(1) $v$、$l$、$\mu$、$\rho$;(2) $v$、$l$、$g$;(3) $\tau$、$v$、$\rho$。

10-3 试判别下列各组物理量是否为具有独立量纲的基本物理量?能否组合成无量纲量?若能者试将其组合成无量纲量(1) $\rho$、$v$、$K$(体积弹性系数);(2) $p$、$v$、$\rho$;(3) $H$、$g$、$\mu$;(4) $d$、$v$、$\rho$。

10-4 如模型比尺 $\lambda_l=20$,采用的模型中流体与原型相同,其温度亦相同。分别按黏滞力(雷诺)相似准则和重力(弗劳德)相似准则设计模型,如果模型中的流速 $v_m=5$ m/s,模型流量 $Q_m=240$ L/s,试求在这两种相似准则下的原型流速和流量。

10-5 假设自由落体的下落距离 $s$ 与落体的质量 $m$、重力加速度 $g$ 及下落时间 $t$ 有关,试用瑞利法推导自由落体下落距离的关系式。

10-6 设有弦长为 $l$ 的单摆(如题 10-6 图所示),摆端有质量为 $m$ 的摆球,试用瑞利法,求单摆来回摆动一次的周期 $t$ 的表达式。

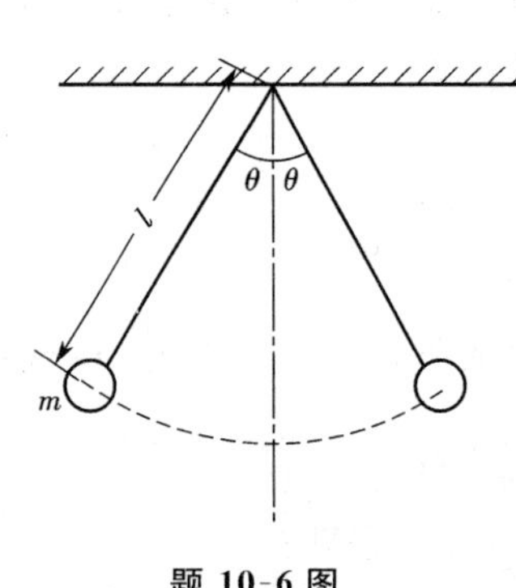

题 10-6 图

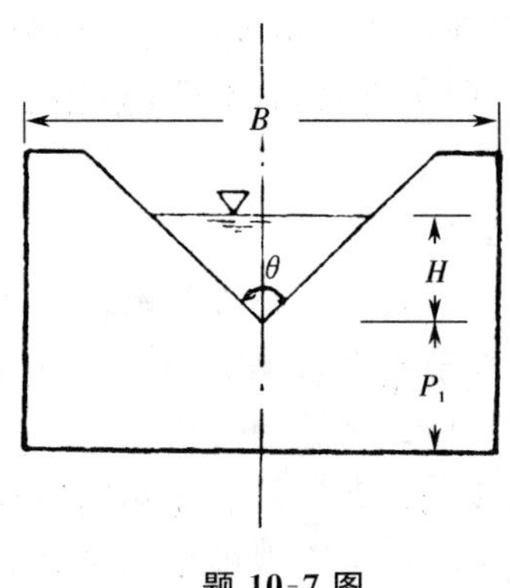

题 10-7 图

10-7 已知三角堰的流量 $Q$ 与作用水头 $H$、重力加速度 $g$ 和三角堰的顶角 $\theta$ 有关(如题 10-7 图所示),试用瑞利法推求三角堰的流量公式。

10-8 一个质量为 $m$ 的球体,在距离地面高为 $H$ 处自由降落,试用瑞利法分析球体落至地面时的速度表达式。

10-9 作用于一个沿圆周运动物体上的力 $F$,已知它和物体质量 $m$、速度 $v$ 和圆半径 $R$ 有关,试用瑞利法证明 $F$ 与$\frac{mv^2}{R}$成正比。

10-10 水泵的轴功率 $N$ 与泵轴的转矩 $M$、角速度 $\omega$ 有关,试用瑞利法推导轴功率表达式。

10-11　试用瑞利法分析溢流堰过流时的单宽流量 $q$ 的表达式。已知 $q$ 与堰顶水头 $H$、水的密度 $\rho$ 和重力加速度 $g$ 有关。

10-12　用 $\pi$ 定理分析鱼雷在水中所受阻力 $F_D$ 的表达式。已知 $F_D$ 与鱼雷的速度 $v$、鱼雷的尺寸 $l$(鱼雷的尺寸代表其直径或长度)、水的动力黏度 $\mu$ 和水的密度 $\rho$ 有关。

10-13　试用 $\pi$ 定理分析水上航行的船只所受阻力的表达式。已知阻力 $F$ 与船只的航行速度 $v$、船只的特征长度 $l$、水的动力黏度 $\mu$、水的密度 $\rho$ 和考虑波浪作用的重力加速度 $g$ 有关。

10-14　试用 $\pi$ 定理推求水流在流过桥墩时所产生的绕流阻力表达式。已知绕流阻力 $F$ 与桥墩的宽度 $b$(或柱墩直径 $d$)、水流速度 $v$、水的密度 $\rho$ 和动力黏度 $\mu$ 及重力加速度 $g$ 有关(如题 10-14 图所示)。

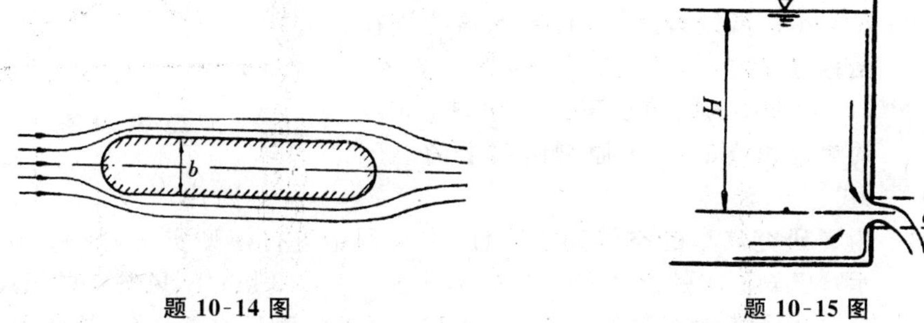


题 10-14 图　　题 10-15 图

10-15　圆形孔口出流的流速 $v$ 与孔口作用水头 $H$、孔口直径 $d$、水的密度 $\rho$ 和动力黏度 $\mu$ 及重力加速度 $g$ 有关(如题 10-15 图所示),试用 $\pi$ 定理推求孔口流量公式。

10-16　已知文丘里流量计喉管流速 $v$ 与流量计压强差 $\Delta p$、主管直径 $d_1$、喉管直径 $d_2$ 以及流体的密度 $\rho$ 和动力黏度 $\mu$ 有关,试用 $\pi$ 定理推求其流速表达式。

10-17　用 $\pi$ 定理分析管流中阻力表达式。假设管流中阻力 $F$ 和管道长度 $l$、管径 $d$、管壁粗糙度 $\Delta$,管流断面平均流速 $v$、流体密度 $\rho$ 和动力黏度 $\mu$ 等有关。

10-18　为研究热风炉中烟气的流动特性,采用几何比尺 $\lambda_l=10$ 的水流模型进行实验,水的密度 $\rho=1000\ \mathrm{kg/m^3}$,水的运动黏度 $\nu=0.0131\ \mathrm{cm^2/s}$,现热风炉内烟气温度为 600 ℃,烟气以速度 $v_t=8\ \mathrm{m/s}$ 在炉内流动,通过热风炉产生的压降为 120 Pa,已知 600 ℃时烟气的密度 $\rho_t=0.4\ \mathrm{kg/m^3}$,运动黏度 $\nu_t=0.9\ \mathrm{cm^2/s}$。

试问:(1) 为了保证流动相似,模型中的流速是多少?

(2) 模型中的压降为多少?

10-19　溢流坝最大下泄流量为 800 $\mathrm{m^3/s}$,若采用长度比尺 $\lambda_l=50$ 的模型进行实验,试求模型中最大流量为多少?如测得模型中坝脚处收缩断面平均流速 $v_m=2.5\ \mathrm{m/s}$,试求原型相应的流速为多少?

10-20 用水管模拟输油管道，已知输油管的直径 $D=500$ mm，管长 $L=100$ m，输油量 $Q_p=0.1$ m$^3$/s，油的运动黏度 $\nu_p=150\times10^{-6}$ m$^2$/s，水管直径 $d=25$ mm，水的运动黏度 $\nu_m=1.01\times10^{-6}$ m$^2$/s，试求：(1) 模型管道长度和模型流量；(2) 如在模型上测得的压强差 $(\Delta p/\rho g)_m=2.35$ m 水柱，输油管上的压强差 $(\Delta p/\rho g)_p$ 是多少？

10-21 为研究输水管道上直径 600 mm 阀门的阻力特性，采用直径 300 mm，几何相似的阀门用气流作模型实验。已知输水管道的流量为 0.283 m$^3$/s，水的运动黏度 $\nu=1\times10^{-6}$ m$^2$/s，空气的运动黏度 $\nu_a=1.6\times10^{5}$ m$^2$/s，试求模型的气流量。

10-22 采用几何比尺 $\lambda_l=20$ 的模型，研究平底单孔弧形闸门闸下出流情况（如题10-22图所示），原型中闸门前水深 $H=6$ m，在模型中测得收缩断面平均流速 $v_m=2.0$ m/s，流量 $Q_m=35$ L/s，水流作用在闸门上的总压力 $P_m=40$ N。试求：(1) 模型中的闸前水深；(2) 原型中相应的流速和流量；(3) 原型闸门上的总压力。

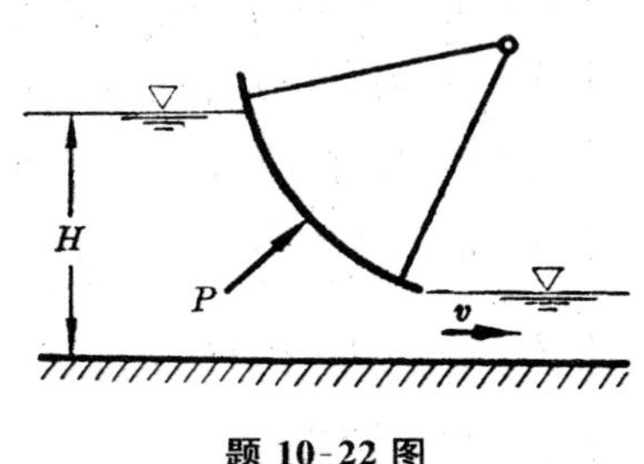


题 10-22 图

10-23 为了研究汽车的空气动力特性，在风洞中进行模型实验（如题 10-23 图所示），已知汽车的高度 $h_p=1.5$ m，车速 $v_p=108$ km/h，风洞中的风速 $v_m=45$ m/s，测得模型车的阻力 $P_m=14$ kN，试求模型车的高度 $h_m$ 及汽车受到的阻力 $P_p$（设原型和模型空气的物理性质相同）。

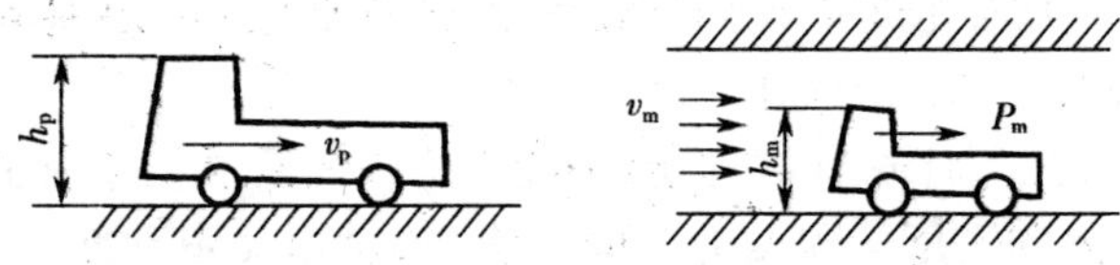


题 10-23 图

10-24 为了研究风对高层建筑物的影响，在风洞中进行模型实验，当风速为 9 m/s 时，测得迎风面压强为 42 N/m$^2$，背风面压强为 $-20$ N/m$^2$。实验温度不变，风速增至 12 m/s 时，迎风面和背风面的压强各为多少？

10-25 贮水池放水模型实验，已知模型几何比尺 $\lambda_l=225$，开闸门后 10 min 水全部放空。试求原型贮水池放空所需时间。

10-26 防波堤模型实验，模型几何比尺 $\lambda_l=40$，测得波压力为 130 N，试求作用在原型防波堤上的波压力。

# 习 题 答 案

## 第1章

1-1 $m=3\ \text{kg}$；$G=29.4\ \text{N}$

1-2 $\rho=900\ \text{kg/m}^3$

1-3 $\text{d}p=1.962\times10^7\ \text{Pa}$（相当于200个at）

1-4 $\tau=575\ \text{Pa}$

1-5 $\mu=0.105\ \text{Pa}\cdot\text{s}$

1-6 $\mu=\dfrac{15M\delta}{\pi^2 r_1^2 r_2 hn}$

1-7 $\mu=0.83\ \text{Pa}\cdot\text{s}$

1-8 $M=\dfrac{\pi\mu\omega d^4}{32\delta}$

1-9 $M=39.6\ \text{N}\cdot\text{m}$

1-10 所需功率 $N=57.9\ \text{kW}$

1-11 11.85圈≈12圈

1-12 $T=107.8\ \text{N}$

1-13 最小容积 $V_{\min}=0.2\ \text{m}^3=200\ \text{L}$

1-14 水上升高度 $h_{水}=2.98\ \text{mm}$；水银下降高度 $h_{汞}=1.07\ \text{mm}$

1-15 $p_{50}=435.44\ \text{kPa}$（绝对压强）

## 第2章

2-1(a) 2-2(c) 2-3(b) 2-4(b) 2-5(c) 2-6(c) 2-7(c)

2-8 $A$与容器$O$—$O$面齐平。$B$低于$O$—$O$面，$A$与$B$不齐平。$A$高。（详细原因分析略）

2-9 略

2-10 $h_2=h_1\rho_{水}/\rho_{汞}=0.022\ \text{m}$

2-11 $p=\rho_1 gh_1=6\,664\ \text{Pa}$；$h_2=h_1\rho_1/\rho_2=0.68\ \text{m}$

2-12 (1) $\rho_{油}=833.33\ \text{kg/m}^3$

(2) $V_{水}=0.062\,83\ \text{m}^3=62.83\ \text{L}$

$V_{油}=0.164\,6\ \text{m}^3=164.6\ \text{L}$

2-13 侧盖$A$ $F_A=12\,518.86\ \text{N}=12.52\ \text{kN}$

侧盖$B$ $F_B=7\,431.52\ \text{N}=7.43\ \text{kN}$

2-14 压强分布公式

相对压强：$p=\rho g\left(\frac{\omega^2 r^2}{2g}-z\right)$；绝对压强：$p=p_0+\rho g\left(\frac{\omega^2 r^2}{2g}-z\right)$

等压面方程：$\frac{\omega^2 r^2}{2g}-z=\frac{p}{\rho g}=\text{const}$.

自由表面方程：$z=\frac{\omega^2 r^2}{2g}$

2-15 $a=6.533\ \text{m/s}^2$

2-16 静水总压力为 $F=773\ 538.65\ \text{N}=773.54\ \text{kN}$

方向垂直指向法兰堵头、其作用点 $D$ 在圆心以下 0.62 mm。

另此题因为 $d=1\ \text{m}\ll 100\ \text{m}$，可以认为法兰堵头上的平均压强等于 $p=9.8\times10^5\ \text{Pa}$，故静水总压力 $P=p\frac{\pi d^2}{4}=7.70\times10^5\ \text{N}$，作用点通过堵头圆心。

与上面精确计算比较相差很小，同样可满足要求。

2-17 每根支柱所受压力 $F=43.31\ \text{kN}$

2-18 (1) 容器底面 $A$ 上所受作用力 $F_A=8\ 610.12\ \text{N}$

(2) 附加 70 kg 质量后，$\Delta F=2\ 744\ \text{N}$

2-19 所施加的力矩应能够平衡水压力对蝶阀的作用，故应和水压力的力矩数值相等，方向相反。$M=30.07\ \text{N·m}$

2-20 $y\leqslant 1\ \text{m}$ 时，闸门将自动翻转。

2-21 半球曲面 $AB$ 所受液体的作用力 $F=41\ 050.14\ \text{N}=41.05\ \text{kN}$

2-22 略

2-23 垂直水压力 $P_z=34\ 636.06\ \text{N}=34.636\ \text{kN}$（作用线到圆心距离 $\bar{x}=\frac{4r}{3\pi}$）

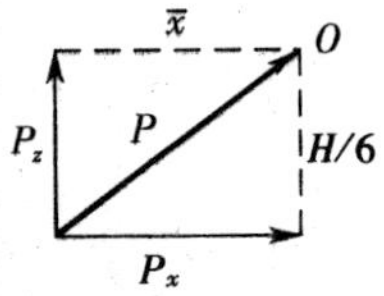

水平水压力 $P_x=44\ 100\ \text{N}=44.1\ \text{kN}$（作用线至圆心的距离为 $\frac{2}{3}H-\frac{1}{2}H=\frac{H}{6}=0.5\ \text{m}$）

$\bar{x}$ O $P_z$ P H/6 $P_x$

合力 $P$ 要通过圆心，则力三角形（见右图）必须满足：

$$\frac{P_z}{P_x}=\frac{H/6}{\bar{x}}$$

已知 $\frac{P_z}{P_x}=0.785\ 4$，而 $\frac{H/6}{\bar{x}}=0.785\ 4$，所以合力通过圆心。

2-24 圆柱体的质量为 $m=302\ \text{kg}$

2-25 总压力 $P=\sqrt{P_x^2+P_z^2}=6\ 843.205\text{d}^2$

总压力与垂直方向的夹角 $\theta=\arctan\frac{P_x}{P_z}=32.48°$

2-26 $p=46.1\ \text{kN/m}^2$

2-27　$h=109$ mm

2-28　$\Delta h=0.6$ m

2-29　铁链所受拉力 $T=376.688$ kN

2-30　闸门所受静水总压力 $P=34.65$ kN，作用点位置 $h_D=1.74$ m

2-31　$y_1=1.15$ m，$y_2=2.11$ m，$y_3=2.73$ m

2-32　作用在折板上的静水总压力 $P=98$ kN，

通过 $P_x$ 与 $P_z$ 作用线的交点，与水平面成 $\theta=\arctan\left(\frac{P_z}{P_x}\right)=36.87°$ 角的直线为总压力 $P$ 的作用线，该线与折板 $ABC$ 的交点即为作用点。

2-33　$F=30.18$ N

2-34　水平总压力 $P_x=15.7$ kN，(方向水平向右→)

垂直总压力 $P_z=33.63$ kN，(方向铅垂向下↓)

2-35　$P_x=4.9$ kN，(方向水平向右→)

$P_z=24.0$ kN，(方向铅垂向上↑)

其合力 $P\ \sqrt{P_x^2+P_z^2}=24.5$ kN

与水平面夹角 $\theta=\arctan\left(\frac{P_z}{P_x}\right)=\frac{24.0}{4.9}=78.46°$

合力作用线通过 $P_x$ 与 $P_z$ 的交点指向并通过圆心，该作用线与柱面之交点即为合力 $P$ 的作用点。

2-36

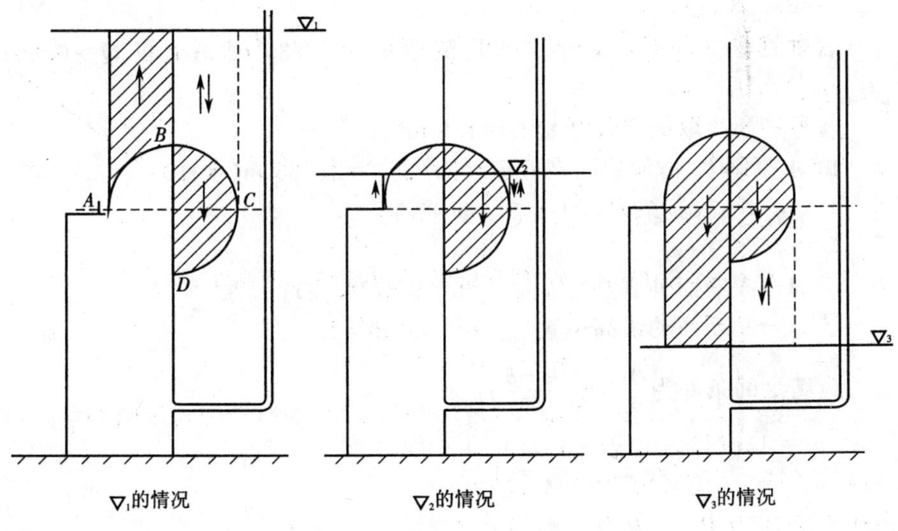


## 第 3 章

3-1　(1) $\frac{\partial u_x}{\partial t}=4$，$\frac{\partial u_y}{\partial t}=0$；(2) $a_x=3$，$a_y=-1$

3-2 $x^{1+t}=Cy$

3-3 $\begin{cases} x\sqrt{y}=2 \\ 5-z=2x \end{cases}$

3-4 32 m/s，53.4 kg/s

3-5 $u_z=-z(2x+2y+z+1)+C(x,y)$

3-6 $\omega_x=\frac{3}{2}$，$\omega_y=-2$，$\omega_z=-\frac{1}{2}$

3-7 (1) 有旋；(2) 无旋

3-8 (1) 8.16 m/s，2.04 m/s，0.51 m/s；
(2) 16.32 m/s，4.08 m/s，1.02 m/s 及 4.08 m/s，1.02 m/s，0.255 m/s

3-9 0.228 kg/s，9.83 m/s

3-10 (1) 0.005 9 $m^3/s$ 及 4.9 kg/s；(2) 0.625 m/s 及 2.5 m/s

3-11 $Q_{CD}=7.85$ L/s，$Q_{BC}=29.35$ L/s，$Q_{AB}=79.35$ L/s；$v_{AB}=1.617$ m/s，$v_{BC}=1.66$ m/s

3-12 0.447 $m^3/s$

3-13 $v_1=18.05$ m/s，$v_2=22.25$ m/s

3-14 $Q=2.12\times10^{-4}$ $m^3/s$；$v=0.075$ m/s

3-15 流向由 C. S. 1→C. S. 2，$h_{W1-2}=1.74$ m

3-16 $Q=0.139$ $m^3/s$，$v_1=1.170$ m/s，$v_2=4.43$ m/s

## 第 4 章

4-1 $v_1=18.049$ m/s；$v_2=22.248$ m/s。

4-2 $v=8.238$ m/s

4-3 管中流速 $v_1=0.685$ m/s，喉道流速 $v_2=2.739$ m/s；流量 $Q=0.861\times10^{-3}$ $m^3/s$。

4-4 每秒钟所吸取的空气流量 $Q=1.5$ $m^3/s$。

4-5 由 A 流到 B(由低处向高处流动)；$h_{W_{A\text{-}B}}=2.765$ m(水柱)

4-6 $\alpha=1.045$，故答案为(C)

4-7 $Q=0.550$ $m^3/s$

4-8 ① A—A 断面处真空度 $h_{V真空}=6.20$ m(水柱)；
② A—A 断面的最高位置 $z_{max}=3.80$ m

4-9 应满足的条件为$\frac{A_2}{A_1}\geqslant\sqrt{\frac{h+b}{H}}$

4-10 $p_A=13.21\times10^3$ Pa=13.21 kPa

4-11 $p_A=43.512\times10^3$ Pa=43.512 kPa

4-12 2-2 断面处真空度 $h_V=\frac{p_V}{\rho g}=5.28$ m(水柱)；$p_V=51.47$ kPa(真空压强)

4-13 $u=3.85$ m/s

4-14 $Q=0.017\ 4$ $m^3/s$；$p_A=68.2$ $kN/m^2$；$p_B=-0.48$ $kN/m^2$；$p_C=-20.1$

kN/m$^2$；$p_D$=3.95 kN/m$^2$

4-15 烟囱出口处 $v$=5.72 m/s；$C$ 处静压 $p_C$=−68.5 N/m$^2$

4-16 $H \geqslant 36.72$ m；$p_2$=−63.44 N/m$^2$

4-17 (1) $Q_{max} \leqslant 23.5\times10^{-3}$ m$^3$/s；(2) $h \leqslant 5.89$ m

4-18 $H_m$=127.4 m；$N_p$=46.4 kW

4-19 $N_t$=740.615 kW

4-20 (略)

4-21 $R_x$=0.538 kN；$R_y$=0.598 kN

4-22 $R$=218.961 t；$\alpha$=54.68°($R_x$=1 240.588 kN=126.591 t

$R_y$=1750.849 kN=178.658 t)

4-23 $R=-28.4\times10^3$ N=−28.4 kN

负(−)号表示作用力向左，即为拉力。

4-24 $Q_1=25.05\times10^{-3}$ m$^3$/s；$Q_2$=8.35L/s；$F$=1968.1 N

4-25 $R$=456.5 N，$\theta$=30°

4-26 水流对楔体的水平作用力 $R=R_x$=66.7 N，方向与 $x$ 方向相同。

4-27 所受的总拉力 $R$=3831.2 N=3.8312 kN

4-28 (1) $Q$=8.46 m$^3$/s；(2) 冲击力 $R$=22.47 kN

4-29 水流作用于三叉管上的压力大小 $R$=2.840 kN；与水平方向夹角 $\alpha$=32.21°

4-30 $u_x=2x+1$； $u_y=-2y$； $\psi=2xy+y$

4-31 (1) $\frac{\partial u_x}{\partial x}+\frac{\partial u_y}{\partial y}=0$，满足连续性方程，流动可能存在。

(2) $\omega=-y+2\neq0$ 为有旋流动。

(3) 有三个驻点：(0,0)，(−2,0)，$(-1,-\frac{1}{4})$。

(4) $\psi=x^2y+2xy-2y^2$

4-32 $\omega_z=\frac{1}{2}(\frac{\partial u_y}{\partial x}-\frac{\partial u_x}{\partial y})=0$，为有势流动

$\varphi=2x^2y+\frac{1}{2}x^2-\frac{1}{3}y^3-\frac{1}{2}y^2$

$\psi=2xy^2+2xy-\frac{1}{3}x^3$

4-33 $\psi=12.5y^2+c$； $\frac{\partial u_x}{\partial y}\neq\frac{\partial u_y}{\partial x}$，则为有涡流动，不存在流速势函数 $\varphi$。

4-34 (1) $\psi=U_\infty\left(1-\frac{a^2}{r^2}\right)r\sin\theta$；流线谱见题解4-34 图

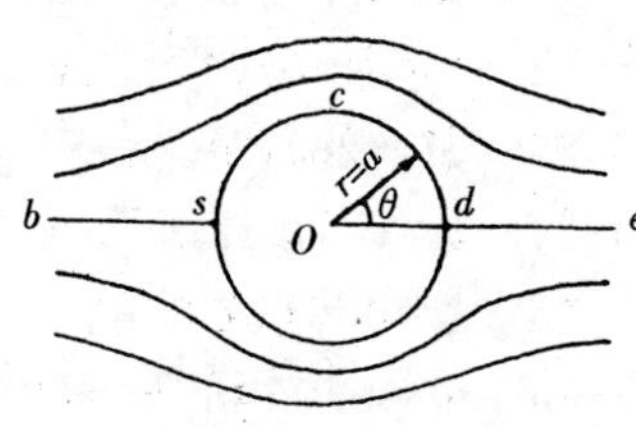

题解 4-34 图

(2) 圆柱表面压强：$\frac{p}{\rho g}=\frac{p_{\infty}}{\rho g}+\frac{U_{\infty}^2-4U_{\infty}^2\sin^2\theta}{2g}=\frac{p_{\infty}}{\rho g}+\frac{U_{\mathrm{V}}^2(1-4\sin^2\theta)}{2g}$

4-35 $\psi=\frac{1}{\pi}(0.1\theta-\frac{\ln r}{2})$； $\varphi=\frac{1}{\pi}(0.1\ln r+\frac{\theta}{2})$；

在(1,0.5)点处 $u_r=0.0285$ m/s；$u_\theta=0.142$ m/s

4-36 驻点(0.382,0)；$y=0.6$ m,1.2 m；$u=11.86$ m/s。

## 第5章

5-1 $Re=84\ 000$,紊流；$Re=1\ 314$,层流

5-2 保持层流的最大流量 32 kg/h,流量为 200 kg/h 为紊流

5-3 紊流

5-4 $Re_1/Re_2=2$

5-5 $Q=40\times10^{-3}\text{m}^3/\text{s}$ 时 $h_f=16.5$ m

5-6 $d=19.4$ mm

5-7 保持紊流最小 $Re$ 取 4 000, $d=7.75$ mm；若最小 $Re$ 取 2 000,则 $d=15.6$ mm

5-8 (1) 层流；(2) $\nu=7.9\times10^{-5}\ \text{m}^2/\text{s}$；(3) 反向流读数无变化

5-9 每公里管长 $h_f=0.743$ m

5-10 $Q=5.19\times10^{-3}\text{m}^3/\text{s}$

5-11 $v=0.59$ m/s

5-12 (1)0.785；(2)0.886

5-13 $k_s=0.2$ mm

5-14 $Q_{min}=0.154\ \text{m}^3/\text{s}$

5-15 光滑区 $\lambda_1=0.027$,$h_{f1}=0.0057$ m；过渡区 $\lambda_2=0.026$,$h_{f2}=0.088$ m；粗糙区 $\lambda_3=0.024$,$h_{f3}=8.15$ m

5-16 $h_f=22.69$ m

5-17 流量范围 $Q=0.157\sim9.1\times10^{-3}\text{m}^3/\text{s}$

5-18 过渡区 $\lambda=0.018$

5-19 $k_s=0.2$ mm

5-20 $\lambda=0.014$

5-21 层流区 $d_2/d_1=1.19$,增大 19%；光滑区 $d_2/d_1=1.16$,增大 16%；阻力平方区 $d_2/d_1=1.14$,增大 14%

5-22 $k_s/d=0.0174$

5-23 $H=26.7$ m

5-24 $\zeta=0.33$

5-25 $\zeta=0.54$ 或 8.64

5-26 $Q=0.05\ \text{m}^3/\text{s}=50\times10^{-3}\text{m}^3/\text{s}$

5-27 $H=43.9$ m

5-28 $Q=2.39\times10^{-3}\text{m}^3/\text{s}$

5-29　15 kW；5.25 kW

5-30　76.44 kN

5-31　$F=4\,500$ N$=4.5$ kN

## 第 6 章

6-1　(1)6.0 m/s，$4.82\times10^{-4}$ $m^3/s$；(2)8.12 m/s，$6.38\times10^{-4}$ $m^3/s$

6-2　(1)略 (2)1.85 m (3)$3.58\times10^{-3}$ $m^3/s$

6-3　219 个

6-4　$\mu=0.62$

6-5　$t=948.5$ s

6-6　$\Delta H=0.2$ m

6-7　3 878 $m^3/s$

6-8　$\sqrt{2}/2$，$\sqrt{2}/2$

6-9　(1)$3.72\times10^{-2}$ $m^3/s$ (2)$2.16\times10^{-2}$ $m^3/s$ (3)$2.36\times10^{-2}$ $m^3/s$

6-10　8.96 kg/s

6-11　(1)所需的水头 $H=2.67$ m；(2)$Q=56.8\times10^{-3}m^3/s$

6-12　$H=65.92$ m

6-13　边长 $b=0.814$ m

6-14　(1)$Q=0.0499$ $m^3/s$(2)$h_V=2.93$m($H_2O$)(真空度)，管中压强最低点位于第二弯头的下游侧

6-15　容器中必须维持的压强 $p_0=2.81$ $kgf/cm^2=275.38\times10^3$ $N/m^2$(或 Pa)$=275.38$ $kN/m^2$(或 kPa)

6-16　(1)抽水高度 $H=72.62$ m(2)最大安装高度 $z=4.938$ m

6-17　$S_1=118$ $s^2/m^5$，$S_2=2\,100$ $s^2/m^5$，水泵扬程 $H=23.54$ m

6-18　风机风压 $p\geqslant1.387$ $kN/m^2$　或　$\dfrac{p}{\gamma_a}=H\geqslant118.5$ m(空气柱)

6-19　$Q_{max}=37.9\times10^{-3}m^3/s$

6-20　所需水头 $H=97.59$ m

6-21　$Q_A=53.83\times10^{-3}m^3/s$；$Q_B=Q_C=66.17\times10^{-3}m^3/s$；$h_{MN}=7.35$ m

6-22　$Q_1=0.05$ $m^3/s$；$Q_2=0.045$ $m^3/s$；$h=3.72$ m

6-23　总流量 $Q=0.072\,3$ $m^3/s$

6-24　所需水头 $H=12.15$ m

6-25　(1)并联管路中的流量分配：$Q_1=0.0117$ $m^3/s$，$Q_2=0.0083$ $m^3/s$
(2)水塔高度：即水塔水箱中水位至出口中心的高度 $H=21.25$ m

6-26　2 500 $N/m^2$；2 830 $N/m^2$

6-27　设计结果

| 管段 | 0—1 | 1—2 | 2—3 | 1—4 | 4—5 |
|---|---|---|---|---|---|
| $d$/mm | 400 | 300 | 250 | 250 | 200 |

水塔的水面高度 $H_1=13.93$ m$\approx14$ m

6-28 $4.46\times10^{-3}\ m^3/s$；$2.41\times10^{-3}\ m^3/s$；$0.63\times10^{-3}\ m^3/s$

6-29 $Q_1=Q_2+Q_3=45\times10^{-3}\ m^3/s$；$Q_2=29.069\times10^{-3}\ m^3/s$；$Q_3=15.931\times10^{-3}\ m^3/s$；$Q_4=4.069\times10^{-3}\ m^3/s$

水塔中水面距水平环管的高度 $H=27.18$ m

6-30 $C=1\ 018.4$ m/s

6-31 关闭时间 $T=3s$ 时　产生直接水击

关闭时间 $T=6s$　产生间接水击

设置调压井后　$T_r=0.98$ s，若关门时间 $T=3s$　$T>T_r$、产生间接水击

6-32 水击压强增值　$\Delta h=212$ m(水柱)

6-33 $Q<5.877\times10^{-3}\ m^3/s$

## 第 7 章

7-1 底宽 $b=2.9$ m

7-2 正常水深 $h_0=2.3$ m

7-3 $h=1.52$ m；$b=6.08$ m

7-4 $n=0.105$

7-5 $Q=8.52\ m^3/s$

7-6 按梯形水力最佳断面设计，其 $h=2.0$ m；$b=1.2$ m；$i=0.000\ 9$

7-7 $Q=2.16\ m^3/s$

7-8 $i=0.005\ 9$

7-9 $Q=0.98\ m^3/s$；$v=1.45$ m/s

7-10 计算得 $d=0.627$ m；取直径 $d=650$ mm

7-11 $Q=358.5\ m^3/s$

7-12 弗劳德数 $Fr=0.28$；微波波速 $C=3.83$ m/s；为缓流

7-13 $i=0.002<i_c=0.006$，该流量下对应的明渠均匀流为缓流

7-14 $i_c=0.006$；$i=0.002<i_c$，为缓坡

7-15 $Q=10\ m^3/s$ 时：$h_c=0.72$ m，$i_c=0.002$，$i=i_c$ 故为临界底坡；$Q=15\ m^3/s$ 时：$h_c=1.02$ m，$i_c=0.0021$，$i<i_c$，为缓波

7-16 (1)$h_c=0.74\ m<h=2.5$ m，为缓流；(2)$Fr=0.16<1.0$ 为缓流；(3)$dE/dh=0.97>0$ 为缓流；(4)$i_c=0.003>i=0.000\ 8$，为缓流

7-17 $h_1=0.668\ m<h_c=1.008$ m，$h_2=1.640\ m>h_c$，由急流到缓流，会发生水跃。水跃位置，发生在陡坡上，跃尾距变坡处 $\Delta S=14.77$ m 或跃首距变坡处 $\Delta S+L_j=20.17$ m

7-18 $h_l=0.256$ m，$\Delta E_j=13.66$ m，$K_j=80.6\%$

7-19 $h_l=0.163$ m，$L_j=9.92$ m，$\Delta E_j=2.84$ m，$K_j=63.4\%$

7-20

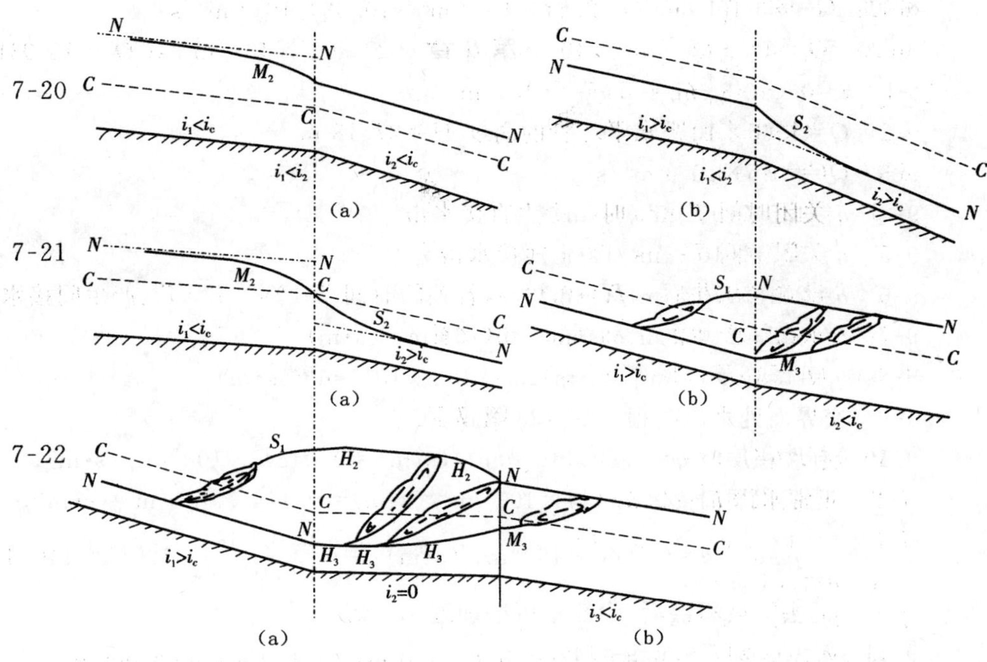


7-23

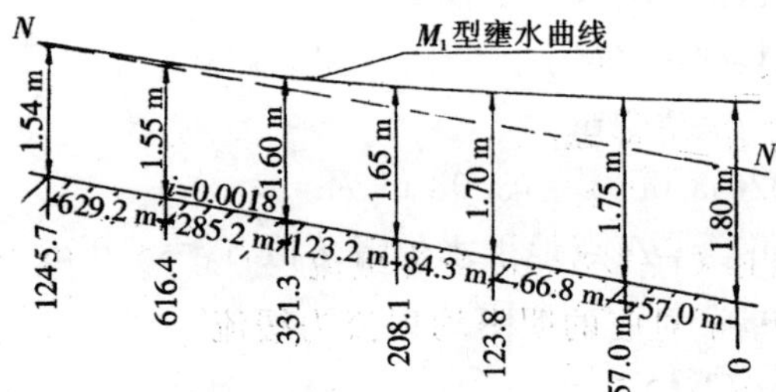


7-24 中间断面水深 $h=2.387$ m；出口断面水深 $h_2=2.247$ m。

## 第 8 章

8-1 $Q=0.274\ m^3/s$

8-2 $Q=0.195\ m^3/s$

8-3 $H=0.241m$；$P\geqslant 2H=0.482$ m

8-4 （1）$Q=7.325\ m^3/s$；（2）为淹没出流，$Q=7.288\ m^3/s$

8-5 $Q=24.426\ m^3/s$

8-6 WES：$Q=792.74\ m^3/s$；宽顶堰：$Q=553.78\ m^3/s$

8-7 每个闸孔净宽 $b=8.4$ m

8-8 $Q=165.4\ m^3/s$

8-9 （1）$Q=8.97\ m^3/s$；（2）$Q=8.16\ m^3/s$

8-10 $H=2.52$ m

8-11 $Q=520.71\ m^3/s$

## 第 9 章

9-1 $k=0.0106$ cm/s

9-2 $Q=1.65\times10^{-3}\ m^3/s$

9-3 $Q=5.45\times10^{-4}\ m^3/s$

9-4 $q=4.5\times10^{-7}\ m^3/(s\cdot m)$

9-5 $q=5.71\times10^{-7}\ m^3/(s\cdot m)$

9-6 $q=2.48\times10^{-5}\ m^3/(s\cdot m)$

9-7 $q=6.23\times10^{-6}\ m^3/(s\cdot m)=0.538\ m^3/(s\cdot m)$

9-8 $q_1=1.8\times10^{-7}\ m^3/(s\cdot m)$；$q_2=1.2\times10^{-6}\ m^3/(s\cdot m)$

9-9 交界面处水位高程$\nabla_2=123.3$ m

9-10 有坡积层时 $q=4.64\times10^{-5}\ m^3/(s\cdot m)=0.0464\times10^{-3}m^3/(s\cdot m)$；
无坡积层时 $q_0=1.144\times10^{-4}\ m^3/(s\cdot m)=0.114\times10^{-3}m^3/(s\cdot m)$。
$\triangle q=q_0-q=0.068\times10^{-3}m^3/(s\cdot m)$；$\frac{\triangle q}{q}=\frac{0.068}{0.0464}\times100\%=146.6\%$，
即去除坡积层后，渗流量可增加近 1.5 倍

9-11 $k=0.00173$ m/s=149.5 m/d

9-12 $k=0.00275$ cm/s 或 $k=0.00337$ cm/s

9-13 $Q=0.00574\ m^3/s=5.74\times10^{-3}m^3/s$

9-14 $Q=0.0145\ m^3/s=14.5\times10^{-3}m^3/s$

9-15 $k=0.00122$ m/s；影响半径 $R=209$ m

9-16 $k=0.000946$ m/s；$Q=0.0203\ m^3/s=73.08\ m^3/h$

9-17 每口井抽水量 $Q=0.0117\ m^3/s$；$A$ 点地下水位降落值 $S_A=3.0$ m

9-18 各井的抽水量 $Q=0.0025\ m^3/s=2.5\times10^{-3}m^3/s$

9-19 (1) 各井的抽水量 $Q=0.015\ m^3/s=15\times10^{-3}m^3/s$；
(2) $A$ 点地下水位下降 $S_A=4.1$ m，$B$ 点下降 $S_B=2.65$ m

## 第 10 章

10-1 $\dim a=LT^{-2}$；$\dim \mu=ML^{-1}T^{-1}$；$\dim \nu=L^2T^{-1}$；$\dim K=ML^{-1}T^{-2}$；
$\dim W=ML^2T^{-2}$；$\dim N=ML^2T^{-3}$

10-2 (1) $\frac{\rho vl}{\mu}=\frac{vl}{\nu}=Re$；(2) $\frac{v}{\sqrt{gl}}=Fr$；(3) $\frac{\tau}{\rho v^2}$

10-3 (1) $\rho$、$v$、$K$，不是基本物理量(量纲不独立)；可以组成无量纲量；$\frac{\rho v^2}{K}=Ca$

(2) $p$、$v$、$\rho$ 不是基本物理量；可以组成无量纲量；$\frac{p}{\rho v^2}=Eu$

(3) $H$、$g$、$\mu$ 量纲独立，是基本物理量；不能组成无量纲量

(4) $d$、$v$、$\rho$ 量纲独立，是基本物理量；不能组成无量纲量

10-4 雷诺准则条件下：$v_p=0.25$ m/s；$Q_p=4.8\ m^3/s$

弗劳德准则下：$v_p=22.4\ \mathrm{m/s}$；$Q_p=429.3\ \mathrm{m^3/s}$

10-5 $S=kgt^2$

10-6 $t=\varphi(\theta)\sqrt{\dfrac{l}{g}}$，从物理实验得 $\varphi(\theta)=2\pi$，为一常数，故 $t=\varphi(\theta)\sqrt{\dfrac{l}{g}}=2\pi\sqrt{\dfrac{l}{g}}$

10-7 $Q=k(\theta)g^{1/2}H^{5/2}$，$k(\theta)$为无量纲系数，由实验确定。

10-8 $v=k(Hg)^{1/2}$

10-10 $N=kM\omega$

10-11 $q=k\sqrt{g}H^{3/2}=k_1\sqrt{2g}H^{3/2}$　式中，$k_1$ 为无量纲系数，即流量系数 $m$。

10-12 $F_D=\varphi(Re)\rho l^2v^2$（对学生要求）；还可进一步令 $A=l^2$，$\varphi(Re)=\dfrac{1}{2}C_f$，则 $F_D=C_fA\dfrac{\rho v^2}{2}$，（$C_f$ 为阻力系数）

10-13 $F=\varphi(Re,Fr)\rho l^2v^2$（对学生要求）；或 $F=C_DA\dfrac{\rho v^2}{2}$

10-14 $F=\varphi(Re,Fr)\rho b^2v^2$ 或 $F=C_DA\dfrac{\rho v^2}{2}$

10-15 $Q=\dfrac{\pi d^2}{4}\sqrt{gH}f\left(\dfrac{vH\rho}{\mu},\dfrac{d}{H}\right)=\mu\left(\dfrac{\pi d^2}{4}\right)\sqrt{2gH}=\mu A\sqrt{2gH}$，$\left(A=\dfrac{\pi d^2}{4}\right)$

10-16 $v=\sqrt{\dfrac{\Delta p}{\rho}}\varphi\left(Re,\dfrac{d_2}{d_1}\right)$

10-17 $F=\rho d^2v^2f\left(Re,\dfrac{l}{d},\dfrac{\Delta}{d}\right)$

10-18 (1)$v_m=1.16\ \mathrm{m/s}$；(2)模型中的压降 $\Delta p_m=6307.5\mathrm{Pa}$

10-19 $v_p=17.67\ \mathrm{m/s}$

10-20 (1)$l_m=5\ \mathrm{m}$，$Q_m=0.034\ \mathrm{L/s}$；(2)$\left(\dfrac{\Delta p}{\rho g}\right)_p=1.296\ \mathrm{m}$

10-21 $Q_m=2.26\ \mathrm{m^3/s}$

10-22 (1) 模型闸前水深 $H_m=30\ \mathrm{cm}$；(2) $v_p=8.94\ \mathrm{m/s}$，$Q_p=62.61\mathrm{m^3/s}$；(3) $P_p=320\ \mathrm{kN}$

10-23 $h_m=1.0\ \mathrm{m}$；$P_p=P_m=14\ \mathrm{kN}$

10-24 迎风面为 $74.67\ \mathrm{N/m^2}$；背风面为 $-35.56\ \mathrm{N/m^2}$

10-25 放空所需时间 $t_p=150\ \mathrm{min}$

10-26 作用在原型防波堤上的波压力为 8 320 kN

# 参 考 文 献


[1] 清华大学水力学教研组编. 水力学[M]. 第 3 版. 北京:人民教育出版社,1981.

[2] 董曾南主编. 水力学[M]. 第 4 版. 北京:高等教育出版社,1995.

[3] 清华大学水力学教研组编. 水力学[M]. 修订版. 北京:人民教育出版社,1965.

[4] 陈卓如主编. 工程流体力学[M]. 北京:高等教育出版社,1992.

[5] 闻德荪主编. 工程流体力学[M]. 北京:高等教育出版社,1990.

[6] 夏震寰. 现代水力学(一)[M]. 北京:高等教育出版社,1990.

[7] 章梓雄,董曾南. 黏性流体力学[M]. 北京:清华大学出版社,1998.

[8] 吴持恭主编. 水力学[M]. 第 3 版. 北京:高等教育出版社,2003.

[9] 夏震寰. 现代水力学(三),紊动力学[M]. 北京:高等教育出版社,1992.

[10] 普朗特. 流体力学概论[M]. 郭永怀,陆士嘉,译. 北京:科学出版社,1981.

[11] 许维德. 流体力学[M]. 北京:国防工业出版社,1982.

[12] Streeter V L,Wylie E B,Bedford K W. Fluid Mechanics. 9th ed. 影印本[M]. 北京:清华大学出版社,2003.

[13] Finnemore E J,Franzini J B. Fluid Mechanics with Engineering Applications. 10th ed. 影印本[M]. 北京:清华大学出版社,2003.

[14] 周谟仁主编. 流体力学泵与风机[M]. 第 3 版. 北京:中国建筑工业出版社,1994.

[15] 屠大燕主编. 流体力学与流体机械[M]. 北京:中国建筑工业出版社,1994.

[16] 左东启主编. 中国水利百科全书:水力学、河流及海岸动力学分册[M]. 北京:中国水利水电出版社,2004.

[17] 李玉柱,苑明顺编. 流体力学[M]. 北京:高等教育出版社,1998.

[18] 赵振兴,何建京. 水力学[M]. 北京:清华大学出版社,2005.

[19] 刘鹤年主编. 水力学[M]. 武汉:武汉大学出版社,2001.

[20] 归柯庭. 工程流体力学[M]. 北京:科学出版社,2003.

[21] 刘鹤年主编. 流体力学[M]. 北京:中国建筑工业出版社,2004.

[22] 王家楣,张志宏,马乾物. 流体力学[M]. 大连:大连海事大学出版社,2002.

[23] 伍悦滨,朱蒙生. 工程流体力学泵与风机[M]. 北京:化学工业出版社,2006.

[24] 蔡增机,龙天渝. 流体力学泵与风机[M]. 北京:中国建筑工业出版社,2005.

[25] 高殿荣,吴晓明. 工程流体力学[M]. 北京:机械工业出版社,2005.

[26] 孙文策. 工程流体力学[M]. 大连:大连理工大学出版社,2004.

[27] 王福军. 水泵与水泵站[M]. 北京:中国农业出版社,2005.

[28] 汪兴华. 工程流体力学习题集[M]. 北京:机械工业出版社,1983.

[29] 大连工学院水力学教研组. 水力学解题指导及习题集[M]. 第 2 版. 北京:高等

教育出版社,1984.
[30] 余常昭主编.水力学[M].第4版.北京:高等教育出版社,1996.
[31] 吴持恭主编.水力学[M].第2版.北京:人民教育出版社,1982.
[32] Ven Te chow. Open-Channel Hydraulics[M]. New York:McGraw-Hill Book Co. ,Inc. ,1985.
[33] 吴桢祥主编.水力学[M].北京:气象出版社,1994.
[34] 徐正凡主编.水力学[M].北京:高等教育出版社,1987.
[35] 武汉水利电力学院水力学教研室编.水力计算手册[M].北京:中国水利电力出版社,1980.
[36] 切尔陀乌索夫 M Д.水力学专门教程[M].沈清濂,译.北京:高等教育出版社,1959.
[37] 柯葵,朱立明,李山荣编著.水力学[M].上海:同济大学出版社,2000.
[38] 南京水利科学研究院,水利水电科学研究院.水工模型试验[M].第2版.北京:中国水利电力出版社,1985.
[39] [美]休斯 W F,布赖顿 J A.流体动力学[M].北京:科学出版社,2002.
[40] 惠遇甲,王桂仙.河工模型试验[M].北京:中国水利水电出版社,1999.
[41] 朱仁庆,杨松林,杨大明.实验流体力学[M].北京:国防工业出版社,2005.

**图书在版编目(CIP)数据**

工程流体力学/陈长植 主编.—武汉:华中科技大学出版社,2008.4
ISBN 978-7-5609-4372-5

Ⅰ.工… Ⅱ.陈… Ⅲ.工程力学:流体力学 Ⅳ.TB126

中国版本图书馆 CIP 数据核字(2007)第 202233 号

**工程流体力学** **陈长植 主编**

责任编辑:蒋玉霞
封面设计:张 璐
责任监印:张贵君
出版发行:华中科技大学出版社(中国·武汉)
武昌喻家山 邮编:430074 电话:(027)81321915
录 排:龙文排版工作室
印 刷:华中理工大学印刷厂
开 本:850mm×1065mm 1/16
印 张:31.75
字 数:620 千字
版 次:2014 年 2 月第 1 版第 2 次印刷
定 价:58.00 元